高等学校教材

能源化工工艺学

邱泽刚　徐　龙　主编

NENGYUAN HUAGONG GONGYIXUE

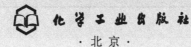

化学工业出版社

·北京·

内 容 简 介

本书从化工工艺角度出发,针对能源利用和转化过程中所涉及的化工现象与化工过程展开,兼顾化石能源、新能源和可再生能源,具有一定的系统性和深度,且反映最新前沿技术,以适应我国蓬勃发展的能源化工领域对人才的需求。全书共10章,主要涉及煤化工、石油化工、天然气化工、生物质能、太阳能、电能和氢能的典型工艺和关键技术,并介绍了能源化工过程的污染和防治,重点介绍各种能源化工技术的方法、原理、工艺流程、主要设备等。

本书可作为高等院校化学工程与工艺、能源化学工程、精细化工、应用化学等专业的本科生和研究生教材,也可供从事能源、化工、环保、过程装备等领域相关的科研、设计和生产技术人员参考。

图书在版编目 (CIP) 数据

能源化工工艺学/邱泽刚,徐龙主编 . —北京:化学
工业出版社,2022.1 (2023.7 重印)
高等学校教材
ISBN 978-7-122-40414-5

Ⅰ.①能… Ⅱ.①邱…②徐… Ⅲ.①能源-化学工
业-生产工艺-高等学校-教材 Ⅳ.①TQ07

中国版本图书馆 CIP 数据核字(2021)第 249558 号

责任编辑:张双进　　　　　　　　　　　文字编辑:苗　敏　师明远
责任校对:宋　玮　　　　　　　　　　　装帧设计:王晓宇

出版发行:化学工业出版社(北京市东城区青年湖南街 13 号　邮政编码 100011)
印　　装:涿州市般润文化传播有限公司
787mm×1092mm　1/16　印张 26½　字数 690 千字　2023 年 7 月北京第 1 版第 2 次印刷

购书咨询:010-64518888　　　　　　　　售后服务:010-64518899
网　　址:http://www.cip.com.cn
凡购买本书,如有缺损质量问题,本社销售中心负责调换。

定　　价:88.00 元

前　言

能源化工利用化学与化工的科学理论与技术解决能源转化、能量储存和能量传输等问题，实现能源的清洁转化与高效利用。能源化工科学与技术的研究不仅有助于提升能源利用效率，保护人类赖以生存的生态环境，而且对国家能源安全具有重要战略意义。

能源化工科学与技术主要涉及化石能源优化利用、新能源和可再生能源开发利用等过程中的应用基础研究与关键技术开发。化石能源主要指煤炭、石油和天然气，新能源和可再生能源主要指生物质能、太阳能、电能、氢能、风能、地热能和海洋能等。

能源化工工艺学围绕能源利用和转化过程中的重要化工现象与关键化工过程展开，能使学生对能源化工中的方法与原理、原料选择、工艺路线选择、典型单元操作和主要设备等有深刻的理解和认识，具备对工艺过程进行分析、改进和开发新产品等能力。而且，以掌握化工工艺的开发思想和思路为重点，增强学生独立思考、分析问题和解决问题的能力。

本书共 10 章，第 1 章介绍了能源的概念与分类，概述了能源资源、能源化工的范畴和发展；第 2 章至第 4 章阐述了主要的煤化工工艺包括煤的热解、煤热解产物深加工、煤的气化、煤的液化和煤制天然气等；第 5 章阐述了合成气制有机化工产品，包括甲醇、烯烃、芳烃和乙二醇等；第 6 章阐述了重要的天然气化工工艺，包括天然气净化以及天然气制合成气、制合成油和制乙炔等；第 7 章阐述了典型的石油化工工艺包括烃类裂解、烯烃转化、芳烃的生产和转化等；第 8 章和第 9 章介绍了新型能源包括生物质能、太阳能、电能和氢能，阐述了各种新型能源的特点、组成和利用，生物质转化技术、生物质乙醇、生物质柴油、生物质热解和气化，太阳能转化利用，以及动力电池和燃料电池等；第 10 章介绍了能源化工过程的环境污染问题以及对"三废"等的处理和应用。本书内容的设置和选取均充分体现了学科发展的新工艺、新技术、新要求，将党的二十大报告中的绿色发展、碳达峰、环保安全等新思想新理念有机融入教材，帮助学生树立正确的世界观和价值观。

本书由西安石油大学邱泽刚和西北大学徐龙主编。第 1 章和第 4 章由西安石油大学邱泽刚编写，第 2 章由西北大学徐龙编写，第 3 章和第 8 章由西安石油大学丁亮编写，第 5 章由西安石油大学李志勤编写，第 6 章由西安科技大学张亚刚编写，第 7 章由西安石油大学黎小辉编写，第 9 章由西安科技大学焦卫红编写，

第 10 章由西安石油大学白婷编写，全书由邱泽刚统稿和定稿。

本书参考了国内外文献资料，编写过程中得到西安石油大学、西北大学和西安科技大学等院校的支持，谨在此一并感谢。

能源化工工艺学涉及领域广泛，而且内容非常丰富，本书根据学生的需要确定取舍，力求做到"少而精"，能有一定的广度、深度和新颖性。由于编者的水平有限，本书中不妥和疏漏之处敬请读者批评与指正。

编者

2021 年 6 月

目 录

第 1 章
绪 论   1

第 2 章
煤的热解   19

第 3 章
煤的气化　　　　　　　　　　　　　　　83

第 4 章
煤制燃料　　　　　　　　　　　　　　　132

第5章
合成气制有机化工产品 191

第 6 章
天然气的净化及转化   239

第 7 章
石油烯烃、芳烃的生产及转化   259

第 8 章
生物质能转化利用　318

第 9 章
太阳能、电能和氢能　361

第 10 章
能源化工过程的污染与防治 384

第1章

绪　论

随着第一次工业革命的诞生，"能源"一词进入了人们的视野，能源是人类社会赖以生存和发展的重要物质基础。世界能源需求保持长期持续增长的态势，但是地球资源逐渐匮乏，因此，实现能源结构多元化和提高能源利用效率是解决能源问题的关键。

1.1
能源的概念与分类

能源的概念表述有多种，其内涵基本相同，即能源是能量的来源，是可产生各种能量（如电能、光能、机械能、热能等）或可做功的物质的统称，也指能够直接取得或者通过加工、转换而取得的有用的各种资源。已知的能源种类很多，而且随着人类科技水平的提高，还不断地有新型能源被开发出来，可根据不同的划分方式将能源分为不同的类型。能源的分类见表 1-1。

表 1-1　能源的分类

分类		可再生能源	非再生能源
一次能源	常规能源	水力资源……	煤炭、石油、天然气、核能（核裂变）……
	新能源	太阳能、风能、生物质能、地热能、海洋能……	核能（可控核聚变）……
二次能源		氢能、沼气等	电力、煤气、汽油、柴油、焦炭等

（1）按能源的产生方式分类

根据能源产生的方式可将能源分为一次能源和二次能源。一次能源，即自然界中以天然形式存在的、未经过人为加工或转换的、可供直接利用的能量资源，主要包括煤炭、石油、天然气、水力资源，以及风能、太阳能、生物质能、地热能、海洋能和天然铀矿等，它们是全球能源的基础。二次能源，即由一次能源直接或间接转换而来的、其他种类和形式的能量资源，如电、蒸汽、焦炭、汽油、柴油、煤气、洁净煤、沼气和氢能等。

（2）按能源能否再生分类

根据能源能否再生，一次能源又可进一步分为可再生能源和非再生能源。可再生能源，即可以不断得到补充或能在较短周期内再产生的能源，如水能、太阳能、风能、地热能、海洋能和生物质能等都是可再生能源。反之，随着人类的利用越来越少的能源被称为非再生能源，如煤、石油、天然气、油页岩和天然铀矿等。

（3）按现使用类型及被开发利用程度分类

根据能源现使用类型及被开发利用的程度，可将能源分为常规能源和新型能源。常规能源是指在现有的科学技术水平下，已经能够大规模生产和长期广泛利用的、技术比较成熟的能源，主要包括一次能源中可再生的水力资源，不可再生的煤炭、石油、天然气等，以及焦炭、汽油、煤气、蒸汽、电力等二次能源。

新型能源是相对于常规能源而言的，指那些采用新技术和新材料获得的、目前开发利用较少、有待于进一步研究发展的能源资源。在不同的历史时期和科技水平情况下，新能源所指是不同的。当今社会新能源通常包括太阳能、风能、生物质能、地热能、海洋能、氢能和核聚变能等。

（4）按消耗后对环境的污染情况分类

从环境污染的角度，可将能源分为清洁能源和非清洁能源。清洁能源有时被称为绿色能源，即对环境无污染或污染很小的能源，包括太阳能、水能、海洋能、风能以及核能等。非清洁能源，即对环境污染较大的能源，如煤炭、石油等。清洁能源和非清洁能源是相对的，如果在利用过程中能有效地加以控制，非清洁能源同样可以做到清洁利用，而清洁能源若利用不当，也会造成重大的污染。

1.2
能源资源

本节按能源的使用类型及被开发利用程度分类，来介绍不同种类的能源资源，主要是化石能源和新型能源。

1.2.1　化石能源

石油、煤炭和天然气并称为目前一次能源的三大支柱，统称为化石能源。BP《世界能源统计年鉴2020》显示，2019年全球煤炭已探明储量为10696.36亿吨，中国煤炭已探明储量为1415.95亿吨；全球石油已探明储量为2446亿吨，中国石油已探明储量为36亿吨；全球天然气已探明储量为$198.8×10^{12}m^3$，中国天然气已探明储量为$8.4×10^{12}m^3$。

1.2.1.1　煤炭

煤炭是由远古死亡的植物残骸，沉没在水中保存下来，经过物理化学变化和生物化学作用（泥炭化作用），然后被地层覆盖，并经过漫长的地质作用（煤化作用）所形成的固体有机可燃沉积岩。煤炭是由C、H、O、N、S和P等元素组成的黑色固体矿物，是不可再生的资源。

由于成煤植物和生成条件不同，煤炭一般可以分为三大类：腐殖煤、残殖煤和腐泥煤。

腐殖煤是指由高等植物形成的煤。残殖煤是指由高等植物中稳定组分（角质、树皮、孢子、树脂等）富集而形成的煤。这两类煤都在沼泽环境中形成。腐泥煤主要由湖沼、潟湖中的藻类等浮游生物在还原环境下经过腐败分解而形成。

在自然界中分布最广、最常见的是腐殖煤。残殖煤的分布不广，储量也不大，有云南禄劝的角质残殖煤，江西乐平、浙江长广的树皮残殖煤，以及山西大同煤田的少量孢子残殖煤夹层等。腐泥煤的储量并不多，山东鲁西煤田有腐泥煤。属于腐泥煤类的还有藻煤、胶泥煤、油页岩等。我国南方许多地区的石煤也属于生长在早古生代地层中的一种腐泥煤。另外，还有主要由藻类和较多腐殖质所形成的腐殖腐泥煤，如山西浑源和大同，山东新汶、兖州、枣庄等地的烛煤，以及用于雕琢工艺、美术品的抚顺煤精等。

根据煤化程度不同，腐殖煤类又可分为泥炭、褐煤、烟煤及无烟煤四个大类，各种腐殖煤的主要特征见表 1-2。

表 1-2   各种腐殖煤的主要特征

特征	泥炭	褐煤	烟煤	无烟煤
颜色	棕褐色或黑褐色	褐色或黑褐色	灰黑色至黑色	灰黑色
光泽	无	大多数暗	有一定光泽	有金属光泽
外部条带	有原始植物残体	不明显	呈条带状	无明显条带
燃烧现象	有烟	有烟	多烟	无烟
水分	多	较多	少	较少
相对密度	—	1.1~1.4	1.2~1.5	1.4~1.8
硬度	很低	低	较高	高

煤炭是全世界分布最广、储量最丰富的化石能源。我国是世界上煤炭资源最丰富的国家之一，不仅储量大、分布广，而且种类齐全。煤炭不仅作为燃料以取得热量和动能，而且是钢铁、建材和化工行业的主要原材料，可以制取冶金用的焦炭以及人造石油即煤焦油。此外，煤炭也是一种非常重要的化工原料，煤炭经过化学加工可制得多种化学产品。因此，煤炭在我国能源结构中占重要地位。

1.2.1.2　石油

石油是自然界中气态、液态、固态烃类化合物与少量杂质的复杂混合物于地下由低级动植物在地压和细菌的作用下，经过复杂的化学变化和生物化学变化而形成的。在工业生产过程中，石油特指可燃性液体，主要是由碳氢化合物组成的混合物，是不可再生的矿产资源，是自然界化石燃料的重要类别，也是当今世界最主要的能源和重要的化工天然原料。

石油可分为天然石油和人造石油两种。天然石油是指从地下或海底直接开采出来的未经处理、分馏、提纯的石油。人造石油是指用固体（如油页岩、煤、油砂等可燃矿物）、液体（如焦油）或气体（如一氧化碳、氢）燃料，经干馏、高压加氢和合成反应等加工得到的类似于天然石油的液体燃料。

天然石油又称原油，原油通常是黑色、褐色或黄色的流动或半流动的可燃的黏稠液体，少数原油呈红色、淡黄色、褐红色。原油是一种组成极为复杂的混合物，其沸点范围很宽，从常温到 500℃以上，分子量为数十至数千，不同原油之间的性质差别较大。其相对密度一般介于 0.80~0.98 之间，少数原油相对密度高达 1.02。原油的颜色与其所含胶质、沥青质的含量有关，含量越高，石油的颜色越深。深色原油密度大，黏度高，质量差。

原油的主要成分有油质（主要成分）、胶质（黏稠的半固体物质）、沥青质（暗褐色至黑色脆性固体）等。原油具有特殊的臭味，主要是由于原油中含有硫化合物。中国原油含硫量较低，一般在 0.5% 以下，少数原油含硫量较高，如胜利原油、孤岛原油等。

石油是储量仅次于煤炭的化石能源，根据剩余储量及年度产量预测，世界石油资源剩余储量也仅可供开采 50 多年，世界石油资源仍然严重短缺。目前，世界上已探查到的油田近 30000 个，遍布于地壳六大稳定板块及其周围的大陆架地区。世界上 100 多个较大的盆地内几乎均发现不同规模的油田，但石油的分布从总体上看极端不平衡，呈现出东多西少、北多南少的状态。中国的石油资源相对匮乏，中国已成为世界第一大石油消费国和原油进口国。

1.2.1.3　天然气

天然气是指自然界中天然存在的一切气体，包括大气圈、生物圈、水圈和岩石圈中自然形成的各种气体。但通常定义的"天然气"是从能源角度出发的，为可燃性天然气，指天然蕴藏在地下的烃和非烃气体的混合物，一般指存在于岩石圈、水圈、地幔以及地核中的以烃类为主的混合气体。天然气主要成分是烷烃，其中甲烷占绝大多数，另有少量的乙烷、丙烷和丁烷，此外一般还有硫化氢、二氧化碳、氮、水气、少量一氧化碳及微量的稀有气体（如氦和氩）等。

天然气不溶于水，相对密度约 0.65，比空气轻，具有无色、无味、无毒的特性。由于天然气能量密度低，因此使用过程中存在运输与储存的问题。地球上蕴藏着极其丰富的天然气资源，非常规天然气资源潜力更加巨大，仅其中的天然气水合物资源就是全球已知所有常规矿物燃料（煤、石油和常规天然气）总和的两倍。天然气储量呈现不均衡性，世界上天然气主要集中在中东、欧洲及欧亚大陆地区，我国天然气资源主要分布在四川、鄂尔多斯、塔里木、柴达木、准格尔、松辽六大盆地。

天然气常见的分类方法有以下几种。

（1）按产状分类

按照天然气的状态，可分为游离气和溶解气两类。游离气即气藏气，溶解气即油溶气和水溶气、固态水合物以及致密岩石中的气等。

（2）按来源分类

按照天然气的来源，可分为与油有关的气（包括油田伴生气、气藏气）、与煤有关的气（煤层气）、与微生物作用有关的气（沼气）、与地幔挥发性物质有关的气（深源气）、与地球形成有关的化合物气（固态水合物）等。

（3）按矿藏特点分类

按矿藏特点不同，可将天然气分为气井气、凝析气和油田气。前两者合称为非伴生气，后者也称为油田伴生气。

（4）按照经济价值分类

按照经济价值天然气可分为常规天然气和非常规天然气。常规天然气主要指按照目前的科学技术和经济条件可以进行工业开采的天然气，主要包括油田伴生气（即油田气、油藏气）、气井气以及凝析气。非常规天然气主要指煤层气、水溶气、页岩气和固态水合物等。其中，除煤层气和页岩气外，其他均由于目前的技术条件限制未投入工业开采。

（5）按酸气含量分类

按酸气（指 CO_2 和硫化物）含量，天然气可分为酸性天然气和洁气。酸性天然气指含有显著量的硫化物和 CO_2 等酸气，必须经处理后才能达到管输标准或商品气质量标准的天然气。洁气或甜气指硫化物含量甚微或根本不含硫的气体，无需净化就可外输和利用。

1.2.2 新型能源

1.2.2.1 生物质资源

生物质是指有生命的以及新近死亡的可以被用作燃料或者生产化学品的生物种类，不包括经历千百万年地质作用而转变成煤或者石油的有机物。生物质是继煤、石油、天然气之后的世界第四大能源资源，遍布世界各地，蕴藏量极大，且可通过自然生态系统循环再生，与环境相融性好，是人类未来理想的资源和能源。

地球上每年由生物体产生的生物质总量大约 2×10^{11} t，由 75％的糖类，20％的木质素和 5％的其他物质如油脂、蛋白质等组成。据估计，目前只有 3.5％的生物质被人类利用，其中 62％作为人类的食物，33％作为能源，5％用于满足人类其它需求。生物质种类繁多，但能够作为能源利用的生物质才属于生物质能源。

按原料的化学性质分类，生物质资源主要包括纤维素、半纤维素和木质素等木质纤维素，糖类和淀粉等糖类化合物，以及油脂等。

按原料来源分类，生物质资源主要可分为以下几类。

① 农业生物质资源　包括各类农作物、能源作物以及其生产加工过程中产生的废弃物，主要是农作物秸秆。

② 林业生物质资源　按照生长型和非生长型，林业生物质可分为木质能源林、油料类能源林和木质废弃物等，主要包括油料作物林（如油桐、文冠果、黄连木等）、薪炭林（如杨树、梧桐、刺槐、沙枣等）和灌木林等。

③ 农林加工废弃物　如零散木材、残留的树枝、树叶和木屑，以及谷壳和果壳等。

④ 生活污水和工业有机废水。

⑤ 有机固体废弃物　包括居民生活垃圾、商业和服务业垃圾等固体废弃物，还有工业有机废弃物，如有机废渣。

⑥ 人畜粪便　包括粪便、尿液等，它是其它生物质形态（粮食、农作物秸秆、牧草等）的转化产物，主要作为生产沼气的原料。

生物质是自然界中唯一可以用来代替化石能源制备液体燃料和化学品的可再生有机碳资源。生物质能中的碳来自大气中的 CO_2，其生产和消费过程不增加大气中的碳总量。生物质能源的主要利用形式是生物液体燃料、生物沼气、生物质发电等。从全球看，生物液体燃料、生物质多联产发电及生物天然气的技术、装备和商业化运作模式已经成熟，产业规模正在快速扩展。生物液体燃料可直接替代石油燃料，又可进一步生产其他化工品。以生产液体燃料和化学品为目标，在充分考虑生物质资源的结构特点和转化成本的基础上，建立和发展生物质能源体系，补充和替代石油等化石能源，实现二氧化碳的零排放，具有重要的科学意义和应用前景。尽管成本因素在一定程度上限制了生物质能的发展，然而未来生物质能将在新能源体系中发挥更大作用。

1.2.2.2 太阳能

太阳能是一种可再生能源，是指太阳的热辐射能，主要表现就是常说的太阳光线。太阳能是由太阳内部氢原子发生氢氦聚变释放出巨大核能而产生的。几十亿年来，太阳一直是地球的主要能源来源。在地球的漫长演化过程中，太阳能为世间万物的生长提供动力，人类所需能量的绝大部分也都直接或间接地来自太阳。植物通过光合作用释放氧气、吸收二氧化碳，并把太阳能转变成化学能在植物体内贮存下来。在现代太阳能一般用作发电或者为热水器提供能源。在化石燃料日趋减少的情况下，太阳能已成为人类使用能源的重要组成部分，并不断地发展。太阳能因其源源不断地照射至地面，且清洁无任何污染，成为最具开发潜力的新能源之一。

太阳能作为最丰富的可再生能源资源，具有不可多得的优势和巨大的应用潜力。我国的太阳能资源丰富，陆地面积每年可接收相当于 2.4×10^4 亿吨标准煤的太阳辐射，多数地区的年平均总辐射量高于 $1100 \mathrm{kW} \cdot \mathrm{h/m^2}$。

太阳能的转化和利用形式丰富，其转化和利用方式如下（见图 1-1）。

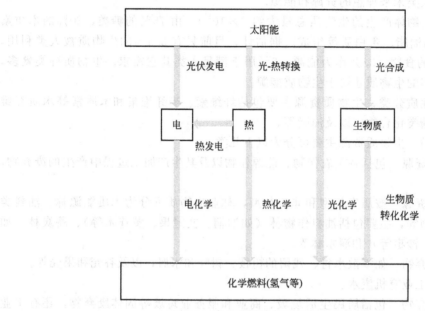

图 1-1　太阳能转化与利用的主要途径

① 经由光-电转换途径以光伏电池形式利用，并可进一步利用该电能通过电解水、电催化还原二氧化碳等方式制备氢气、甲烷等化学燃料。

② 通过光-化学途径直接转化产生氢气等化学燃料。

③ 通过光-热转换技术转换为热能，结合热发电、热化学技术可进一步转化为电、化学燃料等。

④ 利用自然光合成过程以生物质形式得以利用。

这些太阳能转化与利用途径涉及众多复杂的能量转化/转移界面过程，相关技术的提升和成本的降低，有赖于对这些过程的深入认识以及新材料的开发。因此，如何发展价廉、高效的转化与利用技术是太阳能大规模开发利用的最大挑战，不仅亟须新材料的发展与革新，而且需要深入理解太阳能利用中复杂的能量转化/转移界面过程，从而发展新的高效利用技术。

当前，光伏发电属于较为成熟的太阳能利用技术，面临的主要难题是如何大幅降低成本，以缩短投入成本的回报周期。相较于光伏发电技术，利用太阳能光（电）制备氢气等化学燃料的技术是太阳能转化与利用的前瞻性技术之一，有望形成连接可再生资源与传统化石能源的重要桥梁，一旦取得突破，将根本性地改变世界能源格局。此外，太阳能光-热转换的化学与化工相关技术多处于起步阶段。

1.2.2.3 电能

电能是指电以各种形式做功（即产生能量）的能力。电的发明和应用在蒸汽机的发明和应用之后，始于 19 世纪 70 年代，是第二次工业革命的主要标志，从此人类社会进入电气时代。从能量转化过程来看，任何形式的能量，包括水能（水力发电）、热能（火力发电）、原子能（核电）、风能（风力发电）、化学能（电池）及光能（光电池、太阳能电池等）等，都可以直接或间接转换成电能。电能也可转换成其他所需的能量形式，如热能、光能、动能等。

电能可以通过有线或无线的形式远距离传输。20 世纪出现的大规模电力系统是人类工程科学史上最重要的成就之一，是由发电、输电、变电、配电和用电等环节组成的电力生产与消费系统。20 世纪以来，人类在设计、材料和制造工艺上的进步，推动了电力生产和应用迅速发展。电力是现代社会使用最广、增长最快的二次能源。电能的发现、开发和利用，是人类历史上最伟大的成就之一。

根据能量转换方式，发电厂有多种发电途径：

① 以燃煤炭、石油或天然气驱动涡轮机发电的称火电厂；

② 利用水力发电的称水电站；

③ 以核燃料为能源发电的电站称为核电站；

④ 利用太阳能（光伏、太阳能热力发电）、风能、生物质能、地热能、潮汐能等发电的电站称为新能源发电站。

由于利用化石能源（煤炭、石油、天然气）发电会对环境产生污染，尤其是产生污染的温室气体二氧化碳。现在世界各国大力利用水能、太阳能、风能、生物质能、地热能、潮汐能这些可再生能源发电，这些新能源不仅不排放二氧化碳，而且整个发电过程对环境的污染也远远小于化石燃料。

电能能源化学与化工是研究电能与化学能之间相互转化的学科。电能能源化学与化工涉及电化学、无机化学、纳米化学等以及相关化学工程学科领域，其发展目标是通过深入揭示电极材料、电解质材料和膜材料之间多尺度带电界面的荷质转移机制，进而发展以燃料电池、锂离子电池、锂硫电池、液流电池等为代表的安全高效化学储能体系。

1.2.2.4 氢能

氢能是地球上储量最丰富、分布最广的资源之一，大约占宇宙所有物质的 80%，地球上的氢主要以其化合物形式存在，如水、石油、天然气等。在陆地，也有丰富的地表和地下水，水就是地球上无处不在的"氢矿"。氢的来源具有多样性，可以通过各种一次能源、可再生能源和二次能源等来产生氢能。氢燃烧的产物是水，是世界上最干净的能源。

氢具有燃烧热值高的特点，是汽油的 3 倍，酒精的 3.9 倍，焦炭的 4.5 倍。氢气具有可存储性，这是氢能和电、热能等最大的不同。这样，在电力过剩的地方，就可以将电转化为氢能储存起来，这也使得氢在可再生能源的应用中起到其他能源载体所起不到的作用。氢能作为一种二次能源，因其绿色、灵活、来源广泛等特点，将在可再生能源占主导的未来能源体系中发挥重要作用。氢的制取、储存、运输、应用技术也将成为 21 世纪备受关注的焦点。

氢能产业大规模发展的核心是实现低廉、高效的原料来源和储运。我国氢能源发展目前主要集中在氢燃料电池汽车及配套加氢站建设方向。然而，氢能的潜力却远不止用于氢燃料电池汽车，利用氢能在电力、工业、热力等领域构建未来低碳综合能源体系已被证明拥有巨大潜力。

氢能利用的优点包括：

① 氢能的利用可以实现大规模、高效可再生能源的消纳；

② 在不同行业和地区间进行能量再分配；

③ 充当能源缓冲载体，提高能源系统韧性；

④ 降低交通运输过程中的碳排放；

⑤ 降低工业用能领域的碳排放；

⑥ 代替焦炭用于冶金工业降低碳排放，降低建筑采暖的碳排放。因此，氢能在我国的碳中和路径中可能将扮演重要角色。

1.3
能源利用的发展与趋势

1.3.1 能源利用的发展阶段

能源与社会发展关系密切，人类社会已经历了三个能源时期——薪柴时期、煤炭时期和石油时期，能源消费结构经历了两次大转变，并正在经历着第三次大转变，可称为"能源转型"。

人类有意识地利用能源是从发现和利用火开始的。在 18 世纪前，人类主要以薪柴和秸秆等生物质燃料来生火、取暖和照明，这个时期也被称为薪柴时期。这一时期的生产和生活水平都很低，社会发展迟缓。直到 18 世纪 60 年代，产业革命的兴起推动了人类历史上第一次能源大转变，蒸汽机的发明和使用提高了劳动生产力，工业迅速发展，从而促进了煤炭勘探、开采和运输业大力发展。19 世纪末，蒸汽机逐渐被电动机取代，油灯、蜡烛被电灯取代，电力逐渐成为工矿企业的主要动力，成为生产动力和生活照明的主要来源，这时的电力工业主要以煤炭作为主要燃料。到 1920 年，煤炭占世界能源构成的 87%，至此，煤炭已取代薪柴成为世界能源消费结构的主体，完成了从薪柴时期到煤炭时期的转变。这一时期，社会生产力有了大幅度的发展，人类的生活水平也明显提高。

随着石油、天然气资源的开发和利用，能源利用进入了石油时期。从 20 世纪 20 年代起，石油、天然气资源的消费量逐渐上升。到 20 世纪 50 年代，石油勘探和开采技术改进，中东、美国和北非相继发现了大型油气田，同时随着石油炼制技术的发展，各种成品油供应充足、价格低廉，最终引发人类的能源消费结构发生了第二次大转变，即从以煤炭为主逐步转变为以石油、天然气为主。到 1959 年，石油和天然气在世界能源构成中的比重由 1920 年的 11% 上升到 50%，而煤炭的比重则由 87% 下降到 48%，至此，石油和天然气首次超过煤炭，占据第一位。这次转变不仅促进了世界经济繁荣发展，而且促使人类社会进入了高速发展的快车道。

煤、石油和天然气等化石能源的大规模使用，虽然创造了人类社会发展史上的繁荣，但也给全球环境带来了严重的污染。温室效应、化石能源枯竭、生态环境破坏等，已成为威胁人类生存和发展的严重问题。为了解决这一系列的问题，人类大力开发和发展太阳能、地热能、海洋能、风能、生物质能和核能等新型能源，通过使用新能源和可再生能源，人类有望解决部分能源需求问题，选择环境友好的能源供应模式。

随着新能源的开发和利用，从20世纪70年代开始，人类能源消费结构进入了一个新的转变期，即从以石油、天然气为主转向以清洁的、可再生的新能源为主，这次转变将经历一个相对较长的过程。与常规能源相比，新能源普遍具有污染少、储量丰富和可再生的特点。如果新能源能够取代传统的常规能源，那么也就意味着人们的生活将发生根本性的变革。

现阶段，世界能源发展面临诸多严峻挑战，伴随国际政治、经济发展和技术进步，全球能源利用呈现出的问题主要有：能源结构向低碳化演变；能源供需格局逆向调整；能源价格持续震荡；能源地缘政治环境趋于复杂化；气候变化刚性约束增强；新一轮能源技术革命正在孕育等。

1.3.2 我国能源利用的发展趋势

能源是国民经济发展的基础之一，能源对经济持续稳定发展和人民生活质量改善具有重要作用。我国是世界能源消费第一大国，2019年全国能源消费量已达到48.6亿吨标准煤。我国面临着能源资源短缺、消费总量大、化石能源比例高、能源安全形势严峻和环境污染严重等问题，能源问题已经成为影响国民经济发展的战略问题。《中国统计年鉴2020》数据显示，2019年煤炭在我国一次能源消耗中占比57.7%、石油18.9%、天然气8.1%、一次电力及其他能源15.3%。BP《世界能源统计年鉴2020》显示，煤炭在一次能源消耗中占比27.0%、石油33.1%、天然气24.2%、其他能源15.7%。可见，与世界能源消费平均水平相比，我国能源消费结构中化石能源尤其是煤炭占比高。

面对世界能源形势的变化，我国"十三五"规划明确提出将深入推进能源革命，着力推动能源生产利用方式变革，优化能源供给结构，提高能源利用效率，建设清洁低碳、安全高效的现代能源体系，维护国家能源安全。2020年9月22日，我国在第75届联合国大会上提出："中国将提高国家自主贡献力度，采取更加有力的政策和措施，二氧化碳排放力争于2030年前达到峰值，努力争取2060年前实现碳中和。"在碳达峰、碳中和背景下，我国能源利用将发生巨大的变革。党的二十大报告指出，立足我国能源资源禀赋，坚持先立后破，有计划分步骤实施碳达峰行动。完善能源消耗总量和强度调控，重点控制化石能源消费，逐步转向碳排放总量和强度"双控"制度。推动能源清洁低碳高效利用，推进工业、建筑、交通等领域清洁低碳转型。深入推进能源革命，加强煤炭清洁高效利用，加大油气资源勘探开发和增储上产力度，加快规划建设新型能源体系，统筹水电开发和生态保护，积极安全有序发展核电，加强能源产供储销体系建设，确保能源安全。

能源资源的多样性需要新的规律和方法来认识，能源的合理和综合利用则要求考虑包括环境因素在内的共性问题。能源科学研究必须从基础性、前瞻性和交叉性等多个角度，来研究能源的规律、方法和新技术的实现途径，从而支撑我国能源资源开发和利用的跨越式发展，满足我国未来经济可持续性发展的需求，为应对全球气候变化做出贡献。

1.4
能源与化工

能源与化工的关系非常密切。能源利用过程中的能量转化、储存以及传输通常离不开化学、化工科学和技术的支持，比如化石燃料的化学能可以通过燃烧而转变成热能，然后通过汽轮机将热能转换成机械能，再通过发电机将机械能转换成人们可用的电能等。能量的传输和储存过程往往都需要特定的物质载体,如石油、天然气等能源通过输油、输气管道可以实现能量的传输,而铅电池、新型电池等可以实现化学能的储存。上述这些以管道、电池等物质为载体的能量转换过程,很多都是以化学、化工知识为基础的。

能源尤其是煤、石油、天然气和生物质等碳基能源是化学工业中不可或缺的原料。在化工生产过程中,有些物质既是某种加工过程(如合成气生产)的能源,同时又是原料,两者合二为一。可见,能源的利用过程离不开化工,化工过程也需要能源。

化工不仅包含了物质的组成、结构、性质和变化规律等化学方面的内容,而且包含了物质的组成及位置的变化、反应、传质、传热和动量传递等在内的化工过程方面的内容。化工过程在能源开发和转化中起到了不可或缺的作用,越来越多的化工过程应用于能源的开发和利用,能源化工的概念就此产生。

能源化工是指能源的获取、利用和转化过程中所涉及的化工现象与化工过程。能源化工领域涉及的行业较多,主要有煤炭、石油、天然气、核工业以及新能源和可再生能源等。能源化工产品涉及国民经济和人类生活的各个领域,关系到衣食住行等各个方面。

随着能源利用结构和方式的转变,化石能源如煤和石油将趋向于作为"原料"来生产化学品,而新能源则被寄予厚望,被赋予未来能源主力军的角色。能源化工的原料和产品也将发生显著的变化,这种转变对能源化工的发展提出了新的要求,既是机遇又是挑战。对于传统化石能源,需要以"最少的能量使用、最低的物料消耗、最小的污染排放",获得最大的目的产品收率或能量;对于各种替代或新能源等,需要在提高能量密度、能量高效生产和储存与提高能量转化效率等方面寻求突破。

无论是化石能源的高效清洁利用,还是太阳能、生物质能等可再生能源的高效转化,都涉及重要的化学反应、工艺与工程以及化工材料等问题,都依赖化工的原理和方法,并以化工流程和设备为支撑。针对当前制约国民经济发展的能源"瓶颈"问题,要充分利用化学工程学科特点,发挥化学工程技术的作用,提高传统能源转化效率和发展替代能源或新能源。这对能源化工领域的发展和国民经济的提升都具有十分重要的意义。

1.5
能源化工系统工程

系统工程在能源化工领域中的应用,又称能源化工系统工程。能源化工系统工程是一门正在迅速成长的前沿交叉学科,主要针对能源化学与化工中的各类工艺过程和系统,利用系统工程的理论、方法与技术解决能量和物质高效转换、综合利用和互补集成等问题,以实现对能源化学系统的最优设计、规划、决策、控制、管理和运营。能源化学与化工因其化学反应直接或间接实现能量和不同化学物质之间的转换与储存,通过过程集成和过程综合实现节能和科学用能,力争发挥系统的最大效益和功能,是能源化学系统工程探索的焦点。研究和开发化工动力联产联用技术、能/质耦合网络综合技术、化学能源与可再生能源的高效互补技术等是能源化工系统工程领域的核心议题。

能源化工系统工程涉及的几个代表性研究领域有热电联供与冷热电三联供、多联产、换热网络及能源互联网等(图1-2)。

当今,能源化学与化工领域的多数前沿研究正在向系统集成方向发展,能源化工学科系统集成实现的关键在于解决不同元素之间的协同增效问题,而能源化工系统工程正是这一关键问

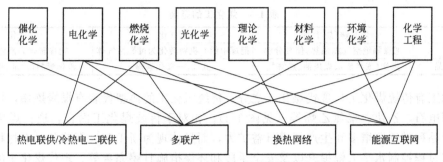

图 1-2　能源化工系统工程的代表性研究领域

题催生出来的重要分支学科。总体而言，能源化工系统工程是由能源化学和系统工程两大学科之间相互渗透而产生的一门综合性新兴学科，由催化化学、电化学、燃烧化学、光化学、理论化学、材料化学、环境化学和化学工程等能源化学基础主干学科互相交叉融合而成，依据系统科学的观点和方法，综合运用系统工程的各种理论和技术手段来分析和解决能源化学中的复杂系统或大系统问题。能源化学系统工程以能量和物质的联产联用为主要目标，重点关注过程与系统的高效低耗研究，强调系统层面的总体最优及功能效益最大化。能源化学在分子水平上揭示能源转化过程的本质和规律，系统工程则从系统高度上指出不同能源转化路径的耦合与调控机理，两者有机结合可为提高能源转换效率、实现能量梯级利用提供新思路、新方法，并为新的能源和节能技术开发提供低成本、高效率的新技术和整体最优的综合解决方案。

能源化学系统工程可追溯至现代化学工程学科的起源。20 世纪 80 年代初期，过程系统工程这一边缘学科的形成和兴起对能源化学系统工程的发展起到了积极的推动作用。作为一个学科内涵正在不断丰富和发展的新兴学科，能源化学系统工程以能源化学领域的复杂系统为研究对象，从系统角度研究不同类型能源化学系统的耦合与调控规律以及系统不同层次的共性规律，目的是优化和调控各类能源化学过程及系统。随着过程控制、信息技术和化学工程的发展，能源化学系统工程在深度和广度方面都有了较大的扩展，其研究对象正在由传统的中观向微观和宏观两个方向延伸。小到以分子模拟为手段的化工产品设计，大到以能源互联网为代表的超大规模系统构建，均已成为国际上的学术前沿和研究热点。

在过去的三十余年中，能源化学系统工程在化工过程综合、模拟和优化，计算机辅助过程设计与操作，化工动力联产联用以及能/质耦合网络综合等方面取得了大量成果，并逐渐向工热、生物、环境、控制、信息等领域渗透。国外研究机构在上述领域中均已取得了显著成果，国内在 20 世纪 80 年代几乎与国际同步开始了相关领域的研究，但发展相对较慢。未来的支持重点可围绕化工动力多联产、换热网络优化综合、微电网及能源互联网等方面展开，需要过程系统工程、系统建模与仿真、过程控制与优化、计算机辅助操作、数学规划、供应链优化、生命周期评估、机器学习等一系列知识支撑。

1.6
煤化工范畴

煤化工是以煤为原料，经化学加工使其转化为气体、液体和固体燃料以及化学产品的工业过程，主要包括煤的低温干馏、炼焦、气化、液化以及煤制化学品等。概括起来，煤化工源头技术及产品见表 1-3，由此可以看到，煤化工的主要产品是燃料和化工品。

表 1-3　煤化工的范畴

项目	煤热解(煤干馏)	煤气化	煤液化
原理	把煤隔绝空气加强热,使其分解	把煤中的有机物转化为可燃性气体	把煤转化为液体燃料
主要产品	焦炭(或半焦)、煤焦油、热解气	氢气、一氧化碳等	液体燃料(汽油、柴油等)

煤化工有传统煤化工与现代煤化工之分。传统煤化工的典型代表有煤炭炼焦,煤制合成氨,煤制电石、乙炔、聚氯乙烯等(见图 1-3)。相对于传统煤化工而言,现代煤化工不仅表现为产品种类逐渐增多和生产规模日益扩大,而且体现为新工艺、新装备、新材料不断涌现,工艺过程控制水平大幅提升以及安全手段和环保措施日臻完善等。现代煤化工的典型代表有煤直接液化、煤气化、合成气费托合成(煤间接液化)、煤制甲醇、甲醇制烯烃、甲醇制芳烃、煤制乙二醇、煤制天然气和煤制乙醇等(见图 1-4)。从 20 世纪末开始,中国现代煤化工快速发展,至今已取得了巨大成就,在国民经济的高速、健康、可持续发展中发挥着重要作用。

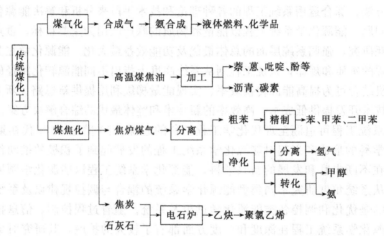

图 1-3　传统煤化工典型技术路线及主要产品类型

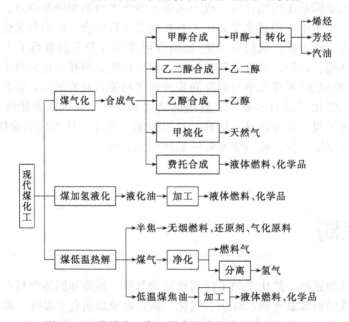

图 1-4　现代煤化工典型技术路线及其主要产品类型

在多年快速发展过程中，中国现代煤化工科技创新取得了一系列重大突破，技术水平和产业化规模均已位居世界前列，有些已达到国际领先水平。我国先后突破了大型先进煤气化、煤直接液化、煤间接液化（合成气费托合成）、煤制烯烃（甲醇制烯烃）、煤制乙二醇、煤制芳烃等一批煤转化与后续加工的核心技术难题，并取得了自主知识产权。需指明，中国在现代煤化工多年的发展过程中，也成功开发了一批具有自主知识产权的大型反应设备、大型空分设备和压缩机设备以及特殊泵类、阀门等现代关键设备。

煤气化技术是现代煤化工中的关键技术，选择合适的煤气化技术是决定项目全流程生产装置连续稳定运行和煤化工生产企业经济效益的关键。目前，我国已形成多种具有自主知识产权的大型加压煤气化新技术，比较典型的技术包括：多喷嘴对置式水煤浆气流床加压气化技术，航天干煤粉气流床加压气化技术，水煤浆水冷壁废锅流程气流床加压气化技术（晋华炉），"神宁炉"干煤粉气流床加压气化技术，"东方炉"干煤粉气流床加压气化技术等。其中多喷嘴对置式水煤浆气流床加压气化技术和航天干煤粉气流床加压气化技术单台气化炉最大日投煤量分别达到 4000t 和 3000t。

煤热解（或称煤干馏）可获得固体、液体和气体产品。高温热解（煤焦化）是非常重要的传统煤化工过程，为炼钢产业提供至目前仍不可或缺的焦炭。2018 年，我国焦炭产量约为 4.38 亿吨，耗煤约 6.16 亿吨。煤热解是煤炭（低阶煤）分级分质利用的先导技术，基于煤炭各组分的不同性质和转化特性，以煤炭同时作为原料和燃料，煤的热解（干馏）与燃煤发电、煤气化、煤气利用、煤焦油深加工等多个过程有机结合的新型能源利用系统，受到产业界高度重视。以热解为先导的低阶煤分级分质转化技术，作为战略方向被列入国家发改委和国家能源局公布的《能源技术革命创新行动计划（2016—2030 年）》。

总体而言，我国传统煤化工产业相对稳定和成熟，现代煤化工仍处在发展中。中国现代煤化工产业已经初具规模，截至 2019 年，我国现代煤化工产业形成的原料煤转化能力达 1.76 亿吨标准煤，原料煤转化量约 1.55 亿吨标准煤，原料煤转化量约占煤炭消费量的 5.6%。现代煤化工将更加注重高端差异化新产品的开发，特别是高性能、高附加值类新产品的开发。

1.7
石油和天然气化工

石油按其加工和用途来划分，包括两大分支：一是石油炼制体系，将石油加工成各种燃料油（汽油、煤油、柴油）、润滑油、石蜡、沥青等产品；二是石油化工体系，石油通过分馏、裂解、分离、合成等一系列过程生产各种石油化工产品。例如，石油馏分通过烃类裂解、裂解气分离可制取三烯（乙烯、丙烯、丁二烯）等烯烃和三苯（苯、甲苯、二甲苯）等芳烃。石油化工生产一般与石油炼制或天然气加工结合，相互提供原料、副产品或半成品，以提高经济效益。石油的化工利用见图 1-5。

石油化工发展历史悠久，早在第一次世界大战期间就已萌芽，但发展速度缓慢，直到第二次世界大战期间，石油化工才有了飞速发展。我国的石油化工是 20 世纪 60 年代兴起的，主要由石油炼制、化肥、化纤、合成橡胶和塑料等几个行业组成。截至 2019 年底，我国炼油产能达到 8.64 亿吨/年、乙烯产能 2894 万吨/年、对二甲苯产能 2064 万吨/年。炼油、乙烯生产能力全球第二，对二甲苯生产能力全球第一。下游有机原料、合成材料等行业规模也

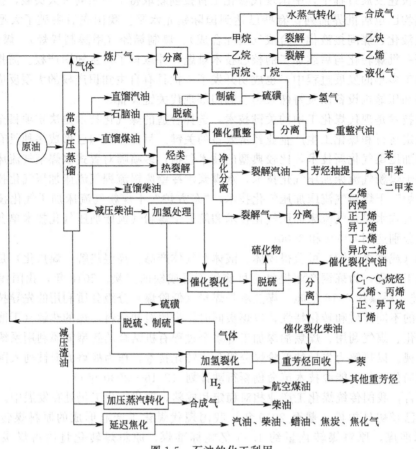

图 1-5 石油的化工利用

保持增长。

按原料加工和产品不同，石油化工分为原料加工、基础原料加工、基本有机化工产品生产、"最终"产品加工等四个阶段。

基础原料主要包括：氢气及合成气（进一步生产合成氨、甲醇）、烯烃（乙烯、丙烯、丁二烯、异丁烯等）、芳烃（苯、甲苯、二甲苯）、乙炔、萘、蒽等。由这些基础原料出发可进一步加工生产各种石油化工产品。由基础原料进一步加工生产醇、醛、酮、酸、酯、酚、腈、胺和卤化物等基本有机化工产品，作为商品或进一步加工的原料使用，如氯乙烯、乙二醇、丙烯腈、苯酚、丙酮、丁醇、辛醇、苯乙烯、己内酰胺、对苯二甲酸等。

石油化工的最终产品是轻工、纺织、建材、机电等加工业的重要原料，主要包括合成树脂和塑料（如聚乙烯、聚丙烯、聚氯乙烯、聚苯乙烯、各种工程塑料等）、合成橡胶（如顺丁橡胶、丁苯橡胶、丁基橡胶等）、合成纤维（如聚酯纤维、腈纶、聚酰胺纤维等）、合成洗涤剂及其它化学品。

石油化工产品种类繁多，范围较广。图 1-6～图 1-10 分别为乙烯系合成产品、丙烯系合成产品、乙炔系合成产品、碳四和碳五系产品以及芳烃系产品示意图。

天然气可作为燃料和化工原料进行利用。用作化工的仅占天然气总产量的 5% 左右，目前世界上约有 84% 的合成氨、90.8% 的甲醇、39% 的乙烯（含丙烯）及其衍生物产品是用天然气和天然气凝析液为原料制得的。

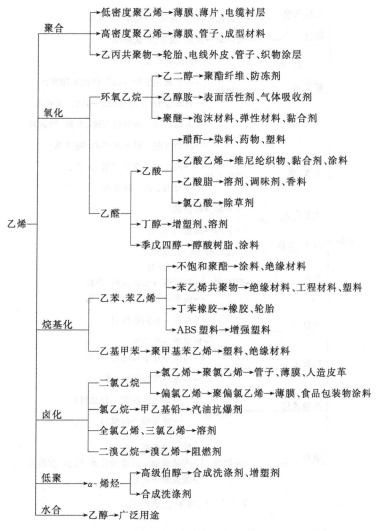

图 1-6 乙烯系合成产品

我国天然气主要用于城市燃气、工业燃料、天然气发电、天然气化工和其他方面（见表1-4）。2017年天然气化工约占天然气总产量的11.1%。我国合成氨总产能的约20%，甲醇总产能的约25%是以天然气为原料制得的，但因我国天然气用作城市燃气数量激增，不但使化工用气占天然气总量比例逐年下降，而且需大量进口以满足城市燃气需求。2020年，我国天然气表观消耗量$3239.6×10^8 m^3$，对外依存度为41.7%。与发达国家相比，我国的天然气化工还处在起步阶段，发展空间很大。

表 1-4 近年我国天然气市场消费量

年份	城市燃气	工业燃料	天然气发电	天然气化工	其他用户	自用气①	合计
2011	436.37	272.69	215.58	257.41	28.98	130.04	1341.07
2012	481.47	352.00	225.02	275.34	34.78	127.94	1496.55
2013	538.02	440.95	244.47	305.42	38.28	138.23	1705.37
2014	603.63	491.19	262.60	320.28	43.98	147.26	1868.94
2015	608.72	488.58	343.66	259.18	48.52	143.06	1891.72
2016	688.27	556.72	407.83	241.42	51.21	132.63	2078.08
2017	762.57	721.55	446.10	266.18	55.89	141.02	2393.31

① 自用气指石油和天然气开采业使用的天然气。

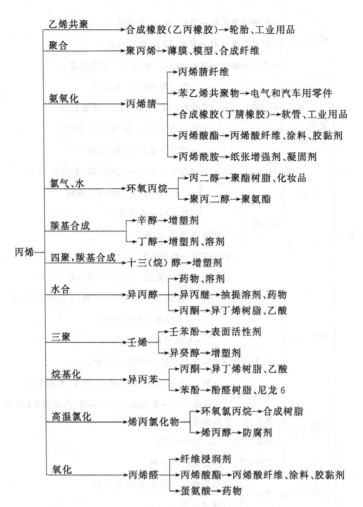

图 1-7　丙烯系合成产品

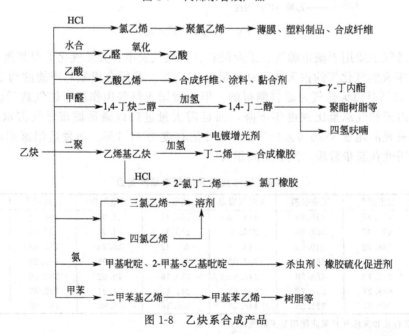

图 1-8　乙炔系合成产品

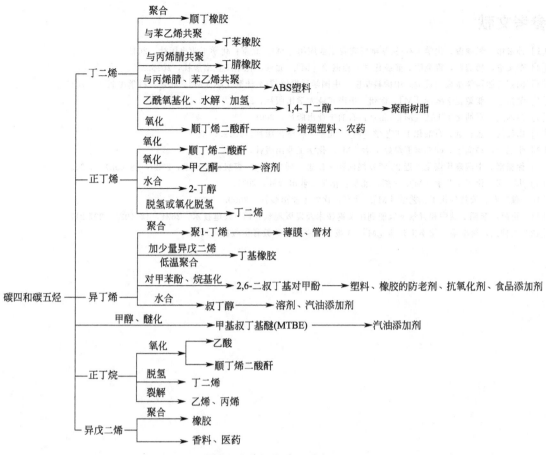

图 1-9　碳四和碳五系产品

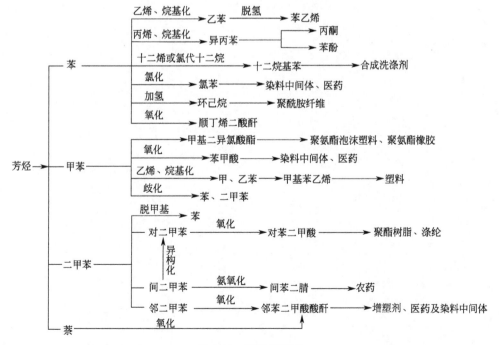

图 1-10　芳烃系产品

参考文献

[1] 孙宏伟，张国俊. 化学工程-从基础研究到工业应用 [M]. 北京：化学工业出版社，2015.

[2] 李文萃，胡浩权，鲁金明. 能源化学工程概论 [M]. 北京：化学工业出版社，2015.

[3] 国家自然科学基金委员会，中国科学院. 中国学科发展战略 能源化学 [M]. 北京：科学出版社，2018.

[4] 董光华，能源化学概论 [M]. 徐州：中国矿业大学出版社，2018.

[5] 白术波. 石油化工工艺 [M]. 北京：石油工业出版社，2008.

[6] 山红红，张孔远. 石油化工工艺学 [M]. 北京：科学出版社，2019.

[7] 张旭之，马润宇. 碳四碳五烯烃工学 [M]. 化学工业出版社，1998.

[8] 徐振刚. 中国现代煤化工近 25 年发展回顾·反思·展望 [J]. 煤炭科学技术，2020，48（08）：1-25.

[9] 朱志庆. 化工工艺学 [M]. 2 版. 北京：化学工业出版社，2017.

[10] 魏顺安. 天然气化工工艺学 [M]. 北京：化学工业出版社，2009.

[11] 雷超，李韬. 碳中和背景下氢能利用关键技术及发展现状 [J]. 发电技术，2021，42（02）：207-217.

[12] 黄仲九，房鼎业. 化学工艺学 [M]. 3 版. 北京：高等教育出版社，2016.

第2章

煤的热解

煤的热解是指在隔绝空气或惰性气氛的条件下对煤进行加热，煤在热场中经历一系列物理变化和化学反应的复杂过程，亦称热分解或干馏。煤热解是煤热转化过程（包括燃烧、气化、液化等）的最初阶段。煤热解的结果是生成煤气、焦油、焦炭等产品。在热解过程中，利用煤的组成与结构特征，通过对操作参数的调控，对煤的有机大分子结构进行科学的"化学剪裁"，制备高附加值化学品和替代油气产品，从而实现煤炭的定向转化和分级利用，对我国的经济发展和能源安全具有十分重要的战略意义。

2.1
煤热解的基本原理

2.1.1　煤热解过程中的宏观变化

煤的热解过程大致可以分为三个阶段（见图 2-1）。

（1）第一阶段（室温~T_d）

从室温到活泼热分解温度（T_d，对于非无烟煤一般为 $350~400℃$）为干燥脱气阶段。在这一阶段，煤的外形没有变化。褐煤在 $200℃$ 以上发生脱羧基反应，$300℃$ 左右时开始热解，而烟煤和无烟煤的原始分子结构仅发生有限的热作用（主要是缩合作用）。$120℃$ 之前主要脱水，$200℃$ 左右完成脱气（包括 CH_4、CO_2 和 N_2 等）。

（2）第二阶段（T_d~$550℃$）

这一阶段的特征是分子结构的活泼分解，以解聚和分解反应为主，生成和逸出大量的挥发物（煤气和焦油），在 $450℃$ 左右焦油量最大，在 $450~550℃$ 气体析出量最多。烟煤在 $350℃$ 左右开始软化、黏结成半焦。烟煤（尤其是中等煤阶的烟煤）在这一阶段经历了软化、熔融、流动和膨胀直到再固化，呈现出一系列特殊现象，并形成气、液、固三相共存的胶质体。液相中存在液晶或中间相。胶质体的数量和质量决定了煤的黏结性和结焦性。固体产物

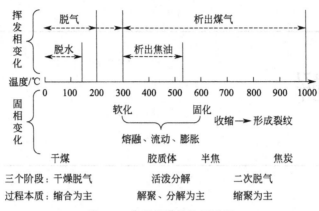

图 2-1 典型烟煤的热解过程

半焦与原煤相比,其芳香层片的平均尺寸和氢密度等指标变化不大,这表明半焦生成过程中缩聚反应并不十分明显。

(3) 第三阶段 (550～1000℃)

该阶段又称二次脱气阶段。在这一阶段,半焦变成焦炭,以缩聚反应为主。析出的焦油量极少,挥发分主要是多种烃类气体、H_2 和碳的氧化物。焦炭的挥发分小于 2%,芳香核增大,排列的有序性提高,结构致密、坚硬并呈现银灰色金属光泽。从半焦到焦炭,一方面析出大量煤气,另一方面焦炭本身的密度增大,体积收缩,导致生成许多裂纹,形成碎块。如果将最终加热温度提高至 1500℃ 以上则进入石墨化阶段,用于生产碳素制品。

2.1.2 煤热解过程中化学反应

因煤成分的分子结构极其复杂,且煤中某些矿物质又对热解具有催化作用,所以很难彻底清晰认知煤热解的化学反应。但煤的热解的进程可以通过煤在不同分解阶段的元素组成、化学特征和物理性质的变化加以说明。

(1) 分解温度 (350～400℃) 以下的反应

过去,对低温下热处理时煤发生的变化关注较少,一般认为并不重要。这种认识低估了煤成分分子结构在低温下的变化与煤的热解行为之间的关系。例如,褐煤、次烟煤和高挥发分烟煤在加热到约 350℃ 时失去占原重量的 4%～5% (质量分数,干燥基),称为低温失重。对于煤的低温热处理,重要的是析出物的组成及其来源。研究表明,在这一阶段析出的物质有 H_2O (化学结合,即热解水)、CO、CO_2、H_2S (少量)、甲酸 (痕量)、草酸 (痕量)和烷基苯类 (少量)。一般认为,煤 (特别是低阶煤) 很容易从外界得到 O_2 而与之结合,因此,析出的 H_2O、CO、CO_2 等主要来源于化学吸附表面配合物 (如过氧化物或氢过氧化物) 或包藏在煤中的化合物。

有证据表明,除以上作用外,在这一阶段,煤中发生了更深刻的反应,如煤的差热分析表明在 200～300℃ 之间有相当大的放热变化;红外光谱的变化表明煤中发生了脱羟基作用和含氧方式的重排;电子自旋共振测量表明自由基的浓度缓慢增加;300℃ 前脱羧基作用不断进行。因此,可以认为至少有一部分 H_2O、CO 和 CO_2 是下述反应造成的。

$$\text{苯酚} + \text{苯} \xrightarrow{H_2O} \text{联苯}$$

$$\text{苯甲酸(COOH)} \longrightarrow \text{（C=O）} + OH\,[\text{苯}] \xrightarrow{-H_2O} \text{二苯甲酮（C=O）}$$

（2）活泼分解阶段（分解温度 525～550℃）的反应

除无烟煤外，所有的煤在加热至分解温度以后都开始大规模热分解，通常在 525～550℃之间结束。在这一过程中必然伴随广泛的分子碎裂，最后发生内部 H 重排而使自由基稳定，也可能从其他分子碎片夺取氢和无序重结合而使自由基稳定，剩下的是和煤迥然不同的固体残渣。研究表明：在这一阶段挥发物的析出速率突然增大，同时煤焦油中的分子种类极其复杂，而这些分子在煤中是不存在的；热解残渣的电子自旋共振测量表明，当温度超过分解温度后自由基突然增多，在近 500℃时达到最大值；在有氮氧化合物存在时，产生的焦油的聚合程度较差，黏度较低，颜色较浅，这是因为 NO_x 是一种著名的自由基清除剂。红外光谱和核磁共振谱对热解残渣的分析表明：在这一阶段，氢化芳香部分发生脱氢反应；—CH_2—桥键结构断裂；脂环断裂；加热至 500～550℃，形成氢键的酚羟基迅速脱除；脂肪 C—H 键逐渐减少；芳香系统中的 H—C—C 摇动变形逐渐加强；^{1}H-NMR（氢核磁共振）分析表明，二次矩随热处理温度的变化与残渣中氢含量的变化情况非常一致。X 射线衍射分析表明，热解残渣芳香度的增大并不是由于芳香单位的长大（芳香单位迅速长大要在 600～650℃之间开始），而是由于失去了非芳香部分。

（3）二次脱气阶段的反应（550～900℃）

经过活泼分解之后留下的残渣几乎全部是芳构化的，其中仅含少量非芳香碳，但有较多的杂环氧、杂环氮和杂环硫保留下来。此外，还有一部分醚氧和醌氧。残渣中的单个芳香结构并不比先驱煤中大。随着二次脱气阶段的温度不断升高，残留固体逐渐向隐晶假石墨结构靠近。

在活泼分解阶段析出的主要是焦油、轻油和烃类气体，而在约 550℃以上析出的主要是 H_2 和 CO，伴有少量 CH_4 和 CO_2。

① H_2 的析出 在本阶段，H_2 析出的速率与煤中芳香碳网的长大相符合，这说明二次脱气阶段出现的 H_2 是由芳香部分比较简单的缩聚作用产生的。

② CO 的生成 CO 的生成机理与从褐煤及次烟煤中释放出来的 CO 生成 CO_2 机理类似。在本阶段析出的碳的氧化物来源于热稳定性更好的醚氧、醌氧和氧杂环。

③ CH_4 的析出 接近分解温度时即出现 CH_4，500～600℃之间达到最大值，然后在 700～1000℃之间降为零。由于 550～600℃的热解残留物已基本上完全芳构化了，因而不可能通过煤物质的分解大量生成 CH_4。CH_4 的生成可能是由于：a. 留在煤焦气孔空间内挥发烃类（即焦油分子）的分解；b. 自加氢反应，即 $C + 2H_2 \longrightarrow CH_4$。

2.1.3 煤热解的机理及动力学分析

煤的热解机理及其动力学是研究煤在热解过程中的反应种类、反应历程、反应产物、反应速率、反应控制因素以及反应动力学常数（反应速率常数和反应活化能等）。这些方面的研究对煤化学、炭化、气化和燃烧都很重要，因此受到广泛重视。

煤热解反应遵循自由基反应机理，在热场中煤有机结构中的共价键发生均裂而形成自由基。通常弱共价键受热均裂产生包含自由基的碎片，自由基碎片进一步反应形成产物。Tromp

于 1987 年归纳了煤热解的自由基历程（如图 2-2 所示），即煤结构受热分解产生挥发性自由基碎片，挥发性自由基碎片离开煤表面后继续反应，生成挥发产物和焦。该历程后来被广泛引用，成为共识机理。2014 年，刘振宇基于多种煤热解焦保持了原煤颗粒的形状、木炭保留了植物枝干的外形等现象，提出了修正的热解过程（图 2-3），即煤受热产生挥发性自由基的同时也产生不挥发的自由基，固体表面的不挥发自由基导致结构失稳，进而原位缩聚形成相对稳定的结构。该过程由表及里连续发生，最终形成保持颗粒原貌的焦炭和挥发产物。

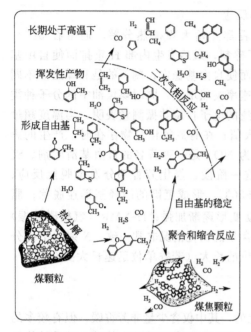

图 2-2　Tromp 提出的煤热解反应机理　　　　图 2-3　刘振宇修正的煤热解反应机理

煤热解自由基反应的场所（位置）宏观上可分为煤颗粒内部和外部。煤颗粒内孔道中主要发生挥发性自由基碎片之间的反应及挥发性自由基碎片与煤的反应；煤颗粒外主要发生挥发性自由基碎片之间的反应。两个场所的反应均影响产物产率和品质。

一般认为，煤的有机结构受热分解主要与分子结构中化学键的强弱密切相关。煤中典型有机结构化学键键能如表 2-1 所示。

表 2-1　煤中典型有机结构化学键键能

化学键	键能/(kJ/mol)	化学键	键能/(kJ/mol)
芳香碳-碳键	2057	CH₂—CH₃（苯基乙基）	301
芳香碳-氢键	425		
脂肪碳-氢键	392		
芳碳-脂肪碳键	332		
脂肪碳-氧键	314	H₂C—CH₃（萘基乙基）	284
脂肪碳-碳键	297		
二苯甲烷 CH₂	339		
1,3-二苯丙烷 CH₂—CH₂—CH₂	284	H₂C—CH₃（蒽基乙基）	251

从表 2-1 中数据可以总结出烃类热稳定性的一般规律：缩合芳烃＞芳香烃＞环烷烃＞烯烃＞烷烃；芳烃上侧链越长，侧链越不稳定；芳环数越多，侧链越不稳定；缩合多环芳烃的环数越多，其热稳定性越好。

煤热解是复杂的多相反应过程，因此煤热解的定量描述一直以来都是难题。动力学研究的目的在于求解出能够描述相应反应动力学方程中的三个因子：活化能、指前因子和动力学模型函数。目前，人们尚未建立起基于真实热解反应机理之上的令人满意的动力学模型。描述煤热解过程的动力学模型可分为经验模型和网络模型两大类。经验模型包括一级反应模型、双竞争反应模型、有限多个平行反应模型以及分布活化能模型等，这类模型把热解过程简化为有限或无限个反应的叠加，经过对热解数据拟合、回归得到表观动力学表达式。经验模型仅适用于一定条件下的特定场合。网络模型包括官能团-解聚、蒸发、交联模型（FG-DVC）、分布式能量链统计模型（flashchain）、化学渗透脱挥发分模型（CPD）等。网络模型依据煤有机分子网络的结构特征，考虑煤热解的具体反应历程，映射出煤结构和反应之间的关系，可以预测不同煤种、操作条件（温度、加热速率等）下热解焦油、轻质气体及半焦的产率变化。

煤热解化学渗透脱挥发分模型（CPD）于 1989 年首次发表，发展至今该模型得到了广泛认可。CPD 模型用化学结构参数来描述煤结构，并根据无限煤点阵中已断开的不稳定桥数，用渗透统计方法描述焦油前驱体的生成。渗透统计学以 Bethe 晶格为基础，用配位数和完整桥的分数来表述。该模型的特点为：

① 煤依赖性输入参数由核磁共振测得；

② 不稳定桥断的反应机理；

③ 焦油分子结构分布、轻质气体前驱体总数以及半焦分数由渗透点阵统计方法确定；

④ 蒸汽压模型与闪蒸模型相结合，用闪蒸过程来描述处于汽液平衡的有限碎片，这一过程的速率要快于断键速率；

⑤ 用交联机理解释煤塑性体重新连到半焦基体上的过程。

采用顺序分布激活能量概念，而不是普遍的并行分布激活能量模型，其结果几乎相同，计算速度大幅节省。CPD 模型仅基于煤之间的化学结构差异，采用一系列确定的速率系数（动力学参数）来模拟不同煤种在差异热解条件（加热速率、停留时间、压力和温度等）下的热解行为。在过去的 30 年中，CPD 模型或 CPD 模型中的概念被用来描述众多燃料（煤、油页岩、生物质、废旧轮胎、沥青等）在不同状况下的热解。

2.2
煤的高温热解/干馏

根据煤热解终温不同，一般将热解/干馏分为三种：低温热解/干馏 500～600℃；中温热解/干馏 600～900℃；高温热解/干馏 900～1100℃。

通过煤的高温热解/干馏，可获得焦炭、化学产品和煤气，此过程亦称为高温炼焦，一般简称炼焦。炼焦的主要产品是焦炭，副产品有煤焦油和煤气。焦炭主要用于高炉炼铁、金属冶炼。煤气中 H_2 含量很高，可用来合成氨，进一步生产化学肥料；因煤气的热值高可作加热燃料。

煤焦油是具有刺激性臭味的黑色或黑褐色的黏稠状液体，是重要的化工原料。煤焦油按照煤热解温度的不同可分为低温煤焦油（500～600℃）、中温煤焦油（600～900℃）和高温煤焦油（900～1100℃）。低温煤焦油是煤低温干馏的液体产物。中温煤焦油是煤中温热解时生产半焦的副产物，密度约为 $1g/cm^3$，其中脂肪烃类和芳香烃类物质含量约为 50%，酚类物质含量约为 30%。高温煤焦油是煤热解生产焦炭的副产物，密度为 $1.17\sim1.19g/cm^3$，所含组分数在 10000 种左右，主要组分包括芳香烃、酚类、杂环氮化合物、杂环硫化合物、杂环氧化合物及复杂的高分子环状烃等，含量接近或超过 1% 的物质仅有 10 余种，包括萘、芴、苊、蒽、咔唑、荧蒽和苯甲酚等，约占高温煤焦油含量的 30%。高温煤焦油通过深加工处理，可提取医药、纤维、塑料和燃料等行业中重要的化学原料。

炼焦所得化学产品种类很多，主要有硫酸铵、吡啶碱、苯、甲苯、二甲苯、酚、萘、蒽和沥青等，特别是其中含有的多种芳香族化合物是重要的化工原料与化学品。炼焦化学工业能提供农业需要的化学肥料和农药、合成纤维的原料苯、塑料和炸药的原料酚以及医药原料吡啶碱等。由此可见，炼焦化学工业与许多行业都密切相关，炼焦是实现煤炭综合利用的重要途径。

2.2.1 煤成焦的过程和特征

2.2.1.1 煤成焦过程的不同阶段

烟煤是复杂高分子有机化合物的混合物。它的基本结构单元是多核芳环，芳核的周边带有侧链。年轻烟煤的芳核小、侧链多，年老烟煤则与此相反。煤在炼焦过程中，随温度升高，连在核上的侧链不断脱落分解，芳核本身则缩合并稠环化，反应最终形成煤气、化学产品和焦炭。化学反应伴有煤软化形成胶质体、胶质体固化黏结以及膨胀、收缩和裂纹等现象。

煤由常温开始受热，温度逐渐上升，煤料中水分首先析出，然后煤开始发生热分解，当煤受热温度在 350~480℃时，煤热解有气态、液态和固态产物，出现胶质体。由于胶质体透气性不好，气体不易析出，产生了对炉墙的膨胀压力。当超过胶质体固化温度时，则发生黏结现象，产生半焦。在半焦形成焦炭的阶段，有大量气体生成，半焦收缩，出现裂纹。当温度超过 650℃左右时，半焦阶段结束，开始由半焦形成焦炭，一直到 950~1050℃时，焦炭成熟，结焦过程结束。上述成焦过程可用简图表示，见图 2-4。

随温度升高

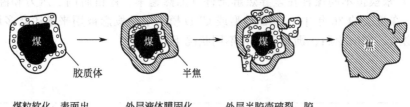

| 胶质体 | 半焦 | | 焦 |

煤粒软化，表面出现含有气泡的液体膜(胶质体)　　外层液体膜固化生成半焦，中间有胶质体层　　外层半焦壳破裂，胶质体流出

图 2-4　煤成焦过程

成焦过程可分为煤的干燥预热阶段（<350℃）、胶质体形成阶段（350~480℃）、半焦形成阶段（480~650℃）和焦炭形成阶段（650~950℃）。

2.2.1.2 煤的黏结和胶质体的形成

炼焦过程中形成的胶质体数量与质量，对煤的黏结成焦很重要。不能形成胶质体的煤，没有黏结性。具有很好黏结性的煤热解形成的胶质体中液相物质多，能形成均一的胶质体，有一定的膨胀压力，如焦煤、肥煤。如果煤热解形成的液体部分少，或者形成的液体部分热稳定性差，很容易挥发掉，这样的煤黏结性差，例如弱黏结性的气煤。

从煤岩学角度考虑，中等变质程度煤中镜质组形成胶质体的热稳定性比稳定组的好，稳定组形成的胶质体容易挥发掉，所以它的结焦性不如镜质组。丝质组和惰质组不能形成胶质体，应该使之均匀分散在配煤的胶质体中。

当形成的胶质体比较稠厚时，其透气性较差，故在炼焦时能形成较大膨胀压力。此膨胀压力有助于煤黏结，提高煤的膨胀压力，可以提高煤的黏结性。例如控制煤料粒度，增大煤的堆密度，均能提高煤的膨胀压力，进而可以提高弱黏结性煤的结焦性。增大加热速度，也可以提高黏结性。

黏结性差的煤，形成的胶质体液相部分少，胶质体稀薄，透气性好，膨胀压力小。所以这种煤在粉碎时，除了使惰性成分细碎均匀分散外，黏结性成分的粒度不宜过细，以免堆密度降低。在形成胶质体时液相部分可以更多地黏着固体颗粒分散在液相中，形成均一胶质体，有利于黏结。但是能形成大量液体部分的较肥煤应该细碎，细碎相当于瘦化作用，这样可以形成稠厚更均一的胶质体，能提高焦炭机械强度。

由于胶质体中有气相产物，在胶质体黏结形成半焦时，有气孔存在，最终形成的焦炭也是孔状体。气孔大小、气孔分布和气孔壁厚薄，对焦炭强度有很大影响，它主要取决于胶质体性质。中等变质程度烟煤的镜质组，能形成气孔数量适宜、大小适中、分布均匀的焦炭，其强度很好。

2.2.1.3　焦炉煤料中热流动态

焦炉炭化室炉墙温度在加煤前可达 1100℃ 左右。当加入湿煤进行炼焦时，炉墙温度迅速下降，随着时间延长，温度又升高。在推焦前炉墙温度恢复到装煤前温度，如图 2-5 曲线 1 所示。煤料水分含量越高，炉墙温度降低越多。

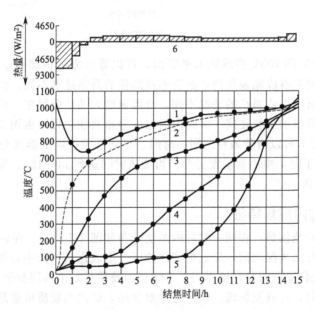

图 2-5　炭化室内煤料温度的变化情况

1—炭化室炉墙表面温度；2—靠近炉墙的煤料温度；
3—距炉墙 50～60mm 处的煤料温度；4—距炉墙 130～140mm 处的煤料温度；
5—炭化室中心温度；6—炉砖热量损失和积蓄

炭化室煤料加热，是由两侧炉墙供给的，靠近炉墙处煤料温度先升高，离炉墙远的煤料温度后升高。由于煤料中水分蒸发，离炉墙较远部位的煤料，停留在小于 100℃的时间较长，一直到水分蒸发完了才升高温度。不同部位的煤料温度随加热时间的变化见图 2-5。

炭化室中心面的煤料温度变化，可由图 2-5 的曲线 5 看出，在加煤 8h 后才从 100℃升高。距离炉墙 130～140mm 的煤料，由曲线 4 可以看出，停留在 100℃以下的时间也有 3h。宽度方向不同部位煤料的温度，随加热时间的变化是不同的。

不同部位煤料的升温速度由图 2-5 已经可以初步看出。为了更清楚地看出不同部位煤料的升温速度，根据图 2-5 数据，可以做出煤料等温线图 2-6。图中每两条线间的水平距离，代表该部位煤料升高 100℃所需的时间。两曲线间水平距离大，升温速度慢。例如 100～350℃，炉墙附近煤料的升温速度可达 8.0℃/min，而中心部分的煤料只有 1.5℃/min。图中两条虚线的温度是 350℃和 480℃，表示胶质体的软固化点区间。两线间垂直距离代表胶质层厚度，可见不同部位胶质层厚度也是不同的。

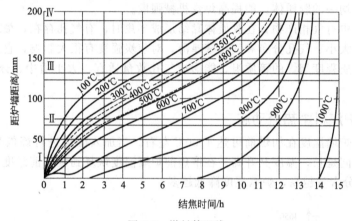

图 2-6　煤料等温线

由图 2-6 中 480℃和 700℃两线间水平距离，可以算出靠近炉墙和中心部位的升温速度较大。在此温度区间是有收缩现象的，由于不同部位的升温速度不同，温度梯度不同，因而收缩梯度也不同，所以生成裂纹的情况不同，升温速度大的，裂纹多，焦块小。

炭化室内不同部位的煤料在同一时间内的温度分布曲线，可以由图 2-5 的数据做出，如图 2-7 所示。由图 2-7 可以清楚地看出同一时间、不同部位煤料的温度分布。当装煤后加热约 8h，水分蒸发完了时，中心面温度上升。当加热时间达到 14～15h，炭化室内部温度都接近 1000℃，焦炭成熟。

2.2.1.4　炭化室内成焦特征

炭化室由两面炉墙供热，在同一时间内温度分布如图 2-7 所示。在装煤后 8h 时和图 2-7 上表示的 3h 和 7h 时的情况相同，靠近炉墙部位已经形成焦炭，而中心部位还是湿煤。在装煤后约 8h 期间，炭化室同时存在湿煤层、干煤层、胶质层、半焦层和焦炭层。

膨胀压力过大时，可危及炉墙。焦炉是两面加热，炉内两胶质层逐渐移向中心。最大膨胀压力出现在两胶质层在中心汇合时。由图 2-7 可以看出，两胶质层在装煤后 11h 左右在中心汇合，相当于结焦时间的 2/3 左右。

炭化室内同时进行着成焦的各个阶段，由于五层共存，因此半焦收缩时相邻层存在着收缩梯度，即相邻层温度高低不等，收缩值的大小不同，所以有收缩应力产生，导致出现裂纹。

各部位在半焦收缩时的加热速度不等，产生的收缩应力也不同，因此产生的焦饼裂纹网多少也不一样。加热速度快，收缩应力大，裂纹网多，焦炭碎。靠近炉墙的焦炭，裂纹很

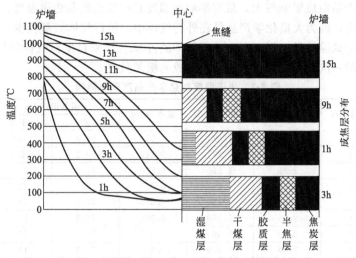

图 2-7 炭化室煤料温度和成焦层分布

多，形状像菜花，有焦花之称，其原因在于此部位加热速度快，收缩应力较大。

成熟的焦饼，在中心面上有一条缝，如图 2-7 所示，一般称焦缝。其形成原因是两面加热，当两胶质层在中心汇合时，两侧同时固化收缩，胶质层内又产生气体膨胀。

2.2.1.5 气体析出途径

炭化室内煤料热解形成的胶质层，由两侧逐渐移向中心，见图 2-7。胶质层透气性较差，在两胶质层之间形成的气体不可能横穿过胶质层，只能上行进入炉顶空间。这部分气体称为里行气。里行气中含有大量水蒸气，是煤带入的水分蒸发产生的。里行气中的煤热解产物，是煤经一次热解产生的，因为它在进入炉顶空间之前，没有经过高温区，所以没有受到二次热解作用。

在胶质层外侧，胶质体固化和半焦热解产生大量气态产物。这些气态产物沿着焦饼裂纹以及炉墙和焦饼之间的空隙，进入炉顶空间。此部分气体称外行气体，外行气体是经过高温区进入炉顶空间的，故经历过二次热解作用。外行气体与里行气体的组成和性质是不同的。里行气体量较少，只占 10% 左右。外行气体量大，占 90% 左右。

原料煤的性质对炼焦化学产品产率影响较大。煤的挥发分高，焦油和粗苯产率都高。不同性质煤炼焦的煤气产率和组成也不相同。从图 2-8 可以明显看出不同挥发分煤炼焦所得煤气组成的差异。

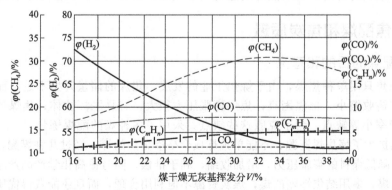

图 2-8 炼焦煤挥发分和煤气组成的关系

温度对化学产品组成影响较大，最有影响的温度是炉墙温度和焦饼温度，炭化室炉顶空间温度只占次要地位，因为大量化学产品是在外行气体中，里行气体数量较少。根据国外在生产规模实验焦炉上的试验结果，粗苯来自外行气体的占80%，来自里行气体的只占12%～15%。来自里行气体中的一次焦油在炉顶空间热解生成的粗苯只占5%～8%。

表 2-2 火道温度对化学产品产率的影响

火道温度/℃	结焦时间/h	焦油产率/%	粗苯产率/%	氨产率/%	粗苯组成/%		焦油中萘含量/%
					苯	甲苯	
1440	13	3.24	1.210	0.254	83.8	7.0	15.0
1390	14	3.25	1.235	0.267	80.2	9.2	12.0
1350	15	3.26	1.260	0.270	77.6	11.0	11.0
1310	16	3.70	1.290	0.295	75.0	12.2	10.3
1275	17	4.00	1.320	0.310	73.2	13.1	0.8
1250	18	3.99	1.350	0.308	71.8	13.8	9.5
1225	19	3.80	1.365	0.305	71.0	14.2	9.4
1210	20	3.57	1.370	0.304	70.3	14.5	9.3

炉墙和焦饼温度是由火道温度决定的。根据生产数据进行整理的火道温度与化学产品产率之间的关系见表2-2。由表可见，火道温度低时，粗苯产率高，粗苯中苯含量低而甲苯含量高。温度越高，焦油中萘含量越高。焦油和氨产率，在火道温度为1275℃左右时最高。表2-2数据得自炉宽450mm的焦炉，所用煤的干燥无灰基挥发分为33%。

炭化室炉顶空间温度，只有在炉墙和焦饼温度较低时，才有显著作用。

温度对化学产品组成影响的原因是各种芳烃有最适宜的生成温度，由图2-9看出，形成芳烃的最适宜温度是700～800℃。

炼焦气态产物在高温区的停留时间，对化学产品产率的影响也很大。在加煤后的不同时间，外行气体在高温区停留时间长短是不相同的，初期短，后期长，因此加煤后不同时间产生的化学产品产率和组成都不相同。煤气和化学产品析出量最大的时间，在成熟时间达到2/3左右，即相当于两胶质层汇合的时候。

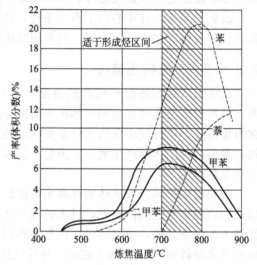

图 2-9 煤热解形成芳烃与温度的关系

2.2.2 炼焦配煤和焦炭质量

2.2.2.1 配煤的目的和意义

过去，炼焦只用单种焦煤，由于炼焦工业的发展，焦煤的储量开始不足。而且还存在着焦煤炼得的焦饼收缩小，推焦困难；焦煤膨胀压力很大，容易胀坏炉体；焦煤挥发分少，炼焦化学产品产率小等缺点。为了克服这些缺点，采用了多种煤的配煤炼焦。

配煤炼焦扩大了炼焦煤资源，不能单独炼成合格冶金焦的煤，经过几种煤配合可炼出优质焦炭，还可以降低煤料的膨胀压力，增加收缩，利于推焦，同时提高化学产品产率。配煤炼焦可以少用好焦煤，多用结焦性差的煤，煤炭资源不但利用合理，而且还能获得优质产品。

中国生产厂配煤的煤种数，一般是4～6种。有时一个大焦化厂使用的某类煤，是由几个生产能力小的矿井供应的，可以彼此代用。因此大厂使用煤的矿井数有时多达 10~20 个。

2.2.2.2 炼焦用煤

炼焦用煤主要是由焦煤（JM）、肥煤（FM）、气煤（QM）和瘦煤（SM）以及中间过渡性牌号煤类构成的。各类煤的性质不同，在配煤中的作用也不同，合理配合后，可以获得好的结焦性配煤，炼得好焦炭。

中国煤藏量和产量都很大。炼焦用煤占的比例也很高，而且煤类较全，分布在全国各地区。

肥煤的黏结性很高，在配煤中可以起到提高黏结性的作用。配煤中如有肥煤，可以配入黏结性差的煤种。同时由于肥煤挥发分高，配入后，可以提高化学产品及煤气产率。另外，肥煤炼焦时，能形成与炉墙平行的横裂纹，因此肥煤多的配煤，虽然黏结性高，但生成的焦炭较碎，强度不好。

气煤挥发分产率高，黏结性低，收缩大，能形成垂直于炉墙的纵裂纹。配煤中气煤含量多时，焦炭碎，强度低。适当配入气煤，可使推焦容易，降低膨胀压力，提高煤气和化学产品产率。

焦煤受热能形成热稳定性好的胶质体，单独炼焦时能得到块度大、裂纹少、耐磨性好的焦炭，焦煤配入配煤中可以提高焦炭强度。

瘦煤黏结性不高，之所以能提高配煤的焦炭强度，是降低了半焦收缩，使裂纹减少。瘦煤配入量过多时，会使配煤的黏结性过度低下，焦炭耐磨性能差，易生成焦粉，炼不出质量好的焦炭。

此外，褐煤、长焰煤和贫煤没有黏结性，单独干馏时得不到焦块。在一定条件下可以少量配入配煤中炼焦。

2.2.2.3 配煤工艺指标

（1）配煤的工业分析

配煤水分含量对焦煤产量有很大影响，因为水分能影响装炉煤的堆密度。根据实测数据，配煤堆密度和水分的关系如图 2-10 所示。

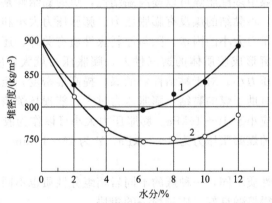

图 2-10 配煤堆密度和水分的关系
1—湿煤；2—换算成干煤

由图 2-10 可以看出，干煤堆密度最大，随着水分增加，堆密度逐渐降低。在水分为 7%~8%时，换算为干煤的堆密度最小。以后堆密度又随水分增加而上升，但最大值不能超过干煤的堆密度。煤堆密度与水分的关系，主要由水分在煤粒表面形成水膜，水分大小不同时，水膜使煤粒之间的联结力不同所致。因此，不同粒度煤最低堆密度的水分值也不同，粒度小的，最低堆密度的水分含量大。

配煤堆密度与焦炉生产有密切关系。堆密度大时焦炉装煤多，而且有利于焦炭强度提高。此外，配煤水分高时，炼焦消耗热量多，延长结焦时间。根据国内外生产数据，当配煤水分在8%左右时，每增减1%水分，结焦时间变动20min左右。配煤水分大对炉体寿命也有很大影响，因为湿煤装入炉时，吸收炉墙大量热量，使炉墙温度剧烈下降，有损炉砖。

选煤后水分分离欠佳，有时水分很高，一般规定配煤水分应小于10%。

焦炭灰分的害处已经叙述过。焦炭灰分来自配煤，因此应当严格控制配煤灰分。一般配煤成焦率为75%~80%，配煤灰分全部转入焦炭，所以焦炭灰分要比配煤灰分高1.4倍左右。根据中国煤的实际情况，结焦性好的煤，往往是难选煤。因此，一般规定焦炭灰分小于15%，配煤灰分小于12%。

配煤中挥发分决定炼焦化学产品和煤气产率的大小。挥发分高低和焦饼收缩大小有关。在测定配煤挥发分时，可以根据坩埚中焦饼形态，判别配煤黏结性。

根据配煤挥发分 V_{daf} 和胶质层厚度 Y 值（mm）或黏结指数 G，利用中国煤分类指标，可以初步判定所选配煤的结焦性。如果所选配煤的 V_{daf} 和 Y 值接近焦煤，即 $V_{daf}=18\%$~30%、$Y=10$~$25mm$，说明所选配煤的结焦性可能是好的。中国生产配煤挥发分 V_{daf} 一般为25%~32%，胶质层厚度 Y 一般大于15mm，黏结指数 G 为58~82。

焦炭中的硫分来自配煤，因此应对配煤硫分规定一定的指标。一般焦炭硫分和配煤硫分的比例系数为0.81~1.0。一般要求焦炭硫分小于1.2%，因此配煤硫分应小于1.0%。中国东北和华北区产煤，大多数属于低硫煤，配煤硫分问题不大。但西南和中南区的一些煤，含硫量高达2%~6%。

（2）黏结性和膨胀压力

黏结性是煤在炼焦时形成熔融焦炭的性能。煤加热生成胶质体，流动性大的黏结性好。胶质体中液体部分多少决定着黏结性好坏。不能生成胶质体的煤，没有黏结性。

国际煤分类的黏结性指标包括坩埚膨胀序数、罗加指数、奥阿膨胀度和葛金指数等。中国多采用胶质层厚度指数 Y 和黏结指数 G。为了获得熔融良好、耐磨性能好的焦炭，配煤应具有足够的黏结性。配煤中多配肥煤可以提高黏结性，煤的黏结性是有相加性的。膨胀压力是黏结性煤的炼焦特征，不黏结的煤没有膨胀压力。膨胀压力大小和煤热解形成的胶质体性质有关。因此影响膨胀压力大小的因素，除与原料煤性质有关外，还和原料煤的处理条件以及加热条件有关。煤热解形成胶质体的透气性差，膨胀压力就大，所以有的瘦煤膨胀压力大，而高挥发分煤膨胀压力小。对于黏结性弱的煤，提高堆密度，能增大膨胀压力。膨胀压力能使胶质体均匀化，有助于煤的黏结。膨胀压力过大，能损坏炉墙。当用活动墙测定膨胀压力时，安全膨胀压力应小于10~15kPa。膨胀压力大小可以作为胶质体质量指标，Y 值是数量的指标，结焦性好的煤膨胀压力为8~15kPa，Y 为16~18mm。

（3）粉碎度

配煤中各单种煤的性质不同，一种煤的不同岩相组分性质也不同，所以配煤炼焦应将煤粉碎混匀，然后才能炼得熔融良好、质量均一的焦块。

装炉配煤粒度一般依装煤方式不同控制在小于3mm的占80%~90%。煤粉碎得过细，能降低堆密度，对炼焦不利。煤中惰性成分细碎，可以减少因惰性颗粒存在而形成的裂纹网。黏结性好的成分不过细粉碎，可使堆密度不下降，并使黏结性弱的配煤提高黏结性。中国有些厂将配煤粒度小于3mm的含量，由89%~93%降到86%左右，焦炭转鼓强度没有变化。

煤粉碎粒度要求少含有过大和过小的颗粒，一般希望小于0.2~0.5mm的要少。合理的煤粉碎粒度，应根据配煤性质而定，合理粉碎可以提高焦炭质量和扩大炼焦煤源。如果煤料很肥时，细碎能提高结焦性。如果煤料黏结性较差时，适当粗碎可以提高结焦性。

2.2.2.4 焦炭主要用途

焦炭主要用于高炉炼铁，其余用于铸造、气化、电石和有色金属冶炼等。

高炉炼铁用焦炭是供热燃料、疏松骨架和还原剂。焦炭、铁矿石和石灰石自高炉顶加入，热空气从风口送入，焦炭燃烧，保持炉内必要的温度。燃烧生成 CO_2，当其上升时与赤热焦炭反应生成 CO。矿石在炉内下降过程中，先在炉的上部预热，然后与 CO 反应，还原成铁，流至炉底。此外，在高温下，焦炭也能直接和铁矿石发生氧化还原反应。由于焦炭与 CO_2 反应，能降低焦炭强度，故冶金焦的反应速率要小。

焦炭视密度比矿石的视密度小很多，而且焦炭都是固态，所以高炉中焦炭占有的容积比率很高。因此，焦炭对高炉的吹风阻力和下料情况影响很大。焦炭在高炉中下降时，受到摩擦和冲击作用，高炉越大，此作用也越大，所以越大的高炉越要求焦炭强度高。为了保证下料均匀，不发生挂料现象，要求焦炭有一定强度和一定块度，块度越均匀越好。

铸造用焦炭用其燃烧热量熔化铁，因此要求焦炭能放出最大热量，燃烧时多生成 CO_2，反应性要低。铸造用焦炭在熔铁炉中受冲击作用，因此要求有一定强度。为了造成良好燃烧条件，焦炭块度要足够大。

气化用焦炭要求反应性高，保证发生炉在小的料层高度情况下，能使 CO_2 和水蒸气与碳发生氧化还原反应。此外，气化焦炭的灰分熔点要高于 $1250\sim1300℃$，如果低，则灰分熔化成渣，破坏了气化过程。

2.2.2.5 焦炭质量

焦炭主要用于炼铁，焦炭质量对高炉生产有重要作用。为了强化高炉生产，要求焦炭可燃性好、发热值高、化学成分稳定、灰分低、硫和磷等杂质少、粒度均匀、机械强度高、耐磨性好以及有足够的气孔率等。

（1）物理性质

焦炭真密度介于 $1.87\sim1.95g/cm^3$，其值大小与原料煤性质、炼焦加热条件和终温有关。加热终温越高，真密度越大。焦炭块的视密度介于 $0.88\sim1.08g/cm^3$。焦炭气孔率可按下式计算：

$$P=\frac{d_0-d}{d_0}$$

式中　d_0——焦炭真密度；

　　　d——焦炭视密度。

不同种类的焦炭气孔率值波动较大，其值为 $20\%\sim60\%$。焦炉生产的高炉用焦炭气孔率为 $43\%\sim50\%$。

焦炭的电阻值与原料煤性质、炼焦加热速度和终温有关。对于变质程度高的煤，如加热速度快和加热终温低，则所得焦炭的比电阻大。高炉用焦炭的比电阻一般为 $0.07\sim0.10\Omega\cdot cm$。用于电热化学生产的气煤焦炭的比电阻为 $0.1\sim0.2\Omega\cdot cm$。

焦炭比热容随炼焦终温提高和灰分减少而增加。高炉用焦炭平均比热容值介于 $1.4\sim1.5kJ/(kg\cdot K)$。

焦炭热导率与其构造和灰分含量有关，常温下为 $0.46\sim0.93W/(m\cdot K)$，$1000℃$ 时为 $1.7\sim2.0W/(m\cdot K)$。

（2）化学成分

高炉和铸造对焦炭化学成分的要求如表 2-3 所示。

表 2-3　高炉和铸造的焦炭化学成分

类别	灰分（A_d）	硫分（S_d）	挥发分（V_{daf}）	水分（M）	磷分（P）
高炉焦	<15%	<1%	<1.2%	<6%	<0.015%
铸造焦	<12%	<0.8%	<1.5%	<5%	—

焦炭的灰分越低越好，灰分每降低 1%，炼铁焦比可降低 2%，渣量减少 2.7%～2.9%，高炉增产 2.0%～2.5%。

在冶炼过程中，焦炭中的硫迁移至生铁中，使生铁呈热脆性，同时加速铁的腐蚀，大大降低生铁的质量。一般硫分每增加 0.1%，熔剂和焦炭的用量将分别增加 2%，高炉的生产能力则降低 2%～2.5%。

焦炭挥发分是鉴别焦炭成熟度的一个重要指标，成熟焦炭的挥发分为 1% 左右。当挥发分高于 1.5% 时，则为生焦。

湿熄焦焦炭水分一般为 2%～6%，干熄焦焦炭水分一般小于 0.2%。焦炭水分要稳定，否则将引起高炉的炉温波动，并给焦炭转鼓指标带来误差。

碱性成分研究表明，焦炭灰分中的碱性成分（K_2O、Na_2O）对焦炭在高炉中的性状影响很大，碱性成分在炉腹部位高温区富集，其催化和腐蚀作用能严重降低焦炭强度。因此，应控制焦炭灰分中碱性成分的含量。

焦炭热值与元素组成和灰分有关，其热值为 28.05～31.40MJ/kg。

（3）机械强度

高炉对焦炭机械强度的要求如表 2-4 所示。

表 2-4　高炉用焦炭机械强度

米贡转鼓指标	级别		
	Ⅰ	Ⅱ	Ⅲ
M_{40}	80.0	76.0	72.0
M_{10}	7.5	8.5	10.5

焦炭强度包括耐磨强度和抗碎强度，通常用转鼓测定。中国采用米贡转鼓试验方法测定焦炭机械强度，转鼓直径 1000mm，长度 1000mm，每分钟 25 转，转动 4min。用两个强度指标 M_{40}（M_{25}）和 M_{10} 表示焦炭的机械强度。转鼓焦样取大于 60mm 的 50kg，鼓内大于 40mm（25mm）的焦块百分数作为抗碎强度 M_{40}（M_{25}），鼓外小于 10mm 的焦粉作为耐磨强度 M_{10}。一般 M_{40} 为 75%～85%，M_{10} 为 6%～9%。

（4）焦炭反应性和气孔率

高炉解体资料表明，炉内焦炭的劣化过程大致如下：自炉身下部开始，强度发生变化，反应性逐步增强；到炉腹，粒度明显变小，含粉增多。其原因是，在热作用下，焦炭的溶炭反应逐步加剧，再加上富集的碱金属（钾、钠）催化和侵蚀作用以及高温的热应力作用，导致焦炭劣化。

焦炭品质明显恶化的主要原因是高炉内的气化反应：

$$CO_2 + C \longrightarrow 2CO$$

该反应消耗碳，使焦炭气孔壁变薄，促使焦炭强度下降、粒度减小。因此焦炭反应性与焦炭在高炉中性状的变化有密切关系，能较好地反映焦炭在高炉中的状况，是评价焦炭热性质的重要指标。

在高炉冶炼中希望焦炭反应性要小，反应后强度要高。

影响焦炭反应性的因素大体可分为三类：一是原料煤性质，如煤种、煤的岩相组成、煤灰成分等；二是炼焦工艺因素，如焦饼中心温度、结焦时间、炼焦方式等；三是高炉冶炼条件，如温度、时间、气氛、碱含量等。

焦炭反应性的测定方法有多种，现在国内通过 CO_2 反应性测定冶金焦反应性。即用 200g 焦炭，焦样尺寸为（20 ± 3）mm，在 1100℃ 下，通入 5L/min CO_2，反应 2h，用焦炭失重百分数作为反应性指标。日本曾提出好的焦炭反应性指标为 36% 左右。有时用焦样反应的 CO_2 容积速率 mL/(g·s) 表征。

（5）各类焦炭质量要求

各类焦炭的质量要求见表 2-5，表中所列质量指标是参考值，是生产技术经济指标达到高水平的保证。由焦炭粒度指标可见，矿粉烧结用焦炭、电热化学生产（如铁合金生产）用焦炭的粒度范围不相重叠，大于 5mm 或 10mm 粒级的焦炭可用于电热化学生产，而小于 5mm 的粉焦可用于烧结。

表 2-5　各类焦炭的质量要求

焦炭类别	粒度/mm	灰分 A_d/%	硫分 S_d/%	挥发分 V_{daf}/%	气孔/%	反应性 (CO_2)/[mL/(g·s)]	比电阻 /(Ω·cm)
高炉焦炭	>25	<15	<1.0	<1.2	>42	0.4~0.6	—
铸造焦炭	>80	<12	<0.8	<1.5	>42	<0.5	—
电热化学焦炭	5~25	<15	<3	<3.0	>42	>1.5	>0.20
矿粉烧结焦炭	0~3	<15	<3	<3.0	>40	>1.5	—
民用焦炭	>10	<20	<2.5	<20.0	>40	>1.5	—

2.2.3　炼焦炉结构和类型

2.2.3.1　焦炉概述

现代焦炉有多种形式。焦炉主要由炭化室、蓄热室和燃烧室三个部分构成，此外附有装煤车、推焦车、导焦车和熄焦车等焦炉机械，见图 2-11。炭化室的两侧是燃烧室，两者是并列的，下部是蓄热室。燃烧室由火道构成。

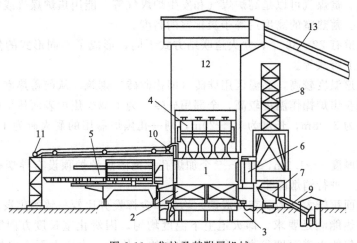

图 2-11　焦炉及其附属机械

1—焦炉；2—蓄热室；3—烟道；4—装煤车；5—推焦车；6—导焦车；7—熄焦车；8—熄焦塔；
9—焦台；10—煤气集气管；11—煤气吸气管；12—储煤塔；13—煤料带运机

煤由炉顶装煤车加入炭化室，炭化室两端有炉门。一座现代焦炉炭化室可达100多孔。炼好的焦炭用推焦车推出，焦炭沿导焦车落入熄焦车中。赤热焦炭用水熄灭，然后放至焦台上。当用干法熄焦时，赤热焦炭用惰性气体冷却，并回收热能。

现代焦炉上部有3~5个加煤孔，炭化室两端有炉门，炭化室温度是不等的，炭化室的特征尺寸为平均宽度、高度和长度以及有效容积，推焦侧窄，出焦侧宽，此锥度值介于30~80mm，中国现代焦炉炭化室锥度多为50~60mm。

炭化室有效容积小于全室容积，需要留有顶部空间，高约300mm，以便导出炼焦产生的粗煤气，长度减去炉门占去的尺寸是有效长度。

现代焦炉炭化室尺寸如下：宽度350~600mm，全长11000~20000mm，全高3000~8000mm，有效容积14~93m^3。高度增加受到上下加热均匀的限制，长度增加受到推焦和推焦杆机构的限制，但是随着这些问题的解决，炭化室容积有不断增大的趋势。

焦炉加热系统由燃烧火道所构成的燃烧室、分配气体区段斜道区以及蓄热室三部分组成。加热系统的作用是由加热煤气与空气反应供热，煤气燃烧产生的热量经过炭化室墙传给炭化室内的炼焦煤料。烟气或称废气经过蓄热室进入烟道去烟囱。

加热系统内气体流动是变换的，每隔20~30min改变气体流动方向，上升气流换成下降气流。烟气在下降气流时把热量蓄存给蓄热室的格子砖，换向后，上升气流的空气或低热值煤气被格子砖预热后再去燃烧室。

2.2.3.2　焦炉的炉型

现代焦炉应保证炼得优良焦炭，获得多的煤气和焦油副产物；要求炭化室加热均匀，炼焦耗热量低，结构合理，坚固耐用。

由燃烧火道构成焦炉燃烧室，火道温度一般在1000~1400℃，其值应低于硅砖的允许加热温度，此温度由炉顶看火孔用光学高温计或连续红外测温系统测得。火道加热用煤气由炉下部煤气道供入，当用贫煤气加热时，贫煤气经由蓄热室进入火道。

离开火道的废气温度高于1000℃，为了回收废气中的热量，焦炉设置了蓄热室。每个燃烧室与两对蓄热室相连。蓄热室中放有格子砖，在废气经过蓄热室时，废气把格子砖加热，热量蓄存在格子砖中。换向后，冷的空气或贫煤气经过格子砖，格子砖中蓄存的热量传给空气或贫煤气。贫煤气可以是高炉煤气和发生炉煤气等。能用焦炉煤气或贫煤气加热的炉子称复热式焦炉。蓄热室的高度约等于炭化室的高度。

燃烧室立火道有22~36个，立火道联结方式不同，形成了不同形式的焦炉，有双联火道、两分式以及上跨式等。

现代焦炉火道温度较高，高温区用硅砖（旧称矽砖）砌筑。从前蓄热室墙较低温度区用黏土砖砌筑，现在焦炉操作温度较高，全部用硅砖。为了减少焦炉表面热量散失，采用绝热砖。炭化室高度为3~8m，长度为12~20m，则一孔焦炉需用的耐火砖为150~700t，需用钢材15~60t。

炭化室顶部厚度1~1.5m，有3~5个加煤孔。捣固焦炉炉顶设有导烟孔，用于导出加煤时冒出的煤气，进行消烟除尘。

炭化室墙表面积较大，为了获得成熟、均匀、含挥发分比较一致的焦炭，要求火道高向和沿长度方向供热能满足要求，即火道上下温度均匀。因炭化室长度方向宽度不等，焦侧宽，机侧窄，故焦侧火道温度稍高。贫煤气燃烧的火焰长，火道上下方向加热容易达到均匀。当用富煤气，例如焦炉煤气加热时，其火焰较短，上下加热不均匀，为了使上下加热均匀，可以采取如下措施：

① 高低灯头，火道中灯头高低不等。

② 废气循环，火道中混入废气，拉长火焰。

③ 分段燃烧，火道分段供入空气，增长燃烧区。

控制进入火道的煤气量可采用在焦炉地下室调节供气的下喷式方法，见图 2-12。通过煤气横管上的每个支管定量地供给各火道灯头煤气，进入的空气量或排出的废气量，可以由分隔蓄热室在交换开闭器上的调节口加以控制。

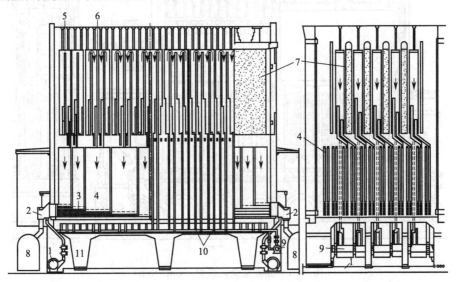

图 2-12　下喷式焦炉

1—贫煤气管；2—废气出口；3—箅子砖；4—蓄热室；5—跨越口；6—火道隔墙；7—炭化室；
8—烟道；9—煤气主管；10—小烟道；11—立柱

图 2-13 是中国鞍山焦化耐火设计院设计的 JN 型焦炉，采取废气循环式，双联火道的底部有洞，即循环孔，使双联火道相通。废气由下降气流火道进入上升气流火道，冲淡了上升燃烧气流，拉长了火焰，使火道上下方向加热均匀。

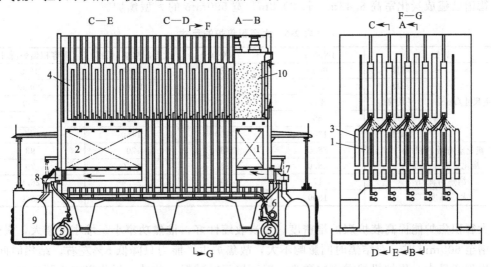

图 2-13　中国 JN60-87 焦炉

1—空气蓄热室；2—废气蓄热室；3—贫煤气蓄热室；4—立火道；5—贫煤气管；6—富煤气管；
7—空气入口；8—废气出口；9—烟道；10—炭化室

图 2-14 是分段燃烧式焦炉。在立火道的隔墙上有不同高度的导出口，使空气或贫气分段供给，在立火道中分段燃烧，使火道上下方向加热均匀。即使炭化室高度为 8m 也可以均匀加热。

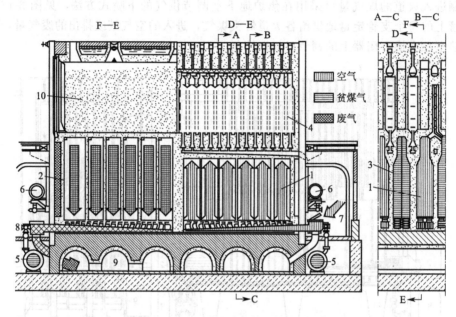

图 2-14　分段燃烧式焦炉（Carl Still）

1—空气蓄热室；2—废气蓄热室；3—贫煤气蓄热室；4—分段加热；5—贫煤气管；
6—富煤气管；7—空气入口；8—废气出口；9—烟道；10—炭化室

2.2.3.3　大容积焦炉

生产钢铁的高炉容积增大，也要求与之对应的焦炉增加生产能力，近年来大容积炭化室的焦炉有了较快的发展。表 2-6 是几种大容积焦炉的尺寸。JN60-87 是鞍山焦耐院设计炉型。德国已建成炭化室高 8.43m、长 20.8m、宽 590mm 的大型焦炉。

表 2-6　大容积焦炉的尺寸

炉型		JN60-87	JNX-70	大容积焦炉（德国）	大容积焦炉（德国）
炭化室尺寸/mm	高度	6000	6980	7850	8430
	长度	15980	16960	18000	20800
	平均宽	450	450	550	590
	锥度	60	50	50	50
	中心距	1300	1400	1450	1450
炭化室有效容积/m³		38.5	48	70	93
炭化室装干煤量/t		28.0	36	43.0	79
结焦时间/h		17	19	22.4	26.9
火道温度/℃		1300		1340	1340

大容积焦炉能提高装炉煤的堆密度。焦炭收缩性好，推焦功率小。堆密度增大，炭化室宽度增至 600mm 时，对结焦时间影响不大，故焦炉生产能力只降低 5% 左右。结焦时间长，一次出焦产量大，焦炉机械操作次数少，对环境污染减轻。此外，炭化室中心距加大，蓄热室可利用的间距大。

中国炭化室高 5.5m 的焦炉已生产多年，6m 高焦炉已成为钢铁冶金企业建设的主流炉型。在8m高试验焦炉高向加热采用废气循环和高低灯头法获得成功实验的基础上，已经开发并在鞍钢、本钢和邯钢等多家大型钢铁企业建设了7m焦炉。近年来中国相继开发了世界上最大的顶装焦炉——山西潞宝集团7.65m特大智能型焦炉和世界最大捣固焦炉——山东新泰正大焦化6.78m捣固焦炉，焦炉大型化和装备水平已经达到国际先进水平。

2.2.4 炼焦技术发展

随着工业不断发展，需要生产更多优质的高炉用焦炭、铸造用焦炭、电热化学用焦炭以及其他用焦炭，为此，摆在焦化工业面前的任务是提高焦炭质量、增加焦炭产量。

为了合理利用资源，提高生产经济效益，扩大炼焦煤源，利用弱黏煤和不黏煤是一条发展途径。中国弱黏煤和不黏煤储量多，这些煤的挥发分含量高，有些煤低灰、低硫，有利于生产杂质少的焦炭。为了利用弱黏结性煤获得合格焦炭，需要开发炼焦新技术。

现行的焦炉生产，主要缺点在于用炭化室炼焦，煤料加热速度不匀，煤料堆密度在炭化室的上下方向有差别，故所得焦炭的块度、强度、气孔率和反应性都不均匀。为了生产出高强度的焦炭，需要在配煤中配入大量的炼焦煤。

炭化室间歇式生产是一大缺点，使得自动化生产难于实现、生产效率低和生产劳动条件差。目前的炼焦生产工艺未能很好地利用煤的化学潜力生产出更多的化学产品。为此，国内外在进行大量完善炼焦工艺和连续炼焦技术的研究开发工作。

2.2.4.1 改进炼焦备煤

完善现有的和开发新的炼焦备煤工艺，包括以下方面：合理配煤，煤破碎优化，增加装炉煤堆密度，煤的干燥和预热等。

合理配煤，选择破碎煤可以扩大炼焦煤源，改善焦炭的物理和化学性质。

提高装炉煤的堆密度是改善焦炭质量的主要途径，可用不同方法增加弱黏结性煤用量。其中包括捣固装煤，部分配煤成型和团球，配煤中配有机液体及选择破碎等。这些方法不仅改善了焦炭质量，而且提高了焦炉生产能力。

煤捣固炼焦或煤成型（部分煤或全部煤）是在炼焦前把煤料压实增大堆密度，可节省好的黏结性煤，并可改善焦炭质量，提高生产技术经济水平。

粉煤捣固是在炉外捣固装置上用锤子把煤料捣实，增大密度，也可把煤料全部或部分预先压成型煤。成型可以加黏结剂（也有不加黏结剂的），成型后把型煤装入焦炉炼焦。

增大弱黏结性煤配比进行配煤炼焦时，预先压实煤，增大其密度，可改善煤的黏结性，提高焦炭质量。用膨胀度试验研究配煤时可以看出，膨胀度指数与煤的堆密度成平方关系增加，见图2-15。煤的堆密度增大，增大了焦块和焦炭的强度，见图2-16。当捣固装煤时，煤料堆密度可增大到 $1.05\sim1.15t/m^3$。堆密度增大使得煤粒子互相接近，煤饼成焦时只需较少量的液相黏结成分即可获得较大的焦块结构强度，因此可用较少的黏结性煤。

当用部分型煤炼焦时，煤料堆密度增大程度小于捣固方法的。煤料中含型煤30％时，平均堆密度为 $0.8t/m^3$。部分型煤配煤炼焦的焦炭强度比具有相同堆密度的一般方法配煤的大。其原因是型煤在软化阶段膨胀比粉状配煤强烈，故而改善了配煤的整体黏结性。所以，部分配入型煤的结焦过程就如同堆密度大的煤料在焦炉内进行的情况。

压块煤在胶质体状态析出大量气态产物，压迫型煤周围的煤料粒子，有助于这些粒子黏结。因此，配入部分型煤炼焦可改善全部配煤的黏结性和焦炭质量，因而能利用弱黏结性煤炼焦。

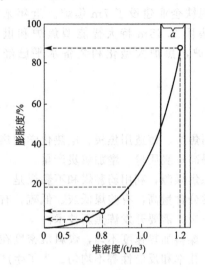
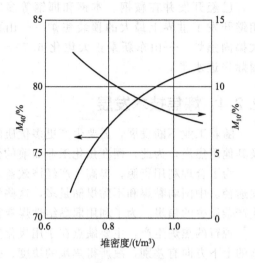

图 2-15　不同堆密度与膨胀度的关系　　　　　　图 2-16　配煤堆密度与焦炭转鼓试验强度的关系
a—部分煤成型堆密度值区域

2.2.4.2　捣固煤炼焦

捣固煤炼焦的工业生产已在中国和其他国家实现，可以多用弱黏性煤生产出高炉用焦炭。一般散装煤炼焦只能配入气煤 35% 左右，捣固法可配入气煤 55% 左右。

捣固煤可以提高煤粉碎细度而不降低焦炉生产能力，也不使操作条件变坏。

捣固煤炼焦工艺，是将煤由煤塔装入推焦机的捣煤槽内，见图 2-17。再用捣煤锤于 3min 内将煤捣实成饼，然后推入炭化室，并关闭炉门。

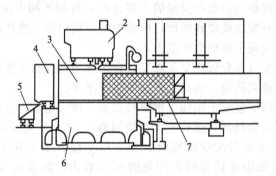

图 2-17　捣固煤炼焦（装煤入炉）
1—捣固机；2—煤气净化车；3—焦炉；4—导焦槽；5—熄焦车；6—蓄热室；7—煤饼

在装煤入炭化室时，借助煤气净化车把产生的粗煤气和烟尘吸出，该车位于炉顶，通过炭化室上部孔吸出气体，气体在车上的燃烧室内烧掉，废气经冷却和水洗除尘后送入大气，防止"黄烟"排入大气。

过去，捣固焦炉的炭化室高度比较低，高宽比为 9:1，现在已提高到 15:1。炭化室高度增加到 6m，已正常生产多年。过去一次捣固装煤时间为 13min。现在改进了捣固机械，多锤同时捣固，强化了捣固过程，装煤时间已缩短至 3~4min。含水 10%~11% 的煤，堆密度可达 1.13t/m³。

捣固法还可以和预热煤联合炼焦，可以配入 80% 不黏结性煤。将煤预热到 170～180℃，混入 6% 的石油沥青，然后在捣固机内捣实，与捣湿煤方法相同。将煤饼推入炭化室炼焦，结焦时间可缩短 25%～30%，而生产能力增加不小于 35%。捣固与预热煤联合炼焦和湿煤捣固相比，主要优点是大大改善了焦炭质量，块焦率增加 5%。联合方法中配入 10%～15% 黏结性好的煤即可生产优质焦炭。联合方法使用的原料煤便宜，生产成本低，焦炉生产能力大。

2.2.4.3　成型煤

　　全部煤料用黏结剂或无黏结剂压成型，或者部分配煤压成型，此配煤中配有弱黏结性和不黏结性组分。

　　中国宝山钢铁公司（以下简称宝钢）为了炼得优质焦炭，引进了成型煤新工艺。成型煤工艺流程见图 2-18。

　　从通常配合煤料中，切取约 30% 的煤料，配以黏结剂压块成型，然后与剩余的 70% 未成型粉煤配合装炉。

　　在压块成型前将原料煤加湿到 11%～14%，再喷软沥青黏结剂 6%～7%，用蒸汽加热到 100℃ 混捏均匀，然后在对辊式成型机中压制成型煤。

　　成型煤炼焦利用了廉价的弱黏结性煤，降低了原料煤成本；中国弱黏结性煤量多，多数含灰分低，有利于降低焦炭灰分，同时焦炭质量也得到了改善，块焦产率提高，高炉焦比降低，增产生铁和节约焦炭。但由于增加了较多的设备，基建投资较高。

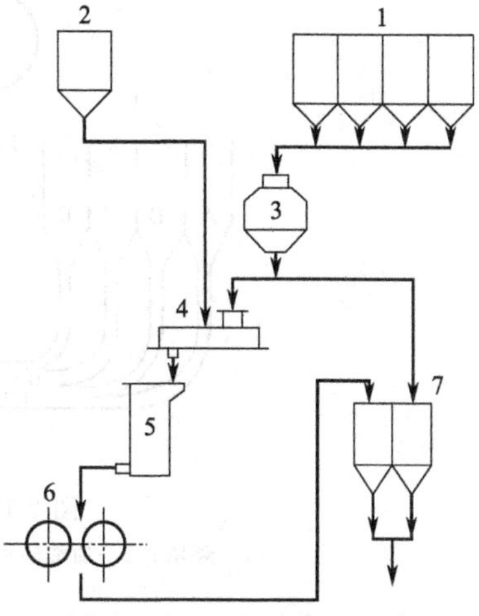

图 2-18　成型煤炼焦流程
1—配煤槽；2—黏结剂槽；3—粉碎机；
4—混煤机；5—混捏机；6—成型机；
7—储煤塔

2.2.4.4　选择破碎

　　现代焦炉都是用数种煤配合炼焦，几种煤的结焦性各不相同。如果能很好地处理和混合结焦性不同的各种煤，所得配合煤料可能达到最好的结焦性。因此找出煤处理的最佳条件，就可以提高配合煤料的结焦性或扩大炼焦煤源。

　　各种煤的变质程度不同，其挥发分含量、黏结性和岩相组分也不尽相同。各种煤的抗碎性也有差别，一般中等变质程度煤易碎，年轻和年老的煤难碎，在一般生产破碎情况下，难碎的气煤多集中在大颗粒级中，能使结焦性下降。

　　煤的不同宏观岩相组分性质不同，一般黏结性顺序为镜煤＞亮煤＞暗煤。镜煤容易破碎，暗煤和矿物质很难破碎，一般丝炭是惰性成分，容易粉碎。在一般生产破碎条件下，暗煤和矿物质多集中于大颗粒级中，黏结性好的镜煤和亮煤，多集中在小颗粒级内。

　　根据煤的岩相性质进行选择破碎，使得有黏结性的煤不细碎，而使黏结性差的暗煤和惰性矿物质细粉碎，使其均匀分散开。这样可以保证黏结性成分不瘦化，堆密度又提高，消除惰性成分的大颗粒，可以使黏结性弱的煤料提高黏结性。

　　图 2-19 是选择破碎流程。黏结性差的和不结焦的煤组分硬度大，在粉碎时仍保留在大粒级中，故筛分出来再进行粉碎，并再次筛分。大粒子再循环来粉碎。这样把不软化的和软化性能差的组分细碎，而强结焦的组分不过细粉碎，结焦固化时消除了惰性组分大颗粒，防止形成裂纹，从而可以获得大块焦炭。

　　这样粉碎使得黏结性差的成分都小于 1.0mm，但又不使其更多生成小于 0.2mm 的粒子，0.2～0.8mm 粒子占大多数，黏结性好的粒子大，避免粒子过细，粉碎煤料粒子平均直径比一般粉碎方法的大。煤料堆密度比一般粉碎的大，可以由图 2-20 看出。煤粒度都是 0～3mm，但是选择破碎煤的堆密度高。

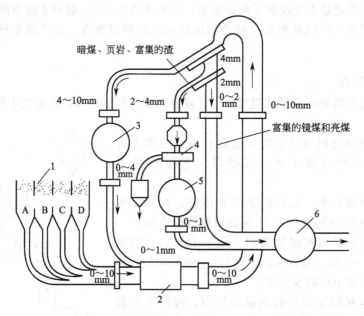

图 2-19　选择破碎（E. M. Burstlein）流程
1—煤塔；2—加油转鼓混合器；3，5—反击式粉碎机；4—风选盘；6—混煤机

选择破碎首先在法国采用，用一般方法配煤只能配入约 20％ 的挥发分 V_{daf} 为 37％～38％ 的高挥发分煤，其余是进口鲁尔煤。当采用选择破碎后，本地高挥发分煤可以配入 65％，扩大了炼焦煤源。选择破碎和一般破碎的生产结果比较，如表 2-7 所示。

煤选择破碎方法已在不少国家采用，有的工厂每天处理煤达 3000t。显然，此法是有些气煤炼焦的有效途径之一。但是对于岩相组成较均一的煤，或岩相组成虽不均一，但不富集于某一粒度级的煤，选择破碎效果不大。选择破碎方法的缺点是流程较长，设备较多，筛孔小，电热筛操作困难。由表 2-7 和图 2-20 可见，粉碎煤过细不好，能使煤料瘦化，降低堆密度，不利于黏结，所得焦炭强度都比选择破碎煤的低。现在，一般锤式粉碎机粉碎的煤料中，小于 0.5mm 粒级的煤料占

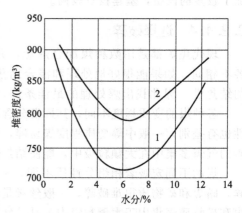

图 2-20　不同粉碎煤的堆密度
1—一般破碎；2—选择破碎

50％ 以上，利用冲击破碎机，可以降低小于 0.5mm 和过大颗粒煤料的含量，能提高弱黏结性煤的焦炭强度。某种高挥发分弱黏结性煤，利用冲击式破碎机破碎时，焦炭转鼓强度 M_{40} 提高 6％～13％。用冲击式粉碎机粉碎时能使煤料少生成煤尘和大颗粒，所以在不改变煤的一般流程情况下，能提高焦炭强度，并且有耗电少、结构简单等优点，在国外有了很大发展。

表 2-7　选择破碎试验结果

方案	I			II				III			IV	
煤种	L	R	A	L	R_1	R_2	A	S_a	S_b	A	R_G	R_E
挥发分 V_{daf}/%	37~38	24	17	37.5	33	24	17	33	34	17	31	15
配煤比/%	60	25	15	45	25	15	15	76	14	10	85	15
配煤挥发分 V_{daf}/%	31.4			31.3				31.5			27.8	

破碎类别	一般	选择	一般	选择	一般	选择	一般	选择
平均粒径/mm	0.60	0.85	0.53	0.86	0.73	0.92	—	—
转鼓强度/% M_{40}	69.0	79.3	76.0	79.5	63.9	74.1	76.9	80.5
转鼓强度/% M_{10}	11.3	7.6	8.9	6.7	9.1	5.6	9.7	6.2

圆筒形立式筛分机生产能力大，可以筛分湿煤。为了克服湿煤堵筛网的缺点，要用压缩空气清除附在筛网上的粉煤，压缩空气喷嘴可以上下移动，筛网以 55r/min 的速度旋转，使整个筛网定期得到清扫。筛分机封闭在一个装置内，粉尘易控制，操作环境好。

2.2.4.5　干法熄焦

由焦炉推出的赤热焦炭的温度约为 1050℃，其显热占炼焦耗热量的 40% 以上。如采用洒水湿法熄焦，虽然简便，但是损失了这部分高能质的热量，同时消耗大量水，产生废水污染。采用干法熄焦，即利用惰性气体将赤热焦炭冷却，得到的热惰性气体加热锅炉发生蒸汽，降了温的惰性气体，再循环使用，从而回收了赤热焦炭的热量，提高了炼焦生产的热效率。每 1t 1000~1100℃ 焦炭的显热为 1.51~1.67MJ，干熄焦热量回收率可达 80% 左右，可产蒸汽 400kg 以上。

干熄焦与水熄焦相比，能回收热能和提高焦炭质量。例如，水熄焦的焦炭强度 M_{40} 为 71%，M_{10} 为 8.2%，而干熄焦 M_{40} 为 71.1%，M_{10} 为 7.1%，提高了经济效益。由于干熄焦没有污水和不排出有害气体，防止了环境污染，也改善了焦炉生产操作条件。但是干熄焦装置复杂，技术要求高，基建投资大，操作耗电多。

2.3
煤低温热解/干馏

煤低温干馏（500~600℃）是一个热加工过程，常压生产，不用加氢，不用氧气，即可制得煤气和焦油，实现了煤的部分气化和液化。低温干馏比煤的气化和液化工艺过程简单，操作条件温和，投资少，生产成本低。此外，从煤的分级分质利用角度考虑，煤中含有不同反应性和不同结构性质的化合物。传统的煤炭是将煤在同一条件下通过燃烧、气化或液化等方式加以利用，没有考虑煤中化合物性质的差异，如果能将煤中的易挥发组分先通过干馏过程转变为部分液体和气体，然后半焦加以进一步利用，势必可以提高煤的利用效率。

以褐煤为原料进行低温干馏，可把约 3/4 的原煤热值集中于半焦，而半焦质量通常还不到原煤的一半，从而使褐煤得到提质。褐煤、长焰煤和高挥发分的不黏煤等低阶煤，适于低温干馏加工。褐煤半焦反应性好，适于作还原反应的炭料。半焦含硫量比原煤低，低硫半焦作燃料有利于环境保护。低阶煤无黏结性，有利于在移动床或流化床干馏炉中处理。

中国低阶煤储量较大，约占全部煤的55%，其中褐煤约占14%，这些低阶煤多产于西北和内蒙古地区，目前这些煤的90%用于直接燃烧。由于低阶煤挥发分较高，进行低温干馏可以回收相当数量的焦油和煤气，是低温干馏的优良原料。与煤气化或液化相比，煤干馏利用了煤分子结构中含氢的潜在优势，通过低温干馏使煤中富氢部分产物以优质液态和气态能源或化工原料产出。

2.3.1 低温干馏的产物

煤低温干馏的产物为半焦、焦油和煤气。以干煤为原料一般半焦产率为50%～70%，焦油产率为6%～25%，煤气产率为80～200m³/t。

2.3.1.1 半焦

低温干馏半焦的孔隙率为30%～50%，反应性和比电阻都比高温焦炭高得多。原料煤的煤化度越低，半焦的反应性和比电阻越高。半焦强度一般不高，低于高温焦炭。半焦可用于电炉冶炼和化学反应等过程，这些用途对燃料机械强度要求不高，半焦的块度和强度可以满足要求。

为了比较，表2-8列出原料为褐煤、长焰煤和气煤的半焦以及配入气煤炼得的焦炭和10～25mm碎冶金焦用作还原剂时的性质。

表 2-8　半焦和焦炭性质

炭料名称	孔隙率/%	反应性(于1050℃, CO₂)/[mL/(g·s)]	比电阻/(Ω·cm)	强度/%
褐煤中温焦	36～45	13.0	—	70
长焰煤半焦	50～55	7.4	6.014	66～80
英国气煤半焦	48.3	2.7	—	54.5
60%气煤配煤焦炭	49.8	2.2	—	80
冶金焦(10～25mm)	44～53	0.5～1.1	0.012～0.015	77～85

半焦块度与原料煤的块度、强度和热稳定性有关，也与低温干馏炉的结构、加热速度以及温度梯度等有关。一般移动床干馏炉用原料煤块度为20～80mm。

低温干馏半焦应用较广，可用作优质民用和动力燃料，燃烧时无烟、加热时不形成焦油，而多数煤受热有焦油生成，冒黄烟。此外，半焦反应性好，燃烧的热效率高于煤。民用半焦应当有一定块度，并且应当均匀。气化用半焦用于移动床气化炉时，也要求有一定的块度。

半焦是铁合金生产的优良炭料，要求半焦的比电阻尽可能高，以保证铁合金电炉池中总电阻达到最大，节省电能。装入电炉的半焦块度可为3～6mm，比电阻为0.35～20Ω·m。

2.3.1.2 低温煤焦油

低温煤焦油是暗褐色黏稠状液体，具有刺激性气味，密度一般小于1g/cm³，黏度较大。其烷烃含量为2%～10%，烯烃含量为3%～5%，有机碱含量为1%～2%，芳烃含量为15%～25%，沥青含量约为10%，酚含量约为40%等。低温煤焦油的性质与其组成有密切关系，而低温煤焦油的组成不仅受煤的品位或煤化程度影响，还受到煤热解时多因素的影响。

低温煤焦油可生产发动机燃料、酚类、烷烃和芳烃，其中包括苯、萘的同系物及其他成分。低温煤焦油中含氧化合物主要是苯酚、甲酚、二甲酚等酚类化合物，主要分布在180～250℃。酚类提取工艺主要有化学法、超临界萃取法、压力晶析法、选择溶剂抽提法和离子交换树脂法，其中化学法中的碱性溶液洗脱法应用广泛。由低温焦油提取的酚可以用于生产塑料、合成纤维、医药等产品。低温煤焦油在脱除酚类产品后，再通过催化加氢处理可以得到汽油、柴油等燃料油。泥炭和褐煤焦油中含有大量蜡类，是生产表面活性剂和洗涤剂的原料。

2.3.1.3 煤气

低温干馏煤气密度为 $0.9\sim1.2kg/m^3$，含有较多甲烷及其他烃类，煤气组成因原料煤性质不同而有较大差异。褐煤低温干馏煤气的烃类含量低，烟煤的烃类含量可高达 65%，故其煤气热值可达 $33.5\sim37.7MJ/m^3$（本书中不注明时，气体体积都是标准状态体积）。在气流内热式炉中干馏时，所得煤气被热载体烟气冲稀，因而热值显著降低，降低了它的应用价值。

低温干馏煤气主要用作本企业的加热燃料和其他用途，多余的煤气可作民用煤气，也可作化学合成原料气。

2.3.2 低温干馏产品的影响因素

低温干馏产品的产率和性质与原料煤性质、加热条件、加热速度、加热终温以及压力有关。干馏炉的形式、加热方法和挥发物在高温区的停留时间对产品的产率和性质也有重要影响。煤加热温度场的均匀性以及气态产物二次热解深度对其也有影响。

2.3.2.1 原料煤

在实验室条件下低温干馏产品产率采用铝甑干馏试验测定，不同原料煤的试验结果见表 2-9。由表中数据可见低温干馏产品产率与原料煤种有关。

表 2-9　不同煤低温干馏试验的产品产率

煤样名称	半焦/%	焦油/%	热解水/%	煤气%	煤样名称	半焦/%	焦油/%	热解水/%	煤气%
伊春泥炭	48.0	15.4	15.9	20.7	切矿②长焰煤	73.8	10.1	9.7	6.4
桦川泥炭	50.1	18.5	14.3	17.1	神府长焰煤	76.2	14.8	2.8	7.0
昌宁褐煤	61.0	15.5	8.0	15.5	铁法长焰煤	82.3	11.4	2.5	3.8
大雁褐煤	67.7	15.3	4.0	13.0	大同弱黏煤	83.5	7.7	1.0	7.8
坎阿①褐煤	65~75	8~12	5~8	12~15	切矿②腐泥煤	39.4	39.1	5.6	15.9

① 坎斯克-阿钦斯克。

② 切列霍夫区矿。

不同种类褐煤低温干馏的焦油产率差别较大，可在 4.5%～23% 变动。烟煤低温焦油产率与煤的结构有关，其值介于 0.5%～20%，由气煤到瘦煤，随着变质程度增高焦油产率下降。其中肥煤例外，当加热到 600℃ 时，生成的焦油量等于或高于气煤。腐泥煤低温干馏焦油产率一般较高。

低温干馏温度为 600℃，泥炭的煤气产率为 16%～32%，褐煤为 6%～22%，烟煤为 6%～17%。泥炭热解水产率为 14%～26%，褐煤为 2.5%～12.5%，烟煤为 0.5%～9%。

原料煤对低温干馏焦油的组成影响显著，因原料煤的性质不同，所产的低温焦油组成有较大差异。低温干馏温度为 600℃，所得焦油是煤的一次热解产物，称一次焦油。泥炭一次焦油的族组成如表 2-10 所示。

表 2-10　泥炭一次焦油的族组成分析

煤样	组成/%					
	高级醇、酯	烷烃($C_{10}{}^+$)	酚类	羧酸	中性油(180~280℃馏分)	沥青烯
低品位泥炭	3~6	3~6	15~22	1.5~2.0	13~20	17~40
高品位泥炭	5~9	4~8	15~20	1.5~2.0	18~22	8~16

酚类是酚、甲酚和二甲酚等的混合物。褐煤一次焦油中含酚类 10%~37%，其值与褐煤性质有关。中性含氧化合物不大于 20%，其中大部分为酮类。羧酸不大于 2%~3%。褐煤焦油中烃类含量为 50%~75%，其中直链烷烃为 5%~25%，烯烃为 10%~20%，其余为芳烃和环烷烃，主要为多环化合物。有机碱（吡啶类）在焦油中含量为 0.5%~4%。

烟煤一次焦油的组分与泥炭和褐煤焦油相同，但含量有明显差别。烟煤一次焦油中羧酸含量不大于 1%，环烷烃含量高于褐煤的，并随煤的变质程度加深而增高，有时环烷烃含量多于烃类总量的 50%。芳烃主要为多环的并带有侧链，苯及其同系物含量可达 3%，萘及其同系物含量可达 10%。

不同类型烟煤热解（加热速度为 3℃/min），所得一次焦油的族组成列于表 2-11。

表 2-11　三种烟煤的一次焦油族组成分析（加热速度为 3℃/min）

煤样	组成/%						
	有机碱	羧酸	酚类	烃（溶于石油醚）	沥青烯	中性含氧化合物	其他重质物
气煤	2.22	0.21	16.2	28.1	5.63	6.6	41.04
肥煤	1.45	0.14	10	23.5	14.5	11.5	38.91
焦煤	1.5	0.82	5.37	19.9	19.51	12.6	40.2

由上述数据可见，烟煤一次焦油内中性含氧化合物比褐煤焦油少。随着煤的变质程度增高，氧含量降低，焦油中酚类含量明显减少，酚类中酚、甲酚和二甲酚含量可达 50%。

热解生成水量与煤中氧含量相关，随着煤的变质程度增高其量减少。

原料煤种类影响低温干馏煤气的组成。当干馏温度达到 600℃ 时，不同煤类的低温干馏煤气组成列于表 2-12。

表 2-12　不同煤种低温干馏（600℃）煤气组成分析

煤种	组成/%							煤气低位发热量/(MJ/m^3)
	CO	CO_2+H_2S	C_mH_n（不饱和烃）	CH_4及其同系物	H_2	N_2	NH_3	
泥炭	15~18	50~55	2~5	10~12	3~5	6~7	3~4	9.64~10.06
褐煤	5~15	10~20	1~2	10~25	10~30	10~30	1~2	14.67~18.86
烟煤	1~6	1~7	3~5	55~70	10~20	3~10	3~5	27.24~33.52

煤气中氨和硫化氢含量与原料煤中氮和硫的含量及其形态有关，一般规律是 45%~70% 的硫在煤中以黄铁矿形态存在，其余的则以有机硫形态存在。煤在 550℃ 以下主要是黄铁矿分解生成硫化氢，在较高温度时煤中有机硫热解形成硫化氢。

腐泥煤热解能析出大量挥发分，干燥无灰基挥发分可达 60%~80%。腐泥煤一次热解焦油中酚类和沥青少，主要为直链烷烃和环烷烃，可达 90%；中性含氧化合物含量为 3%~4%，主要为酮类；酚类和羧酸为 1%~1.5%；沥青为 1%~2%；有机碱为 2%~2.5%。干馏温度达到 600℃ 时，生成的煤气中甲烷及其同系物含量可达 40%；氢为 10%~12%；氨为 5%~6%；CO_2 和 H_2S 为 20%~24%；CO 为 9%~10%；N_2 为 8%~10%。煤气低热值为 22~23MJ/m^3。

腐泥煤一次热解焦油密度为 0.85~0.97g/cm^3，而腐植煤的密度为 0.85~1.08g/cm^3。

2.3.2.2　加热终温

煤干馏终温是产品产率和组成的重要影响因素，也是区别干馏类型的标志。随着温度升高，具有较高活化能的热解反应有可能进行，与此同时生成了多环芳烃产物，它具有高的热稳定性。

不同煤类开始热解的温度不同，煤化度低的煤开始热解温度也低，泥炭为 $100\sim160℃$，褐煤为 $200\sim290℃$，长焰煤约为 $320℃$，气煤约为 $320℃$，肥煤约为 $350℃$，焦煤约为 $360℃$。由于煤开始热解温度难以准确测定，同类煤的分子结构和生成条件也有较大差异，故上述开始热解温度只是煤类之间的相对参考值。

煤受热到 $100\sim120℃$ 时，所含水分基本脱除，一般加热到 $300℃$ 左右煤发生热解，高于 $300℃$ 时，开始大量析出挥发分，其中包括焦油成分。气煤在以 $3℃/min$ 的速度加热时，一次热解焦油组成和产率随加热温度的变化列于表 2-13。

表 2-13　气煤热解（$3℃/min$）焦油组成与产率随加热温度的变化

加热终温/℃	焦油产率/%	焦油组成/%						
		酚类	烃类(溶于石油醚)	中性含氧化合物	沥青烯	羧酸	有机碱	其他重物质
400	3.62	20.2	37.2	5.85	4.16	0.21	2.13	30.25
400~500	9.68	14.9	26.4	6.63	5.92	0.18	2.08	43.89
>500	1.2	16.4	13.8	8.65	7.6	0.51	2.42	40.62

气煤加热到不同温度时，煤气组成与产率见表 2-14。不同温度区间煤热解生成的煤气组分含量是不同的，氢气含量均随温度升高增加，甲烷降低。

表 2-14　气煤热解煤气组成

温度区间/℃	占煤气总量的产率/%	$\varphi(CO_2)/\%$	$\varphi(C_mH_n)/\%$	$\varphi(CO)\%$	$\varphi(H_2)/\%$	$\varphi(CH_4)/\%$	$\varphi(N_2)/\%$
300~400	19	22.0	—	7.5	7.0	58.0	5.5
400~500		2.7	16.4	3.3	11.0	60.6	6.0
500~600	20.5	4.3	1.2	3.7	25.9	64.9	—
600~700	21.0	4.4	—	1.2	59.2	35.2	—
700~800	25.0	2.2	0.5	10.4	66.2	18.2	2.5
800~900	14.5	0.9	0.0	7.1	74.7	7.7	9.8
合计	14.8(占干煤)						

焦油形成约于 $550℃$ 结束，故 $510\sim600℃$ 为低温干馏的适宜温度。

实际生产过程的气态产物组成和产率与实验室测定值有较大差异，因为煤在工业生产炉中热加工时，一次热解产物在出炉过程中经过较高温度的料层、炉空间或炉墙，其温度高于受热的煤料，发生二次热解。当煤料温度高于 $600℃$，半焦向焦炭转化。由 $600℃$ 升到 $1000℃$ 时，气态产物中氢气含量增加。当高于 $600℃$ 时，若提高干馏终温，则半焦和焦油产率降低，煤气产率增加。

煤的块度对热解产物有很大影响，一般煤的块度增加，焦油产率降低。因为煤的热导率小，煤块内外温差大，外高于内，块内热解形成的挥发物由内向外导出时经过较高温度的表面层，在此一次焦油发生二次裂解，组成发生变化，生成气态和固态产物。此外，挥发物由煤块内部向外部逸出时受到阻力作用，在高于生成温度的区间停留也加深了二次裂解的程度。

关于煤的块度对低温干馏产品产率的影响，见表 2-15。

表 2-15　煤的块度对低温干馏产品产率的影响

煤块度/mm	半焦产率/%	焦油产率/%	半焦挥发分/%
20~30	41.4	10.3	8.8
100~120	46.5	8.1	10.3

2.3.2.3 加热速度

一般的煤热解工艺是在惰性和常压环境下进行的,终温和加热速率是最重要的两个操作参数。其中,温度涉及煤自身热解温度和周围环境温度,加热速率又受到环境温度以及与煤颗粒大小密切相关的传热和传质的影响。根据过程升温速率不同,加热速度可分为 4 种类型:

① 慢速加热,加热速率小于 5K/s;

② 中速加热,加热速率 5～100K/s;

③ 快速加热,加热速率 100～106K/s;

④ 闪速加热,加热速率大于 10^6 K/s。

热解温度和加热速率对热解产物分布的影响是相互关联的。图 2-21 表示的是加热速率和终温对挥发分总产率、液体产物(焦油＋液体)和气体产物(气体＋水)的比例及气体组成的影响。可以看出,当热解终温较低(500～600℃)时,如果提高加热速率,则挥发分产率和液体与气体产物比例均增加;当终温较高(800～1000℃)时,采用快速热解,则挥发分的产率继续增加,而水与气体产物的比例下降。

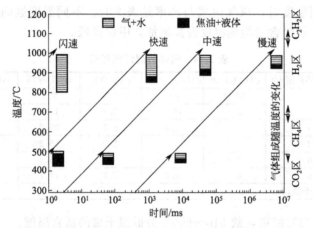

图 2-21 加热速率和终温对挥发分总产率、液体产物(焦油＋液体)和气体产物
(气体＋水)的比例及气体组成的影响

煤的热解温度和环境温度存在一定的差值,这个差值决定着煤热解挥发分的二次反应。煤颗粒进入热解反应器中,传热方向和挥发分传质方向是相反的。由于传热阻力的影响,煤颗粒的温度要比环境温度低,这个差值受到加热方式和加热速率的影响。当热源和煤颗粒一起升温加热时,煤颗粒与环境温度的差值较小,但是会随着加热速率增大而变大。这时决定液相产率的是颗粒内部挥发分的二次反应,而挥发分的气相二次反应较弱。当煤颗粒进入一个具有最终温度的反应器中,煤将会被迅速加热,即所谓的快速热解。在这种情况下,加热速率受到外部温度影响,提高温度,增大加热速率,煤颗粒内部瞬间产生更多的挥发分前体,内部压力升高,减小了颗粒内部传质阻力和减弱了二次反应,导致更多的挥发分释放出来。但是,提高外部温度,也会导致煤颗粒与环境温度的差值增大,促进挥发分气相二次反应进行。快速热解把热解过程压缩在一个相对较窄的时间段内,使得发生热解的温度区间变为了一个更高的温度段,本来低温下便可生成的挥发分必然有一个温升过程。总之,在相同的较低温度下(低于挥发分发生气相二次反应的初始温度),提高加热速率,能够缩短挥发分在颗粒内部的停留时间,从而减少颗粒内部发生的二次反应,增加挥发分产率和液相产

率。在相同的较高的温度下（明显高于挥发分发生气相二次反应的初始温度），提高加热速率，将进一步减少颗粒内部的二次反应，增加挥发分产率，但是由于增大了产生挥发分的温度与环境温度之间的差值，挥发分气相二次反应的程度大大增加，从而降低了液相产率，提高了气相产率。因此，煤热解产物分布是由环境温度和加热速率共同决定的，而加热速率又受到环境温度的影响。

2.3.2.4　压力

压力对煤的低温干馏有影响。一般压力增大，焦油产率降低，半焦和气态产物产率增加，见表2-16。

表 2-16　压力对低温干馏产物产率影响

产品	压力/MPa				
	0.1	0.5	2.5	4.9	9.8
半焦/%	67.3	68.8	71.0	72.0	71.5
焦油/%	13.0	7.9	5.1	3.8	2.2
焦油下水/%	12.0	11.7	12.4	12.1	11.3
煤气/%	7.7	11.1	11.5	12.1	15.0

压力增大不仅半焦产率增大，而且其强度也提高，原因是挥发物逸出困难使液相产物之间作用加强，促进了热缩聚反应。

2.3.3　典型低温干馏炉型

干馏炉是低温干馏生产工艺中的主要设备，应保证过程效率高、操作方便可靠。其主要要求包括：对原料煤适应性广，原料煤粒尺寸范围大；对物料加热均匀，干馏过程易于控制，挥发物的二次裂解作用小等。

干馏炉按供热方式不同，可分为外热式和内热式。

外热式炉供给煤料的热量是由炉墙外部传入，设备的原理流程见图2-22（a）。煤料装在干馏室内，热量通过炉墙导入，炉墙外部通过燃烧加热。焦炉是典型的外热式干馏炉。

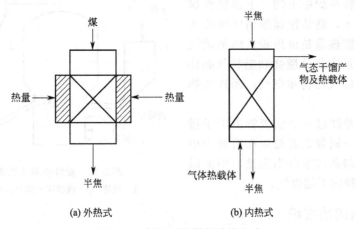

(a) 外热式　　　　　　(b) 内热式

图 2-22　低温干馏煤料受热方式

一般外热式干馏炉的煤气燃烧加热是在燃烧室内进行的，燃烧室由火道构成，燃烧室位于干馏室之间，供入煤气和空气于火道中燃烧。干馏室和燃烧室不相通，干馏挥发物与燃烧烟气不相混合，保证了挥发产物不被稀释。但是外热式供热方式存在严重缺点，煤料热导率小，加热不均匀，靠近加热炉墙的料层温度高，离炉墙远的部位温度低。不均匀的煤料温度场，导致半焦质量不均匀。此外，过高的温度区加剧了挥发产物的二次热解反应，降低了焦油产率。为克服此缺点，需要混合炉内煤料、减薄煤层厚度或降低加热速度。后两项措施将导致炉子生产能力降低。

内热式炉借助热载体把热量传给煤料，气体热载体直接进入干馏室，穿过块粒状干馏料层，把热量传给料层，见图 2-22（b）。气体热载体一般是燃料煤气燃烧的烟气，热载体也可以是固体的，例如用热半焦或其他物料，与煤料在干馏系统相混合，热载体把煤料加热，进行干馏。近年来，内热式干馏得到广泛利用。

内热式低温干馏与外热式相比，有下述优点：

① 热载体向煤料直接传热，热效率高，低温干馏耗热量低。

② 所有装入料在干馏不同阶段均匀加热，消除了部分料块过热现象。

③ 内热式炉没有加热的燃烧室或火道，简化了干馏炉结构，没有复杂的加热调节设备。

气流内热式炉的主要缺点如下。

① 装入的煤料必须是块状的，并希望粒度范围窄。也可以使用块状型煤，但要增加工序和费用。由于气体热载体必须由下向上穿过料层，要求料层有足够的透气性，并使气流分布均匀，因此内热式低温干馏炉要求煤料粒度为 20～80mm，需要由原煤破碎和筛分，原煤利用率降低，价格高于原煤。

② 气体热载体稀释了干馏气态产物，煤气热值降低，体积量增大，增大了处理设备的容积和输送动力。

③ 内热式干馏炉不适合处理黏结性较高的煤，因为它们在干馏过程中容易结块，使下料通气不畅。

低温干馏炉因加煤和煤料移动方向不同，还可分为立式炉、水平炉、斜炉和转炉等。

2.3.3.1 沸腾床干馏炉

粉煤沸腾床低温干馏法见图 2-23。将粒度小于 6mm、预先干燥过的粉煤连续加入沸腾炉，炉子用燃料气燃烧加热，炉内形成沸腾的焦粉床层，煤料在炉中干馏。不黏结性煤用螺旋给料器加入，黏结性煤采用气流吹入法加入。干馏所需热量是由焦炭、焦油蒸气以及煤气在沸腾层中部分燃烧和燃料气燃烧提供的，或者不送入燃料和空气，而送入热烟气。

干馏产物焦粉经过一个满流管由炉子排出。随同干馏气一同带走的粉尘在后处理中分出。在气体冷却系统中分出焦油、中油以及被燃烧烟气稀释的干馏煤气。

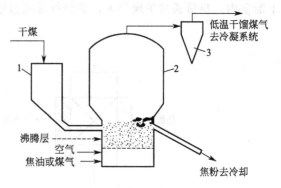

图 2-23 粉煤沸腾床低温干馏
1—煤槽；2—沸腾床干馏炉；3—旋风器

2.3.3.2 气流内热式炉

气流内热式炉干馏是褐煤块或型煤低温干馏的主要方法，其他形式仅在特殊情况下采用，或作为发展中的技术。气流内热式炉干馏原料块度为 20～80mm。这种炉型不适用于黏结性煤。鲁奇三段炉属于这种炉型，见图 2-24。

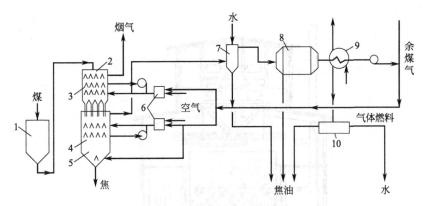

图 2-24　气流内热式炉干馏流程

1—煤槽；2—气流内热式干馏炉；3—干燥段；4—低温干馏段；5—冷却段；6—燃烧室；
7—初冷器；8—电捕焦油器；9—冷却器；10—分离器

（1）鲁奇三段炉流程

由图 2-25 可见，煤料在竖式炉中下行，热气流逆向通入进行加热。粉状褐煤和烟煤要预先压块。煤在由炉上部向下移动过程中可分成三段：依次为干燥段、干馏段和焦炭冷却段，故名鲁奇三段炉。

在上段，循环热气流把煤干燥并预热到 150℃ 左右。在中段，即干馏段，热气流把煤加热到 500～850℃。在下段，焦炭被冷循环气流冷却到 100～150℃，最后排出。排焦机构控制炉子生产能力。上部循环气流温度保持在 280℃。

循环气和干馏煤气混合物由干馏段引出，其中液态产物在后续冷凝冷却系统中分出。大部分的净化煤气送到干燥段和干馏段燃烧炉，有一部分直接送入焦炭冷却段。剩余煤气外送，可以作为加热用燃料。冷凝冷却系统包括初冷器、焦油分离槽、终冷器以及气体汽油吸收塔。

一台处理褐煤型煤 300～500t/d 的鲁奇三段炉，可得型焦 150～250t/d、焦油 10～60t/d、剩余煤气 180～220m³/t。含水分 5%～15% 褐煤的耗热量为 1050～1600kJ/kg。鲁奇三段炉的主要操作参数见表 2-17。

表 2-17　鲁奇三段炉的主要操作参数

项目	指标	项目		指标
炉子处理型煤能力/(t/d)	450	冷却煤气压力/Pa		1100～2400
焦油铝甑试验产率/%	14.8	干馏煤气高热值/(MJ/m³)		7.8
水分/%	16.3	N₂ 含量/%		42.2
灰分/%	10.3		干馏段燃烧空气	3300
强度/MPa	4.2		干馏段燃烧煤气	3000
干馏段煤气循环量/(m³/h)	16500	流量/(m³/h)	干燥段燃烧空气	2400
干馏段混合气入口温度/℃	750		干燥段燃烧煤气	1500
干馏段气体出口温度/℃	240		焦炭冷却用煤气	3500
干燥段混合气体入口温度/℃	300	焦油产率(对铝甑试验值)/%		88

（2）物料平衡和热量平衡

含水 15% 的褐煤型煤在鲁奇三段炉中低温干馏的物料平衡（以 100kg 湿型煤为基准）和热量平衡计算如表 2-18～表 2-21。

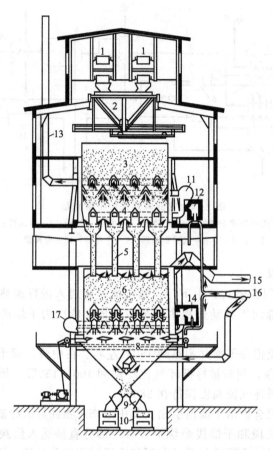

图 2-25 鲁奇三段炉

1—来煤；2—加煤车；3—煤槽；4—干燥段；5—通道；6—低温干馏段；7—冷却段；
8—出焦机构；9—焦炭闸门；10—胶带运输机；11—干燥段吹风机；12—干燥段燃烧炉；
13—干燥段排气烟囱；14—干馏段燃烧炉；15—干馏段出口煤气管；16—回炉煤气管；17—冷却煤气吹风机

表 2-18　鲁奇三段炉中低温干馏物料平衡入方

项目	质量/kg	产率/%	项目	质量/kg	产率/%
①湿型煤	100.0	53.36	其中干燥段用	15.0	8.00
②燃料煤气	16.2	8.65	干馏段用	15.7	8.38
其中干燥段用	8.0	4.27	④焦炭冷却用煤气	27.6	14.73
干馏段用	8.2	4.38	⑤下部补充煤气	12.9	6.88
③燃烧用空气	30.7	16.38	收入合计	187.4	100

表 2-19　鲁奇三段炉中低温干馏物料平衡出方

项目	质量/kg	产率%	项目	质量/kg	产率/%
①型焦	45.5	24.28	燃烧产生烟气	25.4	13.55
②焦油	11.2	5.98	焦炭冷却用煤气	27.6	14.73
③气体汽油	1.3	0.69	下部补充煤气	12.9	6.88
④焦油下水	9.0	4.80	⑥干燥段排出的烟气	21.5	11.47
⑤煤气	84.9	45.30	⑦干燥段排出的水汽	14.0	7.4
其中低温干馏煤气	19.0	10.14	支出合计	187.4	100

表 2-20 鲁奇三段炉中低温干馏热量平衡入方

项目	热量/MJ	比例/%	项目	热量/MJ	比例/%
①加热煤气燃烧热	114.806	90.83	其中干燥段	0.565	0.45
其中干燥段	56.695	44.85	干馏段	0.587	0.46
干馏段	58.111	45.98	③焦炭冷却用煤气焓(30℃)	1.320	1.04
②空气带入焓(30℃)	1.152	0.91	④下部补充煤气焓(30℃)	9.113	7.21
			收入合计	126.391	100

表 2-21 鲁奇三段炉中低温干馏热量平衡出方

项目	热量/MJ	比例/%	项目	热量/MJ	比例/%
①型焦焓(220℃)	9.532	7.50	水汽	31.322	24.78
②焦油和汽油焓(240℃)	6.285	4.94	⑥散热		
③煤气焓	32.451	25.68	干燥段	19.169	15.08
④焦油下水焓	9.553	7.56	干馏段	16.948	13.33
⑤干燥段排气焓(70℃)	33.177	26.25	⑦差值	-0.72	0.57
其中烟气	1.855	1.47	支出合计	126.391	100

2.3.3.3 立式炉

图 2-26 是一种外热式烟煤低温干馏炉，是连续操作的炉子。煤料由上部加入干馏室，干馏所需热量主要由炉墙传入，火道加热用燃料为发生炉煤气或回炉的干馏气。干馏室下部焦炭被吹入的冷气流冷却至 150~200℃，落入焦炭槽并喷水冷却，然后排出。利用外热立式炉进行煤干馏，产生的煤气热值较高，可供城市煤气之用。

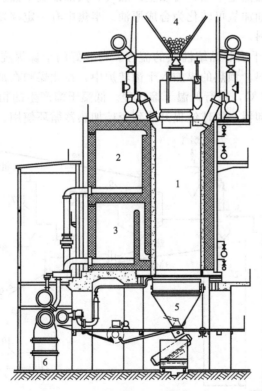

图 2-26 外热式立式炉
1—干馏室；2—上部蓄热室；3—下部蓄热室；4—煤槽；5—焦炭槽；6—加热煤气管

此炉要求原料煤有一定黏结性（坩埚膨胀序数 1.5~4），并具有一定块度（小于

75mm，其中小于10mm的煤料小于75%），以利获得焦块，并使干馏室煤料有一定透气性。原料煤可以是弱黏性煤，虽然热稳定性好的不黏结性煤也可以生产煤气，但所得产品焦炭强度差、碎焦多。煤的干燥基挥发分为25%～30%。为了强化生产，可由干馏室（或称炭化室）下部吹入回炉煤气，冷却赤热焦炭，而吹入气流被加热，在上升过程中热量传给冷的煤料，强化传热过程，使炉子的生产能力得到提高。

2.3.4 固体热载体干馏工艺

外热式干馏炉传热慢，生产能力小，气流内热式炉只能处理块状煤料。利用气体热载体流化床加热煤粉，可以达到快速热解的目的，并且符合现代技术要求。但一般情况下气体热载体为烟气，煤热解逸出的挥发产物被烟气稀释，降低了煤气质量，对粗煤气分离净化设备和动力有更高的要求。采用固体热载体进行煤干馏，加热速度快，载体与干馏气态产物分离容易，单元设备生产能力大，焦油产率高，煤气热值高，并适合粉煤干馏。

2.3.4.1 托斯考 (Toscoal)工艺

托斯考工艺是美国油页岩公司（The Oil Shale Corporation）开发的技术，是基于To-sco-Ⅱ油页岩干馏工艺发展起来的煤低温干馏方法。1970年，以怀俄达克次烟煤为原料，在25t/d中试装置中进行了试验。试验表明，非黏结性煤和弱黏结性煤可用托斯考法进行低温干馏。黏结性煤需要先氧化破黏。

用托斯考工艺进行煤低温干馏，可以生产煤气、焦油以及半焦。煤气热值较高，符合中热值城市煤气要求。焦油加氢可转化为合成原油。半焦中有一定挥发分，可用作现有发电厂的燃料，或制成无烟燃料。

图2-27是托斯考法干馏非黏结性煤的流程。粉碎好的干燥煤在预热提升管内，用来自瓷球加热器的热烟气加热。预热的煤加入干馏转炉中，在此煤和在加热器中被加热的热瓷球混合，煤被加热至约500℃，进行低温干馏过程。低温干馏产生的粗煤气和半焦在回转筛中分离，热半焦去半焦冷却器，瓷球经提升器到瓷球加热器循环使用。

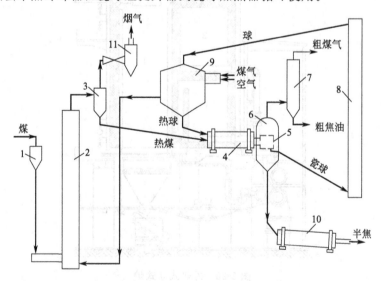

图 2-27　Toscoal 法工艺流程

1—煤槽；2—预热提升管；3—旋风器；4—干馏转炉；5—回转筛；6—气固分离器；

7—分离塔；8—瓷球提升器；9—瓷球加热器；10—半焦冷却器；11—洗尘器

当处理含水分多的原料煤时,干燥预热器需要额外补充热量。煤的最佳预热温度略低于热解析出烃类挥发物的温度。

原料煤粒度最好小于12.7mm,瓷球粒度应略大于此值。煤在干燥和干馏过程中粒度有所降低,产品半焦粒度一般小于6.3mm。

焦油蒸气和煤气在分离系统中冷凝分离,分成焦油产品和煤气,煤气净化后外供或作为瓷球加热用燃料。

托斯考法干馏温度和产品分布都可以较灵活地控制。常用的干馏温度为430~540℃。当温度高于540℃时,烟煤半焦挥发分小于16%,可满足燃烧要求。干馏温度升高时,干馏能力降低,操作费用增加。焦油产率随干馏温度升高而增大,但温度超过540℃时,焦油容易发生二次裂解而使焦油产率降低。当温度低于430℃时,焦油和煤气产率显著降低。

2.3.4.2 ETCH粉煤快速热解工艺

动力用煤综合利用的ETCH(ƏTX)方法有4~6t/h试验装置,4t/h装置在加里宁工厂曾进行了多灰多硫煤以及泥炭等的试验研究。在克拉斯诺亚尔斯克电厂建成了175t/h(ƏTX-175)的装置。计划与电厂联合,进行煤干馏与热电结合,利用储量大的坎阿地区褐煤,既达到了资源综合利用目的,又改善了电厂烧煤对环境的影响。

在实验装置上曾进行了坎阿褐煤试验。铝甑干馏试验测得该煤样含油率为6.7%、热解水为9.4%。当干馏温度为635℃、反应区的停留时间为0.4s时,粒度分别为0.15mm和0.06mm的煤样干馏的最大焦油产率分别为15%和19%,远高于铝甑干馏试验油产率,而热解水仅为铝甑干馏试验的1/3。

上述快速热解方法所得焦油虽多,但密度大。快速热解工艺也可以采用气体和固体联合热载体方法,煤干燥阶段110~150℃和煤预热阶段300~400℃采用气体热载体,由热解开始温度到600~650℃阶段,采用固体热载体,固体热载体温度为800℃左右。

(1)ETCH 4-6t/h实验

在ETCH 4~6t/h实验装置上进行了以半焦为热载体的干馏试验,原料褐煤1000kg,水分为32%。可得半焦328kg、焦油42kg、煤气58m³,煤气热值为19.4MJ/m³。

产品半焦燃点低于190℃,反应能力(用CO_2测定,于1000℃左右)为12~15cm³/(g·s);比电阻为82Ω·m;比表面积为260~300m²/g;半焦挥发分为12%~15%,灰分14%~20%。半焦热值高于原料煤。半焦性能好,可用于烧结矿石和高炉喷吹。

(2)ETCH-175实验

ETCH-175工业实验装置能力为175t/h,建在克拉斯诺亚尔斯克电厂。装置流程见图2-28。

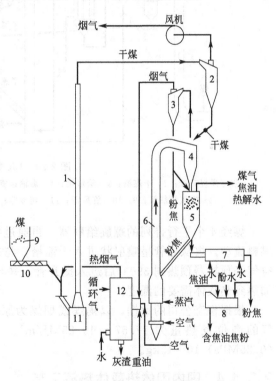

图2-28 ETCH-175工艺流程

1—煤干燥管;2—干煤旋风器;3—热粉焦旋风器;
4—加热器;5—干馏槽;6—粉焦加热提升管;
7—粉焦冷却器;8—混合器;9—煤槽;
10—给料器;11—粉煤机;12—燃烧炉

原料煤由煤槽经给料器去粉煤机，此处供入约550℃的热烟气，把粉碎了的粉煤用上升气流输送到干燥旋风器，同时将煤加热到100～120℃。经干燥的煤水分含量小于4%。干煤由旋风器去加热器，在此与来自加热提升管的热粉焦混合，在干馏槽内发生热解反应并析出挥发产物，经冷却冷凝系统分离为焦油和煤气以及冷凝水。干馏槽下部生成的半焦和热载体半焦，部分去提升管燃烧升温，作为热载体循环利用；多余半焦作为产品送出系统。

在ETCH-175装置上试验了多种褐煤，这些褐煤水分含量为28%～45%，干燥基灰分为6%～45%。干煤半焦产率为34%～56%，焦油为4%～10%，煤气为5%～12%，热解水为3%～10%。

生产的半焦可作为电站发电燃料。考虑到电、蒸汽及产品净化能耗，装置的能量效率为83%～87%。

2.3.4.3 鲁奇鲁尔煤气工艺

鲁奇鲁尔煤气（Lurgi-Ruhrgas，LR）工艺是用热半焦作为热载体的煤干馏方法。此工艺于1963年在前南斯拉夫建有生产装置，单系列生产能力为800t/d，建有两个系列，工厂生产能力为1600t/d。产品半焦作为炼焦配煤原料。工艺流程见图2-29。

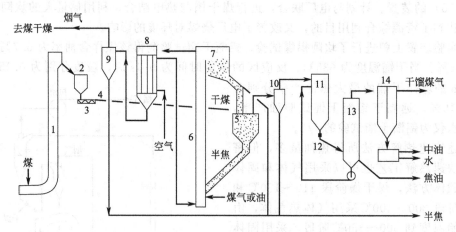

图 2-29 LR褐煤干馏流程

1—煤干燥提升管；2—干煤槽；3—给煤机；4—煤输送管；5—干馏槽；6—半焦加热提升管；7—热半焦集合槽；
8—空气预热器；9，10—旋风器；11—初冷器；12—喷洒冷却器；13—电除尘器；14—冷却器

煤经4个平行排列的螺旋给料器，再通过导管进入干馏槽。导管中通入冷的干馏煤气使煤料流动，煤从导管呈喷射状进入干馏槽，与来自集合槽的热半焦相混合，使煤发生干馏。空气经预热器预热到390℃后进入提升管，并与煤气、油或部分半焦发生燃烧反应，使半焦加热到热载体需要的温度。

根据鲁奇公司的数据，以褐煤或烟煤为原料，干馏温度为800～900℃时，所产城市煤气的高位发热量为17.57～19.25MJ/m^3。干馏每1t煤耗电11～13kW·h，耗蒸汽（0.25MPa）10～15kg。

2.3.4.4 国内固体热载体热解工艺

大连理工大学研究开发的固体热载体快速热解工艺，主要装置包括混合器、反应槽、流化燃烧提升管、集合槽和焦油冷凝回收系统等，其工艺流程如图2-30所示。将预热过的煤（100～120℃）和800℃的热载体半焦进行混合，半焦是干燥煤量的2～6倍。混合后加热至500～700℃送入反应器中进行热解，热解产物经除尘器去冷却回收系统得焦油、煤气、半焦，部分排出，部分进入提升管内进行部分燃烧，继续作为热载体进行原料煤热解。该工艺

的特点是能够实现块煤和粉煤的同时利用，产油多，焦油质量好，半焦活性好，可燃气为中热值煤气，但是要进行冷冻脱除焦油，能耗较高。

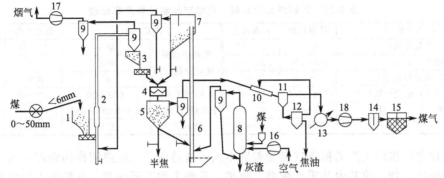

图 2-30　固体热载体快速热解工艺流程图

1—煤槽；2—干燥提升管；3—干煤槽；4—混合器；5—反应器；6加热提升管；7—热半焦槽；
8—流化燃烧炉；9—旋风分离器；10—洗气管；11—气液分离器；12—焦渣分离器；13—煤气间冷器；
14—除焦油器；15—脱硫箱；16—空气鼓风机；17—烟气风机；18—煤气鼓风机

原煤粉碎后进入干燥预热系统，用热烟气（约 550℃）进行气流干燥预热并提升至干燥槽，烟气除尘后经引风机排入大气。干煤（约 120℃）经给料机加入混合器，在此与来自热半焦槽的粉焦（约 800℃）混合，然后进入反应器完成快速热解反应（550～650℃），析出热解气态产物。荒煤气经除尘去洗气管，在气液分离器分离出水和焦油，经间冷器分离出轻汽油，煤气经鼓风机加压、除焦油和脱硫后入煤气柜。由反应器出来的半焦部分经冷却后作为产品，剩余半焦（约 600℃）在加热提升管底部与来自流化燃烧炉的含氧烟气发生部分燃烧，半焦被加热至 800～850℃后提升到热半焦槽作为热载体循环。由热半焦槽出来的热烟气去干燥提升管，原煤在干燥提升管完成干燥过程。

2.4
炼焦化学产品的回收与精制

2.4.1　炼焦化学产品

炼焦过程析出的挥发性产物简称粗煤气。粗煤气的组成和产率与原料煤性质和炼焦热工条件有关。

粗煤气中含有许多化合物，包括常温下的气态物质，如氢气、甲烷、一氧化碳和二氧化碳等；烃类；含氧化合物，如酚类；含氮化合物，如氨、氰化氢、吡啶类和喹啉类等；含硫化合物，如硫化氢、二硫化碳和噻吩等。粗煤气中还含有水蒸气。

粗煤气组成复杂，影响其组成和产率的因素较多。主要影响因素为炼焦温度和二次热解作用。提高炼焦温度和延长在高温区停留时间，粗煤气中气态产物产率及氢的含量都会增加，芳烃的含量和杂环化合物的含量也会增加。已知碳与杂原子之间的键强度顺序为：C—O＜C—S＜C—N，因此在低温（400～450℃）进行煤热解，生成含氧化合物较多。氨、吡啶和喹啉等在高于 600℃时，于粗煤气中出现。

煤热解生成的粗煤气由煤气、焦油、粗苯和水构成。由于粗苯含量少，在粗煤气中分压低，故于 20～40℃、常压下不凝出。一般条件下凝结的是焦油。

煤热解温度对化学产品的影响，可用低温干馏和高温炼焦的数据加以表明，如表 2-22。

表 2-22　以烟煤为原料时，化学产品组成和产率比较

产品产率	低温炼焦	高温炼焦	产品产率		低温炼焦	高温炼焦
煤气(质量分数)/%	6～8	13～15	焦油中含量 (质量分数)/%	酚类	20～35	1～3
煤气/(m³/t)	80～120	330～380		碱类	1～2	3～4
焦油(质量分数)/%	7～10	3～5		萘	痕量	7～12
粗苯(或汽油)(质量分数)/%	0.4～0.6	0.8～1.1	粗苯(或汽油) 中含烃(质量分 数)/%	不饱和烃	40～60	10～15
煤气中含量 (体积分数)/%	H_2	26～30	55～60		脂肪烃或环烷烃	15～20	2～5
	CH_4	40～55	25～28		芳烃	30～40	80～88

不同焦化厂焦炉生产的粗煤气组分差别不大。这是由于二次热解作用强烈，组分中主要为热稳定的化合物，故其中几乎无酮类、醇类、羟酸类和二元酚类。在低温干馏焦油中含有带长侧链的环烷烃和芳烃，高温炼焦的焦油则为多环芳烃和杂环化合物的混合物。低温焦油的酚馏分含有复杂的烷基酚混合物，而高温焦油的酚组分中主要为酚、甲酚和二甲酚。低温干馏煤气中几乎没有氨，而炼焦煤气中氨含量为 8～12g/m³。

煤的低温热解产品组分主要取决于原料煤性质。例如，泥炭和褐煤的低温焦油中羧酸含量可达 2.5%，而烟煤的低温焦油中几乎不含有羧酸。褐煤的一次焦油中含氧化合物可达 40%～45%，而烟煤的则比较少。

焦化工业是萘和蒽的主要来源，用于生产塑料、染料和表面活性剂。甲酚、二甲酚用于生产合成树脂、农药、稳定剂和香料。吡啶和喹啉用于生产生物活性物质。高温焦油含有沥青，是多环芳烃，占焦油量的一半。沥青主要用于生产沥青焦、电极碳等。焦炉煤气可用作燃料，也可作化工原料，生产氢和乙烯。

粗苯是芳烃混合物，苯占 70%，是重要化工原料。低温干馏气体汽油中含有 40%～60% 的不饱和化合物，在加工之前需要进行稳定化处理。

自焦炉导出的粗煤气温度为 650～800℃。按一定顺序进行粗煤气处理，以便回收和精制焦油、粗苯、氨等化学产品，并得到净化的煤气。

煤气中含有少量杂质，对煤气输送和利用有害。煤气中含有萘，能以固态形式析出，堵塞管路。煤气中含有焦油蒸气，不利于回收氨和粗苯操作。煤气中含有硫化物，能腐蚀设备，并不利于煤气加工利用。氨能腐蚀设备，燃烧时生成氧化氮，污染大气。不饱和烃类能形成聚合物，能引起管路和设备发生故障。

多数焦化厂由粗煤气回收化学产品和进行煤气净化，采用冷却冷凝的方式析出焦油和水。用鼓风机抽吸和加压以便输送煤气。回收氨和吡啶碱，既得到了有用产品，又防止了氨的危害。回收硫化氢和氰化氢变害为利。回收煤气中粗苯，获得有用产品。

一般焦化厂炼焦化学产品的回收与精制流程见图 2-31。

自煤气中回收各种物质多用吸收方法，也可以用吸附方法或冷冻方法。但是，吸附和冷冻方法所用设备多，能量消耗高。吸收方法的突出优点是单元设备能力强，适合大生产要求。

煤气中所含物质在回收和净化前后的含量，见表 2-23。

表 2-23　回收前后煤气的物质含量

项目	物质组分				
	氨	吡啶碱	粗苯	硫化氢	氰化氢
回收前/(g/m³)	8～12	0.45～0.55	30～40	4～20	1～2.5
回收后/(g/m³)	0.03～0.3	0.05	2～5	0.2～2	0.05～0.5

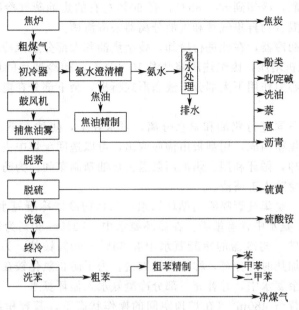

图 2-31 炼焦化学产品回收与精制流程

2.4.2 粗煤气的分离

2.4.2.1 粗煤气初步冷却

为了回收化学产品和净化煤气,便于加工利用,需要进行粗煤气分离。

自焦炉来的粗煤气中含有水汽和焦油蒸气等,需要进行初步冷却,分出焦油和水,以便把煤气输送到回收车间后续工序和进一步利用。冷凝的焦油和水需要分离,焦油中含有的灰尘需要脱除。

粗煤气初步冷却和输送流程见图 2-32。

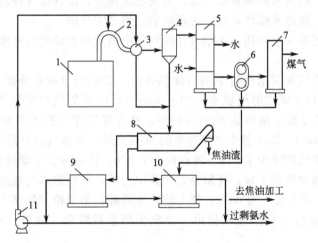

图 2-32 粗煤气初步冷却工艺流程

1—焦炉;2—桥管;3—集气管;4—气液分离器;5—初冷器;6—鼓风机;

7—电捕焦油器;8—油水澄清槽;9,10—储槽;11—泵

由焦炉来的粗煤气温度为 650~800℃,经上升管到桥管,然后到集气管,在此用 70~

75℃循环氨水进行喷洒，冷却到80～85℃，有60%左右的焦油蒸气冷凝下来，这是重质焦油部分。焦油和氨水混合物自集气管和气液分离器去澄清槽。

煤气由分离器去初冷器，在此进行冷却，残余焦油和大部分水汽冷凝下来，煤气被冷却到25～35℃，经鼓风机增压，因绝热压缩升温10～15℃。初冷器后的煤气含有焦油和水的雾滴，在鼓风机的离心力作用下大部分以液态形式析出，余下部分在电捕焦油器的电场作用下沉降下来。

在澄清槽因密度不同进行焦油和氨水分离，氨水在上，焦油在下，底部沉降物是焦油渣。焦油渣由煤尘和焦粉构成，用刮板由槽底取出，可以送回配煤中去。氨水用泵送到桥管和集气管进行喷洒冷却，循环利用。焦油用泵送去焦油精制车间。为防止焦油槽底沉积焦油渣，可采用泵搅拌，免除人工清渣。

氨水有两部分：一是集气管喷洒用循环氨水；二是初冷器冷凝氨水。氨水中含有铵盐，氨含量为4～5g/m³；氨水中含有酚类。在循环氨水中，70%～80%为难水解的氯化铵，加热时不分解，称固定铵。初冷器的冷凝氨水中有80%～90%铵盐，为易水解的碳酸氢铵、硫化铵以及氰化铵，加热时可分解，称挥发性铵盐。为了防止氯化铵在循环氨水中积累，部分循环氨水外排入剩余氨水中，并补充一部分冷凝氨水入循环氨水。

1t煤炼焦约产粗煤气480m³（在炉顶空间的操作状态下，其容积约为1700m³），其体积组成为：煤气75%，水汽23.5%，焦油和苯蒸气为1.5%。此气体冷却放出热量约0.5GJ，其中75%～80%用于蒸发喷洒氨水，其余热量则用于加热水和散热。当冷却用的喷洒氨水温度为70～80℃时，以炼焦装煤量计的喷洒量为5～6m³/t，其中蒸发氨水量仅占2%～3%。

冷却喷洒氨水量大是由于出炉的粗煤气温度比较高，粗煤气与喷洒氨水之间的蒸发换热，是在形成的水滴表面上进行的。桥管和集气管喷头几何空间小，水滴与粗煤气接触时间短，故换热表面积小，冷却效率低。同时喷洒氨水中含有煤和焦的尘粒、焦油以及腐蚀性盐类，限制了喷嘴采用小孔径结构，因小孔径易堵，需要勤清扫。喷嘴孔径为2～3mm，喷洒可行，但是水滴较大，落下途径短，恶化了换热条件。蒸发水分量占水滴量的小部分。为此，采用热水喷洒，增大水滴蒸发蒸气压，加快蒸发速度，改善煤气冷却情况。因水汽化热大，水升温显热小，故冷水喷洒不行，否则喷洒量要增大几倍。

喷洒氨水过量还有一个作用，水量大使集气管中的重质焦油能与氨水一起流动，便于送到回收车间。

初冷器入口粗煤气含有水汽约50%（体积分数）或65%（质量分数）。这些水来自煤带入水分（60～80kg/t）、煤热解生成水（20～30kg/t）以及集气管蒸发水汽（180～200kg/t）。在初冷器中冷却冷凝水量可达92%～95%，初冷器后煤气被水汽饱和，其水汽含量按装炉煤计为10～15kg/t。初冷器中交换热量的90%为煤气中水汽冷凝放出的热量。

初冷器后的粗煤气质量少了2/3，而容积少了3/5，从而减少了继续输送的电能消耗。

在初冷器中焦油也冷凝下来，特别是含于其中的萘，萘的沸点与焦油中其他组分相比是较低的，为218℃；熔点高，为80℃；能升华，形成雾状和尘粒（悬浮于气体中的萘晶粒）。因此，在冷却管的表面上有萘结晶析出，导致传热系数降低。此外，在导管中能形成堵塞物。

为了防止萘于管道和设备中凝结，应充分脱除焦油和萘。因此，初冷器的操作将影响煤气输送和回收车间的后续工艺制度，特别是氨回收部分。

煤气冷却采用管壳式冷却器，有立管式和横管式。管间走煤气，管内走冷却水。冷却水出口温度为40～45℃，然后送去水冷却塔。初冷器参数见表2-24。

表 2-24　初冷器参数

项目	立管式	横管式
冷却表面积/m^2	2100	2950
煤气处理量/(m^3/h)	10000	20000
传热系数/$[W/(m^2 \cdot K)]$	185	215

可见传热系数是比较大的,这是水汽冷凝传热所致。横管式传热系数大于立管式的,不仅由于管内水流速度大,而且横管冷凝液膜流动条件适宜。横管式或倾斜管式冷却器的管子可被焦油洗涤,此外上部管子冷凝的焦油可以洗涤所有管子,减少了萘的沉积,有利于传热。

管式冷却器的缺点是耗用金属量大,还必须清除管内水垢,故有的焦化厂采用直接冷却器,即煤气与冷却水直接接触,金属用量少,节省投资。此外,直接冷却水洗还有洗涤煤气的作用。也可使煤气先进行间接管式冷却,温度降至 55℃,再进入直接冷却器,使煤气温度降至 30℃ 以下。这样所需传热面积减小,节省了一部分基建投资。

煤气初冷用冷却水量较大,每 1000m^3 煤气用水量为 17~22m^3。采用空气冷却和水冷却两段方法,可减少用水量。焦炉煤气由焦炉携出热量较多,宜设法回收利用。

由集气管来的氨水、焦油和焦油渣的分离,是在澄清槽(见图 2-32)完成的。上述混合物必须进行分离,有如下理由。

① 氨水循环回到集气管进行喷洒冷却,应不含有焦油和固体颗粒物,否则堵塞喷嘴使喷洒困难。

② 焦油需要精制加工,其中如果含有少量水将增大耗热量和冷却水用量。此外,有水汽存在于设备中,设备容积会增大,阻力增大。

氨水中溶有盐,当加热温度高于 250℃,将分解析出 HCl 和 SO_3,导致焦油精制车间设备腐蚀。

③ 焦油中含有固体颗粒,是焦油灰分的主要来源,而焦油高沸点馏分即沥青的质量,主要由灰分含量来评价。焦油中含有焦油渣,在导管和设备中逐渐沉积,破坏正常操作。固体颗粒容易形成稳定的油与水的乳化液。

由于焦油本身性质,脱除水和焦油渣比较困难,焦油黏度大,难于沉淀分离。焦油能部分溶于水中,因为焦油中含有极性化合物(酚类、碱类),使得多环芳香化合物和水及含于水中的盐类均一化作用的性能增强,故焦油与水形成了稳定的乳化液。焦油中含有的固体颗粒又加剧了乳化液形成。焦油中固体粒子不大,约小于 0.1mm,焦油密度为 1180~1220kg/m^3,焦油渣密度为 1250kg/m^3,其差甚小,把焦油渣由焦油中沉淀出来是比较难的。

氨水、焦油和焦油渣分离温度为 80~85℃,可以降低焦油黏度和改善沉降分离性能。

焦油去精制之前,水分含量应不大于 3%~4%,灰分应不大于 0.1%,而于 80~85℃ 条件下所进行的沉降分离,是达不到此要求的。

为了达到分离质量要求,可以采取加压沉降分离、离心分离再用氨水洗的手段。沉降分离温度可以提高到 120~140℃,水分被蒸发掉,焦油黏度降低,沉降分离效率提高。离心分离改善了焦油与焦油渣的分离状况。用氨水多次洗涤焦油可改善焦油与焦油渣的分离状况。

用低沸点油稀释焦油,例如用粗苯,然后进行溶液与水和焦油渣分离是有效的。分离后焦油含水量可降至 0.05%~0.1%,不仅焦油渣沉出,而且高凝结组分也分出来了。

2.4.2.2　煤气脱焦油雾

煤气经过初冷器冷却之后,其中还残留有焦油 2~5g/m^3,尽管在鼓风机的离心力作用下又除掉大部分,但鼓风机后煤气中仍含有焦油 0.3~0.5g/m^3。这部分焦油在回收车间后续工序中会析出，特别是在硫酸铵工序，污染溶液和设备，恶化产品质量，并形成酸性焦油。

清除煤气中焦油雾的方法有多种，目前广泛采用的是电捕焦油器，小厂则多利用离心、碰撞等原理的旋风式、钟罩式及转筒式等捕焦油器，但效率不高。

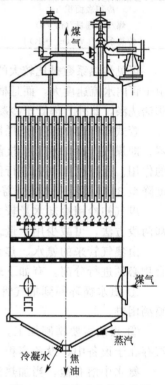

图 2-33 多管式电捕焦油器

焦化工业采用多管式电捕焦油器，见图 2-33。管子中心导线常取为负极，管壁则取为正极，焦油雾滴经过管中电场时变成带负电荷的质点，故沉积在管壁而被捕集，并汇流到下部导出。因含水和盐提高了焦油的带电性能，所以电捕焦油器处理除尘干燥的煤气效率低。电捕焦油器中煤气流速为 $1.0 \sim 1.8 \mathrm{m/s}$，电压为 $30 \sim 80 \mathrm{kV}$，耗电 $1 \mathrm{kW \cdot h}/1000 \mathrm{m^3}$。电捕焦油器后煤气中焦油含量不大于 $50 \mathrm{mg/m^3}$。

电捕焦油器可置于鼓风机前或机后。置于机前煤气温度低，有利于焦油雾和萘析出，但机前为负压，绝缘子处易着火。置于机后较安全，机后煤气焦油含量少于机前，焦油雾滴也大于机前。中国焦化厂多置于机后正压段。为了安全有效操作，采取了防止煤气进入绝缘箱，改进电晕极端结构和在沉淀极端部磨光棱角和毛刺等措施。

2.4.2.3 煤气除萘

煤高温热解形成萘，焦炉粗煤气中含萘 $8 \sim 12 \mathrm{g/m^3}$。大部分萘在初冷器中与焦油一起从煤气中析出，由于萘的挥发性很大，初冷后的煤气中含萘量仍很高，其量主要取决于煤气温度。初冷器后煤气温度为 $25 \sim 35 ℃$ 时，煤气中萘含量为 $1.1 \sim 2.5 \mathrm{g/m^3}$；鼓风机后煤气升高温度，萘含量增大，其值为 $1.3 \sim 2.8 \mathrm{g/m^3}$。萘沉积于管道和设备，妨碍生产，需要除萘。

煤气除萘方法有多种，主要采用冷却冲洗法和油吸收法。前者将于煤气终冷部分介绍，油吸收法可将煤气萘含量降至 $0.5 \mathrm{g/m^3}$。

油吸收法可用的吸收油为洗油、焦油、蒽油和轻柴油等。在吸收塔内喷淋吸收油，煤气自塔下向上流过，萘被淋下的油吸收，是物理吸收过程。中国焦化厂主要采用焦油洗油吸收萘，也有采用轻柴油的。焦油洗油的萘溶解度高于轻柴油，故达到相同除萘效率时，轻柴油用量多。

萘在焦油洗油和煤气中的平衡数据，见图 2-34。在 30℃、35℃、40℃ 下，为使洗萘塔后煤气中含萘量小于 $0.5 \mathrm{g/m^3}$，则入塔焦油洗油含萘量分别不得高于 14.8%、11% 和 8%。但在实际生产中，达不到平衡状态，所以入塔洗油含萘量比上述数值低得多。实际循环洗油允许含萘量为 7%~10%。

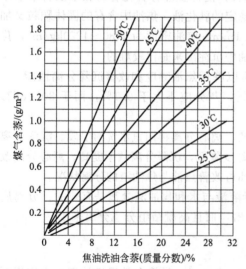

图 2-34 萘在焦油洗油和煤气中的平衡关系

2.4.3 氨和吡啶的回收

煤热解温度高于 500℃ 时形成氨，高温炼焦煤中的氨有 20%~25% 转化为氨，粗煤气中氨含量为 8～11g/m³（体积分数 1.0%～1.5%）。煤气中氨含量的 8%～16%在煤气冷却中溶于凝缩液中。焦炉气中吡啶碱含量为 0.35～0.6g/m³。

粗吡啶所含主要组分与含量、性质见表 2-25。

表 2-25 粗吡啶主要组分与含量、性质

组分	结构式	密度/(g/cm³)	沸点/℃	含量/%
吡啶		0.979	115.3	40～45
α-甲基吡啶		0.946	129	12～15
β-甲基吡啶		0.958	144	10～15
γ-甲基吡啶		0.974	143	
2,4-二甲基吡啶		0.946	156	5～10

2.4.3.1 饱和器法生产硫酸铵

初期焦化工业用水吸收氨，进一步生产硫酸铵或生产氨水。目前中国大部分大型焦化厂采用硫酸自煤气吸收氨，生产硫酸铵，作为化学肥料加以利用。

在合成氨生产高效肥料技术出现之后，由焦化生产的硫酸铵肥效低、质量差、数量也不多，作为农业肥料显得已不重要。但是，焦炉煤气必须脱氨，利用生产硫酸铵工艺为农业生产提供硫酸铵肥料，是一举两得的。

硫酸铵的重要质量指标之一是粒度。小粒子易吸收空气中水分而结块，给运输、储存和使用都带来困难，且潮湿的硫酸铵有腐蚀性。1～4mm 粒子含量多的质量好，2～3mm 的粒子含量不小于 50%。中国一级农用硫酸铵质量指标要求：白色，氮含量大于 21%，水分小于 0.5%，游离酸（H_2SO_4）不大于 0.5%，粒子的 60 目筛余量不小于 75%。

目前焦化厂多采用喷淋式饱和器生产硫酸铵。现在用通用的饱和器法生产的硫酸铵颗粒很小。为了生产大颗粒硫酸铵，采用了无饱和器方法。为了克服生产硫酸铵成本高的缺点，在美国发展了无水氨生产方法。

（1）工艺流程

图 2-35 是通用的饱和器法生产硫酸铵的工艺流程图。

煤气经鼓风机和电捕焦油器之后进入煤气预热器。预热到 60～70℃，目的是蒸出饱和器中水分，防止母液稀释。煤气由饱和器的中央气管经泡沸伞穿过母液层鼓泡而出，其中的氨被硫酸吸收，形成硫酸氢铵和硫酸铵，在母液中含量分别为 40%～45%和 6%～8%。在吸收氨的同时吡啶碱也被吸收下来。

煤气穿过饱和器，在除酸器分离出携带的液滴后，去脱硫或粗苯回收工段。饱和器后煤气含氨量一般要求小于 0.03g/m³。

饱和器中母液经水封管入满流槽，由此用泵打回饱和器的底部，这样构成母液循环系统，并在器内形成上升的母液流，进行搅拌。

硫酸铵结晶沉于饱和器的锥底部，用泵把浆液送到结晶槽，在此从浆液中沉淀出硫酸铵

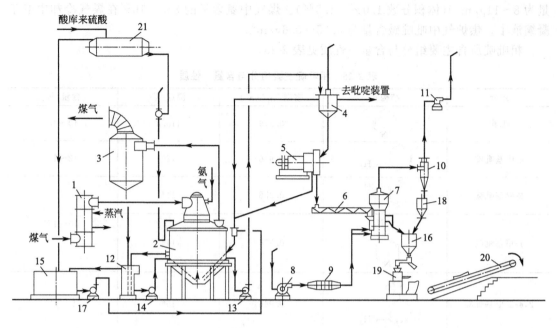

图 2-35　饱和器法生产硫酸铵的工艺流程

1—煤气预热器；2—饱和器；3—除酸器；4—结晶槽；5—离心机；6—螺旋输送机；7—沸腾干燥器；8—送风机；
9—热风机；10—旋风器；11—排风机；12—满流槽；13—结晶泵；14—循环泵；15—母液槽；16—硫酸铵槽；
17—母液泵；18—细粒硫酸铵槽；19—硫酸铵包装机；20—胶带运输机；21—硫酸高位槽

结晶，结晶槽满流母液又回到饱和器，部分母液送去回收吡啶装置。

含量为 72%～78% 的硫酸自高位槽加入饱和器。除酸器液滴经满流槽泵送至饱和器。

硫酸铵结晶浆液经离心机分出结晶，结晶含水分 1%～2%，于干燥器中脱水后送去仓库。

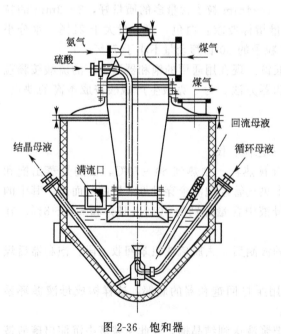

图 2-36　饱和器

饱和器的壁上会沉积细的晶盐，增加煤气流动阻力。为此，饱和器需定期地用热水和借助大加酸进行洗涤。

图 2-36 是中国大型焦化厂常用的饱和器。饱和器外壳用钢板焊成，顶盖可拆，内壁衬防酸层。防酸层是先在内壁涂一层石油沥青，铺两层油毡，再砌 2～3 层耐酸砖而得。或用辉绿岩耐酸胶泥砌衬 4 层双毛面耐酸砖。进入饱和器内的导管由镍铬钼耐酸钢制成。顶盖内表面及中央煤气管外表面，经常与酸液和酸雾接触，均需焊铅板衬层。采用环氧玻璃钢衬层，也有良好的效果。

饱和器煤气入口速度 12～15m/s，中央煤气管内最大速度 7～8m/s，在穿过母液层进入液面上环形空间速度降至 0.7～0.9m/s，以防液滴夹带。

饱和器的特点是一器兼有两个作用：一

是吸收氨和吡啶碱；二是硫酸铵结晶。因此，要求它对氨和吡啶碱回收完全，并获得结晶产品。

由于饱和器操作条件以及含有许多杂质，不利于晶粒长大，所以达不到大晶粒这一重要质量要求。

（2）操作条件

温度对结晶粒度的影响是复杂的。结晶过程分两个主要阶段，即结晶中心形成和结晶长大。两个阶段速度比例关系决定粒子大小。假如结晶中心形成速度 v_0 大于结晶粒子长大速度 v_c，则结晶粒子小。为了得到大粒子结晶，必须使 v_c 大。两种速度与温度关系如下：

$$v_0 = K_1 \exp(-E_1/T^3)$$
$$v_c = K_2 \exp(-E_2/T^3)$$

式中　K_1，K_2，E_1，E_2——常数。

由上式可见，当温度升高时，结晶中心形成速度 v_0 增长较快，即结晶粒子小。

为了得到大粒结晶，在较低的温度下操作是适宜的。但是，为了保持饱和器内的水平衡，器内温度保持高于 $45 \sim 50℃$。饱和器内进入较多过剩水，如硫酸带入水、回收吡啶返回溶液增加水以及洗涤饱和器的水，而过剩水只能由煤气带走。为此，需要利用生成硫酸铵中和热（1173.2kJ/kg）蒸发水分进入煤气中，则饱和器溶液池温度下的饱和水蒸气压须大于煤气中的水蒸气分压，即煤气露点应低于溶液池内温度。一般饱和器溶液温度比煤气露点高 $15 \sim 20℃$。煤气露点取决于初冷器后温度，其值为 $25 \sim 35℃$，饱和器温度为 $50 \sim 55℃$，假如煤气初步冷却不好，此温度可达 $60 \sim 70℃$。

饱和器的酸度要保持过量，以便防止水解和改善氨的回收状况。但是，增大酸度能提高结晶中心形成的速度，导致晶粒变小。酸度对氨回收和晶粒长大有不同影响，因此要加以综合考虑解决。

工业生产常用条件是母液中含有游离酸：每升中含有 NH_4^+ 9.7mol、SO_4^{2-} 4.4mol、HSO_4^- 0.9mol。因此溶液过剩酸度可由 H^+ 浓度决定，H^+ 是由 HSO_4^- 解离形成的，而 HSO_4^- 的形成是 H_2SO_4 过量所致。假如溶液含游离酸4%，即导致含 HSO_4^- 8%。

最佳的母液酸度为3%～4%（酸性硫酸根离子为6%～8%）。

为了获得足够大的和均匀的晶粒，酸度稳定即波动小是重要的。在游离酸 $5.0\% \pm 0.1\%$ 时，晶粒质量优于游离酸为 $(2.0 \pm 0.3)\%$ 的产品。虽然前者酸度大，但波动小，有利于晶粒长大。

母液中杂质对饱和器操作不利，如铁、铝和钙离子，硫酸带入的砷以及煤气带入的有机物等。铁离子来自设备腐蚀而进入溶液，复盐离子来自吡啶碱回收返回的溶液，主要为铁氰复盐 $[Fe(CN)_6]^{4-}$。

砷和铁氰杂质能使母液发泡，密度降低，煤气由水封穿出。焦油物质和铁氰蓝将使结晶着色。为此要得到高质量硫酸铵应该使用干净的酸，降低腐蚀作用，提高捕焦油器效率。

搅拌有利于获得大粒结晶，因搅拌改善了分子扩散到结晶表面的条件，消除了局部过饱和区，降低了过饱和程度，使晶粒在溶液中停留悬浮，并使小粒子溶解、大粒子长大。

饱和器内搅拌采用泵打循环母液，母液循环量为 $20 \sim 30 \text{m}^3/\text{t}$。由于循环量不够，搅拌作用不充分，所以饱和器生产的硫酸铵结晶粒子小，不大于1mm，主要粒子部分不大于0.5mm。

2.4.3.2　无饱和器法生产硫酸铵

饱和器法生产硫酸铵煤气阻力大，硫酸铵结晶粒度小，易堵塞，为了克服这些缺点，改用喷洒式酸洗塔制取硫酸铵方法。采用不饱和过程吸收氨，得到不饱和硫酸铵溶液，然后在另外一个设备中结晶，称为无饱和器法生产硫酸铵。

无饱和器法生产硫酸铵工艺流程见图2-37，含氨回收、蒸发结晶与分离干燥过程。

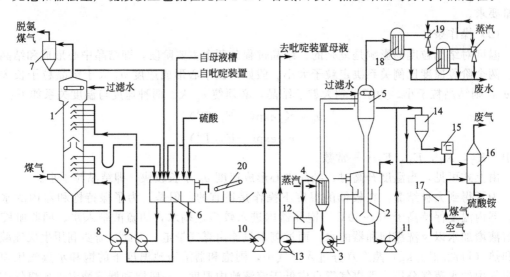

图 2-37　无饱和器法生产硫酸铵工艺流程

1—酸洗塔；2—结晶槽；3—循环泵；4—母液加热器；5—蒸发器；6—母液循环槽；
7—除酸器；8—一段母液循环泵；9—二段母液循环泵；10—供结晶母液泵；11—结晶母液泵；12—满流槽；
13—满流槽母液泵；14—供料槽；15—离心机；16—沸腾干燥器；17—热风炉；18—冷凝器；19—蒸汽喷射器；
20—酸焦油分离

煤气进入酸洗塔，在此回收煤气中的氨和吡啶。酸洗塔为两段喷洒空塔，下部为第一段，用2.5%稀硫酸，由4个不同高度单喷嘴喷洒吸收。煤气由第一段上升，进入第二段，在此用3.0%的稀酸喷洒，由5个不同高度单喷嘴喷洒吸收。脱氨后的煤气经除酸器脱除酸雾滴，去粗苯等回收工序。煤气中含氨由$6g/m^3$降至$0.1g/m^3$。

原料硫酸含量为93%，由酸槽加入母液循环槽。该槽有两块隔板，使槽中母液硫酸浓度有一定梯度，使得酸洗塔一、二段喷洒液的酸浓度达到上述要求值；使硫酸浓度均匀分布，控制硫酸铵浓度不达到饱和状态。

酸洗塔煤气处理量$105000m^3/h$，一段母液循环泵流量$370m^3/h$，喷嘴喷洒压力0.2MPa，每个喷嘴流量1500L/min；二段母液循环泵流量$260m^3/h$，喷嘴压力为$0.1\sim0.2MPa$，每个喷嘴流量为$850\sim1200L/min$。

酸洗塔内中和反应放热，煤气带走水分，为了保持水平衡，在塔上连续加入过滤温水$3.5m^3/h$。

当母液循环槽中硫酸铵含量达到40%～42%，或密度达到$1.24g/cm^3$时，由结晶母液泵将母液送去供料槽，再入结晶槽蒸发器结晶。母液中积聚的酸焦油用刮板刮去。

不饱和的母液在结晶槽蒸发、浓缩和结晶，使硫酸铵母液达到饱和并析出结晶，并使结晶颗粒长大。含小颗粒结晶的母液停留在结晶槽上部，通过溢流板，经循环泵，去母液加热器，升温至56℃，在进入蒸发器，以切线方向旋转蒸发。蒸发器采用减压操作，其绝对压力为11.16kPa。母液浓缩靠减压蒸发，结晶的长大靠大循环搅动。循环量为$4600m^3/h$，相当于供料量的144倍[4600/(16×2)]。浓缩后的硫酸铵母液，沿下降管流入结晶槽。结晶槽最上部不含结晶的母液密度最小，通过满流口流入满流槽，再用泵送回母液循环槽。悬浮在结晶槽上部的小颗粒硫酸铵随母液经泵连续地进行循环。沉积在结晶槽下部的大颗粒结晶母液密度最大，一般控制在 1.245～1.247g/cm³ 之间，是过饱和的，用结晶母液泵将结晶母液送至供料槽，边用搅拌器搅拌，边流入离心机。离心分离出的硫酸铵进入沸腾干燥器，干燥冷却后温度为 60℃，包装储存。

蒸发母液结晶用的加热器，用 0.3MPa 蒸汽加热，用量为 9.4t/h。沸腾干燥器的热气来自热风炉的烟气及空气混合物，温度为 180℃。

酸洗塔煤气阻力为 800～1000Pa；煤气入口温度 38℃，煤气出口温度为 44℃；循环母液温度 44～45℃，煤气入口含氨 6～6.2g/m³，煤气出口含氨 0.1g/m³；煤气入口含吡啶 0.25g/m³，煤气出口含吡啶 0.11g/m³。

酸洗塔结构见图 2-38。

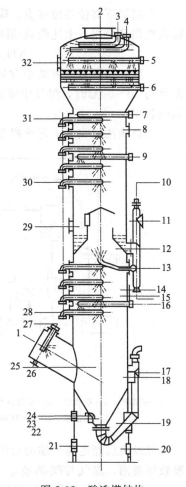

图 2-38 酸洗塔结构

1—煤气入口；2—煤气出口；3，4，5，6，7，9，13，16—水清扫备用口；8，19—穿管孔；10—放散口；11—上段母液满流口；12—上段存液段；14—备用口；15—冷凝水入口；17—下段母液满流口；18，29，32—人孔；20，21，24—通风孔；22，23—检液孔；25—压力计插孔；26—压力计；27—母液喷洒口；28—下段喷洒液口；30，31—上段喷洒液口

2.4.3.3 弗萨姆法生产无水氨

通过磷酸铵吸收焦炉煤气中的氨、吸氨富液解吸以及解吸所得氨气冷凝液精馏，得到无水氨。此法称弗萨姆（PHOSAM）方法。

磷酸铵溶液吸收氨实质是磷酸吸收氨。磷酸解离如下：

$$H_3PO_4 \underset{}{\overset{k_1}{\rightleftharpoons}} H^+ + H_2PO_4^-$$

$$\updownarrow k_2$$

$$H^+ + HPO_4^{2-}$$

$$\updownarrow k_3$$

$$H^+ + PO_4^{3-}$$

式中，解离常数 k_1 为 7.5×10^{-3}，k_2 为 6.2×10^{-8}，k_3 为 4.8×10^{-18}。所以，氨与磷酸水溶液作用，能生成磷酸一铵、磷酸二铵和磷酸三铵三种盐，都是白色结晶，主要性质见表 2-26。

由表中数据可见，磷酸一铵稳定，加热到 125℃ 才开始分解。二铵盐不稳定，三铵盐很不稳定。因此，弗萨姆法所用磷酸铵溶液中主要含有磷酸一铵和磷酸二铵。低于 120℃，磷酸铵溶液的氨分压主要与磷酸二铵含量有关。在 40～60℃ 时，磷酸铵溶液中磷酸一铵能很好吸收煤气中氨，生成磷酸二铵，得到富铵溶液。

表 2-26 磷酸铵盐主要性质

名称	分子式	晶型	25℃水中溶解度/%	生成热/(J/mol)	氨蒸气压/Pa		0.1mol 溶液 pH
					100℃	125℃	
磷酸一铵	$NH_4H_2PO_4$	正方晶系	41.6	121.3	0.0	6.7	4.4
磷酸二铵	$(NH_4)_2HPO_4$	单斜晶系	72.1	202.9	666.6	3999.7	7.8
磷酸三铵	$(NH_4)_3PO_4$	三斜晶系	24.1	244.3	8.57×10^4	1.57×10^5	9.0

在高温下富铵溶液解吸，磷酸二铵受热分解放出氨还原为磷酸一铵，所得贫氨溶液返回吸收塔循环使用。上述吸收-解吸过程如下：

$$NH_3 + NH_4H_2PO_4 \rightleftharpoons (NH_4)_2HPO_4$$

一般，喷洒贫氨溶液中含磷酸铵约 41%，$x(NH_3)/x(H_3PO_4)$ 为 1.1~1.3。当吸收温度为 40~60℃时，煤气中氨回收率可达 99%。降低吸收温度和降低磷酸二铵含量可提高氨回收率。

弗萨姆法回收氨工艺流程见图 2-39。

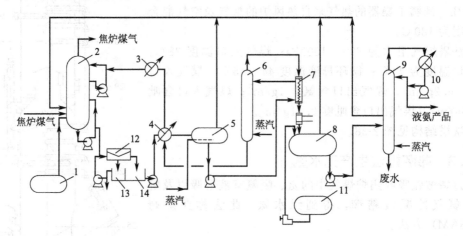

图 2-39　无水氨生产工艺流程

1—磷酸槽；2—吸收塔；3—贫液冷却器；4—贫富液换热器；5—蒸脱器；6—解吸塔；7—冷凝器；8—给料槽；
9—精馏塔；10—冷凝器；11—氢氧化钠槽；12—除焦油器；13—焦油槽；14—溶液槽

鼓风机后经电捕焦油的焦炉煤气，进入两段喷洒吸收塔，在 50℃，用泵打贫氨溶液入吸收塔喷洒，煤气与喷洒液逆流接触，煤气中 99% 以上的氨被吸收。塔后煤气中含氨为 0.02~0.1g/m³。吸收塔后煤气露点温度升高 12~15℃，溶液中部分水分蒸发到煤气中去。喷洒的液气比为 6~8L/m³。空塔气速约为 2.8m/s。塔的煤气总阻力为 1.0~1.5kPa。

吸收塔底富铵溶液含磷酸铵约 44%，$x(NH_3)/x(H_3PO_4)$ 为 1.90 左右。少部分富液在泡沫浮选除焦油器中，在空气鼓泡作用下脱出焦油，然后送去解吸。大部分富液用于循环喷洒，循环喷洒液量约为送去解吸液量的 30 倍。富液入解吸塔前经贫富液换热，温度升至 118℃左右，在蒸脱器脱出酸性气体，再增压至 1.4MPa，并加热至 180~187℃进入解吸塔上部，进行解吸过程。

解吸塔为 20 层板式塔，操作压力约为 1.4MPa。塔底通入压力为 1.5~1.7MPa 的过热直接蒸汽，与富液逆流接触中部分氨解吸。塔底排出贫液温度约为 198℃，$x(NH_3)/x$ (H_3PO_4) 约为 1.25，经换热和冷却到 75℃，再与吸收塔上段循环液合并进塔。

解吸塔顶出来的蒸汽压力约为 1.4MPa，温度约为 187℃，含氨 18% 左右。塔顶蒸汽经冷凝与富液换热，并全部冷凝冷却至 120~140℃，去精馏塔给料槽，用泵加压至 1.7MPa 送去精馏塔进行精馏分离。

精馏塔为板式塔，有 20~40 层塔板，操作压力 1.5~1.7MPa。塔底通入压力为 1.8MPa 的过热直接蒸汽。塔顶得 99.8% 纯氨气，含水量小于 0.01%，经冷凝冷却后部分回流，回流比约为 2。控制塔顶温度为 37~40℃。塔顶产物经活性炭脱去微量油后送去产品槽。塔底排出废液温度约为 201℃，压力约为 1.6MPa，含氨约为 0.1%，可送去蒸氨塔处理。

在精馏塔进料板附近送入 30% 的氢氧化钠溶液，将进料中残存的二氧化碳、硫化氢等酸性气体与氨结合生成的铵盐分解，生成钠盐溶于水中排出，以免所形成的铵盐在塔内积聚堵塞设备。

由于水与氨的沸点相差大，在进料板与塔底之间有一个温度突变区，界面塔板为2～3块，上方为约40℃的氨液，下方为130℃的氨水。

弗萨姆装置中每1kg无水氨产品消耗纯磷酸7.5g，纯氢氧化钠10g，蒸汽（1.8MPa）10～11kg，冷却水150～200kg，电0.22kW•h。比硫酸铵法少耗电60%，循环水量少54%。

弗萨姆法设备结构较简单，因氨气腐蚀性较强，故对材质要求较高，主要设备全用不锈钢。采用此技术可以克服生产硫酸铵成本高和缓解硫酸短缺的矛盾。

2.4.3.4　粗吡啶回收

硫酸铵饱和器中母液的吡啶碱浓度，在进行吡啶回收时，其值不大于20g/L，因母液酸度小，吡啶离子水解程度增大。而在无饱和器法的塔上段吸收时，酸度大，水解度小，碱浓度为100～150g/L。

将相当于吸收吡啶碱数量的一部分母液送去吡啶回收工段分离吡啶。采用氨中和使吡啶分离出来，中和平衡反应如下：

$$NH_3 + C_5H_5NH^+ \rightleftharpoons NH_4^+ + C_5H_5N^-$$

上述平衡反应常数等于10000，所以 NH_3 与 $C_5H_5NH^+$ 反应可生成 NH_4^+ 和 $C_5H_5N^-$。分离吡啶碱的流程见图2-40。

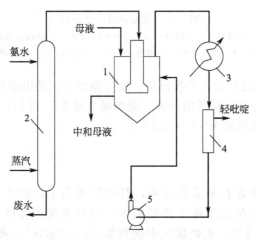

图2-40　吡啶碱分离工艺流程

1—中和器；2—蒸氨塔；3—冷凝器；4—分离器；5—回流泵

母液进入中和器，它是一个鼓泡设备或板式塔。氨水进入蒸氨塔上部，下部通入直接蒸汽，塔顶出来氨和蒸汽入中和器。蒸氨塔底的废水中含酚，去脱酚装置。

中和器反应温度为100～105℃，在此条件下分解出吡啶碱，吡啶碱和蒸汽由中和器顶部出来，在冷凝器凝缩。在分离器上部分出轻吡啶碱馏分，含吡啶碱75%～80%、含水15%、含酚类5%～10%，送去粗吡啶碱精制工段。从分离器分出含盐水溶液，含碱80～100g/L，用泵打回流到中和器。

中和后的硫酸铵母液返回饱和器或无饱和器法的酸洗塔下段。中和器中氨过量，溶液呈碱性，生产希望碱度小，不大于0.5g/L，因为高的pH能增大铁氰化合物生成速度。

$1m^3$ 氨水含氨4.5～5.0g，以碳酸氢铵、硫酸氢铵、氰化铵、氯化铵和硫氰化铵盐形式存在,前三种盐在溶液加热到沸点时即分解,分解出 CO_2、H_2S 或 HCN,故称为挥发铵。氯化铵和硫氰化铵,只能在强碱作用下加热才能解析出来,称为固定铵。一般情况下,氨水中挥发铵盐占 80%~85%,其余为固定铵。有些工厂只从氨水中回收挥发氨,利用蒸氨塔加热蒸出氨来。

回收固定铵需在蒸氨塔之外增设分解器,使固定铵与碱(氢氧化钠或氢氧化钙)反应,使氨游离,然后从蒸氨塔中蒸出。

为从母液硫酸吡啶中分出吡啶碱,也可以采用液氨,省去了氨水蒸馏过程,工艺流程见图 2-41。

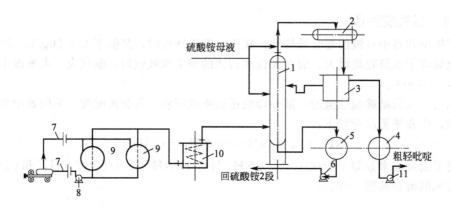

图 2-41　吡啶回收工艺流程

1—吡啶中和塔;2—冷凝器;3—盐析槽;4—粗吡啶中间槽;5—硫酸铵母液槽;6—母液泵;
7—卸料管;8—氨压缩机;9—液氨槽;10—汽化器;11—粗吡啶送出泵

在中和塔内氨与硫酸吡啶发生置换反应,吡啶碱游离,并由塔顶逸出。吡啶和水共沸温度为 92.6℃,经冷凝冷却后在盐析槽分离,吡啶碱含量大于 65%,水分小于 30%。中和塔顶温度为 90~95℃,塔底温度为 100~102℃。

2.4.4　粗苯回收

脱氨后的焦炉煤气中含有苯系化合物,其中以苯为主,称为粗苯。虽然石油化工可生产合成苯,但目前中国焦化工业生产的粗苯,仍是苯类产品的重要来源。一般粗苯产率是炼焦煤的 0.9%~1.1%,焦炉煤气中含粗苯 30~40g/m³。沸点低于 200℃粗苯馏分组成见表 2-27。

表 2-27　沸点低于 200℃粗苯馏分的组成

组成	含量/%	组成	含量/%
苯	55~75	苯并呋喃类	1.0~2.0
甲苯	11~22	茚类	1.5~2.5
二甲苯(含乙基苯)	2.5~6	硫化物(按硫计)	0.3~1.8
三甲苯和乙基甲苯	1~2	其中:	
不饱和化合物	7~12	二硫化碳	0.3~1.4
其中:		噻吩	0.2~1.6
环戊二烯	0.6~1.0	饱和化合物	0.6~1.5
苯乙烯	0.5~1.0		

粗苯中酚类含量为 0.1%~1.0%,吡啶碱含量为 0.01%~0.5%。

粗苯的主要成分在 180℃前馏出,高于 180℃的馏出物称溶剂油。180℃前馏出量多,粗苯质量好，其量一般为 93%～95%。

粗苯为淡黄色透明液体，比水轻，不溶于水。储存时，不饱和化合物氧化和聚合形成树脂物质溶于粗苯中，色泽变暗。

0℃时粗苯比热容为 1.60J/(g·K)，蒸发热为 447.7J/g，粗苯蒸气比热容为 431J/(g·K)。

自煤气回收粗苯或由低温干馏煤气回收汽油，最通用的方法是洗油吸收法。为达到 90%～96% 的回收率，采用多段逆流吸收法。吸收塔理论塔板数为 7～10 块。为了回收粗苯，吸收温度不高于 20～25℃。

回收氨后的煤气温度为 55～60℃，在回收粗苯之前需要冷却。故粗苯回收工段由煤气最终冷却和除萘、粗苯吸收和富油脱苯过程构成。

2.4.4.1 煤气最终冷却和除萘

饱和器后的煤气温度为 55～60℃，其中水汽是饱和的，此种煤气冷却到 20～25℃，放出热量很大。煤气中含有氰化氢、硫化氢和萘。煤气中含萘 1.0～1.5g/m³，在终冷时萘自煤气析出，故不能用一般的管壳式冷却器进行终冷，析出萘容易堵塞设备。一般采用直接式冷却器，水中悬浮萘必须清除。要求脱萘后煤气含萘量小于 0.5g/m³。

目前焦化厂采用的煤气终冷和除萘工艺流程主要有三种：煤气终冷和机械除萘，终冷和焦油洗萘以及终冷和油洗萘。

煤气终冷和机械除萘法在机械化沉萘槽中把水中悬浮萘除去，但此法除萘不净，并且沉萘槽庞大笨重。有些焦化厂采用热焦油洗涤终冷水除萘方法，其工艺流程见图 2-42。

煤气在终冷塔内自下而上流动，与隔板喷淋下来的冷却水流接触被冷却。煤气冷至 25～30℃，部分水汽被冷凝下来，相当数量的萘从煤气中析出并悬浮于水中，煤气中萘含量由 2～3g/m³ 降至 0.7～0.8g/m³。冷却后的煤气入苯吸收塔。

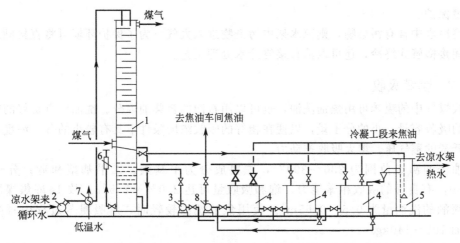

图 2-42　热焦油洗涤终冷水除萘流程

1—煤气终冷塔（下部焦油洗萘）；2—循环水泵；3—焦油循环泵；4—焦油储槽；
5—水澄清槽；6—液位调节器；7—循环水冷却器；8—焦油泵

含萘冷却水由塔底流出，经液封管导入焦油洗萘器底部，并向上流动。热焦油在筛板上均匀分布，通过筛孔向下流动，在油水逆流接触中萃取萘。含萘焦油由洗萘器下部排出，经液位调节器流入焦油储槽。每个焦油储槽循环使用 24h 后，加热静置脱水再送去焦油车间。洗萘器上部的水流入澄清槽，与焦油分离后去凉水架。焦油萘混合物去焦

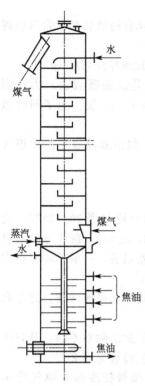

图 2-43 带焦油洗萘器的
煤气终冷塔

油储槽。

送入洗萘器焦油温度约为 90℃，洗萘器下部宜保持在 80℃ 左右。温度过低，洗萘效果下降；温度过高，液面不稳，焦油易从液位调节器溢出。

洗萘焦油量为终冷水量的 5%。新焦油量不足，必须循环使用。焦油在洗萘的同时，也萃取了水中酚，故终冷水中酚含量降低，有利于水处理。

带焦油洗萘器的终冷塔构造见图 2-43。

塔的上部为多层带孔的弓形筛板，筛孔直径 10～12mm，孔间距 50～75mm。隔板的弦端焊有角钢，用以维持液位，水经孔喷淋而下，形成小水柱与上升的煤气接触，冲洗冷却。塔的隔板数一般为 19 层。自由截面积（圆缺的部分）占塔截面积的 25%。

塔下部洗萘器一般设 8 层筛板，筛孔直径为 10～14mm，孔中心距为 60～70mm，筛板间距为 600～750mm。水和焦油接触时间为 8～10min。洗萘器水中悬浮萘与焦油相遇，由于焦油温度较高，萘溶于焦油被萃取。

油洗塔和终冷塔分立，除萘在油洗塔完成，除萘后的煤气再入终冷塔冷却，然后去苯吸收塔。除萘油洗塔所用油为洗苯富油，其量为洗苯富油的 30%～35%，入塔含萘量小于 8%。除萘油洗塔可为木格填料塔，填料面积为 0.2～0.3m^2/m^3。煤气空塔速度为 0.8～1m/s。油洗萘效果好，终冷水用量为水洗萘的一半，有利于环境保护。

如终冷水中含有污染物，则凉水架中污染物进入大气。为了保护环境可将直接洒水式终冷改为间接横管式终冷，还可取消直接终冷水处理工艺。

2.4.4.2 粗苯吸收

吸收煤气中的粗苯可用焦油洗油，也可以用石油的轻柴油馏分。洗油应有良好的吸收能力、大的吸收容量、小的分子量，以便在相等的吸收浓度条件下具有较小的分子浓度，在溶液上降低苯的蒸气压，增大吸收推动力。

焦油洗油沸点范围为 230～300℃，主要成分为甲基萘、二甲基萘和苊；分子量为 170～180，有良好的吸收粗苯能力，饱和吸收量可达 2.0%～2.5%。故 1t 炼焦煤所产煤气需要喷洒的洗油量为 0.5～0.65m^3。使用焦油洗油较轻时，解吸粗苯过程中每吨粗苯损失洗油 100～140kg。

在吸收和解吸粗苯过程中，洗油经过多次加热和冷却，来自煤气的不饱和化合物进入洗油中，发生聚合反应，洗油的轻馏分损失，高沸点物富集。此外，洗油中还溶有无机物，如硫氰化物和氧化物形成的复合物。为了保持洗油性能，必须对洗油进行再生处理，脱出重质物。

终冷后的煤气含粗苯 25～40g/m^3，进入粗苯吸收塔，塔上喷淋洗油，煤气自下而上流动，煤气与洗油逆流接触。洗油吸收粗苯成为富苯洗油，简称富油。富油脱掉吸收的粗苯，称为贫油。贫油在洗苯塔（吸收苯塔）吸收粗苯又成为富油。富油含苯 2%～2.5%，贫油含苯 0.2%～0.4%。要求塔后煤气中粗苯含量低于 2g/m^3。煤气温度 25～30℃，贫油温度应略高于煤气温度 2~4℃，以防煤气中水汽凝出。

（1）粗苯吸收影响因素

用洗油自煤气中吸收粗苯，是典型的吸收过程，有下述传质方程：

$$G = KF\Delta p$$

式中　G——吸收粗苯量，$kg/(m^2 \cdot h)$；

K——吸收传质系数，$kg/(m^2 \cdot Pa \cdot h)$；

Δp——吸收推动力，对数平均压力差，Pa；

F——吸收表面积，m^2。

煤气中粗苯分压 p_B 与洗油上的粗苯蒸气压 p'_B 之差越大，越有利于吸收，根据分压定律，则得

$$p_B = xp$$

式中　p——总压力，Pa；

x——煤气中粗苯的摩尔分数。

根据拉乌尔定律，则得

$$p'_B = x'p'$$

式中　p'——给定温度下粗苯蒸气压，Pa；

x'——洗油中粗苯的摩尔分数。

吸收推动力则为 $p_B - p'_B$，对于全吸塔则用对数平均压力差；

$$\Delta p = \frac{\Delta p_1 - \Delta p_2}{\ln \dfrac{\Delta p_1}{\Delta p_2}}$$

式中　Δp_1——塔底煤气粗苯分压与洗油粗苯蒸气压之差；

Δp_2——塔顶煤气粗苯分压与洗油粗苯蒸气压之差。

由上述公式可明显看出，粗苯吸收过程与吸收温度、洗油性质及循环量、贫油含苯量以及吸收面积有关。这些影响因素分述如下。

① 吸收温度。吸收温度取决于煤气和洗油温度，也受大气温度的影响。

吸收温度高时，洗油液面上粗苯蒸气压增大，吸收推动力减小，因而粗苯回收率降低；吸收温度也不宜过低，温度低于 10~15℃ 洗油黏度显著增加，吸收效果不好。适宜的温度为 25℃ 左右，实际操作温度波动于 20~30℃。洗油的温度比煤气温度高，以防煤气中的水汽被冷凝下来进入洗油。在夏季洗油温度比煤气高 1~2℃；冬季比煤气高 5~10℃。为了保证适宜温度，煤气在终冷器冷却至 20~25℃，贫油应冷却至 30℃。

② 洗油的分子量及循环。当其他条件一定时，洗油的分子量变小，则苯在洗油中的物质的量浓度也变小，吸收效果将变好。吸收剂的吸收能力与其分子量成反比。吸收剂与溶质的分子量越接近，则吸收得越完全。但洗油的分子量也不宜过小，否则在脱苯蒸馏时洗油与粗苯不易分离。

送往吸收塔的洗油量可根据下式求得：

$$q_m(w_2 - w_1) = q_v \frac{a_1 - a_2}{1000}$$

式中　q_m——洗油循环量，kg/h；

w_1, w_2——贫油、富油中粗苯的质量分数，%；

q_v——标准状态下煤气量，m^3/h；

a_1, a_2——煤气入口与出口粗苯含量，g/m^3。

从式中可以看出，增大洗油循环量，可降低洗油中粗苯含量，因而可提高粗苯回收率。但循环量也不宜过大，以免在脱苯蒸馏时过多地增加蒸汽和冷却水的耗量。循环洗油量随吸收温度升高而增加，一般夏季循环量比冬季多。

由于石油洗油的分子量（平均为230~240）比焦油洗油分子量（平均为170~180）大，为达到同样的粗苯回收率，石油洗油用量比焦油洗油多，石油洗油吸收粗苯能力比焦油洗油低。石油洗油用量为焦油洗油的130%。

贫油含苯量越高，则塔后粗苯损失越多，因为粗苯吸收推动力低，吸收效率不好。贫油含苯为0.2%~0.4%。

③ 吸收面积。增大吸收塔内气液两相的接触表面积，有利于粗苯吸收。根据木格填料塔的生产数据，处理$1m^3/h$时，$1.1~1.3m^2$吸收表面积，可使塔后煤气中粗苯含量降至$2g/m^3$以下。对于塑料花环填料则为$0.3m^2$左右。

（2）吸收塔

焦化厂采用的苯吸收塔主要有填料塔、板式塔和空喷塔。填料塔应用较早，也比较广泛。塔内填料可用木格、钢板网、塑料花环等。钢板网填料塔见图2-44。

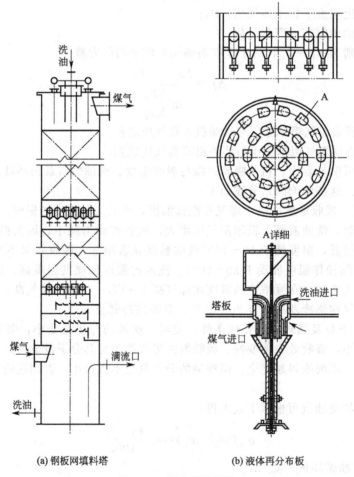

(a) 钢板网填料塔　　　(b) 液体再分布板

图 2-44　吸收苯填料塔

苯吸收塔填料选择取决于塔的阻力要求。板式塔操作是可靠的，但是阻力较大，为7~8kPa。为此优先选用阻力小的填料塔。

通用的木格填料操作稳定可靠，阻力小。但由于比表面积小，所以生产能力小，设备庞大笨重，逐渐被高效填料取代。表 2-28 为木格、塑料花环和钢板网填料特性数据。表中数据是根据处理煤气量为 130000m³/h 做出的，单位煤气量的填料面积对于塑料花环为 0.3m²/(m³/h)，其余两种填料为 1m²/(m³/h)。

表 2-28　苯吸收塔填料特性

填料	木格	塑料花环	钢板网	填料	木格	塑料花环	钢板网
比表面积/(m²/m³)	45	185	250	塔直径	7.0	5.5	4.0
填料容积/m³	2900	190	520	塔高/m	40～45	27	30
填充密度/(kg/m³)	215	110	150	塔数	3	1	2
填料重/t	524	77	60	填料比阻力/(Pa/m)	20～35	26	15～20
允许气体流速/(m/s)	1.0	1.4	3.0	填料总阻力/kPa	1.6～2.8	0.6～1.1	0.66～0.88
允许设备截面积/m²	36.0	26	12.0	填料自由截面积/%	71	88～95	95～97
填料有效高度/m	80.6	10	44.0				

由表中数据可以看出，采用高效填料塑料花环和钢板网是合适的。木格填料效率低，其应用较多的原因是操作稳定可靠，制造简单。工业生产表明，煤气通过木格自由截面积流速由 1.5～1.7m/s 提高到 2.6m/s，比表面积可由 1.0m²/(m³/h) 降至 0.6m²/(m³/h)。

提高吸收压力对回收粗苯是有效的，因为压力提高，煤气中粗苯的分压提高，吸收粗苯的推动力增大。增大压力对吸收粗苯效率影响的数据见表 2-29。提高吸收压力，可以降低粗苯生产成本，提高粗苯回收率。

提高压力回收粗苯的成本费中未包括煤气压缩的电力，也没有包括采用活塞式压缩机的投资和折旧费。在煤气采用大容量离心式压缩机加压，并向远距离输送时，加压吸收苯是有利的。

表 2-29　不同压力吸收粗苯指标

项目		指标			
吸收压力/MPa		0.11	0.4	0.8	1.2
吸收塔容积/m³		100	10	6.9	5.7
金属用量/t		100	46.5	40.8	37.2
传热表面积/m²		100	32	21.2	12.8
单位消耗	蒸汽/t	100	46.8	35.0	27.6
	冷却水/t	100	49.4	38.2	29.7
	电/kW·h	100	32.4	21.6	17.6
富油饱和含苯量/%		2.0～2.5	8.0	16.0	20.0

2.4.4.3　富油脱苯

洗油饱和粗苯含量不大于 2.5%～3.0%，解吸后贫油中含粗苯 0.3%～0.4%，为了达到足够的脱苯程度，富油脱苯塔底温度必须等于洗油的沸点（250～300℃）。但是，在如此高温条件下操作，洗油会发生变化，质量迅速恶化。

富油脱苯的合适方法是采用水蒸气蒸馏，富油预热到 135～140℃ 再入脱苯塔，塔底通入直接水蒸气，常用的水蒸气压力为 0.5～0.6MPa。此法缺点为耗用水蒸气量大，设备大，多耗冷却水，形成了大量含苯、氧化物和硫氰化铵的废水。

采用管式炉加热富油到 180℃ 再入脱苯塔方法，温度不高，对脱苯操作稳定性无大改变，但生产粗苯所有技术经济指标均得到了改善，直接水蒸气耗量可减少到 20%～25%。

为了消除脱苯生成的废水，可采用减压蒸馏法。但减压方法用得少，因粗苯蒸气冷凝温度低于 10～15℃，需要冷冻剂。

水蒸气蒸馏生产两种苯的工艺流程见图 2-45。

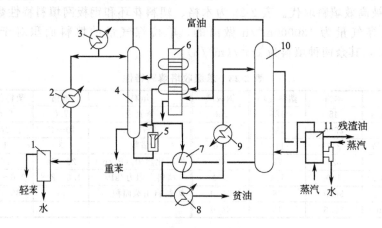

图 2-45　蒸汽法生产两种苯工艺流程
1—分离器；2—冷凝器；3，6—分凝器；4—两苯塔；5，9—加热器；
7—换热器；8—冷却器；10—脱苯塔；11—再生器

富油中含粗苯浓度甚低，洗油量是粗苯量的 40～45 倍，因此大量循环油携带的热量需要回收利用。图 2-58 所示工艺解决了热量回收利用问题。

冷的富油在分凝器被脱苯塔来的蒸气加热，然后在换热器与脱苯塔底来的热贫油进行换热，最后用蒸汽加热或用管式炉加热入脱苯塔上部。脱苯塔底部给入直接蒸汽以及自再生器来的水和油的蒸气。脱苯塔顶导出水、油和粗苯蒸气，在分凝器中使洗油和大部分水蒸气冷凝下来。从分凝器上部出来的是粗苯蒸气和余下的水蒸气。为得到合格粗苯产品，分凝器上部蒸气出口温度用冷却水控制在 86～92℃。如果生产一种粗苯，分凝器出来的蒸气经冷凝分离，即得粗苯产品。

生产一种苯时，粗苯中含有 5%～10% 萘溶剂油，在粗苯精制时需先将其分离出去。在生产两种苯时，萘溶剂油集中于 150～200℃ 的重苯中，而沸点低于 150℃ 的轻苯中主要为苯类。因此，粗苯精制两种苯流程优于一种苯流程。一种苯工艺流程见图 2-46。

脱苯塔多采用泡罩塔，有钢板焊制和铸钢两种，以条形泡罩应用较广。塔板数为 14 层，脱苯为提馏过程，加料板为自上向下数第 3 层。

两苯塔顶温度为 73～78℃，塔顶产物为轻苯；塔底温度为 150℃，塔底产物为重苯。精馏段为 8～12 层，提馏段为 3～6 层，回流比为 2.5～3.5。塔板可为泡罩或浮阀式，当为浮阀塔板时，板间距为 300～400mm，空塔截面气速为 0.8m/s。

有的焦化厂采用 30 层塔板精馏塔，将粗苯蒸气分馏成轻苯、重苯和萘溶剂油三种产品，便于进一步精制。

2.4.4.4　洗油再生

为了保持循环洗油质量，取循环洗油量的 1%～1.5% 由富油入塔前管路或由脱苯塔进料板下的第一块塔板引入再生器，进行洗油再生。

再生器用 0.8～1.0MPa 间接蒸汽加热洗油至 160～180℃，并用直接蒸汽蒸吹。器顶蒸出的油和水蒸气温度为 155～175℃，一同进入脱苯塔底部。残留于再生器底部的高沸点聚合物及油渣称为残渣油，排至残渣油槽。要求残渣油 300℃ 前的馏出量低于 40%，以免洗油耗量大。

为了降低蒸汽耗量和减轻设备腐蚀，可采用管式炉加热再生法，见图 2-47。脱苯部分

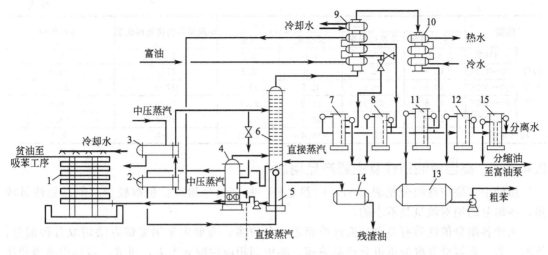

图 2-46 蒸汽法生产一种苯工艺流程

1—喷淋式贫油冷却器；2—贫富油换热器；3—预热器；4—再生器；5—热贫油槽；6—脱苯塔；
7—重分凝油分离器；8—轻分凝油分离器；9—分凝器；10—冷凝冷却器；11—粗苯分离器；
12—控制分离器；13—粗苯储槽；14—残渣槽；15—控制分离器

设备腐蚀，其原因是煤气和洗油中含有氨、氰盐、硫氰盐、氯化铵和水，腐蚀严重处为脱苯塔下部，该处温度高于 150℃。由再生器来的蒸汽中含氯化铵、硫化氢和氨，焦油洗油中溶有这些盐类。在管式炉加热时，洗油在管式炉加热到 300～310℃，在蒸发器内水汽与油气同重的残渣油分开。蒸气在冷凝器内凝结，并于分离器进行油水分离。在此情况下，与蒸汽法再生不同，洗油不仅分出重的残渣，而且也分出具有腐蚀作用的盐类。故管式炉加热再生洗油法与蒸汽加热再生法相比，脱除聚合残渣干净，腐蚀情况较轻。

消除设备腐蚀的根本方法是，阻止上述盐类进入回收苯系统，并且合理选用脱苯塔材质。

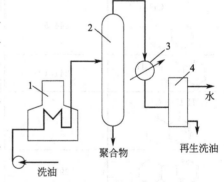

图 2-47 管式炉加热洗油再生流程
1—管式炉；2—蒸发器；3—冷凝器；4—分离器

2.4.5 高温焦油蒸馏

炼焦生产的高温煤焦油密度较高，其值为 $1.160～1.220 \text{g/cm}^3$，主要由多环芳香族化合物所组成，烷基芳烃含量较少，高沸点组分较多，热稳定性好。

低温干馏焦油和快速热解焦油所用的原料煤、干馏条件以及所得的焦油产率和性质都与高温焦油有差别。

各种焦油馏分组成见表 2-30。沸点高于 360℃的馏分在高温焦油中含量高。沸点低于 170℃的馏分在低温焦油中含量高，而高温焦油中含量很低。低温焦油中酚含量高，而高温焦油中酚含量低。

表 2-30 各种焦油馏分组成

焦油	低温焦油				坎阿褐煤快速热解焦油	高温焦油
	乌克兰褐煤	莫斯科褐煤	长焰煤	气煤		
密度/(g/cm³)	0.900	0.970	1.066	1.065	1.080	1.190

焦油		低温焦油				坎阿褐煤快速热解焦油	高温焦油
		乌克兰褐煤	莫斯科褐煤	长焰煤	气煤		
馏分产率/%	<170℃	5.5	12.3	9.4	9.2	11.0	0.5
	170~230℃	13.2	15.7	7.6	7.2	17.0	13.5
	230~300℃	17.5	19.8	31.7	29.9	27.0	10.0
	300~360℃	41.8	25.3	21.2	21.8	10.0	18.0
	>360℃	22.0	26.9	30.9	31.7	23.0	58.0
酚含量/%		12.3	12.6	39.4	28.3	26.0	2.0

2.4.5.1 高温焦油组成及主要产品用途

焦油中主要中性组分见表 2-31，除萘之外，每个组分相对含量都较少，但是焦油量较多，各组分的绝对数量是不小的。

焦油各组分的性质有差别，但性质相近组分较多，需要先采用蒸馏方法切取各种馏分，使酚、萘、蒽等欲提取的单组分产品浓缩、集中到相应的馏分中去，再进一步利用物理和化学方法进行分离。

表 2-31 焦油中的主要中性组分

组分	沸点(101kPa)/℃	熔点/℃	焦油中的含量/% 我国	焦油中的含量/% 德国
(萘)	218	80.3	8~12	10.0
(1-甲基萘) CH₃	244.5	−30.5	0.8~1.2	0.5
(2-甲基萘) CH₃	241.1	34.7	1.0~1.8	2.0
(苊) H₂C—CH₂	277.5	95.0	1.2~1.8	2.0
(芴)	297.9	114.2	1.0~2.0	2.0
(二苯并呋喃) O	286.0	81.6	0.6~0.8	1.0
(蒽)	342.3	216.0	1.2~1.8	1.8
(菲)	340.1	99.1	4.5~5.0	5.0
(咔唑) N	353.0	246.0	1.2~1.9	1.5
(荧蒽)	383.5	109.0	1.8~2.5	3.3

组分	沸点(101kPa)/℃	熔点/℃	焦油中的含量/%	
			我国	德国
	393.5	150.0	1.2~1.8	2.1
	448.0	254.0	0.65	2.0

（1）焦油连续蒸馏切取的馏分

① 轻油馏分　170℃前的馏分，产率为 0.4%~0.8%，密度为 0.88~0.90g/cm³；主要含有苯族烃，酚含量小于 5%。

② 酚油馏分　170~210℃的馏分，产率为 2.0%~2.5%，密度为 0.98~1.01g/cm³；含有酚和甲酚 20%~30%，萘 5%~20%，吡啶碱 4%~6%，其余为酚油。

③ 萘油馏分　210~230℃的馏分，产率为 10%~13%，密度为 1.01~1.04g/cm³；主要含有萘 70%~80%，酚、甲酚和二甲酚 4%~6%，重吡啶碱 3%~4%，其余为萘油。

④ 洗油馏分　230~300℃的馏分，产率为 4.5%~7.0%，密度为 1.04~1.06g/cm³；含有甲酚、二甲酚及高沸点酚类 3%~5%，重吡啶碱类 4%~5%，萘含量低于 15%，还含有甲基萘及少量苊、芴、氧芴等，其余为洗油。

⑤ 一蒽油馏分　280~360℃的馏分，产率为 16%~22%，密度为 1.05~1.13g/cm³；含有蒽 16%~20%，萘 2%~4%，高沸点酚类 1%~3%，重吡啶碱 2%~4%，其余为一蒽油。

⑥ 二蒽油馏　分初馏点为 310℃，馏出 50% 时为 400℃，产率为 4%~8%，密度为 1.08~1.18g/cm³；含萘不大于 3%。

⑦ 沥青　焦油蒸馏残液，产率为 50%~56%。

（2）主要产品及其用途

上述焦油各馏分进一步加工，可分离、制取多种产品，目前提取的主要产品有下述一些。

① 萘　萘为无色晶体，易升华，不溶于水，易溶于醇、醚、三氯甲烷和二硫化碳，是焦油加工的重要产品。国内生产的工业萘多用来制取邻苯二甲酸酐，供生产树脂、工程塑料、染料、油漆及医药等。萘也可以用于生产农药、炸药、植物生长激素、橡胶及塑料的防老化剂等。

② 酚及其同系物　酚为无色结晶，可溶于水，能溶于乙醇。酚可用于生产合成纤维、工程塑料、农药、医药、染料中间体及炸药等。甲酚可用于生产合成树脂、增塑剂、防腐剂、炸药、医药及香料等。

③ 蒽　蒽为无色片状结晶，有蓝色荧光，不溶于水，能溶于醇、醚、四氯化碳和二硫化碳。目前，蒽主要用于制蒽醌染料，还可以用于制合成鞣剂及油漆。

④ 菲　蒽的同分异构物，在焦油中含量仅次于萘。它有不少用途，产量较大，还有待进一步开发利用。

⑤ 咔唑　又名 9-氮杂芴，为无色小鳞片状晶体，不溶于水，微溶于乙醇、乙醚、热苯及二硫化碳等。咔唑是染料、塑料、农药的重要原料。

⑥ 沥青　沥青是焦油蒸馏残液，为多种多环高分子化合物的混合物。根据生产条件不同，沥青软化点可介于 70~150℃ 之间。目前，中国生产的电极沥青和中温沥青软化点为 75~90℃。沥青有多种用途，可用于屋顶涂料、防潮层、筑路、生产沥青焦和电炉电极等。

⑦ 各种油类 各馏分在提取出有关的单组分产品之后，即得到各种油类产品。其中，洗油馏分脱二甲酚及喹啉碱类之后得到洗油，主要用作回收粗苯的吸收溶剂。一蒽油是配制防腐油的主要成分。部分油类还可作柴油机的燃料。

上面所述仅为焦油产品的部分用途，可见综合利用焦油具有重要意义。目前，世界焦油约70%进行加工精制，其余大部分作为高热值低硫的喷吹燃料。世界焦油精制技术先进的厂家，已从焦油中提取了230多种产品，并向集中加工大型化方向发展。

近年来，电炉冶炼、制铝、碳素工业以及碳纤维材料的发展，促进了沥青重整改质技术的发展。

2.4.5.2 高温焦油精制前预处理

焦油精制前预处理包含均匀化、脱水及脱盐等过程。

焦油在精制前含有乳化的水，其中含有盐，例如氯化铵。焦油与盐和酸及固体颗粒形成复合物，以极小的粒子分散在焦油中，是较稳定的乳浊液。这种焦油受热时，含有的小水滴不能立即蒸发，处于过热状态，会造成突沸冲油现象。故焦油在加热蒸馏之前需要脱水。充分脱盐，有利于降低沥青中灰分含量，提高沥青制品质量，同时也减轻设备腐蚀。有的脱盐采用煤气冷凝水洗涤焦油的办法，进入焦油精制车间的焦油含水应不大于4%，含灰低于0.1%。

焦油中含水和盐，其中固定铵盐（例如氯化铵）在蒸发脱水后仍留在焦油中，当加热到220～250℃，固定铵盐分解成游离酸和氨：

$$NH_4Cl \underset{}{\overset{220\sim250℃}{\rightleftharpoons}} HCl + NH_3$$

产生的游离酸会严重腐蚀设备和管道。生产上采取的脱盐措施是加入8%～12%碳酸钠溶液，使焦油中固定铵含量小于0.01g/kg。

2.4.5.3 高温焦油蒸馏工艺流程

用蒸馏方法分离焦油，可采用分段蒸发流程和一次蒸发流程，见图2-48。

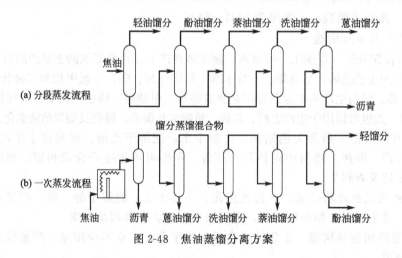

图2-48 焦油蒸馏分离方案

分段蒸发流程是将产生的蒸气分段分离出来；一次蒸发流程是将物料加热到指定的温度，并达到气液相平衡，一次将蒸气引出。

（1）一次蒸发流程

焦油在管式加热炉加热至气液相平衡温度，液相为沥青，其余馏分进入气相，在蒸发器底沥青分出，其余沸点较低馏分依次在各塔顶分出。沥青中残留低沸点物不多。蒸发器温度由管式炉辐射段出口温度决定，此温度决定馏分油和沥青产率及质量，目前生产控制在390℃左右。

焦油馏分产率与一次蒸发温度的关系呈线性增加，见图2-49。沥青软化点与焦油加热温度（管式炉辐射段出口温度）的关系接近线性增加，见图2-50。

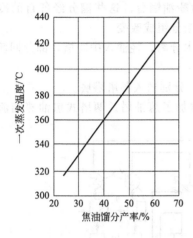 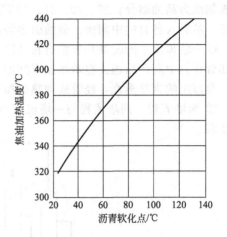

图2-49　焦油馏分产率与一次蒸发温度的关系　　　　图2-50　沥青软化点与焦油加热温度的关系

① 一塔流程　图2-51是一塔式焦油脱水和蒸馏的工艺流程。焦油在管式加热炉对流段加热到125～140℃去一段蒸发器，在此焦油中大部分水和轻油蒸发出来，混合蒸气由器顶排出来，温度为105～110℃，经冷凝冷却后进行油水分离，得到轻油。无水焦油由器底去无水焦油槽。在焦油送去加热脱水的抽出泵前加入碱液，在脱水的同时进行脱盐。

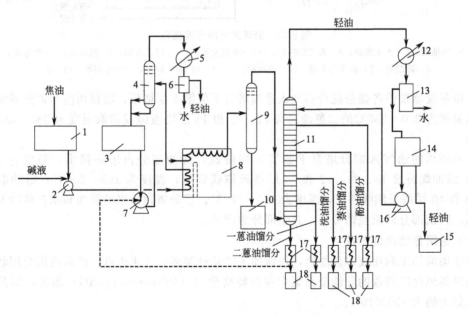

图2-51　一塔式焦油脱水和蒸馏的工艺流程

1—焦油槽；2，7，16—泵；3—无水焦油槽；4—一段蒸发器；5，12—冷凝器；
6，13—油水分离器；8—管式加热炉；9—二段蒸发器；10—沥青槽；11—馏分塔；
14—中间槽；15，18—产品中间槽；17—冷却器无水焦油用泵送到管式加热炉辐射段,加热到390～405℃,再进入二段蒸发器进行一次蒸发,分出各馏分的混合蒸气和沥青,沥青由器底去沥青槽。

各馏分混合蒸气温度为370～375℃,去馏分塔自下数第3～5层塔板进料。塔底出二蒽油馏分;9、11层塔板侧线为一蒽油馏分;15、17层塔板侧线为洗油馏分;19、21、23层塔板侧线为萘油馏分;27、29、31、33层塔板侧线为酚油馏分。这些馏分经各自的冷却器冷却,然后入各自的中间槽。侧线引出塔板数可根据馏分组成改变。

馏分塔顶出来的轻油和水混合物经冷凝冷却,油水分离,轻油入中间槽,部分回流,剩余部分作为中间产品送去粗苯精制车间加工。

蒸馏用的直接蒸汽,经管式加热炉加热至450℃,分别送入各塔塔底。

② 两塔流程 两塔流程与一塔流程不同之处是增加了蒽油塔。两塔式焦油蒸馏流程见图2-52。

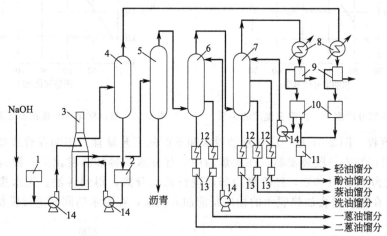

图2-52 两塔式焦油蒸馏流程

1—焦油槽;2—无水焦油;3—管式加热炉;4—一段蒸发器;5—二段蒸发器;6—蒽油塔;7—馏分塔;
8—冷凝器;9—油水分离器;10—中间槽;11、13—产品中间槽;12—冷却器;14—泵

二段蒸发器顶的各馏分混合蒸气入蒽油塔自下数第3层塔板,塔顶用洗油馏分回流。塔底排出温度为330～355℃的二蒽油。自11、13和15层塔板侧线切取温度为280～295℃的一蒽油。

蒽油塔顶的油气入馏分塔自下数第5层塔板,洗油馏分由塔底排出,温度为225～235℃;萘油馏分自18、20、22和24层塔板侧线切取,温度为198～200℃;酚油馏分自36、38和40层塔板侧线切取,温度为160～170℃;馏分塔顶出来的轻油和水汽经冷凝冷却和分离,轻油部分回流至馏分塔,其余部分为产品。

(2) 德国焦油蒸馏流程

德国焦油加工利用技术较发达,焦油加工产品种类多,技术先进,产品应用范围较广。

德国各焦化厂回收的焦油全部集中在吕特格公司(RütgerswerkeAG)加工,该公司焦油加工能力约为$150×10^4$t。

① 沙巴(Sopar)厂流程。吕特格公司所属沙巴厂采用焦油常减压蒸馏,2台管式炉,3个塔,焦油年处理能力$25×10^4$t,工艺流程见图2-53。

焦油加热后首先在脱水塔脱水,塔顶出轻油和水蒸气。塔底的脱水焦油经管式炉加热入酚油塔中部,塔顶出酚油,部分回流,其余部分为产品。酚油塔底由管式炉循环供热。酚油塔中部侧线馏分入萘油塔,萘油塔是提馏塔,塔底出萘油馏分。酚油塔底液去

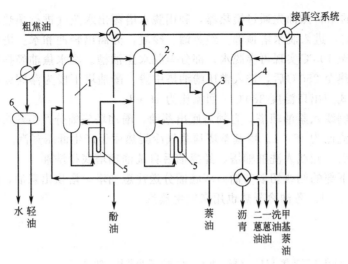

图 2-53 沙巴厂焦油蒸馏流程

1—脱水塔；2—酚油塔；3—萘油塔；4—减压塔；5—管式炉；6—油水分离槽

减压塔，减压塔顶出甲基萘油，上部侧线出洗油，下部两个侧线出一蒽油和二蒽油，塔底产物为沥青。

沙巴厂焦油蒸馏操作数据见表 2-32。

表 2-32 沙巴厂焦油蒸馏操作数据

馏分产品	初馏点/℃	馏出温度/℃	馏出量/%	馏分产品	初馏点/℃	馏出温度/℃	馏出量/%
轻油	90	180	90	洗油	255	290	95
酚油	140	206	95	一蒽油	300	390	95
萘油	214	218	95	二蒽油	350	—	—
甲基萘油	288	250	95	沥青(软化点水银法)	65~75	—	—

② 卡斯特鲁普（Castrop）厂流程。该厂焦油蒸馏工艺流程见图 2-54。

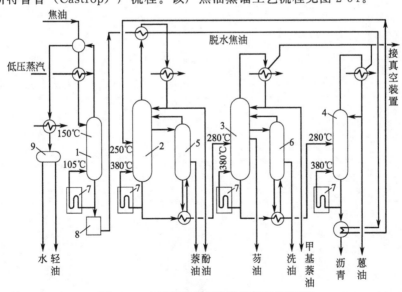

图 2-54 卡斯特鲁普厂焦油蒸馏工艺流程

1—脱水塔；2—酚油塔；3—甲基萘塔；4—蒽油塔；5—萘油辅塔；6—洗油辅塔；7—管式炉；8—脱水焦油槽；9—油水分离器

含水 2.5% 的原料焦油先通过换热器，利用脱水塔蒸出水蒸气进行预热，然后再用低压蒸汽加热至 105℃，进入脱水塔顶部，经蒸馏、冷凝，分离出轻油和水。塔底脱水焦油部分返回管式炉加热至 105℃ 实现再沸脱水，部分至脱水焦油槽。脱水焦油经换热、预热，再经蒽油塔底沥青换热至 250℃ 后，进入常压酚油塔中段。酚油塔下段为浮阀或筛板，上段为泡罩。酚油塔的管式炉出口温度 380℃，回流比为 16:1。

酚油塔有一侧线入萘油辅塔，自辅塔底出萘油。酚油塔底馏分经换热去甲基萘塔，塔顶出甲基萘油，回流比为 17:1。甲基萘塔顶蒸气冷凝热用于产生低压蒸汽。

自甲基萘塔引一侧线入洗油辅塔，经提馏后自洗油辅塔底得洗油。

自甲基萘塔下部的侧线切取芴油。塔底馏分送往蒽油塔，塔顶出蒽油，底部出沥青。蒽油塔回流比为 1.5:1。蒽油冷凝热也用来发生蒸汽。

参考文献

[1] 郭树才，胡浩权．煤化工工艺学 [M]．3 版．北京：化学工业出版社，2012.
[2] 高晋生．煤的热解、炼焦和煤焦油加工 [M]．北京：化学工业出版社，2010.
[3] 中国冶金百科全书：炼焦化工 [M]．北京：冶金工业出版社，1992.
[4] 郭树才．煤化学工程 [M]．北京：冶金工业出版社，1991.
[5] 邱泽刚，李志勤．煤焦油加氢技术 [M]．北京：化学工业出版社，2020.

第3章

煤的气化

煤气化过程是以煤或煤焦为原料，以氧气（空气、富氧或纯氧）、水蒸气或氢气等作为气化剂，在高温条件下经过各种化学反应将煤或煤焦中的可燃部分转化为气体燃料的过程。气化产生的气体有效组分包括一氧化碳、氢气以及甲烷，可用作化工原料气、化工燃料气、工业燃气以及城市煤气。

3.1
煤气化过程与原理

3.1.1 气化反应过程

煤气化过程较为复杂，随着气化装置、工艺流程、反应条件、气化剂种类、原料性质等条件不同，反应过程也不尽相同。总体来讲，煤气化可分为干燥、热解、氧化（燃烧）等反应过程。

（1）干燥

煤进入气化炉后，首先被干燥，析出表面水分，1kg 水分最少需要消耗 2242 kJ 热量才可蒸发，而这部分能量是不可回收的。干燥过程主要发生在 100～150℃之间，主要针对煤中的自由水。如果想要除掉吸附在煤内部小孔中的水分，则需要更多的能量。干燥过程需要吸收大量热量，从而降低了反应温度，因此煤所含水分过高，会影响燃气品质，甚至难于维持后续的气化反应。

（2）热解

当温度达到 300℃以上时，煤开始发生热解反应（主要发生解聚和分解反应），一部分变成挥发分（包括可凝性气体和不可凝气体）析出，另一部分成为半焦，构成反应床层。而挥发分也将参与下阶段氧化还原反应。煤热解产物为复杂的气体混合物以及固态炭（半焦），其中混合气体至少包含数百种碳氢化合物，这些碳氢化合物有些经过常温冷凝后变为焦油，不可凝气体则直接作为气体燃料使用，热值可达 19 MJ/m^3。

(3) 燃烧

气化炉中大部分反应都是吸热反应，为维持这些反应进行，必须提供足够的热量。在工业气化炉中，干燥、热解以及气化需要的热量均来自煤本身的燃烧反应。在工业气化装置内，只提供有限的空气或氧气，发生不完全燃烧反应，主要燃烧产物包括水蒸气、CO_2 和 CO。气化炉中的燃烧过程主要包括以下反应：

$$C + O_2 \longrightarrow CO_2 \qquad \Delta H = -394kJ/mol \qquad (1)$$

$$C + \frac{1}{2}O_2 \longrightarrow CO \qquad \Delta H = -111kJ/mol \qquad (2)$$

$$CO + \frac{1}{2}O_2 \longrightarrow CO_2 \qquad \Delta H = -283kJ/mol \qquad (3)$$

$$2H_2 + O_2 \longrightarrow 2H_2O \qquad \Delta H = -242kJ/mol \qquad (4)$$

其中，反应（1）为主要的放热反应，反应（2）的反应速率相对较低。两个反应均可发生，反应程度取决于温度。引入分配系数 β（β 定义为参与两个反应的氧气的比例），可将两个反应联合，写成：

$$\beta C + O_2 \longrightarrow 2(\beta - 1)CO + (2 - \beta)CO_2 \qquad (5)$$

分配系数 β 的值取决于温度，介于 1 和 2 之间。β 通常可表达为：

$$\beta = \frac{[CO]}{[CO_2]} = 2400e^{\left(\frac{-6234}{T}\right)} \qquad (3-1)$$

式中，T 表示半焦的表面温度。

(4) 半焦的气化反应

气化反应包括原料中碳氢化合物、水蒸气、二氧化碳、氢气之间的反应以及与产品气体之间的化学反应。对于气化炉中的气化反应，决速步骤往往为气化反应速率较低的反应。由于半焦与气化剂（水蒸气、氧气、氢气及其混合气体）之间的反应（非均相反应）和气相产物与气化剂之间的反应相比，反应速率较慢，因此半焦气化反应是气化反应中最重要的反应，也是研究者关注最多的过程。

煤焦的气化反应主要包括碳与氧气、二氧化碳、水蒸气和氢气之间的反应。

反应（1）及（2）为碳与氧气之间的反应，反应(6)~(8)分别为碳与二氧化碳、水蒸气和氢气之间的反应：

$$C + CO_2 \longrightarrow 2CO \qquad \Delta H = +172kJ/mol \qquad (6)$$

$$C + H_2O \longrightarrow CO + H_2 \qquad \Delta H = +131kJ/mol \qquad (7)$$

$$C + 2H_2 \longrightarrow CH_4 \qquad \Delta H = -75kJ/mol \qquad (8)$$

需要注意的是，气化炉内上述几个基本反应区域无法严格区分，只有在固定床气化炉各区域内才有较为明显的特征，而在流化床气化炉中则无法界定其区域分布。

(5) 其他均相反应

在气化反应中除反应（3）和（4）两个燃烧反应外，还有两个重要的均相反应，分别是一氧化碳变换（水煤气变换）反应和水蒸气甲烷重整反应：

$$CO + H_2O \longrightarrow CO_2 + H_2 \qquad \Delta H = -41kJ/mol \qquad (9)$$

$$CH_4 + H_2O \longrightarrow CO + 3H_2 \qquad \Delta H = +206kJ/mol \qquad (10)$$

反应（9）为一氧化碳变换反应，主要是气化阶段产生的 CO 与水蒸气之间的反应，是制取以 H_2 为主要成分的气体燃料的重要反应，也是气化过程中甲烷化反应所需 H_2 源的基本反应。(10) 为甲烷水蒸气重整反应，是传统制取富氢混合气体的重要方法，具有工艺简单、成本低等优点。

对反应(1)~(4)以及(6)~(10)进行矩阵求秩可以得出，反应（1）、（3）、（6）及（7）是线性独立的，其余反应均可由这四个反应线性组合得到。反应（1）为主要燃烧反应，为气化反应提供所需热量，反应（6）和（7）是主要的气化反应，两个反应的反应速率处于同一数量级。在进行气化动力学研究时，主要对反应（6）和（7）两个反应进行考查。

3.1.2　气化反应热效应

气化反应过程中，燃料与气化剂分子、原子之间发生化学键的重新组合，化学能发生变化，因此产生热效应。化学反应热效应是指恒温恒压条件下，物质通过化学反应放出或吸收热量，称为反应焓。盖斯定律指出，在恒压或恒容条件下，不管化学反应过程如何，总热效应是相同的，反应热的变化等于反应终态与始态之间焓的变化。焓是状态函数，与反应途径无关。气化过程通常是在等压条件下进行的，其热效应可写作：

$$Q_p = -\Delta H \tag{3-2}$$

式中，ΔH 为产物与反应物的焓差，单位为 kJ/mol。

规定放热反应的 Q_p 为正值，吸热反应为负值。由于放热反应产物的焓值必然小于反应物焓值，故 ΔH 为负值，吸热反应的 ΔH 为正值。

化学反应热效应可根据物质的燃烧热之差计算，也可根据物质的生成焓之差来计算。根据燃烧热计算热效应的公式为：

$$\Delta H = \sum n_i \Delta H_{c,i} - \sum n_j \Delta H_{c,j} \tag{3-3}$$

式中　$\Delta H_{c,i}$——反应物中第 i 种组分的燃烧热，kJ/mol；

　　　$\Delta H_{c,j}$——产物中第 j 种组分的燃烧热，kJ/mol；

　　　n_i——反应物中第 i 种组分的物质的量；

　　　n_j——产物中第 j 种组分的物质的量。

根据生成焓计算热效应的公式为：

$$\Delta H = \sum n_i \Delta H_{f,i} - \sum n_j \Delta H_{f,j} \tag{3-4}$$

式中　$\Delta H_{f,i}$——反应物中第 i 种组分的生成焓，kJ/mol；

　　　$\Delta H_{f,j}$——产物中第 j 种组分的生成焓，kJ/mol。

气化反应是在高温条件下进行的，根据克希霍夫定律，温度对反应焓的影响可表示为：

$$\left[\frac{\partial(\Delta H)}{\partial T}\right]_p = \sum(n_j C_{p,j}) - \sum(n_i C_{p,i}) = \Delta C_p \tag{3-5}$$

式中，$C_{p,i}$，$C_{p,j}$ 为反应物和产物各组分的比定压热容，单位为 kJ/（mol·K）。

根据物质热容的经验式，$C_p = \Delta a + bT + \Delta T^2 + \Delta c'/T^2$，将其代入（4-5）积分，可求得任意温度下的反应焓 $\Delta H_{R,T}$

$$\Delta H_{R,T} = \Delta H_0 + \Delta a T + \frac{\Delta b}{2}T^2 + \frac{\Delta c}{3}T^3 - \frac{\Delta c'}{T} \tag{3-6}$$

式中，ΔH_0 为积分常数，由已知温度下的反应焓求得。

表 3-1 列举了部分气化反应在不同温度下的热效应值。

表 3-1　部分气化反应在不同温度下的热效应

温度 /K	ΔH_T/(kJ/mol)							
	$C+O_2$ $\longrightarrow CO_2$	$C+1/2O_2$ $\longrightarrow CO$	$C+CO_2$ $\longrightarrow 2CO$	$C+H_2O$ $\longrightarrow CO+H_2$	$C+2H_2O$ $\longrightarrow CO_2+2H_2$	$CO+H_2O$ $\longrightarrow CO_2+H_2$	$C+2H_2$ $\longrightarrow CH_4$	$CO+3H_2$ $\longrightarrow CH_4+H_2O$
0	−393.5	−113.9	165.7	125.2	84.7	−40.4	−67.0	−192.1
298	−393.8	−110.6	172.6	131.4	90.2	−41.2	−74.9	−206.3

温度 /K	$\Delta H_T/(kJ/mol)$							
	C+O₂ →CO₂	C+1/2O₂ →CO	C+CO₂ →2CO	C+H₂O →CO+H₂	C+2H₂O →CO₂+2H₂	CO+H₂O →CO₂+H₂	C+2H₂ →CH₄	CO+3H₂ →CH₄+H₂O
400	−393.9	−110.2	173.5	132.8	92.2	−40.7	−78.0	−210.8
500	−394.0	−110.1	173.8	133.9	94.0	−39.9	−80.8	−214.7
600	−394.1	−110.3	173.6	134.7	95.8	−38.9	−83.3	−218.0
700	−394.3	−110.6	173.1	135.2	97.3	−37.9	−85.5	−220.7
800	−394.5	−111.0	172.4	135.6	98.7	−36.9	−87.3	−222.8
900	−394.8	−111.6	171.6	135.8	99.9	−35.8	−88.7	−224.5
1000	−395.0	−112.1	170.7	135.9	101.1	−34.8	−89.8	−225.7
1100	−395.2	−112.7	169.7	135.9	102.0	−33.9	−90.7	−226.5
1200	−395.4	−113.3	168.7	135.8	102.9	−32.9	−91.4	−227.1
1300	−394.6	−114.0	167.6	135.6	103.6	−32.0	−91.9	−227.5
1400	−395.8	−114.7	166.5	135.4	104.3	−31.1	−92.2	−227.6
1500	−396.0	−115.4	165.3	135.0	104.8	−30.2	−92.5	−227.5
1600	−396.2	−116.1	164.1	134.7	105.3	−29.4	−92.7	−227.4
1700	−396.5	−116.8	162.8	134.2	105.5	−28.6	−92.7	−226.9
1800	−396.7	−117.6	161.5	133.6	105.7	−27.9	−92.8	−226.4

3.1.3 气化反应的化学平衡

在进行煤气化工艺研究以及气化炉设计时,需要了解气化反应在不同反应条件下的反应程度,并根据反应条件对反应方向和限度的影响,选择合适的操作条件和设备,这就需要认识气化反应的化学平衡。

3.1.3.1 气化反应平衡常数

气化反应均为可逆反应。通常,正向和逆向反应以不同的反应速率同时发生。经过一段时间的反应后,正、逆向反应速率分别达到一定的值,且气相产物组成也达到平衡状态,即达到了化学平衡。研究气化反应的化学平衡可以指明气化反应的进度和方向。

可逆反应可以表达为:

$$aA+bB \underset{k_2}{\overset{k_1}{\rightleftharpoons}} cC+dD$$

式中,k_1、k_2 分别为正向和逆向反应速率常数。

正向和逆向气化反应速率(r_1,r_2)可以表示为:

$$r_1=k_1[A]^a[B]^b, r_2=k_2[C]^c[D]^d$$

式中,[A]、[B]、[C]、[D] 分别为气化反应物和产物的浓度。

当气化反应达到平衡时,$r_1=r_2$,可得:

$$k_1[A]^a[B]^b = k_2[C]^c[D]^d$$

$$K_c = \frac{k_1}{k_2} = \frac{[C]^c[D]^d}{[A]^a[B]^b} \tag{3-7}$$

K_c 为以浓度表示的反应平衡常数,仅为温度的函数。K_c 值越大表示气化反应达到平衡时正向反应进行得越完全。

如果为理想气体,则反应平衡常数可以分压表示:

$$K_p = \frac{[p_C]^c[p_D]^d}{[p_A]^a[p_B]^b} \tag{3-8}$$

式中，p_A、p_B、p_C、p_D 分别为反应物和反应产物的分压。

$$K_p = K_c(RT)^{(c+d)-(a+b)} = K_c(RT)^{\Delta n} \tag{3-9}$$

若反应前后物质的量没有变化，则 $\Delta n = 0$，则 $K_p = K_c$。

表 3-2 列举了不同温度下部分气化反应的化学平衡常数。

表 3-2　不同温度下部分气化反应的化学平衡常数

温度/℃	化学平衡常数					
	$K_{p_B} = \dfrac{p_{CO}^2}{p_{CO_2}}$	$K'_{p_B} = \dfrac{p_{CO_2}}{p_{CO}^2}$	$K_{p_W} = \dfrac{p_{CO}p_{H_2}}{p_{H_2O}}$	$K'_{p_W} = \dfrac{p_{H_2O}}{p_{CO}p_{H_2}}$	$K_{p_m} = \dfrac{p_{CH_4}}{p_{H_2}^2}$	$K'_W = \dfrac{p_{CO_2}p_{H_2O}}{p_{CO}p_{H_2}}$
500	4.446×10^{-4}	2.243×10^3	2.179×10^{-3}	4.589×10^2	21.74	4.887
600	9.595×10^{-3}	1.042×10^2	2.449×10^{-2}	40.83	4.576	2.553
700	0.1087	9.203	0.1683	5.940	1.307	1.549
800	0.7746	1.291	0.8072	1.239	0.4655	1.042
900	3.912	0.2556	2.955	0.3885	0.1959	0.7553
1000	15.184	6.856×10^{-2}	8.796	0.1137	9.385×10^{-2}	0.5893
1100	48.00	2.083×10^{-2}	22.30	4.483×10^{-2}	4.988×10^{-2}	0.4647
1200	128.9	7.757×10^{-3}	49.89	2.004×10^{-2}	2.886	0.3870
1300	303.8	3.292×10^{-3}	1.011×10^2	9.890×10^{-3}	1.794×10^{-2}	0.3329

3.1.3.2　影响化学平衡的因素

（1）温度对化学平衡的影响

平衡常数与温度的关系式为：

$$\frac{\mathrm{d}\ln K_p^{\ominus}}{\mathrm{d}T} = \frac{\Delta_r H_m^{\ominus}}{RT^2} \tag{3-10}$$

式中，$\Delta_r H_m^{\ominus}$ 为化合物的标准反应焓，kJ/mol。

由式（3-10）可知：

① 吸热反应，$\Delta_r H_m^{\ominus} > 0$，$\mathrm{d}\ln K_p^{\ominus}/\mathrm{d}T > 0$，即温度升高，$K_p^{\ominus}$ 值增大。

② 放热反应，$\Delta_r H_m^{\ominus} < 0$，$\mathrm{d}\ln K_p^{\ominus}/\mathrm{d}T < 0$，即温度升高，$K_p^{\ominus}$ 值减小。

③ 无论是吸热还是放热反应，温度越高，$K_p^{\ominus}$ 值随温度的变化越慢。当温度升高时，平衡向吸热方向移动。

$K_p^{\ominus}$ 的值可通过式（3-11）求得，当温度变化较小时，$\Delta_r H_m^{\ominus}$ 可近似看作常数，则

$$\ln K_p^{\ominus}(T) \approx -\frac{\Delta_r H_m^{\ominus}}{RT} + C \tag{3-11}$$

式中，C 为积分常数。

若温度变化较大，则 $\Delta_r H_m^{\ominus}$ 需要采用下式计算：

$$\Delta_r H_m^{\ominus}(T) = \Delta H_0 + \Delta_r aT + \frac{\Delta_r bT^2}{2} + \frac{\Delta_r bT^3}{3} \tag{3-12}$$

将式（3-12）代入（3-11）进行不定积分可得：

$$\ln K_p^{\ominus}(T) = -\frac{\Delta H_0}{RT} + \frac{\Delta_r a}{R}\ln T + \frac{\Delta_r b}{2R}T + \frac{\Delta_r c}{6R}T^2 + I \tag{3-13}$$

式中，I、ΔH_0 为积分常数。

（2）压力对化学平衡的影响

系统压力改变会导致平衡混合物的浓度相应改变。例如，当系统压力增加 n 倍时，此

时的平衡常数 K_{cn} 可写为：

$$K_{cn} = K_c n^{\sum_i \nu_i} \tag{3-14}$$

① 当 $\sum_i \nu_i = 0$ 时，反应前后体积不发生变化，此时，$K_{cn} = K_c$，化学平衡和压力无关。

② 当 $\sum_i \nu_i > 0$ 时，随着系统压力增大，反应向逆方向进行。

③ 当 $\sum_i \nu_i < 0$ 时，随着系统压力增大，反应向正方向进行。

3.1.3.3 热力学平衡模型

热力学平衡的计算独立于气化炉的设计，因此非常有利于研究原料以及工艺参数对平衡的影响。尽管化学或者热力学平衡在气化炉内很难达到，但是平衡模型可以提供一个合理的反应能够达到的最大限度。然而，平衡模型不能预测流体力学或者几何参数（如流化速度、气化炉高度）对反应的影响。

化学反应平衡常数可通过平衡常数法（元素守恒模型）和最小吉布斯自由能法（非化学计量平衡模型）得出。

1958 年之前，所有化学平衡的计算都基于控制方程的平衡常数表达式，之后采用最小吉布斯自由能法计算化学平衡常数。从热力学角度出发，平衡状态可以给出给定反应条件下的最大转化率。平衡模型的适用范围可达到 1500℃ 以上，可以预测操作条件变化范围内反应进度的有效趋势。

（1）元素守恒模型

元素守恒模型包含了所有涉及的化学反应及元素，所选元素包括 C、H、O 以及其他主要元素，其余微量元素可忽略。

假设 1 mol 煤气化需要 d mol 水蒸气和 e mol 空气（空气中氮气和氧气的摩尔比为 3.76∶1），那么煤与水蒸气以及空气的反应可以表示为：

$$CH_a O_b N_c + dH_2O + e(O_2 + 3.76N_2) \longrightarrow n_1 C + n_2 H_2 + n_3 CO + n_4 H_2O + n_5 CO_2 + n_6 CH_4 + n_7 N_2$$

其中，n_1，…，n_7 为化学计量系数；$CH_a O_b N_c$ 代表煤的化学组成，a、b、c 为由煤元素分析得到的摩尔比（H/C、O/C 以及 N/C）；d 和 e 为输入参数；未知参数的总数为 7。

由煤中 C、H、O、N 的元素守恒可得：

$$C: n_1 + n_3 + n_5 + n_6 = 1 \tag{3-15}$$

$$H: 2n_2 + 2n_4 + 4n_6 = a + 2d \tag{3-16}$$

$$O: n_3 + n_4 + 2n_5 = b + d + 2e \tag{3-17}$$

$$N: 2n_7 = c + 7.52e \tag{3-18}$$

气化反应过程中，存在反应(6)~(9)，其中 (9) 可由 Boudouard 反应和水蒸气气化反应线性组合得到，因此这里只考虑反应(6)~(8)三个反应的平衡。在一定的压力 p 下，三个反应的平衡常数可以表示为：

$$K_{e_1} = \frac{y_{CO}^2 p}{y_{CO_2}} \tag{3-19}$$

$$K_{e_2} = \frac{y_{CO} y_{H_2} p}{y_{H_2O}} \tag{3-20}$$

$$K_{e_3} = \frac{y_{CH_4}}{y_{H_2}^2 p} \tag{3-21}$$

式中，y_i 表示组分 CO、H_2、H_2O 和 CO_2 的摩尔分数。

在平衡状态下，通过联立元素守恒方程（3-15）～式（3-18）以及平衡常数方程（3-19）～式（3-21），可求得未知参数 n_1，…，n_7，从而可获得给定空气/水蒸气与煤的比例下产物的分布以及组成状态。这种求解方法是在反应过程以及煤化学组成简化基础上完成的，随着求解方程数量增加，求解难度也会增加。对于反应机理明确的体系，元素守恒模型可以预测预期产物的最大产率以及反应体系的限度。

（2）非化学计量平衡模型

采用非化学计量平衡模型计算化学平衡不需要明确特定反应的反应机制。当一个反应系统的吉布斯自由能达到最小的时候，这个系统就达到了平衡状态。所以非化学计量平衡模型基于吉布斯自由能最小化。所需要的输入参数是物料的元素组成，可通过元素分析获得。这种方法尤其适用于化学组成尚未明确的原料煤。

有 N 种元素的气化反应产物的吉布斯自由能可以表示为：

$$G_{total} = \sum_{i=1}^{N} n_i \Delta G_{f,i}^0 + \sum_{i=1}^{N} n_i RT \ln\left(\frac{n_i}{\sum n_i}\right) \tag{3-22}$$

式中，$\Delta G_{f,i}^0$ 为元素 i 在标准大气压 1bar（1bar=10^5Pa）下的吉布斯自由能。

在每个元素遵循质量守恒前提下，式（3-22）通过最小化 G_{total} 可求得未知参数 n_i。比如，利用吉布斯自由能最小化法求解时，不需要考虑反应途径、类型以及燃料的化学组成，但气体产物中的碳含量必须与燃料总的碳含量相等。因此对于第 j 个元素可以写成：

$$\sum_{i=1}^{N} a_{i,j} n_i = A_j \tag{3-23}$$

式中，$a_{i,j}$ 为第 i 种物质中第 j 个元素的原子数，A_j 为进入反应器的 j 元素的总原子数。n_i 值可通过 G_{total} 最小化求得，求解方法可采用拉格朗日乘数法。

拉格朗日方程可定义为：

$$L = G_{total} - \sum_{j=1}^{K} \lambda_i \left(\sum_{i=1}^{N} a_{i,j} n_i - A_j\right) kJ/mol \tag{3-24}$$

式中，λ_i 为第 j 个元素的拉格朗日乘子。

为了获得极值点，式（3-24）除以 RT，并对 n_i 求导可得：

$$\left(\frac{\partial L}{\partial n_i}\right) = 0 \tag{3-25}$$

将式（3-24）带入式（3-25）并对其进行偏微分处理可得：

$$\left(\frac{\partial L}{\partial n_i}\right) = \frac{\Delta G_{f,i}^0}{RT} + \sum_{i=1}^{N} \ln\left(\frac{n_i}{n_{total}}\right) + \frac{1}{RT} \sum_{j=1}^{K} \lambda_j \left(\sum_{i=1}^{N} a_{i,j} n_i\right) = 0 \tag{3-26}$$

3.1.3.4 典型气化反应的化学平衡与热效应

（1）二氧化碳还原反应

以空气或氧气为气化剂时，碳与氧的化学反应和平衡常数为：

$$C + O_2 \rightleftharpoons CO_2 \qquad\qquad K_{p_1} = \frac{p_{CO_2}}{p_{O_2}}$$

$$2C + O_2 \rightleftharpoons 2CO \qquad\qquad K_{p_2} = \frac{p_{CO}^2}{p_{O_2}}$$

$$2CO + O_2 \Longleftrightarrow 2CO_2 \qquad K_{P_3} = \frac{p_{CO_2}^2}{p_{CO}^2 p_{O_2}}$$

$$C + CO_2 \Longleftrightarrow 2CO \qquad K_{P_4} = \frac{p_{CO}^2}{p_{CO_2}}$$

平衡常数与温度的关系如表 3-2 所示。由表可得，在 700～1300℃内，除二氧化碳还原反应外，其它三个反应的平衡组成几乎全部是生成物，可以认为这三个反应是不可逆的。而二氧化碳还原反应平衡常数的对数值在正、负之间变动，即温度对其平衡组成中 CO 和 CO_2 的相对含量影响较大。

二氧化碳还原反应是可逆反应，也是强吸热反应。升高温度，平衡向正反应方向移动，因此升高温度对此反应有利。二氧化碳还原反应在不同温度下的平衡组成见表 3-3 及图 3-1。

表 3-3　$C + CO_2 \Longleftrightarrow 2CO$ 反应在不同温度下的平衡组成

组成	450℃	650℃	700℃	750℃	800℃	850℃	900℃	950℃	1000℃
CO_2/%	97.8	60.2	41.3	24.1	12.4	5.9	2.9	1.2	0.9
CO/%	2.2	39.8	58.7	75.9	87.6	94.1	97.1	98.8	99.1

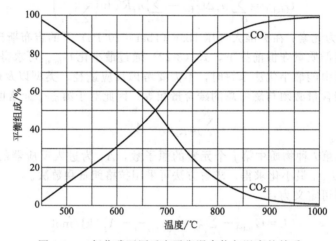

图 3-1　二氧化碳还原反应平衡混合物与温度的关系

由表 3-3 及图 3-1 可以看出，随着温度升高，还原产物 CO 的含量增加。温度越高，CO 的平衡浓度越高。

研究二氧化碳还原反应所得反应平衡组成和平衡常数见表 3-4。

表 3-4　二氧化碳还原反应的平衡组成和平衡常数

温度/℃	CO/%	CO_2/%	$K_p = \dfrac{p_{CO}^2}{p_{CO_2}}$
800	86.20	13.80	5.38
850	93.77	6.23	14.11
900	97.88	2.12	43.04
950	98.68	1.32	73.77
1000	99.41	0.59	167.50
1050	99.63	0.37	268.30
1100	99.85	0.15	664.70
1200	99.94	0.06	1665.00

由表 3-4 可得，随温度升高，CO_2 含量急剧减少，平衡常数 K_p 值迅速增大。

因此二氧化碳还原反应平衡常数与温度的关系也可表达为：

$$lgK_p = lg \frac{p_{CO}^2}{p_{CO_2}} = -\frac{8947.7}{T} + 2.46751gT - 0.0010824T + 0.000000116T^2 + 2.772 \qquad (3-27)$$

根据上式得到的平衡常数曲线见图 3-2。

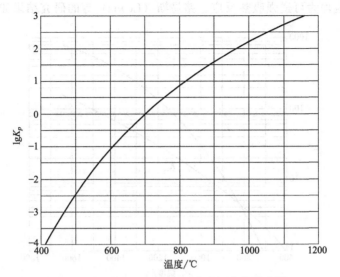

图 3-2　C+CO₂ ⇌ 2CO 反应的平衡常数曲线

二氧化碳还原反应为气相总摩尔数增加的反应,因此系统的总压力将影响平衡组成,图 3-3 为压力对该反应平衡组成的影响。

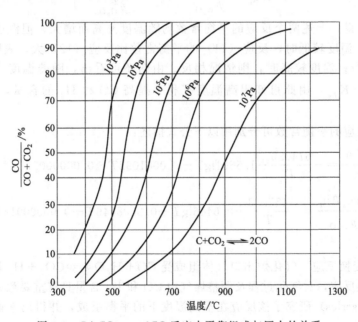

图 3-3　C+CO₂ ⇌ 2CO 反应中平衡组成与压力的关系

由图 3-3 可得,随着压力增大,平衡混合物中 CO 的含量减少。当温度为 700℃,混合气体压力为 10^3 Pa 时,CO 的平衡含量约为 94%;混合气体压力为 10^5 Pa 时,混合气体中 CO 的平衡含量降至 78%;当总压为 10^6 Pa 时,进一步降至 36%。

（2）碳与水蒸气反应

① 碳表面上水蒸气的分解反应　碳与水蒸气的反应主要是：

$$C+H_2O \Longrightarrow CO+H_2 \qquad \Delta_r H_m^{\ominus}=+131kJ/mol \qquad (11)$$

$$C+2H_2O \Longrightarrow CO_2+2H_2 \qquad \Delta_r H_m^{\ominus}=+90kJ/mol \qquad (12)$$

上述两个反应均为可逆强吸热反应。路易斯（Lewis）等的研究结果如图3-4。

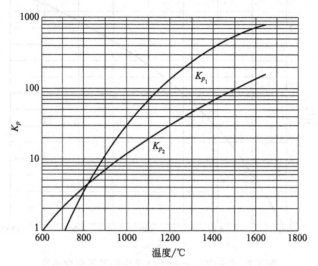

图3-4　碳与水蒸气反应平衡常数与温度的关系

$$K_{p_1}=\frac{p_{CO}p_{H_2}}{p_{H_2O}}, K_{p_2}=\frac{p_{CO_2}p_{H_2}^2}{p_{H_2O}^2}$$

由图3-4可得，上述两个反应的平衡常数均随温度升高而增大，但温度对两个反应的影响程度不同。温度较低时，反应（11）的平衡常数比反应（12）大，表明低温不利于 C $+H_2O$ 反应进行；温度较高时，则情况相反。由图还可看出，随着温度升高，K_{p_1} 的上升速率要远高于 K_{p_2}，由此可知提高温度有利于提高 CO 和 H_2 的含量，同时降低 H_2O 的含量。

上述两个反应的平衡常数可分别用以下公式描述：

$$\lg K_{p_1}=\lg \frac{p_{CO}p_{H_2}}{p_{H_2O}}=-\frac{6740.5}{T}+1.5561\lg T-0.0001092T-0.000000371T^2+2.554 \qquad (3-28)$$

$$\lg K_{p_2}=\lg \frac{p_{CO_2}p_{H_2}^2}{p_{H_2O}^2}=-\frac{4533.3}{T}+0.6446\lg T+0.0008646T+0.0000001814T^2+2.336$$

$$(3-29)$$

② 水煤气变换反应　气化炉出口气体组成受 $CO+H_2O \Longrightarrow CO_2+H_2$ 制约。此反应称为一氧化碳变换反应，对气化过程及调整煤气中 CO 和 H_2 含量具有重要意义。

海立斯（Harrles）研究了该反应在不同温度下的平衡组成，并得出平衡常数与温度的关系：

$$\lg K_p=-\frac{2232}{T}-0.08463\lg T-0.0002203T+2.4943 \qquad (3-30)$$

哈恩（Hahn）的研究结果如下：

$$\lg K_p=-\frac{2226}{T}-0.0003909T+2.4506 \qquad (3-31)$$

（3）甲烷生成反应

甲烷生成反应可分为碳的加氢反应和甲烷化反应。

① 碳的加氢反应 碳的加氢反应，即 $C+2H_2 \rightleftharpoons CH_4$，是强放热反应。该反应的吉布斯自由能、反应焓与平衡常数随温度的变化见表3-5。该反应的平衡常数 K_p 可表示为：

$$\lg K_p = -\frac{3348}{T} - 53957 \lg T + 0.00186T - 0.0000001095T^2 + 11.79 \qquad (3-32)$$

由于该反应是体积减小的反应，因此升高压力有利于反应正向进行。为增加煤气中 CH_4 含量，提高煤气热值，宜采用较高的压力和较低的温度。

表3-5 $C+2H_2 \rightleftharpoons CH_4$ 反应的吉布斯自由能、反应焓与平衡常数随温度变化情况

T/K	$\Delta G_T^{\ominus}/kJ$	$\lg K$	K	$\Delta H_T^{\ominus}/kJ$
298.16	−50.830	8.8977	7.902×10^8	−74.901
400	−44.897	5.8584	7.218×10^5	−78.000
500	−32.822	3.4261	2.668×10^3	−80.817
600	−22.991	2.000	1.000×10^2	−83.300
800	−2.290	0.1494	1.4107	−87.182
1000	19.302	−1.007	0.0983	−89.744
1500	74.503	−2.5924	0.00256	−92.361

② 甲烷化反应 加压气化过程中，除煤热解、碳加氢反应外，CO 与 CO_2 的甲烷化反应以及碳与水蒸气直接生成甲烷的反应都是产生甲烷的重要反应。这三个反应的吉布斯自由能、反应焓与平衡常数随温度的变化见表3-6～表3-8。

表3-6 $CO+3H_2 \rightleftharpoons CH_4+H_2O$（g）反应的吉布斯自由能、反应焓与平衡常数随温度变化情况

T/K	$\Delta G_T^{\ominus}/kJ$	$\lg K$	K	$\Delta H_T^{\ominus}/kJ$
298.16	−142.224	24.896	7.870×10^{24}	−206.298
400	−119.639	15.611	4.083×10^{15}	−210.824
500	−96.364	10.059	1.145×10^{10}	−214.709
600	−72.381	6.296	1.977×10^6	−217.971
800	−23.083	1.508	3.206×10	−222.723
1000	27.308	−1.425	3.758×10^{-2}	−246.522
1500	154.509	−5.376	4.207×10^{-6}	−227.584

表3-7 $CO_2+4H_2 \rightleftharpoons CH_4+2H_2O$（g）反应的吉布斯自由能、反应焓与平衡常数随温度变化情况

T/K	$\Delta G_T^{\ominus}/kJ$	$\lg K$	K	$\Delta H_T^{\ominus}/kJ$
298.16	−113.681	5.9334	8.578×10^5	−165.114
400	−95.355	4.9768	9.481×10^4	−170.160
500	−76.065	3.9700	9.333×10^3	−174.837
600	−55.922	2.9186	8.291×10^2	−179.036
800	−13.792	0.7198	5.246	−185.781
1000	28.975	−1.5644	2.727×10^{-2}	−190.684
1500	142.253	−7.4246	3.762×10^{-8}	−197.572

表3-8 $2C+2H_2O \rightleftharpoons CH_4+CO_2$ 反应的吉布斯自由能、反应焓与平衡常数随温度变化情况

T/K	$\Delta G_T^{\ominus}/kJ$	$\lg K$	K	$\Delta H_T^{\ominus}/kJ$
298.16	12.025	−2.1049	0.00785	15.303
400	11.079	−1.4458	0.0358	14.165
500	10.421	−1.0878	0.0817	13.202
600	9.936	−0.8646	0.1367	12.431

T/K	$\Delta G_T^{\ominus}/kJ$	$\lg K$	K	$\Delta H_T^{\ominus}/kJ$
800	9.211	-0.6010	0.2506	11.418
1000	8.629	-0.4504	0.3545	11.196
1500	6.758	-0.2351	0.5819	12.846

这些反应通常都需要在有催化剂的条件下进行,而煤灰中某些成分如铁、铝、硅等对甲烷的生成起到了催化作用。

3.1.4 气化过程评价指标及影响因素

气化过程的评价指标主要包括气化剂的比消耗量、燃气产率、燃气质量、气化强度及气化效率等。

3.1.4.1 气化剂比消耗量

气化剂比消耗量指气化 1kg 原料所需要消耗的空气、氧气或水蒸气等气化剂的量。为了对比各种气化方法,也可以生产 $1m^3$ 燃气或纯 $CO+H_2$ 所消耗的气化剂量为基准。

气化剂比消耗量的主要影响因素包括原料的性质和气化反应的操作条件。一般来说,原料中的碳含量越高,所需气化剂量越大;原料的水分含量、灰分含量越高,则比消耗量越低。比消耗量还与气化反应的操作条件有关。如采用水蒸气气化,除满足气化反应的需要外,还被用于降低氧化区的温度,以将氧化区的温度控制在灰熔点之下,避免结渣。

气化过程中与气化剂比消耗量相关的一个重要的控制参数为当量比,当量比是指气化单位质量的原料所消耗的空气(氧气)量与其完全燃烧所需要的理论空气(氧气)量之比。随着当量比增大,气化过程中参与燃烧反应的原料量增加,反应温度升高,一方面有利于气化反应进行,但另一方面,燃气中的 CO_2 比例增加,燃气质量下降。因此存在最佳的当量比,其范围在 0.2~0.28 之间。

3.1.4.2 燃气产率

燃气产率是指 1kg 原料气化后所得到的燃气的标准体积。燃气产率可分为干气产率(脱除水分的燃气产率)和湿气产率。影响燃气产率的主要因素是原料的物理、化学性质。同一类型的燃料,其水分和灰分含量越少,燃气中可燃组分含量就越高,则产率越高。原料中灰分含量高,一方面导致原料的可燃组分减少,另一方面增加了灰中炭带出的损失。

3.1.4.3 燃气质量

燃气质量的主要衡量指标是其组成和热值。高质量燃气中 CO、H_2、CH_4、C_nH_m 等可燃成分含量高,燃气热值也高。燃气的热值可用以下公式简单计算:

$$LHV_g = 126.36CO + 107.98H_2 + 358.18CH_4 + 629.09C_nH_m \tag{3-33}$$

式中,LHV_g 为燃气低位热值 (kJ/m^3);CO、H_2、CH_4 和 C_nH_m 分别为燃料中各可燃气体所占体积百分数。

燃气质量主要受原料物理和化学性质、气化过程操作条件以及气化炉结构的影响。

(1)原料物理、化学性质的影响

① 挥发分的影响 通常原料挥发分含量越高,燃气热值越高。但燃气热值与挥发分含量不成比例,主要是由于挥发分凝结成液体焦油会带走一部分热量,影响燃气热值。

② 水分的影响 原料中水分过高时,多余的水分在气化和燃烧过程中生成水蒸气需要

消耗一部分能量，会导致燃气热值下降。此外，水分含量高会降低氧化区的温度，从而导致热解区产生的烃类化合物裂解不完全，一部分冷凝为焦油而带走热量。

③ 灰分的影响　气化过程中，氧化区温度超过灰熔点，会导致结渣。因此，气化过程中，氧化区的温度需控制在灰熔点之下，而温度降低，必然会影响燃气的成分以及热值。

④ 原料粒度和粒径分布的影响　原料的粒径越小，比表面积越大，在相同的反应条件下，气化反应进行得越彻底，燃气质量越高。但原料粒径太小会增加气流阻力，使带出物损失增加，因此粒径也不宜过小。如果粒径分布均匀，则有利于气化剂均匀分布，燃气质量高；如果粒径分布不均匀，会使气化炉炉膛界面上各处气流阻力不均匀，会造成气化剂分布不均匀，从而导致局部强烈燃烧，出现过热现象，进而造成烧结形成"架空"现象。严重时，气化层可能会超出原料层，出现"烧穿"现象，使部分气化剂由"烧穿区"进入上部空间，烧掉部分燃气，导致燃气质量降低。因而，原料粒径尽可能均匀，最大和最小粒径之比一般不超过 8。

（2）操作条件的影响

影响燃气质量的操作条件主要有气化温度、鼓风量、鼓风速度等。气化过程中，温度不仅会影响燃气质量，而且会对燃气产率造成影响。提高气化温度可提高燃气中 CO 和 H_2 的量，同时 CH_4 的含量减少，进而影响燃气热值。温度对燃气质量的影响根据气化条件不同而改变，没有统一结论。鼓风量和鼓风速度都会对燃气质量造成影响，如采用空气气化工艺时，若鼓风量超出正常量，会增加燃气中 N_2 和 CO_2 的含量，使燃气质量下降；若鼓风速度过大，会缩短气固两相接触时间，从而影响气化反应程度，使燃气可燃组分减少，热值降低。

3.1.4.4　气化强度

气化强度是单位时间、单位气化炉截面积上所处理的燃料量或产生的燃气量，也可表示为炉膛的热负荷（单位截面积上燃气的热通量）。三种表示方法如下：

$$q_1 = \frac{燃料消耗量(kg/h)}{炉膛截面积} \tag{3-34}$$

$$q_2 = \frac{燃气产量(m^3/h)}{炉膛截面积} \tag{3-35}$$

$$q_h = \frac{燃气产量(m^3/h) \times 燃气热值(MJ/m^3)}{炉膛截面积} \tag{3-36}$$

气化强度越大，气化炉的生产能力越大。气化强度与燃料性质、气化剂供给量、气化炉结构等均有关系。对于灰分含量高的原料，其有机组分含量少，要维持一定的生产能力，通常气化强度偏高。气化炉中主要的气化反应为碳与二氧化碳及水蒸气之间的反应。根据操作条件不同，气化反应可处于化学反应控制区或扩散控制区。当气化反应处于化学反应控制区时，气化反应速度随气化温度升高而增大；继续升高温度，则气化反应由化学反应控制转变为扩散控制，扩散控制区气化反应速率随鼓风速度增大而增大，是强化气化过程的必要条件，但气化温度不宜过高，超过煤的灰熔点会造成结渣等问题。提高鼓风速度虽然可以增加气化强度，但会受到一些限制，如鼓风速度过高，会增加带出物损失，导致气化炉料层不稳定，气固两相接触时间缩短，气化反应不完全等。

3.1.4.5　气化效率

气化效率是指煤气化后产生的燃气热值与气化前煤热值之比，根据燃气使用状态不同，又可分为冷燃气效率和热燃气效率，是衡量气化炉工作性能好坏的重要指标。

冷燃气效率：

$$\eta_c = \frac{单位质量燃料产生的煤气热值}{单位质量燃料的热值} \times 100\% \tag{3-37}$$

热燃气效率：

$$\eta_h = \frac{单位质量燃料产生的煤气热值+煤气显热}{单位质量燃料的热值} \times 100\% \tag{3-38}$$

气化效率除了受反应温度、气化剂比消耗量的影响外，还会受到原料损失的影响，原料损失越高，气化效率越低。

3.1.4.6 气化过程影响因素

（1）气化炉

气化炉主要分为固定床、流化床和气流床气化炉。固定床气化炉结构简单，制造方便，具有较高的热效率，适合块状大颗粒原料。但内部过程难以控制，物料容易搭桥形成空腔，且处理量小，处理强度低。流化床气化炉原料适应性广，适合水分含量高、热值低、着火困难的细颗粒原料，利用效率高，处理量大，处理强度高；具有气固接触充分、混合均匀的优点，反应温度区间一般为 700～850℃。气流床气化炉气化温度高（气化反应温度高达2000℃）、气化强度大、煤种适应性强（几乎适用于除褐煤外的所有煤种）、煤气不含焦油，但其需要庞大的磨粉、余热回收、除尘等辅助设施，投资成本较高。

（2）气化原料性质

原料的粒度、比表面积、水分含量等对气化过程均具有很大影响。原料粒径越小，比表面积越大，气化反应进行得越激烈、越完全。原料粒径越小，其热阻越小，气化炉内颗粒温度分布越均匀，气化效果越好。水分的影响主要分为两个方面：一方面，水蒸气作为气化剂参与气化反应，与碳反应生成 H_2 和 CO_2；另一方面，水蒸气可消耗气化反应过程中燃烧所释放出的热量，调节气化炉内的反应温度。

（3）气化温度

温度是影响气化反应速率、气化产品组成和性质最重要的因素之一。温度升高，气化反应速率提高，气化炉的处理量提高。此外，高温条件下，焦油的裂解程度增强，焦油含量减少，气体产率提高。提高反应温度有利于制取富含 CO 和 H_2 的合成气。

（4）气化压力

目前，大型气化炉及大型气化发电项目采用的都是加压气化技术。提高气化压力在提高产能的同时可减小气化炉的体积，后续处理设备的体积也可减小。另外，加压气化产生的合成气可直接参与后续重整和变换反应，从而节约了压缩功。然而加压气化有其缺点，气化压力提高会导致 CH_4 含量升高，增加了后续重整的难度。

（5）气化剂

气化剂对气化反应产品气体的组成具有重要影响。空气是最廉价的气化剂，但空气中含有大量（78%）氮气，稀释了燃气，降低了燃气热值，空气气化燃气热值一般为 5～6 MJ/m^3，属于低热值燃气，不适宜长距离输送和大量储存。空气可任意获取，空气气化过程又不需外供热源，是所有气化过程中最简单、最易实现的气化形式，因此这种气化技术应用比较普遍。氧气作气化剂时，CO 的含量要高于空气作气化剂时 CO 的含量，同时 CO_2 的含量也增加了，燃气热值可达 10～12 MJ/m^3，为中热值气体。氧气气化产生的燃气体积小，系统效率高，但制备氧气需要消耗大量能量，气化成本提高，生产燃料气时较少采用，主要用于生产合成气。当气化剂为氧气-水蒸气时，CO、CH_4、H_2 的含量要比氧气作为气化剂时高很多，主要是由于发生了水煤气变换反应，产生的气体中氢气含量高，燃气质量好，热值可达 $17\sim21$ MJ/m³，但系统中需要增加蒸汽发生器和过热设备，还需外供热源，技术较为复杂，运行成本高。以空气（氧气）和水蒸气同时作为气化剂比单独使用空气或水蒸气作为气化剂优越，其为自供热系统，无需外部供热，可生成更多的氢气和烃类化合物，获得的燃气热值在 10 MJ/m³ 以上，可用作化工合成气。氢气作为气化剂时，主要反应是在高温高压下氢气与碳生成甲烷的过程，所得燃气热值较高，可达 $22.3\sim26$ MJ/m³，但由于反应条件苛刻，因此工程应用较少。

3.1.5 煤气化反应动力学

通常将完整的煤气化过程分为煤的干燥、热解、燃烧以及剩余煤焦的气化等过程。相比于煤的干燥、热解及燃烧过程，煤焦的气化速率较慢，因此为整个气化过程的速控步骤，煤气化动力学的研究主要集中于煤焦气化反应动力学。

研究气化反应动力学的基本任务是讨论气化反应进行的速率和反应机理，以解决气化炉的设计、放大以及工业应用问题。通过研究煤气化反应动力学，明确反应温度、压力、物质的量浓度、煤炭的物理和化学性质、煤中矿物质以及外加催化剂对反应速率的影响，从而求得最佳反应条件，使反应按照期望的反应速率进行。

3.1.5.1 气化反应速率控制步骤

煤焦气化反应属于典型的气固反应，通常需要经过以下 7 个步骤：

① 反应气体从气相主体扩散到固体表面（外扩散）；

② 反应气体自外表面向颗粒小孔内表面扩散（内扩散）；

③ 反应气体在微孔表面吸附，形成中间络合物；

④ 吸附的中间络合物之间或吸附的中间络合物与气体分子间进行反应，称为表面反应步骤；

⑤ 吸附态的产物从固体表面脱附；

⑥ 产物分子通过固体内部孔道扩散出来（内扩散）；

⑦ 产物分子从颗粒表面扩散到气相主体中（外扩散）。

以上步骤中，①、②、⑥、⑦为扩散过程，③、④、⑤为吸附、表面反应和脱附过程，其本质上都是化学过程，故合称表面反应过程。由于各步骤阻力不同，反应总速率将取决于速率最慢的步骤，该步骤即为整个反应的速率控制步骤。

温度是影响气化反应速率最主要的因素之一，可将气固反应速率按照反应温度从低到高的顺序分为化学反应控制区、内扩散控制区、外扩散控制区和两个过渡区（存在于三个控制区之间），见图 3-5。

（1）化学反应控制区

当温度较低时，炭表面的化学反应速率很慢，而反应气体在固体炭表面和内部的扩散速率远大于表面化学反应速率，因此表面反应为整个过程的速控步骤。化学反应控制区的特点是反应气体浓度在炭颗粒内外近似相等。实验测得的表观活化能 E_a 应等于反应的真实活化能 E_T。假设炭表面与浓度为 c_g 的反应气体接触，反应速率为 r_0，而固体炭与该浓度气体的实际反应速率为 r，定义表面利用系数 $\eta=r/r_0$，则在化学反应控制区，$\eta=1$。

（2）内扩散控制区

当温度升高到一定程度，化学反应速率越来越快，由于固体炭颗粒内表面积远大于外表面积，反应气体在内表面迅速消耗，以致反应气体来不及向颗粒内部传送，因此内扩散为整个反应的控制步骤。实验测得的表观活化能 $E_a = 1/2E_T$，表面利用系数 $\eta < 1/2$。

（3）外扩散控制区

当反应温度很高时，化学反应速率大大加快，以致反应气体在炭颗粒外表面几乎完全消耗，气体在到达外表面时，浓度几乎为零，此时外扩散为整个反应的控制步骤。外扩散控制区的特点是反应气体在外表面的浓度接近零，内表面基本接触不到反应气体，内表面利用系数 $\eta \ll 1$。

（4）过渡区

过渡区分别位于化学反应控制区和内扩散控制区之间以及内扩散和外扩散控制区之间（图 3-5 中区域 a 和 b）。过渡区的总反应速率受相邻两类反应速率的共同影响。

根据各反应控制区的特征，可分别对其动力学特性进行分析，从而描述气化反应过程和选择设计所需的工艺条件。

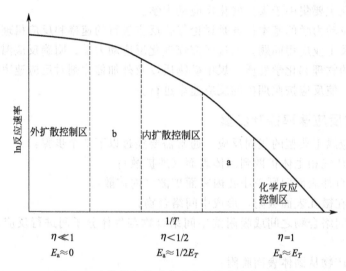

图 3-5　多孔炭气化反应速率随温度变化区域图

3.1.5.2　各反应控制区动力学特性

（1）化学反应控制区

化学反应控制区包括了吸附、化学反应和脱附三个步骤，每个步骤都可以看作一个基元反应。若各基元反应反应速率差别很大，其中反应速率最慢的步骤为整个反应的决速步骤；若各基元反应的反应速率相差不大，则这类反应为无控制步骤的反应。

① 存在控制步骤的反应　在存在控制步骤的反应中，速率最慢的反应为控制步骤，因此该步骤没有达到平衡，而其他非控制步骤反应速率相对较大，可认为均处于平衡状态。

以下以化学反应为控制步骤的情况为例进行推导。此时，吸附和脱附的速率非常快，可以认为在反应的每一瞬间都处于平衡态。

对于单分子不可逆反应 A $\longrightarrow$ M，根据表面质量作用定律，表面过程基元反应的反应速率与反应物在表面的覆盖分数成正比：

$$\omega = K_s \theta_A \tag{3-39}$$

式中，K_s 为反应速率常数；θ_A 为 A 的表面覆盖分数。

一定温度下，固体表面吸附某种气体的量在达到平衡时遵循朗缪尔方程：

$$\theta = \frac{Kp}{1+Kp}$$

式中，K 为吸附平衡常数；p 为气体分压。

如果产物 M 的吸附能力很弱，对反应物 A 的吸附影响可以忽略，则 A 的吸附达到平衡时，A 的表面覆盖分数为：

$$\theta = \frac{K_A p_A}{1+K_A p_A}$$

因此，反应速率为：

$$\omega = K_s \frac{K_A p_A}{1+K_A p_A} = \frac{K p_A}{1+K_A p_A} \tag{3-40}$$

式中，$K = K_s K_A$，包含了化学反应速率常数和反应物的吸附平衡常数。K 为表观反应速率常数。

对于两种反应物在表面上进行的双分子不可逆反应：$A+B \longrightarrow M+N$，以 θ_A 和 θ_B 分别表示反应物在固体表面的覆盖分数。如果产物 M、N 在表面的吸附可以忽略，根据质量作用定律，反应速率的表达式为：

$$\omega = K_s \theta_A \theta_B = \frac{K_s K_A K_B p_A p_B}{(1+K_A p_A + K_B p_B)^2} \tag{3-41}$$

② 无控制步骤的反应　无控制步骤的反应，即在连续基元反应中每一步的反应速率接近，每个步骤都没有达到平衡。由于反应没有达到平衡，因此不能用朗缪尔等温吸附方程，需要用定态法求解。对于表面反应，定态法假设反应达到稳态后，各吸附物的覆盖分数不随时间变化，即生成速率等于分解速率。对于表面反应有：

$$\frac{d\theta_1}{dt} = \frac{d\theta_2}{dt} = \cdots = \frac{d\theta_i}{dt} = 0$$

联立上述方程可求得 θ_1、θ_2、$\cdots$、θ_i。

以下以 C 与 CO_2 和 C 与 H_2O 反应为例，讨论无控制步骤的反应速率计算方法。这两个反应机理如下：

$$RO \underset{k_2}{\overset{k_1}{\rightleftharpoons}} (RO)$$

$$R \underset{k_4}{\overset{k_3}{\rightleftharpoons}} (R)$$

$$C+(RO) \overset{k_5}{\rightleftharpoons} CO+R$$

式中，RO 表示 CO_2 或 H_2O；R 表示反应产物；（RO）和（R）表示吸附在炭表面上的反应物或产物。

若以 θ_1 和 θ_2 分别表示反应物和产物占有的表面覆盖分数，p_1 和 p_2 分别表示反应物和产物的分压。则稳态下，根据表面质量作用定律：

$$\frac{d\theta_1}{dt} = k_1 p_1 (1-\theta_1-\theta_2) - (k_2+k_5)\theta_1$$

$$\frac{d\theta_2}{dt} = k_3 p_2 (1-\theta_1-\theta_2) - k_2 \theta_2$$

当反应达到稳态时，$\dfrac{d\theta_1}{dt} = \dfrac{d\theta_2}{dt} = 0$，可求得：

$$\theta \frac{k_1 p_1/(k_2+k_5)}{1+\dfrac{k_3}{k_4}p_2+\dfrac{k_1 p_1}{k_2+k_5}} \tag{3-42}$$

则反应速率的表达式为：

$$\omega = k_5 \theta_1 = \frac{K_1 p_1}{1+K_2 p_2+K_3 p_1} \tag{3-43}$$

式中，

$$K_1 = \frac{k_1 k_5}{k_2+k_5}, K_2 = \frac{k_3}{k_4}, K_3 = \frac{k_1}{k_2+k_5}$$

比较式（3-42）和式（3-43）可得，根据表面质量作用定律得到的动力学方程有类似的形式，对于不同类型的反应，都可根据其机理推导出总动力学方程，一般可表达为：

$$\omega = \frac{动力学系数 \times 推动力}{(吸附群数)^n} \tag{3-44}$$

式中，动力学系数是温度的函数，包括反应速率常数和吸附平衡常数。其数值由反应系统特性决定，表示反应活性的高低。推动力为气相中反应物和产物的浓度，反映了系统离平衡状态的距离。如果反应物 A、B 和产物 M、N 都能被吸附，则吸附群数可表示为（$1+K_A p_A+K_B p_B+K_M p_M+K_N p_N$）。如果某一组分的吸附相对弱得多，则吸附群数中该项可以省略，如果所有组分均为弱吸附，则吸附群数近似为 1。

（2）外扩散控制区

在非均相气化反应中，固体炭与反应气体的界面上存在一个边界层，反应气体通过边界层扩散到炭的表面，扩散阻力来自边界层。当气化温度较高时，化学反应速率非常高，当反应气体到达炭颗粒外表面时瞬间消耗完全，颗粒外表面反应气体的浓度近似为零，此时外扩散为整个气化反应的速率控制步骤。

外扩散涉及两个独立的过程如下。

一是表面反应过程，速率方程可表示为：

$$\omega = k_r c_R \tag{3-45}$$

二是传质过程，其速率方程可表示为：

$$\omega = k_g S(c_g - c_R) \tag{3-46}$$

式中，k_r 为反应速率常数；k_g 为传质系数；c_R 为颗粒外表面反应组分 A 的浓度；c_g 为气相主体中反应组分 A 的浓度；S 为单位体积颗粒的外表面积。

当反应达到稳态时，式（3-45）和式（3-46）相等，可得：

$$c_R = \frac{k_g S}{k_r + k_g S} c_g \tag{3-47}$$

将式（3-47）代入式（3-45），可得：

$$\omega = \frac{c_g}{\dfrac{1}{k_g S}+\dfrac{1}{k_r}} \tag{3-48}$$

上式为整个气固反应过程的表观速率方程式。此外，由式（3-47）可得：

$$\frac{c_R}{c_g} = \frac{k_g S}{k_r + k_g S} = \frac{1}{1+\dfrac{k_r}{k_g S}} \tag{3-49}$$

通常把$\dfrac{k_r}{k_g S}$称为达姆科勒（Damkohler）特征数，即$Da=\dfrac{k_r}{k_g S}$。达姆科勒特征数的物理意义为极限反应速率与极限传质速率之比，可作为颗粒外部传质过程影响程度的依据。Da越小，表示极限传质速率远大于极限反应速率，过程为化学反应控制；Da越大，表示极限反应速率远大于极限传质速率，过程为传质控制。

（3）内扩散控制区

在气固反应中，如果固体颗粒有很高的孔隙率，颗粒内表面将成为主要的反应表面。整个气化过程将受到表面反应和传质两个过程的影响。颗粒内部气体的扩散过程和化学反应不完全是串联过程，反应物在空隙内扩散的同时也在微孔壁面上进行化学反应。随着反应物的不断消耗，颗粒内部沿深度方向的气体浓度也在逐渐降低。因此内扩散过程和化学反应过程间的关系更为复杂，可利用有效系数η来表征反应速率，即

$$\eta=\frac{\text{实际反应速率}}{\text{固体颗粒内部浓度和温度与外表面相等时的反应速率}}=\frac{\omega}{\omega_s} \tag{3-50}$$

对于一级反应，且颗粒为球形颗粒，有效系数η可表示为：

$$\eta=\frac{3}{\phi_s}\left(\frac{1}{\tan\phi_s}-\frac{1}{\phi_s}\right) \tag{3-51}$$

此时，η由φ_s决定，$\phi_s=R\sqrt{k_v/D_e}$。

式中，φ_s为西勒（Thiele）模数，为无量纲扩散模数；R为颗粒半径；D_e为气体在固体微孔内的有效扩散系数；k_v为以颗粒体积为基准的反应速率常数。对于一级反应，速率方程可表示为：

$$\omega=k_v c_s \tag{3-52}$$

式中，c_s为扩散过程中气体组分在内孔某一位置上的浓度。

将式（3-52）和式（3-51）代入式（3-50），可得实际反应速率表达式：

$$\omega=\eta\omega_s=\eta k_v c_s=\frac{3}{\phi_s}\left(\frac{1}{\tan\phi_s}-\frac{1}{\phi}\right)k_v c_s \tag{3-53}$$

为应用到各种形状的固体颗粒，西勒模数φ_s可表示为：

$$\phi_s=\frac{V_p}{S_p}\sqrt{k_v/D_e} \tag{3-54}$$

式中，V_p表示固体颗粒体积；S_p表示固体颗粒外表面积。可通过$\eta=f(\varphi_s)$关系图，查表确定有效系数η，再根据公式$\omega=\eta k_v c_s$计算反应速率。

3.1.5.3 煤焦气化动力学模型

（1）本征动力学方程

由煤焦气化反应的基本步骤可知，在煤焦气化过程中除了发生炭表面的化学反应外，还存在反应气体及反应产物气体内、外扩散。在温度较低的反应区，化学反应速率相比内外扩散速率较低，因此为速率控制步骤。在充分消除反应（或产物）气体内、外扩散的情况下，可获得样品的本征动力学方程（或化学反应控制的动力学方程）。

煤焦气化反应的通式可以写为：

$$\frac{\mathrm{d}X}{\mathrm{d}t}=k(p,T)f(x) \tag{3-55}$$

式中，X为煤焦的碳转化率；k为气化反应的表观气化速率，与气化反应的温度以及压力相关；$f(x)$表示在气化反应过程中，煤焦物理及化学结构的变化。煤焦气化反应动力

学模型主要求取根据不同的反应机理所得到的 $f(x)$，即气化反应动力学方程。研究者提出了很多描述气化反应过程的动力学模型，典型的动力学模型如下：

① 体积模型　也可称作均相模型。该模型假设反应发生在整个颗粒内，当反应进行时，固体颗粒的尺寸不变，但密度均匀变化。根据假设，当气化反应为一级反应时，反应速率的表达式为：

$$\frac{dX}{dt} = k(1-X) \tag{3-56}$$

式中，反应速率常数 k 与温度和压力有关。此模型数学处理简单，因此在煤气化动力学研究中曾被广泛应用。

② 未反应收缩核模型　又称缩核模型。此模型假设反应发生在无孔隙颗粒的外表面，反应界面由颗粒表面向颗粒中心收缩，留下灰分。因此，颗粒半径及外表面积没有发生变化，而反应核的半径在逐渐减小。当气化过程为化学反应控制时，反应表达式为：

$$\frac{dX}{dt} = k(1-X)^m \tag{3-57}$$

其中，m 为颗粒的形状参数，取决于颗粒的几何形状（如球形颗粒：$m=2/3$；柱状颗粒；$m=1/2$；平板：$m=0$）。

③ 随机孔模型　由 Bhatia 和 Perlmutter 提出，该模型假设煤焦颗粒内部的微孔是随机分布的，存在不同的大小和方向，且反应发生在微孔表面。随着反应的进行，孔体积及比表面积增加，直到相邻的微孔发生重叠及合并，总比表面积减小。因此，反应过程中颗粒结构的变化是由两种相互竞争的机制决定的：孔比表面积随着颗粒消耗而增大以及比表面积随着相邻孔重叠及合并而减小。这种假设与孔结构在气化过程中的变化是吻合的。

当气化过程为化学反应控制时，根据反应过程中颗粒比表面积的变化与转化率和转化时间的关系，可以得出如下方程：

$$\frac{dX}{dt} = A_0(1-X)\sqrt{1-\psi\ln(1-X)} \tag{3-58}$$

$$\psi = \frac{4\pi L_0(1-\varepsilon_0)}{S_0^2} \tag{3-59}$$

式中，S_0 为颗粒比表面积；L_0 为单位体积孔长；ε_0 为孔隙率。

④ 修正的随机孔模型　在诸多实验的验证过程中发现，随机孔模型的假设并不能描述所有的气化过程，尤其是煤焦气化过程中存在催化现象的时候。因为在随机孔模型中，对于煤焦颗粒的孔结构，只考虑了其物理结构以及气固相化学反应的速率常数，没有考虑具有催化活性的元素在孔表面的分布情况以及对气化速率的影响。而具有催化作用的元素（如碱金属）在孔表面的分布并不均匀，只有暴露在气固相表面才能起到催化作用。从随机孔模型的定义可以得出，随机孔模型只适合描述气化反应速率最大值出现在 $X<0.393$ 的气化过程，当气化反应速率的最大值出现在较高转化率区间（$X>0.393$），随机孔模型不再适合。因此，张岩等对经典随机孔模型做了修正，主要是一种数学方法上的处理。修正随机孔模型假设气化反应速率常数是一个随反应进行而改变的连续函数，修正随机孔模型表达式如下：

$$\frac{dX}{dt} = A_0(1-X)\sqrt{1-\psi\ln(1-X)} \times [1+(cX)^p] \tag{3-60}$$

式中，c 为无量纲常数，p 为无量纲指数常数，无明确物理意义。

⑤ Langmuir-Hinshelwood 模型　煤焦与水蒸气的反应机理可表示为：

$$C_f + H_2O \underset{k_2}{\overset{k_1}{\rightleftharpoons}} C(O) + H_2$$

$$C(O) \xrightarrow{k_3} CO$$

式中，C_f 表示碳表面活性位；$C(O)$ 表示被吸附的活性位点。假设 $C(O)$ 为恒稳态，可得到 Langmuir-Hinshelwood 动力学方程：

$$R = \frac{k_1 p_{H_2O}}{1 + (k_2/k_3) p_{H_2} + (k_1/k_3) p_{H_2O}} \tag{3-61}$$

式中，k_1、k_2、k_3 为反应速率常数，符合 Arrhenius 方程，$k_i = A_i \exp\left(-\dfrac{E_i}{RT}\right)$，$i = 1 \sim 3$。

（2）内扩散控制的动力学方程

对于煤焦气化反应，当煤焦颗粒具有很高的孔隙率时，颗粒内表面将成为主要的反应表面，此时气化反应速率受到表面反应和传质两个过程的影响，反应物在向孔内扩散的同时还将在内孔壁面上发生化学反应。随着反应进行，反应物不断消耗，越深入孔内部，反应物浓度越低。

通常引入内扩散效率因子 η 来描述内扩散控制的动力学问题。将内扩散效率因子定义为内扩散阻力存在时煤焦的气化反应速率与无内扩散存在时煤焦气化反应速率的比值，用于评估内扩散对煤焦气化反应的影响程度。

内扩散控制的动力学方程可表示为：

$$\frac{dX}{dt} = k\eta f(X) \tag{3-62}$$

当煤焦颗粒为球形时，则内扩散效率因子可表示为：

$$\eta = \frac{1}{\varphi}\left(\frac{1}{\tan 3\varphi} - \frac{1}{3\varphi}\right) \tag{3-63}$$

式中，φ 为 Thiele 模数，可表示为：

$$\varphi = \frac{d_p}{2}\sqrt{\frac{RT r_{int} \beta \rho_c (1-X)}{D_{eff} \cdot p}} \tag{3-64}$$

式中，d_p 为颗粒直径；β 为化学计量因子（0.083 mol CO_2 消耗 1g 碳）；ρ_c 为颗粒表观密度；r_{int} 为本征气化反应速率；p 为反应气体分压；D_{eff} 为反应气体在煤焦颗粒中的有效扩散因子。

（3）外扩散控制的动力学方程

对于高温气化反应，煤焦表面化学反应速率极快，以致反应气体一到达煤焦颗粒外表面，就立即与固体颗粒反应而迅速耗尽。这时穿过边界层的外扩散就成为气化反应的速率控制步骤，此时气化反应速率方程可表示为：

$$\frac{dn}{dt} = -m_c A\beta c_A \tag{3-65}$$

式中，A 为颗粒的外表面积；β 为传质系数，与气体扩散系数及边界层厚度有关。

传质系数 β 可由下式计算：

$$\frac{\beta d_p}{D} = Sh = 1.5 Re 0.55 \qquad (40 < Re < 4000)$$

3.2
煤气化工艺类型及工业应用

3.2.1 煤气化工艺类型

煤气化工艺的分类方法有很多种，通常可按照煤气的热值、供热方式、操作压力、排渣方式、气化剂类型以及原料与气化剂的接触方式等进行分类，以下主要介绍按供热方式和原料与气化剂的接触方式来进行分类的方法。

3.2.1.1 按供热方式分类

煤气化过程的整体热平衡表明，煤气化总反应是吸热的，因此必须从外部提供热量。煤气化工艺各个过程所需要的热量不同，主要取决于过程的设计和气化用煤的性质。通常气化过程需要消耗的热量占到气化用煤发热量的 15%～35%，顺流式气化取上限，逆流式气化取下限。气化过程的主要供热方式如下。

（1）自热式供热

该供热方式为直接供热，也称为部分气化法，即气化过程中外界不提供热量，气化反应所需要的热量，通过部分煤或残炭与气化剂中的氧气发生燃烧反应所提供。这种方式是目前各种工业气化炉中最常用的供热方式。

（2）间接式供热

从气化炉外部提供热量，气化炉内煤仅与水蒸气反应。这种方法因为制氧投资、运行费用较高，且煤部分燃烧生成 CO_2，因此气化效率较低。此类技术多应用于流化床和气流床气化。外热式供热可采用电加热或核反应热，只有充分利用丰电地区的电力或核反应堆的余热，才有经济性。

（3）煤水蒸气气化与加氢气化相结合供热

煤与氢气在 800～1800℃ 范围内和加压条件下反应生成 CH_4 放热。可利用该反应直接供热，进行煤的水蒸气气化。该过程的原理是煤首先加氢气化，剩余残焦再与水蒸气发生气化反应，产生的合成气为加氢反应提供氢源。

（4）热载体供热

在单独的反应器内，用煤或煤焦燃烧为热载体供热，热载体可以是固体（如石灰石）、液体熔盐或熔渣。

3.2.1.2 按原料与气化剂的接触方式分类

按照原料与气化剂的接触方式气化工艺可以分为：

① 移动床（固定床）气化法；
② 流化床气化法；
③ 气流床气化法。

三种气化方法的示意图如图 3-6 所示。

3.2.2 煤气化工艺应用

工业生产中所采用的气化炉，通常分为固定床（移动床）气化炉、流化床气化炉以及气

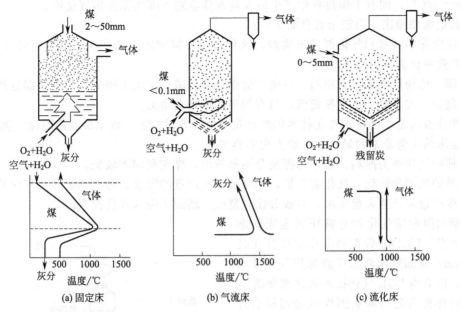

图 3-6　三种气化方式示意图

流床气化炉。下面分别介绍三种类型的气化炉及其工艺。

3.2.2.1　固定床气化工艺

　　移动床气化技术又称固定床气化技术，是开发应用最早的气化技术，也是最简易、安全可靠、成熟的气化技术。固定床气化炉是指气流流经气化炉内物料层时，相对气流来说，物料处于静止状态，因此称作固定床。图 3-7 为典型的固定床气化炉（上吸式）。燃料颗粒从上部进入通过格栅支撑的气化炉，从上到下依次为干燥段、热解段、气化段和燃烧段。随气化炉下部燃烧和气化反应的进行，燃料像活塞一样向下移动，因此这种气化炉又被称作移动床。燃料发生一系列氧化还原反应，转变为燃气由气化炉上部的出气口排出，而气化后剩余的灰渣则通过炉箅落入灰斗，并定期排出。

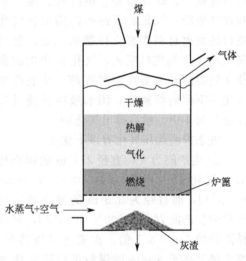

图 3-7　固定床气化炉示意图

　　固定床气化炉的工作原理如下。气化反应所需要的全部热量来自于原料与气化剂在燃烧区发生的部分氧化反应。由气化炉下部进入的气化剂（水蒸气＋空气）首先经过灰渣层预热，然后与碳发生氧化反应，产生 CO 和 CO_2 的同时释放出大量的热量，使氧化区的温度达到 1000℃左右。高温 CO 和 CO_2 气体向上流动进入气化区，碳与 CO_2 和水蒸气发生反应生成 CO 和 H_2。气化反应需要吸收大量热量，因此气化区的温度降低到 700～900℃。气化区产生的反应气体继续向上流动，所携带的热量使气化区上部的原料发生热解反应，热解产生的挥发分与 CO、H_2 等气体继续向上流动，热解产生的半焦则下落至气化区和燃烧区，参与气化与燃烧反应。经过热解区的气体还有较高的温度，进一步与上层的原料换热，此时气体温度下降到 200～300℃，同时干燥过程中产生的大量水分也随下部气流流出气化炉。

与其他床型相比，固定床具有如下特点。

① 固定床中煤炭和气化剂逆流接触，这种特点使得固定床所产生的煤气终温小于其他炉型，热效率比其他炉型高。

② 固定床使用块煤作为原料，省略了磨煤环节，减小了电力损失，节省了部分能源。

③ 制造、安装等一次性投资低，具有较强的市场竞争力。

这些特点决定了固定床气化技术仍然是我国使用数量最多、技术最成熟的煤气化技术。

固定床的优势非常明显，但其缺点也不容忽视。

① 使用块煤作为原料，煤中的挥发分不易析出，煤炭利用率较低。

② 单炉处理量较低，气化能力低，为满足煤气产量的需求，可能需要多台气化炉联产。

③ 生产过程产生大量废水，且成分比较复杂，增加了废水处理投资。

典型的固定床气化炉有常压固定床间歇式气化技术（UGI）、鲁奇固定床加压气化技术（Lurgi）和固定床液态排渣加压气化技术（BGL）。以下为 BGL 气化技术的详细介绍。

1984 年鲁奇公司和英国煤气公司联合开发了 BGL 液态排渣鲁奇炉，操作压力为 2.5～3.0MPa，气化温度为 1400～1600℃，超过了灰渣流动温度，灰渣以液态形式排出。

BGL 气化炉结构如图 3-8 所示，其上部结构与 Lurgi 加压气化炉相同，均包括挤压密封煤锁斗、煤分布器、搅拌器、煤气出口和煤气激冷。气化炉下部用四周设置气化剂进口的耐火材料炉膛支撑燃料床层。蒸汽和氧气从气化剂进口喷入，气化炉产生的高温使灰渣熔融并聚集在炉膛底部，从底部流入气化炉下部的熔渣室，用水激冷并使其沉积在密封灰斗中，然后排出气化炉。

液态排渣加压气化有以下优点。

① 生产能力大　直径 3.7 m 的固态排渣加压气化炉生产能力为 $30 \times 10^4 \sim 36 \times 10^4 \mathrm{m}^3/\mathrm{d}$，而直径为 3.5 m 的液态排渣加压气化炉生产能力高达 $200 \times 10^4 \mathrm{m}^3/\mathrm{d}$，是固态排渣炉的 5.6～6.7 倍。在液态排渣情况下，绝大部分小于 6 mm 的煤粉可以随气化剂一

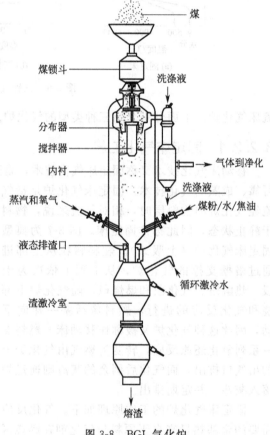

图 3-8　BGL 气化炉

（图注：煤、煤锁斗、洗涤液、分布器、搅拌器、内衬、气体到净化、洗涤液、蒸汽和氧气、煤粉/水/焦油、液态排渣口、循环激冷水、渣激冷室、熔渣）

起由喷嘴喷入，直接进入 1500℃高温区，迅速气化，大大减少了炉顶的带出物，实际生产中可以较大幅度提高鼓风速度，强化生产。同时，氧化层温度也不再受灰结渣的限制，气化反应速率加快，从而强化了生产过程。

② 水蒸气消耗量明显降低，分解量提高，操作费用降低　由图 3-9 可见，排渣方式不同，汽氧比差别较大。固态排渣一般采用（6～8）：1，而液态排渣仅为（1～1.5）：1。固态排渣使用的大量水蒸气主要用于控制炉温防止结渣，而液态排渣使用的水蒸气几乎都用于煤的气化。水蒸气分解率约为 95%。

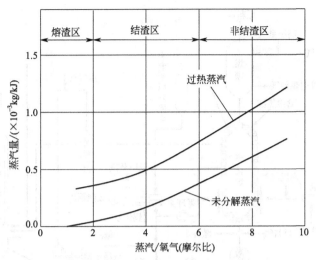

图 3-9　汽氧比对过热蒸汽和未分解蒸汽量的影响

③ 煤气有效成分增加，煤耗下降　液态排渣气化炉炉温较高，有利于水蒸气的分解和二氧化碳的还原反应，抑制了甲烷生成和一氧化碳的变换反应。因此煤气组成中甲烷和二氧化碳的含量减少，一氧化碳和氢气的总量提高，CO/H_2 的比例升高。煤气组成中 $CO+H_2$ 增加了约 25%，煤气热值提高，CO_2 含量降低 2%～5%，有利于煤气净化处理，碳转化率提高，煤耗降低。在所有的气化方法中，液态排渣固定床加压气化炉的煤耗最低。

④ 氧气消耗　耗氧量与煤的活性密切相关，不同的排渣方式，氧耗也不相同。采用活性较高的煤作气化原料时，由于固态排渣炉可采用较低的炉温，因此有利于甲烷的生成反应，放出较多的热量，补偿氧化反应放热，使氧耗降低。液态排渣炉较其他炉温高，而高炉温不利于甲烷生成，因此，氧耗增加，比固态排渣炉高 10%～12%。当采用活性较低的煤作气化原料时，固态排渣炉就需要较高的温度，以保证气化反应速率，使蒸汽和氧气耗量增加，但液态排渣炉本身有较高的气化温度，因此炉温对煤的活性并不敏感，液态排渣炉的氧耗略低于固态排渣炉。

⑤ 气化效率及热效率提高　粒径小于 6 mm 的粉煤随气化剂由喷嘴吹入液态排渣炉气化炉，进入高温区后立即气化，降低了带出损失。气化产生的灰、焦油也可经风口再循环回到气化炉内，直至燃尽。气化温度高有利于煤的气化反应，灰渣中炭含量小于 2%，碳转化率接近 100%。由于水蒸气分解率高，因此煤气中水蒸气量很少，当煤气与气化炉上部的原料进行热量交换时，主要利用的是煤气的显热，降低了煤气的出炉温度，甚至低于某些固态排渣气化炉的煤气出口温度。因此气化炉出口煤气带出的显热损失和水蒸气的热损失大大降低。

⑥ 环境污染小　由于蒸汽耗量少，且水蒸气分解率高，使得煤气中的水蒸气含量大大减小，水处理量仅为固渣气化的 1/4～1/3。生成的灰及煤焦油经风口返回气化炉内进行气化。液渣淬冷后成为洁净、黑色玻璃状的熔渣烧结颗粒物，可彻底与水分离，化学活性低，无环境污染。

BGL 气化工艺流程简图见图 3-10。

3.2.2.2　流化床气化工艺

"流态化"是一种使固体微粒通过与气体或液体接触而转变成类似流体状态的操作。如图 3-11 所示，当流体以低速通过由微粒组成的床层时，流体只是穿过颗粒间的空隙，而颗

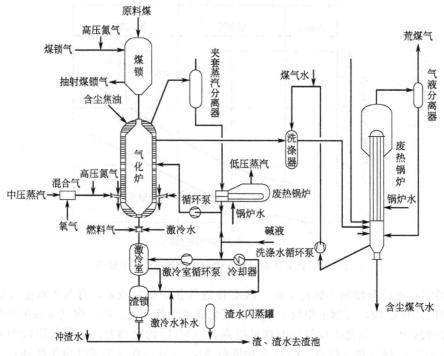

图 3-10　BGL 气化工艺流程简图

粒静止，称为固定床；随着流速增大，颗粒逐渐分开，少量颗粒在一定的区间内振动和游动，称为膨胀床；当流速增大到使全部颗粒都刚好悬浮在向上流动的流体中，此时颗粒与流体之间的摩擦力与重力相等，床层为刚刚流化的状态，称为初始流化床；气固系统随着流速增大超过临界流化状态，会发生鼓泡和气体沟流现象。此时床层膨胀并不比临界流态化的体积大很多，这样的床层称为聚式流化床、鼓泡流化床或气体流化床。床层存在清晰上表面的可认为是密相流化床，这类流化床在许多方面表现出类似液体的性能。当气体流速高到足以超过固体颗粒的终端速度时，固体颗粒将被气体夹带，床层界面变得模糊以致消失，这种床层称为散式流化床。

流化床气化就是利用流态化的原理和技术，使煤颗粒通过气化介质达到流态化。流化床的特点在于其较高的气固之间的传热、传质速率，床层中气固两相的混合接近理想混合，其床层固体颗粒分布和温度分布比较均匀（见图 3-12）。

煤的物理、化学性质对流化床气化炉的操作有显著的影响，例如，要用气化剂使煤流化，煤的粒度就不能过大，大粒度煤不易流化，粒度过小又会被气流带出。因此流化床用煤的粒度一般是 0～6 mm 或 0～10 mm，但 1 mm 以下的细粉也不宜过多。在脱挥发分的过程中若煤有黏结倾向，会导致流化不良以致失流态化，对于黏结性强的煤尤为严重。这些因素会限制流化床的最高床层温度，从而限制其生产能力和碳转化率。

对流化床气化过程的研究表明，流化床煤气化与固定床有很多相似之处，流化床中同样存在着氧化层和还原层。床层流化不均匀会产生局部高温，甚至局部结渣，影响流化床的稳定操作。为避免结渣，一般流化床的气化温度控制在 950℃ 左右。由于流化床气化技术具有适应劣质煤气化的能力，气化强度高于一般的固定床气化炉，产品中不含焦油和酚类等特点，而受到人们的关注，世界上许多国家都在开展流化床气化技术的研究工作。

流化床气化特点：

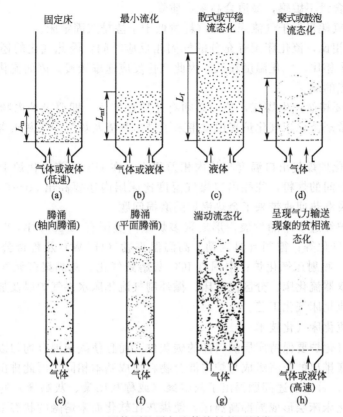

图 3-11 固体颗粒层与流体接触的不同类型

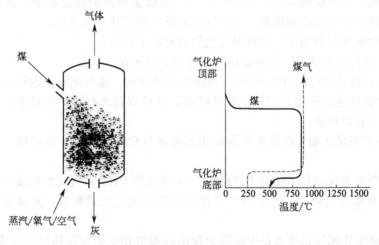

图 3-12 流化床颗粒与气体温度分布

① 直接利用碎粉煤，不用加工成块，也不用磨成细粉，备煤加工费用最低，非常适合煤炭机械化开采水平提高后粉煤率增加的特点。

② 床内物料均匀、温度分布均匀，便于操作控制。

③ 炉内温度可裂解煤热解过程中产生的高烃类物质，简化了煤气化净化及污水处理流程。

④ 炉内很少有机械运动及金属部件，维修工作量小。

⑤ 炉温一般不大于 1000℃，只需要一般耐火材料就可以长期运行。

⑥ 对煤的灰含量不敏感，最适合高灰劣质煤。

⑦ 气化过程氧耗量低于气流床，蒸汽耗量低于干法排灰固定床。

⑧ 与固定床相比，流化床没有充分的气固相反应时间，因此气化的还原反应进行得不大充分；与气流床相比，气化温度较低，因此气化反应速率较慢。因而流化床气化使用较高活性和较高灰熔点的煤。

⑨ 气化炉需要持续产生煤气，炉内必须有还原性气体，即要求炉内物料应当有相当高的含碳量。这对常规流化床气化炉来说就带来了排出灰渣及煤气中飞灰碳含量高、损失大的问题。

⑩ 流化床气化炉煤气出口温度与炉内相差很小。在 HTW 等气化炉中，增加了二次风来燃尽带到自由空间的煤粉，往往出口煤气温度比床层内还要高出 50～60℃。高温、高夹带物煤气的除尘及湿热回收带来了余热锅炉的磨损问题。

流化床气化炉经过多年的发展，形成很多炉型。美国有 U-gas、KRW、HY-gas、CO-gas、Exxon 催化气化等；德国有温克勒、高温温克勒（HTW）及鲁奇公司的 CFB；日本有旋流板式 JSW、喷射床气化炉；中国有 ICC 灰熔聚气化、灰黏聚多元气体气化、恩德炉流化床、载热体双器流化床、分区流化床、循环制气流化床水煤气炉以及加压流化床等。以下为两种典型的流化床气化工艺。

（1）灰熔聚流化床气化技术

一般流化床气化炉要保持床层炉料高的碳灰比，而且使碳灰混合均匀以维持稳定的不结渣操作。因此炉底排出的灰渣组成与炉内混合物料组成基本相同，因此排出的灰渣炭含量较高（15%～20%）。针对上述问题提出了灰熔聚（或称灰团聚、灰黏聚）的排灰方式，这种煤气化技术在流化床床层形成局部高温区，使煤灰在软化而未熔融的状态下，相互碰撞、黏结形成含炭量较低的灰球，灰球长大到一定程度时靠其重量与煤粒分离下落到炉底灰渣斗中排出炉外，降低了灰渣的炭含量（5%～10%），与液态排渣炉相比减少了灰渣带出的热损失，提高了气化过程中的碳利用率，这是气化炉排渣技术的重大发展。

与一般流化床气化炉相比，灰熔聚气化炉具有以下特点：

① 可以气化包括黏结煤、高灰煤在内的各种等级的煤。

② 灰团聚排渣炭含量低（<10%），可用作建筑材料，煤气化效率达到 75%。

③ 煤中的硫可全部转化为 H_2S，容易回收，也可用石灰石在炉内脱硫，简化了煤气净化系统，有利于保护环境。

④ 煤气夹带的煤灰细粉经除尘设备捕集后返回气化炉内，进一步燃烧、气化，提高了碳的利用率。

目前采用灰熔聚排渣技术的有美国的 U-Gas 气化炉、KRW 气化炉以及中科院山西煤炭化学研究所的 ICC 煤气化炉。其中 ICC 气化炉取得了大量中试数据，为商业化推广打下了良好的基础。

ICC 灰熔聚流化床气化技术是中国科学院山西煤炭化学研究所历经三十多年技术研发，并已实现工业化应用的成熟的气化技术。以末煤为原料（<8mm），以空气、富氧或氧气为氧化剂，水蒸气或二氧化碳为气化剂，在适当的煤粒度和气速下使床层中粉煤沸腾，并发生强烈返混，使气固两相充分混合。利用流化床较高的传热、传质速率特点，使气化反应主要区域内温度均匀。气化炉采用了独特的气体分布器和灰团聚分离装置，中心射流形成床内局部高温区（1200～1300℃），促使灰渣团聚成球，借助重量的差异使灰团与半焦分离，连续有选择地排出低碳含量的灰渣。同时将气化温度从传统流化床煤气化技术<950℃提高到1000～1100℃，使适用煤种从高活性褐煤或次烟煤拓展到烟煤、无烟煤以及石油焦。2001

年完成了"灰熔聚流化床粉煤气化制合成氨原料气技术"的常压工业示范并投入工业运行，2004 年又被国家发改委列为中小氮肥企业原料改造技术之一。2008 年 9 月第一套低压灰熔聚流化床粉煤气化工业示范装置在石家庄金石化肥厂建立并完成示范试验。在此基础上，晋城煤业集团 10 万吨/年高硫煤 MTG 合成油项目建立了 6 台 0.6MPa 加压气化工业装置，2009 年 6 月投入生产运行，单台气化炉处理量为 300～330 t/d，实现了高灰分、高灰熔点、高硫劣质晋城无烟粉煤的气化利用。2009 年云南文山铝业有限公司 80 万吨/年氧化铝项目配套煤气工程中采用了 3 台灰熔聚流化床气化炉，设计压力 0.4MPa，单台气化炉日处理褐煤 450t，产气量 32500～38000m³/h，2012 年 9 月投产并验收，该气化炉的投产及平稳运行在燃料气制备行业起到了示范作用。

ICC 灰熔聚流化床粉煤气化炉简图如图 3-13 所示。

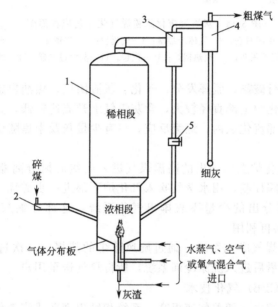

图 3-13 ICC 灰熔聚流化床粉煤气化炉
1—气化炉；2—螺旋给料机；3——级旋风分离器；4—二级旋风分离器；5—高温球阀

ICC 煤气化工业示范装置工艺流程见图 3-14，主要包括备煤、进料、供气、除尘、余热回收、煤气冷却等系统。

a. 备煤系统　粒径为 0～30 mm 的原煤（焦），经过皮带输送机、除铁器，进入破碎机，破碎到 0～8 mm，而后由输送机送入回转式烘干机，烘干所需的热源由室内加热炉烟道气供给，被烘干的原料含水量控制在 5％以下，由斗提机送入煤仓储存待用。

b. 进料系统　储存在煤仓的原料煤经电磁振动给料器、斗式提升机依次进入进煤系统，由螺旋给料器控制，气力输送原料煤进入气化炉下部。

c. 供气系统　气化剂（空气/蒸汽或氧气/蒸汽）分三路经计量后由分布板、环形射流管、中心射流管进入气化炉。

d. 气化系统　干碎煤在气化炉中与气化剂氧气-蒸汽进行反应，生成 CO、H_2、CH_4、CO_2、H_2S 等气体。气化炉为等直径的反应器，下部为反应区，上部为分离区。反应区中一部分蒸汽和氧气由分布板进入，使煤粒流化。另一部分氧气和蒸汽经计量后从环形射流管、中心射流管进入气化炉，在气化炉中心形成局部高温使灰团聚形成团粒。生成的灰渣经环形射流管与上、下灰斗定时排出系统。

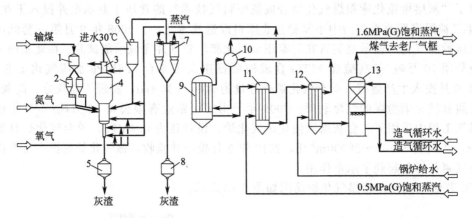

图 3-14　灰熔聚流化床粉煤气化工艺流程简图

1—煤锁斗；2—中间料仓；3—气体冷却器；4—气化炉；5—灰锁斗；6——级旋风分离器；
7—二级旋风分离器；8—二旋下灰斗；9—废热锅炉；10—汽包；11—蒸汽过热器；12—脱氧水预热器；13—洗气塔

原料煤在气化区进行破黏、脱挥发分、气化、灰渣团聚、焦油裂解等过程，生成的煤气从气化炉上部引出。气化炉上部直径较大，含灰煤气上升流速较低，大部分灰及未完全反应的半焦回落至气化炉下部流化区内，继续反应，只有少量灰及半焦随煤气带出气化炉进入下一工序。

e. 除尘系统　从气化炉上部导出的高温煤气进入两级旋风分离器。从一级旋风分离器分离出的热飞灰，由料阀控制，用水蒸气吹入气化炉下部进一步燃烧、气化，以提高碳转化率。从二级旋风分离器分出的少量飞灰排出气化系统，这部分细灰含碳量较高（60%～70%），可作为锅炉燃料再利用。

f. 废热回收系统及煤气净化系统　通过旋风除尘的热煤气一次进入废热锅炉、蒸汽过热器和脱氧水预热器，最后进入洗涤冷却系统，所得煤气送至用户。

（2）循环流化床（CFB）气化技术

在垂直气固流动系统中，随着气速提高，系统相继出现散式流态化、鼓泡流态化、快速流态化及稀相输送等流动状态。当气速达到输送速度时，颗粒夹带速率达到气体饱和携带能力，在没有物料补充的情况下，床层将很快被吹空。若物料补充速率足够高，并将带出的颗粒回收返回床层底部，则可在高气速下形成一种不同于传统密相流化床的密相状态，即快速流态化。以这种方式运转的流化床称为循环流化床。典型的循环流化床主要由上升管（即反应器）、气固分离器、回料立管和返料机构等部分组成。循环流化床一般在数倍甚至数十倍于颗粒终端速率的表观气速下操作，颗粒循环量为进料量的十几倍到几十倍，可通过调节颗粒的循环速率保持适宜的固相浓度和良好的气固接触状态。CFB 应用于气化过程，可以克服鼓泡流化床中存在的大量气泡造成气固接触不良的缺点，同时可避免气流床需要的过高的气化温度，克服了大量煤转化为热能而不是化学能的缺点，综合了气流床和鼓泡流化床的优点。CFB 操作气速介于鼓泡床和气流床之间，煤颗粒与气体之间有很高的滑移速度，使气固两相之间具有更高的传热传质速率。整个反应器和产品气的温度均一，不会出现鼓泡床中局部高温造成结渣的现象。CFB 除外循环外还存在内部循环，床中心颗粒向上运动，而靠近炉壁的物料向下运动，形成内循环。新加入的物料和气化剂能与高温循环颗粒迅速完全混合，加上良好的传质传热，可使新加入物料迅速升温并在反应器底部开始气化反应，使整个反应器生产强度增加。CFB 循环比高达几十，因此颗粒在床内的停留时间延长，碳转化率得到提高。

CFB气化炉见图 3-15。

CFB气化工艺流程见图 3-16。

3.2.2.3 气流床气化工艺

气流床气化技术是将煤磨制成粉或煤浆,通过气化剂夹带,由特殊的喷嘴喷入炉内进行瞬间气化。由于在气化炉内气固相对速度很低,气体夹带固体几乎以相同的速度向相同的方向运动,因此称为气流床气化或者夹带床气化。

气流床气化炉具有高温、高压、混合均匀的特点,具有在单位时间、单位体积内提高生产能力的最大潜能,符合化工装置大型化的发展趋势,代表了煤气化技术的主流发展方向。目前,工业生产中处理量在 1000 t/d 以上的气化炉几乎全部为气流床气化炉。气流床气化炉

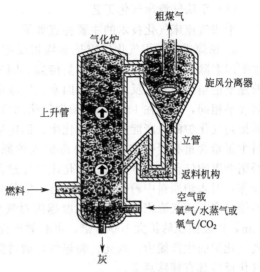

图 3-15 CFB气化炉简图

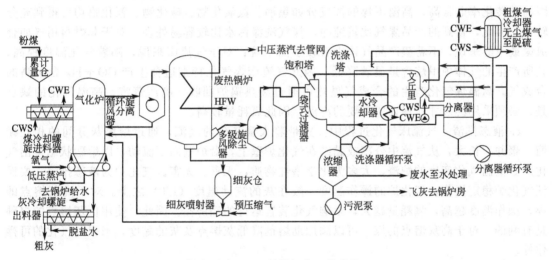

图 3-16 CFB粉煤气化工艺流程

煤种适应性强,除了采用耐火砖形式的水煤浆气化炉受制于煤的成浆性和灰熔点不超过 1400℃的限制外,几乎可以适用所有煤种。与固定床和流化床相比,碳转化率高,合成气中不含焦油等产物。相对而言,气流床的比氧耗(生产单位体积 $CO+H_2$ 的氧耗量)要高于固定床和流化床。

气流床按进料方式分类,可分为干煤粉进料(如 Shell、GSP、Prenflo 等)和水煤浆进料(Texaco、E-Gas、多喷嘴对置气化炉)两种方式。按喷嘴的设置进行分类,可分为上部进料的单喷嘴气化炉、上部进料的多喷嘴气化炉以及下部进料的多喷嘴气化炉。

国外已工业化或报道已完成中试的气流床气化炉主要有 K-T、Shell、Prenflo、GSP、Texaco、E-Gas、Eagle 等。国内气流床气化炉主要有 4 喷嘴对置式水煤浆气化、两段式干煤粉加压气化、多元料浆加压气化工艺等,这些气化技术均已应用于工业生产。

以下将从干法进料和水煤浆进料两个方面分别对气流床煤气化的主要工艺技术展开简单的介绍。

（1）干法气流床气化工艺

干法气流床气化技术的主要特点如下。

a. 粉煤进料　煤气化反应是非均相反应，也是剧烈的热交换反应，影响煤气化反应的主要因素除温度外，气固间的热量传递、固体内部的热传导速率以及气化剂向固体内部的扩散速率也是控制气化反应的主要因素。气流床气化是气固并流，气体与固体在炉内的停留时间几乎相同，一般在 1～10 s。粉煤气化的目的是通过增大比表面积提高气化反应速率，从而提高气化炉的生产能力和碳转化率。固定床气化，气固逆向流动，对入炉原料的粒度及原料中煤粉含量有严格控制，如鲁奇炉入炉原料小于 6.4 mm 的粉煤必须少于 10%～15%，否则会影响气化炉正常运行。流化床气化过程中，要保证正常的流化操作，保证气化炉正常操作，对入炉原料中粉煤的含量也有一定的要求，一般小于 6 mm，但 1 mm 以下的细粉也不能过多。而气流床入炉原料粒度越细对气化反应越有利。煤颗粒直径从 10 cm 降到 0.01 mm，比表面积约扩大 10000 倍，可有效地提高气固接触面积，提高气化反应速率，从而提高气化炉的生产能力。因此，粉煤气化通过降低入炉原料粒度来提高固体原料的比表面积对气化反应具有特殊意义。

b. 高温气化　气流床气化温度高，气化炉内火焰中心温度高达 2000℃，出气化炉的气固夹带流温度也高达 1400～1700℃，参加反应的各种物质的高温化学活性充分显示出来，因而碳转化率非常高。高温下煤的挥发分如焦油、氮氧化物、硫化物、氰化物均可得到充分转化。因此，得到的产品煤气比较纯净，煤气洗涤污水比较容易处理。对于非燃料用气如合成氨或甲醇来说，不希望产品气体中有较多的甲烷；对于气流床来说，随着气化温度提高，其所产生的气体中甲烷含量显著降低，因此气流床煤气化特别适合生产 $CO+H_2$ 含量高的合成气。高温煤气化产生的合成气显热可通过废热锅炉回收，副产蒸汽。高温气化的缺点是，必须采用纯氧才能保证所需要的高温，因此氧耗量较高。

c. 液态排渣　气流床气化过程中，夹带着大量灰分的气流，通过熔融灰分间的相互碰撞、聚并、长大，从气流中分离或黏结在气化炉壁上，沿炉壁向下流动，以熔融状态排出气化炉。高温气化产生的炉渣，大多为化学惰性物质，无毒、无害。气化炉为液态排渣，要保证气化炉稳定操作，气化炉的操作温度一般在灰的流动温度（FT）之上。对于高灰熔点的煤，操作温度越高，氧耗量越大，影响气化装置运行的经济性。因此，使用低灰熔点的煤种是有利的。对于高灰熔点的煤，可以添加助熔剂降低灰熔点及灰的黏度，来提高气化的可操作性。

以下为典型的粉煤气流床气化炉。

① 加压气流床粉煤气化炉（Shell 炉）　Shell 煤气化工艺（Shell Coal Gasification Process）简称 SCGP，是由荷兰 Shell 国际石油公司开发的一种加压气流床粉煤气化工艺，源至 K-T 气流床气化技术。

a. 工艺特点　Shell 煤气化工艺属于加压气流床煤气化工艺，以干煤粉进料，纯氧作气化剂，液态排渣。干煤粉由少量氮气（或二氧化碳）吹入气化炉，对煤粉粒度要求比较灵活，一般不需要过分细磨，但需要经过热风干燥，以免煤粉团聚，尤其含水量高的煤种更需要干燥。气化中心火焰温度随煤种不同在 1600～2200℃ 之间，出炉煤气温度为 1400～1700℃。产生的高温煤气夹带的细灰尚有一定的黏结性，所以出炉后需与一部分冷却后的循环煤气混合，并将其激冷至 900℃ 左右再导入废热锅炉，产生高压过热蒸汽。干煤气中有效成分 $CO+H_2$ 高达 90% 以上，甲烷含量很低。煤中约有 83% 的热能转化有效气体，大约有 15% 的热能以高压蒸汽的形式回收。

加压气流床粉煤气化炉（Shell 炉）是 20 世纪末实现工业化的新型煤气化技术，是 21

世纪煤气化的主要发展途径之一。其主要工艺技术特点如下。

●采用干法进料及气流床气化，因而煤种适应性广，可使任何煤种完全转化。可成功处理高灰、高水、高硫煤种，能气化无烟煤、烟煤、褐煤以及石油焦等各种含碳原料。

●能源利用率高。由于采用高温加压气化，因此热效率很高，在典型的操作条件下，Shell 气化工艺的碳转化率高达 99%。合成气对原料煤的能源转化率为 80%～83%。此外，还有 16%～17% 的能量可以转化为过热蒸汽而被利用。采用加压气化，可大大降低后续工序的压缩能耗。采用干法进料，与湿法进料相比避免了消耗在水汽化加热方面的能量损失。因此能源利用率也相对提高。

●设备单位产气能力大。采用加压操作，设备单位容积产气能力提高。在同样生产能力下，设备尺寸较小，结构紧凑，占地面积小，相对建设投资较低。

●环境效益好。气化反应在高温下进行，且采用粒度较小的粉煤进料，气化反应进行得非常充分，造成环境污染的副产物很少，因此干法粉煤加压气化工艺属于"洁净煤"工艺。Shell 煤气化工艺脱硫率可达 95%，并生产出纯净的硫黄副产品，产品气的含尘量低于 2 mg/m^3。气化产生的熔渣和飞灰是化学惰性的，不会对环境造成危害。

b. 气化炉结构及工艺流程

Ⅰ. 气化炉 气化炉结构见图 3-17。

图 3-17 Shell 煤气化炉结构简图

Shell 煤气化炉采用膜式水冷壁形式，主要由内筒和外筒两部分构成：包括膜式水冷壁、环形空间和高压容器外壳。膜式水冷壁向火侧敷有一层比较薄的耐火材料，一方面为减少热损失；另一方面是为了挂渣，充分利用渣层的隔热功能，以渣抗渣，以渣护壁，可使气化炉热损失降到最低，以提高气化炉的可操作性和气化效率。环形空间位于压力容器外壳和膜式水冷壁之间。设计环形空间的目的是容纳水/蒸汽的输入、输出和集汽。气化炉外壳为压力容器，一般小直径的气化炉用钨合金钢制造，其他用低铬钢制造。

气化炉内筒上部为燃烧室（或气化区），下部为熔渣激冷室。Shell 气化炉采用膜式水冷壁结构，内壁衬里设有冷却水管，副产部分蒸汽，正常操作时壁内形成炉渣保护层，用以渣抗渣的方式保护气化炉衬里不受侵蚀，避免了高温、熔渣腐蚀及开停车产生应力对耐火材料的破坏而导致气化炉无法长周期运转。其不需要耐火砖绝热层，运转周期长，可单炉运行，不需要备用炉，可靠性高。

Ⅱ. Shell 煤气化工艺流程 Shell 煤气化工艺流程见图 3-18。

来自制粉系统的干燥煤粉由氮气或二氧化碳经浓相输送至炉前煤粉仓及煤锁斗，再由加压氮气或二氧化碳将细煤粒由煤锁斗送入轴向相对布置的气化烧嘴。气化所需要的氧气和水蒸气也送入烧嘴。通过控制加煤量，调节氧气量和水蒸气量，使气化炉在 1400～1700℃ 范围内运行。气化炉操作压力为 2～4MPa。气化炉内的煤粉以熔渣形式排出。绝大部分熔渣从炉底离开气化炉，用水激冷，再经破渣机进入渣锁系统，最终泄压排出系统。

出气化炉粗煤气夹带着熔渣粒子被循环冷却煤气激冷，使熔渣固化而不致黏结在合成气冷却壁上，然后再从煤气中脱除。合成气冷却器采用水管式废热锅炉，用来生产中压饱和蒸汽或过热蒸汽。粗煤气经省煤器进一步回收热量后进入陶瓷过滤器除去细灰（<20 mg/m^3）。部分煤气加压循环用于出炉煤气激冷。粗煤气脱除氯化物、氨、氰化物和硫（H$_2$S、

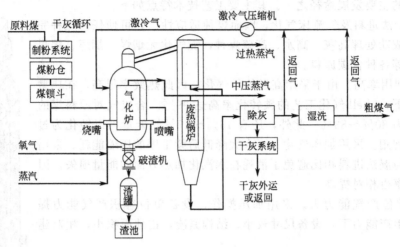

图 3-18　Shell 煤气化工艺（SCGP）流程示意图

COS），HCN 转化为 N_2 或 NH_3，硫化物转化为单质硫。工艺过程大部分水循环使用。废水在排放前需生化处理。如果要将废水排放量减少到零，可采用低位热将水蒸发，剩下的残渣是无害的盐类。

Shell 煤气化是目前国际上最先进的煤气化技术之一，但也存在一些技术上的缺陷，主要包括：

● Shell 炉在国外有许多成功的经验，但主要应用在发电上。工艺流程以及试验参数是在发电流程上得到的，并不完全适合于制氢、氨以及甲醇。引进该技术用于氢气、氨以及甲醇等生产将面临很多困难，认识上也有很多不足。

● 煤气化三大关键设备（煤气化炉、输气导管、废热锅炉）内件均在国外制造，工期较长；喷嘴、煤粉阀、渣阀、灰阀等完全依赖进口；其它大型设备，如飞灰过滤器、高压氮气缓冲罐的运输和吊装比较困难。

● 投资巨大。在中国的工程经验表明，在同样的合成气生产规模下，Shell 粉煤气化装置的一次性投资是水煤浆气化的 200% 以上，且均无备用炉，一旦出现问题，停车检修，损失较大。

● 工艺流程不合理，1 台气化炉不能保证后续化工装置长周期满负荷运行。另外，将用于发电的废热锅炉流程照抄搬到以生产合成氨和甲醇为主的化工系统，以合成氨装置为例，合成氨要求合成气全部变换，废热锅炉产生的蒸汽还不满足变换系统对蒸汽的要求。

② 两段式干煤粉加压气化炉

a. 开发历程　随着 IGCC 等洁净煤发电技术的应用推广，在国家电力公司的资助下，西安热工院从 1990 年开始对干煤粉加压气化技术进行研究。

Shell 和 Prenflo 气化炉均为以干煤粉进料的气化装置，但只有一级气化反应，为了让高温煤气中的熔融灰渣凝固以免煤气冷凝堵塞，必须采用后续工艺中大量冷煤气对高温煤气进行急冷，使高温煤气由 1400℃ 冷却到 900℃，其热量损失很大，总热效率降低。煤气量较大，造成煤气冷却器、除尘和煤气洗涤装置尺寸过大。

针对上述问题，西安热工院提出了一种两段式加压气化的创新思路，利用二段的化学反应，使炉内高温煤气温度降低的同时，使煤气的有效能量得到提高，从而省去了庞大的煤气压缩机、煤气冷却器和除尘器，设备规模减小一半，设备造价降低 40%～50%。

西安热工院于 1996 年建成我国第一套干煤粉浓相输送和气化装置（0.1～1.0 t/d）。

2004年在陕西渭河煤化工集团公司，建成了我国第一套带水冷壁和煤气冷却器的干煤粉加压气化半工业化装置，处理量为36～40t/d，操作压力为3.0～4.0MPa，操作温度为1300～1800℃。2012年内蒙世林化工有限公司一期30万吨/天煤制甲醇项目气化装置采用两段法干煤粉加压气化技术，处理量为1000 t/d，采用鄂尔多斯烟煤，操作压力为4.0MPa，有效产气量为71500 m³。

b. 气化炉及工艺流程

Ⅰ. 气化炉　两段式干煤粉加压气化炉示意图如图3-19。

气化炉外壳为直立圆筒，炉膛采用水冷壁结构，炉膛分为上炉膛和下炉膛，下炉膛为第一反应区，用于输送煤粉、水蒸气和氧气的喷嘴设在下炉膛的两侧壁上。排渣口设在炉膛底部高温段，采用液态排渣。上段为第二反应区，其内径较下炉膛内径小，高度较长。上炉膛侧壁上设有两个对称的二次煤粉和水蒸气进口。运行时，由气化炉下段喷入干煤粉、氧气以及水蒸气，所喷入煤粉量占煤总量的80％～90％，在上炉膛进口处喷入过热蒸汽和粉煤，所喷入量占总煤量的10％～20％。气化炉上段的主要作用有两个方面：一是代替循环合成气使温度高达1400℃的煤气急冷至900℃，二是利用下段煤气的显热进行热解和部分气化，提高总的冷煤气效率和热效率。

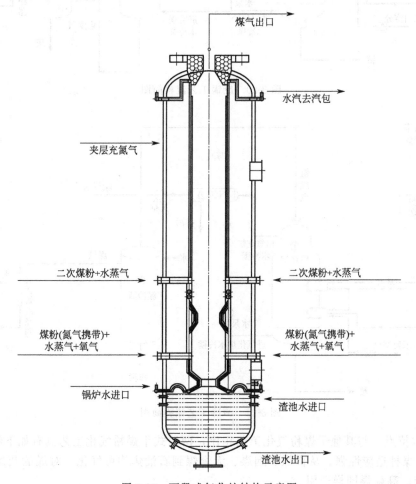

图3-19　两段式气化炉结构示意图

Ⅱ. 工艺流程　为满足发电行业和化工行业对煤气化工艺的不同要求，两段式干煤粉加压气流床气化炉根据下游工艺不同，可采用有废锅和无废锅两种形式，即适合煤化工工艺的煤气激冷流程和适用于发电的废锅流程。在激冷流程中，用激冷水将煤气直接冷却至300℃以下，激冷流程工艺比较简单，投资较少，适合化工领域及多联产。如果使用废锅流程，则粗煤气中15%～20%的热能被回收产生中压或高压蒸汽，气化工艺总热效率可达98%。图3-20为带废锅的工艺流程，图3-21为激冷流程。

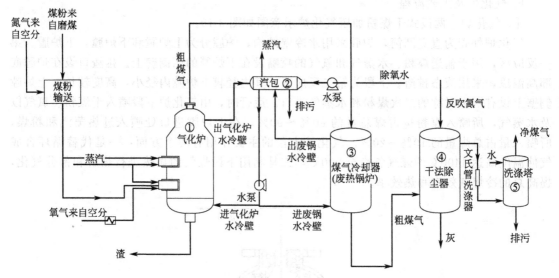

图 3-20　废锅工艺流程简图

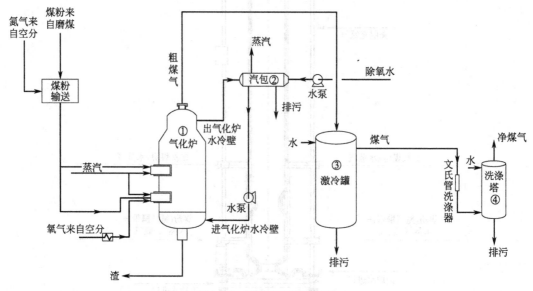

图 3-21　激冷工艺流程简图

c. 技术特点　与其他干煤粉气化工艺相比，两段式干煤粉气化工艺具有如下特点：

● 燃料煤种适应性强。从褐煤、烟煤、无烟煤到石油焦均可气化，对煤的灰熔点范围更宽，对高灰、高硫煤同样适用。

● 冷煤气效率更高、氧耗更低。由于在二段只投入煤粉和蒸汽，不投入氧，在二段发生煤热解和气化反应，因而可以在不投氧的情况下产生更好的有效气，从而提高冷煤气效率、降低氧耗。

● 为满足发电或化工行业对煤气化工艺的不同要求，两段式干煤粉加压气化工艺可采用废锅或激冷流程。

③ GSP气化法　GSP煤气化技术是德国西门子集团的技术，由德国燃料研究所（DBI）于20世纪70年代末开发并投入商业化运行的大型粉煤气化技术。分别于1979年和1996年，在西门子的气化研发中心（Freiberg）建立了3MWth和5MWth两套气化中试装置。西门子GSP气化技术对褐煤、烟煤、无烟煤、市政污泥、废水、生物质等都做过测试，并大规模地试烧了加拿大、澳大利亚煤及中国的淮南烟煤、晋城无烟煤、宁夏的长焰煤等，有超过60种不同物料及100次以上的试烧数据，为工程设计提供了坚实的技术基础。之后，该技术扩展应用到生物质、城市垃圾、石油焦、含氯废物和其他燃料等气化领域。

a. 技术特点　西门子GSP气化技术属于先进的、大型化的、高压、纯氧、熔渣操作的气流床气化技术。GSP气化技术最显著的特点包括干煤粉进料、气化反应室水冷壁结构、组合单烧嘴顶置下喷、粗合成气全激冷工艺流程等。该流程包括干粉煤的加压计量密相输送系统（即输煤系统）、气化与激冷、气体除尘冷却（即气体净化系统）、黑水处理等单元。

b. 气化炉及工艺流程

Ⅰ. 气化炉　图3-22为GSP加压气流床气化炉结构简图。气化炉主要由喷嘴、气化室、水冷壁、及激冷室等部分组成。

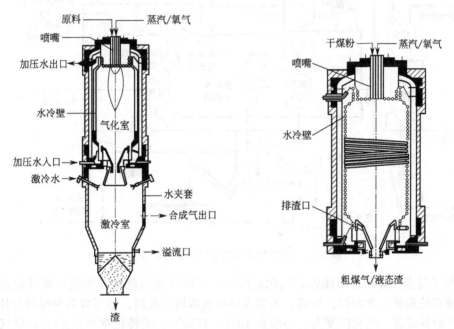

图3-22　GSP加压气流床结构简图

水冷壁由多组冷却盘管组成，水冷壁向火面覆有碳化硅保护层。由于碳化硅及后形成的固态渣层保护，水冷壁的表面温度小于270℃。水冷壁仅在气化室的底部加以固定，由气化室顶部的导轨支撑，解决了水冷壁的热膨胀问题。出于安全考虑，水冷壁盘管内水的压力高于气化炉操作压力，防止盘管泄漏或损坏时气体进入盘管。气化炉外壳设有水夹套，用冷却水进行循环，故外壳温度低于60℃。

GSP气化炉使用干煤粉进料，产生的粗合成气的有效成分（$CO+H_2$）可达到90%（依煤种及操作条件不同有所差异）。

Ⅱ. 工艺流程　图 3-23 为 GSP 加压气流床气化工艺流程简图。气化过程主要由给料、气化、粗煤气洗涤、灰渣处理等环节组成。

预处理好的原煤在磨煤机内磨碎到适合气化的粒度（不同煤种有不同的要求）并进行干燥。用 N_2 或 CO_2 将煤粉从给料器送到气化炉喷嘴。干煤粉、氧气及少量的水蒸气通过喷嘴送入气化炉中。气化炉操作压力为 2.5～4.0MPa。根据煤灰的灰熔融特性，气化操作温度控制在 1350～1750℃。高温气体与液态渣一起离开气化炉向下流动直接进入激冷室，被喷射的高压激冷水冷却，液态渣在激冷室底部水浴中形成玻璃状颗粒，定期从熔渣锁斗排入渣池，并通过捞渣机装车运出。从激冷室出来的粗合成气经两级文丘里洗涤器，使含尘量达到要求后送出界区。

激冷室和文丘里洗涤器排出的黑水经减压后送入两级闪蒸罐除去黑水中的气体成分，闪蒸罐内的黑水则送入沉降槽，加入少量絮凝剂以加速灰水中细渣絮凝沉淀。沉降槽下部沉降物经过滤机滤出并压成渣饼装车外送。沉降槽上部的灰水与滤液送入激冷室作激冷水使用，为控制回水中的总盐含量，需要将污水送到界区外的全厂污水处理系统。

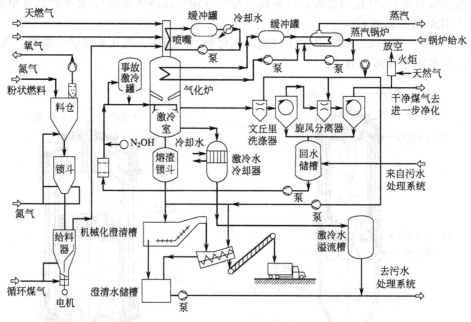

图 3-23　GSP 加压气流床气化工艺流程简图

c. 技术特点　煤种适应性强：气化温度高，可以气化高灰熔点的煤，煤种的适应性广泛，从较差的褐煤、次烟煤、烟煤、无烟煤到石油焦均可使用，也可以两种煤掺混使用。

技术指标优越：气化温度高，一般在 1350～1750℃。碳转化率可达 99%，煤气中甲烷含量极少 [CH_4＜0.1%（体积分数）]，不含重烃，合成气中 CO＋H_2 高达 90%（体积分数），冷煤气效率高达 80%（依煤种及操作条件不同有所差异）。

氧耗低：可降低配套空分装置投资和运行费用。

设备寿命长，维护量小，连续运行周期长。气化炉采用水冷壁结构，无耐火砖，预计水冷壁使用寿命 25 年；只有一个组合式喷嘴（点火喷嘴与生产喷嘴合二为一），喷嘴主体的使用寿命预计达 10 年。

工艺流程短，设备规格尺寸小，投资少，建设周期短，运行成本低。

（2）湿法气流床气化工艺

湿法气流床气化是指煤或石油焦等固体碳氢化合物以水煤浆的形式与气化剂一起通过喷嘴，气化剂高速喷出与料浆并流混合雾化，在气化炉内进行火焰型非催化部分氧化的工艺过程。具有代表性的工艺技术有德士古公司开发的水煤浆加压气化技术、道化学公司开发的两段式水煤浆气化技术、华东理工开发的多喷嘴水煤浆气化技术。

水煤浆气化反应是一个复杂的物理和化学反应过程，水煤浆和氧气喷入气化炉后瞬间经历煤浆升温、水分蒸发、煤热解、残炭气化和气体间的化学反应等过程，最终生成以 CO、H_2 为主要成分的粗煤气（合成气），采用液态排渣。水煤浆气化技术有如下优点。

a. 可用于气化的原料种类广泛。从褐煤到无烟煤的大部分煤种都可采用该技术进行气化，还可气化石油焦、煤液化残渣、半焦、沥青等原料。

b. 水煤浆进料与干粉进料相比，具有安全且容易控制的特点。

c. 操作弹性大，碳转化率高，一般可达 95%～99%，负荷调整范围为 50%～105%。

d. 气化压力范围宽。气化压力可根据工艺需要进行选择，目前商业化装置的操作压力等级在 2.6～6.5MPa 之间，目前在运行的气化装置最高压力为 8.7MPa（德士古气化炉），可以满足多种下游工艺气体压力需求，高压气化为等压合成其它碳一类化工产品如甲醇、乙酸等提供了条件，既节省了中间压缩工序，也降低了能耗。

水煤浆气化技术也有一定的缺点如下。

a. 炉内耐火砖冲刷侵蚀严重，选用的高铬耐火砖寿命为 1～2 年。更换耐火砖费用大，增加了生产运行成本。

b. 气化炉采用的是热壁，为延长耐火衬里的使用寿命，煤的灰熔点尽可能低，通常不大于 1300℃。对于高灰熔点的煤，为降低灰熔点，必须添加一定量的助熔剂，这样会降低水煤浆的有效浓度，增加了氧耗和煤耗，降低了经济效益。而且，煤种的选择范围也受到了限制。

c. 喷嘴使用周期短，一般使用 60～90 天就需要更换或修复，停炉更换烧嘴对连续生产运行或高负荷运行有影响，一般需要有备用炉，增加了建设投资。

d. 水煤浆含水量较高，使冷煤气效率和煤气有效成分（CO＋H_2）含量偏低，氧耗、煤耗均比干法气流床要高。

以下为三种典型水煤浆加压气化技术如下。

① 德士古煤气化工艺　Texaco 水煤浆加压气化工艺简称 TCGP，由美国德士古石油公司开发。第一套处理 15t/d 煤的中试装置于 1948 年在美国洛杉矶附近的 Montebello 建成。1958 年在美国圣弗吉里 Mongantown 建立了处理 100 t/d 的原形炉，操作压力 2.8MPa，气化剂为空气，生产的合成气用于合成氨，1979 年在德国完成工业试验。Texaco 提出了水煤浆的概念，水煤浆采用柱塞隔膜泵输送，克服了煤粉输送困难及不安全的缺点，经过研究机构的逐步完善，于 20 世纪 80 年代投入工业化生产，成为具有代表性的第二代煤气化技术。中国从 20 世纪 90 年代初开始大量引进该技术。如山东鲁南化肥厂、上海焦化厂、陕西渭河化肥厂、淮化集团有限公司等均采用该流程。

GE 公司自 2004 年 6 月收购雪佛龙-德士古（德士古公司与雪佛龙石油公司在 2001 年 10 月 9 日合并称为"雪佛龙-德士古公司"）气化技术和业务后，将当时世界上最好的煤气化技术与 GE 强大的发电业务、水处理业务结合起来，进军中国市场。GE 德士古（Texaco）水煤浆加压气化技术属气流床加压气化技术，原料煤磨制成水煤浆后泵送进气化炉顶部单烧嘴下行制气，原料煤运输、制浆、泵送入炉系统比干粉煤加压气化要简单。单炉生产能力大，目前该技术在国内最大的气化炉用于神华榆林循环经济煤炭综合利用项目，设计投煤量为 3000 t。原料煤适应性较广，气煤、烟煤、次烟煤、无烟煤、高硫煤及低灰熔点的劣质煤、石油焦等均能用作气化原料。但要求原料煤含灰量较低、还原性气氛下的灰熔点低于 1300℃，灰渣黏温特性好。气化压力从 2.5MPa、4.0MPa、6.5MPa 到 8.7MPa 皆有工业性生产装置在稳定长周期运行，装置建成投产后即可正常稳定生产。气化系统的热利用有两种形式：一种是废热锅炉型，可回收煤气中的显热副产高压蒸汽，适用于联合循环发电；另一种是水激冷型，制得的合成气的水气比高达 1.4，适用于制氢、合成氨、甲醇等化工产品。气化系统不需要外供过热蒸汽及输送气化用原料煤的 N_2 或 CO_2。气化系统总热效率高达 94%～96%。气化炉结构简单，为耐火砖衬里。气化炉内无转动装置或复杂的膜式水冷壁内件，所以制造方便、造价低，在开停车和正常生产时无需连续燃烧一部分液化气或燃料气（合成气），煤气除尘比较简单；碳转化率达 96%～98%，有效气成分（$CO+H_2$）为 80%～83%，有效气（$CO+H_2$）比氧耗为 336～410 m^3/km^3，有效气（$CO+H_2$）比煤耗为 550～620kg/km³；装备国产化率已达 90%，装置投资较其他加压气化装置都低。

但德士古气化炉也存在一些缺点：原料煤受气化炉耐火砖衬里的限制，适用于低灰熔点的煤。气化炉耐火砖使用寿命较短，一般为 1～2 年，国产砖寿命为一年左右，有待改进。气化炉烧嘴使用寿命较短，一般使用 2 个月后，需停车进行检查、维修或更换喷嘴头部，有待改进提高。

a. 主要设备及工艺流程

Ⅰ. 气化炉　德士古气化炉结构见图 3-24。激冷型德士古气化炉燃烧室和激冷室是连成一体的。上部燃烧室为一中空圆形筒体带拱形顶部和锥形下部的反应空间，顶部烧嘴口供设置工艺烧嘴用，下部为气体出口去下部激冷室。激冷室内紧接上部气体出口设有激冷环，喷出的水沿下降管流下形成一层水膜，可避免由燃烧室带来的高温气体中夹带的熔渣粒附着于下降管壁上，激冷室内保持相当高的液位。夹带着大量熔渣颗粒的高温气体通过下降管直接与水溶液接触，气体得到冷却，并被水蒸气饱和。熔融渣粒淬冷成粒化渣，从气体中分离出来，被收集在激冷室下部，由锁斗定期排出。饱和气体进入上升管到激冷室上部，经挡板除沫后由侧面气体出口去洗涤塔，进一步冷却除尘。气体中夹带的渣粒约 95% 从锁斗中排出。

气化炉结构特点如下。

● 反应区内无任何机械部分。只要反应物中的氧配比得当，反应瞬间即可获得合格产品。

● 气化反应温度较高，因此炉内设有耐火衬里。

● 为及时掌握炉内耐火衬里的损坏情况，炉壳外表面装有表面测温系统。测温系统将包括炉顶在内的整个燃烧室外表面分成若干个测温区，在炉壁外表面焊上上千个螺钉来固定测温

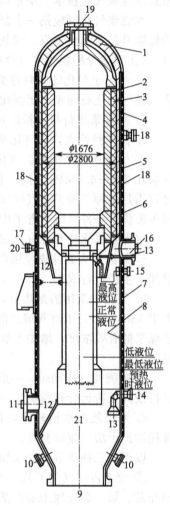

图 3-24　德士古气化炉结构

1—浇注料；2—向火面砖；
3—支持砖；4—绝热砖；
5—可压缩耐火塑料；6—燃烧段炉壳；
7—激冷段炉壳；8—堆焊层；
9—渣水出口；10—锁斗再循环；
11—人孔；12—液位指示联箱；
13—仪表孔；14—排放水出口；
15—激冷水出口；16—出气口；
17—锥底温度计；18—热电偶口；
19—烧嘴口；20—吹氮口；
21—再循环口

导线。通过每一小块面积上的温度测量，可以迅速监测炉壁外表面出现的任何一个热电温度，从而预示炉内衬的侵蚀情况。

● 激冷室外壳内壁采用堆焊高级不锈钢的办法解决腐蚀问题。

Ⅱ. 工艺烧嘴 烧嘴的主要功能是借高速氧气流的动能将水煤浆雾化并充分混合，在炉内形成一股有一定长度黑区的稳定火焰，为气化创造条件。

工业化三流式烧嘴见图 3-25，烧嘴头部结构示意见图 3-26。

由图 3-25 可见，工艺烧嘴有三个通道，氧分为两路：一路为中心氧，由中心管喷出，水煤浆由内环道流出，并与中心氧在烧嘴出口前预先混合；另一路为主氧通道，由外环道流出，在烧嘴出口处与煤浆和中心氧再次混合。

水煤浆与中心氧混合前，在环隙通道形成厚达 10 mm 的一圈膜，流速约 2 m/s。中心氧占总氧量的 15%～20%，流速约 80 m/s。环隙主氧占总氧量的 80%～85%，流速约 120 m/s。氧气在烧嘴入口处的压力与炉压之比为 1.2～1.4。烧嘴头部最外侧为水冷夹套，冷却水入口直抵夹套，再由缠绕在烧嘴头部的数圈盘管引出。

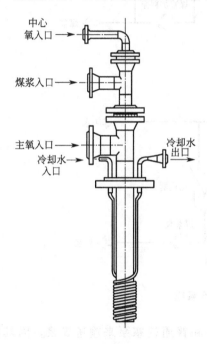

图 3-25 工艺烧嘴外形示意

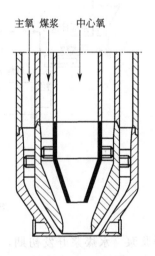

图 3-26 工艺烧嘴头部示意

Ⅲ. 煤浆制备及输送设备

ⓐ 磨煤机 磨煤采用通用的磨碎机械，得到指定煤浆浓度和粒度的水煤浆成品。湿法制浆采用较多的是球磨机和棒磨机，研磨体一般采用不同尺寸的耐磨钢棒或钢球。这两种磨机都可以制出适合气化的水煤浆，但棒磨机更适合可磨指数高的年轻烟煤，而球磨机适合所有的煤种，特别是无烟煤、贫煤等。球磨机制出的煤浆较棒磨机粒度细；棒磨机消耗的功率比球磨机省 1/3。

湿法制浆又分为封闭式和非封闭式两种系统。

图 3-27（a）为封闭式湿磨系统。煤经过研磨后直接送到分级机中进行分选，过大的颗粒再返回磨机中进一步研磨，这种方法的优点是得到的煤浆粒度范围较窄，对磨机无特殊要求；缺点是需要分级设备。为了达到适当的分级，煤浆的黏度不能太大，也即煤浆中的固含

量不能太高，而水分含量就会相应升高，后续系统需要增设稠化的专用设备，以达到水煤浆浓度要求。

图 3-27（b）为非封闭式湿磨系统。煤一次通过磨机，所制取的煤浆同时能够满足粒度和浓度的要求。煤在磨机中停留的时间相对长一些，这样可以保证较大颗粒不会太多。

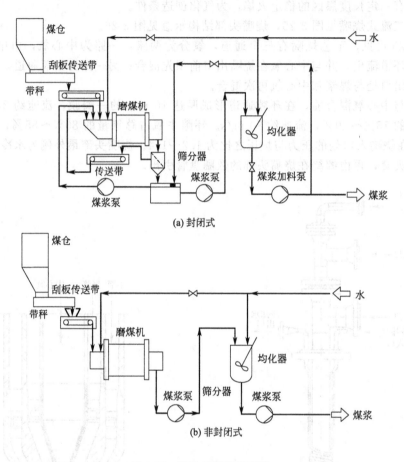

图 3-27　湿法制浆湿磨系统

　　ⓑ 煤浆泵　水煤浆开发初期，大多采用螺杆泵和普通柱塞泵来输送煤浆，因其密封效果不好，逐渐被正位移计量柱塞隔膜泵所替代，有效解决了煤浆对传动机构润滑密封的污染问题。水煤浆加压气化工艺正是由于活塞隔膜泵才能泵送高浓度煤浆和加压进料。这比干粉加压进料实现工业化提前了十多年，而干粉加压进料至今也未能达到 5.0MPa 以上的压力。

　　b. 工艺流程

　　Ⅰ. 激冷流程

　　ⓐ 流程说明　激冷工艺流程参见图 3-28。从输送系统来的原料煤经过称重后加入磨煤机，在磨煤机中加入水和添加剂混合制成一定浓度的煤浆。煤浆经滚筒筛去大颗粒后流入磨煤机出口槽，然后用低压煤浆泵送入煤浆槽，再经煤浆泵送入气化炉喷嘴。通过喷嘴，煤浆与空分装置送来的氧气一起混合雾化喷入气化炉，在燃烧室发生气化反应。

　　气化炉燃烧室排出的高温气体和熔渣经激冷环被水冷却后，沿下降管导入激冷室进行水浴，熔渣迅速固化，粗煤气被饱和。出气化炉的粗煤气再经文丘里喷射器和洗涤塔用水进一步润湿洗涤，除去残余的飞灰。生成的灰渣留在水中，绝大部分迅速沉淀并通过锁渣罐系统定期排出界外。激冷室和洗涤塔排出的黑水中细灰（包括未转换的炭黑）通过灰水处理系统经沉降槽除去，澄清的灰水返回工艺系统循环使用。为保证系统水中的离子平衡，抽出小部分水送入生化处理装置处理排放。

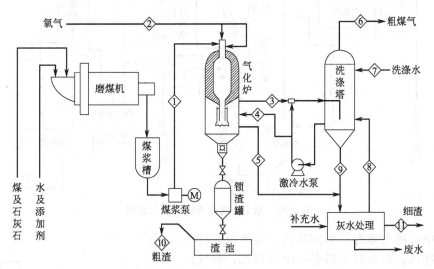

图 3-28　德士古气化激冷流程示意图

　　ⓑ 主要特点　气化炉燃烧室和激冷室连为一体，设备结构紧凑，粗煤气和熔渣携带的显热直接被激冷水汽化所回收，同时熔渣被固化分离。这种工艺配置简单，便于操作管理，含有饱和水蒸气的粗煤气刚好满足下游一氧化碳变换反应的需要。

　　激冷流程特别适合生产合成氨或其他产品生产需要纯氢的情形；也适用于生产城市煤气，但需将洗涤后的粗煤气进行部分变换及甲烷化，以减少一氧化碳含量并提高煤气热值。

　　Ⅱ. 废锅流程

　　ⓐ 流程说明　废锅工艺流程参见图 3-29。废锅流程气化炉燃烧室排出物经过紧连其下的辐射废热锅炉间接换热副产高压蒸汽，高温粗煤气被冷却，熔渣开始凝固；含有少量飞灰的粗煤气再经过对流废热锅炉进一步冷却回收热量，绝大部分灰渣（约 95%）留在辐射废锅的底部水浴中。出对流废锅的粗煤气用水进行洗涤，除去残余的飞灰，然后送往下游工序进一步处理。粗渣、细灰及灰水的处理方式与激冷流程相同。

　　ⓑ 主要特点　废锅流程将粗煤气（含熔渣）所携带的高位热能充分回收，而粗煤气中所含水蒸气极少，特别适合后面不需要进行变换或只需要部分变换的场合，废热锅炉产生的高压蒸汽既可以用来驱动透平发电也可以并入蒸汽管网用于它用。该工艺主要用于诸如制取一氧化碳、工业燃料气，联合循环发电工程，或进行其他用途需 H_2/CO 比例低于纯氢所要求的 H_2/CO 比例的情形，如果需要调整 H_2/CO 比例，通过一氧化碳变换炉将适量 CO 转换为 H_2 即可。废热锅炉流程比激冷流程具有更高的热效率，但由于增加了两个结构庞大而复杂的废热锅炉，流程长，一次性投资高。

　　② E-Gas 煤气化工艺　E-Gas 煤气化工艺（原 DOW 煤气化工艺）是在德士古煤气化工艺基础上发展起来的二段式煤气化工艺，具有生产能力大、氧耗低及产率高等优点，已通过较长时间的工业化运行，是很有前景的新一代煤气化技术。

　　图 3-30 为 DOW 两段气化炉的剖面图。第一段为反应器的氧化段，在 1316～1427℃ 的熔渣温度下进行。该段可以看作一个水平圆筒，筒的两端相对地装有供煤浆和氧气进料的喷

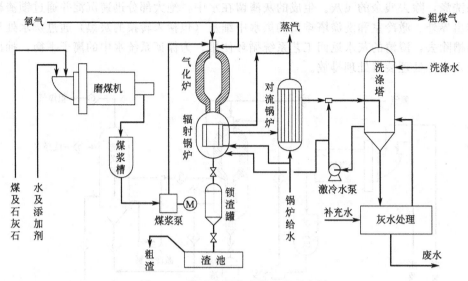

图 3-29 德士古气化废锅流程示意图

嘴，圆筒中央的底部有一个排放孔，熔渣由此排入下面的激冷区。中央的上部有一个出口孔，煤气由此孔进入第二段，圆筒内衬有耐熔渣的高温砖。第二段是一个内衬耐火材料垂直于第一段的直立圆筒，该段采用向上气流形式。另外有一路煤浆通过喷嘴均匀地分布到第一段来的热煤气里。第二段利用第一段的显热气化喷入的煤浆。二段煤浆的喷入量为10%~15%。喷到热气体的煤浆经历了一连串复杂的物理和化学变化，除了水分被加热及蒸发外，煤颗粒经过加热、裂解以及吸热气化反应，从而使混合物的温度降低到1038℃，以保证后面热回收系统正常工作。

图 3-31 为 E-Gas 气化工艺流程图。煤和水在磨煤机内混合并进行研磨制浆，煤浆用正排量泵加压，伴随氧气送到一段的两个喷嘴及二段的喷嘴。气化炉内一段产生的熔渣被水激冷，经破碎机破碎，并通过压力降低装置进入常压脱水装置。气化炉出来的粗煤气首先进入高温旋风分离器脱除半焦及灰尘，

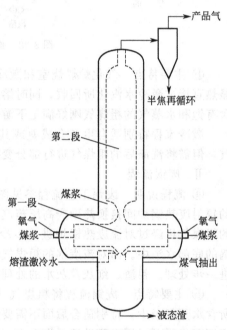

图 3-30 E-Gas 两段气化炉剖面

旋风分离器分离出来的半焦用水激冷，通过一系列节流装置降压，然后将半焦浆液浓缩到15%~25%，掺入一段进料煤浆中。热煤气从旋风分离器出来，进入高温热回收装置，由火管锅炉和后置的过热器及预热冷凝液的节热器组成。煤气在锅炉部分温度从1038℃下降到649℃。过热器和节热器将煤气温度进一步降到371℃，所产生的蒸汽并入蒸汽管网。在高温热回收系统之后，用洗涤塔除去残留的颗粒物。该系统中的水重复使用，固体颗粒连续排放，并送半焦处理工段，然后循环到气化炉第一段。经冷却（冷却到49℃）和除尘后的煤气进入脱硫系统，用MDEA脱除硫化氢和二氧化碳。净化后的煤气加热到93.4℃后进入燃气轮机发电。

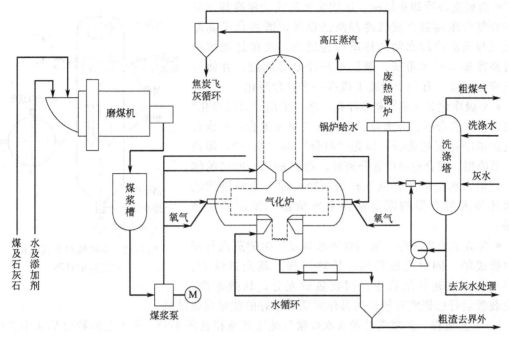

图 3-31 E-Gas 气化工艺流程

E-Gas 气化工艺的特点如下：

● 采用加压气流床、水煤浆二段气化的方法，一方面保持了适用煤种广、生产能力大、碳转化率高等优点；另一方面采用二段气化，利用第一段高温煤气的显热气化第二段补充的水煤浆，使粗煤气出口温度下降到 1000℃ 左右。

● 延长停留时间。增加了第二段气化，延长了煤气在炉内的停留时间，煤气中的焦油、重烃化合物能充分热解。

● 半焦再循环入炉。第二段出炉粗煤气经旋风分离器分离下来的半焦，用水激冷并减压后制成半焦浆，再加入第一段气化炉的进料中，提高了碳转化率和冷煤气效率。

● 使用多级热回收设备，如废热锅炉、蒸汽过热器、节热器等，高、中、低温的热量都得到回收，大大提高了总热利用效率。

● 用低品位的煤能生产热值 10 MJ/m³ 左右的煤气产品，可作联合循环发电的燃料气，且发电单耗低于传统的燃煤锅炉发电，生产的煤气也可用于合成化工产品。

③ 多喷嘴对置式水煤浆气化工艺　多喷嘴对置式水煤浆气化炉的开发是国家"九五"重点科技攻关项目，由水煤浆气化及煤化工国家工程研究中心和华东理工大学负责攻关，以期形成具有中国特色的水煤浆气化技术。新型气化炉中试装置建在山东兖矿鲁南化肥厂，2000 年 7 月 30 日第一次投料试验成功，累计运行 400 多小时后通过国家技术测试和鉴定。实践表明，多喷嘴对置式水煤浆气化技术有明显的优势，目前多喷嘴对置式水煤浆气化技术已成功推广转让至 55 个项目（国外两个），共 150 台气化炉。图 3-32 为多喷嘴对置式气化炉结构示意图。

a. 气化炉结构特点

● 多喷嘴对置式气化炉。水煤浆通过 4 个对称布置在气化炉中上部同一水平面的预膜式喷嘴，与氧气一起对喷进入气化炉，在炉内形成撞击流，在完成煤浆雾化的同时，强化热质传递，促进气化反应进行。

● 新型洗涤冷却室结构。运用交叉流式洗涤冷却水分布器和复合床高温合成气冷却洗涤设备，既强化了高温合成气与洗涤冷却水间的热质传递过程，又很好地解决了洗涤冷却室带水带灰、液位不易控制等问题，并使合成气充分润湿，有利于后续工段进一步除尘净化。

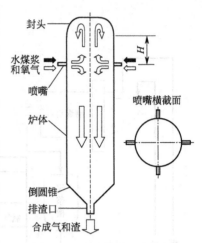

图 3-32　多喷嘴对置式气化炉结构示意图

● 分级净化式合成气初步净化工序。采用"分级净化"的概念，由混合器、分离器、水洗塔三单元组合，形成合成气初步净化工艺流程，即先"粗分"再"精分"，属高效、节能型。混合器后设置分离器，除去 80%～90% 的细灰，使进入水洗塔的合成气较为洁净；加入水洗塔的洗涤水比加入混合器的润湿洗涤水更清洁，保证了洗涤效果。

● 含渣水处理工序。采用含渣水蒸发产生的蒸汽与灰水直接接触，同时完成传质、传热过程，其先进性为：无影响长周期运转的隐患；回收热量充分，热效率高。工业装置运行已证实有较长的操作周期和很好的能量回收效果。

b. 工艺流程　多喷嘴对置式水煤浆气化工艺流程见图 3-33。该工艺流程包括 4 个工序：磨煤制浆工序、多喷嘴对置式水煤浆气化工序、合成气初步净化工序、含渣废水处理工序。主要设备包括磨煤机、煤浆槽、气化炉、喷嘴、洗涤冷却室、锁斗、混合器、旋风分离器、水洗塔、蒸发热水塔、闪蒸罐、澄清槽、灰水槽等关键设备。

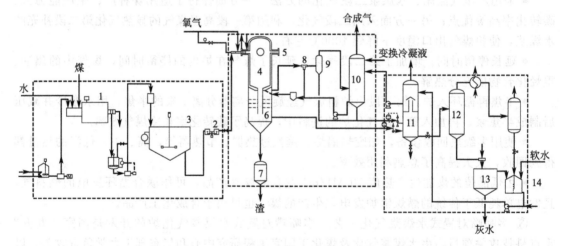

图 3-33　多喷嘴对置式水煤浆气化工艺流程简图

1—磨煤机；2—煤浆泵；3—煤浆槽；4—气化炉；5—喷嘴；6—洗涤冷却室；7—锁斗；
8—混合器；9—旋风分离器；10—水洗塔；11—蒸发热水塔；12—闪蒸罐；13—澄清槽；14—灰水槽

煤、水和添加剂进入磨煤机，制得质量分数为 60%～65% 的煤浆，经煤浆泵加压后送入气化炉 4 个工艺喷嘴，来自空分装置的纯氧分 4 路经氧气流量调节后进入工艺喷嘴。在烧嘴头部水煤浆和氧气混合喷入气化炉，在气化炉内进行部分氧化反应，生产粗合成气、熔渣及未完全反应的碳。

未完全反应的碳通过燃烧室下部渣口与激冷水并流向下，进入气化炉激冷室水浴中。大部分熔渣在水浴中激冷固化，沉降到激冷室底部，通过静态破渣器破碎后进入锁斗定期排放。

粗合成气在气化炉激冷室液位以下以鼓泡形式上升进入激冷室上部分离空间，经多层破泡条除去气体中夹带的液体和固体颗粒后出气化炉，经混合器润湿及旋风分离器分离，再送水洗塔洗涤除尘，含尘量小于 1 mg/m³ 的合成气送后续生产工序。

从气化炉、旋风分离器、水洗塔出来的三股黑水经液位、流量调节控制并减压后送入蒸发热水塔蒸发室。水蒸气及部分溶解在黑水中的酸性气 CO_2、H_2S 被迅速闪蒸出来上升至热水室内，与低压灰水泵来的灰水、除氧水泵来的除氧水直接接触，被加热的灰水留到高温热水储槽，输送到热水塔，作为合成气洗涤水。未冷凝的闪蒸气经冷凝分离送至火炬燃烧。蒸发热水塔底部初步浓缩后的黑水通过液位调节阀送入闪蒸罐进行闪蒸分离。

3.3
煤气化工艺的选择

不同类型的煤气化工艺是在技术发展的不同阶段，为适应不同的工艺要求而发展起来的。煤气化工艺的选择要考虑煤种、煤气化配套的下游转化装置等具体问题。

3.3.1 煤种适应性

（1）固定床气化炉

早期的固定床气化炉一般采用活性高、灰熔点高、黏结性低的无烟煤或焦炭，Lurgi 加压固定床气化炉的成功，拓展了固定床对煤种的适应性，一些褐煤也可用于固定床加压气化，BGL 技术的煤种适应性与干法排灰 Lurgi 加压气化炉相比又进了一步。

（2）流化床气化炉

早期一般流化床气化炉为提高碳转化率，多采用褐煤、长焰煤等活性比较好的煤种。灰熔聚气化炉的开发，拓展了流化床气化炉的煤种适应性，特别对一些高灰、高灰熔点的劣质煤有独特的优势。

（3）气流床气化炉

气流床气化炉对煤的活性没有要求，从原理上讲几乎可以适应所有煤种。但受制于工程问题，不同的气流床气化炉对煤种还有一定的要求。以水煤浆为原料的耐火砖衬里气化炉，一是要求煤的成浆性好，制浆浓度不低于 59%；二是灰熔点低，一般要低于操作温度 50℃，所以灰熔点高于 1400℃ 的煤一般不适合采用水煤浆为原料的耐火砖衬里气化炉。褐煤一般灰熔点较低，但水含量高，成浆浓度比较低（一般在 50%），如果用于气流床水煤浆气化，氧耗、煤耗相对较高，因此绝大多数褐煤不适合用于以水煤浆为原料的耐火砖衬里气化炉。从理论上讲，向煤中加入添加剂可以降低灰熔点，但带来后续系统，特别是灰水系统堵塞等难以解决的工程问题。

对于干法进料气化炉，操作温度高，理论上可以适应任何煤种。但从实际运行中得出的经验看，并非如此。以 Shell 干粉进料气流床气化炉为例，要求进炉煤粉中水含量低于 2%，若水含量过高会造成结块和架桥。原料煤的水含量一般都比较高，水含量越高，在磨煤干燥系统中，就会消耗越多的燃料气来保证合格的煤粉水含量。总之，原料煤水分含量越低，越有利，原料煤中水分一般不超过 13%，否则煤粉的磨制和输送会出现问题。煤灰的黏度要合适,不能过大或过小,过大流动性差,不易排渣;过小,流动性过大,不易控制,高温合成气对气化炉水冷壁冲蚀加大影响气化炉寿命。一般,采用液态排渣的气化炉要求灰黏度为25 Pa·s时的温度不能高于1425℃。气流床采用液态排渣,灰熔融时需要消耗大量能量,且灰分不参与化学反应,其含量和组成对气化反应本身影响较小,但灰分含量高的煤在气化过程中产生的灰渣量就会增加,势必带走更多的显热,会加大比煤耗、比氧耗,使煤的冷煤气效率降低。煤中灰分含量高,会加大干法除灰的负荷,对除灰系统的陶瓷滤芯也是一种考验。同时,煤灰中某些成分含量过高会影响煤灰的熔融特性,当气化炉炉温低时,渣水处理系统中固含量就会增加,造成水处理系统负荷增加,处理难度增大,设备管线和阀门磨蚀加剧,严重时渣中结大块,造成气化炉渣口堵塞,迫使气化炉停车,影响气化炉正常运行。对于采用水冷壁结构的气化炉,熔融液态渣被水冷壁吸热而形成固态渣层,不被固化的液态渣顺着固态渣层往下流至渣口并掉入渣池,使得膜式壁与炉膛分隔,实现"以渣抗渣",从而保护气化炉水冷壁免受损坏。如果煤中灰分含量太低,就会造成水冷壁表面渣量少、渣层薄,从而使高温合成气和熔渣侵蚀水冷壁,不利于对水冷壁的保护,影响气化炉使用寿命。

为确保灰分在熔融状态下顺利排渣,就必须保证熔融的渣黏度适中,有适宜的流动性,气化炉操作温度要高于其流动温度100～150℃。所以,灰分的成分对所要求的Shell煤气化操作温度起主导作用。如果煤的灰熔点过高,势必要求提高气化炉操作温度,熔渣就会带走更多显热,增加了比煤耗、比氧耗;提高炉温,合成气中的二氧化碳含量增加,一氧化碳含量下降,煤的有效气成分降低,影响气化炉运行的经济性;当气化炉操作温度过高时,若激冷效果不合适,会增加气化炉合成气冷却器积灰、结垢的危险性。所以,选用灰熔点低的煤对Shell气化炉运行有利。当使用灰熔点较高的煤时,可以通过增加助熔剂的量,调整煤灰的酸碱比例来改善其黏温特性,从而保证气化炉正常运行;或者根据配煤情况配成与气化炉所需煤种灰熔点相近的煤。对于助熔剂及加入量的选择,可根据预期选用的煤种,分别向煤中加入不同比例石灰石(碱性化合物)来检测煤的灰熔点,结合煤灰组成来分析实验结果,最终确定助熔剂的加入量。添加助熔剂将会增加建设投资和运行成本,但操作时可以降低气化炉温度,从降低比氧耗和比煤耗这两方面来得到弥补。

总之,对煤中的灰分含量要求较严,最佳灰分含量为12%～25%,这样既能保证气化炉膜式水冷壁上正常挂渣,又能使气化装置的运行成本和对设备管道的磨损控制在合理范围内,避免气化炉合成气冷却器积灰、结垢。

3.3.2　合成气的处理

从合成气的组成来看,固定床气化炉由于其床层温度分布的固有特点,出炉煤气中含有大量的焦油和酚类,给煤气的初步净化带来了很多困难。而流化床和气流床气化温度较高,则不存在这一问题。

从气体中携带的灰渣来看,固定床相对要低于流化床和气流床。但无论哪种气化技术,从高温气体中分离细灰都是非常复杂的。

从热量回收来看,固定床和流化床出口合成气温度都在1000℃以下,可以直接采用废锅回收合成气的热量。而气流床气化炉出口合成气温度一般都在1300℃以上,无法直接进入对流式废热锅炉,必须进行降温,或完全激冷,或用循环合成气激冷,温度降低后再进入废锅。

3.3.3　原料消耗

(1) 氧耗量

对于采用纯氧气化的工艺,氧耗是一个重要的工艺指标。一般氧耗与气化温度成正比,气化温度越高，氧耗越高。生产单位体积合成气，气流床气化炉必然要高于固定床和流化床。以水煤浆为原料的气流床气化炉，由于进料中含有 35% 以上的水，而这些水分在气化炉内蒸发，需要消耗大量的热量，需要由燃烧反应来提供热量，因此以水煤浆为原料的气化炉氧耗一般要比以干煤粉进料的气化炉高出 15%～20%。

（2）蒸汽耗量

除了以水煤浆为原料的气流床气化炉外，其它形式的气化炉都需要在气化过程中加入水蒸气，一方面水蒸气是气化剂，另一方面蒸汽是一种温度调节剂，通过蒸汽与氧气量的匹配，可以调节气化温度。蒸汽耗量与煤种、气化温度等相关，不同工艺其蒸汽耗量无可比性。

（3）碳转化率

碳转化率是衡量原料煤消耗的重要指标。气流床气化炉的碳转化率要远高于固定床和流化床。气流床气化炉的碳转化率与操作温度和气化炉平均停留时间有关。其中单喷嘴进料的气化炉碳转化率在 95% 左右，多喷嘴气化炉的碳转化率高于 98%，而干粉进料的气流床气化炉碳转化率在 99% 以上。

参考文献

[1] Zhang Y，Cui Y，Chen P，et al. Chapter 14 - Gasification technologies and their energy potentials ［M］. Elsevier，2019：193-206.

[2] 许世森，张东亮，任永强. 大规模煤气化技术 ［M］. 北京：化学工业出版社，2006.

[3] 吴国光，张荣光. 煤炭气化工艺学 ［M］. 徐州：中国矿业大学出版社，2013.

[4] 孙立，张晓东. 生物质热解气化原理与技术 ［M］. 北京：化学工业出版社，2013.

[5] Bell D A，Towler B F，Fan M. Chapter 4 ——Gasifiers ［M］. Boston：William Andrew Publishing，2011：73-100.

[6] Basu P. Chapter 6 ——Design of biomass gasifiers ［M］. Boston：Academic Press，2010.

[7] 张磊. BGL 碎煤熔渣气化技术在国内工业化应用现状 ［J］. 山东化工，2017，46（08）：124-125.

[8] 于遵宏，王辅臣. 煤炭气化技术 ［M］. 北京：化学工业出版社，2010.

[9] 贺永德. 现代煤化工技术手册 ［M］. 北京：化学工业出版社，2011.

[10] 许世森，李春虎，郜时旺. 煤气净化技术 ［M］. 北京：化学工业出版社，2006.

[11] 王祥光. 脱硫技术 ［M］. 北京：化学工业出版社，2013.

第4章

煤制燃料

煤转化后可获得液体、气体和固体燃料。液体燃料主要是指烃类混合物（如汽、柴油馏分）和纯化合物（如甲醇、乙醇、二甲醚等）。气体主要指煤气和天然气，固体则主要是焦炭。烃类液体燃料可通过煤直接液化、煤间接液化、煤焦油（或称煤热解油）加工等过程获得。醇醚燃料（也是化学品）主要通过合成气（焦炉气）转化过程获得。煤气可通过煤气化或热解过程获得，而天然气则可通过煤气化结合甲烷化过程获得。

4.1
煤炭液化

煤炭液化是将固体状态的煤炭经过一系列化学加工过程，使其转化成液体产品的洁净煤技术。液体产品主要是指汽油、柴油、液化石油气等液态烃类燃料，即通常是由天然原油加工而获得的石油产品，有时也把甲醇、乙醇等醇类燃料划在煤液化产品范围之内。

根据化学加工过程的不同路线，煤炭液化可分为直接液化和间接液化两大类。

直接液化是使固体状态的煤炭在高压和一定温度下直接与氢气反应（加氢），使煤炭直接转化成液体油品的工艺技术，故又称加氢液化。通过煤直接液化，可以生产汽油、柴油、煤油、液化石油气等发动机燃料油，还可以提取 BTX（苯、甲苯、二甲苯混合物）及生产乙烯、丙烯等重要的烯烃原料。

间接液化是煤炭先在更高温度下与氧气和水蒸气反应，使煤炭全部气化、转化成合成气（一氧化碳和氢气的混合物），然后再在催化剂的作用下合成液体燃料的工艺技术。两种液化工艺各有所长，直接液化热效率比间接液化高，工艺总热效率通常在 60%～70%，液体产率超过 70%（以无水无灰基煤计），但对原料煤的要求高，较适合生产汽油和芳烃；间接液化允许采用高灰分的劣质煤，较适合生产柴油、含氧的有机化工原料和烯烃等。

4.2
煤直接液化

4.2.1 煤直接液化技术发展

1913年，德国化学家 F. Bergius 发现在 400～450℃、20MPa 下加氢，可以将煤或煤焦油转化为液体燃料。然后在 M. Pier 的领导下德国 IG 公司成功地开发了液相和气相两段加氢工艺，并于1927年此技术实现了工业生产。第二次世界大战期间，德国为了满足战争对液体燃料的需要，建立了12个煤炭直接液化生产厂，总规模达400万吨/年，战后这些工厂全部停产或转产。20世纪70年代，在两次石油危机的影响下，西方主要发达国家开始重新审视煤作为一次能源的重要性，而煤液化技术作为一项可行的石油替代技术再次得到重视，多种煤的直接液化工艺被研发。

我国从20世纪70年代末开始研究煤炭直接液化技术，目标是由煤生产汽油、柴油等运输燃料和芳香烃等化工原料。

进入21世纪，我国煤直接液化装置的工业化示范建设走在世界各国前列，2008年中国神华集团106万吨/年直接液化工业示范装置一次投料成功，目前运行良好。各国煤直接液化技术的开发状况如表4-1。

表 4-1 各国煤直接液化技术的开发状况

国别	工艺名称	规模/(t/d)	试验年份	地点	开发机构	现状
美国	SRC I / II	50	1974～1981	Tacoma	GULF	拆除
	EDS	250	1979～1983	Baytown	EXXOH	拆除
	H-COAL	600	1979～1982	Catlettsburg	HRI	转存
德国	IGOR	200	1981～1987	Bottrop	RAG/VEBA	改成加工重油和废塑料
	PYROSOL	6	1977～1988	Saar		拆除
日本	NEDOL BCL	150	1996～1998	日本鹿岛	NEDO NEDO	拆除
		50	1986～1990	澳大利亚		
英国	LSE	2.5	1988～1992		British Coal	拆除
俄罗斯	CT-5	7.0	1983～1990	图拉市		拆除
中国	神华	6	2004	上海	神华集团	
	神华	6000	2008	内蒙古	神华集团	

4.2.2 煤加氢液化过程中的反应

煤的分子结构极其复杂，主要是以几个芳香环为主，环上含有 S、N、O 等官能团，由非芳香部分（—CH_2—、—CH_2—CH_2—或氧化芳香环）或醚键连接起来的数个结构单元所组成，是具有空间立体结构的高分子缩聚物，同时在高分子立体结构中还嵌有一些低分子化合物，如树脂树蜡等。而石油分子主要是由烷烃、芳烃和环烷烃等组成的混合物，主体是低分子化合物。

煤主要由 C、H、O、N、S 和 P 等多种元素组成。与石油相比，煤的氢含量更低，氧含量更高，H/C 原子比低，O/C 原子比高，而且煤中还存在大量矿物质。不同种煤和石油的元素组成对比如表 4-2 所示。

因此，要将煤转化为液体产物，首先要将煤的大分子裂解为较小的分子，提高氢/碳原子比，降低氧/碳比，并脱除矿物质。

表 4-2　煤和石油的元素组成对比　　　　　　　　　　　　　　　　单位：%

元素组成	无烟煤	中挥发分烟煤	低挥发分烟煤	褐煤	石油	汽油
C	93.7	88.4	80.8	71.0	83～87	86
H	2.4	5.4	5.5	5.4	11～14	14
O	2.4	4.1	11.1	21.0	0.3～0.9	—
N	0.9	1.7	1.9	1.4	0.2	—
S	0.6	0.8	1.2	1.2	1.2	—
H/C	0.31	0.67	0.82	0.87	1.76	约 2.0

在煤加氢液化过程中，氢不能直接与煤分子反应使煤裂解，而是与煤分子热分解生成的自由基"碎片"作用，使自由基加氢饱和而稳定下来。如果氢不足或没有氢，则自由基之间相互结合转变为不溶性的焦。加氢液化过程中反应极其复杂，是一系列顺序反应和平行反应的综合，可归纳如下。

（1）煤热解反应

煤在液化过程中，加热到一定温度（约 300℃）时，煤的化学结构中键能最弱的部位断裂呈自由基碎片。随着温度升高，煤中一些键能较弱和较高的部位也相继断裂呈自由基碎片，其反应式可表示为：

$$煤 \xrightarrow{\text{热裂解}} 自由基碎片 \sum R^0$$

研究表明，煤结构中苯基醚 C—O 键、C—S 键和连接芳环 C—C 键的解离能较小，容易断裂；芳香核中的 C—C 键和次乙基苯环之间相连结构的 C—C 键解离能大，难于断裂；侧链上的 C—O 键、C—S 键和 C—C 键比较容易断裂。煤结构中的化学键断裂处用氢来弥补，化学键断裂必须在适当的阶段就停止，如果切断进行得过分，生成气体太多；如果切断进行得不足，液体油产率较低，所以必须严格控制反应条件。

煤热解产生自由基以及溶剂向自由基供氢，溶剂和前沥青烯、沥青烯催化加氢的过程如图 4-1 所示。

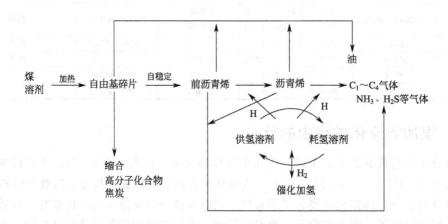

图 4-1　煤液化自由基产生和反应过程

（2）加氢反应

煤热解产生的自由基"碎片"是不稳定的，只有与氢结合后才能变得稳定，生成分子量比原料煤要低得多的初级加氢产物。其反应式为：

$$\sum R^0 + H = \sum RH$$

供给自由基的氢源主要来自以下几个方面。

① 溶解于溶剂油中的氢在催化剂作用下变为活性氢；

② 溶剂油可供给的或传递的氢；

③ 煤本身可供应的氢（煤分子内部重排、部分结构裂解或缩聚放出的氢）；

④ 化学反应生成的氢。

研究表明，烷类的相对加氢速率，随催化剂和反应温度不同而不同；烯烃加氢速率远比芳烃大；一些多环芳烃比单环芳烃的加氢速率快；芳环上取代基对芳环的加氢速率有影响。加氢液化中一些溶剂也同样发生加氢反应，如四氢萘溶剂在反应时，能供给煤质变化时所需的氢原子，本身变成萘，萘又能与体系中的氢原子反应生成四氢萘。加氢反应影响煤热解自由基碎片的稳定性和油收率，若不能很好地加氢，自由基碎片就有可能生成半焦，进而使油收率降低。影响煤加氢难易程度的因素是煤本身稠环芳烃结构，稠环芳烃结构越密和分子量越大，加氢越难。而且煤呈固态也阻碍与氢相互作用。

提高供氢能力的主要措施有：

① 增加溶剂的供氢性能；

② 提高液化系统的氢压力；

③ 使用高活性催化剂；

④ 在气相中保持一定的 H_2S 浓度等。

(3) 脱氧、硫、氮杂原子反应

在加氢液化过程中，煤结构中的一些氧、硫、氮会生成 H_2O 或 CO、CO_2，H_2S 和 NH_3 气体而脱除。煤中杂原子脱除的难易程度与其存在形式有关，一般侧链上的杂原子较环上的杂原子容易脱除。

① 脱氧反应　煤结构中的氧存在形式主要有：含氧官能团，如羧基（—COOH）、羟基（—OH）、羰基（—CO）和醌基等；醚键和杂环（如呋喃类）。羧基最不稳定，加热到 200℃ 以上即发生明显的脱羧反应，析出 CO_2。酚羟基在比较缓和的加热条件下相当稳定，故一般不会被破坏，只有在高活性催化剂作用下才能脱除。羰基和醌基在加氢裂解中，既可生成 CO 又可生成 H_2O。脂肪醚容易脱除，而芳香醚与杂环氧一样不易脱除。

② 脱硫反应　煤结构中的硫以硫醚、硫醇、噻吩等形式存在，脱硫反应与上述脱氧反应类似。硫的负电性弱，所以脱硫反应一般较容易进行，脱硫率一般为 40%～50%。以二苯并噻吩为例，在 300℃、10.4MPa、Co-Mo 催化作用下，发生如下反应。杂环硫化物在加氢脱硫反应中，C—S 键在碳环饱和前先断开，硫生成 H_2S，加氢生成的初级产品为联苯；其他噻吩类化合物加氢脱硫机理与此基本类似。

③ 脱氮反应　煤中的氮大多存在于杂环中，少数为氨基，与脱硫和脱氧相比，脱氮要困难得多。在轻度加氢中，氮含量几乎未减少（表 4-3），一般脱氮需要激烈的反应条件和有催化剂存在时才能进行，而且是先氢化后再进行脱氮，耗氢量很大。

表 4-3　轻度加氢时原料煤和产品的元素组成

原料	元素组成(质量分数)/%					产率/%
	C	H	N	S	O(差减)	
原料煤	79.60	5.74	1.74	4.33	8.59	—
溶剂精炼煤	87.37	5.78	2.15	0.75	3.95	57.9
轻油	84.29	11.05	0.36	0.44	3.85	6.8

例如，喹啉在 210~220℃、氢压 10~11MPa 和有 MoS_2 催化剂存在的条件下，容易加氢为四氢化喹啉，然后在 420~450℃加氢分解成 NH_3 和中性烃。

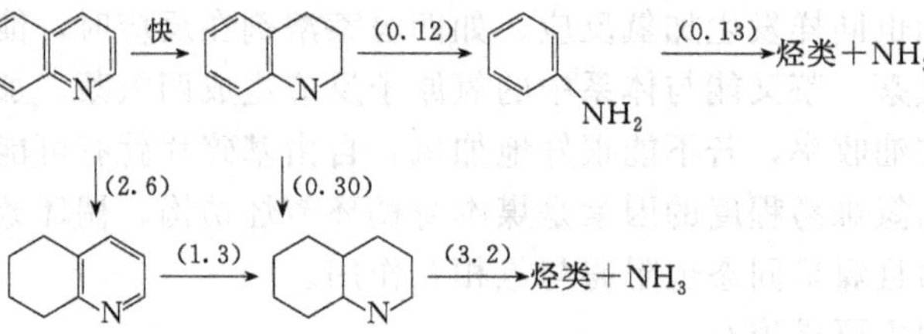

注：括号内数字为反应速率常数，单位为 $g_{油}/(g_{催化剂} \cdot min)$。

④ 缩合反应　在加氢液化过程中，温度过高或者供氢不足，煤的自由基碎片或反应物分子会发生缩合反应，生成半焦或焦炭。缩合反应将使液化产率降低，是煤加氢液化中不希望进行的反应。为了提高液化效率，必须严格控制反应条件和采取有效措施，抑制缩合反应，加速裂解、加氢反应。

多环芳烃在高温下有自发缩聚成焦的倾向，如蒽可能发生以下反应：

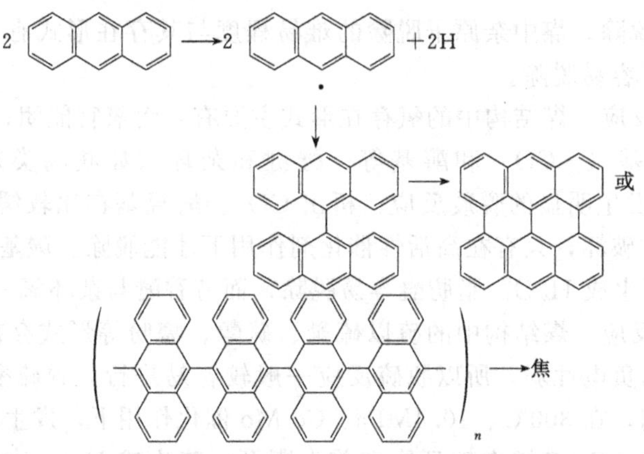

缩合反应一旦发生，轻则使催化剂表面积炭，重则使反应器和管道结焦堵塞。为了提高煤液化过程的液化效率，常采用下列措施来防止结焦：a. 提高系统的氢分压；b. 提高供氢溶剂的浓度；c. 反应温度不应过高；d. 降低循环油中沥青烯含量；e. 缩短反应时间。

除上述反应外，煤的直接液化过程中还可能发生异构化、脱氢等反应。

(4) 煤加氢液化的反应历程

煤加氢液化反应历程如何用化学反应方程式表示，至今尚未完全统一。下面是公认的几种看法。

① 煤不是组成均一的反应物，即存在少量易液化组分，如嵌布在高分子主体结构中的低分子化合物，也有一些极难液化的惰性成分，如惰质组等。

② 虽然在反应初期有少量气体和轻质油生成，不过数量不多，在比较温和条件下数量更少，所以总体上反应以顺序进行为主。

③ 前沥青烯和沥青烯是液化反应的中间产物，都不是组成确定的单一化合物。在不同反应阶段生成的前沥青烯和沥青烯结构肯定不同，它们转化为油的反应速率较慢，需要活性较高的催化剂。

④ 逆反应（即结焦反应）也有可能发生。

根据上述认识，煤液化的反应历程如图 4-2 所示。

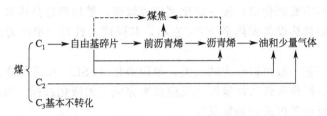

图 4-2　煤加氢液化的反应历程示意图

(5) 煤加氢液化的产物

煤加氢液化得到的产物组成十分复杂，包括气、液、固三相的混合物。液固产物要先用溶剂进行分离，通常所用的溶剂有正己烷（或环己烷）、甲苯（或苯）和四氢呋喃（或吡啶）。可溶于正己烷的物质称为油，是煤液化产物的轻质部分，其分子量小于 300；不溶于正己烷而溶于苯的物质称为沥青烯（asphaltene），是类似石油沥青质的重质煤液化产物部分，其平均分子量约为 500；不溶于苯而溶于四氢呋喃的物质称为前沥青烯（preasphaltene），属煤液化产物的重质部分，其平均分子量约为 1000；不溶于四氢呋喃的物质称为残渣，由未反应煤、矿物质和外加催化剂组成，也包括液化缩聚产物半焦。一般煤加氢液化产物的溶剂分离法分离流程如图 4-3 所示。

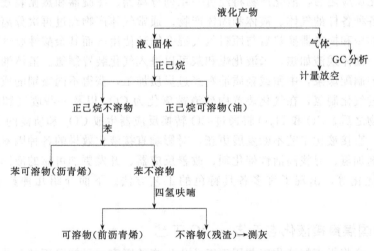

图 4-3　煤加氢液化产物的溶剂分离法分离流程

液化产物的收率定义如下（常以百分数表示）：

$$油收率 = \frac{正己烷可溶物的质量}{原料煤质量（daf）} \times 100\%$$

$$沥青烯收率 = \frac{苯可溶而正己烷不溶物的质量}{原料煤质量（daf）} \times 100\%$$

$$前沥青烯收率 = \frac{四氢呋喃可溶而苯不溶物的质量}{原料煤质量（daf）} \times 100\%$$

$$\text{煤液化转化率} = \frac{\text{干煤质量-苯(或四氢呋喃、吡啶)不溶物的质量}}{\text{原料煤质量(daf)}} \times 100\%$$

4.2.3 国外煤加氢液化工艺

在实际工艺中，煤的直接液化过程通常是将预处理好的煤粉、溶剂（通常循环使用）和催化剂（有的工艺不需要催化剂）按一定比例配成煤浆，然后经过高压泵与同样经过升温加压的氢气混合，再经加热设备预热至400℃左右，共同进入具有一定压力的液化反应器中进行液化。

煤的直接液化工艺一般可以分为两大类：单段液化（SSL）和两段液化。典型的单段液化工艺主要通过单一操作条件的加氢液化反应器来完成煤的液化过程。两段液化是指煤在两种不同反应条件的反应器内进行加氢反应。

在单段液化工艺中，液化反应相当复杂，存在着裂解和缩聚等各种竞争反应，特别是当液化反应过程中提供的氢气不能满足单段反应过程中的最佳需要时，不可避免地引起其中自由基碎片交联和缩聚等逆反应过程，从而影响最终液化油的产率。

两段液化工艺将液化过程分成两步，给予不同的反应条件。通常第一段在相对温和的条件下进行，可加入或不加入催化剂，主要目的是将煤液化获得较高产率的重质油馏分。在第二段中则采用高活性的催化剂，将第一段生成的重质产物进一步液化。两段液化工艺既可以显著地减少煤液化反应中逆反应过程，又在煤种适应性、液化产物的选择性和质量上有明显的优势。

除了反应器中的液化反应，完整直接液化工艺还应包括产物分离、提纯精制以及残渣气化等过程。

在加氢液化反应之后，液化产物将经过一系列分离器、冷凝器和蒸循装置进行分离和提质加工，得到各种各样的气体、液体和固体产物。通常气体产物经过再次分离，一部分可以经循环压缩机加压和换热器换热后与原料氢气混合循环使用，而其余酸性废气将经过污染控制设备后排出。固体残渣如焦、未液化煤和灰可以进入气化装置制氢。液体油中的重质油往往作为循环溶剂制配煤浆，中质或轻质油则经过提质加工，获得不同级别的成品油。回收到的固体残渣通过气化制氢，在气化装置中残渣被氧化为CO_2以及一些废气和颗粒物，在除去废气和颗粒物之后，CO和H_2O将通过CO转换反应器生成CO_2和所需的H_2。

一直以来，直接液化工艺不断发展更新，对影响直接液化效果的各种因素进行了诸多改进，如循环溶剂加氢、寻找高活性催化剂、改善反应器、开发更加可靠的液固分离手段以及对各过程进行优化等，出现了许多各具特色的工艺方法。下面介绍几种典型的直接液化工艺。

4.2.3.1 德国煤直接液化老工艺——IG工艺

德国是第一个将煤直接液化工艺用于工业化生产的国家，最初采用的工艺是德国人柏吉乌斯（Bergius）在1913年发明的。德国 I. G. Farbenindustrie（燃料公司）在1927年建成第一套生产装置，所以也称IG工艺。德国煤加氢液化老工艺是后来各种新工艺的基础。该工艺主要可分为两段，第一段为液相加氢（又称"糊相加氢"），将固体煤初步转化为粗汽油和中油；第二段为气相加氢，将前段的中间产物加工成商品油。

（1）第一段液相加氢

第一段液相加氢工艺流程如图4-4所示。由备煤、干燥工序来的煤与催化剂和循环油一起在球磨机内湿磨制成煤浆，煤浆用煤浆泵输送并与氢气混合后送入热交换器，与从高温分离器顶部出来的热油气进行换热，随后送入管式加热炉预热到450℃，再进入4个串联的加氢反应器。

反应后的物料先进入高温分离器，气体和油蒸气与重质糊状物料（包括重质油、未反应的煤和催化剂等）在此分离。前者经过管式换热器后再到冷分离器分出气体和油，气体的主要成分为氢气，经洗涤除去烃类化合物后作为循环气再返回反应系统，从冷分离器底部获得的油经蒸馏得到粗汽油、中油和重油。高温分离器底部排出的重质糊状物料经离心、过滤，分离为重质油和残渣，离心分离重质油与蒸馏重油混合作为循环溶剂返回煤浆制备系统；残渣经干馏得到焦油和半焦。

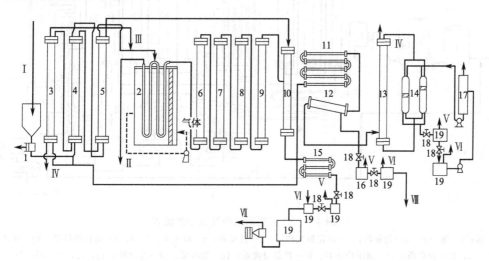

图 4-4　IG 工艺第一段液相加氢流程

1—煤浆泵；2—管式加热炉；3，4，5—管式换热器；6，7，8，9—加氢反应器；10—高温分离器；11—高压产品冷却器；12—冷分离器；13—洗涤塔；14—膨胀机；15—残渣冷却器；16—残渣塔；17—泡罩塔；18—减压阀；19—中间罐

物料流：Ⅰ—稀煤浆；Ⅱ—浓煤浆；Ⅲ—循环气；Ⅳ—吸收油；Ⅴ—加氢所得贫气；Ⅵ—加氢所得富气；Ⅶ—去加工的残渣；Ⅷ—去精馏的加氢物

煤、循环溶剂与催化剂一起制备的煤浆，从中间罐出来沿被加热的管线由煤浆泵在30.0MPa 或 70.0MPa 下送入液相加氢高压装置中。高压装置由管式加热炉、管式换热器、加氢反应器、高温分离器、高压产品冷却器和残渣冷却器所组成。

加氢液化过程在470～480℃下的加氢反应器中进行，第一加氢反应器中加氢液化反应放出的热量用于加热初始进入的煤浆和氢气混合物。液相加氢的反应产物和未反应煤等从最后一个加氢反应器进入高温分离器。在高温分离器中反应产物的蒸汽和气体部分与残渣分离。残渣是由高沸点油、沥青烯、前沥青烯、催化剂、灰分和未反应煤所组成的混合物。残渣从高温分离器中出来送入换热器。在换热器中残渣加热一部分循环气，而后送入套管式残渣冷却器。冷却后的残渣流入带锥形底盖的封闭罐中，并用特制的减压阀初步从 70.0MPa 降到 2.0～3.0MPa，然后再降到 0.1MPa，进入蒸汽加热的残渣罐，残渣送去进一步加工以回收夹带的液体产物。

（2）第二段气相加氢

第二段气相加氢工艺流程如图 4-5 所示。蒸馏得到的粗汽油和中油作为气相加氢原料，从储罐中泵出，通过初步计量器、硫化氢或氯化氢饱和塔以及过滤器后，与循环气混合后进入顺次排列的高压换热器换热，再进入管式炉预热。从管式炉出来的原料蒸气混合物进入 3个或 4 个顺次排列的固定床催化加氢反应塔。催化加氢装置的操作压力为 32.5MPa，反应温度维持在360~460℃范围内。从反应塔出来的加氢产物蒸气送至换热器，换热后的产品气进入高压冷却器，冷却后再进入产品分离器，用循环泵从产品分离器抽出气体，气体通过洗涤塔后作为循环气又返回系统。从产品分离器得到的加氢产物进入中间罐，然后由泵送入精馏装置。从精馏装置得到的汽油为主要产品，塔底残油返回作为加氢原料。

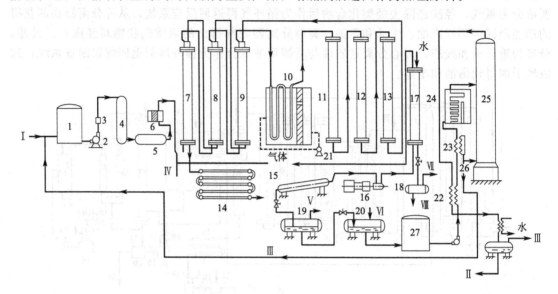

图 4-5 IG工艺第二段气相加氢流程

1—罐；2—离心泵；3—计量器；4—硫化氢饱和塔；5—过滤器；6—高压泵；7，8，9—高压换热器；10—管式炉；11，12，13—反应塔；14—高压冷却器；15—产品分离器；16—循环泵；17—洗涤塔；18，19，20—罐；21—泵；22，23—换热器；24—管式炉；25—精馏塔；26—泵；27—中间罐；

物料流：Ⅰ—来自预加氢阶段；Ⅱ—去精制的稳定的汽油；Ⅲ—二次汽油化的循环油；

Ⅳ—新鲜循环气（98%H$_2$）；Ⅴ—贫气；Ⅵ—富气；Ⅶ—加氢气；Ⅷ—排水

（3）主要工艺条件和产品收率

IG工艺的煤浆加氢段压力高达30~70MPa，因煤种和所用催化剂不同而异，反应塔温度470~480℃，煤浆预热器的出口温度比预定反应温度低20~60℃。液化粗油的气相加氢段反应温度为360~450℃，催化加氢反应系统压力大约为32MPa。该工艺使用的催化剂种类汇总于表4-4。

表 4-4 德国煤直接加氢液化老工艺所使用的催化剂种类

阶段	原料	反应压力/MPa	催化剂
糊相	烟煤	70	≥1.5%FeSO$_4$，7H$_2$O+0.3%NaS
	烟煤	30	6%赤泥+0.06%草酸锡+1.15%NH$_4$Cl
	褐煤	30 或 70	6%赤泥或其他含铁化合物
液相	焦油	20 或 30	钼、铁载于活性炭上，0.3%~1.5%
气相	中油	70	0.6%Mo、2%Cr、5%Zn 和 5%S 载于 HF 洗过的白土上
气相（二段）预热	中油	30	27%WS$_2$，3%NiS，70%Al$_2$O$_3$
预热后	中油	30	10%WS$_2$，90%HF 洗过的白土

IG工艺通过过滤分离，从热分离器底部流出的淤浆在140~160℃下直接进入离心过滤机分离。对1000kg干燥无灰基烟煤而言，当液化转化率为70%时，淤浆总质量为1130kg，固体残渣质量为340kg；液化转化率为96%时，淤浆和固体残渣质量分别减少270kg和80kg。过滤分离得到的滤液，即重质油，含有较多的沥青烯和2%~12%的固体，作为煤浆加氢循环溶剂，

其供氢能力较差，沥青烯积累会使煤浆黏度上升，这正是 IG 工艺需要 70MPa 反应压力的主要原因之一。滤饼固体含量为 38%～40%，通过干馏可回收滤饼中约 30% 的油。

IG 工艺每生产 1 t 汽油和液化气需要用煤约 3.6 t，其中 38% 用于制氢、27% 用于动力和约 35% 用于液化本身，液化效率仅为 44%，再加上反应条件苛刻，因而缺乏竞争力。

4.2.3.2　德国煤直接液化新工艺——IGOR⁺ 工艺

德国探讨改进已有的煤直接液化工艺技术途径，设法降低合成原油的沸点范围和杂原子含量，生产饱和的煤液化粗油等。德国矿业研究院（DMT）、鲁尔煤炭公司（A. G. Ruhrkohle）和菲巴石油公司（Veba Oil）在 IG 工艺基础上，研究开发了将煤液化粗油的加氢精制、饱和等过程与煤糊相加氢液化过程结合成一体的新工艺技术，即煤液化粗油精制联合工艺 IGOR⁺（Integrated Gross Oil Refining）。DMT 建立了 0.2 t/d 连续试验装置，1981 年在 Bottrop 建设了 200 t/d 的工业性试验装置，运行到 1987 年 4 月，利用 170000 t 煤生产出超过 85000 t 的蒸馏油产品，运转时间累计达 22000 h。其工艺流程见图 4-6。

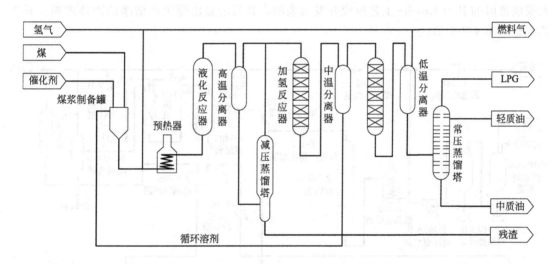

图 4-6　德国 IGOR⁺ 工艺流程图

煤与循环溶剂再加催化剂与 H_2 一起依次进入预热器和液化反应器，反应后的物料进高温分离器。在此，重质物料与气体及轻质油蒸气分离，由高温分离器下部减压阀排出的重质物料经减压闪蒸分出残渣和闪蒸油，闪蒸油又通过高压泵打入系统，与高温分离器分出的气体及轻油一起进入第一固定床反应器。在此进一步加氢后进入中温分离器，中温分离器分出的重质油作为循环溶剂，气体和轻质油蒸气进入第二固定床反应器又一次加氢，再通过低温分离器分出提质后的轻质油产品，气体再经循环氢压机加压后循环使用。为了使循环气体中的 H_2 浓度保持在所需要的水平，要补充一定量的新鲜 H_2。液化油在此工艺中经两步催化加氢，已完成提质加工过程。油中的 N 和 S 含量降到 10^{-5} 数量级。此产品可直接蒸馏得到直馏汽油和柴油，汽油只要再经重整就可获得高辛烷值产品，柴油中只需加入少量添加剂即可得到合格产品。

此工艺特点如下。

① 固液分离采用减压蒸馏，生产能力大，效率高；

② 循环油不含固体，也基本上排除沥青烯，溶剂的供氢能力增强，反应压力降至 30MPa；

③ 液化残渣直接送去气化制氢；

④ 把煤的糊相加氢与循环溶剂加氢和液化油提质加工串联在一套高压系统中，避免分立流程物料降温降压又升温升压带来的能量损失，并且在固定床催化剂上还能把 CO_2 和 CO 甲烷化，使碳的损失量降到最低；

⑤ 煤浆固体浓度大于 50%，煤处理能力大，反应器供料空速可达 0.6kg/(L·h)（$daf_{煤}$）。经过这样的改进，油收率增加，产品质量提高，过程氢耗降低，总的液化厂投资可节约 20% 左右，能量效率也有较大提高，热效率超过 60%。

4.2.3.3 美国溶剂精炼煤法

溶剂精炼煤（Solvent Refined Coal）工艺简称 SRC 法，属于一段液化技术，是煤在较高压力和温度下，在有氢气存在的条件下进行溶剂萃取加氢，生产低灰、低硫的清洁固体燃料和液体燃料的过程。反应过程不加催化剂，反应条件比较温和，反应压力为 14MPa，根据生产目的可分为 SRC-Ⅰ和 SRC-Ⅱ工艺。

SRC-Ⅰ工艺是由美国匹兹堡密德威煤炭矿业公司于 20 世纪 60 年代初根据第二次世界大战前德国的 Pott-Broche 工艺原理开发出来的，其目的是由煤生产洁净的固体燃料。其工艺流程如图 4-7 所示。

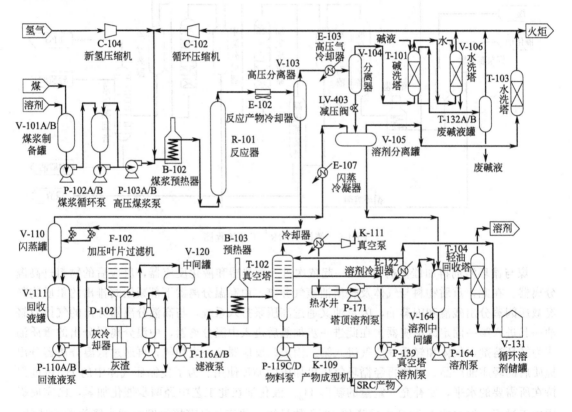

图 4-7 SRC-Ⅰ工艺装置流程图

煤与装置减压蒸馏生产的循环溶剂配成煤浆，与循环氢和补偿氢混合后，经煤浆预热器预热，进入反应器。反应器一般操作温度 425～450℃，停留时间 30～40 min。反应器产物冷却到 260～316℃后，在高压分离器分离出富氢气体和轻质液体。富氢气体经气液分离、洗涤、循环压缩机压缩后与新鲜氢一起至预热器。高压分离器的重质部分经加压过滤后分离出灰渣滤饼。滤液预热后进行减压蒸馏。液体减压蒸馏，回收少量轻质产品和循环溶剂。真空塔塔底物经固化后即为 SRC 产品。固体 SRC 的熔点约 175℃，灰分质量分数低于 0.18%，硫 0.2%～0.8%。大规模的实验证明，SRC 适合作为锅炉燃料，可作为碳弧炉电极的生产原料。

SRC-Ⅰ工艺的特点：不用外加催化剂，利用煤中矿物质自身的催化作用；反应条件相对温和，反应温度 400～500℃，反应压力 10～15MPa。主要产品 SRC 的产率约为 60%。美国威尔逊镇建成的 6 t/d 的 SRC-Ⅰ工艺装置运行结果如表 4-5 所示。

表 4-5 威尔逊镇 6 t/d 的 SRC-I 工艺装置运转结果

项目	科洛尼尔矿肯塔基9号	洛韦里奇矿匹兹堡8号	伯恩宁斯塔尔矿伊利诺斯6号	蒙特利矿伊利诺斯6号	贝尔埃尔矿怀俄明州
	3.1	2.6	3.1	4.4	0.7
温度/℃	424～457	457	438	457	457
压力/MPa	10.34～16.55	11.72	12.41	16.55	16.55
流量/(kg/h)	400～800	400	368	400	400
煤转化率/%	91～95	91	90	95	85
SRC 产率/%	55～65	69	63	54	45
SRC 硫含量/%	0.8	0.9	0.9	0.95	0.1

SRC-Ⅱ工艺是在 SRC-Ⅰ基础上改进得到的一种新工艺，主要以生产全馏分低硫燃料为目的，工艺流程如图 4-8。此工艺溶解反应器操作条件更高，操作温度 460℃，压力 14.0MPa，停留时间 60 min，轻质产品的产率提高。在蒸馏或固液分离前部分反应产物循环至煤浆制备单元，循环溶剂中含有未反应的固体和不可蒸馏 SRC。固体通过减压蒸馏脱除，从减压塔排出作为制氢原料，塔顶为固体产品。

煤破碎干燥后与装置生产的循环物料混合制成煤浆，用高压煤浆泵加压至 14MPa 左右，与循环氢和补偿氢混合后一起预热到 371～399℃，进入反应器，由于反应放热，反应物温度升高，通过通冷氢控制反应温度在 438～466℃的范围。

反应器产物经气液分离器分成蒸气和液相两部分。蒸气进行换热和分离、冷却后，液体产物进入蒸馏单元。气体净化后，富氢气与补充氢混合进入反应器循环使用。从气液分离器出来的含固体的液相产物（液化粗油），一部分返回作为循环溶剂用于煤浆制备。剩余部分进入蒸馏单元回收产物。馏出物的一部分也可以返回作为循环溶剂用于煤浆制备。蒸馏单元减压蒸馏塔釜底物含有未转化的固体煤和灰，可进入制氢单元作为制氢原料使用。

SRC-Ⅱ工艺由美国海湾石油公司（Gulf Oil Corporation）开发，并在华盛顿州塔科马建设了 50 t/d 试验装置，其运行结果如表 4-6 所示。

表 4-6 肯塔基烟煤在 SRC-Ⅱ工艺试验装置上的试验结果

项目	产率/%	项目	产率/%
C_1～C_4	16.6	灰	9.9
总液体油	43.7	H_2S	2.3
其中 C_5 至 195℃	11.4	$CO+CO_2+NH_3$	1.1
195～250℃	9.5	HgO	8.2
250～454℃	22.8	合计	104.7
SRC(>454℃)	20.2	氢耗量	4.7
未反应煤	3.7		

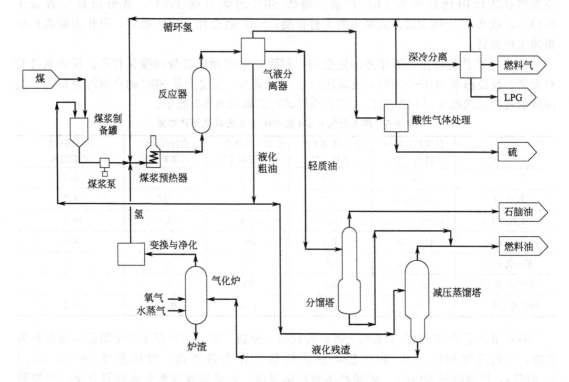

图 4-8　SRC-Ⅱ工艺装置流程图

4.2.3.4　美国 H-Coal、CTSL 和 HTI 工艺

　　H-Coal 工艺由美国烃研究公司（Hydrocarbon Research Inc，HRI）在其重油加工的 H-Oil 工艺基础上开发。1965 年进行了 11.3kg/d 实验室规模（Bench scale unit，简称 BSU）试验研究，1966 年开始 3 t/d 的工艺开发装置［Process develop unit，简称 PDU，或称工艺支持装置（Process support unit，简称 PSU）］运转，1974 年开始设计 600 t/d 工业性试验装置（PP），1976 年 12 月 15 日在肯塔基的 Catlettsburg 开工建设，1980～1983 年完成运转。H-Coal 法的目的是生产洁净锅炉燃料。

　　H-Coal 工艺采用沸腾床催化反应器，这是 H-Coal 工艺区别于其他液化工艺的显著特点。图 4-9 为肯塔基 Catlettsburg H-Coal 600t/d 工业性试验装置的反应器。如图所示，分布板上方的反应器圆筒为颗粒催化剂床，采用直径 1.6 mm 并在氧化铝载体上载有镍、钴活性组分的条状加氢催化剂。颗粒催化剂床层的膨胀和沸腾（实际上是流动状态像沸腾）主要靠较高的向上流动液相的速度来实现。提高液相速度的方法是在反应器底部设液体循环泵，反应器上部有溢流盘，将液体收集后通过中心管回到底部的循环泵进口，循环泵出口液体与进料煤浆和氢气混合后一起进入反应器底部的分布室，经过分布板产生分布均匀的向上流动的液速，使催化剂床层膨胀，最后达到上下沸腾状态。液体流速要控制适当，使膨胀后的催化剂床层层面在溢流盘以下，不至于使催化剂颗粒随液体进入循环泵，更不至于流出反应器。之所以要采用循环油系统，是因为进料煤浆和氢气的空速不能使催化剂层膨胀和沸腾。膨胀和沸腾的催化剂床层体积比初始填装的催化剂床层体积大 40%，催化剂颗粒之间产生的空隙可以使煤浆中的固体灰和未反应煤顺利通过。反应器中的循环油量相对于煤浆进料量而言是大量的，因此可以使反应器内部温度保持均匀，但煤的加氢是强放热反应，反应器的煤浆进料温度可以比反应器出口温度低 66～149℃。反应器可以定期取出定量催化剂和添加等量新鲜催化剂,使催化剂活性稳定在所需的较高水平上,使得产品质量和产物分布几乎保持恒定不变,从而操作得以简化。

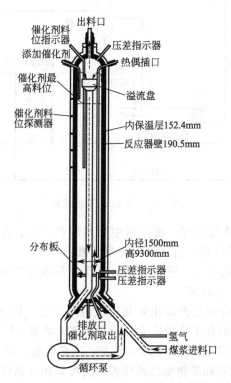

图 4-9　600 t/d H-Coal 工艺工业性试验装置反应器

H-Coal 工艺流程如图 4-10。干煤粉碎到粒度小于 0.63 mm 与自产油按油煤质量比(1.5～2):1 混合制成煤浆,煤浆与氢气混合后经预热进入沸腾床反应器。床内装有颗粒状 Co-Mo/Al$_2$O$_3$ 催化剂,反应温度 425～450℃,压力 16～19MPa。反应器底部设有高温油循环泵,使循环油向上流动以保证催化剂处于流化状态。由于催化剂的密度比煤高,催化剂可保留在反应器内,而未反应的粉煤随液体从反应器排出。反应产物排出反应器后,经冷却、气液分离后,分成气相、不含固体液相和含固体液相。气相净化后富氢气体循环使用,与新鲜氢一起进入煤浆预热器。不含固体的液相进入常压蒸馏塔,分割为石脑油馏分和燃料油馏分。含固体的液相进入旋液分离器,分离成高固体液化粗油和低固体液化粗油。低固体液化粗油返回煤浆制备罐作为溶剂来制备煤浆,以减少煤浆制备所需的循环溶剂。另外,液化粗油返回反应器,可以使粗油中的重质油进一步分解为低沸点产物,提高油收率。高固体液化粗油进入减压蒸馏装置,分离成重质油和液化残渣。部分常压蒸馏塔底油和部分减压蒸馏塔顶油作为循环溶剂返回煤浆制备罐。

H-Coal 工艺的主要特点可以归纳为以下几点。

① 操作灵活性大,表现在对原料煤种的适应性和对液化产物品种的可调性好。试验表明,该工艺适用于褐煤、次烟煤和烟煤的液化反应。同时,由于采用了催化剂,不完全依赖煤种自身的活性,因此可以通过控制催化剂的活性来实现对液化产物的控制,并取得较好的煤转化率。采用适宜煤种,H-Coal 工艺总转化率可超过 95%,液体收率可超过 50%(以无水无灰煤基计)。

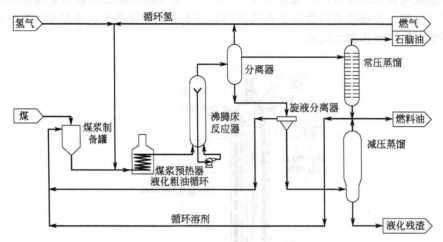

图 4-10　H-Coal 工艺流程

②　流化床内的传热传质效果好，反应器中物料混合充分，在温度监测和控制以及产品性质的稳定性上具有较大的优势，有助于提高煤的液化率。

③　该工艺将煤催化液化反应、循环溶剂加氢反应和液化产物精制过程综合在一个反应器内进行，可有效地缩短工艺流程。

其后在 1982 年，HRI 公司又开发出催化两段液化工艺（CTSL），使得煤液化产率高达77.9%，而成本比一段催化液化工艺降低了 17%。该工艺的第一段和第二段都装有高活性的加氢和加氢裂解催化剂，前一段可用廉价的铁催化剂，不必回收；第一段反应后先进行脱灰再进行第二段反应，煤中液化残煤和矿物质已经除去，故可采用高活性催化剂，如 $Ni-Mo/Al_2O_3$。两段反应器紧密相连，可单独控制各自的反应条件，使煤液化处于最佳的操作状态。

如图 4-11 为 CTSL 的工艺流程，煤浆预热后再与氢气混合并泵入一段反应器。反应器操作温度为 399℃，比 H-Coal 的操作温度要低。由于一段反应器的温度较低，煤在温和的条件下发生热解反应，同时也有利于反应器内循环溶剂进一步加氢。一段的液化产物被直接送到 435~441℃ 的二段反应器中，一段生成的沥青烯和前沥青烯等重质产物在二段液化时将继续发生加氢反应，该过程还可以部分脱除产物中的杂原子，提高液化油质量。

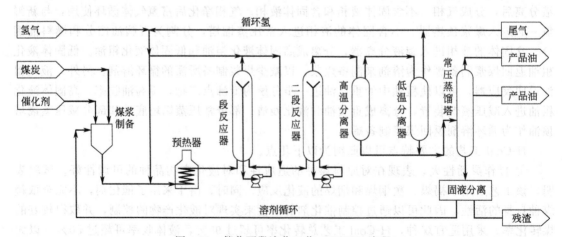

图 4-11　催化两段液化工艺（CTSL）流程

从二段反应器中出来的产物先用氢激冷，以抑制液化产物在分离过程中发生结焦现象，分离出的气相产物经净化后循环使用，而液相产物经常压蒸馏工艺可制备出高质量的馏分油，分离出的重质油和残渣与其他工艺一样处理。

通过选取合适的催化剂和分段温度，CTSL 的液化油产率和质量都有很大提高，而且也优于一些直接耦合的两段液化工艺（DC/TSL），如表 4-7 所示。

表 4-7　H-Coal、DC/TSL 和 CTSL 工艺煤转化率及产物分布比较

工艺	$C_1 \sim C_4$ 质量产率 (daf)/%	$C_5 \sim 199℃$ 质量产率 (daf)/%	199～524 质量产率 (daf)/%	>524℃残渣 质量产率 (daf)/%	煤转化率 (daf)/%	≤524℃油气产率 (daf)/%
H-Coal	11.0	17.3	30.4	14.1	90.8	75.5
DC/TSL	9.6	19.8	37.5	12.1	90.0	80.0
CTSL	8.3	18.9	44.8	4.8	90.1	85.4

注：daf 为干燥无灰基。

随后美国 HRI 公司并入 HTI 公司，HTI 公司在原有 H-Coal 和 CTSL 工艺基础上开发了 HTI 煤液化新工艺，见图 4-12。其主要特点如下。

① 采用流化床反应器和 HTI 拥有专利的铁基催化剂 GelCat；

② 反应条件比较温和，反应温度为 440～450℃，反应压力为 17MPa；

③ 在高温分离器后面串联在线加氢固定床反应器，对液化油进行加氢精制；

④ 固液分离采用临界溶剂萃取方法，从液化残渣中最大限度回收重质油，从而大幅度提高液化油收率。

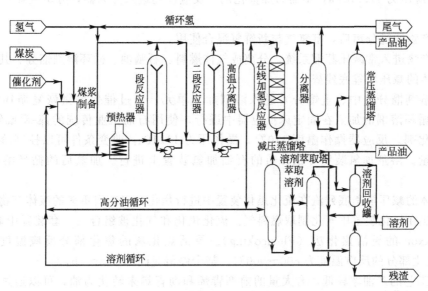

图 4-12　HTI 工艺流程

4.2.3.5　供氢溶剂法（EDS）

供氢溶剂法（Exxon donor solvent，EDS）借助供氢溶剂的作用，在一定的温度（425～480℃）和压力（14～17MPa）下使煤加氢液化。其特点是把一部分循环溶剂，在一个独立的固定床反应器中，用高活性催化剂预先加氢为供氢溶剂，后者在反应过程中释放出活性氢提供给煤的热解自由基碎片。

EDS 工艺由埃克森（Exxon）公司从 1966 年开始研发。1975 年投运 1.0t/d 规模的中试装置，1980 年在德克萨斯 Baytown 建设 250t/d 的工业性试验厂，并于 1985 年完成 250t/d 的大型中试。EDS 工艺流程如图 4-13。

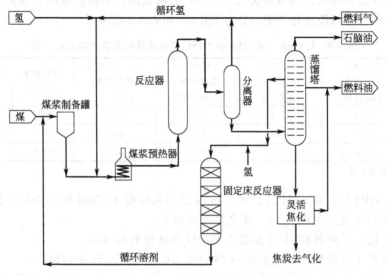

图 4-13　EDS 工艺流程

煤与加氢后的溶剂制成煤浆后，与氢气混合，预热后进入反应器，反应温度 425～450℃，反应压力 17.5MPa，不需另加催化剂。反应产物进入分离器，分出气体产物和液体产物。

气体产物通过分离后，富氢气与新鲜氢混合使用。

液体产物进入常减压蒸馏系统，分离成气体燃料、石脑油、循环溶剂馏分、其他液体产品及含固体的减压塔釜底残渣。

循环溶剂馏分（中、重馏分）进入溶剂加氢单元，通过催化加氢恢复循环溶剂的供氢能力。循环溶剂的加氢在固定床反应器中进行，使用石油工业传统的镍-钼或钴-钼铝载体加氢催化剂。反应器操作温度 370℃，操作压力 11MPa，改变条件可以控制溶剂的加氢深度和质量。溶剂加氢装置可在普通的石油加氢装置上进行。加氢后的循环溶剂用于煤浆制备。

含固体的减压塔釜底残渣在流化焦化装置中进行焦化，以获得更多的液体产物。流化焦化产生的焦在气化装置中气化制取燃料气。流化焦化和气化被组合在一套装置中联合操作，被称为 Exxon 的灵活焦化法（Flexicoking）。灵活焦化法的焦化部分反应温度为 485～650℃，气化部分的反应温度为 800～900℃。整个停留时间为 0.5～1h。

EDS 工艺的产油率较低，有大量的前沥青烯和沥青烯未转化为油，可以通过增加煤浆中减压蒸馏塔底物的循环量来提高液体收率。EDS 工艺典型的总液体收率（包括灵活焦化产生的液体）为：褐煤 36%，次烟煤 38%，烟煤 39%～46%（全部以干基无灰煤为计算基准）。

EDS 工艺采用供氢溶剂来制备煤浆，所以液化反应条件温和，但液化反应为非催化反应，液化油收率低，这是非催化反应的特征。虽然将减压蒸馏的塔底物部分循环送回反应器，增加重质馏分的停留时间可以改善液化油收率，但同时带来煤中矿物质在反应器中积聚的问题。

4.2.3.6 日本 NEDOL 工艺

20 世纪 80 年代，在日本通商产业省工业技术研究院和新能源产业技术综合开发机构（NEDO）组织下，日本多家企业共同开发了 NEDOL 烟煤液化工艺，1983 年建立运转 0.1t/d 实验室装置；1985 年开始建设 1t/d 实验室装置，1989 年实现运转；1991 年开始在日本鹿岛建设 150t/d 中试厂，1996 年开始运转，至 1998 年，已完成了两个印尼煤和一个日本煤的运转试验，液化油收率达到工业性试验装置规模最高水平，与德国 IGOR$^+$ 工艺相当。

NEDOL 工艺（图 4-14）在流程上与 EDS 工艺十分类似，都是先对液化重油进行加氢再作为循环溶剂。主要不同是其在煤浆加氢液化过程中加入了铁系催化剂（合成硫化铁或天然硫铁矿），并采用更加高效和稳定的真空蒸馏方法进行固液分离。

NEDOL 工艺由 5 个主要部分组成：

① 煤浆制备；
② 加氢液化反应；
③ 液固蒸馏分离；
④ 液化粗油二段加氢；
⑤ 溶剂催化加氢反应。

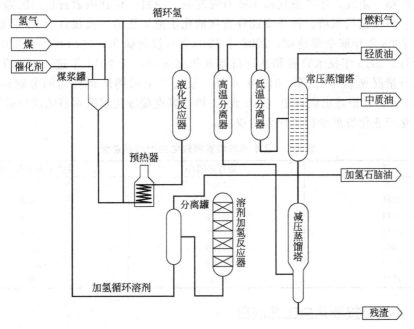

图 4-14　NEDOL 工艺流程

从原料煤浆制备工艺过程送来的含铁催化剂煤浆，经高压原料泵加压后，与氢气压缩机送来的富氢循环气体一起进入预热器内加热到 387～417℃，然后进入液化反应器内，操作温度为 450～460℃，压力为 16.8～18.8MPa。反应后的液化产物送往高温分离器、低温分离器以及常压蒸馏塔中进行分离，得到轻质油和常压塔底残油。后者经加热送入减压（真空）闪蒸塔，分离得到重质油和中质油及残渣。其中重质油和用于调节循环溶剂量的部分中质油作为加氢循环溶剂进入溶剂加氢反应器，反应器内部的操作温度为 290～330℃，反应压力为 10.0MPa，催化剂为 Ni-Mo/Al$_2$O$_3$。

总的来说，NEDOL 工艺对 EDS 做了改进，其液化油的质量要高于美国 EDS 工艺，同时操作压力低于德国的 IGOR+工艺。

4.2.4　中国神华煤液化工艺

1997 年，我国神华集团与美国 HTI 公司签订了利用 HTI 工艺进行神华煤直接液化可行性研究的协议。2001 年 3 月，我国第一个煤炭液化示范项目建议书——《神华煤直接液化项目建议书》获国务院批准。2002 年 6 月神华集团与 HTI 公司签订技术转让许可证协议。2002 年 8 月 HTI 依据中试（PDU）试验的结果编制了煤液化单元的预可研工艺包。为确保生产线稳定可靠，国内炼油专家在对 HTI 公司提交的预可研工艺包进行了重大修改后又提出采用溶剂全加氢技术方案，也就是将 HTI 工艺的优点与日本提出的 TOP-NEDOL 工艺的优点进行结合，最终提出了神华煤直接液化技术。

神华集团在充分消化吸收国外现有煤直接液化技术基础上，联合国内研究机构，完全依靠自己的技术力量成功开发出了具有自主知识产权的神华煤直接液化工艺技术，并在全世界第一个完成了从实验室小试（BSU）、中试（PDU）直至百万吨级工业示范装置的完整开发过程，使我国成为世界上唯一掌握百万吨级煤直接液化技术的国家。

神华煤直接液化项目总的拟建设规模为年产油品 500 万吨，拟分 2 期建设，6 条生产线。先期投产第一条线，年产液化油 108 万吨左右。项目厂址在内蒙古自治区鄂尔多斯市伊金霍洛旗乌兰木伦镇马家塔。神华集团煤直接液化示范工程第一条线自 2004 年 8 月 25 日正式开工，于 2008 年年底全部建成，2008 年 12 月首次投料试车，之后经历了 2009 年的技术改造和试运行，2010 年技术完善和并进行商业化试运行，于 2011 年进入商业化运行阶段，示范装置运行情况见表 4-8。至 2019 年 4 月，最近 3 个周期的运行时间分别达到 420 天、410 天和 415 天，大幅超出设计值（310 天）。神华煤直接液化示范项目的成功运行标志着我国煤直接液化产业化发展取得了巨大的成功。

表 4-8　近年神华煤直接液化生产油品总量

年度	年运行时间/h	生产油品总量/万吨
2009	1466	6.5
2010	5172	44.3
2011	6720	79.3
2012	7248	86.5
2013	7560	86.6
2014	7248	90.2
总计	35717	>393.4

4.2.4.1　煤炭直接液化总工艺流程

神华煤炭直接液化示范工程建设在神华集团下属的煤炭生产基地的坑口煤炭转化工厂，煤炭从生产工作面通过皮带输送到洗煤厂进行洗选，洗精煤通过皮带输送到煤液化装置作为煤炭直接液化的原料生产液体运输燃料。原煤通过皮带输送到煤气化装置作为煤气化制氢的原料，洗中煤通过皮带输送到锅炉作为燃料。

神华集团年产油品 108 万吨的第一条生产线——煤炭直接液化示范工程流程示意图如图 4-15 所示。该示范工程的工艺装置总体上由煤制氢、煤直接液化（含催化剂制备）、产品精制三大部分组成，包括自备热电厂、备煤、催化剂制备、煤直接液化、加氢稳定（溶剂加氢）、加氢改质、轻烃回收、含硫污水汽提、脱硫、硫黄回收、酚回收、油渣成型、两套煤制氢和两套空分等装置。

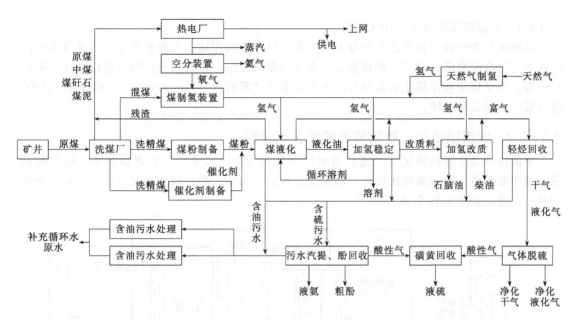

图 4-15　神华集团 108 万吨/年煤炭直接液化示范工程流程示意图

煤制氢部分以煤为原料,煤在气化炉中与来自空分装置的氧气发生部分氧化反应,生产粗合成气;粗合成气在变换单元中催化剂的作用下与水蒸气发生 CO 变换反应,将 CO 和 H_2O 转化为 CO_2 和 H_2;变换反应后的合成气经低温甲醇洗净化单元脱除其中的 CO_2 和 H_2S;净化后的合成气进入变压吸附(PSA)单元生产纯度大于 99.5%(体积分数)的氢气。煤直接液化工厂副产的瓦斯在满足工艺装置燃料需求外还有一定量的富余,送干气蒸汽转化装置生产氢气。

煤液化(含催化剂制备)部分是该示范工程最核心的部分,包括催化剂制备、备煤和煤浆制备、煤炭液化和加氢稳定四个单元。催化剂制备单元是连续为煤炭液化提供催化剂的单元,利用部分煤液化原料作为载体,在煤炭表面合成超细水合氧化铁(FeOOH),经干燥、磨细后的煤粉与溶剂混合制备成油煤浆输送到煤液化单元;备煤和煤浆制备单元将来自洗煤厂的洗精煤通过中速磨磨细,再利用热空气将煤干燥,制备成粒径约 $80\mu m$、水含量小于 4% 的干煤粉,并与溶剂混合制备成油煤浆并输送到煤液化单元;煤液化单元的作用是将煤炭转化为液体产品,含催化剂的油煤浆和氢气经预热后进入反应器,发生催化和热裂化反应,反应产物经气液分离、常压分离和减压分离实现气体、液体和固体的分离,分离出的富氢气体返回反应器循环使用,富含烃的气体送脱硫装置进行精制处理,分离出的液化粗油送加氢稳定装置处理,减压塔底的油灰渣在钢带上冷却成固体作锅炉燃料或者煤气化原料;加氢稳定单元对煤液化来的粗油进行加氢处理,以生产满足密度、馏分、组成、供氢性等煤液化要求的循环溶剂,加氢稳定后的轻质液化油品送加氢改质装置进一步精制。

产品精制部分包括轻质液化油品的加氢改质、轻烃回收、液化气脱硫等几个单元。加氢改质装置的作用是对煤液化油品进行深度加氢处理,生产合格石脑油、煤油和柴油等馏分。加氢改质装置包含加氢精制和加氢改质两个反应器,从加氢稳定单元来的轻质液化油品经预热后与氢气混合,先进入加氢精制反应器进行脱硫、脱氮和芳烃饱和反应,之后进入加氢改质反应器进一步发生芳烃饱和与部分裂化反应,反应产物经气液分离、分馏得到石脑油、煤油和柴油等馏分。轻烃回收单元利用自产的石脑油为吸收剂对产自煤液化、加氢稳定和加氢改质单元的轻烃进行吸收,以生产合格的液化气产品。液化气脱硫单元利用甲基二乙醇胺

（MDEA）为溶剂脱除液化气中无机硫。

环境保护部分对产自示范工程各工艺装置的气体进行脱硫，对煤液化等三套装置生产的酸性水进行汽提脱硫、脱氨，对煤液化污水进行萃取脱酚，以及对全厂污水进行处理、回收利用等。神华煤炭直接液化示范项目的生产废水按"零排放"（zero liquid dlischarge，ZLD）进行设计、建设和运转。

4.2.4.2　煤直接液化段及加氢改质段工艺流程

中国神华煤炭直接液化工艺流程的液化段及加氢改质段主要包括煤粉制备、催化剂制备、油煤浆制备、煤加氢液化反应、溶剂加氢稳定、加氢改质、煤液化反应产品分离、分馏产品分离等，如图 4-16 所示。

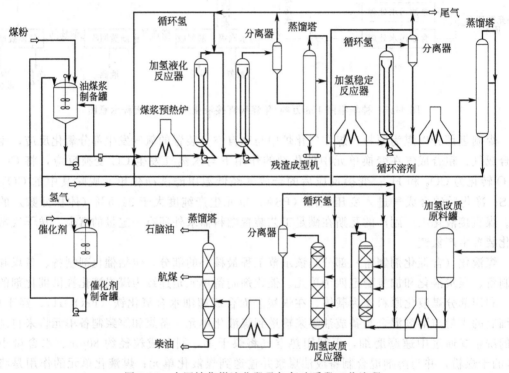

图 4-16　中国神华煤液化段及加氢改质段工艺流程

原料煤在备煤单元干燥到水分小于 4%，破碎为粒度约为 150 目的煤粉。在油煤浆制备罐中，煤粉与来自溶剂加氢单元的供氢溶剂、来自催化剂制备单元的催化剂以及补充的助催化剂混合配制成可泵送的油煤浆。油煤浆经高压输送泵增压后泵至反应单元，煤浆在预热炉前与氢气混合后进入煤浆加热炉，在加热炉内煤浆被加热到反应所需要的温度，然后进入煤液化反应器。在 455℃、19MPa 以及催化剂作用下，煤发生热解、加氢液化反应，煤转化为液态产品，同时也副产一些气体和水。反应后的物料离开煤液化反应器进入固液分离单元，在分离单元液化油、未反应的煤、灰分和催化剂等固体物实现固液分离，分离后的液化油进入加氢稳定单元。加氢稳定的主要目的：一是将煤液化溶剂馏分油加氢成为合格的供氢溶剂；二是将生产的液化油进行稳定加氢，为进一步提质加工提供合格的原料。加氢后的溶剂和加氢稳定后的初级液化产品经过分离后，循环溶剂到煤浆制备单元循环使用，稳定加氢后的液化轻油到加氢改质单元进行提质加工，得到符合市场规格要求的石脑油、柴油等成品油以及其他副产品。

加氢稳定单元采用 Axens 公司拥有专利技术的加工劣质重油的 T-Star 沸腾床加氢工艺。T-Star（Texaco strategic total activity retention）源于美国德士古（Texaco）公司开发的重油沸腾床缓和加氢裂化工艺（H-Oil），通过在线更新催化剂，可独立地控制催化剂的总活性，提高催化剂的性能。美国烃研究（HRI）公司与德士古公司合作，在 H-Oil 工艺基础上开发出专门用于缓和加氢裂化的 T-Star 工艺，其中加氢反应器为外循环沸腾床。2001 年 7 月法国石油研究院（IFP）在收购 HRI 资产的基础上，重组并成立阿克森斯（Axens）公司，成为 T-Star 工艺技术的许可发放人。

T-Star 装置在煤加氢液化项目中的任务是：

① 提供供氢溶剂。在煤液化装置投煤连续运转过程中，对煤液化生成油（液化重油，馏程大于 200℃）进行加氢精制，即在相对缓和的条件下，对液化重油进行全馏分加氢，脱除其中的硫、氮、氧及金属等杂质，部分加氢后的液化重油返回煤液化装置作为循环供氢溶剂，其余作为产品进入下游装置。

② 生产煤液化装置开工所需的起始供氢溶剂。煤液化装置开车时，没有循环溶剂，需要以外来的其他油品（蒽油、燃料油）为原料生产起始供氢溶剂。原料需加氢脱除硫、氮等杂质并对芳烃进行加氢饱和，经过 3~4 次加氢后，可生产出满足煤液化装置开工要求的起始供氢溶剂。

神华 T-Star 工艺流程见图 4-17。原料预热后经进料泵升压与混氢一起从底部进入反应器。反应温度为 380~399℃（根据煤液化油的质量情况进行调整），压力为 13.5MPa，反应器底部的循环泵将油循环，形成床层的沸腾状态。通过控制循环液体流量，使催化剂床层维持在合适高度，并保证反应器内物流均匀。反应产物从顶部流出，进入高、低压分离器进行气液相分离，分离后以冷高压分离器（冷高分）顶部气体作为循环氢，经压缩机升压后回到反应器，热低压分离器（热低分）油相直接去分馏塔进料加热炉升温至 360℃进入分馏塔。冷低压分离器（冷低分）油进入分馏塔。分馏塔塔顶油气冷却后，塔顶气和石脑油去轻烃回收装置。侧线抽出油大部分为中间馏分油，部分作为供氢溶剂返回煤液化装置，其余作为煤液化产品去加氢改质装置。分馏塔塔底油全部去煤液化装置作为供氢溶剂。

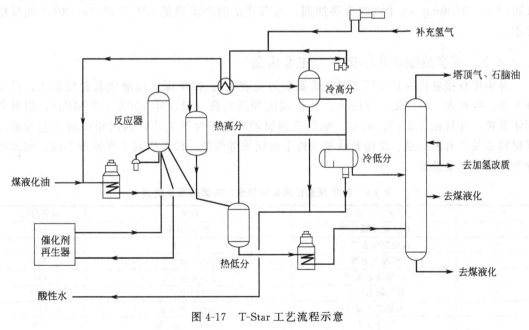

图 4-17　T-Star 工艺流程示意

神华加氢改质单元设计加工煤液化轻油 100 万吨/年，设计进料为加氢稳定轻油 124.267t/h，轻烃回收石脑油馏分 4.845t/h。采用中国石化石油化工科学研究院（RIPP）开发的加氢改质工艺（RCHU），以煤液化得到的并经加氢稳定过的 145～350℃馏分的部分生成油和轻烃回收装置得到的加氢石脑油为原料，在较高的氢分压条件下，进行加氢改质。工艺流程如图 4-18 所示。该工艺采用固定床加氢方式对煤液化稳定加氢产品油进行深度加氢改质。原料油首先在加氢精制反应器内实现深度加氢脱硫、脱氮、芳烃饱和，然后在加氢改质反应器内使环状烃类实现选择性开环裂化，加氢产品油经分馏塔分离为石脑油和柴油。

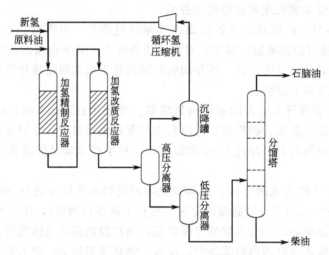

图 4-18　加氢改质装置工艺流程示意

经过加氢深度精制和改质，提高柴油十六烷值，尽可能改善柴油质量，从而可以生产大量优质低凝轻柴油产品，其 S、N 含量均很低，柴油十六烷值大于 41（航煤工况大于 45）；生产部分芳潜含量高的重石脑油，其 S、N 含量均低于 1mg/kg，是非常好的重整原料。本装置具有投资少、能耗低、产品质量好、生产方案灵活等优点，可以深度改善产品质量，通过添加 50～1000mg/kg 十六烷值添加剂，可以使柴油产品满足 GB/T 19147—2003 的规格要求。

4.2.4.3　煤炭直接液化示范工程主要设备

神华煤直接液化项目全厂主要装置及能力见表 4-9。神华煤直接液化装置规模大、设备种类多、容量大、吨位重、厚度大、反应温度和压力高（最高达 450℃、20MPa），物料含固体颗粒，并且在含 H_2S、高温、临氢等强腐蚀环境条件下工作，因此相关的工艺设备及其材料必须具有耐高温、高压及临氢条件下耐腐蚀等性能。设备按其工作原理不同，大致可分为静设备和动设备。

表 4-9　神华煤直接液化项目全厂主要装置及能力

序号	工艺生产装置	能力	设备台数
1	煤液化备煤装置	216.83t/h	142
2	催化剂制备装置	42.4t/h	218
3	煤液化装置	200×10^4 t/a	339
4	加氢稳定装置	330×10^4 t/a	131
5	煤气制氢装置	313×2 t/d	1252
6	加氢改质装置	100×10^4 t/a	112
7	空分装置	50000×2 m³/h	218

序号	工艺生产装置	能力	设备台数
8	轻烃回收装置	进料气体 33.3×10⁴t/a 进料石脑油 2.9×10⁴t/a	72
9	含硫污水汽提装置	120t/h	109
10	硫黄回收装置	25000t/a	79
11	脱硫装置	处理干气 19.2×10⁴t/a 中压气 11.8×10⁴t/a 液化气 10.2×10⁴t/a 富氨液 65.2×10⁻⁴t/a	83
12	酚回收装置	处理含酚污水 93t/h	76
13	油渣成型装置	处理液体油渣 610415t/a	27

静设备主要包括大型和特大型反应器、热交换器、各类压力容器等。国内第一条年产108万吨煤直接液化油生产线中，共有12台加氢反应器。2台煤液化加氢反应器的重量为2050t/台，是目前世界上最大的反应器之一。该容器制造除要解决钢材冶炼、煅造、热处理和容器组装焊接外，由于铁路、公路运输的限制，必须在现场制造临时厂房进行组焊、无损检测、热处理和水压试验，给制造带来很大难度，同时大大增加了制造和运输成本。

动设备主要包括大型压缩机、泵和阀门，技术难点是：工作温度高（400～450℃），压力高（最高达 20MPa），固体颗粒度大（最大为 50%），在含 H_2S、高温、临氢等强腐蚀环境下工作。

① 大推力往复压缩机组最大功率 7000kW、活塞推力 125t，目前国际上只有少数几家公司能制造。

② 反应循环泵、混合泵、炉底泵均为离心式"渣浆泵"，具有流量大（340～13200m^3/h），输送介质温度、压力高（190～450℃，压力最高达 20MPa），含固体颗粒多（颗粒度 24%～48%），有强腐蚀性（含 H_2S）等特殊要求，几乎集中了泵所在领域的技术难点。

③ 煤浆泵、进料泵、稳定泵、高压注水泵等均为往复特殊泵，具有排出压力高（15～20MPa）、温度高（最高 250℃）、含固体颗粒 20%～48%、抗 H_2S 腐蚀等特殊要求。

④ 料浆阀、大口径球阀、高温高压减压阀等特殊阀门：料浆阀标称口径 50～400mm、标称压力 42MPa；大口径高温高压密封球阀标称口径 50～400mm、标称压力 25MPa；高温高压减压阀系列 $\Delta P = 20$MPa、$T = 400$℃、标称口径 100～250mm。这些特殊要求的阀门，国外也只有少数几家公司能制造。

目前，国产减压阀的寿命已突破 2000h，超出国外同类产品寿命一倍多。

（1）煤炭直接液化加氢反应器

煤炭直接液化加氢反应器为强制循环悬浮床（上流式气液固三相全返混反应器），通过反应器循环泵使煤浆产品强制内循环回到反应底部进料，从而保持最小反应器温差。反应器内部采用新型分配盘＋中心管＋上部气液分离杯结构（图 4-19）。

神华集团油煤浆加氢工艺 2 个悬浮床反应器的直径均为 4.80m，高度分别为 41m 和43m。单台反应器的重量约 2050t。反应器的设计参数为：工作压力 18.85MPa、工作温度455℃、设计压力 20.36MPa、设计温度 482℃，工作介质为煤浆、H_2、H_2S 等，反应器内部轴向和径向温度分布均匀、气体产率低、单系列装置规模大、反应器底部没有固体颗粒物沉积、反应器温度易于控制、不需要冷氢或激冷油。

反应器主要操作条件见表 4-10。

表 4-10　反应器主要操作条件

反应器	空速 /[t/(h·m³)]	进料流量 /(kg/h)	出口表观气速 /(cm/s)	温度 /℃	压力 /MPa	ΔT /℃	ΔP /MPa	正常循环流量/(m/h)	氢气分压 /MPa	硫化氢分压 /MPa
R201	0.42	587.793	3.77	入口 38.2	19.11	72.8	0.172	1094	12.500	0.025
				出口 455.0	18.938					
R202	0.42	623.175	5.47	入口 415.5	18.93	39.5	0.173	1094	12.27	0.032
				出口 1455.0	118.858					

（2）加氢稳定反应器（T-Star 反应器）

加氢稳定反应器是国内第一台沸腾床加氢反应器，工作条件苛刻，是装置的关键设备。反应器重达 1225t、内径为 4.5m、壁厚为 226mm、切线长度为 31m，对设计、制造要求很高。设备吨位大，尺寸超限，无法整体运输至现场，采取现场组焊方式，整体吊装。T-Star 反应器规模为 3.25 Mt/a，采用柱状 HTS-358 型 Ni-Mo 加氢处理催化剂，平均粒径为 0.8mm。

T-Star 反应器（图 4-20）内设循环杯，采用直接强制循环工艺，即产物从反应器底部流出后直接经强制循环泵回到反应器。反应器内液速高，没有矿物质沉积。由于反应器设有内循环杯，较好地实现了气液分离。

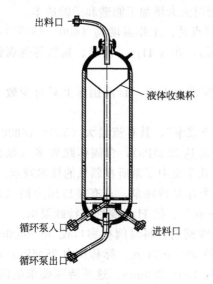

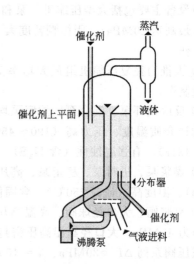

图 4-19　神华煤直接液化示范
工程反应器结构示意图

图 4-20　神华 T-Star 反应器结构

反应器是加氢反应进行脱硫、脱氮、脱氧、脱金属，对油品加氢的场所。加氢稳定沸腾床反应器主要用于加工煤液化循环供氢溶剂和液化重油等含有固体或高含量沥青质的原料，可以看作全反混恒温反应器。其独特的结构和操作模式使其具有如下优点：

① 操作灵活，可以在高或低转化率下操作；

② 可以周期性地在装置保持操作的同时，从反应器中排出待生催化剂或添加新鲜催化剂，在不停工的情况下保持催化剂的反应活性；

③ 通过循环泵使催化剂床层膨胀 30%～50%，保证催化剂固体颗粒之间有足够大的自由空间，可以避免原料夹带或反应产生的固体微粒在穿越催化剂床层过程中产生累积、床层堵塞或床层压降增加的问题；

④ 循环油使系统反应热能及时有效地导出反应区，具有良好的热转移、降低温升

幅度与保持反应器径向床层温度均匀特点，使催化剂床层的过热最小化，并能减少焦炭形成；

⑤ 沸腾床反应器近似采用等温操作，反应器的温度差低于 5℃，可以避免反应器局部过热。

加氢稳定反应器涉及的主要操作参数见表 4-11。

表 4-11　反应器的主要操作参数

原料油 /(kg/h)	空速 /h⁻¹	反应器入口总流量/(kg/h)	反应器入口表观气速/(cm/s)	操作温度/℃		操作压力/MPa	
				入口	出口	入口	出口
436 628	1.5	449 771	3.32	312.8	380.0	13.700	13.500
平均反应床层温度/℃	循环泵正常流量/(m³/h)	床层膨胀率（质量分数）/%	出口氢分压/MPa	入口硫化氢浓度（摩尔分数）/%	催化剂置换速率/(kg/t)		
380	1300	30	11.64	0.058	0.114		

$\quad$ 表中空速单位 h^{-1}，气速单位 cm/s，流量单位 kg/h。

4.2.4.4　煤炭直接液化工艺特点

① 采用悬浮床反应器，处理能力大，效率高。煤液化反应器的制造是煤液化项目中的核心制造技术。煤液化反应器在高温高压、临氢环境下操作，条件苛刻，对设备材质的杂质含量、常温力学性能、高温强度、低温韧性、回火脆化倾向等都有特殊要求。反应器材质为 $2.25Cr1Mo0.25V$，是中国一重集团新开发的钢种。煤液化采用悬浮床反应器，具有两个优点：

a. 通过强制内循环，改善反应器内流体的流动状态，使反应器设计尺寸可以不受流体流动状态的限制，因此，单台设备和单系列装置处理能力大；

b. 由于悬浮床反应器处于全返混状态，径向和轴向反应温度均匀，可以充分利用反应热加热原料，降低进料温度，同时气、液、固三相混合充分，反应速率快，效率高。

② 高效催化剂的应用。在研究了国外先进催化剂的基础上，我国合成的新型高效 "863" 催化剂是国家高新技术研究发展计划（863 计划）的一项课题成果，性能优异，具有活性高、添加量少、油收率高等特点。该催化剂为人工合成超细铁基催化剂，主要原料为无机化学工业的副产品，国内供给充足，价格便宜，制备工艺流程简单，生产成本低廉，操作稳定。由于催化剂用量少，在催化剂制备装置上将催化剂原料加工，并与供氢溶剂调配成液态催化剂，有效解决了催化剂加入煤浆难的问题。

③ 采用 T-Star 工艺对液化粗油进行精制。T-Star 工艺是沸腾床缓和加氢裂化工艺，借助液体流速使具有一定粒度的催化剂处于全返混状态，并保持一定的界面，使氢气、催化剂和原料充分接触而完成加氢反应。该工艺具有原料适应性广、操作灵活、产品选择性高、质量稳定、运转连续、更换催化剂无需停工等特点。

④ 加氢改质。主要是把从 T-Star 装置出来的柴油馏分和轻烃回收装置出来的石脑油进行加氢精制，去除油品中的硫、氮、氧杂原子及金属杂质，另外对部分芳烃进行加氢，改善油品的使用性能。

⑤ 重整抽提包括催化重整和芳烃抽提两部分。从加氢改质单元出来的重石脑油进入重整、抽提单元，主要生产高辛烷值汽油和苯。

⑥ 异构化。异构化过程是在一定的反应条件下，将正构烷烃转变为异构烷烃的过程。异构化过程可用于制造高辛烷值汽油组分。

⑦ 煤制氢。神华煤炭直接液化项目所需要的氢气由 2 套干煤处理能力为 2000t/h 的煤制氢装置供给，采用 Shell 粉煤加压气化工艺，气化炉有效气体（$CO+H_2$）生产能力为

$150000m^3/h$。煤气化生产的合成气经CO变换、低温甲醇洗净化和变压吸附提浓后供各装置使用。Shell煤气化属加压气流床粉煤气化，以干煤粉进料，纯氧作气化剂，液态排渣。煤气中的有效成分高达90%，甲烷含量很低，煤中约83%的热能转化为有效气，约15%的热能以中压蒸汽的形式回收。

4.2.5 煤油共炼工艺

煤油共炼技术是20世纪80年代以来煤炭直接液化研究领域所取得的重大进展之一。煤油共炼技术用石油重油、渣油或煤焦油等重质油作为煤直接液化的溶剂。在反应器内，煤加氢液化为液体油，石油渣油也进一步裂化为较低沸点的液体油。其基础是煤直接液化技术（尤其是煤化程度较低的烟煤）与重油的加氢裂化技术具有十分相近的反应条件，因此，目前开发的煤油共炼技术通常是煤化程度较低的烟煤与重油的共同转化技术。开发煤油共炼技术的主要原因之一是煤直接液化技术存在明显缺陷，且这些缺陷在煤和重油共同转化的情况下能够得到改善甚至消除。

上述煤直接液化技术虽各具特色，但相似的原料煤组成和相同的反应机理决定了它们具有如下共同特点。

（1）用于配制原料煤浆的溶剂油量不足

其具体表现为装置启动所需的溶剂油需外购；当装置出现波动时，容易出现溶剂油不平衡现象，需要外购溶剂油补充；在正常操作条件下，溶剂油中含有30%～70%的轻柴油馏分（<350℃馏分），相当于大量的轻油产品在装置中循环，既增加了能耗，也加剧了产品的二次裂解，降低了轻油产品收率。

（2）柴油产品的十六烷值偏低

煤直接液化所得轻柴油的十六烷值含量低，即便是经过深度加氢精制的轻柴油馏分，其十六烷值也仅能提高到38～41。一些直接液化技术曾研究提高轻柴油十六烷值的方法，结果表明，当十六烷值提高到45时，轻柴油产品的收率将降低50%以上。

（3）产品结构单一

主要表现在轻柴油产品上，因为煤直接液化柴油在质量、数量上没有可调空间，所以产品方案不灵活，很难根据季节和市场进行调整。

上述问题为煤直接液化技术生产和应用带来困难。但是，当采用煤油共炼技术时，上述问题会得到部分或很大程度解决。煤油共炼工艺的特点是：

① 装置处理能力提高，油产量为以前的2～3倍。

② 在反应过程中渣油起供氢溶剂作用，存在煤和渣油的协同效应，因而煤油共炼比煤或渣油单独加工时油收率高，可以处理劣质油，工艺过程较简单。

③ 与液化油相比，煤油共炼的馏分油相对密度较低，氢碳原子比高，易于精炼提质；重油加氢裂化得到的柴油的十六烷值远高于煤直接液化柴油，煤油共炼技术相当于把两种柴油进行了调和，可大幅提升柴油十六烷值。

④ 氢的利用率高，因为煤液化工艺中，大量氢消耗于循环油加氢。而煤油共炼时由于渣油本身的氢碳比高（1.7:1），所以加工时以热裂解反应为主，消耗的氢少，甚至还有多余氢。

⑤ 对煤性质要求放宽，因为煤在煤浆质量中只占30%～40%。

⑥ 成本大幅度下降，工厂总投资是煤两段催化液化工艺的67.5%，煤油共炼时产品油成本为直接液化产品油成本的50%～70%。

进行煤油共炼的工艺主要有美国烃类研究公司（HRI）的催化两段法，加拿大的 Can-met 法以及德国的 Pyrosol 法。联合加工的工艺流程与煤直接液化法基本相同，区别是没有循环油。把粉煤和渣油制成煤浆（煤浆浓度 30%～40%），一次通过加氢反应器，反应温度为 420～450℃，压力为 15～20MPa。HRI 法使用 Ni-Mo 及 Co-Mo 催化剂，Canmet 和 Pyrosol 都使用铁催化剂。

图 4-21 为美国 HRI 的煤油共炼工艺流程。煤与石油的常压渣油、减压渣油、流化催化裂化油浆、重质原油、焦油砂沥青制成油煤浆，用煤浆泵将油煤浆压力升到反应压力，经过预热器，同氢气混合，顺次进入两段沸腾床催化反应器，在温度 435～445℃、压力 15～20MPa 条件下，转变成馏分油和少量气体。气体产物经过处理回收硫和氢，氢气循环使用。液态产物采用常减压蒸馏，分成馏分油和以未转化煤、油渣和灰组成的残渣。

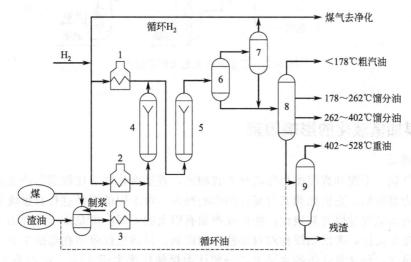

图 4-21　美国 HRI 煤油共炼工艺流程示意图

1,2—H$_2$ 预热器；3—预热器；4—一段反应器；5—二段反应器；
6—高温分离器；7—低温分离器；8—常压蒸馏器；9—减压蒸馏器

延长石油集团 2014 年采用美国 KBR 公司 VCC 悬浮床加氢技术在陕西榆林靖边工业园建成了 45 万吨/年的煤油共炼示范装置。装置由油煤浆原料制备单元（煤粉、重油、催化剂、添加剂）、浆态床加氢裂化单元、固定床加氢裂化单元、减压蒸馏及气体回收单元、油品精馏及气体回收单元等构成，其工艺流程见图 4-22。该工业示范装置以中低阶煤与重油为原料，采用高效 Fe 系催化剂-添加剂体系，通过悬浮床加氢裂化与固定床加氢改质在线集成技术生产清洁油品。煤油浆与氢气分别经过预热，首先进入串联的平推流悬浮床反应器，在 450～470℃、18～22MPa 的条件下进行加氢裂化反应，轻质产物组分经过高温高压分离后直接进入固定床反应器进行加氢改质，其反应产物经冷高压分离后再进行常压分馏，得到目的产品汽油、柴油、蜡油及少量 C$_4$。从热高压分离器出来的重组分进入减压蒸馏塔，出塔轻组分与热高分轻组分一起进入固定床反应器，从减压蒸馏塔底出来的重组分（残渣）进入相关设备进一步进行加工利用。高效 Fe 系催化剂-添加剂体系可提供更多活化氢，添加剂在反应中可以发挥焦碳载体的作用，有效延缓了反应器及分离系统中生焦、结焦现象，从而实现了高惰质组煤及重油的高转化。

2015 年 1 月打通全流程，产出合格油品。现场 72h 考核显示，在煤粉浓度为

41.0%时,煤转化率达86%,525℃以上催化油浆转化率94%,液体收率70.7%,项目能耗70.1%,每吨产品水耗1.6t。该项目利用褐煤或烟煤与炼油厂减压渣油共炼的协同效应,降低了直接液化技术的反应条件,具有氢耗低、投资低、转化率高和利润高等优势。

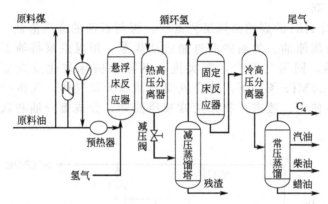

图4-22 煤油共炼工艺流程示意图

4.2.6 煤加氢液化的影响因素

(1)原料煤

与煤的气化、干馏和直接燃烧等转化方式相比,直接液化属于比较温和的转化方式,反应温度和压力都较低,正因如此其受煤种的影响很大。对不同的煤种进行直接液化,其所需的温度、压力和氢气量以及其液化产物的收率都有很大的不同。但是由于煤种的不均一性和煤结构的极度复杂性,考虑到煤种对直接液化的影响,目前也仅停留在煤的工业分析、元素分析和煤岩显微组分含量分析的水平上。一般认为煤转化率大于90%、油产率大于50%的煤种是适宜进行直接液化的。计算煤的转化率和油产率的回归经验方程如下:

$$转化率(\%)=0.6240-0.1856x_1+0.2079x_2+0.2920x_3-0.4048x_4$$

$$油产率(\%)=0.4427-0.2879x_1+0.5799x_2+0.4139x_3-0.7392x_4$$

式中 x_1——挥发分(干燥无灰基),%;

x_2——活性组分[镜质组、半镜质组和壳质组(体积分数)],%;

x_3——H/C原子比;

x_4——O/C原子比。

就工业分析来讲,一般认为挥发分高的煤易于直接液化,通常要求挥发分大于35%。与此同时,灰分带来的影响则更为明显,如灰分过高,进入反应器后将降低液化效率,还会产生设备磨损等问题,因此选用煤的灰分一般小于10%。

就元素分析来讲,H/C原子比显然是一个重要的指标。H/C原子比越大,液化所需的氢气量也就越小。相关研究表明,氢、氧含量高,碳含量低的煤转化为低分子产物的速度快,特别是H/C原子比高的煤,其转化率和油产率高,但是当H/C原子比高到一定值后,油产率将随之减小,这是因为H/C原子比高的、煤化程度低的煤(泥煤、年轻的褐煤),含脂肪族碳和氧较多,加氢液化生成的气体和水分增多,含N、S等杂原子多的煤加氢液化的氢耗量必然增多。然而,元素分析并不能完全反映其液化性能,其还与煤的分子结构和组成成分相关。

煤岩显微组分不同，是形成煤的原始植物和地质环境不同所造成的，其对直接液化的影响：煤岩显微组分中镜质组和壳质组是煤液化的活性组分，两者的含量在很大程度上决定着该煤种液化的难易程度，镜质组和壳质组的含量越高越容易液化，其中镜质组含量一般要求达到 90%，而丝质组最难直接液化，一般选择低于 20%。

此外，还有一些研究成果值得关注，如含氧官能团中酯对促进煤液化反应有着重要的作用，酚类化合物则起着负面作用；用核磁共振波谱法和傅里叶变换红外光谱法测定的芳环上碳原子数、芳环上氢原子数、单元结构的芳环数和芳环缩合度等煤结构参数也能作为煤液化选煤的重要指标。虽然目前尚未建立起统一的普遍使用的评价煤种性质与液化性能的对应关系，但选择煤种的一个大致原则是：H/C 比高，挥发分高，灰分低，镜质组和壳质组含量高。

（2）供氢溶剂

煤的直接液化必须有溶剂存在，这也是其与加氢热解的根本区别。通常认为，在煤的直接液化过程中溶剂能起到如下作用：

① 将煤与溶剂制成浆液便于工艺过程输送，同时溶剂可以有效地分散煤粒子、催化剂和液化反应生成的热产物，有利于改善多相催化液化反应体系的动力学过程；

② 溶剂能使煤颗粒发生溶胀和软化，使有机质中的键发生断裂；

③ 溶解部分氢气，作为反应体系中活性氢的传递介质，或者通过供氢溶剂的脱氢反应过程提供煤液化需要的活性氢原子；

④ 在有催化剂时，促使催化剂分散和萃取出催化剂表面上强吸附的毒物。

在煤的液化过程中，煤在不同溶剂中的溶解度不同。溶剂与溶解煤中有机质或其衍生物之间存在着复杂的氢传递关系，受氢体可能是缩合芳环，也可能是游离的自由基团，而且氢转移反应的具体方式又因所用催化剂类型而异。因此溶剂在加氢液化反应中的具体作用也十分复杂，一般认为，好的溶剂应该既能有效地溶解煤，又能促进氢转移并有利于催化加氢。

在煤液化工艺中，通常采用煤直接液化后的重质油作为溶剂，且循环使用，因此又称为循环溶剂，沸点范围一般在 200～460℃。由于循环溶剂中含有与原料煤有机质相近分子结构的组分，如对其进一步加氢处理，可以得到较多的氢化芳烃化合物，使其供氢能力得到提高。另外，在液化反应时，循环溶剂还可以得到再加氢作用，同时增大煤液化的产率。

（3）催化剂

选用合适的催化剂对煤的直接液化至关重要，也是控制工艺成本的重要因素。但对于催化剂在其中的作用机理，即催化剂在促进氢向煤转移的过程中究竟起何作用，还存在着一定的异议。有人认为，催化剂的作用是吸附气体中的氢分子，并将其活化为易被煤自由基团接受的活性氢；还有人认为，催化剂可使煤中桥键断裂和芳环加氢活性提高，或使溶剂加氢生成可向煤转移氢的供氢体等。

目前国内外用于煤液化的催化剂种类很多，通常按其成本和使用方法不同，分为廉价可弃型和高价可再生型催化剂。

廉价可弃型催化剂价格便宜，在直接液化过程中与煤一起进入反应系统，并随反应产物排出，经过分离和净化过程后存在于残渣中。最常用的此类催化剂为含有硫化铁或氧化铁的矿物或冶金废渣，如天然黄铁矿（FeS_2）、高炉飞灰（Fe_2O_3）等，因此又常称为铁系可弃型催化剂。1913 年，Bergius 首先使用铁系催化剂进行煤液化的研究。其所使用的是从铝厂得到的赤泥（主要含氧化铁、氧化铝及少量氧化钛）。通常，铁系可弃型催化剂常用于煤的一段加氢液化反应中，反应完不回收。

高价可再生催化剂的催化活性一般好于廉价可弃型催化剂，但其价格昂贵。因此实际工艺往往以多孔氧化铝或分子筛为载体，搭载钼系（或镍系）催化剂，使之能在反应器中停留较长时间。随着运行时间延长，催化剂的活性会逐渐下降，必须设有专门的加入和排出装置以更新催化剂，对于直接液化的高温高压反应系统，这无疑会增加技术难度和成本。

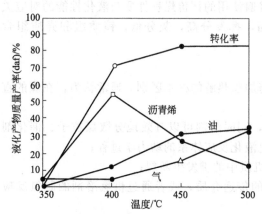

图 4-23 液化温度对煤转化率及产物分布的影响

大量的实验表明，金属硫化物的催化活性高于其他金属化合物，因此无论是铁系催化剂还是钼系催化剂，在进入系统前，最好转化为硫化态形式。同时为了维持反应时催化剂活性，高压氢气中必须保持一定的硫化氢浓度，以防止硫化态催化剂被氢气还原成金属态。同理不难理解高硫煤对直接液化是有利的。

（4）操作条件

温度和压力是直接影响煤液化反应进行的两个因素，也是直接液化工艺两个最重要的操作条件。

煤的液化反应是在一定温度条件下进行的，通常煤在 400℃ 以上开始热解，但如果温度过高，则一次产物会发生二次热解，生成气体，使液体产物的收率降低。通过比较也可看出，不同的工艺所采用的温度大体相同，为 440～460℃。如图 4-23 所示为液化温度与转化率、产物分布等指标的关系。可见当温度超过 450℃ 时，煤转化率和油产率增加较少，而气产率增多，因此会增加氢气的消耗量。

理论上压力越高对反应越有利，但这样会增加系统的技术难度和危险性，降低生产的经济性，因此新的生产工艺都在努力降低压力。如图 4-24 所示，早期德国 IG 工艺的反应压力高达 26～70MPa，目前常用的反应压力已经降到了 20MPa 以下，大大减少了设备投资和操作费用。

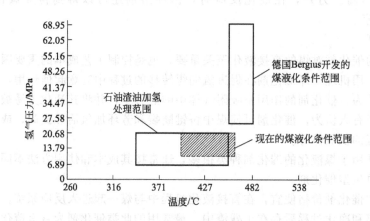

图 4-24 德国早期和现在煤液化温度和压力选择

4.3
煤的间接液化

所谓间接液化相对于被称为直接液化的煤高压加氢路线而言，指的是先将煤气化制成合成气，然后通过催化合成，得到以液态烃为主要产品的技术。此法由德国皇家煤炭研究所的 F . Fischer 和 H. Tropsch 发明，所以又称为 Fischer-Tropsch（F-T）合成或费托合成。随着碳一化工的发展，间接液化的范畴也在不断扩大，其产品涵盖液体燃料和化学品，如合成气-甲醇-汽油的 MTG 技术，由合成气直接合成二甲醚和低碳醇的技术也属于煤间接液化之列。MTG 技术在经济性上挑战较大。这里仅讨论煤间接液化制燃料部分。

4.3.1 煤间接液化技术发展

4.3.1.1 国外煤间接液化技术发展

1923 年 Fischer 和 Tropsch 在 $10\sim13.3MPa$ 和 $447\sim567℃$ 的条件下，使用加碱的铁屑作催化剂研究 CO 和 H_2 的反应，成功得到直链烃类，接着进一步开发了一种 $Co-ThO_2-MgO$-硅藻土催化剂，降低了反应温度和压力，为工业化奠定了基础。

1934 年德国鲁尔化学（Ruhrchemie）公司开始建造以煤为原料的费托合成油工厂，1936 年投产，费托合成技术首次实现工业化生产。该装置采用钴基催化剂，反应温度 $180\sim200℃$，反应压力 $0.5\sim1.5MPa$。$1936\sim1945$ 年期间，德国共建有 9 个费托合成油厂，总产量达到 67 万吨/年，其中汽油占 23%、润滑油占 3%、石蜡和化学品占 28%。同期，法、日、中、美等国也建了 7 套以煤为原料的费托合成油装置，总生产能力达 69 万吨/年。之后，石油工业的兴起和发展，致使大部分费托合成油装置关闭停用。

目前，国外仅有南非萨索尔（Sasol，即 South African Synthetic Oil Ltd.）公司和壳牌（Shell）公司拥有费托合成油工业技术，其他公司，如美国 Syntroleum 公司、美国 Exxon-Mobil 公司、美国 Conoco Phillips 公司、英国 BP-Amoco 公司、丹麦托普索（Topsoe）公司等也在开发费托合成技术，但均未实现商业化。

南非于 1950 年成立南非煤油气公司，由于地处 Sasolburg，故多称 Sasol 公司。该公司分别与 Lurgi、鲁尔化学和 Kelloge 三家公司合作，用其煤气化（Lurgi 炉）、煤气净化（Lurgi 低温甲醇洗）和合成技术（鲁尔化学固定床和 Kelloge 气流床）于 1955 年建成 Sasol 工厂，规模为 30 万吨/年。1973 年西方石油危机后，该公司于 1980 年和 1982 年又先后建成 Sasol Ⅱ 和 Sasol Ⅲ。这三家厂年消耗煤约 4100 万吨（Ⅰ厂 650 万吨，Ⅱ 和 Ⅲ 厂 3450 万吨），是规模很大的以煤为原料生产合成油和化工产品的化工厂，产品有汽油、柴油、石蜡、氨、乙烯、丙烯、聚合物、醇、醛和酮等共 113 种，总产量 710 万吨/年，其中油品占 60%。

荷兰 Shell 于 1993 年在马来西亚建成一套天然气制中间馏分油 50 万吨/年的装置，由天然气制得合成气，再采用固定床钴基催化剂费托合成技术制得油品。费托合成反应器直径为 7m，单台产能为 3000 桶/天。近年来该装置扩建为 75 万吨/年，单台反应器产能提高到 8000 桶/天。2011 年，Shell 公司在卡塔尔建成、投产了 150 万吨/年的天然气制液体燃料（GTL）装置（一期工程）。2012 年，600 万吨/年全套 GTL 装置投产（140000 桶/天），但未见 Shell 公司将其合成油技术推广到煤制油领域的报道。

4.3.1.2 我国煤间接液化技术发展

我国 20 世纪 50～60 年代曾在锦州运行过规模为 5 万吨/年的煤间接液化工厂，后因大庆油田的发现而关闭。

20 世纪 80 年代起中国科学院山西煤炭化学研究所对煤炭间接液化技术进行了系统研究，开发出了固定床两段法合成（简称 MFT）工艺和浆态床-固定床两段合成（简称 SMFT）工艺。2002 年进行了千吨级浆态床间接合成油中试。2006 年，中国科学院山西煤炭化学研究所、内蒙古伊泰集团有限公司、神华煤制油化工有限公司、山西潞安矿业（集团）有限责任公司、徐州矿务集团有限公司等共同投资组建了中科合成油技术有限公司（Synfuels China）。2009 年，采用中科合成油技术有限公司技术的内蒙古伊泰集团和山西潞安矿业集团两套 16 万吨/年煤炭间接液化工业示范装置分别成功投产，标志着我国已掌握了先进可靠的煤炭间接液化工业技术。2016 年 12 月，采用中科合成油技术有限公司煤制油技术建设的神华宁夏煤业集团有限公司 400 万吨/年煤炭间接液化项目油品合成装置成功投产，年产油品 405 万吨。2017 年 7 月，内蒙古伊泰化工有限公司 120 万吨/年精细化学品示范项目成功产出合格油品，生产低芳溶剂、石蜡、十六烷值改进剂、液化石油气、硫酸铵等产品。2017 年 12 月，采用中科合成油技术有限公司的高温浆态床费托合成工艺技术，山西潞安集团承建的 180 万吨/年高硫煤清洁利用油化电热一体化示范项目一期 100 万吨煤间接液化制油示范工程建成投产。

山东兖矿集团有限公司于 2002 年 12 月在上海组建上海兖矿能源科技研发有限公司，开展煤间接液化制油技术的研发工作，包括催化剂的开发研究、工艺设计软件的开发和设备与工艺的开发等，于 2003 年 6 月研发出可供工业化、具有国内自主知识产权的煤间接液化制油铁基催化剂。在成功开发出费托合成反应器模拟软件和低温费托合成煤制油全过程模拟软件的基础上，完成了低温费托合成浆态床反应器的开发和费托合成工艺的研发工作。兖矿集团还进行了高温费托合成技术的研发，包括催化剂、高温费托合成固定流化床反应器、高温费托合成工艺等。高温费托合成制油技术的主要产品为汽油、柴油、含氧有机化合物和烯烃。与低温费托合成产品相比，高温过程产品中优质化学品和烯烃产品比例更大，具有更好的市场适应性。2006 年，建设了万吨级的高温费托合成中试装置和相应的 100 吨/年的催化剂装置，2007 年中试装置投料试车，完成了中试试验与工艺验证工作，并稳定运行。2015 年 8 月，采用兖矿集团自主研发低温费托合成油技术，由陕西未来能源化工有限公司投资建设的百万吨级煤间接液化制油项目建成投产，年产柴油 78.98 万吨、石脑油 25.53 万吨、液化石油气 10.02 万吨。

截至 2018 年底全国已经建成投产的煤间接液化工业化示范项目见表 4-12，总产能为 793 万吨/年。

表 4-12　截至 2018 年底全国已经建成投产的煤间接液化工业化示范项目

序号	煤制油工业化示范项目	建成规模/(万吨/年)	投产时间
1	神华鄂尔多斯煤间接液化项目	18	2009 年 12 月投产
2	山西潞安煤间接液化项目	16	2009 年 7 月投产
3	内蒙古伊泰鄂尔多斯煤间接液化项目	16	2009 年 3 月投产
4	神华宁煤宁东煤间接液化项目	400	2016 年 12 月投产
5	兖矿陕西未来能源煤间接液化项目	115	2015 年 8 月投产
6	内蒙古伊泰鄂尔多斯煤间接液化项目	120	2017 年 7 月投产
7	山西潞安高硫煤综合利用间接液化项目	108	2017 年 12 月投产
	合计	793	

4.3.2 费托合成原理

费托合成是 CO 催化加氢生成分子量分布很宽的烃类产物的化学反应，在不同催化剂和反应条件下，可以生成烷烃、烯烃、醇、醛、酸、酯等多种有机化合物。

4.3.2.1 费托合成反应

费托合成是 CO 和 H_2 在催化剂作用下，以液态烃类为主要产品的复杂反应系统。总的来讲，是 CO 加氢和碳链增长反应。

费托合成的两个基本反应为：

$$CO+2H_2 \longrightarrow (-CH_2-)+H_2O \qquad \Delta H_R(227℃)=-165kJ \qquad (1)$$

$$2CO+H_2 \longrightarrow (-CH_2-)+CO_2 \qquad \Delta H_R(227℃)=-204.8kJ \qquad (2)$$

在使用铁催化剂时，反应(1)产物水蒸气很容易再发生水煤气变换反应：

$$CO+H_2O \longrightarrow H_2+CO_2 \qquad \Delta H_R(227℃)=-39.8kJ \qquad (3)$$

这样，反应(2)实际上是反应(1)和反应(3)组合而成的。据此，可以算得每标准立方米合成气完全转化时烃的理论产量达 208.5g。

费托合成反应系统的化学反应可以归纳为如下几类：

① 烷烃生成反应

$$nCO+(2n+1)H_2 \longrightarrow C_nH_{2n+2}+nH_2O$$
$$2nCO+(n+1)H_2 \longrightarrow C_nH_{2n+2}+nCO_2$$
$$(3n+1)CO+(n+1)H_2O \longrightarrow C_nH_{2n+2}+(2n+1)CO_2$$
$$nCO_2+(3n+1)H_2 \longrightarrow C_nH_{2n+2}+2nH_2O$$

② 烯烃生成反应

$$nCO+2nH_2 \longrightarrow C_nH_{2n}+nH_2O$$
$$2nCO+nH_2O \longrightarrow C_nH_{2n}+nCO_2$$
$$3nCO+nH_2O \longrightarrow C_nH_{2n}+2nCO_2$$
$$nCO_2+3nH_2 \longrightarrow C_nH_{2n}+2nH_2O$$

③ 醇类生成反应

$$nCO+2nH_2 \longrightarrow C_nH_{2n+1}OH+(n-1)H_2O$$
$$(2n-1)CO+(n+1)H_2 \longrightarrow C_nH_{2n+1}OH+(n-1)CO_2$$
$$3nCO+(n+1)H_2O \longrightarrow C_nH_{2n+1}OH+2nCO_2$$

④ 醛类生成反应

$$(n+1)CO+(2n+1)H_2 \longrightarrow C_nH_{2n+1}CHO+nH_2O$$
$$(2n+1)CO+(n+1)H_2 \longrightarrow C_nH_{2n+1}CHO+nCO_2$$

⑤ 生成碳的反应

$$2CO \longrightarrow C+CO_2（歧化反应）$$
$$CO+H_2 \longrightarrow C+H_2O$$

4.3.2.2 费托合成反应的热力学分析

根据化学热力学，在通常的费托合成温度下，碳不可能与水反应直接生成液态烃类，而在煤气化温度下，CO 和 H_2 也不能生成液体烃类。这就是为什么煤必须先在高温下气化，然后在较低温度下催化合成，即间接液化的理论依据。

在费托合成中包含许多平行反应和顺序反应，相互竞争又相互依存。它们能否进行和能进行到何种程度可依据吉布斯自由能反应平衡常数进行判断。

（1）吉布斯自由能

根据某一温度下反应体系吉布斯自由能变化的数值，可以判断该温度下反应进行的方向。吉布斯自由能变化可以通过吉布斯赫姆霍兹公式由反应焓变 ΔH 和反应熵变 ΔS 求取：

$$\Delta G = \Delta H - T\Delta S$$

在通常的费托合成反应温度范围内，费托合成生成烷烃、烯烃及含氧化合物的变换反应、歧化反应、积炭反应的 ΔH 皆小于零，都是放热反应，其中生成烃类的 ΔH 绝对值较大，属于放热量大的反应。除烃类外，醇等含氧化合物的 ΔH 随碳原子数增加而增加，逐渐接近合成烃类的 ΔH。随着温度升高，各反应的变化幅度均不大。

表 4-13 给出了费托合成过程中部分反应在 373～773K 范围内的吉布斯自由能变化。

表 4-13 费托合成过程中部分反应的吉布斯自由能变化

主要产物	$\Delta_r G_m$/(kJ/mol)						
	373K	473K	513K	573K	623K	673K	773K
CH_4	−116.56	−93.93	−84.61	−70.43	−58.45	−46.35	−21.88
C_3H_8	−244.54	−172.97	−143.82	−99.68	−62.59	−25.27	49.85
C_6H_{14}	−436.49	−291.53	−232.63	−143.55	−68.79	6.34	157.44
$C_{22}H_{46}$	1460.25	−923.88	−706.29	−377.55	−101.89	174.96	731.25
$C_{45}H_{92}$	−2931.92	−1832.87	−1387.18	−713.92	−149.47	417.36	1556.11
$C_{60}H_{122}$	−3891.69	−2425.69	−831.23	−933.30	−180.50	575.44	2094.06
C_2H_4	−102.23	−68.18	−54.25	−33.11	−15.30	2.64	38.86
C_3H_6	−166.22	−107.70	−83.86	−47.74	−17.37	13.18	74.72
C_4H_8	−230.20	−147.23	−113.46	−62.36	−19.44	23.72	110.58
C_5H_{10}	−294.19	−186.75	−143.07	−76.99	−21.51	34.26	146.45
C_6H_{12}	−358.18	−226.27	−172.67	−91.61	−23.58	44.80	182.31
CH_4O	−20.97	2.43	11.99	26.51	38.72	51.02	75.79
C_2H_6O	−84.96	−37.09	−17.60	−11.89	−36.65	61.55	111.66
$C_2H_4O_2$	−71.10	−31.93	−16.08	−7.83	−27.83	61.55	111.66
$C_3H_6O_2$	−135.09	−71.45	−45.68	−6.79	−25.76	72.09	147.52
乙醛	−82.99	−15.959	11.649	53.759	89.439	125.599	199.21
丙酮	−179.79	−89.19	−52.14	4.14	−51.61	99.51	196.43
乙酸乙酯	−157.31	−68.10	−31.77	23.24	−69.47	115.99	209.74
$CO_2 + H_2$	−25.15	−21.03	−19.42	−17.07	−15.16	−13.29	−9.66
$C + H_2O$	−81.24	−67.24	−61.54	−52.89	−45.62	−38.27	−23.37
$CO_2 + C$	−106.86	−88.97	−81.80	−71.04	−62.09	−53.16	−35.35

由表 4-13 中数据可知，所有费托合成反应的 ΔG 在较低的温度下都小于零，均能够自发地进行。随着温度升高，绝对值呈减小趋势，因此，从热力学角度看，升高温度对反应不利。当温度约大于 635K 时，生成高碳烷烃反应（C_{60} 以上）的 $\Delta G > 0$，不能自发进行；当温度约大于 666K 时，生成烯烃反应 $\Delta G > 0$，不能自发进行；当温度大于 473K 左右时，甲醇生成反应不能自发进行。在费托合成反应条件下，生成甲醇很困难，而生成高碳醇则要容易得多，费托合成工业生产中一般只有碳原子数大于 2 的醇生成。当温度大于 623K 时，醇、醛、酮、酸、酯等含氧化合物生成反应在热力学上不能自发进行。变换反应、积炭反应以及歧化反应在 373～773K 时在热力学上均能自发进行。

从另一角度看，低温时，产物主要包括烷烃、烯烃、含氧化合物等，产物分布广；温度升高，低碳烃产量增加，高碳烷烃的生成量减少。

费托合成反应产物中的碳原子数 n 与反应所消耗的 CO 量相关，n 越大，反应生成

1mol 产物消耗的 CO 就越多。通过比较不同反应的 $\Delta G/n$，可以判断热力学上 CO 转化生成相应化合物的难易顺序。例如，在低温范围内，烷烃生成的 $\Delta G/n$ 一般比烯烃的要低，因此烷烃的生成是有利的，如生成甲烷的吉布斯自由能负值最大，从化学平衡看最容易生成。随着碳原子数增大，它们之间的差值变小。

（2）反应平衡常数

反应平衡常数是化学反应限度的量度，是温度的函数。反应平衡常数越大，反应推动力越大，反应进行越完全。当反应温度高、压力不太大时，实际气体接近理想气体，吉布斯自由能与反应平衡常数有如下关系：

$$\Delta G = -RT\ln K_p$$

式中　R——通用气体常数，8.314J/(mol·K)；

　　　T——反应温度，K；

　　　K——反应平衡常数，量纲为 1。

表 4-14 为温度范围 373～773K 下费托合成反应的平衡常数。

表 4-14　不同温度下费托合成反应的平衡常数

主要产物	$\ln K_p$						
	373K	473K	513K	573K	623K	673K	773K
CH_4	37.59	23.88	19.84	14.78	11.28	8.28	3.40
C_3H_8	78.85	43.98	33.72	20.92	12.08	4.52	−7.76
C_6H_{14}	140.75	74.13	54.54	30.13	13.28	1.13	−24.50
$C_{22}H_{46}$	470.88	234.93	165.60	79.25	19.67	−31.27	−113.78
$C_{45}H_{92}$	945.44	466.08	325.24	149.86	28.86	−74.59	−242.13
$C_{60}H_{122}$	1254.93	616.83	429.36	195.91	34.85	−102.84	−325.84
C_2H_4	32.97	17.34	12.72	6.95	2.95	−0.47	−6.05
C_3H_6	53.60	27.39	19.66	10.02	3.35	−2.36	−11.63
C_4H_8	74.23	37.44	26.60	13.09	3.75	−4.24	−17.21
C_5H_{10}	94.87	47.49	33.54	16.16	4.15	6.12	−22.79
C_6H_{12}	115.50	57.54	40.48	19.23	4.55	−8.01	−28.37
CH_4O	6.76	−0.62	−2.81	−5.56	−7.48	−9.12	−11.79
C_2H_6O	27.40	9.43	4.13	−2.49	−7.08	−11.00	−17.37
$C_2H_4O_2$	22.93	8.12	3.77	−1.64	−5.37	−11.00	−17.37
$C_3H_{65}O_2$	43.56	18.17	10.71	1.43	−4.97	−12.88	−22.95
乙醛	26.76	5.14	−3.75	−17.33	−28.84	−32.32	−40.50
丙酮	57.98	28.76	16.81	−1.34	−16.64	−21.26	−32.09
乙酸乙酯	50.73	21.96	10.25	−7.49	−22.40	−26.89	−37.40
CO_2+H_2	8.11	5.35	4.55	3.58	2.93	2.37	1.50
$C+H_2O$	26.20	17.10	14.43	11.10	8.81	6.84	3.64
CO_2+C	34.46	22.62	19.18	14.91	11.99	9.50	5.50

由表 4-14 可以看出，反应平衡常数随着反应温度升高而减小，高温不利于反应进行。温度范围为 373～573K 时，生成烃类的反应平衡常数的数量级都非常大，反应进行得非常完全，且随着碳原子数增加，反应的平衡常数增大，反应在热力学上都能够自发进行，并可以进行到很大的程度，可视为不可逆反应。当温度高于 635K 时，生成高碳烷烃反应的平衡常数均小于 1，说明温度太高不利于生成高碳烃类产品；当温度高于 666K 时，生成烯烃反应的平衡常数也小于 1。对于水煤气变换反应，其平衡常数较小，所以其逆反应存在于体系中。

综上所述，可以根据实际需求控制反应温度来得到所需的烃类产品，同时可以开发具有高选择性的费托合成催化剂，从动力学角度尽量抑制副反应发生。温度较低时，反应在动力学上不利，温度较高时，反应在热力学上不利，因此费托合成烃类产品应考虑热力学和动力学两方面的因素，选择适当的反应温度。一般来说，为了获得较高的时空产率，费托合成反应的温度范围一般选择在 200～350℃。

由热力学的分析可知，在 50～350℃，有利于形成甲烷，产物生成的概率按甲烷＞饱和烃＞烯烃＞含氧化合物的顺序而降低。在正构烷烃范围内，链越长形成的概率越小，而正构烯烃的情况恰好相反。

过程操作因素对反应的影响是：随温度升高，饱和烃含量降低，烯烃和醛的含量增加，且有利于生成低沸点组分；增加压力有利于饱和烃生成，长链产物量增加；合成气富氢有利于饱和烃生成，相反合成气富一氧化碳，有利于烯烃和醛生成。

4.3.2.3 费托合成反应机理和动力学

费托合成反应机理因所使用的催化剂和反应条件而异，例如经典的表面碳化物机理、烯醇机理、CO 插入机理等。迄今为止尚没有一个通用的机理模型足以预言和解释各种反应条件下的产物分布。

产物分布是表面反应的宏观体现。通过研究费托合成产物分布规律有助于认识催化剂表面反应机制并指导催化剂设计和反应过程的定向控制。费托合成产物分布广，难以关联单一组分的选择性与反应条件，因此通常采用产物分布模型来表达产物分布。

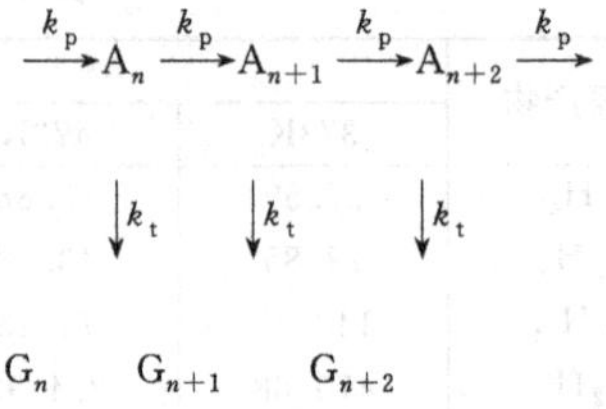

费托合成反应可以认为是链增长与链终止相竞争的聚合过程，其单体是 CO 形成的表面活性炭物种。基于此假设，费托合成碳链增长可用图 4-25 概括描述。

图 4-25　费托合成碳链增长示意图

A_n 为链增长中碳原子数为 n 的碳链；G_n 为链终止生成碳原子数为 n 的烃类或含氧有机化合物；k_p 和 k_t 分别为链增长和链终止速率常数，并假设与链增长和链结构无关。稳定条件下，有

$$k_p A_n = (k_p + k_t) A_{n+1}$$
$$A_{n-1}/A_n = k_p/(k_p + k_t) = r_p(r_p + r_t)$$

式中　r_p——链增长速率；

r_t——链终止速率。

碳原子数为 n 和 m 的两种烃在产物中的摩尔分数（z）存在如下关系：

$$x_n/x_m = \alpha^{(n-m)}$$

式中，α 为链增长因子或概率。

碳原子数为 n 的烃在产物中的摩尔分数为

$$x_n = \alpha^{(n-1)}(1-\alpha)$$

碳原子数为 n 的烃的质量分数为 w_n，符合下式：

$$w_n/n = \alpha^{(n-1)}(1-\alpha)^2 \quad \text{或} \quad \ln(w_n/n) = n\ln\alpha + \ln[(1-\alpha)^2/\alpha]$$

此式通常称为 Anderson-Schulz-Flory 聚合方程，也称为 ASF 法则。如果产物分布遵循 ASF 聚合方程，则 $\ln(w_n/n)$ 与 n 之间存在线性关系。

实际费托合成不同碳原子数烃产物质量分数的分布通常偏离理论 ASF 图，表现为 C_1（甲烷）高于理论预期值；C_2 低于理论值；随碳链增长，α 略有增加，烯烃与石蜡烃比减小。图 4-26 为典型费托合成不同碳原子数烃产物质量分数的分布关系（反应条件：Rh/Ce/

SiO_2，$H_2/CO=2$，101.325kPa，200℃)，其中虚线是根据 C_1 单体逐级聚合的理论 ASF 图。

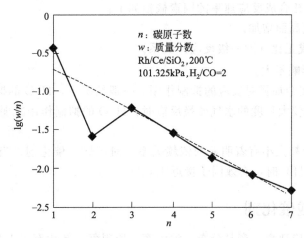

图 4-26　典型费托合成不同烃产物质量分数的分布关系

　　费托合成产物分布偏离 ASF 模型的原因非常复杂，其根源在于催化剂结构和反应机理。为此，发展了多种针对 ASF 分布模型的修正模型，如双活性位模型、分类活性位模型、T-W 分布模型、烯烃再吸附模型等。

　　费托合成反应动力学基于对反应机理的认识，因此，反应动力学研究不仅提供费托合成反应体系工程设计所需的反应速率参数，还是研究费托合成反应机理的重要手段。

　　费托合成反应速率可以用产物烃类生成速率表达，也可以用合成气组分 CO 或（CO＋H_2）的消耗速率表达。以（CO＋H_2）的消耗速率表达的反应速率 r_{H_2+CO} 与水煤气变换反应速率无关，是 H_2 和 CO 生成费托合成产品的净反应速率。而 CO 的消耗速率 r_{CO} 是 CO 消耗于费托合成产物和水煤气变换反应的总反应速率。

　　费托合成反应动力学方程主要有两种形式，一种是早期研究采用的幂函数型经验动力学方程，以反应物消耗速率表达反应速率，不涉及详细的反应机理，也不包含产物分布信息；另一种为 Langmuir-Hinshelwood-Hongen-Watson（LHHW）型动力学方程，其基本形式为：

$$r_{H_2+CO} = \frac{k p_{CO}^n p_{H_2}^m}{1 + \sum_{n=1}^{j} k_n p_{CO}^a p_{H_2}^b}$$

LHHW 型动力学方程基于严格的反应机理，通过设定催化剂表面上的基元反应步骤及相应的速率控制步骤推导而得，其精确度取决于对费托合成反应机理的认知程度。LHHW 型动力学方程可以同时预测合成气消耗速率、产物生成速率和分布参数。

　　建立 LHHW 型费托合成动力学模型方程的一般步骤：

　　① 假定催化剂表面活性组分分布均匀；

　　② 写出可能存在的基元反应，并假定速率控制步骤和平衡步骤；

　　③ 采用表面质量作用定律写出速率控制步骤反应速率方程，并写出平衡步骤的平衡常数表达式；

　　④ 利用平衡关系对反应中间体浓度用反应物和产物的分压（或浓度）、各个反应速率常数和平衡常数以及空活性位浓度进行关联；

⑤ 将活性位进行归一化后，得到空活性位的表达式，代入反应速率方程即可获得相应的动力学方程。

一般地，影响费托合成反应速率的因素概括如下：

a. 随反应温度提高而增加。

b. 与 p_{H_2} 近似成正比（即一级反应）关系。

c. p_{CO} 无关或影响不大。

d. 体系中 p 增加会加强对反应的抑制作用。一般情况下，H_2O 的抑制作用掩盖了 CO_2 的作用，但当体系有较大程度的水气变换反应时，H_2O 的抑制作用减弱，而 CO_2 的抑制作用增强。

e. 与催化剂的颗粒大小有着明显的依赖关系，对于熔铁催化剂，当颗粒粒度为 0.06～0.09mm（170～230 目）时，有效因子接近 1.0。

4.3.3　费托合成催化剂

催化剂对费托反应速率、产品分布、油收率、原料气、转化率、工艺条件以及原料气等均有直接的甚至是决定性的影响。高效 F-T 合成催化剂的研究一直是 F-T 合成技术工业化的关键。

F-T 合成催化剂通常包括活性金属（Ⅷ族过渡金属）、氧化物载体或结构助剂（SiO_2、Al_2O_3 等）、化学助剂（碱金属氧化物、稀土金属氧化物等）及贵金属助剂。目前，已经大规模生产的 F-T 合成催化剂主要包括铁基催化剂和钴基催化剂。

（1）铁基催化剂

铁基催化剂是最早用于 F-T 合成研究的催化剂，因其储量丰富、价格低廉而备受关注。铁基催化剂有较宽的操作温度范围（220～350℃）和灵活的产物选择性，即使在较高反应温度下，甲烷选择性也能保持相对较低。铁基催化剂按其合成目标产物可分成两类：一类是适合低温 F-T 合成的沉淀铁催化剂，另一类是适用于高温 F-T 合成含助剂的熔铁催化剂或沉淀铁催化剂。

① 低温铁基催化剂　此类催化剂主组分为 α-Fe_2O_3，助剂有 K_2O、CuO、SiO_2 或 Al_2O_3 等，使用温度范围一般为 220～250℃，主要反应产物为长链重质烃，经加工可生产优质柴油、汽油、煤油、润滑油等，同时副产高附加值的硬蜡。

低温铁基催化剂操作温度低，应具有较高的比表面积以确保在低温操作下具有足够的反应活性，但较高的比表面积意味着低的机械强度，所以要求在满足活性的基础上拥有足够的机械强度和耐磨性能。

② 高温铁基催化剂　高温铁基催化剂主要包括熔铁催化剂与沉淀铁催化剂两种，使用温度 310～350℃，反应产物以烯烃、化学品、汽油和柴油为主。

熔铁催化剂活性受其比表面积制约，选择性受其助剂含量和分布均匀性的影响。制备方法以及原料中杂质成分复杂，给准确控制熔铁催化剂中助剂的含量带来一定困难。同时，在原料掺混和熔炼过程中，很难使助剂均匀分布，这会造成催化剂性能不稳定。采用沉淀法制备高温催化剂可以很好地解决上述问题。高温沉淀铁催化剂制备的关键在于优化催化剂活性和选择性的同时尽可能提高催化剂的强度，以适应流化床反应器的要求。

（2）钴基催化剂

钴基催化剂活性高、积炭倾向低、寿命相对较长，可最大限度生成重质烃，且以支链饱和烃为主，深加工得到的中间馏分油燃烧性能优良，简单切割后即可用作航空煤油及优质柴油，还可副产高附加值的硬蜡。另外，钴基催化剂具有很低的水煤气变换活性和更高的碳利用率，适用于高 H_2/CO 比的合成气的转化。

钴基催化剂在活性、寿命及产物选择性等方面的优点，使其成为 F-T 合成催化剂的研究热点。

4.3.4　费托合成反应器

费托合成是强放热反应（每生成 1kg 烃约放热 10.9MJ）。反应器中大的温度梯度可造成产物选择性差，从而生成甲烷并在催化剂上析出碳，因此，反应器设计的出发点是如何排出大量的反应热而使反应的选择性最佳、催化剂使用寿命最长、生产最经济。

工业费托合成反应器有三类：固定床反应器、流化床反应器（包括循环流化床和固定流化床）和浆态床反应器。固定床反应器或浆态床反应器主要用于低温费托合成生产分子量相对较大的烃类产品，进一步加工成特种石蜡或经加氢裂化/异构化生产优质柴油、润滑油基础油、石脑油馏分等；流化床反应器主要用于高温费托合成生产分子量相对较小的汽油、柴油、溶剂油、烯烃和其他化学品等。

费托合成反应器采用热载体间接散热方式。热载体能在反应温度下带走反应热。通常采用沸点与反应温度接近且汽化潜热大的热载体，例如不同压力的水、联苯混合物、矿物油和熔盐等。相对固定床反应器，流化床和浆态床反应器具有较高的传热效率。

（1）固定床反应器

在工业上得到应用的固定床反应器有平行薄层反应器、套管反应器和列管式反应器，前两种反应器因散热效率低、生产能力小和结构复杂等原因已不再采用。

列管式反应器由圆筒体和内部竖置的管束组组成，类似换热器，管内装催化剂，管间通入沸腾的冷却用水，以便移走反应热。管内反应温度可由管间蒸汽压力加以控制。此种结构的反应器已经在 Sasol-Ⅰ厂使用，是鲁奇鲁尔化学公司的技术，简称 Arge。

Arge 固定床反应器结构如图 4-27 所示，反应器的直径为 3m，全高为 17m。反应器内有 2052 根装有催化剂的反应管，反应管内径为 50mm，长为 12m，共装 $40m^3$ 铁基催化剂。管内气速在标准状态下达 5m/s（原料气空速 500～700h^{-1}）。在湍流区操作，以改善催化剂床层散热。Arge 固定床反应器与薄层反应器和双套管式反应器相比，其时空产率提高了 5～6 倍，而冷却面积仅为薄层反应器的 5%、套管式反应器的 7%。

固定床反应器使用沉淀铁催化剂，反应温度较低，操作数月之久可不积炭；反应器结构简单，操作简便；不存在产品与催化剂分离问题。

反应热靠管子的径向传热导出，管子直径的放大受到限制；由于催化剂床层压降限制，尾气回收（循环）压缩费用较高，不能用于高温费托合成；催化剂更换需停车进行。

（2）循环流化床反应器

循环流化床费托合成反应器又称气流床反应器，在 Sasol 的三个厂中都曾使用，是凯洛哥（Kellogg）公司开发的技术，简称 Synthol，其结构如图 4-28 所示。从降料立管中经滑阀流下的催化剂与原料气混合

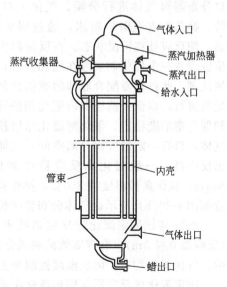

气体入口
蒸汽加热器
蒸汽收集器
蒸汽出口
给水入口

管束
内壳

气体出口

蜡出口

图 4-27　Arge 固定床反应器

悬浮在反应气流中并被气流夹带至反应器；反应热由两段油冷却移出；气体和催化剂在沉降室粗分离后进入旋风分离器进一步除去催化剂细粉部分，然后进入下游工序。Synthol 反应器内径达 3.6m，总高达 75m，合成气处理量达 $35 \times 10^4 \, m^3/h$。

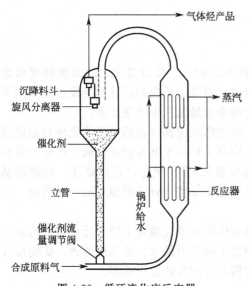

图 4-28　循环流化床反应器

循环流化床反应器采用活性较小的熔铁催化剂（粒径约 $75\mu m$），反应生成碳量少，可在较高温度下操作，生成的气态和较低沸点产品能阻止生成蜡。液体产品中约 78% 为石脑油，7% 为重油，其余为醇和酸等。循环流化床反应器相对于固定床反应器具有产量高、在线装卸催化剂容易、运转时间长、热效率高、压降低、反应器径向温差小等特点，但存在装置结构复杂、投资高、操作烦琐、检修费用高、对原料气硫含量要求高，旋风分离器容易被催化剂堵塞，反应器的高温操作可能导致催化剂积炭和破裂使催化剂耗量增加等缺点。

（3）固定流化床反应器

针对 Synthol 反应器的不足，Sasol 公司与美国 Badger 公司合作开发了固定流化床反应器（Sasol Advanced Synthol，简称 SAS），其结构如图 4-29 所示。反应气体预热到 200℃左右后从反应器底部经气体分布器进入反应床层，反应床层内的催化剂颗粒粒度为 $60\mu m$ 左右，在气体作用下呈乳相流化状态。反应器内设有垂直管束水冷换热装置，其蒸汽控制在 260～310℃、4MPa 左右。反应后气体经旋风分离器除去所夹带的催化剂颗粒后离开反应器进入后续系统。

上海兖矿能源科技研发有限公司开发了一种新型的固定流化床费托合成反应器，其结构如图 4-30(a) 所示。合成反应器包括一层换热管和旋风分离器，合成气从气体入口分布器对气体进行分配。气体入口分布器向上是换热管，换热管内通锅炉给水，通过锅炉给水蒸发带走反应热，使反应处在恒温状态。在反应器内低于换热管下端的位置设置一个催化剂浆液在线加入口，根据需要加入新鲜催化剂。此过程需配合底部的废催化剂在线排放口的排放量来进行，以保持反应器内催化剂的物化性能、床层高度和催化剂浓度稳定。催化剂流化床层顶部奥旋风分离器的气体入口有一定的气固分离空间，气体从反应器顶部出口出反应器。一般流化床反应器中催化剂的平均粒度为

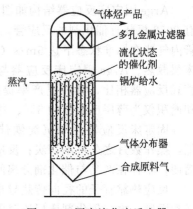

图 4-29　固定流化床反应器

$60\mu m$，操作典型温度为 350℃，操作典型压力为 2.5～3.0MPa，内置的旋风分离器结构示意如图 4-30(b) 所示，气体分布器结构示意如图 4-30(c) 所示。

2018 年该固定流化床反应器技术成功应用于 10 万吨/年高温费托合成工业示范装置（反应器直径 3m）。合理高效的旋风分离器、换热管和气体分布器设计解决了催化剂气相夹带、气固两相均布、床层温度控制等工业化问题，保证了反应稳定连续运行。

固定流化床反应器与循环流化床反应器相比，具有如下优点：

① 单位产能的反应器体积小，结构简单；

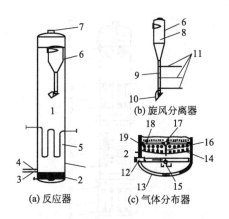

图 4-30　费托合成流化床反应器示意

1—合成反应器；2—气体分布器；3—在线排放口；4—在线加入口；5—换热管；6—旋风分离器；7—顶部出口；8—旋风分离器器体；9—颗粒排泄管；10—翼阀；11—气体吹扫机构；12—气体入口总管；13—底部封头；14—假板；15—开口管；16—气体上升管；17—气体分布总管；18—气体分布支管；19—喷嘴

② 反应器直径大于循环流化床反应器，可以安装更多冷却管，散热效率高，因此反应转化率高，反应器生产强度更大；

③ 无催化剂循环系统，反应器压降小，气体循环比低，气体的压缩耗能低；

④ 基本不存在设备管道磨蚀现象，减少了维修次数和费用。

（4）浆态床反应器

浆态床反应器是一个气液固三相鼓泡床反应器，床内液体一般为熔蜡，催化剂微粒（粒度小于 $50\mu m$）悬浮于其中，合成气以鼓泡形式通过。1953 年德国 Rheinpreussen 等公司建成日产 11.5t 烃燃料的浆态床费托合成示范装置。1980 年前后南非 Sasol 公司也开始浆态床反应器的开发研究，并于 1993 年 5 月投产了直径 5m、日产 2500 桶液体燃料的浆态床 F-T 合成工业装置。其结构如图 4-31 所示。

上海兖矿能源科技研发有限公司开发了一种连续操作的气液固三相浆态床工业反应器，其结构如图 4-32 所示。该反应器包括由入口气体分布管组成的入口气体分布部件，一层或多层对床层进行加热/冷却的换热管部件，一层或多层可以自动清洗的液固分离部件，除去液沫和固体夹带的出口除尘除沫器部件。与现有其他反应器相比，该浆态床反应器能耗低，解决了反应器堵塞或逆流问题，温度与液位控制良好，实现了反应器平稳连续操作。

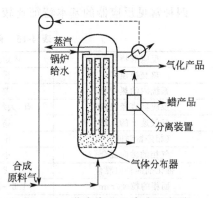

图 4-31　浆态床 F-T 合成反应器

2015 年该浆态床反应器技术在兖矿榆林百万吨级/年低温费托合成煤间接液化工业示范项目上成功应用。该项目一级反应器直径为 9.8m，产能 73 万吨/年。其中，反应器 $CO+H_2$ 转化率大于 95％，CH_4 选择性不大于 4％，C_5^+ 选择性不小于 88％，含氧化合物选择性不大于 4％。

浆态床反应器的优点是：

① 床层内反应物混合好，浆液接近等温，温控灵活；

② 操作条件和产品分布的弹性大；

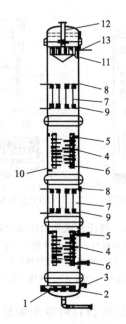

图 4-32　连续操作的费托合成浆态反应床

1—入口气体分布管；2—气体分布管上的喷嘴；3—浆液在线排放口；4—换热管；5—换热介质进口；
6—换热介质出口；7—液固分离装置；8—反冲入口体；9—过滤出口；10—浆液在线加入口；
11—除尘除沫器；12—气相出口；13—冲洗管口

③ 床层压降较低；

④ 催化剂耗量较低，催化剂更换和添加方便；

⑤ 结构简单、易于放大、投资较低。

浆态床反应器的缺点是反应器内传质阻力较大，表现为催化剂的活性较低。蜡和催化剂颗粒的分离是浆态床反应器一个关键问题。

四种常见反应器的基本特征比较见表 4-15。

表 4-15　四种常见反应器的基本特征比较

反应器特征	固定床	循环流化床	固定流化床	浆态床
热交换速率	慢	中到高	高	高
系统内的热传导	差	好	好	好
反应器直径限制	有，大约8m	无	无	无
高气速下的压降	高	中到高	高	中到高
气相停留时间分布	窄	窄	宽	窄到中
气相的轴向混合	小	小	大	小到中
催化剂的轴向混合	无	小	大	小到中
固相的粒度/mm	1.5~2.5	0.01~0.5	0.003~1	0.1~1
催化剂的再生或更换	间歇合成	连续合成	连续合成	连续合成
催化剂的损失	无	2%~4%	由于磨损不可收回	小

从反应器本身来看，浆态床反应器比固定床反应器和流化床反应器结构简单。但浆态床反应器涉及气液固三相反应，其液相循环的辅助系统、操作过程中液相性质的改变以及三相所引起的更为复杂的问题，都是必须解决的。尤其蜡和催化剂颗粒的分离是浆态床 F-T 合成的一个关键问题。与固定床相比，浆态床和流化床反应器都具有较好的移热性能。对比固定流化床和循环流化床可以看出，前者结构简单、造价便宜，易于操作、加压、放大以及提高生产能力。

从操作条件来看，由于混合充分，浆态床反应器的等温性能比固定床好，从而可以在较高的温度下运转，而不必担心催化剂失活、积炭和破碎。在较高的平均转化率下，控制产品的选择性也成为可能，这就使浆态床反应器特别适合高活性的催化剂。然而由于反应物需穿过床内液层才能到达催化剂表面，所以其传质阻力大，传递速度小，表现为催化剂活性小，同时在技术上还需解决液固分离的问题。与固定床和流化床反应器相比，浆态床反应器可直接使用低H_2/CO比的合成气，而不需经过外部的水气变换过程，这使其生产流程得以简化。

浆态床反应器和固定床相比要简单许多，它消除了后者的大部分缺点。浆态床的床层压降比固定床大大降低，气体压缩成本也比固定床低很多，可简易地实现催化剂的在线添加和移走。浆态床所需要的催化剂总量远低于同等条件下的固定床，同时每单位产品的催化剂消耗量也降低了70%，这在经济规模方面具有很大的优势。

固定床不能在与流化床相当的温度水平上操作，因为在此温度下将发生催化剂表面积炭，并导致反应器堵塞。

表4-16所列为三种典型合成反应器的基本操作条件。

表 4-16　三种典型合成反应器的基本操作条件

项目	固定床		循环流化床	浆态床	
	煤化所	Arge	Sasol	Mobil	煤化所
操作温度/℃	250～270	220～250	300～350	260	250～280
操作压力/MPa	2.5	2.3～2.5	2.0～2.3	1.5	1.4～2.4
尾气循环比	3.0～4.0	2.5	2.0～2.4	0	0
H_2/CO 比	1.3～1.5	1.3～2.0	2.4～2.7	0.685	0.5～1.5
合成气转化率/%	63～82	60～66	77～85	84～89	79.1

从产品总产率来看，三者相差不大，但产品分布则完全不同。从获得最大汽油产率方面来比较，通常认为浆态床和流化床优于固定床反应器。如果要得到较多的蜡，固定床和浆态床是适宜的，而流化床则不适于高碳蜡产物，因为蜡在催化剂表面累积会导致床层流化质量严重破坏。若以低碳烯烃为目的产物，流化床反应器则具有明显的优势。三种床型反应器在不同催化剂下的操作条件及产品产率如表4-17所示。

表 4-17　三种床型反应器在不同催化剂下的操作条件及产品产率

项目	沉淀铁催化剂		熔铁催化剂	
反应器类型	固定床	浆态床	流化床	浆态床
催化剂负荷/kg	2.7	0.8	4.2	1.0
催化剂床高/m	3.8	3.8	2.0	3.8
入口温度/℃	223	235	320	320
出口温度/℃	236	238	325	328
循环比	1.9	1.9	2.0	2.0
气体线速率/(cm/s)	36	36	45	45
转化率/%	46	49	93	79
C 产率/%	7	5	12	12
汽油产率/%	14	15	43	42
硬蜡产率/%	27	31	0	0

4.3.5　费托合成工艺

费托合成工艺按反应温度可分为低温费托合成（190～230℃，LTFT）、中温费托合成（260～280℃，MTFT）和高温费托合成（310～350℃，HTFT）。低温费托合成工艺产物主要是柴油以及高品质蜡等，常采用固定床或浆态床反应器；高温费托合成工艺产物主要是汽油、柴油、含氧有机化学品和烯烃，常采用流化床（循环流化床、固定流化床）反应器。

南非 Sasol 公司拥有完整的固定床、循环流化床、固定流化床和浆态床商业化费托合成反应器系列技术，以及适用于不同工艺流程的铁基和钴基费托合成催化剂关键技术。中国中科合成油技术有限公司、兖矿集团等也开发了各具特色的费托合成油工艺。

4.3.5.1 Sasol 费托合成工艺

Sasol 煤间接液化工艺可分为低温费托合成过程和高温费托合成过程，其中低温费托合成过程采用 Arge 固定床反应器和浆态床反应器，高温费托合成过程采用循环流化床反应器和固定流化床反应器。

Sasol-Ⅰ厂采用了 Arge 固定床和 Synthol 循环流化床费托合成反应器，图 4-33 是其工艺流程图。合成气分别送入两类反应器，固定床生成的蜡多，气流床生成汽油多。1980 年建成的 Sasol-Ⅱ厂，规模为 Sasol-Ⅰ厂的 8 倍，只选用放大的 Synthol 反应器。在 1984 年又建成 Sasol-Ⅲ，基本上是 Sasol-Ⅱ厂的翻版。

1995~1999 年，Sasol 用 4 台直径 8m、4 台直径 10.7m 的固定流化床反应器取代了 Sasol-Ⅰ、Sasol-Ⅱ的 16 台循环流化床反应器。

1993 年，浆态床费托合成反应器在 Sasol 投产，反应器直径 5m，高 22m，合成气处理量 $1.1 \times 10^5 \, m^3/h$。

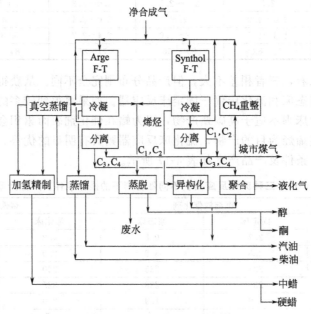

图 4-33　Sasol-Ⅰ工厂流程图

（1）Arge 固定床合成工艺

图 4-34 是 Arge 合成工艺流程图。由鲁奇气化炉制得的煤气，经净化得氢气与一氧化碳体积比为 1.7:1 的合成气，新鲜气与循环气以体积比为 1:2.3 的比例混合，混合气被压缩到 2.5MPa 后，进入热交换器与来自反应器的产品气换热，然后进入反应器，反应温度控制在 220~235℃。反应产物先经分离脱去石蜡烃，换热后再脱去软石蜡，又经冷却器冷却分离出烃类油，冷却后的余气部分循环，其余送油吸收塔回收 C_3 和 C_4 烃类。冷凝油与软石蜡一起经常压蒸馏得液化石油气、汽油（$C_3 \sim C_{12}$）、柴油（$C_{13} \sim C_{18}$）。常压残渣和石蜡送真空蒸馏，分离出各类蜡产品。Arge 反应器的产物较重，含蜡较多。

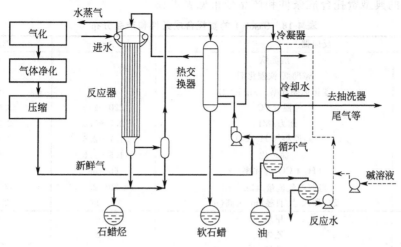

图 4-34　Arge 合成工艺流程图

（2）Synthol 循环流化床合成工艺

图 4-35 是 Synthol 循环流化床合成工艺流程。新原料气与循环气以体积比 1：2.4 的比例混合，加热到 160℃以后进入反应器的水平进气管，与循环热催化剂混合，进入提升管和反应器内反应。为了防止催化剂被蜡黏结在一起，采用较高的温度（320～340℃）和富氢操作，合成气中 $H_2/CO=6$，反应压力 2.26～2.35MPa，催化剂循环量 6000t/h，新鲜原料气量为 90000～100000m^3/（h·台），使用粉末（粒度小于 $74\mu m$）熔铁催化剂，催化剂寿命为 40 天左右。先在油洗塔除去反应气体中重质油和夹带的催化剂，塔顶温度 150℃，使塔顶产物不含重油，塔顶产物进入分离器分出轻油和水，大部分尾气经循环压缩机返回反应器，余气再送入油吸收塔脱除 C_3 和 C_4。

Synthol 合成采用富 H_2 合成气和较高的反应温度，产物较轻，基本上不生成蜡，汽油产率较高。

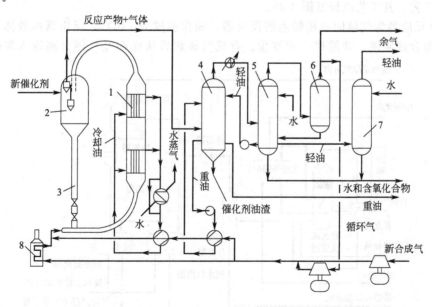

图 4-35　Synthol 合成工艺流程

1—反应器；2—催化剂沉降室；3—竖管；4—油洗塔；5—气体洗涤分离塔；6—分离器；7—水洗塔；8—开工炉

Sasol-Ⅰ的典型费托合成条件和产品分布见表 4-18。

表 4-18　Sasol-Ⅰ的费托合成条件和产品分布

反应器		Arge	Synthol
操作条件	沉淀铁		熔铁
	碱助剂-铁催化剂		
	催化剂循环率/(Mg h~l)	0	8000
	温度/℃	220~255	320~340
	压力/MPa	2.5~2.6	2.3~2.4
	新原料气 H_2/CO	1.7~2.5	2.4~2.8
	循环比	1.5~2.5	2.0~3.0
	(H_2+CO)转化率/%	60~68	79~85
	新原料气流量/(km^3/h)	20~28	70~125
	反应器尺寸/直径(m)×高(m)	3×17	2.2×36
产品产率/%	甲烷	5.0	10.1
	乙烯	0.2	4.0
	乙烷	2.4	6.0
	丙烯	2.0	12.0
	丙烷	2.8	2.0
	丁烯	3.0	—
	丁烷	2.2	1.0
	汽油 C_5~C_{12}	22.5	39.0
	柴油 C_{13}~C_{18}	15.0	5.0
	重油 C_{22}~C_{30}	6.0	1.0
	重油 C_{22}~C_{30}	17.0	3.0
	蜡 C_{31+}	18.0	2.0
	含氧化合物	3.5	6.0
	酸类	0.4	1.0

（3）SSPD 浆态床 F-T 合成工艺

SSPD 浆态床 F-T 合成工艺是 Sasol 公司基于低温 F-T 合成反应而开发的浆态床合成中间馏分油工艺，其工艺流程见图 4-36。

SSPD 反应器为气液固三相鼓泡塔反应器，操作温度为 240℃，反应器内液体石蜡与催化剂颗粒混合成浆体，并维持一定液位。合成气预热后从底部经气体分离进入浆态床反应

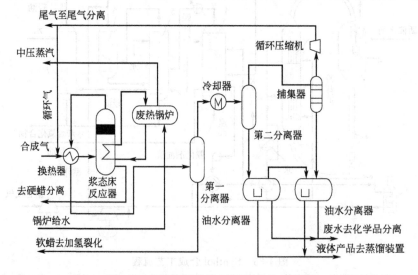

图 4-36　Sasol 浆态床 F-T 合成工艺流程

器，在熔融石蜡和催化剂颗粒组成的浆液中鼓泡，在气泡上升过程中，合成气在催化剂作用下不断发生 F-T 合成反应，生成石蜡等烃类化合物。反应热由内置式冷却盘通过产生蒸汽取出，石蜡采用 Sasol 开发的内置式分离器专利技术进行分离。从反应器上部出来的气体经冷却回收烃组分和水，获得的烃组分往下游的产品改制装置，水则送往回收装置进行处理。

该浆态床反应器可直接使用现代大型气化炉生产的低 H_2/CO 值（$0.6\sim0.7$）的合成气，且对液态产物的选择性高，但存在传质阻力较大的问题。

上述三种 F-T 合成反应器的操作条件及产品对比结果如表 4-19 所示。可以看出，Synthol 气流床比 Arge 固定床反应器生成更多的烯烃，而浆态床反应器生成较多的丙烯，生成低分子烯烃的选择性更好。

表 4-19 F-T 合成反应器的操作条件及产品产率

反应器类型		固定床 Arge Sasol-Ⅰ	气流床 Synthol Sasol-Ⅰ	浆态床 Rheinpreussen-Koppers
反应温度/℃		$220\sim250$	$300\sim350$	$260\sim300$
反应压力/MPa		$2.3\sim2.5$	$2.0\sim2.3$	1.2(2.4)
H_2/CO 比(体积比)		$0.5\sim0.8$	$0.36\sim0.42$	1.5
$C_2\sim C_4$ 产率/%	C_2H_4	0.1	4.0	3.6
	C_2H_6	1.8	4.0	2.2
	C_3H_6	2.7	12.0	16.95
	C_3H_8	1.7	2.0	5.65
	C_4H_8	2.8	9.0	3.57
	C_4H_{10}	1.7	2.0	1.53
	$C_2\sim C_4$ 烯烃总量	5.6	25.0	24.12
	$C_2\sim C_4$ 烷烃总量	5.2	8.0	9.38

4.3.5.2 神华宁煤 400 万吨/年煤间接液化示范费托合成工艺

神华宁煤 400 万吨/年煤炭间接液化装置核心单元——F-T 合成采用中科合成油技术有限公司开发的浆态床 MTFT 技术，主要将合成气转化为烃产物，进一步通过加氢精制和加氢裂解技术生产洁净液体燃料。图 4-37 为核心装置 F-T 合成及产品加工工艺流程图。F-T

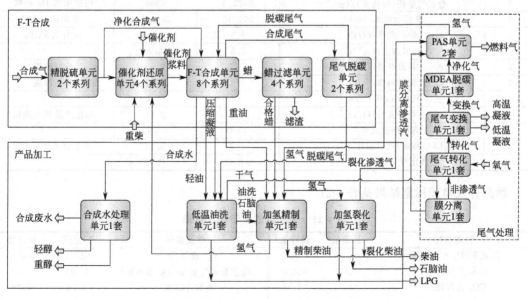

图 4-37 F-T 合成与产品加工工艺流程

合成单元并列设置两条生产线，其工艺流程完全相同。两条生产线配套 1 个低温油洗单元、1 个合成水处理单元、1 个尾气处理单元、1 个油品加工单元（含一套加氢精制单元和一套加氢裂化单元）。每条生产线均包含 4 个 F-T 合成单元、2 个催化剂还原单元、1 个蜡过滤单元、1 个尾气脱碳单元及 1 个精脱硫单元，其中 1 个催化剂还原单元匹配 2 个 F-T 合成单元，而 4 个 F-T 合成单元匹配 1 个馏分油汽提单元、1 个蜡过滤单元、1 个尾气脱碳单元及 1 个精脱硫单元。

与已建成投产的煤炭间接液化化工厂相比，本项目具有以下特点：

① F-T 合成反应器系列多（国内多为单系列或两系列）、规模大（单台 F-T 反应器直径 9.6m、高 60m）、配置复杂（4 台并列 F-T 反应器对应 1 个尾气脱碳单元和 2 台还原反应器）。

② 工艺和设备首次大规模工业应用，设备易发生故障，操作难度加大，工艺需要进一步优化。

③ 多系列 F-T 合成反应器协同运行、系统公用、管网互通，开/停车操作困难。

④ F-T 反应器之间、反应器和下游装置间相互影响、相互干扰较大，降低了系统运行稳定性。

费托生产装置现场 72h 考核标定结果见表 4-20。

表 4-20 费托生产装置现场 72h 考核标定结果（平均值）

序号	项目	设计值	标定值	备注
1	反应温度/℃	270～275	273	
	顶部压力/MPa	2.75～2.95	2.85	
	入口 H_2/C 比值	3.0～4.0	3.86	
2	合成气量/($10^4 m^3$/h)	137.86	126.42	负荷率 91.7%
3	馏分油产量/(t/h)	254.3	241.5	
	油洗石脑油/(t/h)	16.4	15.6	
	稳定重质油/(t/h)	55.5	52.7	
	稳定蜡/(t/h)	172.6	163.9	
	油洗 LPG/(t/h)	9.8	9.3	
4	合成气单耗（以油计）/(m^3/t)	5433.3	5398	包括尾气 H_2 回收
5	费托合成水/(t/h)	292.45	270.48	水油比 1.12
6	副产蒸汽/(t/t)	4.5	4.53	压力 2.8MPa
7	耗新鲜水/(m^3/t)	6.5	5.7	
8	耗原料煤/(t/t)	2.98	2.93	折标准煤
9	耗燃料煤/(t/t)	0.6	0.57	折标准煤
10	耗电/(kW·h/t)	—	852.03	
11	综合能耗/(t/t)	2.2	2.01	单位产品耗标准煤
12	能源转换效率/%	43.0	43.83	
13	CO_2 排放量（以油计）/(t/t)	3.2	3.12	其中合成油 0.66t
14	转化率(H_2+CO)/%	91.69	>80	

油品合成单元标定结果见表 4-21。

表 4-21 油品合成单元标定结果

性能指标	标定值	设计值	性能指标	标定值	设计值
转化率(H_2+CO)/%	91.69	>80	C_5^+ 选择性/%	92.82	>88.0
CH_4 选择性/%	2.90	<4.0	吨油合成气量/m^3(标准状态)	5 686	5 461
CO_2 选择性/%	14.61	14.57	吨油合成水/t	1.12	1.24
C_3^+ 选择性/%	96.15	—	吨油蒸汽/t	4.53	4.52

4.3.5.3 上海兖矿能源科技研发有限公司费托合成工艺

上海兖矿能源科技研发有限公司分别开发了低温和高温费托合成技术。

（1）低温费托合成工艺

该公司浆态床低温费托合成工艺采用浆态床反应器、铁基催化剂，由催化剂活化、费托合成及反应水精馏三部分构成，主要工艺流程如图4-38所示。

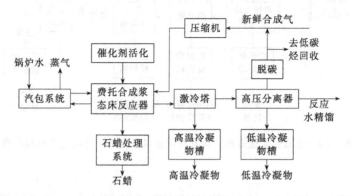

图4-38　上海兖矿能源科技研发有限公司低温费托合成工艺流程示意

来自净化工段的新鲜合成气和循环尾气混合，经循环压缩机加压后，预热到160℃进入费托合成反应器，在催化剂的作用下部分转化为烃类物质，反应器出口气体进入激冷塔冷却、洗涤，冷凝后的液体经高温冷却器冷却后进入过滤器过滤，过滤后的液体作为高温冷凝物送入产品贮槽。在激冷塔中未冷凝的气体，经激冷塔冷却器进一步冷却至40℃进入高压分离器，液体和气体在高压分离器中得到分离，液相中的油相作为低温冷凝物，送入低温冷凝物储槽。水相作为反应水，送至反应水精馏单元。高压分离器顶部排出的气体脱碳后，一部分与新鲜合成气混合后，经循环压缩机加压，并经原料气预热器预热后，返回反应器，另一部分送入低碳烃回收单元。反应产生的石蜡经反应器内置液固分离器与催化剂分离后排放至石蜡收集槽，然后经粗石蜡冷却器冷却至130℃，进入石蜡缓冲槽闪蒸，闪蒸后的石蜡进入石蜡过滤器过滤，过滤后的石蜡送入石蜡储槽。

采用该工艺的兖矿榆林百万吨级低温费托合成煤间接液化工业示范项目于2015年投产，装置年产柴油78.08万吨、石脑油25.84万吨、液化石油气5.65万吨，联产电力110MW·h。

（2）高温费托合成工艺

上海兖矿能源科技研发有限公司费托合成工艺采用固定流化床，可使用沉淀铁或熔铁催化剂，工艺流程如图4-39所示。合成反应器操作温度340～360℃，压力2.5～3.0MPa，内部配置有移热冷管和旋风分离器。反应器出口气经激冷、闪蒸分离、过滤得到液体烃类产品（高温冷凝物、低温冷凝物）、气相产物和反应水。液体烃类产品送至油品加工单元，气相产物一部分与合成气混合返回反应器，另一部分进入低碳烃分离单元。反应水送入精馏塔，得到混醇产品和含酸反应水。

采用该工艺的10万吨/年高温费托合成工业示范装置于2018年投产并达到满负荷运行。该装置采用固定流化床反应器和熔铁催化剂，产品为高温冷凝物（重质油）、低温冷凝物（轻质油）、C_2^+气态低碳烃、混醇及甲烷。产物碳数分布窄，以短链烯烃为主，烯烃特别是高附加值的α-烯烃含量高，可以生产石油化工路线较难获取的高附加值化工产品。其中甲烷选择性8.82%，C_5^+烃选择性56.77%，含氧有机物选择性9.21%，总烯烃选择性53.30%，乙烯选择性3.37%，丙烯选择性8.21%，C_4^+ α-烯烃选择性28.13%。

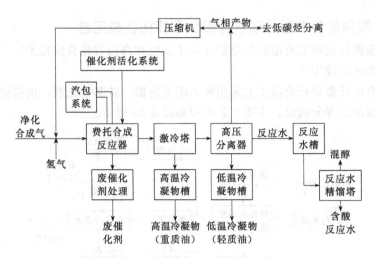

图 4-39　上海兖矿能源科技研发有限公司高温费托合成工艺流程示意

4.4
煤制天然气

　　煤制合成天然气通常称为煤制天然气（coal to synthetic natural gas，coal to SNG）或煤制代用天然气（coal to substitute natural gas，coal to SNG），是指以煤为原料制取以甲烷为主要成分、符合天然气热值等标准的气体。

　　按照化学反应步骤不同，煤制天然气技术可分为直接煤制天然气技术和间接煤制天然气技术。直接煤制天然气技术为一步法，由美国埃克森（Exxon）公司在 20 世纪 70 年代研究开发。以蓝气（Bluegas）技术为例，将煤粉碎到一定粒度，与催化剂充分混合后进入流化床气化反应器，在催化剂作用下，煤与水蒸气反应，生成 CH_4、CO、H_2、CO_2、H_2S 等，粗煤气通过旋风分离器除去固体颗粒，经净化单元脱除硫化物，净化后煤气分离获得产品气 SNG，其流程如图 4-40 所示。

　　间接煤制天然气技术也被称为"两步法"煤制天然气技术，第一步指煤气化过程，第二步指煤气（合成气）甲烷化过程。即首先通过气化将煤转化为合成气（主要含 CO 和 H_2）或含一定量低碳烃的粗合成气，粗合成气经过水煤气变换调整氢碳比（$H_2/CO=3.0$），净化（脱硫、脱碳）后进行甲烷化反应，得到甲烷含量大于 94% 的 SNG。

　　煤制天然气是新型煤化工技术之一，截至 2020 年，我国已投产的煤制天然气总产能 64.35 亿 m^3/a（表 4-22），其中甲烷化部分均采用国外技术。

表 4-22　全国已建成投产的煤制天然气工业化示范项目

序号	煤制天然气示范项目	建成规模/(亿 m^3/a)	投产时间	备注
1	内蒙古大唐克旗煤制天然气项目	13.3	2013.12	块煤固定床气化
2	内蒙古汇能煤制天然气项目	4	2014.10	水煤浆气流床气化(终端产品为LNG)
3	新疆庆华煤制天然气项目	13.75	2013.12	块煤固定床气化
4	新疆伊犁新天煤制天然气项目	20	2017.03	块煤固定床气化
5	大唐辽宁阜新煤制天然气项目	13.3	2020	块煤固定床气化
	合计	64.35		

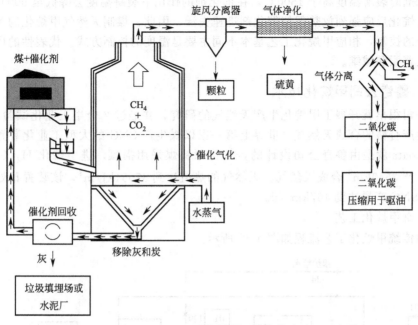

图 4-40 蓝气（Bluegas）直接煤制天然气技术流程示意图

4.4.1 煤气甲烷化工艺

4.4.1.1 甲烷化反应

所谓甲烷化是指合成气中 CO 和 H_2 在一定的温度、压力及催化剂作用下，进行化学反应生成 CH_4 的过程。甲烷化反应是强放热、体积缩小的可逆反应，并且在反应过程中可能析碳。CO 每转化 1%，温升为 70～72℃。甲烷化反应必须在催化剂的作用下才能进行。而 CO 和 H_2 之间的催化反应属于典型的选择性催化反应，在不同的催化剂和工艺条件下，可以选择生成甲烷、甲醇和醛，或者液态烃等不同物质。CO 和 H_2 反应生成甲烷的过程中主要发生的反应如下：

$$CO+3H_2 \longrightarrow CH_4+H_2O \qquad \Delta H_{298}^{\ominus}=-206.15kJ/mol$$
$$CO+H_2O \longrightarrow CO_2+H_2 \qquad \Delta H_{298}^{\ominus}=-41.16kJ/mol$$
$$2CO+2H_2 \longrightarrow CH_4+CO_2 \qquad \Delta H_{298}^{\ominus}=-136.73kJ/mol$$
$$CO_2+4H_2 \longrightarrow CH_4+2H_2O \qquad \Delta H_{298}^{\ominus}=-206.15kJ/mol$$
$$C+2H_2 \longrightarrow CH_4 \qquad \Delta H_{298}^{\ominus}=-73.7kJ/mol$$

甲烷化工艺过程中可能发生的析碳反应主要有以下 3 个。
CO 歧化反应：
$$2CO \longrightarrow CO_2+C \qquad \Delta H_{298}^{\ominus}=-171.7kJ/mol$$
反应温度高于 275℃、低于 627℃，是产生析碳的主要原因。
CO 还原反应：
$$CO+H_2 \longrightarrow H_2O+C \qquad \Delta H_{298}^{\ominus}=-173kJ/mol$$
CH_4 裂解反应：
$$CH_4 \longrightarrow H_2+C \qquad \Delta H_{298}^{\ominus}=74.9kJ/mol$$

无催化剂时裂解温度高于 1500℃，在催化剂的作用下裂解温度会降低至 900℃。

由于甲烷化反应强烈放热促使催化剂迅速失活，因此，煤制天然气甲烷化的关键即甲烷化反应温升的控制，相应甲烷化工艺基本不同主要是温度的控制方式。代表性的甲烷化工艺有鲁奇、托普索和戴维。

4.4.1.2 鲁奇公司甲烷化技术

鲁奇公司很早就开展了甲烷化生产天然气的研究，并经过 2 个半工业化试验厂的试验，证实可以生产合格的合成天然气。世界上第一家以煤生产 SNG 的大型工业化装置——美国大平原 Dakoata 就是由鲁奇公司设计的，气化原料煤采用褐煤，进甲烷化 H_2/CO 约为 3，设计值为日产 3540km³ 合成天然气。天然气的热值达到 37054kJ/m³，该装置日处理原料煤 1.8 万吨，SNG 产量达到 467km³/d。

（1）鲁奇甲烷化工艺

鲁奇的传统甲烷化工艺流程如图 4-41 所示。

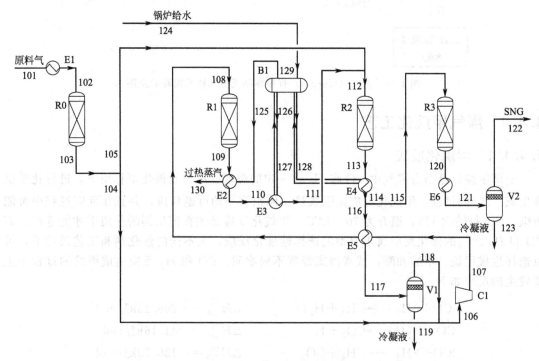

图 4-41　传统鲁奇甲烷工艺流程图

B1—汽包；C1—循环压缩机；E1—原料气预热器；E2—蒸汽过热器；E3——反废热锅炉；E4—二反废热锅炉；
E5—循环换热器；E6—三反废热锅炉；R0—精脱硫反应器；R1—第一甲烷化反应器；R2—第二甲烷化反应器；
R3—第三甲烷化反应器；V1—循环气分液罐；V2—产品气分液罐

由净化界区来的原料气 101 经原料气预热器 E1 升温至约 120℃后进入精脱硫反应器 R0，将原料气中总硫降至 30×10^{-9} 以下，然后分两股分别进入第一甲烷化反应器 R1 和第二甲烷化反应器 R2。

第一股精脱硫原料气 104 与循环气 118 混合后经循环压缩机 C1 增压，循环换热器 E5 升温 230℃后进入第一甲烷化反应器 R1 反应。

约 480℃的一反产品气 109 经蒸汽过热器 E2 和一反废热锅炉 E3 回收热能，降温至约 260℃后与第二股原料气 105 混合进入第二甲烷化反应器 R2 反应。

从第二甲烷化反应器出来的约 480℃ 的二反产品气 113 经二反废热锅炉 E4 回收热能,降温至约 280℃ 后分成两股 115 和 116,第一股进入第三甲烷化反应器 R3 继续反应,第二股作为循环气经循环换热器 E5 降温至约 40℃ 后进入循环气分液罐 V1 进行气液分离,获得循环气 118 与第一股原料气混合返回甲烷化系统。

由第三甲烷化反应器出来的约 330℃ 的产品气 120 经三反出口换热器 E6 降温后进入产品气分液罐 V2,分离液体后获得产品 SNG。

来自界区的锅炉给水 124 经预热后进入汽包 B1,经换热后获得饱和蒸汽 129,再经蒸汽过热器 E2 过热到 450℃ 左右送出界区。

在传统甲烷化工艺基础上,鲁奇公司依托德国 BASF 的新一代高温催化剂 G1-85 和 G1-86HT,又推出了一种高温甲烷化工艺。

(2) 鲁奇工艺特点

传统鲁奇甲烷化工艺共三个甲烷化反应器,其中前两个反应器采用串、并联方式连接,主要采用循环气控制第一甲烷化反应器床层温度,采用冷循环,将第二甲烷化反应器产品气作为循环气,循环温度在 40℃ 左右。第一、第二甲烷化反应器出口温度为 480℃ 左右;进入界区的原料气中总硫含量应小于 0.1×10^{-6},设置单独的精脱硫装置将原料气中总硫降至 30×10^{-9},要求其中变换气 H_2/CO 比略大于 3;第一、第二甲烷化反应器的产品气热能用来生产过热蒸汽,第三甲烷化反应器的产品气热能用来预热锅炉给水、除盐水等。

高温鲁奇甲烷化工艺单元构成类似传统工艺,主要不同点在于使用高温催化剂,采用热循环,即第二甲烷化反应器的产品气用作循环气的循环温度在 60~150℃,第一甲烷化反应器出口温度为 650℃ 左右,第二甲烷化反应器出口温度为 500~650℃,由此加热的过热蒸汽温度更高,第三甲烷化反应器出口的产品气温度在 290~400℃,用来预热锅炉给水、除盐水等。

4.4.1.3 托普索甲烷化技术

总部位于丹麦哥本哈根市郊 Lyngby 的托普索公司成立于 1940 年,托普索公司的业务范围包括合成氨、氢气、蒸汽转化、甲醇、甲醛、二甲醚和甲烷化等,曾拥有 5 项甲烷化方面的专利,开发了 TREMP^{TM} 甲烷化工艺。

(1) TREMP^{TM} 甲烷化工艺

托普索煤制天然气的核心技术为甲烷化技术 TREMP^{TM},托普索 TREMP^{TM} 甲烷化基本流程中含有 3~4 个甲烷化反应器,在工艺气进入装置前设置了硫保护装置,用于 H_2S 和 COS 物质的脱除,在第一反应器后设有压缩机循环工艺气,降低第一反应器入口的 CO 浓度,来控制反应温度,此工艺流程可以产出高品质天然气并副产高压过热蒸汽。在此基础上开发多种甲烷化工艺,图 4-42 为二段循环四级甲烷化工艺流程。

由净化界区来的原料气在 140~150℃ 进行精脱硫,将原料气中总硫含量降至 3×10^{-8} 以下,脱硫原料气 101 与循环气 115 混合,在 230~240℃ 的条件下进入变换反应器 R0,发生反应升温至 310~330℃,然后分两股 104 和 105,分别进入第一甲烷化反应器 R1 和第二甲烷化反应器 R2。

第一股工艺气 104 进入第一甲烷化反应器 R1 反应后升温至 610~630℃,经一反高压废热锅炉 E1 回收热量后与工艺气 105 混合进入第二甲烷化反应器 R2 反应,产品气 109 温度为 570~590℃,二反产品气经蒸汽过热器 E2 和二反高压废热锅炉 E3 回收热能后分成两股,一股作为循环气 113,另一股工艺气 112 在 280~300℃ 进入第三甲烷化反应器 R3 反应。

循环气 113 经循环气换热器 E4 降温至 200~220℃ 后,再经循环压缩机增压后与原料气

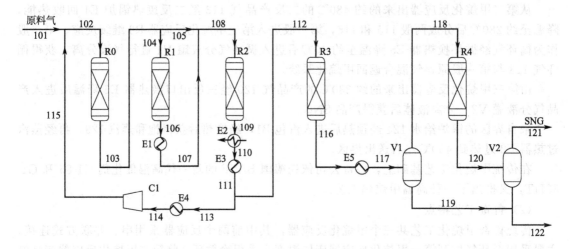

图 4-42　托普索二段循环四级甲烷化工艺流程

C1—循环压缩机；E1—一反高压废热锅炉；E2—蒸汽过热器；E3—二反高压废热锅炉；E4—循环气换热器；
E5—三反高压废热锅炉；R0—变换反应器；R1—第一甲烷化反应器；R2—第二甲烷化反应器；
R3—第三甲烷化反应器；R4—第四甲烷化反应器；V1—三反分液罐；V2—产品气分液罐

101 混合进入变换反应器 R0。

温度为 400～420℃的三反产品气 116 经三反高压废热锅炉 E5 降温后进入三反分液罐 V1 进行气液分离，工艺气 118 升温至 230～250℃进入第四甲烷化反应器 R4 继续反应。

由第四甲烷化反应器 R4 出来的约 310℃的产品气 120 经降温后进入产品气分液罐 V2，分离液体后获得产品气 SNG。

（2）TREMP^{TM} 工艺特点

① 采用专用催化剂　MCR-2X 催化剂具有较宽的操作温度（250～700℃），其稳定性和有效性已在工业示范装置上得到有效的证明。

② 热回收率高　采用耐高温 MCR-2X 催化剂提高了反应温度，增大了热回收效率，在 TREMP^{TM} 甲烷化反应中，反应热的 84.4％以副产高压蒸汽得以回收，9.1％以副产低压蒸汽得以回收，约 3％的反应热以预热锅炉给水的形式得以回收。

③ 高温反应　催化剂在 700℃以下都具有很高的活性，因此反应可以在高温下进行，这样可以减少气体循环量，降低压缩机功率，节约能耗。MCR-2X 催化剂在高温状态下工作，不仅可以避免羰基形成，而且可以保持高活性、长寿命。

4.4.1.4　戴维甲烷化技术

总部位于英国伦敦的戴维工艺技术公司创立于 19 世纪末，主要从事先进工艺技术的开发、工程设计以及全球转让，其中一碳化工技术主要包括：甲醇合成、天然气裂解 GTL、费托技术以及 SNG 工艺技术。

（1）DAVY 甲烷化工艺

图 4-43 为需要调整氢碳比的 DAVY 甲烷化典型工艺流程图。

由净化界区来的原料气 101 经原料气预热器 E1 升温至约 180℃后进入精脱硫反应器 R0，将原料气中总硫降至 $2×10^{-8}$ 以下，再经脱硫气预热器 E2 升温后分两股，分别进入第一甲烷化反应器 R1 和第二甲烷化反应器 R2。

第一股精脱硫原料气 105 与循环气 121 混合至 320℃左右进入第一甲烷化反应器 R1 反

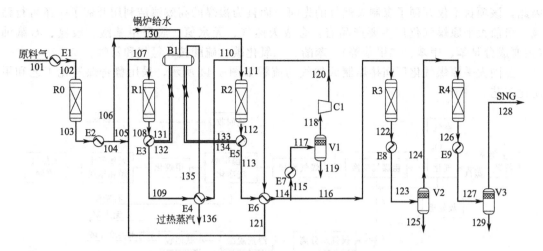

图 4-43　需要调整氢碳比的 DAVY 甲烷化典型工艺流程图

B1—汽包；C1—循环压缩机；E1—原料气预热器；E2—脱硫气预热器；E3——反废热锅炉；
E4—蒸汽过热器；E5—二反废热锅炉；E6—循环气换热器；E7—循环气冷却器；E8—三反产品气换热器；
E9—四反产品气换热器；R0—精脱硫反应器；R1—第一甲烷化反应器；R2—第二甲烷化反应器；
R3—第三甲烷化反应器；R4—第四甲烷化反应器；V1—循环气分液罐；V2—产品气分液罐；V3—产品气分液罐

应。温度约 620℃的一反产品气 108 经一反废热锅炉 E3 和蒸汽过热器 E4 回收热量后，与第二股精脱硫原料气 106 混合进入第二甲烷化反应器 R2 反应。

从第二甲烷化反应器出来的温度约 620℃的二反产品气经二反废热锅炉 E5 回收热能，降温至约 280℃后分成两股，其中一股作为循环气 115，另一股工艺气 116 进入第三甲烷化反应器 R3 继续反应。循环气 115 经循环气冷却器 E7 降温至约 150℃后进入循环气分液罐 V1 进行气液分离，工艺气 118 增压后与第一股精脱硫原料气 105 混合返回甲烷化系统。

由第三甲烷化反应器 R3 出来的温度约 450℃的产品气 122 经三反产品气换热器 E8 降温后进入产品气分液罐 V2 分离气液。分离气升温至 250℃左右后进入第四甲烷化反应器 R4，出口的温度约 330℃，四反产品气经换热器降温后进入产品气分液罐 V3，分离液体后得到的产品气 SNG 送出界区。

来自界区的锅炉给水 130 经预热后进入汽包 B1，经换热后获得饱和蒸汽 135，再经蒸汽过热器 E4 过热到 450℃左右送出界区。

（2）DAVY 工艺特点

DAVY 甲烷化工艺共四个甲烷化反应器，其中前两个反应器采用串、并联方式连接，主要采用循环气控制第一甲烷化反应器床层温度，即第二甲烷化反应器的产品气用作循环气的循环温度在 150℃左右，第一、第二甲烷化反应器出口温度为 620℃左右；进入界区的原料气中总硫含量应小于 0.2×10^{-6}，设置单独的精脱硫装置将原料气中总硫含量降至 2×10^{-8} 以下；第一、第二甲烷化反应器的产品气热能用来生产过热蒸汽，第三甲烷化反应器的出口温度约 450℃，第四甲烷化反应器的出口温度约 330℃，产品气热量用来预热锅炉给水、原料和第四甲烷化反应器的入口气等。

4.4.2　典型煤制天然气工艺

（1）美国大平原煤制天然气

美国大平原煤制天然气项目是世界上第一个煤制天然气项目，采用的原料是低阶褐煤，因此，该项目不仅开创了煤制天然气的先河，而且为褐煤的高效清洁利用开辟了一条可行路线。目前大平原煤气化厂主要产品有：合成天然气、无水氨、脱酚甲苯酸、液氮、石脑油（主要成分是苯、甲苯、二甲苯等）、苯酚、二氧化碳、硫酸铵、氩气和氢气。

美国大平原煤气化厂间接煤制天然气的流程如图 4-44 所示，采用鲁奇煤气化工艺和甲烷化工艺。

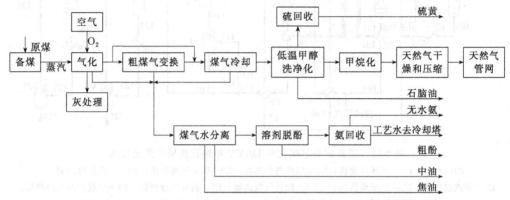

图 4-44 间接煤制天然气流程示意图（美国大平原煤气化厂）

该厂的基本流程以北美煤炭 Coteau 资产公司自有煤矿露天褐煤矿生产的褐煤为原料，气化产生的粗合成气经过变换和低温甲醇洗等单元的变换、净化处理后，净化合成气一路去合成氨单元作为原料，生产无水氨，除去补充锅炉烟气尾气脱硫洗涤器（FGD）所需的氨外，其余作为无水氨产品外售；另一路经过甲烷化反应生产煤制合成天然气产品，甲烷化反应使用镍催化剂。气化副产的较轻质油品经过低温甲醇洗单元分离出来作为石脑油；通过酚提纯单元将废水中的苯酚和脱酚甲苯酸进行分离提纯，生产相应副产品；通过氨回收单元回收煤气水中的氨作为副产品，FGD 提供氨洗涤剂（合成氨装置的无水氨作为洗涤器氨的补充）。厂区的酸性气直接进入蒸汽锅炉焚烧，锅炉烟气中的硫化物使用 FGD 来回收，并产生硫酸铵副产品外售。表 4-23 为美国大平原煤气化厂的主要原料和产品产能。

表 4-23 美国大平原煤气化厂主要原料及产品产能

序号	煤质分析	指标	产品名称	单位	产能
1	$M_{t,ar}/\%$	36.8	SNG	亿立方米/年	14
2	$A_{ar}/\%$	6.5	无水液氨	万吨/年	36
3	$V_{ar}/\%$	26.6	脱酚苯甲酸	万吨/年	1.5
4	$FC_{ar}/\%$	29.4	液氮	万吨/年	8
5	煤灰熔融性温度/℃（HT）	1250	石脑油	万升/年	2650
6	典型热值/(kJ/kg)	16 000	苯酚	万吨/年	1.5
7	$C_{daf}/\%$	73.2	硫酸铵	万吨/年	10
8	$H_{daf}/\%$	4.7	二氧化碳	万吨/年	140
9	$O_{daf}/\%$	19.84	氩气和氪气	万升/年	310
10	$N_{daf}/\%$	1.08	焦油		
11	$ST_{daf}/\%$	1.18			

（2）大唐国际克什克腾煤制天然气

内蒙古大唐国际克什克腾煤制气利用内蒙古丰富的褐煤资源生产天然气。该项目场址位于内蒙古赤峰市克什克腾旗西北部的达日罕乌拉苏木锡腾海。所用褐煤取自大唐公司具有独立开采权的内蒙古锡林浩特胜利东二号露天矿。项目所产天然气目标市场是北京市，同时兼顾沿线用气需求。输气管线途经内蒙古赤峰、锡林郭勒盟、河北承德和北京密云。管线全长

359km，设计压力7.8MPa，管径914mm。

一期规模为$13.3\times10^9m^3/a$，采用固定床碎煤加压气化技术生产粗合成气，为满足甲烷化需要，通过CO变换调整合成气中氢碳比、用酸性气体脱除合成气中H_2S及CO_2等，合成气再通过甲烷化及脱水生产合成天然气，产品经过压缩后送天然气管网。

主要工艺单元装置包括：空分装置、煤气化装置、净化装置、甲烷化装置以及硫回收装置等，见图4-45。

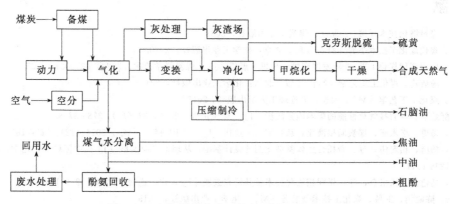

图4-45 克旗煤制合成天然气项目工艺流程示意

① 空分装置　包括空气压缩、空气预冷、空气净化、空气分离、液体储存等五个工序，从大气中吸取空气，采用空气两段增压、膨胀空气进下塔、两级精馏制取高纯度的氧气和氮气。

② 煤气化装置　原煤经过备煤单元处理后，从煤斗通过溜槽进入煤锁中，然后经自动程序操作的煤锁加入气化炉。蒸汽和来自空分的氧气作为气化剂从气化炉下部喷入，在炉内煤和气化剂逆流接触。煤经过干燥、干馏、气化、氧化生成的粗煤气主要组成为氢气、一氧化碳、二氧化碳、甲烷、有机硫、硫化氢、焦油、酚和高级烃，粗煤气经洗涤后送入变换单元。炉底部最终残留的灰渣由气化炉排入灰锁，再经灰斗排至水力排渣系统。

由于碎煤加压气化的温度较低，粗煤气中含有焦油、酚、氨等物质，并在冷却过程中随水一起排出系统，因此设置了煤气水分离单元对其进行初步分离处理。在该单元利用节流膨胀的原理，将溶解在煤气中的气体分离出来，并且利用无压重力沉降分离原理，根据不同组分的密度差，对煤气水中各组分进行初步分离。

酚回收装置采用二异丙基醚萃取脱酚工艺，处理来自煤气水分离单元的含酚水，先脱酸、脱氨，然后再脱酚。最终产品为粗酚和氨水，氨水送烟气脱硫，处理后的剩余废水送生化处理系统。

③ 净化装置　粗煤气经过部分变换和工艺废热回收后进入低温甲醇洗单元。粗煤气在低温甲醇洗单元脱除硫化物和其他杂质后送入甲烷化单元。在低温甲醇洗单元浓缩的含H_2S酸性气送硫回收单元制得硫黄产品。低温甲醇洗单元的冷量由压缩制冷单元提供，制冷剂为氨。

④ 甲烷化装置　将净化气中的CO及少量的CO_2通过甲烷化反应生成符合国家天然气产品标准的合成天然气。其主要工艺过程包括甲烷化、天然气压缩、天然气干燥以及冷凝液汽提等四个工序。

净化气经多级绝热反应，生成甲烷化含量达96%以上的SNG气体。甲烷化反应过程中的反应热通过副产过热中压蒸汽、预热除盐水等得以回收利用。为达到管网压力，出甲烷化界区的 SNG 气体经过天然气压缩工序，将产品压力提高至 8.2MPa（绝热压力）。天然气干燥工序的作用是将压缩后天然气中的少量水分通过三甘醇进行分离，以达到天然气管网对水露点的要求。

⑤ 硫回收装置　硫回收采用二级富氧克劳斯硫黄回收技术。尾气经焚烧炉焚烧、回收余热后送往锅炉烟气脱硫系统进行处理。

参考文献

[1] 舒歌平. 煤炭液化技术 [M]. 北京：煤炭工业出版社，2003.

[2] 贺永德. 现代煤化工技术手册 [M]. 3 版. 北京：化学工业出版社，2020.

[3] 徐振刚. 中国现代煤化工近 25 年发展回顾·反思·展望 [J]. 煤炭科学技术，2020，48（08）：1-25.

[4] 宋永辉，汤洁莉. 煤化工工艺学 [M]. 1 版. 北京：化学工业出版社，2016.

[5] 徐绍平. 煤化工工艺学 [M]. 大连：大连理工大学出版社，2016.

[6] 桑磊，舒歌平. 煤直接液化性能的影响因素浅析 [J]. 化工进展，2018，37（10）：3788-3798.

[7] 相宏伟，杨勇，李永旺. 煤炭间接液化：从基础到工业化 [J]. 中国科学：化学，2014（12）：1876-1892.

[8] 温晓东，杨勇，相宏伟，等. 费托合成铁基催化剂的设计基础：从理论走向实践 [J]. 中国科学：化学，2017，47（11）：1298-1311.

[9] 孙启文，吴建民，张宗森，等. 煤间接液化技术及其研究进展 [J]. 化工进展，2013，32（01）：1-12.

[10] 汪建新，陈晓娟，王昌. 煤化工技术及装备 [M]. 化学工业出版社，2015.

[11] 郭中山，王铁峰. 工业浆态床中温费托合成产品分析与产品加工方案优化 [J]. 煤炭学报，2020，45（04）：1267-1274.

[12] 郭中山，王峰，杨占奇，等. 400 万 t/a 煤基费托合成装置运行和优化 [J]. 煤炭学报，2020，45（04）：1259-1266.

[13] 黄仲九，房鼎业，浙江大学，华东理工大学. 化学工艺学 [M]. 3 版. 北京：高等教育出版社，2016.

第5章

合成气制有机化工产品

合成气指一氧化碳和氢气的混合气，主要来源于煤、天然气或生物质。由合成气能制得一系列有机化工产品，包括醇类、酸类、醚类、烯烃和芳烃等，其中合成气制甲醇已实现大规模工业生产，而合成气直接转化制乙醇、乙二醇、高碳醇（C_6^+ 伯醇的混合物）、烯烃、芳烃等在技术上挑战很大，合成气经甲醇能制得烯烃及芳烃，醛类，胺类，有机酸类，酯类等有机化工产品。

5.1
合成气制甲醇

工业合成甲醇反应是典型的催化反应，已有近百年的发展历史，经过众多的理论探索和生产实践，甲醇的合成工艺和应用技术形成了较完整的知识体系。在甲醇合成的原理方面，对甲醇的性质、热力学、催化剂、反应机理及动力学等进行了深入研究，形成了系统的基础理论知识。在合成工艺方面，工艺流程、操作、设备、反应器模拟设计、合成系统的模拟、甲醇精馏、工艺过程的仪表和自动化控制、产品分析和质量控制等形成了较完善的生产工艺技术。在甲醇的应用方面，甲醇下游衍生物如甲醛和聚甲醛、胺类、硫类与卤化衍生物、酯类、醚类及酸类衍生物的合成原理、生产工艺及其应用，以及清洁燃料的应用也形成了庞大的应用理论体系。

我国的甲醇工业始于 20 世纪 50 年代，曾利用前苏联技术在兰州、太原和吉林采用锌铬系催化剂建有高压法甲醇合成装置。60~70 年代，上海吴泾化工厂先后自建了以焦炭和石脑油为原料的甲醇合成装置，南京化学工业公司研究院研制了合成氨联醇用的中压铜基催化剂，推动了合成氨联产甲醇的工业发展。70 年代，四川维尼纶厂引进了我国第一套低压甲醇合成装置，以乙炔尾气为原料，采用 ICI 低压冷激式合成工艺。80 年代中期，齐鲁第二化工厂引进了 Lurgi 公司的低压甲醇合成装置，以渣油为原料。进入 90 年代，随着甲醇的需求快速增长，利用引进技术和自主技术建成了数十套甲醇和联醇生产装置，使我国的甲醇生产得到前所未有的进步。进入 21 世纪，经济快速发展，甲醇一方面作为有机化工的原料，如制备甲醛、乙酸、二甲醚等，另一方面作为清洁液体燃料的替代品得到大量的推广应用，甲醇作为煤化工的主要产品也得到快速发展，生产能力直线上升，生产技术不断提高。据统计，2019 年我国甲醇产能 8992 万吨，以煤为原料的甲醇产能达到 6779 万吨，占总产能的 75.4%。对于以煤为原料的装置，采用新型煤气化技术企业增加到了 78 家，合计产能 5568 万吨/年，占总产能的 61.9%；水煤浆气化技术被广泛采用，对应的甲醇产能 3893 万吨，占总产能的 43.3%。

5.1.1 合成气制甲醇基本原理

（1）合成甲醇的反应热力学

一氧化碳加氢合成甲醇的反应式如下：

$$CO + 2H_2 \rightleftharpoons CH_3OH(g)$$

这是一个可逆放热反应，热效应 $\Delta G^{\ominus}_{298} = -90.8\text{kJ/mol}$

当合成气中有 CO_2 时，也可合成甲醇。

$$CO_2 + 3H_2 \rightleftharpoons CH_3OH(g) + H_2O$$

这也是一个可逆放热反应，热效应 $\Delta G^{\ominus}_{298} = -58.6\text{kJ/mol}$

必须注意的是，甲醇合成反应的反应热随温度和压力而变化，它们之间的关系如图 5-1

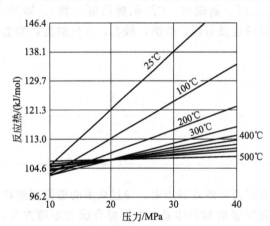

图 5-1　反应热与温度和压力的关系

所示。从图中可以看出，温度越低、压力越高时，反应热越大。当反应温度低于 200℃时，反应热随压力变化的幅度比高温时（大于 300℃）更大，所以合成甲醇温度低于 300℃时，要严格控制压力和温度的变化，以免造成温度失控。从图中还可以看出，当压力为 20MPa 时，反应温度在 300℃以上，此时的反应热变化最小，易于控制。所以合成甲醇的反应若采用高压，则同时采用高温，反之采用低温、低压操作。由于低温下反应速率不高，故需选择活性好的催化剂，即低温高活性催化剂，使得低压合成甲醇法逐渐取代高压合成甲醇法。

由于合成甲醇的反应条件是高温高压，故反应气体的物理、化学性质不能按理想气体来处理，与合成氨相似，只能用各组分的逸度来表示其分压，用逸度表示的平衡常数为 K_f，而 K_f 只与温度有关，与压力无关，其关系式为

$$K_f = \exp\left(13.1652 + \frac{9263.26}{T} - 5.92839\ln T - 0.352404 \times 10^{-2}T + 0.102264 \times 10^{-4}T^2 - \right.$$
$$\left. 0.769446 \times 10^{-8}T^3 + 0.23853 \times 10^{-11}T^4\right) \times 0.101325^{-2}$$

用各组分的分压 p、摩尔分数 y、逸度系数 γ 表示的平衡常数表达式为

$$K_p = \frac{p(CH_3OH)}{(CO)p^2(H_2)}$$

$$K_N = \frac{y(CH_3OH)}{p(CO)y^2(H_2)}$$

$$K_\gamma = \frac{\gamma(CH_3OH)}{p(CO)\gamma^2(H_2)}$$

K_f、K_γ、K_p 与 K_N 之间的关系为

$$K_f = K_\gamma K_p = K_\gamma = K_N p^{-2}$$

表 5-1 给出了各温度及压力下的 K_f、K_p、K_N 值。从表中可以看出，温度低、压力高时，K_p、K_N 值提高，在此条件下可提高合成甲醇的平衡产率。低压合成甲醇的压力为 $5\sim10MPa$。

表 5-1　合成甲醇反应的各种平衡常数对比

温度/℃	压力/MPa	$\gamma(CH_3OH)$	$\gamma(CO)$	$\gamma(H_2)$	K_f	K_γ	K_p	K_N
200	10.0	0.52	1.04	1.05	1.909×10^{-2}	0.453	4.21×10^{-2}	4.20
	20.0	0.34	1.09	1.08		0.292	6.53×10^{-2}	26
	30.0	0.26	1.15	1.13		0.177	10.80×10^{-2}	97
	40.0	0.22	1.29	1.18		0.130	14.67×10^{-2}	234
300	10.0	0.76	1.04	1.04	2.42×10^{-4}	0.676	3.58×10^{-4}	3.58
	20.0	0.60	1.08	1.07		0.486	4.97×10^{-4}	19.0
	30.0	0.47	1.13	1.11		0.338	7.15×10^{-4}	64.4
	40.0	0.40	1.20	1.15		0.252	9.60×10^{-4}	153.6
400	10.0	0.88	1.04	1.04	1.079×10^{-5}	0.782	1.378×10^{-5}	0.14
	20.0	0.77	1.08	1.07		0.625	1.726×10^{-5}	0.69
	30.0	0.68	1.12	1.10		0.502	2.075×10^{-5}	1.87
	40.0	0.62	1.19	1.14		0.400	2.695×10^{-5}	4.18

CO 加氢反应除了生成甲醇外，还有许多副反应发生，例如：

$$2CO + 4H_2 \rightleftharpoons (CH_3)_2O + H_2O$$
$$CO + 3H_2 \rightleftharpoons CH_4 + H_2O$$
$$4CO + 8H_2 \rightleftharpoons C_4H_9OH + 3H_2O$$
$$CO_2 + H_2 \rightleftharpoons CO + H_2O$$

生成的副产物主要是二甲醚、异丁醇及甲烷气体，此外还有少量的乙醇及微量的醛、酮、醚及酯等。因此，冷凝得到的产物是含有杂质的粗甲醇，需有精制过程。

（2）合成甲醇反应动力学

合成甲醇的反应机理有许多学者进行了研究，也有很多报道，归结起来有三种假定。

第一种假定认为，甲醇是由 CO 直接加氢生成的，CO_2 通过逆变换生成 CO 后再合成甲醇；

第二种假定认为，甲醇是由 CO_2 直接合成的，而 CO 通过变换反应后合成甲醇；

第三种假定认为，甲醇由 CO 和 CO_2 同时直接生成。

第一、二种假定认为合成甲醇是连串反应，第三种假定则认为是平行反应。各种假定都有一定的实验数据作为依据，有待进一步研究和探索。至于活性中心和吸附类型，也尚无一致的看法。对于铜基催化剂而言，有几种看法：表面零价金属铜 Cu^0 是活性中心；溶解在 ZnO 中的 Cu^+ 是活性中心；Cu^0-Cu^+ 构成活性中心。CO、CO_2 的吸附中心与 Cu 有关，而 H_2 和 H_2O 的吸附中心与 ZnO 无关。

合成甲醇的反应动力学方程可用双曲函数模型，也可用幂函数模型，不同的研究者得到

不同的形式，此处不再列举。

5.1.2 甲醇合成催化剂

合成甲醇工业的发展，很大程度上取决于新型催化剂的研制以及性能的提高。在合成甲醇的生产中，很多工艺指标和操作条件都由所用催化剂的性质决定。工业生产上采用的催化剂大致可分为锌-铬系和铜-锌（或铝）系两大类。不同类型的催化剂其性能不同，要求的反应条件也不同。

（1）锌-铬催化剂

这是早期的合成甲醇催化剂，该催化剂活性较低，需要较高的反应温度（380～400℃）。由于高温下受平衡转化率的限制，必须提高压力（30MPa）才能满足。故该催化剂要求高温高压。其次该催化剂的机械强度和耐热性能较好，使用寿命长，一般2～3年。

（2）铜基催化剂

其活性组分是 Cu 和 ZnO，还需添加一些助催化剂，促进该催化剂的活性，各种助剂对活性的影响可参看表 5-2。从表中可知，加入铝和铬时活性较高。Cr_2O_3 可以提高铜在催化剂中的分散度，同时又能阻止分散的铜晶粒在受热时被烧结、长大，可延长催化剂的寿命。添加 Al_2O_3 助催化剂使催化剂活性更高，而且 Al_2O_3 价廉、无毒，用 Al_2O_3 代替 Cr_2O_3 的铜基催化剂更好。

表 5-2　不同助剂对铜基催化剂活性的影响

助剂	温度/℃	空速/h^{-1}	压力/MPa	$CO:CO_2:H_2$	活性/$[mol/(L \cdot h)]$
Al_2O_3	260	29000	6.87	23:3:70	108～109
Ag	275	196000	5.27	33:3:70	13.4
Mn	180	20000	5.07	22.5:5.5:67	23.4
Co	250	5000	7.58	24:6:70	4.9
W	260	10000	5.07	30:0:70	31.2
Cr	260	10000	5.07	30:0:70	55.5
V	230	3500	2.86	11.4:5.7:82.9	31.2
Mg	270	10000	—	8.7:5.7:85.6	25.4

表 5-3 是两种低压法合成甲醇的催化剂组成。

表 5-3　合成甲醇的催化剂组成

成分	ICI 催化剂	Lurgi 催化剂	成分	ICI 催化剂	Lurgi 催化剂
Cu	25%～90%	30%～80%	V	—	1%～25%
Zn	8%～960%	10%～50%	Mn	—	10%～50%
Cr	2%～3%				

催化剂为柱状，直径为 5～10mm，堆密度为 $0.9～1.6g/cm^3$。在空速为 $20000h^{-1}$ 条件下，每升催化剂的甲醇产率为 2kg/h。当反应温度为 230～280℃，正常操作时，空速为 $10000h^{-1}$，每升催化剂的甲醇产率为 0.5～1.0kg/h。

铜基催化剂是 20 世纪 60 年代中期以后开发成功的，其特点是：活性高，反应温度低（230～270℃），操作压力较低（5～10MPa），广泛用于合成甲醇；其缺点是该催化剂对合成原料气中杂质要求严格，特别是原料气中的 S、As 能使催化剂中毒，故要求原料气中硫含量<$0.1cm^3/m^3$，必须精制脱硫。

铜基催化剂在使用前必须进行还原活化，使 CuO 变成金属铜或低价铜才有活性。活化过程中必须严格控制活化条件，才能得到稳定、高效的催化活性。

5.1.3 甲醇合成工艺条件

合成甲醇时多个反应同时进行，除主反应之外，还有生成二甲醚、异丁醇、甲烷等副反应。因此，提高合成甲醇反应选择性、提高甲醇收率是核心问题，涉及催化剂的选择以及操作条件的控制，诸如反应温度、压力、空速及原料气组成等。

（1）反应温度和压力

合成甲醇反应是个可逆的放热反应，平衡产率与温度、压力有关。温度升高，反应速率增大，而平衡常数下降，因而存在一个最适宜温度。催化剂床层的温度分布要尽可能接近最适宜温度曲线，为此，反应器内部结构比较复杂，以便及时移出反应热。一般采用冷激式和间接式两种。

另外，反应温度与所选用催化剂有关，如 Zn-Cr 催化剂的活性温度为 $380 \sim 400 \, ℃$，而 Cu-Zn-Al 催化剂的活性温度为 $230 \sim 270 \, ℃$。在催化剂运转初期，活性高，宜采用活性温度的下限，随着催化剂老化，相应地提高反应温度，才能充分发挥催化剂效能，并提高催化剂寿命。

从热力学角度分析，合成甲醇是体积缩小的反应，增大压力有利于甲醇平衡产率提高，另外，压力升高的程度与反应温度有关，反应温度较高时，如 Zn-Cr 催化剂，则采用的压力也较高（30MPa）；当反应温度较低时，如 Cu-Zn-Al 催化剂，则压力可降低至 $5 \sim 10$ MPa。从高压法转向低压法是合成甲醇技术的一次重大突破，使得合成甲醇工艺大为简化，操作条件变得温和，单程转化率也有所提高。但从整体效益看，当日产超过 2000t 时，处理的气体量大，设备相应庞大，不紧凑，带来制造和运输的困难，能耗也相应提高。故提出中压法，操作压力为 $10 \sim 15$ MPa、温度为 $230 \sim 350 \, ℃$，其投资费和总能耗可以达到最低限度。

（2）空速

从理论上讲，空速高，反应气体与催化剂接触的时间短，转化率降低，而空速低，转化率提高。对合成甲醇来说，副反应多，空速过低，副反应增多，降低合成甲醇的选择性和生产能力；当然，空速过高也是不利的，甲醇含量太低，产品分离困难。选择适当的空速是有利的，可提高生产能力减少副反应，提高甲醇产品的纯度。对 Zn-Cr 催化剂，空速以 $20000 \sim 40000 h^{-1}$ 为宜，而对 Cu-Zn-Al 催化剂 $10000 h^{-1}$ 为宜。

（3）合成甲醇原料气配比

H_2/CO 的化学计量比（摩尔比）为 2∶1，而工业生产原料气除 H_2 和 CO 外，还有一定量的 CO_2，常以 H_2-$CO_2/(CO+CO_2)=2.1 \pm 0.1$ 作为合成甲醇新鲜原料气组成，实际上进入合成塔的混合气中 H_2/CO 比总是大于 2，其原因是，氢含量高可提高反应速率，减少副反应，而且氢气的热导率（导热系数）大，有利于反应热导出，反应温度易于控制。

此外，原料气中含有一定量的 CO_2，可以减少反应热量的放出，利于床层温度控制，同时还能抑制二甲醚生成。

原料气中除 H_2、CO 和 CO_2 外，还有 CH_4 和 Ar 等气体。虽然新鲜气体中它们的含量很少，由于循环积累，其总量可达 $15\% \sim 20\%$，使 H_2 和 CO 的分压降低。导致合成甲醇转化率降低。为避免惰性气体含量过高，需排放一定量的循环气，这会造成原料气浪费。

5.1.4 甲醇合成工艺流程

合成气制甲醇的工艺是典型的回路工艺，如图 5-2 所示。新鲜合成气经过压缩后进入合成塔，反应后一部分合成气生成甲醇，冷凝后得到液体甲醇，未反应气体一部分作为弛放气，其余大部分气体循环压缩后与新鲜气混合。PSA（变压吸附）是一种气体分离技术，其原理是利用分子筛对不同气体分子"吸附"性能的差异而将气体混合物分开。从富氢气流中回收或提纯氢，改变操作条件可生产不同纯度的氢气，氢气纯度可达 99.99%。

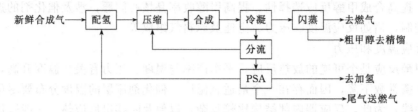

图 5-2　甲醇合成回路

在甲醇合成工艺技术上，甲醇合成塔的结构不断发展变化，是近年来甲醇合成塔技术大幅度进步的原因。尽管目前单台甲醇反应器的能力有了很大的提高，但受反应器制造能力及内陆运输的限制，5000t/d 的大型甲醇装置往往需要数台反应器串联或并联。目前用于大型甲醇装置的工艺流程配置有如下三种。

（1）并联工艺流程

并联工艺流程是最简单的流程配置，当一台反应器不能满足生产规模时，可采用两台或数台反应器并联来实现生产规模的增大。从流程配置上来看，并联工艺流程仅仅是反应器数量上的叠加。对于反应器，实际为多系列生产，仅在某些设备（如压缩机、汽包、主要工艺管线）上能实现共用，降低部分投资。目前，Topsoe 公司的大型甲醇技术采用的是并联工艺流程。

（2）串联工艺流程

Lurgi 公司的大型甲醇技术采用的是典型的串联工艺流程，将列管式和冷管式反应器进行串联，原料气先进冷管式反应器，预热后的气体从顶部离开，进入列管式反应器，在管内装填的催化剂床层上进行反应，管外用沸腾水移热，出塔气返回进入冷管式反应器壳层催化剂床层继续反应，反应热对流经冷管式反应器管层的原料气进行预热，出冷管式反应器的气体回收热量、降温、分醇后再循环。

（3）串/并联工艺流程

DAVY 公司新开发出了一种适合于大型甲醇装置的串/并联工艺流程。在该流程中，绝大部分新鲜合成气与第二粗甲醇分离器顶部出来的循环气混合后进入第一甲醇反应器；反应后的气体经回收热量、降温、进入第一粗甲醇分离器实现分离后，循环气与少部分新鲜合成气混合、压缩后进入第二甲醇反应器；反应后的气体经回收热量、降温、进入第二粗甲醇分离器实现分离后，循环气与新鲜合成气混合，再进入第一甲醇反应器。

甲醇技术的大型化发展离不开甲醇合成催化剂性能的提高。近年来，丹麦 Tbpsoe 公司、德国 Sud-Chemie 南方化学公司及英国 Johnson Matthey 公司等不断推出新型甲醇合成催化剂，其性能不断提高，使用寿命不断延长。目前，催化剂使用寿命最长可达 7 年以上。催化剂性能提高可大大降低甲醇合成回路的循环比，降低循环功耗，使得甲醇装置更易实现大型化。

国内也有性能良好的催化剂（例如西南化工研究院 XNC-98 和南京化工研究院的NC307），完全可以在大型化的装置上使用。

目前，工业上重要的合成甲醇方法有低压法、中压法和高压法。三种方法的工艺操作条件比较见表 5-4。

表 5-4　低、中、高压法合成甲醇工艺条件比较

项目	低压法	中压法	高压法
操作压力/MPa	5.0	10.0～27.0	30.0～50.0
操作温度/℃	270	235～315	340～420
使用的催化剂	$CuO\text{-}ZnO\text{-}Cr_2O_3$	$CuO\text{-}ZnO\text{-}Al_2O_3$	$ZnO\text{-}Cr_2O_3$
反应气体中的甲醇含量/%	约 5.0	约 5.0	5.0～5.6

5.1.4.1　DAVY（原 ICI）低、中压法

英国 DAVY（原 ICI）公司开发的甲醇合成低、中压法是目前工业上广泛采用的生产方法，其典型工艺流程见图 5-3。

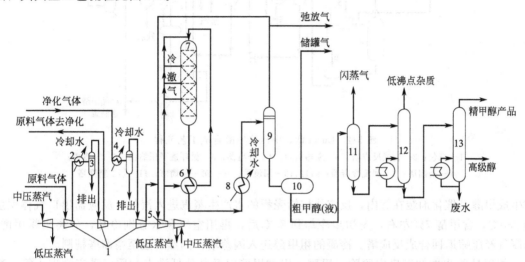

图 5-3　ICI 低、中压法甲醇合成工艺流程

1—原料气压缩机；2,4—冷却器；3—分离器；5—循环压缩机；6—热交换器；7—甲醇合成器；
8—甲醇冷凝器；9—甲醇分离器；10—中间槽；11—闪蒸塔；12—轻馏分塔；13—精馏塔

经循环压缩机压缩后的合成气与循环压缩机升压的循环气混合，大部分混合气经热交换器预热至 230～245℃进入甲醇合成器，小部分不经过热交换器直接进入甲醇合成器作为冷激气，以控制催化剂床层各段的温度。在甲醇合成器内，合成气体在铜基催化剂上合成甲醇，反应温度一般控制在 230～270℃。甲醇合成器出口气体经热交换器换热，再经甲醇冷凝器冷凝分离，得到甲醇，未反应的气体返回循环压缩机升压。为了使合成回路中惰性气体含量维持在一定范围内，在进循环压缩机前弛放一部分气体作为燃料气。粗甲醇在闪蒸塔中降压到 0.35MPa，溶解的气体闪蒸出来也作为燃料气使用。闪蒸后的粗甲醇采用双塔蒸馏；粗甲醇送入轻馏分塔，在塔顶除去二甲醚、醛、酮、酯及羰基铁等低沸点杂质，塔釜液进入精馏塔除去高碳醇和水，由塔顶获得 99.8% 的精甲醇产品。

DAVY 低压甲醇合成技术的优势在于性能优良的甲醇合成催化剂、合成压力 5.0～10MPa，而大规模甲醇生产装置的合成压力为 8～10MPa。

5.1.4.2　Lurgi 低、中压法

德国 Lurgi 公司开发的低、中压甲醇合成技术是目前工业上广泛采用的一种甲醇生产方法。其典型工艺流程如图 5-4 所示。

合成原料气冷却后经循环透平压缩机升压至 5～10MPa，与循环气体以 1:5 的比例混合。混合气经废热锅炉预热至 220℃左右进入管壳式反应器（合成反应塔），在铜基催化剂作用下反

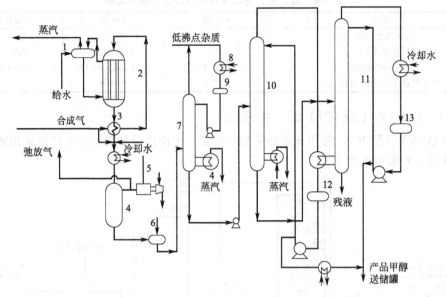

图 5-4　Lurgi 低、中压法甲醇合成工艺流程

1—汽包；2—合成反应塔；3—废热锅炉；4—分离器；5—循环透平压缩机；6—闪蒸塔；
7—初馏塔；8—回流冷凝器；9,12,13—回流槽；10—第一精馏塔；11—第二精馏塔

应生成甲醇。催化剂装在管内，反应热传给壳程的水产生蒸汽进入汽包。反应器出口气体温度约 250℃，含甲醇 7% 左右，先初步冷却到 85℃ 后，再用空气和水分别冷却，分离出粗甲醇，未凝气经压缩返回合成反应塔。冷凝的粗甲醇送入闪蒸塔，闪蒸后送至精馏塔精制。

粗甲醇首先在初馏塔中脱除二甲醚、甲酸甲酯以及其他低沸点杂质。塔底物进入第一精馏塔精馏，精甲醇从塔顶出来，气态精甲醇作为第二精馏塔再沸器的加热热源。由第一精馏塔塔底出来的含重馏分的甲醇在第二精馏塔中精馏，塔顶产出精甲醇，塔底为残液。从第一和第二精馏塔来的精甲醇冷却至常温送甲醇储罐。

Lurgi 合成的主要优势是拥有专利的合成塔。两种工艺的技术对比见表 5-5。

表 5-5　Lurgi 法与 ICI 法甲醇合成技术比较

项目	Lurgi 法	ICI 法		
合成压力/MPa	5.0~10.0	5.0~10.0		
合成反应温度/℃	220~250	230~270		
催化剂组成	Cu、Zn、Al、V	Cu、Zn、Al		
空时产率/[t/(m³/h)]	0.65	0.78		
进塔气中 CO/%	约 12	约 9		
进塔气中 CH₃OH/%	5~6	5~6		
循环气:合成气	5:1	(8~5):1		
合成反应热利用	反应副产蒸汽	不利用反应热	不利用反应热	利用反应热　副产蒸汽
合成塔形式	列管式	冷激型	冷管型	冷管产蒸汽型
设备尺寸	设备紧凑	较大	紧凑	紧凑
合成开工设备	不设加热炉	有加热炉		
甲醇精制	采用三塔流程	采用两塔流程		
技术特点	适用于 CO 合成气，合成气副产中压蒸汽	便于调温，合成甲醇净值较低		
设备结构及造价	列管式设备对制造材料和焊接要求高,造价高,设备更新压力外壳无法使用	结构简单,造价低,设备更新只需换内件	插入式结构复杂,气液换热渗漏易造成事故,设备更新只需换内件	

5.1.5 甲醇合成反应器

合成甲醇反应器即甲醇合成塔，是甲醇合成系统中最重要，也是最复杂的设备。其作用是使 CO、CO_2 与 H_2 的混合气在较高压力、温度及有催化剂的条件下直接合成甲醇。因此，对合成塔的机械结构及工艺要求都比较高。合成甲醇反应是强放热过程。因反应热移出方式不同，有绝热式和等温式两类反应器；按冷却方法区分，有直接冷却的冷激式和间接冷却的管壳式反应器。

5.1.5.1 工艺对合成塔的要求

① 反应热移出。甲醇合成是放热反应，故在设计合成塔结构时，需考虑如何将反应过程中放出的热量不断移出。否则，随着反应进行将使催化剂温度逐渐升高，偏离理想的反应温度，降低产品产率，严重时将烧毁催化剂。因此，合成塔能有效地移去反应热，是提高甲醇净值和延长催化剂使用寿命的必要条件。

② 内件结构合理。其能保证气体均匀地通过催化剂层，减少流体阻力，增加气体的处理量，从而提高甲醇的产量，重点是气体分布器的设计。

③ 进口气体预热。进入合成塔的气体温度很低，要考虑进塔气体的预热问题。

④ 容器材料要求。高温高压下，为防止加剧氢、一氧化碳、甲醇、有机酸等对设备材料的腐蚀，要选择耐腐蚀的优质钢材。

⑤ 出口气体降温。氢气对钢材的腐蚀严重，且高温条件会使钢材的机械强度降低，对出口管道不安全。因此，要求出塔气体温度不超过 160℃，必须考虑高温气体的降温问题。

⑥ 催化剂的填充量。甲醇合成是在有催化剂的情况下进行的，合成塔的生产能力与催化剂的填充量有直接关系。因此，要充分利用合成塔的容积，尽可能多装催化剂，以提高生产能力。

总之，要求合成设备结构简单、紧凑、气密性好，便于制造、拆装、检修和装卸催化剂，便于操作、控制、调节，能适应各种操作条件的变化；节约能源，应能较好地回收利用反应热；保证催化剂在升温、还原过程中正常，还原充分，提高催化剂的活性，尽可能达到最大的生产能力。

5.1.5.2 典型的甲醇合成反应器

为了适应甲醇合成条件，甲醇合成塔由内件、外筒两部分组成。内件置于外筒之内，核心是催化剂筐，它的设计合理与否直接影响合成塔的产量和消耗定额。合成塔内件主要是催化剂筐，有的还包括电加热器和热交换器。电加热器是为了满足开工时催化剂的升温还原条件；热交换器是完成进、出催化剂床层气体的预热和冷却的。二者可放在塔外，也有放在塔内的（成为内件的组成部分）。甲醇合成反应是在较高压力下进行的，所以外筒是一个能承受高压的压力容器。

(1) 国外典型低压甲醇合成塔

① ICI 冷激式合成塔　DAVY 是最早采用低压合成甲醇的公司，早期的甲醇合成塔为单段轴向合成塔，工业上采用较多的是 ICI 冷激式合成塔，后又推出冷管式合成塔和副产蒸汽合成塔。

ICI 冷激式甲醇合成塔是在 1966 年研制成功的，为全轴向多段冷激型合成塔，合成压力 5MPa，出口甲醇含量为 4%～6%（体积分数），单塔生产能力大。合成塔由塔体、多段床层及菱形气体分布器等组成。结构如图 5-5 所示。

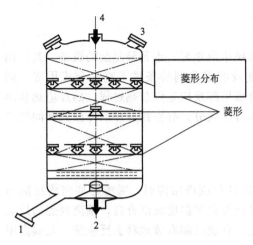

图 5-5　ICI冷激式合成塔
1—催化剂卸出口；2—气体出口；
3—催化剂入口；4—气体入口

反应床层分为若干绝热段，两段之间通过特殊设计的菱形分布系统导入冷的原料气，使激冷气与反应气混合均匀而降低反应温度，床层各段的温度维持在一定值，故名冷激式合成塔。催化剂床自上而下是连续的，冷激气体喷管直接插入催化剂床层，可以防止气体冲击催化床而损毁催化剂。菱形分布器是ICI型甲醇合成塔的一项专利技术，由内、外两部分组成，激冷气进入气体分布器内部后，自内套管的小孔流出，再经外套管的小孔喷出，在混合管内与流过的热气流混合，从而降低气体温度，并向下流动，在床层中继续反应。菱形分布器埋于催化床中，并在催化床的不同高度安装，全塔共装3～4组，是塔内最关键的部件。此外，合成气体喷头固定于塔顶气体入口处，由4层不锈钢的圆锥体组焊而成，使气体均匀分布于塔内。

ICI冷激式合成塔结构简单，塔体是空筒，塔内无催化剂筐；采用特殊设计的分布系统进行冷激，温度控制较为方便。催化剂不分层，由惰性材料支撑，装卸方便，3h可卸完30t催化剂，装催化剂需10h；催化剂装量大、寿命长，一般可长达6年。因此，合成塔单系列生产能力大，适合大型或超大型装置。

缺点是绝热反应，催化剂床层轴向温差大；为防止催化剂过热，采用原料气冷激的方法控制合成塔床层的温度，同时稀释了反应气中的甲醇含量，出塔气中甲醇含量不到4%，影响了催化剂利用率；副产蒸汽量偏少，不能回收高位能的反应热；气体循环量较大，塔阻力较高，多为0.1～0.4MPa，因此操作费用高；由于阻力的限制，其高径比较小，一般多在2.2～4.0，大型化后直径很大（4～6m），不利于设备运输。

由于其结构简单、运行可靠、操作简便、设计弹性大等优势，ICI冷激式甲醇合成塔仍是大型甲醇厂采用的一种主要塔型，有多套3000t/d装置，据报道最大的已有7500t/d。

② ICI冷管式合成塔　1984年ICI公司在美国化工协会（AIChE）国际会议上提出了两种新型合成塔，即冷管式合成塔和副产蒸汽合成塔。ICI冷管式合成塔结构如图5-6所示。

冷管式合成塔结构类似于单段内冷式逆流合成塔，换热器在筒体之外，入塔气靠管间催化剂层的反应热来预热，温度通过旁路或调节合成塔下游进出塔气体交换量来控制。该塔不仅投资省，而且具有压力小、操作稳定的优点。

③ ICI副产蒸汽合成塔　ICI副产蒸汽合成塔结构如图5-7所示。该塔也属于单段内冷式，但气体径向横流，垂直于沸腾水冷却管。该合成塔是应用了有限元分析法分析塔内气体流动和温度特性后设计的。

该塔的特点：

a. 通过计算，比较了催化剂在管内、水在管外及催化剂在管外、水在管内两种方案，结果表明，后者所需的管子表面积仅为前者的6/7。因此，ICI副产蒸汽合成塔的催化剂放在管外。

b. 横向流动。入塔气进入合成塔通过一垂直分布板后，横向流过催化床，既减小阻力降，又增大传热系数。

c. 列管不对称排列。根据入塔气在催化剂床层反应速率的变化，设置列管的疏密程度，使反应沿最大速率曲线进行。

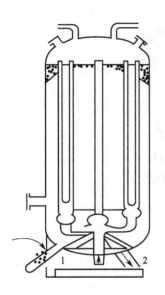

图 5-6　ICI 冷管式合成塔
1—进口；2—出口

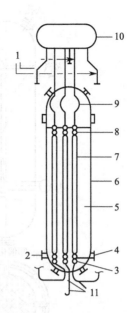

图 5-7　ICI 副产蒸汽合成塔
1—软水下降管；2—气体出口；3—下端；4—气体进口；
5—催化床；6—壳体；7—管束；8—上端；
9—膨胀阀；10—汽包；11—软水（来自汽包）

d. 列管浮头式结构。该合成塔采用带膨胀圈的浮头式结构，解决了列管的热膨胀问题。

ICI 认为，在以天然气为原料的流程中，采用这种合成塔的优点不明显，只有在以煤为原料副产蒸汽的合成塔中才能发挥其优点。

④ Lurgi 列管等温合成塔　德国 Lurgi 与 ICI 是最早采用低压法合成甲醇的公司。20 世纪 70 年代初，Lurgi 公司首先使用了管束型副产蒸汽合成塔，既是合成塔又是废热锅炉，操作压力为 5MPa，操作温度为 249℃（壳程）/256℃（管程）。合成塔结构类似于一般的列管式换热器，结构如图 5-8 所示。在塔中，列管内装填 Lurgi 合成催化剂，管间为沸腾水。原料气经预热后进入反应器的列管内进行甲醇合成反应，反应放出的热很快被管外的沸水移走，副产 3.5~4.0MPa 的饱和中压蒸汽。合成塔壳程（沸腾水）与锅炉汽包是自然循环的，汽包上装有压力控制器，以维持恒定的压力，这样通过控制沸腾水的蒸汽压力，就可以保持恒定的反应温度（变化 0.1MPa 相当于 1.5℃）。

Lurgi 列管式甲醇合成塔的优点：

a. 单位面积催化剂床层的传热面积较大（可达 30m²/cm³），合成反应基本在等温条件下进行，锅炉循环水有效地将反应热移出，可允许较高 CO 含量。

b. 能灵活有效地控制反应温度。可通过调节蒸汽的压力，有效简便地控制床层温度，灵敏度可达 0.3℃。适应系统负荷波动及原料气温度的变化，使催化剂寿命延长。

c. 热能利用合理。每吨甲醇副产蒸汽最高达 1.4t，该蒸汽用于驱动离心式压缩机，压缩机使用过的低压蒸汽又送至甲醇精制部分，所以整个系统的热能利用很好。

d. 反应温和、副反应少，时空收率高达 0.72t/(m³·h)，传统 ICI 法仅为 0.234t/(m³·h)。

e. 单程转化率高。合成塔出口的甲醇含量达 7%，因此循环气量减少，降低了循环回路中管件、阀门的费用和循环压缩机的能耗。

f. 开车方便，只要将 4MPa 蒸汽通入合成塔壳程，即可加热管内的催化剂，达到起始

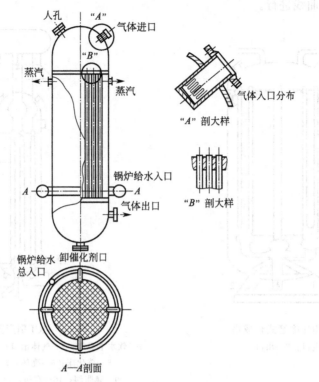

图 5-8　Lurgi 式甲醇合成塔

活性温度，便可通气生产。

　　该塔的缺点是设备结构复杂，制作较困难，装卸催化剂不方便，对材料及制造要求较高，设备费用大。由于列管长度受到限制，放大生产只有增加管数，使合成塔的直径增大，给设计和制造带来很大困难。以年产 30 万吨甲醇为例，Lurgi 式甲醇合成反应器的主要结构尺寸如下：塔内径 3.8m、高 9.4m、催化剂床层高 6m、列管的直径为 $\varphi44mm \times 2mm$、长 7m、列管数目 4310 根。列管合成塔的最大生产能力为 1500t/d。

　　由于大规模装置的合成塔直径太大，常采用两个合成塔并联，若规模更大，则采用列管式合成塔后再串一个冷管式或热管式合成塔，同时还可以将两个系列的合成塔并联。

　　⑤ Topsoe 径向合成塔　托普索（Topsoe）公司甲醇合成塔是带有外部热交换器的多段绝热间接换热径向流动反应器，如图 5-9 所示，气体在床层内向心流动，床内装填高活性催化剂。该反应器的特点如下。

　　a. 操作弹性大。新鲜气压缩机和循环压缩机作为独立设备，可以独立地控制反应压力和循环比。在不同的催化剂使用周期，在循环比不变的情况下，为了获得同样高的效率，可以增大反应压力和提高反应温度。

　　b. 径向流动。床层内气体径向向心流动，流道缩短、压降减小，可增加空速、提高产量。并且压降减小可允许使用小颗粒催化剂。催化剂内表面利用率提高，既强化生产，又节省能耗。

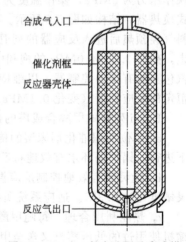

图 5-9　Topsoe 径向流甲醇合成塔

c. 易于放大。在直径不变的情况下，加长反应器，方便按比例扩大生产能力，有利于单系列大型化生产。

d. 利用平衡曲线限制绝热升温。即控制各段出口温度，增大循环比，移动平衡曲线，使各段出口温度控制在催化剂耐热温度以下。当循环比从 3.6 提高到 5.2 时，出口温度可以降 20 多摄氏度。

径向流动合成塔存在着气体均布设计的复杂问题，因此对加工装配要求较高。在径向流动过程中，反应气体的线速度与接触时间不断变化，使床层各部分催化剂的利用程度不同。在操作过程中，为了获得同样高的效率，要增大反应压力和循环比，势必会增加循环能耗和循环回路的设备费用。

⑥ 日本 TEC 公司的 MRF 合成塔　日本东洋工程公司 TEC 与三井东亚化学公司共同开发了一种甲醇合成塔——多段、间接冷却、径向流动的合成塔（multi-stage indirect-cooling type radial flow），也称为 MRF 反应器，结构如图 5-10 所示。该反应器由外筒、催化剂筐以及同锅炉给水分配总管和蒸汽收集总管相连接的许多垂直的沸水管即反应器的冷却管组成。冷却管排列成若干层同心圆垂直埋于催化剂床层中。合成气由中心管进入，然后径向流动通过催化剂床层进行反应，反应后的气体汇集于环形空间，由上部出去。冷却管吸收反应放出的热量发生蒸汽，根据反应的放热速率和移热速率，合理选择冷却管的数量和间距，使反应按最佳温度线进行。冷却管的排列是 MRF 合成塔的专利。生产能力为 2500t/d 的 MRF 合成塔技术规格为：直径 4.7m，长度 14.1m，质量 420t，压降 0.3MPa，甲醇回收热量 2.5GJ/t。

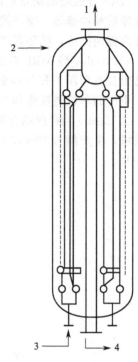

图 5-10　MRF 合成塔结构示意
1—蒸汽出口；2—气体进口；
3—锅炉水进口；4—气体出口

预热后的合成气进入催化剂床层的外层，气体按径向入塔，通过催化剂床层，依次穿过绝热反应区和换热反应区，径向流动至催化剂筐和压力容器之间的环形空间，在换热区通过产生蒸汽的方式移去反应热。

反应后的气体从位于合成塔出口的预热器中心管引出。因为 MRF 合成塔只有 1 个径向流动催化剂床，气体在催化剂床的流路短、流速低，所以 MRF 合成塔的压降为普通轴向流动塔的 1/10。反应热由高传热率的填充床传给锅炉列管，反应气体又垂直流过列管表面，在相同的气体流速下，这种系统的传热系数要比平行流动系统的传热系数高 2～3 倍。反应气体依次通过绝热反应区和换热反应区，相当于多级催化剂床层，提供了最佳的合成反应温度。

MRF 反应器有以下特点：

a. 气体径向流动，流道短，空速小，因此压降很小，约为轴向反应器的 1/10。

b. 床层与冷管之间的传热效率也很高，每吨甲醇至少能产生 1t 蒸汽（在给水预热的条件下）。

c. 单程转化率高，循环气量小。通过恰当布置锅炉列管，反应温度几乎接近理想温度曲线，使每单位容积的催化剂有较高的甲醇产率，合成塔出口的粗甲醇浓度高于 8.5%。

d. 反应按最佳温度线进行。及时有效地移走反应热，确保催化剂处于温和的条件下，使催化剂的寿命延长。合成气进、出口的温度为 211℃、276℃。

e. 将无管板设计和单位甲醇产率较高的优点结合起来，能制造出大能力的合成塔，单系列合成塔的生产能力能达到 5000t/d。

f. 降低压降和气流循环速度，合成循环系统的能耗从冷激塔的 111.6MJ/t 减小到 57.6MJ/t。

MRF 合成塔的缺点是：合成塔内部结构复杂，零部件较多，其长期运行的稳定性及发生故障后难检修等。副产的蒸汽压力比管壳式塔副产蒸汽压力低，蒸汽利用困难；炉水在双套管内强制循环，循环泵功率较大，泵维修的工作量较大。

5000t/d 甲醇 MRF 合成塔的制造、运输和运转的经济效益较好。英国 ICI 甲醇合成工艺已由日本东洋工程公司做过改造，改进后的工艺为天然气两段转化。使用 MRF 新合成塔，甲醇的单位能耗降到 28.5～29.2GJ/t。

⑦ Casale 轴径向混合流合成塔　瑞士卡萨利 Casale 公司最早开发立式绝热轴径向甲醇合成塔，生产能力 2500t/d 以上，气体轴径向混合流动情况如图 5-11 所示，反应器简图见图 5-12。

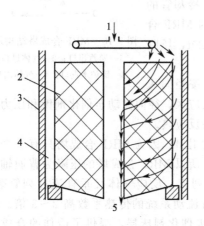 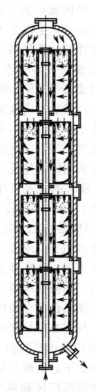

图 5-11　Casale 合成塔气体流动情况
1—合成气进口；2—催化床；3—合成塔壁；
4—有孔壁催化剂筐；5—气体出口（到外部换热器）

图 5-12　Casale 轴径向流动
甲醇合成反应器

该反应器一般由 3～4 个催化剂床组成，床间采用间接换热器（换热器设在合成塔里，两个通过工艺冷凝液换热，一个采用气气换热器换热），工艺冷凝液用泵强制打循环，加热后供一段转化炉前的天然气饱和用或直接产生低压蒸气供精馏用。合成塔操作压力为 7～10MPa。该反应器床层阻力比 ICI 小但比完全意义上的径向流大，塔径小于 Lurgi 塔。

Casale 反应器的主要特点是环形的催化剂顶端不封闭，侧壁不开孔，造成催化剂床上部轴向流动，而床层主要部分气流为径向流动；催化剂管的外壁开有不同分布的孔，以保证气体均匀流动。各段床层底部封闭，反应后气体经中心管流至反应器外换热器换热，回收热量。不采用直接冷激，各段床层出口甲醇浓度不下降，所需床层段数较少。径向反应器的床层顶端要有催化剂封，以防止催化剂在还原过程中因收缩而造成气体短路，轴径向反应器不存在这个问题，各段床层轴径向流动部分实际上起了催化剂封的作用。床层压降小（比 ICI 轴向型塔减少 24%），可使用小颗粒催化剂，同时可增加床层高度，减小器壁厚度，以降低制造费用。与冷激式绝热塔相比，轴径向混合流塔可节省投资，简化控制流程，减少控制仪表。

轴径向合成塔的优点是大型化的潜力大，主要限制是操作速度应在 0.1～0.6m/s 范围内。低于 0.1m/s，则呈层流流动，不利于气相主体与催化剂颗粒表面之间的传质；高于 0.6m/s，床层压降过大，且循环压缩机负荷也难满足要求。合成塔的生产能力取决于塔的高度，合成塔过高，催化剂装卸困难。一般塔高为 16m，相应的生产能力为 5000t/d。若能解决催化剂的装卸问题，高度达到 32m，则生产能力可达 10000t/d。

该塔的缺点：属于绝热反应，反应曲线离平衡曲线较远，合成效率相对较低；床间一般只有 3 个换热器，同一床层的热点温差较大；产生低压蒸汽，与汽包式（如 Lurgi 管壳式）相比，属低能位回收。催化剂筐需要更换，催化剂装卸复杂。流动床合成不仅需要消耗动力，而且需要耐磨损的催化剂，清除进入循环压缩机气体中的催化剂小颗粒也很困难。在机械设计方面合成塔壁厚并不减小，还产生一系列复杂问题，如催化剂上下栅板、原料气分布集气管、催化剂从旋风分离器再循环时与闸板阀连接的沉浸支管等部件的设计和制造问题。

上述几种主要甲醇合成塔的操作特性对比见表 5-6。

表 5-6　几种主要甲醇合成塔的操作特性对比

项目	ICI 冷激合成塔	Lurgi 合成塔	Casale 合成塔	MRF 合成塔
气体流动方式	轴向	轴向	轴向	径向
控温方式	冷激	回收热量	气气换热	回收热量（内冷）
生产能力/(t/d)	2300	1250	5000	>10000
碳效率/%	98.3	—	99.3	—
催化剂相对体积	1	—	0.8	0.8

（2）国内开发的甲醇合成塔

近年来国内在甲醇合成塔开发上也取得长足进展，各有特色。国内中小型甲醇装置的改造和新建广泛使用自主技术。单系列合成塔正在朝着年产 300～600kt 甲醇乃至更大的目标而努力。

① JJD 低压恒温水管式甲醇合成塔　湖南安淳高新技术有限公司开发的 JJD 低压恒温水管式节能甲醇合成塔，是一种管内冷却、管间催化的合成塔，结构如图 5-13 所示。塔内的流程：未反应气经过布置在塔中心的径向分布器，全径向分配进入催化剂床层，反应出口气经径向管收集后从合成塔下部出来，调温水经过每一根"刺刀"管（内外套管中的内管）进入底部，再从底部经"刀鞘"管（内外套管中的外管）与"刺刀"管之间环隙返上，进入高置于合成塔上部的蒸汽闪蒸槽，闪蒸产生蒸汽，通过调节蒸汽压力对催化剂床层温度进行控制。

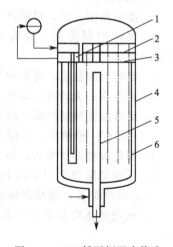

图 5-13　JJD 低压恒温水管式
甲醇合成塔结构示意
1—内外套管；2—上管板；3—下管板；
4—壳体；5—中心管；6—径向管

φ2800mm 的 JJD 水管式甲醇合成塔运行表明，该塔具有以下多方面的优点：

a. 沸腾水管如刺刀和刀鞘，为悬挂式，即只焊一端，另一端有自由伸缩空间。管子受热伸缩没有约束力，无需用线膨胀系数小且昂贵的 SAF2205 双相不锈钢管，只用普通不锈钢管即可。壳体不受管子伸缩力的影响，对壳体材质的要求也不高，筒体上下厚度相同，无需设置加强结构，无需用高强度 13MnNiMoNbR 等特种类型的高强度抗氢蚀钢材，用普通复合钢板即可。

b. 容积系数大。同样用水进行催化剂床冷却的管壳式甲醇反应器的容积利用系数约为 35%，而 JJD 水管式甲醇塔可达 55%，这意味着同样的容器空间中，水管式反应器将比管壳式反应器多装填催化剂。

c. 全径向流程。反应气垂直通过沸腾水管和被水管包围的催化剂柱层。

d. 单位容积传热面积大。φ2800mm 塔传热面积比管壳式塔传热面积大 23%。

e. 操作弹性大，设计可控传热温差较大，以适应催化剂不同活性阶段的工况，如初期操作温度 220～230℃、合成压力 3.0～4.0MPa，后期操作温度 260～280℃、合成压力 4.0～6.0MPa。

f. 合成回路系统比较简单。合成塔是反应器加内置锅炉。设计工况比较温和，恒温低压低阻（阻力非常小，全床约为 0.1MPa）有利于催化剂使用寿命延长。单程转化率高，出口甲醇浓度达 5.5%～6.0%。

g. 通过调整沸腾水管布局，适用于 CO 含量变化，也适应惰性气含量变化（联醇或副产氨的工况）。升温还原用蒸汽加热、惰性气还原，快速、安全。

h. 设备更新时，只需更换内件，外壳继续使用。

② 华东理工大学的绝热管壳复合式合成塔　华东理工大学开发的绝热管壳外冷复合式合成塔，在国内工业化业绩已有多个，规模为 100～200kt/a。该塔的上管板焊接于反应器上部，将反应器分割成两部分：上管板上面堆满催化剂，为绝热反应段，上、下管板用装满催化剂的列管连接，为管壳外冷反应段。绝热反应段的催化剂用量为催化剂总量的 10%～30%。反应器结构见图 5-14。

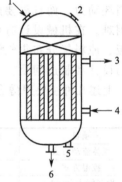

图 5-14　绝热式管壳外冷
复合式反应器结构示意
1—气体进口；2—人孔；
3—蒸汽出口；4—水入口；
5—催化剂卸口；6—气体出口

该塔的特点为：

a. 能量利用合理，可副产中压蒸汽，每吨甲醇副产蒸汽 1t；

b. 操作控制方便，只需调节汽包压力就可迅速调节反应温度；

c. 催化剂的装填、还原和卸出都方便；

d. 无冷激、无返混，单程转化率高，出口甲醇浓度达 5.5%～6.0%；

e. 反应温度控制严格，副反应少，催化剂选择性好，粗甲醇质量高；

f. 上部有一绝热层，即使单系列大型化后，反应器直径也不至于过大；

g. 催化管径有所放大，$D/d_s \geqslant 8$，消除了壁效应；

h. 反应器阻力小于 100kPa，可以节省循环压缩机功耗；

i. 运转周期长，微量毒物能被绝热层催化剂吸附，催化剂使用寿命可超 3 年。

③ 杭州林达均温甲醇合成塔　该塔是一种内置 U 形冷管的均温甲醇合成塔，结构见图 5-15。

进塔原料气经上部分气区后，均匀地分流到各冷管胆的进气管，再经各环管分流到每一冷管胆的各个 U 形冷管中。原料气在 U 形管中下行至底部后随 U 形管改变方向，上行流出冷管，气体在冷管内被管外反应气加热，热气由 U 形管出口进入管外催化剂床层，自上而下流动，与催化剂充分接触，进行甲醇合成放热反应，同时与U形管内原料气换热直至合成塔底部，经多孔板、出塔气口出塔。由于气体在催化剂床层的反应热被冷管内冷原料气吸收，因此催化剂床层温差很小。

哈尔滨依兰煤气厂甲醇合成塔改造中，采用林达设计的均温型低压甲醇塔内件。运行结构表明该塔具有结构简单合理、温差小、温度均匀、操作弹性大、催化剂装填系数大、投资省的特点，达到了年产80kt甲醇的设计能力。

林达低压均温型甲醇合成塔已有多套成功投运。

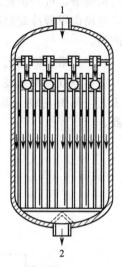

图 5-15　低压均温型甲醇
合成结构示意图
1—进口；2—出口

5.1.6　甲醇精馏

甲醇精馏按工艺主要分为3种：双塔精馏工艺、三塔精馏工艺和3+1塔精馏工艺。双塔精馏工艺技术具有投资少、建设周期短、操作简单等优点，被我国众多中、小甲醇生产企业所采用，尤其在联醇装置中得到了迅速推广。

三塔精馏工艺技术是为减少甲醇在精馏中的损耗和提高热利用率而开发的一种先进、高效和能耗较低的工艺流程，近年来在大、中型企业中得到了推广和应用。

随着装置规模不断扩大，尤其是以煤为原料生产的粗甲醇中杂质含量较高，目前以煤为原料的大甲醇装置精馏工段通常采用3+1塔流程。

3+1塔精馏在三塔精馏的基础上增加了甲醇回收塔，杂醇油进一步提浓后送出界区；塔顶可副产精甲醇，提高甲醇收率；可处理常压塔操作波动造成的塔釜废水不合格问题，进一步处理精馏废水。以煤为原料的大甲醇装置从经济性出发，多厂逐渐接受并采用该流程。

甲醇精馏塔按内件可分为板式精馏塔和填料精馏塔。

传统的精馏塔大都是以浮阀为主的板式塔，随着新型板式塔开发成功，又出现了导向浮阀、斜孔筛板等结构，但板式塔开孔率低，介质传质、传热效率差，总体效果并不太理想。最近几年采用以高效丝网波纹填料和配套的分布器为核心的精馏技术。

（1）双塔精馏工艺

国内中、小甲醇厂大部分都选用双塔精馏工艺，见图5-16。传统的主、预精馏塔几乎都选用板式结构。

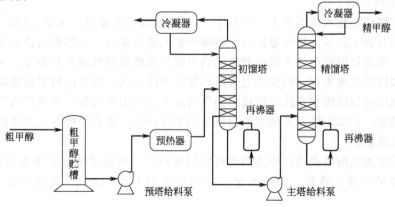

图 5-16　甲醇双塔工艺流程

来自合成工段含醇90%的粗甲醇，经减压进入粗甲醇贮槽，经粗甲醇预热器加热到45℃后进入初馏塔。甲醇的精馏分两个阶段：先在初馏塔中脱除轻馏分，主要是二甲醚；后进入精馏塔，进一步把高沸点的重馏分杂质脱除，主要是水、异丁基油等。从塔顶或侧线采出，经精馏甲醇冷凝器冷却至常温后，就可得到纯度在99.9%以上的符合国家指标的精甲醇产品。

（2）三塔精馏工艺

在甲醇双塔精馏技术的基础上，开发了生产能力大、消耗低、产品质量高的甲醇三塔精馏工艺，见图5-17。国内配套提供该技术的核心产品甲醇精馏专用的丝网填料和新型分布器。

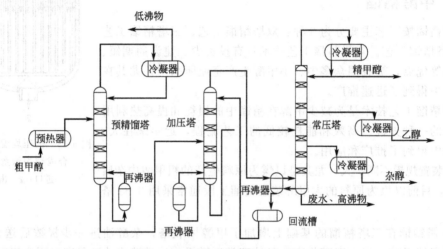

图5-17　甲醇三塔精馏工艺流程

预精馏塔后的冷凝器脱除二甲醚等低沸点的杂质，控制冷凝器气体出口温度在一定范围内。在该温度下，几乎所有的低沸点馏分都为气相，不造成冷凝回流。

脱除低沸点组分后，采用加压精馏的方法，提高甲醇气体分压与沸点，并减少甲醇的气相挥发，从而提高甲醇的收率，然后进行常压分离。这就是甲醇三塔精馏工艺。

生产中加压塔和常压塔同时采出精甲醇，常压塔的再沸器热量由加压塔的塔顶气提供，不需要外加热源。粗甲醇预热器的热量由精甲醇提供，也不需要外供热量。因此，该工艺技术生产能力大，节能效果显著。

（3）3+1塔精馏工艺

在甲醇三塔精馏技术的基础上，开发了3+1塔精馏工艺流程，见图5-18。

来自甲醇合成工段或甲醇中罐区的粗甲醇中加入适量碱液，经预热后进入预塔。预塔顶部加水萃取，除去粗甲醇中的不凝气和影响精甲醇产品质量的低沸点轻馏分。预塔塔釜采用蒸汽再沸器和冷凝液再沸器。经预塔处理后的预后甲醇进入后续甲醇精馏塔精馏。

甲醇精馏塔由加压塔和常压塔组成。加压塔在一定压力下精馏，塔顶蒸汽作为常压塔塔底再沸器的热源。从加压塔回流槽中采出部分精甲醇产品。塔底甲醇进入常压塔。加压塔塔釜采用蒸汽再沸器。

常压塔采用加压塔塔顶蒸汽作为塔底再沸器的热源。从塔顶回流液中采出精甲醇产品。从塔下部侧线采出异丁基油。塔底废水甲醇含量小于100×10^{-6}（质量分数），由泵送出界区。

杂醇油回收塔采用蒸汽再沸器。塔顶采出精甲醇产品；塔底废水中甲醇含量小于$100 \times$

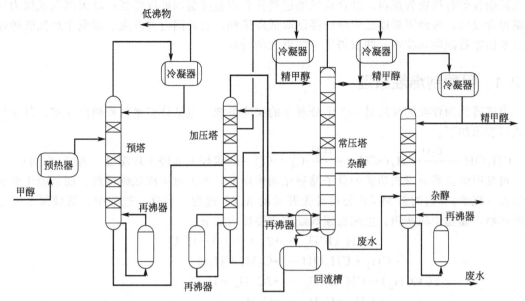

图 5-18　甲醇 3＋1 塔精馏工艺流程

10^{-6}（质量分数），与常压塔废水一起，经废水泵加压后送出界区。从塔下部侧线采出经过浓缩的杂醇油，可外售，也可直接燃烧。

（4）双塔与三塔精馏技术比较

相同规模的装置，三塔精馏与双塔精馏相比投资增加 20％以上，但运行费用一般可节省 20％。

选择哪种精馏工艺技术，主要取决于企业甲醇实际生产能力，预期生产规模，甲醇市场行情以及企业的公用工程水、电、气的富裕程度等。随着生产规模扩大，三塔精馏工艺的节能、高效优势才能体现出来。在甲醇的消耗投资方面三塔精馏低于双塔精馏工艺。传统双塔精馏工艺与填料型三塔精馏工艺的投资和单耗（吨甲醇消耗）比较见表 5-7。

表 5-7　传统双塔与填料型三塔精馏工艺比较

项目	投资（相对数）	蒸汽/t	循环水/m³	电/kW·h
双塔精馏工艺	100	1.5～2.0	150～180	40
三塔精馏工艺	123	0.9～1.3	60～80	30

5.2
合成气经甲醇制烯烃

低碳烯烃通常是指碳原子数不大于 4 的烯烃，如乙烯、丙烯及丁烯等。低碳烯烃是最重要的基本有机化工原料，是生产其他有机化工产品的基础。

目前制取低碳烯烃的方法总体可分为两大类：一是石油路线，二是非石油路线。由于我国原油组分大多偏重，生产乙烯的原料构成中 50％以上是柴油，每吨乙烯的原料消耗平均在 3.5t 以上，给能耗和成本等经济指标带来较大的不利影响。自 20 世纪 70 年代爆发二次石油危机以来，各国纷纷致力于研究和开发非石油资源合成低碳烯烃的路线，如以天然气、煤或其他含碳有机物为原料，经合成气通过费托合成直接制取低碳烯烃；以天然气或煤为原料制得合成气，再经甲醇或二甲醚间接制取低碳烯烃，这是国内外开发、研究生产低碳烯烃最重要的非石油路线技术，并取得了一些重大的进展。

5.2.1 甲醇制烯烃原理

甲醇转化为烃类的反应是一个十分复杂的反应系统，包括许多平行和顺序反应，其总反应式可表示如下：

$$CH_3OH \xrightarrow{-H_2O} CH_3OCH_3 \xrightarrow{-H_2O} C_2^m \sim C_4^m \longrightarrow 烷烃＋烯烃＋环烷烃＋芳烃（汽油）$$

可见甲醇在具有形选功能的分子筛催化剂作用下，不但可生成低碳烯烃，而且能生成其他烃类（汽油）。这就是 Mobil 公司首先开发的 MTG 过程。在这一过程中，低碳烯烃不是最终产物，而是中间产物。生成低碳烯烃的主要反应如下：

$$CH_3OCH_3 \longrightarrow 2(\ddot{:}CH_2)+H_2O$$
$$\ddot{:}CH_2+CH_3OH \longrightarrow C_2H_4+H_2O$$
$$2(\ddot{:}CH_2)+CH_3OCH_3 \longrightarrow 2C_2H_4+H_2O$$
$$\ddot{:}CH_2+C_2H_4 \longrightarrow C_3H_6$$
$$C_2H_4+CH_3OH \longrightarrow C_3H_6+H_2O$$
$$\ddot{:}CH_2+C_3H_6 \longrightarrow C_4H_8$$
$$\cdots\cdots$$

甲醇脱水生成烯烃的反应机理至今尚未完全清楚，是首先生成乙烯还是丙烯，或是二者同时产生都有实验证明，可能随条件不同而异，这正是出现甲醇制烯烃（MTO）和甲醇制丙烯（MTP）两种工艺水平的根据所在。

（1）甲醇制烯烃热力学

甲醇制低碳烯烃反应体系复杂，如甲醇在催化剂上直接分解生成乙烯、丙烯、丁烯等低碳烯烃，另外还存在烯烃产物之间的平衡反应和生成其他产物的副反应。表 5-8 给出了部分可能发生的化学反应及其热力学数据。

表 5-8　甲醇转化为烃类反应体系中可能发生的化学反应及热力学数据

序号	反应	n 值	$\Delta G/(kJ/mol)$	$\Delta H/(kJ/mol)$
1	$nCH_3OH \longrightarrow (CH_2)_n+nH_2O$ $n=2,3,4\cdots$	2	−115.1	−23.1
		3	−186.9	−92.9
		4	−241.8	−150.0
2	$2CH_3OH \longrightarrow (CH_3)_2O+H_2O$		−9.1	−19.9
3	$CH_3OH \longrightarrow CO+2H_2$		−69.9	−102.5
4	$CO+H_2O \longrightarrow CO_2+H_2$		−12.8	−37.9
5	$nCH_3OH+H_2 \longrightarrow C_nH_{2n+2}+nH_2O$	1	−117.8	−118.2
		2	−166.9	−168.4
		3	−219.0	−221.8
		4	−276.9	−280.5
6	$(CH_2)_n \longrightarrow nC+nH_2$	2	−95.0	−42.5
		3	−128.1	−5.48
		4	−178.5	−18.9
7	$2CO \longrightarrow CO_2+C$		−47.9	−173.1
8	$(CH_3)_2O \longrightarrow C_2H_4+H_2O$		−105.9	−3.2
9	$2(CH_3)_2O \longrightarrow C_4H_8+2H_2O$		−297.1	−110.3
10	$2(CH_3)_2O \longrightarrow C_3H_6+CH_3OH+H_2O$		−168.6	−51.0

序号	反应	n 值	$\Delta G/(kJ/mol)$	$\Delta H/(kJ/mol)$
11	$(CH_3)_2O \longrightarrow CH_4 + CO + H_2$		-178.6	4.1
12	$CH_3OH \longrightarrow CH_2O + H_2$		5.2	89.1
13	$(CH_2)_j + (CH_2)_n \longrightarrow C_nH_{2n+2} + C_jH_{2j-2}$	$n=j=2$	42.0	39.7
		$n=j=3$	50.6	51.6
		$n=j=4$	45.3	41.3

根据表 5-8 中可能的反应以及相应的热力学数据可知，其中大部分反应是热力学上十分有利的。反应 6、7 及活性很高的烯烃进一步聚合，将造成结炭；反应 3、5、11 与反应 8、9、10 的竞争则对提高低碳烯烃的选择性会造成困难。即使大部分副反应得到抑制，反应产物中有较高的低碳烯烃含量，其反应的放热效应也是显著的，这是反应器选择与设计中必须慎重考虑的问题。

（2）甲醇制烯烃动力学

甲醇制烯烃反应动力学是 MTO 工艺开发的另一个重要环节，可以给出 MTO 各反应步骤的反应速率控制方程。反应动力学建立也依赖于对 MTO 反应机理的认识。对 MTO 反应动力学的研究按尺度不同可分为分子动力学、微观动力学和集总动力学。在化学反应工程研究中，一般更习惯使用集总反应动力学。研究者建立了多种 MTO 集总动力学模型，有的模型中考虑了积炭的影响。

（3）甲醇制烯烃反应特征

① 酸性催化　MTO 反应过程包含甲醇转化为二甲醚和甲醇、二甲醚混合物转化为烯烃两个反应，两个转化反应均需要酸性催化剂。甲醇脱水制二甲醚的反应在较低温度（150～350℃）下即可发生，而甲醇、二甲醚混合物转化生成烃类的反应需要在较高反应温度（>300℃）才能进行。通常的无定形固体酸可作甲醇转化的催化剂，容易使甲醇转化为二甲醚，但生成低碳烯烃的选择性较低。

② 反应诱导期　甲醇在分子筛催化剂上的转化反应存在诱导期。新鲜催化剂上初始转化率总是略低，数分钟后随着积炭增加，转化率才能逐渐增大并且达到稳定。这一特征可以从烃池机理角度解释。新鲜催化剂不含 C—C 键，分子筛内形成分子量较大的烃池物种相对困难，因此存在一段诱导期。但当烃池形成后，由于自催化作用，烯烃产物形成反应得到启动并且加速。

③ 自催化反应　MTO 反应也具有自催化特征。当烃池形成之后，甲醇至烃类反应的主要通道得以贯通，而反应产物中的烯烃反过来又以更快的速度形成新的烃池，使反应呈指数形式得以加速。根据中国科学院大连化学物理研究所的实验研究，在反应接触时间短至 0.04s 便可以达到 100% 的甲醇转化率。从反应机理推测，短的反应接触时间，可以有效地避免烯烃进行二次反应，提高低碳烯烃的选择性。

④ 低压反应　MTO 反应是分子数增加的反应，因此低压有利于提高低碳烯烃尤其是乙烯的选择性。

⑤ 高转化率　以 SAPO-34 分子筛为催化剂时，在温度高于 400℃ 时，甲醇或二甲醚很容易完全转化（转化率接近 100%）。

⑥ 强放热　在 200～300℃，甲醇转化为二甲醚的反应热为 -10.9～$-10.4kJ/mol$；在 400～500℃，甲醇转化为低碳烯烃（乙烯/丙烯=1.6）的反应热为 -22.4～$-22.1kJ/mol$，反应放热效应显著。

⑦ 形状选择效应　在 MTO 反应过程中，低碳烯烃的高选择性是通过分子筛的酸性催

化作用结合分子筛骨架结构中孔口的限制作用共同实现的。催化剂结焦将造成催化剂的活性降低。同时孔口限制了大分子烃类扩散，进而有利于低碳烯烃产物的选择性。所以 SAPO-34 分子筛催化剂通常需要烧焦再生以恢复催化剂活性。

很显然，发展 MTO 工艺必须充分考虑 MTO 反应的上述特征。

5.2.2 几种典型甲醇制烯烃技术

1977 年，美孚石油公司（Mobil）最早提出 MTO 反应，随后巴斯夫（BASF）、中科院大连化学物理研究所（DICP）、埃克森石油（Exxon）、环球石油（UOP）、海德鲁（Hydro）、清华大学等相继投入产业化技术的开发，加快了 MTO 技术的工业化进程。目前，代表性的甲醇制烯烃技术主要包括：中科院大连化学物理研究所开发的 DMTO 技术，中国石化上海石油化工科学研究院开发的 SMTO 技术，国家能源集团神华煤制油化工有限公司开发的 SHMTO 工艺，清华大学的循环流化床甲醇制丙烯（FMTP）工艺；UOP/Hydro 开发的甲醇制烯烃 MTO 技术；德国 Lurgi 的甲醇制丙烯 MTP 技术（表 5-9）。

表 5-9   几种典型甲醇制烯烃技术

工艺名称	所属单位	双烯单耗(甲醇)/(t/t)	双烯收率/%	甲醇转化率/%	反应器类型	催化剂
MTO	UOP/Hydro	3	80	>99	流化床	SAPO-34
DMTO	大连化物所	2.89	86	>99	流化床	SAPO-34
DMTO-Ⅱ	大连化物所	2.67	95	99.97	流化床	SAPO-34
SMTO	中国石化集团公司	2.82	81	99.8	流化床	SAPO-34
SHMTO	神华集团	2.89	81	>99	流化床	SAPO-34
MTP	Lurgi 公司	3.22~3.52	65~71	>99	固定床	ZSM-5
FMTP	清华大学	3.36	68	99.5	流化床	SAPO-18/34

5.2.2.1 DMTO 工艺

DMTO 技术是中科院大连化学物理所开发的合成气经二甲醚制取低碳烯烃技术，包括第一代 DMTO 技术、第二代 DMTO-Ⅱ 技术和第三代 DMTO-Ⅲ 技术。

（1）DMTO 技术

DMTO 工业装置采用循环流化床，包括甲醇进料汽化和反应、催化剂再生和循环、反应产物冷却和脱水三大部分。典型 DMTO 工业装置反应、再生系统如图 5-19 所示。

① 反应系统　反应系统的作用是在以 SAPO-34 分子筛为活性组分的催化剂作用下，将甲醇原料转化为以乙烯、丙烯、丁烯为主的反应产物。

a. 原料加热、汽化及过热　由于甲醇进料中含有一定量的水可以降低焦炭的产率，因此 DMTO 工业装置一般采用含水约 5% 的甲醇（也称作 DMTO 级甲醇）作为装置的进料。DMTO 反应要求气相进料，因此需要将 DMTO 级甲醇加热、汽化、过热。甲醇制烯烃（MTO）反应是强放热反应，充分利用 DMTO 反应放出的热来加热甲醇原料可以节约能量。神华包头 DMTO 工业示范装置就是将液体甲醇依次通过反应器内取热器、净化水换热器、凝结水换热器、蒸汽汽化器、反应气换热器等来加热、汽化和过热，甲醇气体进入反应器的温度为 130~250℃。

b. 反应器系统　反应器系统包括反应器、旋风分离器、取热器、汽提段，其核心设备反应器采用循环流化床。过热后的气相甲醇进入反应器，与催化剂接触发生反应，生成以乙烯、丙烯为主的反应气。反应气携带催化剂向上移动，其中大颗粒的催化剂在移动过程中依靠重力返回催化剂床层，少量较小颗粒催化剂随反应气进入反应器顶部的多组两级旋风分离器，在旋风分离器中分离出来并通过料腿返回催化剂床层。反应气离开二级旋风分离器后进

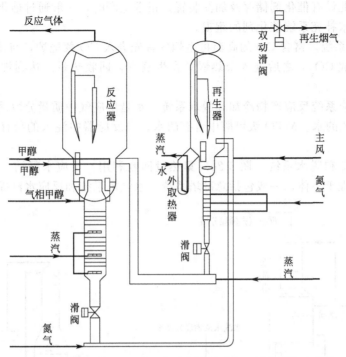

图 5-19　神华包头 DMTO 工业示范装置反应、再生系统示意图

入旋风分离器，进一步除去反应气中携带的微量催化剂细粉。离开三级旋风分离器的反应气进入立式换热器与进料甲醇蒸汽进行换热后进入急冷塔。反应气与甲醇蒸汽换热，一方面可以将进料甲醇蒸汽过热以满足反应器的进料要求，另一方面也降低了反应气进急冷塔温度，减轻了急冷塔的负荷。

　　MTO 反应是强放热反应，反应器催化剂床层设置的内取热盘管将过剩的反应热取走以维持反应温度稳定。在甲醇转化为低碳烯烃的反应过程中，催化剂逐渐结焦失活。为了恢复催化剂的活性，需要连续地将部分催化剂输送到再生器烧焦再生。再生催化剂连续地进入反应器催化剂床层，以保持反应器催化剂的活性。通过降低甲醇分压可以改善反应选择性并减少副反应发生，因此原料采用 MTO 级甲醇 [含水约 5%（质量分数）]，同时甲醇进料中加入一定量的稀释蒸汽。

　　② 再生系统　SAPO-34 分子筛催化剂会因反应过程中生成焦炭而快速失活，这就要求对失活的催化剂及时进行再生。

　　a. 再生器系统。MTO 再生器系统包括主风机、再生器、三级旋风分离器、催化剂储存及加注装置等几部分。

　　从反应器来的待生催化剂通过待生滑阀进入再生器，与主风机输送的压缩空气（简称主风）接触，在高温环境下发生氧化反应，烧掉大部分焦炭，生成 CO、CO_2 和 H_2O，同时放出大量热量。再生烟气离开催化剂床层后向上流动，进入再生器顶部的多组二级旋风分离器，此时再生烟气携带的大部分催化剂颗粒被分离出来并通过料腿返回再生器催化剂床层。再生烟气离开再生器后进入三级旋风分离器，以进一步除去再生烟气中携带的微量催化剂细粉，避免催化剂细粉对下游设备和大气造成影响。离开三级旋风分离器的再生烟气进入余热回收系统。

　　催化剂烧焦反应是强烈的放热反应。为了维持再生温度稳定，再生器系统设置了内、外取热器，通过发生蒸汽及时取走这部分热量。MTO 装置生产过程中，催化剂的自然跑损是难以避免的，因此设有催化剂储存及加注装置。正常生产时，一般通过催化剂加注装置向再生器加注催化剂来补充系统催化剂的跑损。

b. 余热回收系统。富含 CO 的高温再生烟气首先进入 CO 焚烧炉，与补充风中的 O_2 发生氧化反应，生成 CO_2，之后进入余热锅炉发生蒸汽，回收热量。达到排放要求的烟气通过烟囱排入大气。

③ MTO 反应系统反应产物冷却和脱水系统　水是反应气中质量分数最大的物质，包括了 MTO 反应生成的水、MTO 级甲醇中含有的水、向反应器中注入的稀释蒸汽、待生催化剂汽提蒸汽等。

反应产物冷却和脱水系统（图 5-20）集热量回收利用、反应水凝结、催化剂细粉脱除及反应副产物处理于一体，一般包括急冷塔系统、水洗塔系统和反应水汽提塔系统。

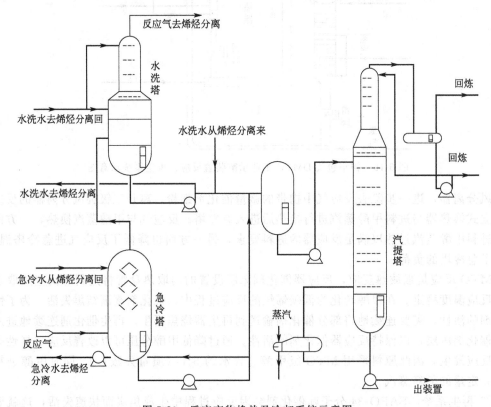

图 5-20　反应产物换热及冷却系统示意图

a. 急冷塔系统。反应气与进料甲醇蒸汽换热后首先进入急冷塔，急冷塔的作用主要有 3 个：一是将反应气急冷降温，同时为烯烃分离单元提供低温热源；二是将反应气携带的微量催化剂细粉洗涤进入急冷水系统并脱除；三是将反应气中携带的微量有机酸（主要是乙酸和甲酸）溶解在急冷水中并注碱中和。

b. 水洗塔系统。来自急冷塔的反应气进入水洗塔下部，与水洗塔上部来的水洗水逆流接触，进行传质、传热。水洗塔的作用主要有 3 个：一是将反应气中水蒸气冷凝；二是将反应气继续降温至压缩机入口温度，同时为烯烃分离单元提供低温热源；三是脱除反应气中少量重质烃和部分含氧化合物。

MTO 反应过程中生成的微量芳烃以及进料甲醇中携带的微量蜡会在水洗塔内聚集，因此水洗塔内设置有隔油设施。反应气携带的少量有机酸会溶解在水洗水中，因此也需要向水洗水中加注碱液控制其 pH 值，以防止对设备造成腐蚀。

c. 反应水汽提塔系统。反应水汽提塔进料包括水洗水、急冷水和烯烃分离单元压缩机段间凝液，其主要作用是将未完全反应的含氧化合物（甲醇、二甲醚）以及反应生成的含氧化合物（主要是醛、酮等）从水中汽提出来，返回反应器进行回炼，同时保证净化水外送达到要求。

④ 原料、反应产物及物料平衡 甲醇制烯烃（MTO）的原料是单一的甲醇，而产品是以乙烯、丙烯、丁烯等低碳烯烃为主的混合物，同时还包括氢气、甲烷、乙烷、丙烷、丁烷等轻质副产品以及少量 C_5^+ 组分和焦炭等。

a. 原料。MTO 反应进料中含有 3%～7% 的水，可以明显降低生焦含量，延缓催化剂积炭失活，甲醇 100% 转化的时间延长，从而提高低碳烯烃的选择性。神华包头 180 万吨/年 MTO 工业装置采用 MTO 级甲醇进料，即甲醇进料的水含量控制在 5% 左右。

MTO 工业装置连续生产时要控制甲醇中碱金属离子（K、Na 等）含量，因为碱金属离子随甲醇进入反应器后几乎全部沉积在 SAPO-34 分子筛催化剂上，中和 SAPO-34 分子筛的酸性，对催化剂的活性和选择性造成不可逆的影响。

神华包头 MTO 工业装置甲醇原料典型分析数据如表 5-10 所示。

表 5-10 MTO 工业装置甲醇原料典型分析数据

分析项目	分析结果	分析项目	分析结果
色度（铂-钴色号）	≤5	沸程/℃	3.1
密度/(g/cm³)	0.7935	钠/(mg/kg)	2.96
水分/%	5.12	钾/(mg/kg)	0.17
碱度/%	0.0013	铜/(mg/kg)	未检出
羟基化合物/%	0.0025	镍/(mg/kg)	0.12
硫酸洗涤（铂-钴色号）	<50	锌/(mg/kg)	0.07
水混溶性	通过 1:3	铁/(mg/kg)	69.5
高锰酸钾实验/min	>50		

b. 甲醇制烯烃的反应产物。神华包头 180 万吨甲醇/年 MTO 工业装置在甲醇进料量（折纯）为 224.78t/h，反应压力 0.108MPa（表压）、反应温度 485℃的条件下，反应器出口的反应气流量及组成如表 5-11 所示。由表 5-11 可见，反应气中各类组分质量分布为：水含量 66%、C_2～C_4 低碳烯烃总含量 30.02%、燃料气（包括甲烷、乙烷、丙烷、丁烷、氢气及一氧化碳）总含量 2.28%、C_5^+ 组分含量 1.42%，其余为重质烃类、未转化的甲醇、二甲醚以及微量的炔烃。由此可见，水和低碳烯烃占据了反应气的绝大部分。水的来源包括反应生成水、进料中含有的水以及为了改善反应选择性而注入反应器的稀释蒸汽、再生催化剂提升蒸汽、待生催化剂汽提蒸汽等。C_2～C_4 低碳烯烃包括反应生成的乙烯、丙烯及混合 C_4（主要包括 1-丁烯、顺-2-丁烯、反-2-丁烯、异丁烯及 1,3-丁二烯）。表 5-11 的组分中不包括焦炭，根据对再生烟气的计算结果，焦炭产率约为 2.2%。

表 5-11 反应器出口反应气流量及组成

项目	流量/(t/h)	组成（质量分数）/%	项目	流量/(t/h)	组成（质量分数）/%
水	181.44	66.00	H_2	0.14	0.05
甲烷	1.95	0.71	CO	0.12	0.04
乙烯	36.69	13.35	CO_2	0.02	0.01
乙烷	0.96	0.35	甲醇	0.02	0.01
丙烯	35.21	12.81	乙炔	0	0.00
丙烷	3.36	1.22	二甲醚	0.01	0.00
C_4	10.62	3.86	重质烃	0.47	0.17
C_5^+	3.89	1.42	合计	274.90	100.00

c. 甲醇制烯烃（MTO）反应过程的物料平衡。以神华包头 180 万吨/年 MTO 工业装置标定数据为例，计算反应过程的物料平衡，如表 5-12 所示。表中进料包括了甲醇、水、注入反应器的蒸汽等，MTO 反应也生成大量的水，因此在反应气中水的含量最高，其次是乙烯、丙烯，三者约占总出料的 90%（质量分数）。

表 5-12　神华包头 180 万吨/年 MTO 工业装置反应过程物料平衡

项目	入方/(t/h)		出方/(t/h)	
组成	折纯甲醇进料量	224.78	焦炭	4.99
	甲醇含水	11.77	水	181.44
	稀释蒸汽量	33.52	甲烷	1.95
	再生催化剂输送蒸汽	1.02	乙烯	36.69
	待生催化剂汽提蒸汽	0.56	乙烷	0.96
	反应系统松动和反吹蒸汽	0.47	丙烯	35.21
	回炼浓缩水含水(含水约 90%)	7.77	丙烷	3.36
			C_4	10.62
			C	3.89
			H_2	0.14
			CO	0.12
			CO_2	0.02
			甲醇	0.02
			乙炔	0
			二甲醚	0.01
			重质烃	0.47
合计		279.89		279.89

（2）DMTO-Ⅱ技术

为了进一步提高 MTO 工艺中丙烯的收率，大连化物所在第一代 DMTO 工艺技术基础上，又开发出了 DMTO-Ⅱ新工艺。DMTO-Ⅱ技术与第一代 DMTO 技术的区别在于增加了 C_4 以上重组分催化裂解反应单元，生成含有乙烯、丙烯等轻组分的混合烃，生成的混合烃返回分离系统进行分离，可提高低碳烯烃尤其是丙烯的选择性，同时可以降低单位质量烯烃的甲醇单耗。该技术可将生产 1t 轻质烯烃所消耗甲醇由 2.96t 降到 2.67t，乙烯和丙烯的总选择性大于 85%。DMTO-Ⅱ工艺流程如图 5-21 所示。从流程图可以看出，C_4^+ 组分从烯烃

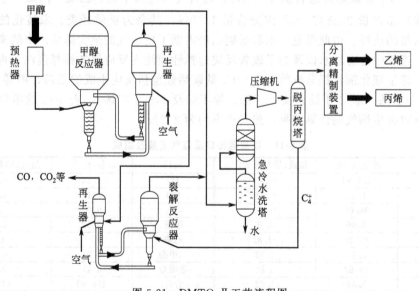

图 5-21　DMTO-Ⅱ工艺流程图

分离环节脱丙烷塔的塔底引出后，进入裂解反应器，从裂解反应器出来的产品气与主产品气混合后进入急冷水洗塔。裂解反应器耦合单独的裂解催化剂再生器，MTO 装置再生烟气进入裂解催化剂的再生器，两股再生烟气汇合后一起进入热量回收系统接近 100％。与 DMTO 技术相比，乙烯＋丙烯选择性、甲醇单耗及催化剂消耗等指标有明显改善。2014 年 12 月，DMTO-Ⅱ 技术首次实现工业化应用。

DMTO-Ⅱ 是 DMTO 基础上的再发展，兼有 DMTO 的技术特征。DMTO-Ⅱ 还具有如下新的特征。

① 甲醇转化反应与 C_4^+ 转化反应采用同一种催化剂（DMTO 催化剂）。在保障甲醇转化效果的同时，实现 C_4^+ 的高选择性催化转化，显著提高低碳烯烃选择性。

虽然甲醇转化和烃类裂解反应差别巨大，但二者的一个共同特征是酸性催化反应，分子筛是有效的催化剂。DMTO 技术中采用了小孔分子筛催化剂以控制产物在较小的分子范围内，由于孔径较小，这样的小孔分子筛通常是不会被作为烃类裂解催化剂的。对于采用与甲醇转化反应相同的小孔分子筛催化裂解较大的分子似乎也存在同样的问题。但是，进一步仔细分析甲醇转化产物中较重组分的组成特点可以发现，这些产物虽然分子量较大，但大部分为线性烯烃分子；典型的 DMTO 产物的 C_4 组成中，1-丁烯约为 25％，顺、反二丁烯约为 67％，异丁烯仅为 4％ 左右。线性烯烃较多而异构烯烃较少应当是源于分子筛孔道的限制作用，也是分子筛孔内催化而非外表面催化的间接证据。这类来源于小孔分子筛孔道的分子自然也可以再进入分子筛孔道发生催化裂解反应，如果条件合适，应该能够高选择性地转化为乙烯和丙烯。上述即为同一催化剂催化甲醇转化和 C_4^+ 裂解两个截然不同的反应的基本原理。

② 甲醇转化和 C_4^+ 转化均采用流化反应方式，分别在不同的反应区进行，可以共用再生器，耦合构成相互联系的完整系统。

③ C_4^+ 转化反应强吸热，在高温区进行 C_4^+ 转化反应，既符合该反应的转化要求，又能实现热量的耦合。

④ 甲醇转化和 C_4^+ 转化目的产物一致，产物分布类似，可以共用一套分离系统。

⑤ 通过对 DMTO-Ⅱ 和 DMTO 操作条件进行有机调整，产品方案可以灵活调节。

（3）DMTO-Ⅲ 技术

2020 年 11 月，第三代甲醇制烯烃 DMTO-Ⅲ 通过科技成果鉴定，中试装置 72h 现场考核结果为甲醇转化率 99.06％，乙烯和丙烯选择性 85.90％，吨烯烃（乙烯＋丙烯）甲醇单耗为 2.66 吨。该工艺不需要 C_4^+ 循环裂解。

5.2.2.2 SMTO 工艺

中国石化上海石油化工科学研究院在 2000 年开始 SMTO 技术开发，其研制的 SMTO-1 催化剂在 12.0 吨/年的 MTO 循环流化床热模试验装置上平稳运行 2000h，催化剂物性未见明显变化，甲醇转化率大于 99.8％，乙烯和丙烯总选择性大于 80.0％，乙烯、丙烯和 C_4 总选择性超过 90.0％。2007 年，在北京燕山石化完成了 100t/d 甲醇制烯烃（SMTO）工业试验装置。2018 年，应用该技术的中天合创 137 万吨/年 MTO 装置正式投运。至 2020 年，该技术许可的工业装置 6 套，3 套投产。应用结果表明，该技术乙烯选择性为 42.10％，丙烯选择性为 37.93％，C_4 选择性 89.87％，甲醇转化率 99.91％，甲醇单耗 2.92t/t，生焦率 1.74％。SMTO 工艺流程见图 5-22。

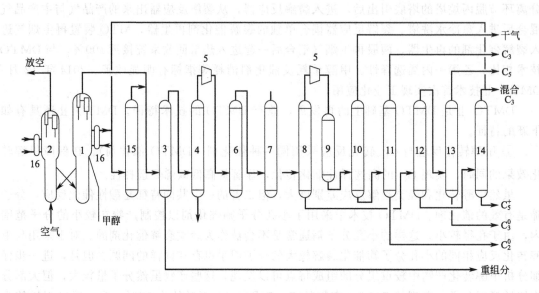

图 5-22　SMTO 工艺流程图

1—反应器；2—再生器；3—急冷塔；4—水洗塔；5—压缩机；6—碱洗塔；7—干燥塔；8—脱 C_2 塔；9—加氢反应器；
10—脱 C_1 塔；11—分馏塔；12—脱 C_3 塔；13— C_3 分馏塔；14—脱 C_4 塔；15— C_4 转化反应器；16—取热器

5.2.2.3　SHMTO 工艺

国家能源集团神华煤制油化工有限公司研发了甲醇转化制低碳烯烃的工艺（SHMTO）
及催化剂，工艺流程见图 5-23。SHMTO 工
艺中反应器和再生器采用同轴布置，再生器
在上，为湍流床，反应器在下，为流化床。
经预热汽化后的甲醇气体自反应器底部经甲
醇分布板进入反应器，并于反应器内催化剂
作用下发生反应生成以乙烯、丙烯为主的轻
烯烃产品气，随后携带少量催化剂的轻烯烃
产品气经过反应器内设置的多组旋风分离器
进行初步的气固分离，分离后的轻烯烃产品
气离开反应器进入下游单元，催化剂落入反
应器密相段，为减少跑剂及副反应，反应器
内设置有网状格栅。反应后的待生催化剂经
过汽提后进入再生器进行烧焦再生。再生器
采用湍流床，再生后的催化剂经汽提后进入
再生冷循环外取热器进行降温，以减小与反

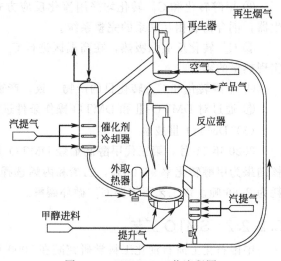

图 5-23　SHMTO 工艺流程图

应器的温差，减少副反应发生，经过降温的催化剂通过再生线路进入反应器内再次催化
反应。

2016 年 9 月首套采用 SHMTO 工艺的神华新疆 68 万吨/年甲醇制烯烃装置在新疆甘泉
堡工业园区开车成功，该装置运行效果（见表 5-13）表明，乙烯选择性为 40.98%，丙烯选
择性为 39.38%，C_2～C_4 选择性 90.58%，甲醇转化率 99.70%，生焦率 2.15%，甲醇单耗
为 2.89t/t。

表 5-13　SHMTO 工艺运行效果

项目	甲烷	乙烯	乙烷	丙烯	丙烷	C_4	C_5^+
选择性/%	1.83	40.98	1.17	39.38	3.58	10.23	2.62
项目	双烯	$C_2 \sim C_4$					
选择性/%	80.35	90.58					

5.2.2.4　UOP/Hydro 工艺

UOP/Hydro MTO 工艺技术是 20 世纪 90 年代由美国 UOP 和挪威海德罗公司（Norsk Hydro）共同开发的甲醇制取低碳烯烃的技术。1995 年，UOP 和 Hydro 合作在挪威建设了一套中试装置。该装置以 SAPO-34 为催化剂，采用流化床反应再生系统，甲醇进料量为 0.75t/d，连续平稳运行 90 多天，取得了良好的效果。该装置的工艺流程如图 5-24 所示。该工艺包括反应部分和产品精制部分。甲醇在 MTO 反应器中转化为富含烯烃的产品气后出反应器进入分离器（急冷、水洗装置），在分离器中产品气中的水冷凝下来。出分离器的产品气再经碱洗、干燥后进入烯烃分离单元。反应器中失活的催化剂进入再生塔烧焦再生后，返回反应器以维持反应器中催化剂活性。产品气进入烯烃分离单元后，首先进入脱甲烷塔脱去甲烷，塔底物料进入脱乙烷塔脱去 C_2 组分。C_2 组分进入乙烯精馏塔精馏，在塔顶得到乙烯。脱乙烷塔的塔底物料进入丙烯精馏塔，在塔顶得到丙烯。装置运行过程中，甲醇转化率保持 100%，乙烯＋丙烯的选择性达 80%。

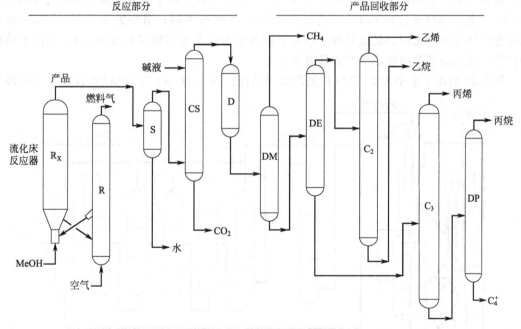

图 5-24　UOP/Hydro 公司的流化床 MTO 工艺流程
R_x—反应器；D—干燥塔；C_3—丙烯精馏塔；R—再生塔；DM—脱甲烷塔；
DP—脱丙烷塔；S—分离器；DE—脱乙烷塔；CS—碱洗塔；C_2—乙烯精馏塔

为提高低碳烯烃的选择性，进一步提升 UOP/Hydro MTO 工艺的经济性及竞争力，2003 年，UOP 和 Atofina 公司一起合作共同开发出烯烃裂解工艺（olefins cracking process，OCP）。该工艺在 500～600℃、0.10～0.50MPa（G）的固定床反应器内，可把 $C_4 \sim C_8$ 烯烃转化为丙烯和乙烯，增加吨甲醇的烯烃产量，将双烯总收率提高到 85%～90%。采用

MTO-OCP 工艺（图 5-25），乙烯/丙烯比可以在 1.2～1.8 内调节。

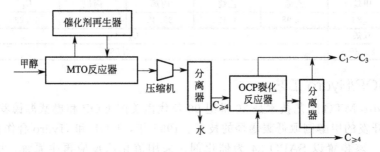

图 5-25　UOP/Hydro 公司 MTO-OCP 一体化工艺示意图

2008 年，一套采用 MTO-OCP 一体化工艺的甲醇处理量为 10t/d 的半商业化示范装置在比利时建成，并于 2009 年 9 月成功运行。2011 年，UOP 公司与中国惠生（南京）清洁能源股份有限公司合作在南京建设了一套低碳烯烃 29.5 万吨/年的 MTO 工业化装置，该装置于 2013 年 9 月开车成功，标志着 MTO-OCP 工艺成功应用于工业化。至 2019 年 6 月，在国内有 6 套装置投产。

5.2.2.5　FMTP 工艺

清华大学和中国化工集团有限公司等单位合作，开发了基于流化床反应器的甲醇制丙烯 FMTP 工艺。与鲁奇公司 MTP 工艺使用 ZSM-5 催化剂不同，清华大学采用 SAPO-18/34 混晶分子筛作为催化剂。其优势在于该分子筛催化剂微孔道结构可有效限制 C_4 及以上的组分产生，从而提高产物中乙烯和丙烯收率。

图 5-26 给出了清华大学 FMTP 工艺流程简图。图 5-27 给出了 FMTP 装置中反应再生

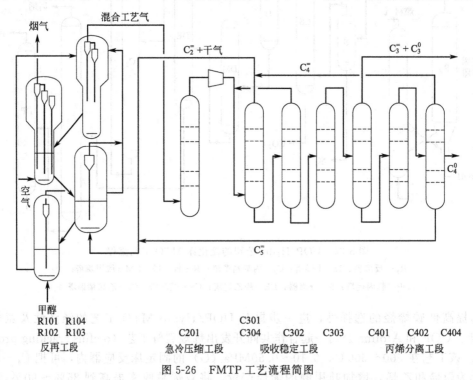

图 5-26　FMTP 工艺流程简图

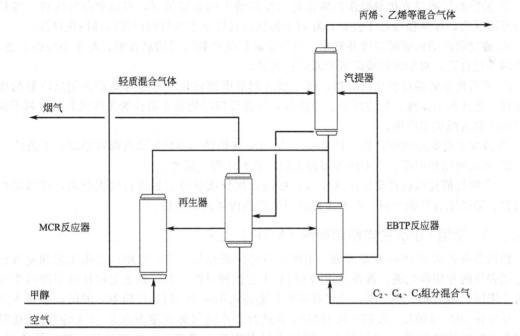

图 5-27　FMTP 装置反应再生系统简图

系统简图。如图 5-26 所示，清华大学的 FMTP 工艺包括两个主要反应，即甲醇转化反应（methanol conversion reaction，MCR）与乙烯、丁烯制丙烯（ethene & butylene to propylene，EBTP）反应。因此 FMTP 装置中包括两个流化床反应器（MCR 反应器和 EBTP 反应器）和一个流化床再生器。在 MCR 反应器中，甲醇首先脱水形成二甲醚，二甲醚在催化剂活性中心上形成表面甲基，并基于碳池机理形成 C—C 键，相连的表面甲基从催化剂表面上脱落生成低碳烯烃混合物。MCR 反应放热，采用流化床反应器有利于热量移出。在 EBTP 反应器中，低碳烯烃在 SAPO-18/34 催化剂上发生二聚、裂解等反应，在反应器操作条件下达到热力学平衡，其中异丁烯、C_5 以上烯烃受孔道限制而产量较低，因此主要产物仍是低碳烯烃，其中丙烯最高。MCR 与 EBTP 反应器中主要的副反应为丙烯生成丙烷的氢转移反应。因此，MCR 与 EBTP 反应器均采用两层设计减少丙烯返混，以降低丙烷的生成量。FMTP 工艺中 EBTP 与 MCR 反应器并联，并通过合理分配催化剂的积炭量来优化丙烯总收率。

2006 年初，清华大学、中国化工集团有限公司及安徽淮化集团有限公司等合作建设甲醇处理量 3 万吨/年的流化床甲醇制丙烯 FMTP 工业试验装置。2008 年年底 FMTP 工业试验装置建成。2009 年 9 月 19 日装置化工投料，连续运行 21 天，取得预期的试验成果。2009 年 11 月 27 日通过了由中国石油和化学工业协会组织的验收鉴定，公开的技术指标为甲醇转化率 99.5%、丙烯总收率 67.3%、3.39t 甲醇产 1t 丙烯。

FMTP 技术的主要优势如下。

① 采用 SAPO-18/SAPO-34 分子筛交相混晶催化剂使反应的低碳烯烃收率提高，为提高丙烯的总收率创造了条件，单产丙烯时总收率可达 77%；原料甲醇消耗小于 3t/t。

② 丙烯、乙烯生产量可调节范围大，乙烯/丙烯比可在 0.02~0.85 范围内调节；根据规模不同，可以单独生产丙烯，或者以生产丙烯为主，适当生产乙烯，产双烯时总收率可达 88%，原料甲醇消耗小于 2.62t/t。

③ 独特的气固逆流接触操作减弱流化床反应器中的返混情况，可以抑制氢转移、烯烃聚合等副反应，反应温度易于控制，有利于提高原料转化率及目的产物丙烯的选择性。

④ 通过联产的低碳烯烃循环转化，可以提高目的产物丙烯的总收率。对于小规模装置，单产丙烯更合适，对于大规模装置产双烯更经济。

⑤ 采用独立的烯烃转化反应器，可以独立调节甲醇转化反应器和烯烃转化反应器的操作条件，包括反应温度、反应压力、空速等，使各反应器均处于最佳的工作状态，有利于提高目的产物丙烯的总收率。

⑥ 减少了高碳烃的副产物（汽油），为通过低碳烷烃的转化提高丙烯收率创造了条件。

⑦ 可以使用粗甲醇、二甲醚等多种进料，有利于降低成本。

⑧ 产物与催化剂脱离流化床床层后直接进入快分或旋分装置进行气固分离，可以减少氢转移、烯烃聚合等副反应，有利于提高目的产物丙烯的选择性。

5.2.2.6 德国 Lurgi 的甲醇制丙烯（MTP）工艺

德国鲁奇公司于 1990 年起开展了甲醇制丙烯的研究与开发，采用固定床工艺和南方化学公司提供的专用催化剂。鲁奇公司的 MTP 工艺流程见图 5-28。该工艺同样将甲醇首先脱水为二甲醚，然后使甲醇、水、二甲醚的混合物进入第一个 MTP 反应器，同时还补充水蒸气，反应在 400～450℃、0.13～0.16MPa 下进行，水蒸气补充量为 0.5～1.0kg/kg。此时甲醇和二甲醚的转化率为 99% 以上，丙烯为烃类中的主要产物。为获得最大的丙烯收率，还附加了第二和第三 MTP 反应器。

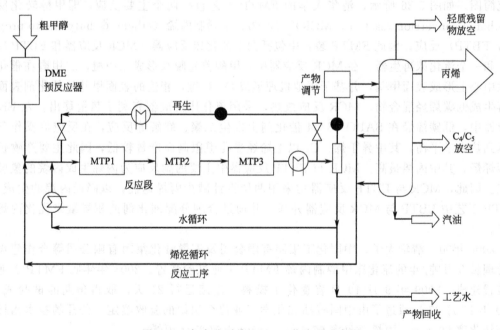

图 5-28　鲁奇公司的 MTP 工艺流程示意图

产品气体经压缩，再除去痕量水、CO_2 和 DME。洁净的气体经进一步加工得到纯度大于 97% 的化学级丙烯。不同烯烃含量的物料返至合成回路作为附加的丙烯来源。为避免惰性物料累积，需将少量轻质残留物和 C_4/C_5 馏分适当放空。汽油也是该工艺的副产物，水可作为工艺发生蒸汽，而过量水则经专门处理后供农业生产使用。

主反应器为带盐浴冷却系统的管式反应器，反应管典型长度为 1～5m、内径 20～

50mm。据专利介绍，ZSM-5 沸石催化剂的硅铝比为 103：1，比表面积为 $342m^2/g$，孔容 0.33mL，68.1%孔分布在 14～80nm，钠含量为 340mg/kg。

2010 年 12 月，采用鲁奇 MTP 技术的神华宁煤 50 万吨/年煤基聚丙烯项目打通全流程，并于 2011 年 4 月产出合格聚丙烯产品，首次实现 MTP 技术在我国的推广应用。2011 年 9 月，采用鲁奇 MTP 技术的我国大唐多伦 46 万吨/年煤基甲醇制丙烯项目建成投产，2012 年 3 月首批优级聚丙烯产品成功下线。2014 年 8 月，采用鲁奇 MTP 技术的神华宁煤 50 万吨/年 MTP 二期项目打通全流程。神华宁煤在全球享有鲁奇 MTP 技术 15%的专利许可权益，通过技术自主创新实现了 MTP 催化剂的国产化开发与工业应用，现已开发出 MTP 工艺第二代低成本、高性能、多级孔道 ZSM-5 分子筛催化剂。

5.2.3 甲醇制烯烃主要影响因素

(1) 工艺条件

影响转化产物分布的主要工艺条件有温度、空速和压力等。反应温度的影响可见图 5-29。试验条件为相对较低的空速，LHSV＝0.6～0.7h^{-1}，温度 260～538℃，常压。由图 5-29 可见，在 260℃主要反应是甲醇脱水生成二甲醚，有少量烃类，主要是 C_2～C_4 烯烃。在 340～375℃，甲醇和二甲醚的转化趋于完全，产物中出现芳烃。温度进一步升高时，初次产物发生二次反应，低碳烃和甲烷增多，甚至出现 H_2、CO 和 CO_2。

空速的影响可见图 5-30。甲醇转化率随空速降低而升高，中间产物二甲醚和低碳烯烃含量依次出现最高点，而芳烃和脂肪烃含量则呈缓慢上升趋势。

由热力学分析可知，压力降低有利于低碳烯烃生成，表 5-14 的试验结果亦可证实。可见，为得到高收率低碳烯烃，在工艺条件方面应采用较高的温度、较高的空速和尽可能低的压力。

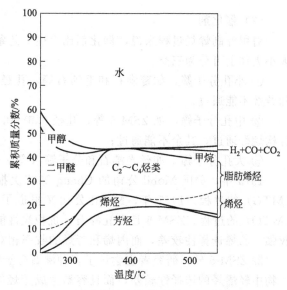

图 5-29 甲醇转化产物分布和反应温度的关系

表 5-14 烯烃收率与反应压力的关系[①]

	甲醇分压/0.1MPa	1.00	0.25	0.17	0.07
	甲醇转化率/%	＞99	＞99	＞99	＞99
w(低碳烯烃)/%	乙烯	3.2	12.4	17.4	21.0
	丙烯	4.8	18.2	26.5	38.7
	丁烯	2.2	6.3	7.6	18.5
	戊烯	0.4	0.3	0.7	2.4
	C_2～C_5 烯烃合计	10.6	37.2	52.2	80.6
	甲烷	1.5	0.8	0.6	0.5
	C_2～C_5 烷烃	43.0	39.4	24.2	15.6
	C_6^+ 非芳烃	3.9	2.3	2.7	1.3
	芳烃	41.0	20.2	20.3	2.0

① 反应条件：427℃，LHSV 1h^{-1}，总压 101.325kPa，甲醇分压低于大气压时用 He 稀释。

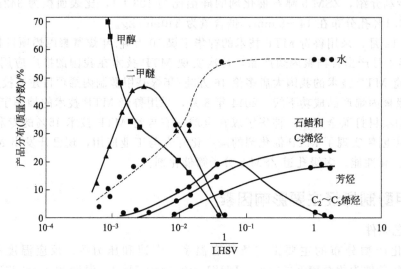

图 5-30　甲醇转化产物分布和空速（倒数）的关系（371℃、常压下）

（2）催化剂

对甲醇制烯烃过程来说，催化剂比上述工艺条件更关键。沸石分子筛催化剂根据其细孔大小大体上可分为三类：

① 小孔分子筛，如菱沸石和毛沸石等，孔径＜0.5nm，能让正构烷烃通过而异构烷烃和芳烃不能通过；

② 中孔分子筛，如 ZSM-5 等，孔径 0.5～0.6nm，能让正构烷烃和带一个甲基支链的异构烷烃通过，其余不能通过；

③ 大孔分子筛，如丝光沸石和分子筛 X 等，孔径约 0.8nm，能让更多烃类分子通过。

1975 年，美国 Mobil 公司的 Chang 等首次报道了甲醇在分子筛催化剂上转化为汽油（MTG）的过程。1977 年，Mobil 公司又报道了甲醇在 ZSM-5 分子筛上转化为低碳烯烃（MTO）的过程。ZSM-5 是中孔沸石，抗积炭性能好，对 MTO 反应有很高的活性，但酸性较强，乙烯选择性较差，而丙烯和芳烃的收率相对较高。

除 ZSM-5 外，研究者也尝试了多种沸石分子筛。大孔径沸石如 Y 和丝光沸石等，反应产物中轻烯烃的选择性较差，而且容易生成芳烃等副产物；孔径较小的如菱沸石、毛沸石、T 沸石、ZK-5、ZSM-34、ZSM-35 等，对 MTO 过程有良好的低碳烯烃选择性，这主要是由于孔口对产物分子的择形效应，即在反应中生成的大分子脂肪烃和芳烃因为分子筛孔口限制难以扩散到孔道外。但是这些沸石的硅铝比一般偏低，拥有大量的强酸中心，使得反应初期二次反应生成的烷烃选择性偏高，并且由于结构中笼的存在，催化剂易积炭失活，反应活性周期很短。

几种不同沸石分子筛中甲醇转化为烃类的选择性见表 5-15。可见在表 5-15 条件下，毛沸石的低碳烯烃选择性最好，而 ZSM-5 和 ZSM-11 的主要产物是烷烃和芳烃，其低碳烯烃选择性远不如丝光沸石。

表 5-15　在不同沸石分子筛中甲醇转化为烃类原产物组成[①]　　　　　　　　　单位：%

产物	毛沸石	ZSM-5	ZSM-11	丝光沸石
C_1	5.5	1.0	0.1	4.5
C_2 烷	0.4	0.6	0.1	0.3

产物	毛沸石	ZSM-5	ZSM-11	丝光沸石
C_3 烷	1.8	16.2	6.0	5.9
C_4 烷	5.7	24.2	25.0	13.8
C_2 烯	36.3	0.5	0.4	11.0
C_3 烯	39.1	1.0	2.4	15.7
C_4 烯	9.0	1.3	5.0	9.8
C_5^+ 脂肪烃	2.2	14.0	32.7	18.6
芳烃	0	41.2(以 $C_2 \sim C_8$ 为主)	28.4	20.4(以 C_{11}^+ 为主)

① 反应条件 370℃，101.325kPa，LHSV $1h^{-1}$。

1984 年，美国联合碳化物公司（UCC）开发了磷酸硅铝系列分子筛（SAPO-n，n 代表结构型号）。SAPO 分子筛的骨架结构有些与已知的硅铝沸石相同，有些则为新型结构，具有从八元环到十二元环的孔道，孔径在 0.3～0.8 nm。SAPO 分子筛的组成特征和三维结构决定其具有中等强度的酸性和优良的骨架稳定性，因而吸引了大量研究者关注。研究人员尝试将 SAPO 分子筛用于 MTO 反应，并发现一些小孔 SAPO 分子筛具有良好的催化性能。中国科学院大连化学物理研究所的梁娟等首次报道了 SAPO-34 在 MTO 反应中的催化应用，发现 SAPO-34 具有优异的催化性能和再生稳定性，在甲醇转化率为 100% 或接近 100% 的情况下，$C_2 \sim C_4$ 烯烃选择性达 90% 左右，而 C_5 以上产物很少，SAPO-34 经过连续 55 次再生后，依然可以保持很高的催化活性。这一结果为 MTO 过程的技术发展带来了新的曙光。随后，SAPO-34 分子筛的合成优化及相关的 MTO 反应机理也得到了广泛而深入的研究。现在，SAPO-34 分子筛已在工业装置中广泛应用。

催化剂是甲醇制烯烃技术的核心之一，国内外关于催化剂的研究仍在不断进行中。

5.3
合成气制芳烃

合成气制芳烃技术是指由合成气或者甲醇经过芳构化制备出苯、甲苯以及二甲苯（即"三苯"）等芳香族化合物的过程。"三苯"是我国有机合成的基石，其中对二甲苯的市场需求量远高于其他芳烃类化合物。对二甲苯主要来源于石油炼化副产、煤加氢裂解副产等生产过程。作为 PET（聚对苯二甲酸乙二醇酯）塑料的关键原料，对二甲苯需求量将随着社会经济的发展迅速提高，2019 年我国对二甲苯的市场表观消费量已达到 2294.0 万吨，市场缺口高达 1493.8 万吨，因此开拓新的规模化合成路线刻不容缓。合成气制芳烃可丰富我国"三苯"来源、缓解对外依存度高的问题。当前，合成气制芳烃的技术路线主要有：合成气直接转化为芳烃（STA）、合成气经甲醇制芳烃（MTA）、甲苯与甲醇烷基化、苯与合成气烷基化。

（1）合成气直接制芳烃

合成气直接制芳烃是指在催化作用下将合成气一步直接催化转化为芳烃，理论上是最佳的工艺路线。反应历程为合成气在催化剂作用下，先转化成中间物甲醇或烯烃，而后甲醇/乙烯进一步在分子筛催化下完成烯烃环化、脱氢、氢转移等后续反应，最终生成芳烃。研究发现，上述多步串联反应过程复杂，很难控制芳烃的最终选择性，尚需对催化剂进行改进，提高芳烃及 PX 的收率。该路线虽然目前实现工业化应用较难，但对未来煤化工的发展具有重要意义。

（2）合成气经甲醇制芳烃

甲醇制芳烃（MTA）技术是以合成气制得的甲醇为原料生产芳烃的新技术。该技术路线经历了两个主要反应过程，即甲醇到烯烃和烯烃的芳构化，在分子筛 B/L 酸性位点上甲醇依次转变为一甲醚、短链烯烃、长链烯烃，再经过烯烃环化，氢转移或脱氢等一系列反应后，最终生成芳烃。MTA 路线是很具有潜力的煤化工路线，正逐步走向工业化，但仍存在催化剂稳定性差和芳烃收率低等问题。同时，该技术路线的经济性也受到较大挑战。

（3）甲醇甲苯选择性烷基化制对二甲苯技术

甲醇甲苯选择性烷基化制对二甲苯（PX）技术，作为 Friedel-Grafts（F-C）催化剂的模型反应，一直受到研究人员的广泛关注。目前，研究人员普遍认为甲醇甲苯烷基化反应是按正碳离子机理进行的苯环亲电取代反应，甲醇在催化剂 B 酸中心被活化，甲氧基进攻弱吸附的甲苯。在苯环上甲基辅助诱导作用下，主要生成邻二甲苯、对二甲苯（PX）、少量的间二甲苯和水。甲醇甲苯选择性烷基化制 PX 技术可以使用非石油基的甲醇，从而实现石油化工和煤/天然气化工的有机结合。甲醇甲苯制 PX 联产低碳烯烃技术的实现需要满足如下条件：二甲苯产物中的 PX 选择性高；在保持高 PX 选择性的同时，甲苯转化率高；链烃产物中乙烯、丙烯的选择性高。这对催化剂和工艺都提出了很高的要求。与已经实现工业化的甲苯歧化和烷基转移工艺技术相比，甲醇甲苯选择性烷基化制 PX 的方法，具有甲苯转化率高、苯产率较低、甲醇原料成本低、PX 选择性高的优点，是 C1 化学研究的新方向，具有广阔的应用前景。

（4）苯与合成气烷基化制芳烃

苯与合成气烷基化反应以金属或金属氧化物和沸石耦合的催化体系为主要研究对象，合成气在金属或金属氧化物催化剂区反应转化为甲醇、二甲醚和甲氧基等反应中间体，中间物种进一步在沸石催化剂上与苯进行烷基化反应生成烷基苯。甲醇来源于合成气（CO 和 H_2），该工艺技术跳过了甲醇制备，而且还避免了甲醇裂解和甲醇转化为烷烃等一系列副反应，同时，产物主要组分都是芳烃，降低了后续转化分离的工艺成本。综合考虑我国煤化工产业中焦化行业生成的大量苯与合成气副产物，苯与合成气烷基化技术可以有效解决尾气副产物的转化利用途径，提升焦化行业副产物的利用价值。

近年来，国内外针对甲醇制芳烃技术开展了大量基础及应用研究，并取得了一定的进展。美国埃克森 Mobil 公司和沙特 SABIC 公司分别开发了一种改性的 P/ZSM-5 以及掺杂镧（La）、铈（Ce）元素的 ZSM-5 催化剂，可将芳烃的单程收率提高至 19.0%～30.0%。国内煤制芳烃技术的基础研究以及产业化应用均已取得了较大的进展，如表 5-16 所示，相关技术已完成工业化中试试验。清华大学在 2010 年率先完成流化床甲醇制芳烃工艺技术的开发，随后与北京华电煤业集团共同开展了 3.0 万吨/年流化床甲醇制芳烃工业化中试试验。2012年由上海石油化工研究院开发的 20.0 万吨/年甲苯甲基化工业示范装置在扬子石化建成并一次投料成功，实现了甲醇甲苯烷基化制芳烃技术的突破，但后续未见技术的推广应用。中科院大连化学物理研究所与延长石油集团在 2018 年联合进行了甲醇甲苯烷基化制对二甲苯联产低碳烯烃的移动床中试试验，将甲醇的单程转化效率提高至 93.3%，推动了技术的产业化进程。同时，中科院大连化学物理研究所对 H-ZSM-5 分子筛催化剂做了进一步的无金属改性，可将芳烃选择性提高至 80.0%，大幅提高了煤制对二甲苯技术的经济性优势，有利于该技术在国内市场推广应用。

表 5-16　国内甲醇制芳烃技术放大及工业试验进展

单位	反应器	催化剂	应用
中科院山西煤炭化学研究所（MTA）	固定床	Mo-HZSM-5	内蒙古庆华集团 10 万吨/年甲醇制芳烃项目（2012 年）
清华大学（FMTA）	循环流化床	ZSM-5	中国华电 3.0 万吨示范装置（2013 年）
中国石化上海石油化工研究院（MTX）	流化床	HZSM-5	扬子石化 20.0 万吨甲苯甲醇芳构化装置（2012 年）
中科院大连化学物理研究所	流化床	P-ZSM-5	陕西延长石油 1.0 万吨甲醇甲苯芳构化示范装置（2018 年）

5.3.1　FMTA 工艺

清华大学自 2003 年起对甲醇芳构化过程进行探索，针对芳构化过程强放热且催化剂结焦失活较快的特征，凭借多年在流化床领域内所取得的成果，以及在流化床法甲醇制丙烯（FMTP）项目开发中所积累的经验，开发了流化床法甲醇制芳烃（FMTA）技术。华电煤业集团与清华大学 2011 年起合作开发 FMAT 技术，于 2012 年 9 月在陕西榆林建成了世界首套万吨级（3.0 万吨/年）流化床甲醇制芳烃全流程工艺试验装置。

万吨级工业装置的流程如图 5-31。甲醇经预热气化，与反应气换热后，进入甲醇芳构化反应器，与再生器来的高温再生催化剂逆向接触发生芳构化反应，生产芳烃及氢气、水、C_6 等副产物；反应产物经分离器分离出催化剂，再用金属丝网过滤器过滤掉携带的催化剂颗粒，经压缩机加压后，进入工艺分离器；反应产物在分离器内进行三相分离，其中气相经碱洗脱除二氧化碳，经干燥脱水后进入分离工段，分离出部分 C_2、C_3 返回芳构化反应器，进行烷烃的芳构化反应；水相作为废水送至污水处理工段；油相为主产品，送至精馏塔，塔顶分离出苯和甲苯，塔底分离出二甲苯，塔顶产品可返回芳构化反应器，与甲醇进行烷基化反应，进一步生成二甲苯。

2012 年 12 月装置完成联动试车，2013 年 1 月投入试运转，连续运行 443 小时。现场72 小时考核部分数据如下：甲醇一次转化率 99.99%；芳烃选择性 57.61%；芳烃的烃基总收率 74.47%；催化剂消耗 0.20kg/t。

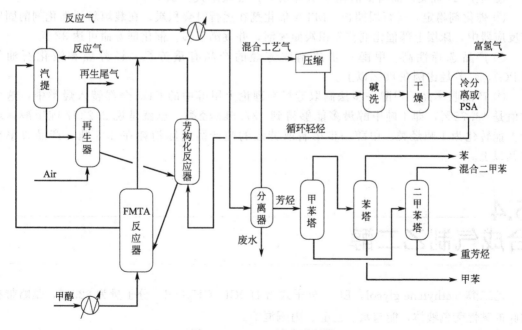

图 5-31　FMTA 试验流程图

5.3.2 MTA工艺

中国科学院山西煤炭化学研究所开发了 MTA 工艺，于 2006 年完成催化剂的实验室筛选、评价和反复再生实验，2007 年与赛鼎工程合作开始工业化设计。该技术采用固定床反应器，Mo-HZSM-5 分子筛催化剂。典型反应条件为：温度 $380 \sim 420℃$、常压、LHSV＝$1h^{-1}$。甲醇转化率大于 99%。反应产物中，液相产物选择性大于 33%（甲醇质量基），气相产物选择性小于 10%，液相产物中芳烃含量大于 60%。

2012 年 2 月，采用山西煤化所的催化剂和一步法甲醇制芳烃工艺包，由赛鼎工程有限公司设计的内蒙古庆华集团 10 万吨/年甲醇制芳烃装置一次试产成功。年产芳烃 7.5 万吨、液化气 2.25 万吨、干气 0.34 万吨。该装置流程见图 5-32。

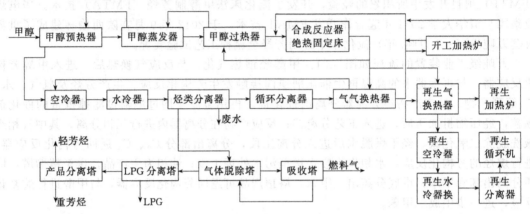

图 5-32　甲醇制芳烃流程示意图

工业装置运行结果表明：

① 生产 1t 烃类产品需要消耗 2.5t 甲醇，产品收率大于 95%。

② 催化剂稳定，运行周期长。MTA 催化剂在运行时会积炭，在装填新鲜催化剂的固定床反应器中，床层上部催化剂首先积炭而失活，并逐渐下移。催化剂寿命可达 32 天。

③ 产品选择性高。甲醇一步法制取芳烃的产品有重芳烃、轻芳烃和液化石油气（LPG），轻芳烃比例在 80% 以上。

④ 产品收率高。甲醇一步法制取芳烃在理论上甲醇中的 CH_2 全部转入烃类中，这个数值是 43.75%，即 1 吨甲醇最多能够得到 437.5kg 烃类。也就是说 2.2857 吨甲醇，理论上能转化为 1 吨烃类。甲醇一步法制取芳烃的吨产品实际消耗在 2.5 吨，产品收率在 95% 以上。

5.4
合成气制乙二醇

乙二醇（ethylene glycol，EG）分子式为 $HOCH_2CH_2OH$，分子量为 62.07，是略带有甜味的黏性无色液体，能与水、乙醇、丙酮混溶。

乙二醇是生产聚酯纤维、聚酯树脂和防冻液等产品的重要原料。全球约 90% 的 EG 产品用于合成聚对苯二甲酸乙二醇酯（PET）。近年来，随着国内聚酯行业的快速发展，我国已成为全球第一大乙二醇消费国，2019 年消费量占比超过 50%，常年依赖进口。2019 年，我国乙二醇总需求约 1800 万吨，进口量约 1005 万吨，对外依存度约 55%。

国内执行的乙二醇质量标准为 GB/T 4649—2018。国内 PET 生产中要求原料乙二醇达到工业级标准，国标见表 5-17。

表 5-17 乙二醇产品质量国标

项　目		指　标	
		聚酯级	工业级
乙二醇(质量分数)/%		>99.8	>99.0
外观		无色透明 无机械杂质	无色透明 无机械杂质
色度(铂-钴)	加热前/号	<5	
	加盐酸加热后/号	≤20	10
密度(20℃)/(g/cm³)		1.1128~1.1138	1.1125~1.1140
馏程(101.33kPa)	初馏点/℃	196	>195
	干点/℃	<199	<200
水分(质量分数)/%		0.08	≤0.2
酸度(以乙酸计)/(mg/kg)		<10	≤30
铁含量/(mg/kg)		≤0.1	≤5.0
灰分/(mg/kg)		<10	≤20
二乙二醇(质量分数)/%		<0.05	≤0.6
醛(以甲醛计)/(mg/kg)		≤8	
紫外透光率/%	220nm	>75	
	275nm	>92	
	350nm	>99	
氯离子/(mg/kg)		≤0.5	—

传统的乙二醇生产工艺主要以石油（乙烯）为原料，通过乙烯氧化和环氧乙烷水合反应生产，技术路线成熟，但严重依赖石油资源。近年来，我国煤经合成气制乙二醇生产技术发展迅速，截至 2019 年，国内合成气制乙二醇装置投产规模已达 489 万吨/年，占国内总产能的 37.0% 左右。合成气制乙二醇路线可减轻对石油的依赖度，缓解乙烯供应量不足的局面。

合成气（CO/H₂）制乙二醇主要有三种合成方法，即直接合成法、草酸酯法和甲醇甲醛法，合成路线如图 5-33 所示。其中，直接合成法由于存在反应压力高（>50MPa）、反应温度高（≥230℃）、催化剂活性和稳定性差

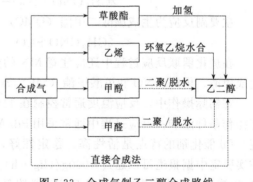

图 5-33 合成气制乙二醇合成路线

等问题，限制了其规模化应用；甲醇甲醛法是利用甲醇进行二聚、甲醛进行加氢以及甲醇-甲醛高温缩聚等制备出乙二醇，但反应收率低，仍处于研究开发阶段。草酸酯法是目前唯一规模化应用的煤基乙二醇技术路线。

几十年来，国内外十分重视煤制乙二醇新技术的研发。我国中国科学院福建物质结构研究所、西南化工研究院、天津大学、华东理工大学、南开大学等，以及国外日本宇部兴产公司、日本化学研究所、美国 Altlantic 公司、美国联碳公司等均开展了这方面的研究。据报道，多家专利商包括中国科学院福建物质结构研究所、华烁科技股份有限公司、上海浦景化

工技术股份有限公司、上海戊正工程技术有限公司、高化学联合体、天津大学等均掌握了合成气经草酸酯法制乙二醇工业化技术。

5.4.1 草酸酯加氢制乙二醇原理

合成气中 CO 通过氧化偶联生成草酸酯，草酸酯再经加氢制备乙二醇，其反应过程如图 5-34 所示。

反应主要分三步，包括酯化再生、羰化偶联以及加氢反应。

① 氧化酯化反应。甲醇与 NO 反应生成亚硝酸甲酯（CH_3ONO，简称 NN）：

$$4NO+O_2+4CH_3OH \Longrightarrow 4CH_3ONO+2H_2O$$

主要的副反应为生成硝酸的反应，反应方程式如下：

$$4NO+3O_2+2H_2O \Longrightarrow 4HNO_3$$

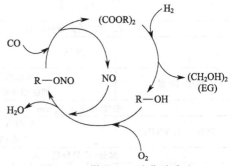

图 5-34　煤基乙二醇草酸酯法
反应过程（R 通常为 CH_3）

酯化再生反应在常温常压下即可发生，不需要催化剂，反应易于发生、快反应、放热量大、气液两相反应、反应过程中涉及的反应多。

从工艺角度来说，酯化再生反应必须达到尽可能高的 MN 收率；通常以 NO 为计算基准，MN 的收率应至少大于 99%，否则将导致废水中 HNO_3 含量高、系统氮氧化物补充量大幅增加、设备腐蚀等一系列问题。由于该反应过程反应网络结构复杂，因此对该反应过程的反应方案设计提出了很高要求。

② 氧化偶联反应。CO 与亚硝酸甲酯通过偶联反应制草酸二甲酯 [（$COOCH_3$）$_2$]，简称 DMO：

$$2CH_3ONO+2CO \longrightarrow (COOCH_3)_2+2NO$$

主要副反应为生成碳酸二甲酯（DMC）的反应，反应方程式如下：

$$2CH_3ONO+CO \longrightarrow CO(OCH_3)_2+2NO$$

在羰化偶联反应过程中还应注意 MN 的分解反应。MN 的分解分为热分解和催化分解，生成甲醇、甲醛、NO 和甲酸甲酯（MF）等物质。

在实际操作中，反应温度通常控制在 110～160℃，反应压力在 0.1～0.5MPa（A），工艺操作条件温和；反应过程中通常采用 Pd/Al_2O_3 催化剂。反应原料 MN 来源于酯化再生反应。Pd 催化剂的特点是活性高、稳定性好，通常 DMO 时空产率在 350～600g/(kg·h)，在实验室中据报道可以超过 1000g/(kg·h)。Pd 催化剂在使用过程中易受到 NH_3、H_2 和 H_2O 等杂质气体的影响，导致反应活性降低。因此，通常要求原料 CO 气体中 H_2 的含量小于 100μL/L。

③ 草酸酯加氢反应。草酸二甲酯进一步加氢合成乙二醇（$C_2H_6O_2$，简称 EG）：

$$(COOCH_3)_2+4H_2 \longrightarrow CH_2H_6O_2+2CH_3OH$$

加氢过程中的副反应较多，主要副反应为 DMO 的不完全加氢和过加氢，以及生成 1,2-丁二醇（1,2-BDO）的反应。主要副反应的反应方程式如下：

不完全加氢生成乙醇酸甲酯：

$$(COOCH_3)_2+2H_2 \longrightarrow CH_2OHCOOCH_3+CH_3OH$$

过加氢生成乙醇：

$$(COOCH_3)_2 + 5H_2 \longrightarrow C_2H_5OH + 2CH_3OH + H_2O$$

乙醇与乙二醇反应生成1,2-丁二醇：

$$C_2H_5OH + (CH_2OH)_2 \longrightarrow CH_2OHCHOHC_2H_5 + H_2O$$

在实际加氢过程中，DMO加氢的副反应多达十余种，因此反应副产物也很多，其中部分副产物虽含量很少但会导致最终产品紫外透过率不合格。

草酸酯加氢反应温度通常控制在190～240℃，反应压力通常为2.0～3.0MPa。加氢反应过程要求H_2大大过量，通常进入催化剂床层的氢气与草酸酯的摩尔比（即通常所说的氢酯比）根据采用的不同催化剂控制在40～100。

用于草酸酯加氢反应的催化剂通常采用Cu系催化剂，常见的有Cu/Cr、Cu/SiO_2和Cu/Al_2O_3。但是主要以Cu/SiO_2系为主。

衡量工业应用草酸酯加氢催化剂优劣的关键指标包括草酸酯转化率、选择性分布、EG时空产率、催化剂稳定性以及氢酯比。

5.4.2 草酸酯加氢制乙二醇工艺

根据主要反应，合成气经草酸酯加氢制乙二醇工艺可大致分为三个部分（图5-35）。

（1）酯化反应部分

在酯化反应塔内，从CO偶联反应返回的NO、加氢合成反应返回的CH_3OH与界外送来的O_2快速反应，生成亚硝酸甲酯。

（2）CO偶联反应部分

出酯化反应塔的亚硝酸甲酯在催化剂作用下，与合成气分离制得的CO在羰化反应器中进行羰基化反应，生成草酸二甲酯和NO，NO随循环气返回酯化反应工段循环利用。CO在进行羰基化反应前有一个催化脱氢过程，目的是脱除CO物料中的少量H_2，防止草酸二甲酯合成催化剂中毒失活。

（3）加氢反应部分

合成气分离制得的H_2与草酸二甲酯在加氢反应器中催化剂作用下，反应生成乙二醇和CH_3OH。CH_3OH返回酯化反应工段，作为制备亚硝酸甲酯的原料。

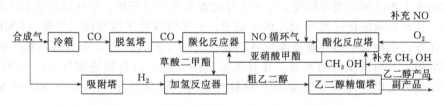

图5-35 合成气间接制乙二醇工艺流程示意图

5.4.3 两种合成气制乙二醇工艺

（1）中国科学院福建物质结构研究所合成气制乙二醇技术

中国科学院福建物质结构研究所从1982年开始合成气制乙二醇技术研究，2006年完成100t/a加氢生产乙二醇中试。2007年，上海金煤化工新技术有限公司投资建设了万吨/年乙二醇工业实验装置，2008年完成试验工作。2009年12月，依托具有自主知识产权的中国科学院福建物质结构研究所煤制乙二醇技术建设的世界上首套煤制20万吨/年乙二醇工业化示范项目于内蒙古通辽建成投运。2018年，该所新一代煤制乙二醇技术1000t/a中试装置在贵州兴仁建成投运,该中试装置主要包括CO脱氢、草酸二甲酯合成、草酸二甲酯精馏、草酸二甲酯加氢、乙二醇精馏、尾气处理、硝酸还原等7个工序。

中国科学院福建物质结构研究所开发的合成气制乙二醇技术,特别是其新一代技术的特点是:①CO脱氢、草酸二甲酯合成、乙二醇合成3种催化剂高效稳定,贵金属含量更低,性能更好,制备成本可下降60%;②采用独特的氧化酯化技术和稀硝酸还原技术,可实现氮氧化物等物料的高效利用;③采用特殊分离技术有效提高了中间产物及乙二醇产品分离效率;④工艺流程更合理,反应物料可充分利用,能实现较大幅度的节能降耗,从而使得乙二醇的产品成本大幅度下降。

(2) 上海浦景化工技术股份有限公司合成气制乙二醇技术

华东理工大学从1995年开始开展对"合成气制乙二醇"课题的研究。经多年研究开发出了羰化、加氢两种关键催化剂,并进行了长寿命实验,也获得了一系列关键子技术。2009～2013年,上海浦景化工技术股份有限公司、安徽淮化集团、华东理工大学共同合作进行了该技术的大规模工业化开发。其第一套$30×10^4$t/a乙二醇装置已于2014年年底开车投产。

上海浦景化工煤基合成气制EG装置包括四个主要单元,分别是酯化再生单元、羰化偶联单元、加氢单元和EG精制单元。简要流程如图5-36所示。

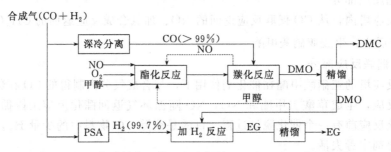

图5-36 上海浦景化工煤基合成气制乙二醇(EG)流程简图

① 酯化再生单元 酯化再生单元的主要任务是为羰化偶联单元提供亚硝酸甲酯(MN),并实现羰化偶联单元生成的NO和加氢精制单元回收的甲醇(ME)的循环利用。

虽然理论上NO可实现零损耗,但由于伴随着不可逆副反应,羰化反应后NO的浓度会逐渐降低,从而影响酯化过程中MN的生成量,并导致羰化工段草酸二甲酯(DMO)的产量下降。此外,原料气中不可避免地含有不凝性气体(如N_2等),会导致系统中惰性气体组分逐步增加,因而需要进行弛放。在排弛放气的同时,也会损耗部分NO和MN气体。因此,在酯化再生单元还需设置氮氧化物补充系统,以维持整个系统中NO和MN含量稳定。

② 羰化偶联工段 羰化单元的主要任务是为加氢单元提供合格的加氢原料草酸二甲酯(DMO)。来自界外的合格的CO原料气和来自酯化单元含有亚硝酸甲酯(MN)的循环气在该单元发生羰化反应,经冷凝及气液分离后得到含草酸二甲酯(DMO)和碳酸二甲酯(DMC)的液相混合物,该混合物经分离后最终得到合格的DMO原料,供后续加氢工段使用。由气液分离而来的气相中含有大量NO,通过循环压缩机输送至酯化再生工段重新合成MN。

③ 加氢工段 加氢单元的任务是以羰化偶联单元产物草酸二甲酯(DMO)为原料,在铜基催化剂的作用下,经加氢反应生成粗乙二醇。反应产物经冷却、气液分离后,未反应的氢气经循环压缩机升压后返回反应系统,液相产物经分离精制后得到乙二醇产品。DMO加

氢产物中乙二醇为主要反应产物，反应产物包括不完全加氢产物乙醇酸甲酯（MG），过度加氢产物乙醇以及乙二醇与乙醇发生 Guerbet 反应生成的 1,2-丁二醇。

④ 乙二醇精制工段 EG 精制单元的任务是将来自加氢单元的液相产物（主要包括甲醇、EG、乙醇、水、1,2-丁二醇等）进行分离和精制，最终获得 99.8% 的优等品级和 99% 的其他等级的 EG 产品。

EG 精制工段按照作用不同还可以分为甲醇回收子系统、产物分离子系统及 EG 精制子系统。甲醇回收子系统的作用是将加氢生成的甲醇回收、精制，并送回酯化再生单元。产物分离子系统的作用是分离 EG 产品和其他副产物。值得注意的是由产物分离子系统获得的 EG 产品纯度虽可以达到 99.8% 以上，但是紫外透过率指标（特别是 220 nm 波长）达到优等品要求的产品比例还较低，需要进一步进行精制。EG 精制子系统的作用是去除乙二醇产品中影响紫外透过率的痕量杂质，提高产品的优等品率到 90% 以上，同时副产出其他等级的 EG 产品。

上海浦景化工吨 EG 消耗指标及折标煤情况如表 5-18 所示。

表 5-18　消耗指标及折标煤情况

序号	名称	吨耗	折标煤系数	单位	折标煤/kg
1	一氧化碳/m³	810	0.413	kg/m³	334.53
2	氢气/m³	1700	0.3686	kg/m³	626.62
3	氧气/m³	210	0.4	kg/m³	84.00
4	甲醇/kg	50	0.0664	kg/kg	3.32
5	低温水/t	60	0.214	kg/t	12.84
6	循环冷却水/t	600	0.1429	kg/t	85.74
7	脱盐水/t	1	3.2857	kg/t	3.29
8	电/(kW·h)	550	0.1229	kg/(kW·h)	67.60
9	蒸汽/t	8.5	111.455	kg/t	947.37
10	仪表空气/m³	6	0.04	kg/m³	0.24
合计					2165.54

注：电耗中包括压缩机在内的所有用电驱动消耗，蒸汽用量未减掉尾气处理系统的副产蒸汽。

5.5
合成气制乙醇

乙醇（C_2H_5OH）俗称酒精，是重要的化工原料，也是重要的液体生物燃料，可直接燃烧或与高辛烷值汽油混合燃烧。汽油添加 10% 乙醇，汽车尾气中减少碳排放 40%、颗粒物 36%～64%、其他有毒物质 13%。乙醇能与水、醚、氯仿、甘油、苯等完全互溶，能溶解油脂、生物碱、树脂及纤维素醚等。乙醇具有羟基特有的化学性质，能进行脱水、氧化、酯化和氯化等反应生成乙烯、丁二烯、乙醚、乙醛、乙酸乙酯、三氯乙醛和氯乙醇等。

根据原料不同，乙醇的生产工艺分为以粮食（玉米、小麦等）及非粮经济作物（甘蔗、甜菜等）发酵法制乙醇，纤维素发酵法制乙醇，石油路线制乙醇（乙烯水合法制乙醇）及煤化工路线制乙醇。

合成气制乙醇路线可分为直接法和间接法（图 5-35），直接法包括合成气发酵法和化学催化转化法。间接法可分为以下 4 类：①合成气经甲醇羰基化制乙酸，乙酸直接加氢制乙醇；②合成气经二甲醚多相羰基化制乙酸甲酯，乙酸甲酯加氢制乙醇；③合成气制 C_2 含氧化物，再加氢制乙醇；④烯烃/乙酸加成酯化为乙酸酯，乙酸酯加氢生产乙醇并联产其他醇。

合成气制乙醇挑战很大，目前处于研究阶段。乙酸直接加氢制乙醇、乙酸甲酯加氢制乙醇、烯烃/乙酸加成酯化加氢生产乙醇均已实现工业化示范或生产。

5.5.1 合成气经乙酸加氢制乙醇

合成气经乙酸加氢制乙醇的流程见图 5-37，主要包括煤气化制合成气、合成气净化、合成气制甲醇、甲醇羰基化制乙酸、乙酸加氢制乙醇、粗乙醇精制等步骤，其中除乙酸加氢制乙醇外，各步骤均为成熟技术。

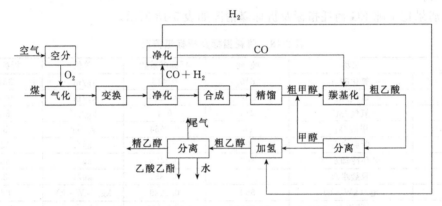

图 5-37 合成气经乙酸加氢制乙醇流程图

乙酸加氢制乙醇反应如下：

$$CH_3COOH + 2H_2 \longrightarrow CH_3CH_2OH + H_2O$$

理论上，每吨乙醇需要乙酸 1.304t，H_2 973m^3，产生 391kg 水。

国内外多家机构开展了乙酸加氢制乙醇工艺的研究，中试或示范情况见表 5-19。由合成气经乙酸加氢制乙醇路线较长，当乙醇的价格高出乙酸很多时，也可直接以乙酸为原料生产乙醇。

表 5-19 国内外主要的乙酸加氢制乙醇工艺

类别	专利商	催化剂	温度/℃	压力/MPa	乙酸转化率/%	乙醇选择性/%	工业化情况
乙酸加氢	江苏索普-大化所	Pd/贵金属	200~250	5.0~7.0			3 万吨/年中试
	上海浦景化工	Pt/Ag	200~350	2.0~5.0	＞99.0	＞97.0	300t/a 中试
	山西煤化所	—	—	—	＞99.8	＞99.5	50t/a 中试
	塞拉尼斯	Pt/Sn	200~300	0.1~15.0	＞99.0	＞92.0	40 万吨/年

5.5.2 合成气经乙酸甲酯加氢制乙醇

合成气经乙酸甲酯加氢制乙醇流程示意见图 5-38，主要包括煤气化制合成气、合成气净化、合成气制甲醇、甲醇脱水制二甲醚、二甲醚羰基化制乙酸甲酯、乙酸甲酯加氢制乙醇、乙醇分离精制等步骤，其中除二甲醚羰基化制乙酸甲酯、乙酸甲酯加氢制乙醇外，各步骤均为成熟技术。

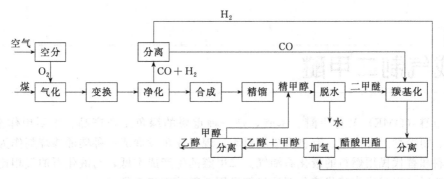

图 5-38　合成气经乙酸甲酯加氢制乙醇流程图

国内外多家机构进行乙酸酯加氢制乙醇工艺的研究,中试或示范情况见表 5-20。

表 5-20　国内外主要的乙酸酯加氢制乙醇工艺

类别	专利商	催化剂	温度/℃	压力/MPa	乙酸转化率/%	乙醇选择性/%	工业化情况
乙酸酯加氢	上海戊正	Cu	190~320	2.0~3.3	>96.0	>98.0	60t/a 中试
	华谊集团	Cu	180~250	2.0~5.0	>98.0	>99.0	1000t/a 中试
	西南化工研究院	Cu	200~260	2.0~5.0	>98.0	>98.0	20 万吨/年中试
	江苏丹化集团	Cu	180~260	2.0~5.0	>98.0	>99.0	600t/a
	冀东溶剂厂	Cu	—	—	>98.5	>99.0	3 万吨/年
	天大-惠生公司	Cu	180~250	2.5~3.0	>98.5	>99.5	2 万吨/年

陕西延长石油集团兴化公司采用大连化学物理研究所技术于 2016 年建成 $10×10^4$ t/a 乙醇工业示范项目,以甲醇和合成气为原料,2017 年 1 月产出合格的无水乙醇产品,工艺过程见图 5-39。第一步甲醇脱水得二甲醚(DME),第二步 DME 与 CO 羰基化反应生产乙酸甲酯,第三步乙酸甲酯加氢生成无水乙醇,同时副产甲醇循环利用。

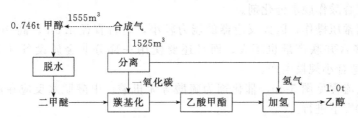

图 5-39　延长石油集团兴化公司乙醇示范装置工艺流程示意图

该装置以甲醇和合成气($CO+H_2$)为原料,来源广泛易得;羰基化和加氢催化剂均为非贵金属催化剂;工艺过程对设备和材料无腐蚀要求、无特殊要求;甲醇可循环利用,物料消耗少,产品质量为无水级乙醇;"三废"排放少且容易处理,生产环境好。甲醇脱水制DME 转化率>60%;羰基化生产乙酸甲酯选择性>98%,催化剂稳定性好;乙酸乙酯加H_2 生成乙醇选择性>98%,催化剂稳定性好。消耗指标见表 5-21。

表 5-21　消耗指标(以 1t 乙醇计)

项　目	单　耗	项　目	单　耗
甲醇/t	0.75	循环水/m³	300
合成气/m³	1530	脱盐水/m³	1.7
电/kW·h	456	仪表空气/m³	85
蒸汽/t	2.4	N_2/m³	80
综合能耗/t	0.558		

5.6
合成气制二甲醚

二甲醚（DME）又称甲醚、木醚，是一种重要的绿色工业产品，主要用作清洁燃料、气雾剂、制冷剂、发泡剂、有机合成原料等，现在逐步发展成一种柴油掺烧剂作为新型车用替代燃料和替代民用燃料的液化石油气。二甲醚的生产成本低，与液化石油气相比有较大的差价，使得二甲醚成为替代液化石油气作民用燃料的理想产品。

二甲醚是一种结构简单的脂肪醚，其分子式为 $CH_3—O—CH_3$。常温常压下，二甲醚是一种无色、有轻微醚香味的气体，易被液化；加压到 0.54MPa 即可液化，易于储存与运输；二甲醚在空气中十分稳定，长期暴露不会形成过氧化物，无腐蚀性，毒性很弱，无致癌性；具有优良的混溶性，能与大多数极性和非极性溶剂混溶，同时二甲醚也具有优良的溶解性，故可作溶剂使用。二甲醚分子氧含量为 34.78%，燃烧比较完全，污染小，是一种新型的车用替代燃料。

目前二甲醚的生产方法主要有合成气经甲醇脱水制二甲醚和合成气一步法制二甲醚。目前国内的生产装置多采用前者。

5.6.1 甲醇脱水制二甲醚

甲醇脱水制二甲醚，分为液相法和气相法。

（1）液相法

液相法是加热硫酸和甲醇的混合物，甲醇脱水制二甲醚。由于硫酸腐蚀性较大和污染严重，已逐渐被淘汰。近年来，山东省久泰化工科技股份有限公司改进了液相法，改变酸性介质成分，采用复合酸作脱水催化剂。

该工艺采用常压操作，因此反应器的能力较小，每台直径 4.5m、高 9m 的反应器产量为 12kt，即使多台并联产量也不大，而且还要使用一部分非金属设备（反应器、换热器等），因此比较适合小规模生产。

典型液相法流程见图 5-40，催化剂为硫酸等无机酸。甲醇脱水反应在液相、常压或微正压、130～180℃下进行。

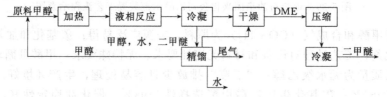

图 5-40 液相法制二甲醚流程

反应产物经加热汽化进入反应器，经冷却，反应物部分冷凝。冷凝后汽相经压缩、液化即得到二甲醚产品；冷凝后的液相主要成分为水、甲醇和二甲醚。液相物料经甲醇提浓塔精馏分离，从塔顶得到甲醇和二甲醚的混合物。塔顶冷凝器未冷凝的二甲醚送压缩机，压缩后也作产品。冷凝液甲醇则送回反应系统作原料。

液相法的优点在于反应温度低，由于甲醇脱水反应为放热反应，反应温度越低，平衡转换率越高，故甲醇在反应器中的单程转化率比气相法高，达 90% 以上。这样循环的甲醇最少，理论上可减少一定的蒸汽消耗。

复合酸催化脱水生成二甲醚工艺，是经典液相脱水生成二甲醚工艺的改进，主要是采用了复合酸代替了硫酸，反应条件为：110～160℃、<0.1MPa、一次反应收率>93％、总收率>99.5％，二甲醚液体产品浓度为99.9％。

（2）气相法

该方法采用气固相催化反应加精馏流程，国内实现规模化生产，见图5-41。

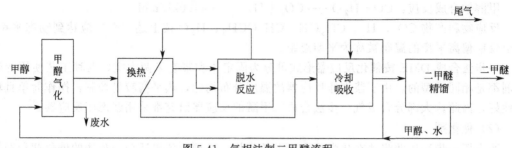

图5-41 气相法制二甲醚流程

西南化工研究院的CNM-3甲醇脱水催化剂，具有生产成本低、工艺过程较易控制、产品质量稳定的特点。目前该催化剂已应用于国内几十套二甲醚工业生产装置。催化反应得到产品纯度为99.99％的二甲醚，甲醇单程转化率80％，二甲醚选择性99％，催化剂寿命可达3年。表5-22是1300t/d装置的主要设备数据。每吨二甲醚的消耗定额为低于1.5t甲醇。

表5-22 1300t/d装置预计的主要设备数据

名　　称	规　　格	台　　数
二甲醚合成反应器	φ3800mm，催化剂105m^3	1
汽化塔	φ3000mm，浮阀塔，80块塔板	1
精馏塔	φ2800mm，浮阀塔，65块塔板	1

甲醇经预热器加热后，送入汽化塔，汽化后的甲醇经换热后，分两股进入反应器。第一股甲醇加热到反应温度，从顶部进入反应器；第二股甲醇稍微加热，进入反应器中部，作为激冷气。出反应器的粗甲醇，经换热器、预热器、水冷器冷却后，进入粗甲醇储罐气液分离。液相为二甲醚，气相为H_2、CO、CH_4、CO_2等不凝气体和饱和的二甲醚和甲醇蒸气。气相进入甲醇吸收塔，用甲醇吸收二甲醚，吸收液进入粗醚储罐，尾气减压后送火炬。然后，粗甲醚送精馏塔，上段底部出二甲醚产品，精馏塔底部釜液送汽化塔，回收甲醇，塔釜废液冷却后外排或另外利用。

催化剂为CNM-3型，圆柱状，φ(3～4)×(10～20)mm，堆密度0.7kg/L，比表面积150～300m^2/g，平均孔径(4～6)×10^{-5}，使用寿命1～2年；反应温度230～350℃，压力0.5～1.1MPa；甲醇单程转化率78％～88％，二甲醚选择性>99％。

5.6.2　合成气一步法制二甲醚

合成气一步法合成二甲醚，分为气相法和三相法，是正在研究和开发的方法。

（1）原理

气相法在固体催化剂表面进行反应；三相法即淤浆法，合成气扩散到悬浮于惰性溶剂中的催化剂表面进行反应，反应器为浆态床。气相法中反应器内合成气的转化率较低，未反应合成气的循环量大，并要求使用富氢合成气（H_2/CO大于2）。三相法的单程转化率高于气相法，且选择性高，能耗低，可以提高DME的产量，降低成本，是值得开发的新方法，具有重要的经济效益与社会效益。因此，合成气一步法制二甲醚的研究是当前二甲醚技术开发的方向。

从理论上说，由合成气一步法合成 DME 比两步法在化学热力学上合理。在一定条件下（例如，250℃和 5.0MPa，$H_2/CO=2.0$），合成气反应生成 DME 比生成 CH_3OH 的转化率高。该工艺在催化剂表面经历了三个相互独立的反应。

甲醇钠合成反应：$CO+2H_2 \longrightarrow 2CH_3OH$ $\quad$ $-90.4kJ/mol$

甲醇钠合成反应：$2CH_3OH \longrightarrow 2CH_3OCH_3+H_2O$ $\quad$ $-23.4kJ/mol$

甲醇钠合成反应：$CO+H_2O \longrightarrow CO_2+H_2$ $\quad$ $-41.0kJ/mol$

反应物和产物 CO_2、H_2、CH_3OH、CH_3OCH_3、H_2O 按上述三个反应达到动态平衡，三个反应偏离平衡的温距被称为平衡温距。

一步法合成 DME 按催化反应器形式可分为固定床和浆态床两大类，两种工艺使用的催化剂都是相同类型的。由于浆态床反应器的温度分布均匀，热平衡较易控制，操作简单且稳定性好，因此，大部分合成气一步法合成二甲醚的反应器研究都采用浆态床反应器。

（2）催化剂

要发挥一步法比两步法在化学热力学上的优势，必须制备出适合一步法的催化剂和选择适宜于合成反应的温度、压力、空速和 H_2/CO 比等化学动力学因素。目前，一步法合成 DME 工艺中使用的催化剂，均由两种催化剂复合而成，即合成甲醇的金属催化剂和甲醇脱水生成 DME 的固体酸催化剂。这就是通常所说的双功能催化剂。合成甲醇传统工艺主要用 Cu/Zn 系列。甲醇脱水催化剂主要用 γ-Al_2O_3 或 HZSM-5 等沸石分子筛。

目前，对一步法合成二甲醚催化剂的研究主要集中在以下几个方面：①双功能催化剂的制备方法及复合配方的研究；②在不同反应器中催化剂使用条件的研究；③甲醇合成催化剂中加入不同助剂对催化剂性能及使用条件的影响。

参考文献

[1] 陈嵩嵩，张国帅，霍锋，等．煤基大宗化学品市场及产业发展趋势 [J]．化工进展，2020，39（12）：5009-5020.

[2] 徐振刚．中国现代煤化工近 25 年发展回顾·反思·展望 [J]．煤炭科学技术，2020，48（08）：1-25.

[3] 胡浩权．煤直接转化制高品质液体燃料和化学品 [J]．化工进展，2016，35（12）：4096-4098.

[4] 应卫勇．煤基合成化学品 [M]．北京：化学工业出版社，2010.

[5] 黄仲九，房鼎业，浙江大学，华东理工大学．化学工艺学 [M]．3 版．北京：高等教育出版社，2016.

[6] 汪建新，陈晓娟，王昌．煤化工技术及装备 [M]．北京：化学工业出版社，2015.

[7] 谢克昌，房鼎业．甲醇工艺学 [M]．北京：化学工业出版社，2010.

[8] 唐宏青．现代煤化工新技术 [M]．2 版．北京：化学工业出版社，2016.

[9] 米镇涛．化学工艺学 [M]．2 版．北京：化学工业出版社，2014.

[10] 黄格省，胡杰，李锦山，等．我国煤制烯烃技术发展现状与趋势分析 [J]．化工进展，2020，39（10）：3966-3974.

[11] 刘中民．甲醇制烯烃 [M]．北京：科学出版社，2015.

[12] 卢巍，王涛，董文达，等．煤基高碳醇粗产品的加氢精制研究 [J]．煤炭学报，2020，45（04）：1312-1318.

[13] 吴秀章．煤制低碳烯烃工艺与工程 [M]．北京：化学工业出版社，2014.

[14] 贺永德．现代煤化工技术手册 [M]．3 版．北京：化学工业出版社，2020.

[15] 于政锡，徐庶亮，张涛，等．对二甲苯生产技术研究进展及发展趋势 [J]化工进展，2020，39（12）：4984-4992.

[16] 尚蕴山，王前进，杨加义，等．合成气经含氧化合物中间体一步法制芳烃研究进展 [J]．化工进展，2021，40（10），5535-5546.

[17] 杨庆，许思敏，张大伟，等．石油与煤路线制乙二醇过程的技术经济分析 [J]．化工学报，2020，71（05）：2164-2172.

[18] 王梦，田晓俊，陈必强，等．生物燃料乙醇产业未来发展的新模式 [J]．中国工程科学，2020，22（02）：47-54.

[19] 王辉，吴志连，邰志军，等．合成气经二甲醚羰基化及乙酸甲酯加氢制无水乙醇的研究进展 [J]．化工进展，2019，38（10）：4497-4503.

第6章

天然气的净化及转化

天然气化工主要包括天然气的净化和天然气的转化。与煤和石油相比，天然气在使用时不仅排放的 SO_x、NO_x、CO 量最少，而且排放的 CO_2 量也最少，是较为清洁的能源。

6.1
天然气净化

不同地区的天然气组成有显著的差别。天然气作为商品，在输送至用户或深加工之前，需要净化以达到一定的质量指标要求。国际标准化组织（International Standardization Organism，ISO）于 1998 年通过一项关于天然气质量的导则性标准 ISO 13686—1998《天然气品质指标》，将管输天然气的质量指标分为三个类别：

① 气体组成包括大量组分、少量组分及微量组分；

② 物理性质包括热值、华白指数、相对密度、压缩系数及露点；

③ 其他性质如无水、液态烃及固体颗粒等。

我国曾于 1988 年发布了一项规定商品天然气质量指标的石油行业标准 SY 7514—88，后来又颁布了天然气国家质量标准 GB 17820—1999。

而工业发达国家的质量标准更为严格，特别是硫化氢含量多为 $5mg/m^3$。为达到所要求的质量指标，井口出来的天然气通常需经过脱硫、脱水、脱 C_2 以上烃等净化环节。脱硫过程中产生酸性气体，通常还需硫黄回收乃至尾气处理装置。本章主要针对天然气脱硫和脱水作详细介绍。

6.1.1 天然气脱硫

天然气中的硫化物主要是硫化氢（H_2S），同时还可能有一些有机硫化物，如

CH$_3$SCH$_3$ 及二硫化碳（CS$_2$）等。天然气脱硫工艺除用于脱除 H$_2$S 和有机硫化物外，通常还可用于脱除 CO$_2$。目前的天然气脱硫工艺有多种方法，包括以醇胺法（简称胺法）为主的化学溶剂法、以砜胺法为主的化学-物理溶剂法、物理溶剂法、直接转化法（亦称氧化-还原法）、吸附法和非再生法等，其中占主导地位的是醇胺法和砜胺法。

6.1.1.1 醇胺法和砜胺法

醇胺法和砜胺法是天然气脱硫中最常用的方法，两者工艺过程相同，只是使用的吸收剂不同。醇胺法以醇胺水溶液为吸收剂，属化学吸收；砜胺法则以醇胺的环丁砜水溶液为吸收剂，是以醇胺的化学吸收和环丁砜的物理吸收联合的化学-物理吸收，此吸收方法也被称为 Sulfinol 法。

醇胺法中，传统使用的醇胺是一乙醇胺（MEA）及二乙醇胺（DEA）和二异丙醇胺（DIPA）。DIPA 用于天然气脱硫时，需与环丁砜组成砜胺 II 型溶液（砜胺法）使用，其单独的水溶液则在处理炼厂气及克劳斯加氢尾气方面应用较为广泛。20 世纪 80 年代以来以选择性脱除 H$_2$S 为首要特征的甲基二乙醇胺法（MDEA）迅速发展，并因其显著的节能效益而得到了广泛的使用。

由于醇胺属碱性物质，因而可对天然气中的酸性气体 H$_2$S 和 CO$_2$ 进行基于酸碱中和反应的化学吸收。

在醇胺法中，MEA 的水溶液碱性最强，单位物质的量能处理的酸性气体负荷也最高。但它和酸性气体的反应热也最高，再生能耗大，另外它容易与 CS$_2$ 和 COS 反应生成不可逆产物而导致溶液损耗。DEA 去除酸性气体效果也较好，较 MEA 易再生。其缺点是再生时要求真空蒸馏。DIPAC（仲胺）可以在适当的控制条件下选择性地去除 H$_2$S 而不吸收 CO$_2$，一般用于硫回收装置的尾气净化工艺。MDEA 不能和 CO$_2$ 反应，有更强的选择性吸收 H$_2$S 的能力，因此从 20 世纪 70 年代开始代替 DIPA。与其他醇胺溶液相比，MDEA 具有化学降解性弱，化学稳定性和热稳定性好，与 H$_2$S 反应热低的优点，故再生容易，且再生能耗低。但 MDEA 的缺点是价格昂贵，且当需要去除 CS$_2$、COS 和有机硫化物时，不能使用。

砜胺法工艺的溶剂由物理溶剂环丁砜与醇胺溶液混合而成，还含有适量的水和一些化学添加剂。砜胺法溶剂的特点是酸性气体负荷高，物理吸收的 H$_2$S 和 CO$_2$ 可以通过闪蒸而释出，从而减少再生能耗，且环丁砜的比热容远低于水，可进一步降低能耗。

醇胺法和砜胺法典型的天然气脱硫工艺如图 6-1 所示，包括吸收、闪蒸、换热及再生四个环节。吸收环节使天然气中的酸性气体脱除到规定指标；闪蒸用于除去富液中的烃类（以降低酸性气体中的烃含量）；换热系统则以富液回收贫液的热量；再生部分将富液中的酸性气体解析出来以恢复其脱硫性能。

原料气经气液进口分离器 1 后，由下部进入吸收塔内与塔上部喷淋的醇胺溶液逆流接触，净化后的天然气由塔顶流出。吸收酸性气体后的富胺溶液由吸收塔底流出，经过闪蒸罐 7，释放出吸收的烃类气体，然后经过滤器 8 除去可能的杂质。富胺溶液在进入再生塔 10 之前，在换热器 9 中与贫胺溶液进行热交换，温度升至 82～94℃进入再生塔 10 上部，沿再生塔向下与蒸气逆流接触，大部分酸性气体被解吸，半贫液进入再沸器 13 被加热到 107～127℃，酸性气体进一步解吸，溶液得到较完全再生。再生后的贫胺溶液由再生塔底流出，在换热器 9 中先与富液换热并在溶液冷却器进一步冷却后循环回吸收塔。再生塔顶蒸馏出的酸性气体经过冷凝器 11 和回流罐 12 分出液态水后，酸性气体送至硫黄回收装置制硫或送至火炬中燃烧，分出的液态水经回流泵返回再生塔。

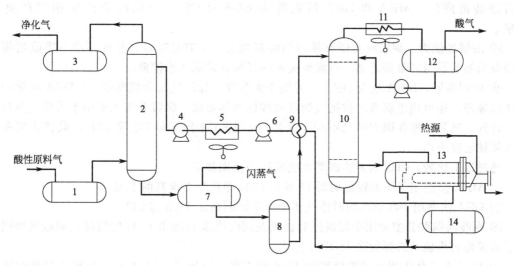

图 6-1　醇胺法和砜胺法工艺流程图

1—进口分离器；2—吸收塔；3—出口分离器；4—醇胺溶液泵；5—溶液冷却器；

6—升压泵；7—闪蒸罐；8—过滤器；9—换热器；10—再生塔；

11—冷凝器；12—回流罐；13—再沸器；14—缓冲罐

6.1.1.2　主要醇胺法和砜胺法的特点和应用范围

世界范围内有百套以上大型装置的天然气脱硫方法有 MEA 法、DEA 法和砜胺 Ⅱ 法。20 世纪 80 年代以来 MDEA 法迅速发展并开始取代 MEA 法和 DEA 法。

① 溶液浓度及酸性气体负荷。由于腐蚀的控制要求，MEA 法溶液质量浓度一般不大于 15%，酸性气体负荷（即每摩尔的 MEA 所对应的酸性气体物质的量）也不高于 0.35mol/mol。

② H_2S 及 CO_2 净化度。四类方法都可以处理加压下的天然气达到管输质量标准，但在低压及常压下，MDEA 法的 H_2S 净化度较 MEA 法等要差一些。如要达到很严格的 CO_2 净化规格，MDEA 法则需采用一些特殊措施。

③ 选择脱硫能力指在 H_2S 及 CO_2 同时存在的情况下选择脱除 H_2S 的能力。MDEA 溶液、MDEA-环丁砜溶液（砜胺 Ⅲ 型）以及 DIPA 溶液为选择性吸收溶液，MDEA 优于 DIPA。

④ 能耗。再生所需要的能耗占醇胺法和砜胺法能耗的 90% 以上，决定能耗的主要因素是溶液循环及再生难易程度，选择脱硫能力及溶液比热容也有一定影响。MDEA 法及砜胺法在能耗方面有显著优势。

⑤ 腐蚀性能。四类溶液本身是无腐蚀性的，但溶液在吸收酸性气体后以及醇胺出现降解的情况下，有一定的腐蚀性能。其中，MDEA 溶液有明显的优势，砜胺 Ⅱ 型及 Ⅲ 型腐蚀也较轻。

⑥ 醇胺降解情况。H_2S、COS 及 CS_2 等可导致降解，当天然气中含有这些组分时，醇胺不可避免地要与它们接触反应，MDEA 因不产生氨基甲酸盐等而有优势。至于氧和高温导致的降解，各种醇胺均较类似。此外，一些较强的酸（如 SO_2、有机酸等）与各种醇胺均会生成热稳定盐而对溶液性能产生不利影响，MDEA 溶液所受影响更大。

⑦ 脱有机硫能力。有机硫有多种形态，天然气中的有机硫主要是硫醇，砜胺法有良好的脱除能力；对于 COS、CS_2 及硫醇等，砜胺 Ⅱ 型及 Ⅲ 型能脱除且醇胺不会产生

不可逆转的降解，MEA 和 DEA 虽能除去 COS 及 CS_2，但同时会产生相当严重的降解。

⑧ 溶解烃能力。砜胺法对烃有较高的溶解能力，尤其是芳烃。然而富液自吸收塔带出的烃量为溶解烃与夹带烃之和，砜胺液夹带的烃量通常低于水溶液。

⑨ 应用领域。MEA 法及 DEA 法可用于天然气、炼厂气及合成气等，MDEA 法除用于上述领域外，还可用于硫黄回收尾气处理及酸性气体提浓；砜胺 II 型主要用于天然气及合成气。此外，砜胺 I 型在国内虽已不用于天然气，但仍用于合成气脱除 CO_2，砜胺 II 型在天然气领域已获应用。

通过以上比较，可以认为这四类方法的适用范围如下。

① MEA 法适用于压力较低而对 H_2S 和 CO_2 净化度要求高的工况。

② DEA 法适用于在较高的酸性气体分压下同时脱除 H_2S 和 CO_2。

③ 砜胺法砜胺 II 型适用于需脱除有机硫及同时脱除 H_2S 和 CO_2 的情况；砜胺 III 型则适用于需脱除有机硫及选择脱除 H_2S 的工况。

④ MDEA 法优先用于需选择脱除 H_2S 的工况。近年来，MDEA 法具有能耗低的突出优点，国内新建的大型脱硫装置都使用了 MDEA 溶液，不少老装置也转用此法。

6.1.2 天然气脱水

从油、气井采出并脱硫后的天然气中一般都含有饱和水蒸气，在外输前通常要将其中的水蒸气脱除至一定程度，使其露点或水含量符合管输要求。此外，为了防止天然气在压缩天然气加气站的高压系统和天然气冷凝液回收及天然气液化装置的低温系统形成水合物或冰堵，还应对其深度脱水。脱水前原料气的露点与脱水后干气露点之差称为露点降。常用露点降表示天然气的脱水深度或效果，而干气露点或水含量则应根据管输要求和天然气冷凝液回收及天然气液化装置的工艺要求而定，然后按照不同的露点降、干气露点或水含量选择合适的脱水方法。

天然气脱水有吸收法、吸附法和冷却法等。此外，膜分离法也是一种很有发展前途的方法。

6.1.2.1 吸收法

吸收法脱水根据吸收原理，采用一种亲水液体与天然气逆流接触，通过吸收来脱除天然气中的水蒸气。用来脱水的液体称为脱水吸收剂或液体干燥剂（简称干燥剂）。

常用的脱水吸收剂是甘醇类化合物和氧化钙水溶液，目前广泛使用前者。三甘醇脱水的露点降大（可达 44～83℃）、成本低、运行可靠，因此在国外广泛采用。在我国，二甘醇和三甘醇均有采用。与吸附法脱水相比，甘醇法脱水具有投资费用较低，压降较小，补充甘醇比较容易，甘醇富液再生时脱除水所需热较少等优点。而且，甘醇法脱水深度虽不如吸附法，但气体露点降仍可达 40℃甚至更大。但是，当要求露点降更大、干气露点或水含量更低时，就必须采用吸附法。

一般来说，甘醇法脱水主要用于使天然气露点符合管输要求的场合，而吸附法脱水则主要用于天然气冷凝液回收、天然气液化装置以及压缩天然气加气站。

图 6-2 为三甘醇脱水工艺流程。此工艺流程由高压吸收及低压再生两部分组成，原料气先经分离器 1（洗涤器）除去游离水、液烃和固体杂质，如果杂质过多，还要采用过滤分离器。由分离器分出的气体进入吸收塔 2 的底部，与向下流过各层塔板或填料的甘醇溶液逆流接触，气体中的水蒸气被甘醇溶液吸收。离开吸收塔的干气经气体/贫甘醇换热器先使贫甘

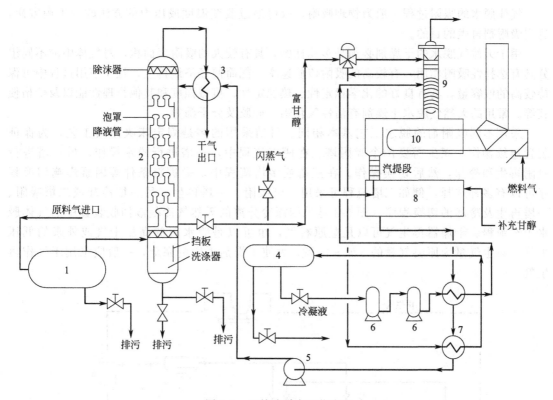

图 6-2　三甘醇脱水工艺流程

1—分离器；2—吸收塔 3—气体/贫甘醇换热器；4—闪蒸罐；5—甘醇泵；
6—活性炭过滤器；7—贫/富甘醇换热器；8—缓冲罐；9—再生塔；10—再沸器

醇进一步冷却，然后进入管道外输。

　　吸收了气体中水蒸气的甘醇富液从吸收塔下侧流出，先经高压过滤器除去原料气带入富液中的固体杂质，再经再生塔顶回流冷凝器及贫/富甘醇换热器 7 预热后进入闪蒸罐 4，分出被富甘醇吸收的烃类气体（闪蒸气）。此气体一般作为本装置燃料，但含硫闪蒸气则应灼烧后放空。从闪蒸罐底部流出的富甘醇经过纤维过滤器（滤布过滤器、固体过滤器）和活性炭过滤器 6，除去其中的固、液杂质后，再经贫/富甘醇换热器 7 进一步预热后进入再生塔 9 的精馏柱。从精馏柱流入再沸器的甘醇溶液被加热到 $177 \sim 204 ℃$，通过再生脱除所吸收的水蒸气后成为贫甘醇。为使再生后的贫甘醇液质量分数在 99% 以上，通常还需向再沸器 10 或汽提段中通入汽提气，即采用汽提法再生。

　　三甘醇脱水装置吸收系统主要设备为吸收塔和再生系统。再生系统包括精馏柱、再沸器 10 及缓冲罐 8 等组合成的再生塔。吸收塔一般由底部的分离器、中部的吸收段及顶部的除沫器组合成一个整体。吸收段采用泡罩和浮阀塔板，也可采用填料塔板。三甘醇溶液的吸收温度一般为 $20 \sim 50 ℃$，最好在 $27 \sim 38 ℃$，吸收塔内压力为 $2.8 \sim 10.5 MPa$，最低应大于 0.4MPa。

6.1.2.2　吸附法

　　吸附法脱水是指采用固体吸附剂脱水。被吸附的水蒸气或某些气体组分称为吸附质，吸附水蒸气或某些气体组分的固体称为吸附剂。当吸附质只是水蒸气时，此吸附剂又称固体干燥剂。

气体脱水的吸附过程一般为物理吸附，故可通过改变温度或压力的方法改变平衡方向，达到吸附剂再生的目的。

用于天然气脱水的干燥剂必须是多孔性的，具有较大的吸附表面积，对气体中的不同组分具有选择性吸附作用，有较高的吸附传质速率，能简便经济地再生，且在使用过程中可保持较高的湿容量，具有良好的化学稳定性、热稳定性、机械强度和其他物理性能以及价格便宜等。常用的天然气脱水干燥剂有活性氧化铝、硅胶及分子筛等。

采用不同吸附剂的脱水工艺基本相同。目前采用的多是固定床吸附塔工艺，为保证装置连续操作，至少需要两个吸附塔。在两塔流程中，一塔进行脱水操作，另一塔进行吸附再生和冷却，然后切换操作。在三塔或多塔流程中，受进料条件等因素影响切换程序可以有多种选择，例如三塔流程可采用一塔吸附、一塔再生、另一塔冷却或二塔吸附、一塔再生及冷却的切换程序。图 6-3 是采用深冷分离的天然气冷凝液回收装置中的气体脱水工艺流程。干燥器再生气可以是湿原料气，也可以是脱水后的高压干气或外来的低压干气。再生气量为原料气量的 5%～10%。为使干燥剂再生更完全，一般应采用干气作再生气。

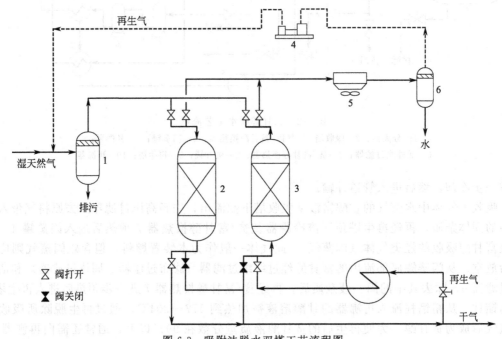

图 6-3 吸附法脱水双塔工艺流程图

1—分离器；2—脱水器；3—再生与冷吹；4—再生压缩机；5—再生气冷却器；6—分离器

当采用高压干气作再生气时，可以直接加热后去干燥器将床层加热，并使水从吸附剂上脱附，再将流出干燥器的气体冷却和分水，然后增压返回原料气中；也可以先增压（一般增压 0.28～0.35MPa）再加热去干燥器，然后冷却、分水并返回原料气中；还可以根据干气外输要求，再生气不增压，经加热去干燥器，然后冷却、分水，靠输气管线上阀门前后的压差使这部分湿气与干气一起外输。当采用低压干气再生时，因脱水压力远高于再生压力，故在干燥器切换时应控制升压与降压速度。

干气再生时自下而上流过干燥器，一方面可以脱除干燥剂床层上部被吸附的其他物质，使其不流过整个床层，另一方面可以保证与湿原料气最后接触的下部床层得到充分再生。而这部分床层中干燥剂的再生效果直接影响脱水周期中流出床层的干气露点。床层加热完毕后，再用冷却气使床层冷却至一定温度，然后切换转入下一个脱水周期。由于冷却气采用未加热的干气，一般也是下进上出。但是，有时也可使冷却气自上而下流过床层，使冷却气中少量水蒸气被床层上部干燥剂吸附，从而最大限度降低脱水周期中出口干气露点。

干燥剂床层的吸附周期应根据原料气的水含量、空塔流速、床层高径比、再生气能耗、吸附剂寿命等进行技术经济比较后确定。采取何种干燥剂，一般应根据工艺要求进行经济比较后确定：

① 要求深度脱水的场合（水含量小于 1×10^6）可选用 5A、4A 或 3A 分子筛。目前，裂解气脱水多用 3A 分子筛，天然气脱水多用 4A 或 5A 分子筛。

② 酸性天然气应采用抗酸分子筛，氧化铝不宜处理酸性天然气。

③ 当天然气的水露点要求不很低时，可采用氧化铝或硅胶脱水。

④ 低压脱水时宜采用硅胶或氧化铝与分子筛复合床层脱水。

6.1.2.3 冷却法

天然气中含水量将随温度下降和压力升高而降低。因此含水天然气可采用直接冷却至低温的方法，或先将天然气增压再冷却至低温的方法脱水。根据冷却方式不同，此法又分为直接冷却、加压冷却、膨胀制冷冷却和机械制冷冷却四种方法。冷却法流程简单，成本低，特别适合高压气体。对于要求高度脱水的气体，可将该法作为辅助脱水法，先将天然气中的大部分水先行脱除。

(1) 直接冷却法

当压力不变时，天然气中的水含量随温度降低而减少。如果气体温度非常高时，采用直接冷却法有时也是经济的。但是，由于冷却脱水往往不能达到气体露点要求，故常与其他脱水方法结合使用。

(2) 加压冷却法

此法是根据在较高压力下，天然气混合气体中水蒸气分压不变而水分含量减少的原理，将气体加压使部分水蒸气冷凝，并由压缩机出口冷却后的气液分离器排出。但是，这种方法通常也难以达到气体的露点要求，故也多与其他脱水方法结合使用。

(3) 膨胀制冷冷却法

膨胀制冷冷却法也称低温分离法。此法利用焦耳汤姆逊效应使高压气体等压膨胀制冷获得低温，从而使气体中一部分水蒸气和烃类冷凝析出，以达到露点控制的目的。这种方法大多用在高压凝析气井井口，使高压井流物从井口压力膨胀至一定压力。膨胀后的温度往往在水合物形成温度以下，所产生的水合物、液态水及凝析油随气流进入一个下部设有加热盘管的低温分离器中，利用加热盘管使水合物融化，由低温分离器分出的干气即可满足管输要求。如果气体露点要求较低，或膨胀后的气体温度较低，还可采用注入乙二醇等抑制剂的方法，以抑制水合物形成。

(4) 机械制冷冷却法

在一些以低压伴生气为原料气的露点控制装置中一般采用机械制冷的方法获得低温，使天然气中更多的 C_5 以上轻油和水蒸气冷凝析出，从而达到露点控制或回收液相的目的。此外，对于一些高压天然气，当需要进行露点控制但又无压差可利用时，也可采用机械制冷的方法。

低温分离器的分离温度需要根据干气的实际露点进行调整，以便在保证干气露点符合要求的前提下尽量降低获得更低温度所需的能耗。通常，在这类装置的低温系统中多用加入水合物抑制剂的方法，以抑制水合物形成。

6.1.2.4 膜分离法

除上述脱水方法之外，膜分离法是目前新兴的、有广泛应用前景的天然气脱水方法。膜分离法在天然气工业上现主要用于脱除 CO_2，并可同时脱水。目前，美国 Air Product 公司的 PERMEA 工艺已实现天然气膜法脱水商品化。

为了探索天然气利用膜分离法脱水在技术上的可行性，自 1994 年以来中国科学院大连化学物理研究所在长庆气田进行了长期工业试验。该工艺流程图如图 6-4 所示。

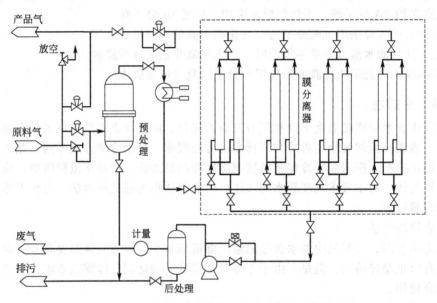

图 6-4　天然气膜法脱水工业试验装置流程图

由气井井口经集气站来的高压天然气进入膜分离法脱水工业试验装置后，先经高效气液分离器和过滤器脱除其中游离的固体颗粒，再经换热器使原料气预热（温升 5～10℃）后的温度高于露点（防止水蒸气在膜分离器中冷凝），进入 4 组并联（每 2 根一组）的膜分离器（$\varphi 200mm \times 25mm$），脱除水蒸气后的产品气（渗余气）经计量进入输气管网，CO_2、H_2S 及水蒸气含量较高的废气（渗透气）利用真空泵抽出经灼烧后放空。膜分离器一般采用聚砜-硅橡胶中空纤维复合膜。

6.2
天然气转化制合成气

CO 和 H_2 的混合物通常称为合成气。在化学工业中，合成气起着非常重要的作用。首先，它是纯 H_2 和纯 CO 的来源；其次，以合成气为原料可以衍生很多化工产品，如合成氨、甲醇、液体燃料、低碳醇等。不同的合成气衍生化工产品需要不同 H_2 和 CO 摩尔比（简写为 H_2/CO 比）的合成气，这也是合成气制备所必须解决的问题。常见合成气衍生化工产品对 H_2/CO 比的要求见表 6-1。

表 6-1 常见合成气衍生化工产品对 H_2/CO 比的要求

产品	H_2/CO 比	产品	H_2/CO 比
甲烷	3	乙二醇	1.5
甲醇	2	乙醛	1.5
乙醇	2	乙烯	2
乙酸	1	酸酐	1
乙酸乙酯	1.25	合成油	2.1

天然气转化法是目前获得合成气的最主要来源。不同的天然气转化工艺，可得到不同 H_2/CO 比的合成气。天然气转化方法有水蒸气转化法、二氧化碳转化法和部分氧化转化法。

6.2.1 天然气水蒸气转化法

水蒸气转化法（steam reforming）自 1926 年第一次被 BASF 公司工业化以来，在合成气制造工艺、催化剂开发以及工艺方面不断改进和完善，目前 90% 的合成气来源于水蒸气转化。

天然气以甲烷为主要成分，在水蒸气转化过程中，甲烷进行如下反应：

$$CH_4 + H_2O(g) = CO + 3H_2 \qquad \Delta H_{298}^{\ominus} = 206.4 \text{kJ/mol}$$

$$CH_4 + 2H_2O = CO_2 + 4H_2 \qquad \Delta H_{298}^{\ominus} = 165.0 \text{kJ/mol}$$

$$CO + H_2O(g) = CO_2 + H_2 \qquad \Delta H_{298}^{\ominus} = -41.2 \text{kJ/mol}$$

天然气中除甲烷以外还有其他高级烃。在水蒸气转化过程中这些高级烃进行如下反应：

$$C_2H_6 + H_2 = 2CH_4 \qquad \Delta H_{298}^{\ominus} = -65.3 \text{kJ/mol}$$

$$C_3H_8 + 2H_2 = 3CH_4 \qquad \Delta H_{298}^{\ominus} = -121.0 \text{kJ/mol}$$

$$C_2H_6 + 2H_2O = 2CO + 5H_2 \qquad \Delta H_{298}^{\ominus} = 347.5 \text{kJ/mol}$$

$$C_3H_8 + 3H_2O = 3CO + 7H_2 \qquad \Delta H_{298}^{\ominus} = 498.2 \text{kJ/mol}$$

$$C_2H_4 + 2H_2O = 2CO + 4H_2 \qquad \Delta H_{298}^{\ominus} = 226.5 \text{kJ/mol}$$

在 400℃ 左右、接触时间 0.5~1s 的条件下，乙烷、乙烯、丙烷在工业镍催化剂上完全转化为甲烷，生成甲烷后再与蒸汽发生反应。在高温条件下，这些高级烃类与水蒸气反应的平衡常数都非常大，可以认为高级烃的转化反应是完全的。有的原料含有微量烯烃，在有氢气的条件下先转化为烷烃，再进行上述反应。因此，气态烃的水蒸气转化过程可用甲烷水蒸气转化代表。

此外，在一定条件下还可能发生积炭等副反应：

$$CH_4 = 2H_2 + C \qquad \Delta H_{298}^{\ominus} = 74.9 \text{kJ/mol}$$

$$2CO = CO_2 + C \qquad \Delta H_{298}^{\ominus} = -172.4 \text{kJ/mol}$$

$$CO + H_2 = H_2O + C \qquad \Delta H_{298}^{\ominus} = -131.36 \text{kJ/mol}$$

主反应是工艺过程需要的，副反应则是需抑制的，这就要从热力学和动力学角度出发，寻求生产上所需的最佳工艺条件。

6.2.1.1 甲烷水蒸气的二段转化

甲烷与水蒸气在催化剂作用下生成 CO 和 H_2，产物 H_2 和 CO 的摩尔比约为 3，适合制备合成氨和氢的工艺。在合成氨生产中，要求合成气中甲烷体积分数小于 0.5%。要使甲烷有高的转化率，需用较高的转化温度，通常在 1000℃ 以上，而目前耐热合金钢管只能达到 800~900℃。因此生产甲烷水蒸气采用两段转化。一段转化炉温度在 600~800℃，催化剂填充在炉膛内的若干根 φ80~150mm、长度为 6m 的换热合金钢管中，反应气体从上而下通过催化剂床层。在二段转化炉中，催化剂直接堆砌在炉膛内，炉壁内衬耐火砖，反应温度可达 $1000\sim1200\,℃$，以保证 CH_4 尽可能达到高的转化率。

从一段转化炉出来的转化气掺和一些加压空气后进入装有催化剂的二段转化炉，带入的氮在最终转化气中达到 $(CO+H_2):N_2=3\sim3.1$ 的要求。在二段转化炉中，首先发生的是部分氧化反应。由于氢与氧之间有极快的反应速率，氧气在催化剂床层上部空间就差不多全部被氢气消耗，反应释放出的热量迅速提高炉内的转化温度，使温度高达 $1200\,℃$。随即在催化剂床层进行 CH_4 和一氧化碳与水蒸气的转化反应。二段转化炉相当于绝热反应器，总过程是自热平衡的。二段转化炉中反应温度超过 $1000\,℃$，即使在稍高的转化压力下，CH_4 也可转化得相当完全，合成气中的 CH_4 含量小于 0.5%。

6.2.1.2 甲烷水蒸气转化的工艺条件

工艺条件对转化反应及平衡组成有明显的影响。在原料一定的条件下，平衡组成主要由压力、温度和水碳比决定。反应速率还受催化剂的影响。此外，空速决定反应时间，从而影响转化气的实际组成。

（1）压力

升高压力对体积增加的甲烷转化反应不利，平衡转化率随压力升高而降低。但工业生产上，转化反应一般都在 $3\sim4\text{MPa}$ 下进行，其主要原因如下：

① 烃类水蒸气转化是体积增加的反应，而气体压缩功是与体积成正比的，因此压缩原料气要比压缩转化气节省压缩功。

② 转化在过量水蒸气条件下进行，经 CO 变换冷却后，可回收原料气大量余热。其中水蒸气冷凝热占很大比重。压力越高，水蒸气分压也越高，其冷凝温度也越高，利用价值和热效率也较高。

③ 水蒸气转化加压后，变换、脱碳以至到氢氮混合气压缩机以前的全部设备的操作压力都随之提高，可减小设备体积，降低设备投资费用。

④ 加压可提高转化反应和变换反应的速率，减小催化剂用量和反应器体积。

（2）温度

一般来说，升高温度能加快反应速率，升高温度也有利于甲烷转化反应。但工业生产上，操作温度的控制还应考虑生产过程的要求、催化剂的特征和转化炉材料的耐热能力等。

提高一段转化炉的反应温度，可以降低一段转化气中的剩余甲烷含量。但是因受转化反应管材料耐热性能的限制，一段转化炉出口温度不能过高，否则将大大缩短炉管的使用寿命。目前一般使用 HK-40 高镍铬离心浇铸合金钢管，使用温度限制在 $700\sim800\,℃$。

二段转化炉出口温度不受金属材料限制，主要依据转化气中的残余甲烷含量设计。如果要求二段转化炉出口气体甲烷含量小于 0.5%，出口温度应在 $1000\,℃$ 左右。

工业生产表明，一、二段转化炉出口温度都比出口气体组成相对应的平衡温度高，出口温度与平衡温度之差称为"接近平衡温度差"，简称"平衡温距"。平衡温距与催化剂活性和操作条件有关，其值越低，说明催化剂的活性越好。工业设计中，一、二段转化炉平衡温距通常分别在 $10\sim15\,℃$ 和 $15\sim30\,℃$。

（3）水碳比

增大原料气的水碳比，对转化反应和变换反应均有利，并能防止积炭副反应发生。但水蒸气耗量加大，增大了气流总量和热负荷。过高的水碳比，不仅不经济，而且使炉管的工作条件（热流密度和流体阻力）恶化。工业上比较适宜的水碳比为 $3\sim4$，并视其他条件和转化条件而定。

（4）空速

空速表示催化剂处理原料气的能力。催化剂活性高，反应速率快，空速可以大些。在保证出口转化率达到要求的情况下，提高空速可以增大产量，但同时也会增大流体阻力和炉管的热负荷。因此，空速的确定应综合考虑各种因素。一般说来，一段转化炉不同炉型采用的空速有很大差异。二段转化炉为保证转化气中残余甲烷的含量在催化剂使用的后期仍能符合要求，空速应该选择低一些。

6.2.1.3 甲烷水蒸气转化的工艺流程

目前采用的甲烷水蒸气转化法有美国凯洛格法、布朗工艺、丹麦托普索工艺等。除一段转化炉和烧嘴结构不同外，其余均大同小异，包括一、二段转化炉，原料预热和余热回收。现在以凯洛格工艺流程为例作介绍，其流程见图 6-5。

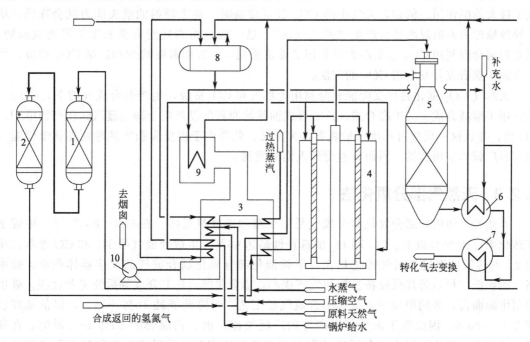

图 6-5 凯洛格天然气水蒸气转化工艺流程

1—钻钼加氢反应器；2—氧化锌脱硫罐；3—对流段；4—辐射段（一段炉）；5—二段炉；
6—第一废热锅炉；7—第二废热锅炉；8—汽包；9—辅助锅炉；10—排风机

天然气脱硫后，硫含量小于 $0.5×10^{-6}$，然后在压力 3.6MPa、温度 380℃左右配入中压蒸汽，达到一定的水碳比（约 3.5），进入一段转化炉的对流段预热到 500~520℃，然后送到一段转化炉的辐射段顶部，分配进入各反应管，从上而下流经催化剂床层。转化管直径一般为 80~150mm，加热段长度为 6~12m。气体在转化管内进行水蒸气转化反应，从各转化管出来的气体由底部汇集到集气管，再沿集气管中间的上升管上升，温度升到 850~860℃时，送去二段转化炉。

空气加压到 3.3~3.5MPa，配入少量水蒸气，并在一段转化炉的对流段预热到 450℃左右，进入二段炉顶部与一段转化气汇合并燃烧，使温度升至 1200℃左右，再通过催化剂床层，出二段炉的气体温度约 1000℃，压力为 3.0MPa，残余甲烷体积分数在 0.3% 左右。

从二段炉出来的转化气依次送入两台串联的废热锅炉以回收热量，产生蒸汽。从第二废热锅炉出来的气体温度约为 370℃送往变换工序。燃烧天然气从辐射段顶部喷嘴喷入并燃烧，烟道气的流动方向自上而下，与管内的气体流向一致。离开辐射段的烟道气温度在 1000℃以上。进入对流段后，依次流过混合原料气、空气、蒸汽、原料天然气、锅炉水和燃烧天然气各个盘管，温度降到 250℃时，用排风机排往大气。

为了平衡全厂蒸汽用量而设置的一台辅助锅炉，也是以天然气为燃料，烟道气在一段炉对流段的中央位置加入，因此与一段炉共用一半对流段、一台排风机和一个烟囱。辅助锅炉和几台废热锅炉共用一个汽包，产生 10.5MPa 的高压蒸汽。

6.2.2　天然气 CO_2 转化法

CO_2 是含碳化合物被氧化的最终产物，仅大气层中 CO_2 含量就约达 10^{14}t。工业上不断地向大气层中排放 CO_2，每年以 4% 递增。大气中过高的 CO_2 浓度对气候及生态平衡造成了极大的副作用。例如，大气中的 CO_2 含量增高时，地表辐射的散失能力就会降低，从而导致地球表面的温度升高产生"温室效应"。这一效应将直接对人类和生物界造成威胁。因此如何合理利用 CO_2 已引起世界各国的普遍重视，一方面需要减少和控制 CO_2 排放，另一方面必须研究开发利用 CO_2 的方法。

天然气 CO_2 催化转化反应能充分利用天然气和 CO_2 资源，生产低合成气的 H_2/CO 比，适宜用于羰基合成、二甲酯合成、F-T 合成油等的原料气以及用于调整蒸汽转化产物中 H_2/CO 比，并且这一反应对环境保护具有重大意义。此外由于该反应强吸热性而在化学储能方面有着广阔的应用前景，因而日益受到人们的重视。

6.2.3　天然气部分氧化法

天然气（甲烷）部分氧化制合成气是一个温和的放热反应。在 750~800℃下，甲烷平衡转化率可达 90% 以上。CO 和 H_2 的选择性高达 95%。生成合成气的 H_2 和 CO 摩尔比接近 2。与传统的甲烷水蒸气转化相比，甲烷催化部分氧化制合成气的反应器体积小、效率高、能耗低，可显著降低设备投资和生产成本，适合甲醇、F-T 合成等后续工业过程。就甲烷制甲醇而言，采用甲烷部分氧化制合成气新工艺，可降低能耗 10%~16%，降低基建投资 25%~30%。因此近年来受到国内外的广泛关注。由于预混合的 CH_4 是可燃的，在高温、高压下在爆炸极限内；在反应过程中存在均相反应而导致形成烟气和炭沉积在催化剂上，以及反应热点的存在所造成的催化剂活性组分烧结等问题的存在，使得现阶段部分氧化过程还难以实现工业化应用。

6.2.4　联合转化制合成气

为改善甲烷水蒸气转化、CO_2 转化、部分氧化转化等单一转化工艺中的不足，研究人员将甲烷的水蒸气转化、部分氧化、非催化氧化相互结合。已工业化的有甲烷水蒸气转化和部分氧化结合的联合转化、非催化氧化工艺和水蒸气转化结合的自热转化（auto transforming reaction，ATR）。在合成氨生产中，对合成气中甲烷残量有严格的限制（甲烷体积分数不得超过 0.5%），在工艺上一般采用管式转化炉中进行的甲烷水蒸气二段转化工艺，即水蒸气转化和部分氧化结合的联合转化工艺。但该工艺的不足之处是仍需两个反应器。

非催化部分以甲烷、氧的混合气为原料，在温度为 1000~1500℃、压力为 14MPa 的条件下反应，O_2 与 CH_4 摩尔比为 0.75，耗氧量比反应的计量比高 50%，产品气中 H_2 与 CO 摩尔比在 2 左右，适于甲醇的合成。该工艺需要很高的反应温度，同时反应过程中伴有强放热的燃烧反应，反应出口温度通常高达1400℃。非催化氧化工艺包括甲烷的火焰式燃烧，这种燃烧是在高于化学计量的氧气量下进行的，因此反应生成CO_2和水蒸气，紧接着这种生成气与未反应的甲烷反应生成CO和H_2。该工艺的主要优点是能避免NO_x、SO_x生成，排出的气体量很少，在对环境保护要求日益严格的今天，就非常有意义。但是该工艺的缺点在于能耗高，同时反应原料气中不加入水蒸气，有烟尘产生，因而需要复杂的热回收装置来回收反应热和除尘。此外，因为需要纯氧，投资很大。非催化部分氧化工艺的典型代表是Texaco法和Shell法。为节约后续加工过程的压缩机能量，它们都以高压汽化为目标，不断进行着改进。其区别主要在设备结构、余热利用、炭黑的清除和回收等方面。非催化部分氧化除了用天然气作原料外，还可用重油作原料。

Shell公司和Texaco公司开发的工艺分别简称SGP（Shell gasification process）和TGP（Texaco gasification process）。两种工艺的汽化条件相近，区别主要在设备结构、余热利用、炭黑的清除及回收等方面。SGP用于燃烧的氧的纯度为95%～99.5%，也可以根据下游产品的需要而采用空气。SGP以天然气为原料，反应温度为1250～1500℃、压力为2.5～8.0MPa，反应产物中包含H_2、CO、水蒸气及伴随氧原料进入的氧气和氮气。产品气离开反应器后进入废热交换器，可以产生约10.2MPa的水蒸气，部分冷却的气体通过炭浆分离器以回收炭黑。合成气中H_2和CO比例可以用水蒸气或二氧化碳调节。TGP汽化工艺的燃烧炉中，甲烷和氧主要发生部分氧化反应、少量的水蒸气转化反应及H_2O与CO转换反应。初级反应是碳氢原料氧化成CO_2和水，反应一经完成，就可以提供热量和一些水蒸气用于剩余甲烷的水蒸气转化生成CO和H_2。该反应可以在1100～1500℃、0.1～14MPa下进行，实验装置的使用压力通常高达17MPa。甲烷转化率大于8%，未反应的碳氢化合物可以循环再利用。TGP装置不需对合成气进行压缩，对甲醇合成来说，通常在8MPa下进行，这样可以减少能量需求和初期资金投入。

6.3
天然气制乙炔

乙炔在常温常压下为具有麻醉性的无色可燃气体，比空气轻，能与空气形成爆炸性混合物，极易燃烧和爆炸，微溶于水，溶于酒精、丙酮、苯、乙醚等；与汞、银、铜等化合生成爆炸性化合物；能与氟、氯发生爆炸性反应。在高压下乙炔很不稳定，火花、热力、摩擦均能引起乙炔爆炸性分解而产生氢和碳。因此，必须把乙炔溶解在丙酮中才能使它在高压下稳定。一般，在乙炔的发生和使用管道中乙炔的压力均保持在1个大气压（101.325kPa）的表压以下。乙炔的重要用途之一是燃烧时所形成的氧炔焰的最高温度可达3500℃，用来焊接或切割金属。但乙炔最主要的用途是用作有机合成的原料。图6-6列举了乙炔的主要用途。

目前世界上主要用天然气、电石和乙烯副产品来生产乙炔。乙炔的生产原料主要为电石和天然气，电石法是最古老且迄今为止仍在工业上普遍应用的乙炔合成方法，但工业发达国家乙炔生产的原料已转移到廉价的天然气和液态烃。天然气制乙炔比电石法制乙炔更加经济、更加环保，已成为工业发达国家生产乙炔的主导方法。我国乙炔主要采用电石生产，天然气制乙炔所占比重较小。

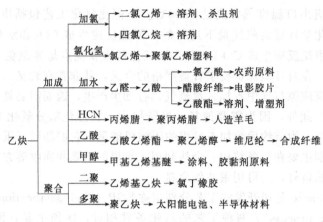

图 6-6 乙炔的主要用途

天然气裂解生成乙炔的反应是高温吸热反应，其生产过程按供热方式可分为电弧法、部分氧化法和热裂解法三大类。电弧法是最早工业化的天然气制乙炔方法，至今仍在工业中应用。此方法利用电弧产生的高温和热量使天然气裂解成乙炔。部分氧化法是天然气制乙炔的主体方法，它利用部分天然气燃烧形成的高温和产生的热量为甲烷裂解成乙炔创造了条件，其典型的代表工艺就是 BASF 的部分氧化工艺。热裂解法就是利用蓄热炉将天然气燃烧产生的热量储存起来，再将天然气切换到蓄热炉中使之裂解产生乙炔。此方法现在基本上已退出工业生产。近年来在电弧法基础上发展起来的利用等离子体技术裂解天然气制乙炔的方法已进入工业性试验阶段，极有可能成为取代电弧法生产乙炔的工业技术。

6.3.1 天然气制乙炔的原理

烃类裂解制乙烯时，如温度过高，乙烯就会进一步脱氢转化为乙炔，但乙炔在热力学上很不稳定，易分解为碳和氢。

$$烃类 \xrightarrow{裂解} C_2H_4 \longrightarrow C_2H_2 + H_2$$
$$C_2H_2 \longrightarrow 2C + H_2$$

甲烷裂解为乙炔时，也经过中间产物乙烯，但因很快进行脱氢，故其总反应式可写为：

$$2CH_4 \longrightarrow C_2H_2 + 3H_2$$

烃类裂解制乙炔，无论在热力学还是动力学方面都要求高温。在高温时，虽然乙炔的相对稳定性增加了，与生成速度相比，分解速度相对地减慢了，但其绝对分解速度还是增快的，因此停留时间必须非常短，使生成的乙炔能尽快地离开反应区域。烃类裂解生产乙炔必须满足下列三个重要条件。

① 供给大量反应热。

② 反应区温度要很高。

③ 反应时间特别短（0.01～0.001s 以下），而且反应物一离开反应区即要被急冷下来，才能终止二次反应，避免乙炔损失。

6.3.2 天然气乙炔的典型工艺

6.3.2.1 甲烷部分氧化法

天然气部分氧化热解制乙炔的工艺包括两个部分，一是稀乙炔制备，另一个则是乙炔提浓。工艺流程如图 6-7 所示。

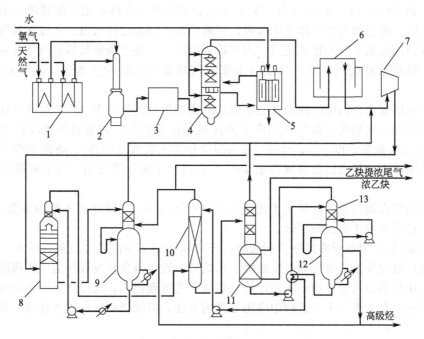

图 6-7　天然气部分氧化热解制乙炔的工艺流程

1—预热炉；2—反应器；3—炭黑沉降槽；4—淋洗冷却塔；5—电除尘器；6—稀乙炔气柜；7—压缩机；
8—预吸收塔；9—预解吸塔；10—主吸收塔；11—逆流解吸塔；12—真空解吸塔；13—二解析塔

（1）稀乙炔制备

将 0.35MPa 压力的天然气和氧气分别在预热炉内预热至 650℃，然后进入反应器上部的混合器内，按总氧比 $[n(O)_2/n(CH_4)]$ 为 0.5～0.6 的比例均匀混合。混合后的气体经多个旋焰烧嘴导流进入反应道，在 1400～1500℃ 的高温下进行部分氧化热解反应。

反应后的气体被反应道中心塔形喷头喷出的水幕淬冷至 90℃ 左右。出反应炉的裂化气中乙炔体积分数为 8％ 左右。由于热解反应中有炭析出，裂化气中炭黑质量浓度为 1.5～2.0g/m³，依次经炭黑沉降槽、淋洗冷却塔、电除尘器等清除设备后，降至 3mg/m³ 以下，然后将裂化气送入稀乙炔气柜储存。

（2）乙炔提浓

现行的乙炔提浓工艺主要以 N-甲基吡咯烷酮为乙炔吸收剂进行吸收富集。由稀乙炔气柜 6 来的稀乙炔气与回收气、返回气混合后，由压缩机 7 两级压缩至 1.2MPa 后进入预吸收塔 8。在预吸收塔中，用少量吸收剂除去气体中的水、萘及高级炔烃（丁二炔、乙烯基炔、甲基乙炔等）等高沸点杂质，同时也有少量乙炔被吸收剂吸收。

经预吸收后的气体进入主吸收塔 10 时压力仍为 1.2MPa 左右，温度 20～35℃。在主吸收塔内，用 N-甲基吡咯烷酮将乙炔及其同系物全部吸收，同时也会吸收部分二氧化碳和低溶解度气体。从顶部出来的尾气中 CO 和 H_2 体积分数高达 90％，乙炔体积分数很小（小于 0.1％），可用作合成氨或合成甲醇的合成气。

预吸收塔 8 底部流出的富液，用换热器加热至 70℃，节流减压至 0.12MPa 后，送入预解吸塔 9 上部，并用主吸收塔 10 尾气（分流一部分）对其进行反吹解吸其中吸收的乙炔和 CO_2 等，上段所得解吸气称为回收气，送压缩机。余下液体经 U 形管进入预解吸塔 9 下段，在 80％ 真空度下解吸高级炔烃，解吸后的贫液循环使用。

主吸收塔底出来的吸收富液节流至0.12MPa后进入逆流解吸塔的上部，在此解吸低溶解度气体（如CO_2、H_2、CO、CH_4等），为充分解吸这些气体，用二解吸塔导出的部分乙炔气进行反吹，将低溶解度气体完全解吸，同时少量乙炔也会被吹出。此段解吸气因含有大量乙炔，返回压缩机7压缩循环使用，因而称为返回气。经上段解吸后的液体在逆流解吸塔的下段用二解吸塔解吸气底吹，从中部出来的气体就为乙炔的提浓气，乙炔纯度在99%以上。

逆流解吸塔底出来的吸收液用真空解吸塔解吸后的贫液预热至105℃左右后送入二解吸塔，进行乙炔的二次解吸，解吸气用作逆流解吸塔的反吹气，解吸后的吸收液进真空解吸塔，在80%左右的真空度下，以116℃左右温度加热吸收液（沸腾），将溶剂中的所有残留气体全部解吸出去。解吸后的贫液冷至20℃左右返回主吸收塔使用，真空解吸尾气通常用火炬烧掉。

溶剂中的聚合物质量分数最大不能超过0.45%～0.8%，因此需不断抽取贫液去再生，再生方法一般采用减压蒸馏和干馏。

乙炔提浓除N-甲基吡咯烷酮溶剂法外，还可用二甲基甲酰胺、液氨、甲醇、丙酮等作为吸收剂进行吸收提浓。除溶剂吸收法提浓乙炔外，近年研究开发成功的变压吸附分离方法正投入稀乙炔提浓的工业应用中，预计将使提浓工艺得到简化，且经济效果将更佳。

部分氧化法是天然气生产乙炔中应用最多的方法，但投资和运行成本较高。其主要原因如下：

① 部分氧化法通过甲烷部分燃烧作为热源来裂解甲烷，因此形成的高温环境温度受限，而且单吨产品消耗的天然气量过大。

② 部分氧化法必须建立空分装置以供给氧气，由于有氧气参加反应，生产运行处于不安全范围内，因而必须增设复杂的防爆设备。氧的存在还使裂解气中有氧化物存在，增加了分离和提浓工艺段的设备投资。

③ 裂化气组成比较复杂，C_2H_2为8.54%、CO为25.65%、CO_2为3.32%、CH_4为5.68%和H_2为55%。这给分离、提浓工艺的消耗及人员配置等诸方面都带来了麻烦，从而增加了运行成本。

6.3.2.2 电弧法

电弧法是利用气体电弧放电产生的高温使天然气进行热裂解制得乙炔的。图6-8为电弧

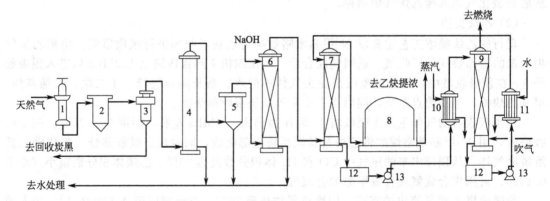

图6-8　电弧法制乙炔的工艺流程

1—电弧炉；2—炭黑沉降器；3—旋风分离器；4—泡沫洗涤塔；5—湿式电滤器；6—碱洗塔；

7—油洗塔；8—气柜；9—解吸塔；10—加热器；11—冷却器；12—储槽；13—泵

法制乙炔的工艺流程。天然气进入电弧炉的涡流室，气流在电弧区进行裂解，其停留时间仅有 0.002s，裂解气先经沉降、旋风分离和泡沫洗涤除去产生的炭黑，然后经碱液洗、油洗去掉其他杂质。净化后的裂解气暂存于气柜，再送后续工段进行乙炔提浓。

裂解反应实现的最高温度为 1900K，单程转化率约 50%。与部分氧化法不同的是，单程转化后通过分离将未反应的甲烷再次送回反应器进行循环利用。乙炔收率可达 35%，每生产 1t 乙炔消耗甲烷 4200m^3，副产氢气 3500m^3。

电弧法要求天然气中的甲烷含量较高。甲烷含量为 92.3% 的天然气使用电弧法裂解所得裂解气的烃类体积分数见表 6-2 所示。

表 6-2 电弧法裂解气的烃类体积分数   单位：%

CH$_4$	C$_2$H$_2$	C$_2$H$_4$	C$_2$H$_6$	C$_3$H$_4$	C$_3$H$_6$	C$_3$H$_8$	C$_4$H$_6$	丁二烯	乙烯基乙炔
16.3	14.5	0.90	0.04	0.40	0.02	0.03	0.02	0.01	0.10

电弧法直接使甲烷在电场区产生电弧并裂解，然后偶联生成 C$_2$ 烃。它没有成流气，也就没有更高温度的等离子射流，因此单程收率较低，裂化气中残余甲烷相对较多。甲烷既是工作气体也是反应物。电弧法的优点是能量能迅速地作用在反应物上，烃转化为乙炔比部分氧化法明显高很多。其突出优点是做到了原料的循环利用，提高了原料利用率，并提高了乙炔产率。其不足是对操作变化很敏感，操作不当会导致大量的副产物形成，因此不能很好地控制甲烷的裂解程度，因而尽管已经工业化，但并未得到广泛使用。

6.4
天然气制燃料

6.4.1 天然气制合成油概述

以天然气为原料制造合成气，而后通过费托合成转化为液态烃的方法称为天然气制合成油（gas to liquid，GTL）。GTL 可以合成很多液体化工产品和原料。GTL 产品中，C$_5$～C$_9$ 为石脑油馏分、C$_{10}$～C$_{16}$ 为煤油馏分、C$_{17}$～C$_{22}$ 为柴油馏分、C$_{23}$ 以上为石蜡馏分，其中柴油是天然气制合成油最重要的产品，其质量远优于石油炼厂生产的常规柴油，具有十六烷值高、硫含量低、不含或少含芳烃等特点。发动机排放比较试验的结果表明，相比于普通柴油 GTL 柴油可大大减少污染物排放，未燃烃类减少 59%、CO 减少 33%、NO$_x$ 减少 28%、颗粒物减少 21%。

GTL 煤油不含硫、氮化合物，燃烧性能非常好。GTL 煤油也是符合严格环保要求的特种溶剂，可用于萃取植物油、生产聚合物和橡胶。GTL 煤油因无色、无味、透明的特点，还特别适用于生产油墨、化妆品和其他干燥洁净产品。

GTL 石蜡产品质量甚佳，广泛应用于食品包装、清洁剂原料、印刷油墨、化妆品、药品以及橡胶的生产，这也是提高 GTL 生产装置经济效益的重要途径。天然气合成润滑油基础油是 GTL 合成油的另一个比较重要的产品，是 GTL 石蜡馏分经过加氢异构、脱蜡后得到的，不含硫，黏度指数高，可高度生物降解，非常适用于调制新一代发动机油，通常被称为 GTL 基础油（GTLBO）或费托基础油（FTBO）。

除了合成上述油品以外，GTL 合成原油还可生成很多中间产品和化工原料。所有产品都不含或少含硫、氮和芳烃，无色、无味、燃烧清洁并可生物降解，既是很好的清洁燃料或润滑油基础油，又是很好的石油化工原料和专用化学品。

6.4.2　天然气制合成油工艺

天然气制合成油按照是否采用合成气工艺这个步骤分为两大类，即直接由天然气合成液体燃料的直接转化和由天然气先制合成气（CO和H_2的混合气体）再由合成气合成液体燃料的间接转化。直接转化可节省生产合成气的费用，但甲烷分子很稳定，反应需高的活化能，而且一旦活化，反应将难以控制。现已开发的几种直接转化工艺，皆因经济上无吸引力而尚未工业化应用。

目前比较可行且工业化的GTL技术都采用间接转化法，整个流程分为三个步骤：

① 合成气制备。天然气转化制合成气，约占总投资的60%。

② F-T合成。在费托反应器中，用合成气合成液体烃，占总投资的25%～30%。

③ 产品精制。得到的液体烃经过精制、改质等具体操作工艺，变成特定的液体燃料、石化产品或一些石油化工所需的中间体，占总投资的10%～15%。合成油加工和普通油品加工工艺基本相同，技术的核心在合成气生产与合成油生产两部分。

浆态床工艺更适合大型的合成油装置，而对于较小规模的合成油装置来说，固定床列管式工艺则具有一定的优越性。催化剂的选用主要由目标产物来决定，为了获得汽油和轻烃，选用铁基催化剂更适宜，而钴基催化剂更适宜生产柴油等重质烃和高档润滑油基础油。目前比较可行的且有极大发展前途的四大GTL技术由Syntroleum、Sasol、Exxon Mobil、Shell公司拥有，其各工艺步骤的技术特点见表6-3。

表 6-3　四大公司合成油技术特点分析

工艺步骤	Sasol 公司 SSPD 技术	Exxon Mobil 公司 AGC-21 技术	Shell 公司 SMDS 技术	Syntroleum 公司技术
天然气制合成气	天然气经蒸汽转化和自热转化成合成气	部分氧化和蒸汽转化在流化床反应器中产生合成气	部分氧化气化工艺生产合成气	采用空气进行自热式转化（ATR），生成被氮气稀释的合成气，H_2/CO比接近F-T反应
F-T 合成	浆态床反应器铁基或钴基催化剂	浆态床反应器和钴基催化剂	采用Shell公司茂催化剂，由改进型费托工艺合成重质烷烃	浆态床反应器或固定床反应器，钴基催化剂
产品精制	炼制过程由分馏、异构化、烷基化、低聚、加氢处理和铂重整组成。产品为汽油、车用柴油、煤油、（轻）重工业甲醇和燃料油	采用加氢异构法改质，在较低苛刻度下操作可最大限度生产催化裂化原料和润滑油基础油；在较高苛刻度下操作，则仅生成发动机燃料	将石蜡产物加氢裂化生成中间馏分油，后用蒸馏方法分离出产品。典型的馏出油燃料有石脑油、煤油、瓦斯油等	在产品精制部分可以不设置类似Shell-SMDS工艺专用的加氢裂化/加氢异构装置，通过常规加氢裂化/分馏装置即可得柴油、煤油和石脑油等产品，并可调节到大量生产柴油和煤油的运转模式

6.5
其他天然气转化技术

目前，工业天然气应用较为成熟的技术路线大多是将甲烷转化为合成气，进而开发相关的下游产品。而甲烷的直接转化利用在工业上应用很少，大多还处于实验室研究阶段。其原因是甲烷具有化学惰性，很难在较高的甲烷转化率下获得理想的产物选择性。但从原理上看，甲烷的直接转化利用是最直接有效的途径，具有非常明显的潜在工业应用价值，因此许多科学家正在致力于甲烷的直接转化利用新技术的研究。这些新技术包括甲烷等离子体转化、甲烷氧化偶联制乙烯、甲烷转化制芳烃等。

6.5.1　天然气等离子体技术

（1）天然气转化制氢

天然气是氢气的重要来源，但是传统的天然气蒸汽转化法或部分氧化法制氢技术，在制得氢气的同时，也伴随着大量的二氧化碳排放。这不仅造成了能源浪费，而且二氧化碳是"温室气体"，其对全球气候的负面影响已经引起了国际社会的普遍关注。近年来，利用天然气制氢同时副产炭黑的方法引起了人们的重视。该法在制氢的同时不排放二氧化碳，而是生成了便于处理和有许多工业用途的炭黑。本来，天然气的热裂解是生产炭黑并副产氢气的一种途径，但需要燃烧部分原料提供热裂解所需的高温，从而产生二氧化碳，并且由于其工艺本身的局限性，生成的气体中杂质含量较高，给后序的氢气提纯带来不便，增加能耗。在这种情况下，热等离子体法以其提供高温的独特优势，受到人们的注意，其在分解天然气制氢及炭黑方面的应用研究已取得了很大的进展。

（2）天然气制乙炔

传统的乙炔制备法通常是甲烷部分氧化法或电石水解法，后者不仅需要建造庞大的电石炉，而且对环境造成严重污染；前者必须配套合成氨或甲醇装置，投资过大。而等离子体裂解甲烷则给制乙炔提供了一种新的途径。热等离子体裂解天然气制乙炔的研究已经比较广泛和深入，所用的方法主要有电弧放电、射频放电、微波放电。自 20 世纪 20~30 年代，德国 Huels 公司就着手研究甲烷热等离子体裂解制乙炔的新方法，并开发了用于天然气转化的 Huels 工艺。其基本原理是等离子体作为热源引发热反应，反应物分解成自由基，自由基反应后骤冷至最终产物的稳定温度。该法的关键在于乙炔在极短的时间内形成并骤冷到乙炔的稳定温度。经过多年的持续发展，目前生产能力已达 120kt/a。

（3）天然气制甲醇

甲醇是非常重要的有机中间体，也是很好的储氢材料和清洁代用燃料。工业上可以天然气为原料生产甲醇。天然气合成甲醇有两条路线，即甲烷经合成气转化的两步法和甲烷部分氧化直接合成法。两步法已实现工业化，甲烷部分氧化合成甲醇尚处于研究阶段。因等离子技术具有设备简单、反应温度低及能耗小等特点，各国学者都在积极研究应用离子体合成甲醇的新技术。冷等离子体技术制甲醇主要包括 CH_4 部分氧化和 CO_2 加 H_2 两条工艺路线。

6.5.2　甲烷氧化偶联制乙烯

在以天然气（即甲烷）为原料制备以乙烯为主的低碳烯烃的多种研究路线中，甲烷氧化偶联制乙烯（oxidative coupling of methane，OCM）的路线仅需一步，最为简捷，得到各方面的重视。然而，就化学角度而言，原料甲烷十分稳定而目的产物乙烯则相当活泼。根据目前的认识，甲烷是在强碱性活性中心上氧化生成甲基自由基而后偶联的，没有足够的温度就难以生成甲基自由基，而较高的反应温度又易使乙烯发生二次反应。

甲烷氧化偶联反应是一个高温强放热过程，总反应式可表示为：

$$CH_4 + O_2 \longrightarrow C_2H_6 + C_2H_4 + CO_x + H_2O + H_2$$

因反应是一个自由能降低的反应，因此在较低温度下，甲烷就可以发生氧化偶联反应生成乙烷和乙烯等。但由于乙烷和乙烯等产物比甲烷更活泼，容易深度氧化为 CO 和 CO_2，因此必须选择合适的催化剂，以保证甲烷转化率的同时，尽量减少甲烷的深度氧化，提高乙烯和乙烷的选择性。

6.5.3 甲烷转化制芳烃

芳烃在常温下为液体，与制备乙烯相比，以天然气为原料制芳烃的产品更便于分离，而且一些研究人员认为乙烯是天然气制芳烃过程的中间产物。

甲烷直接转化制芳烃的研究有两个方向，即有氧条件及无氧条件。在有氧条件下，由于甲烷和氧生成 CO_2 和 H_2 的反应在热力学上更易进行，所以甲烷的深度氧化难以控制，导致生成芳烃的选择性通常不太高，因此甲烷的有氧芳构化有着难以解决的困难。与之相比，甲烷在无氧条件下直接芳构化，虽然由于热力学限制，反应需在高温下进行而对催化剂的稳定性有更高的要求，但由于甲烷在无氧条件下直接芳构化的选择性较高、技术复杂性较小以及产品易分离等特点而受到了更多的关注。

甲烷的直接转化利用除上述技术外，还有甲烷非催化直接制甲醇，甲烷催化热裂解制碳纳米管及氢气，甲烷官能团化制烯烃（如本森法制乙烯）和甲烷经膜催化、光催化、电化学技术制碳二烃等技术。虽然这些技术都尚未工业化，但从长远考虑，特别是在石油资源日益减少的情况下，这些研究都是很有吸引力的课题。一旦取得突破，将会大大促进天然气工业的发展。

参考文献

[1] 高振宇，白桦，王英国，等．基于终端消费结构的中国天然气市场研究 [J]．中外能源，2021，26（04）：1-8．
[2] 戴金星，倪云燕，董大忠，等．"十四五"是中国天然气工业大发展期 [J]．天然气地球科学，2021，32（01）：1-16．
[3] 魏顺安主编．天然气化工工艺学 [M]．北京：化学工业出版社，2009．

第7章

石油烯烃、芳烃的生产及转化

7.1
烃类裂解

石油化工的大多数中间产品和最终产品均以烯烃和芳烃为基础原料，烯烃和芳烃所用原料烃约占石化生产总耗用原料烃的四分之三。除由重整生产部分芳烃及由催化裂化副产物中回收丙烯、丁烯和丁二烯之外，其余烯烃和芳烃均由裂解装置生产。

裂解装置在生产乙烯的同时，副产大量丙烯、丁烯和丁二烯，芳烃（苯、甲苯、二甲苯）是石油化工基础原料的主要来源。除生产乙烯外，工业上约 70％丙烯、90％丁二烯、30％芳烃来自乙烯副产，以"三烯"（乙烯、丙烯、丁二烯）和"三苯"（苯、甲苯、二甲苯）总量计，约 65％来自乙烯生产装置。

7.1.1 裂解过程化学反应

高温条件下，烃类分子在隔绝空气条件下分解成较小分子的化学反应，均称为裂化（裂解）反应。根据反应温度不同，将反应温度高于 600℃的反应称为裂解反应，将反应温度低于 600℃的反应称为裂化反应。

烃类热裂解反应复杂，单一组分裂解也会得到复杂的产物，如乙烷裂解产物有氢气、甲烷、乙烯、丙烯、丙烷、丁烯、丁二烯、芳烃和碳五以上等，并含有未反应的乙烷。烃类热裂解的化学反应有脱氢、断链、二烯合成、异构化、脱氢环化、脱烷基、叠合、歧化、聚合、焦化等复杂反应，裂解产物中已鉴别出的化合物已达数十种乃至百余种，反应过程如图 7-1 所示，反应为复杂的平行顺序反应，反应的程度对原料转化率和产品选择性的影响明显。

从反应的先后顺序看，烃类热裂解反应可划分为一次反应和二次反应。一次反应，即原料烃类经热裂解生成乙烯和丙烯的反应。二次反应，指一次反应生成的乙烯、丙烯等低级烯烃进一步发生反应生成多种物质，最后生炭结焦。二次反应不仅降低了一次反应产物乙烯、

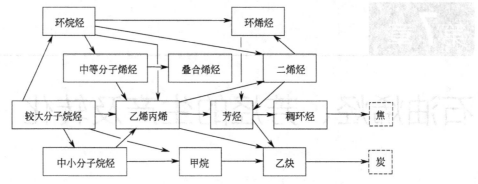

图 7-1 烃类裂解过程中一些主要产物变化示意图

丙烯的收率，而且生成的焦或者炭会堵塞管道及设备，影响裂解操作的稳定性。

7.1.1.1 单体烃一次反应

（1）烷烃热裂解

① 脱氢反应　是 C—H 键的断裂反应，生产相同碳原子数的烯烃和氢气，表示为

$$R—CH_2—CH_3 \longrightarrow R—CH=CH_2 + H_2$$

② 断链反应　是 C—C 键的断裂反应，生产碳原子数减少的烯烃和烷烃，较小的是烷烃，较大的是烯烃，表示为

$$R—CH_2—CH_2—R' \longrightarrow R—CH=CH_2 + R'H$$

（2）烯烃热裂解

裂解原料中所含的烯烃在裂解反应条件下，可发生断链、脱氢、歧化、双烯合成、芳构化等反应。

① 断链反应　较大分子烯烃断链生成两个小分子烯烃：

$$C_{n+m}H_{2(n+m)} \longrightarrow C_nH_{2n} + C_mH_{2m}$$

$$CH_3—CH_2—CH_2—CH_2—CH_3$$
$$E_{C-C} = 81.8kcal/mol(1cal = 4.1868J)$$

$$CH_2=CH—\overset{\alpha}{CH_2}—\overset{\beta}{CH_2}—CH_3$$
$$E_{C-C} = 69kJ/mol$$
$$E_{C-C} = 91kJ/mol$$

② 脱氢反应　进一步脱氢生产二烯烃和炔烃：

$$C_4C_8 \longrightarrow C_4H_6 + H_2$$
$$C_2C_4 \longrightarrow C_2H_2 + H_2$$

③ 歧化反应　两个相同的烯烃反应生产两个不同的分子：

$$2C_3C_6 \longrightarrow C_2H_4 + C_4H_8$$
$$2C_3C_6 \longrightarrow C_5H_8 + CH_4$$
$$2C_3C_6 \longrightarrow C_6H_{10} + H_2$$

④ 双烯合成和芳构化反应

（3）环烷烃热裂解

环的存在导致环烷烃比相应的烷烃稳定，在一般条件下可发生断链反应、脱氢反应、烷基侧链断裂及开环脱氢反应，生成乙烯、丙烯、丁二烯、丁烯、芳烃、环烷烃、单环烯烃、单环二烯烃和氢气等。

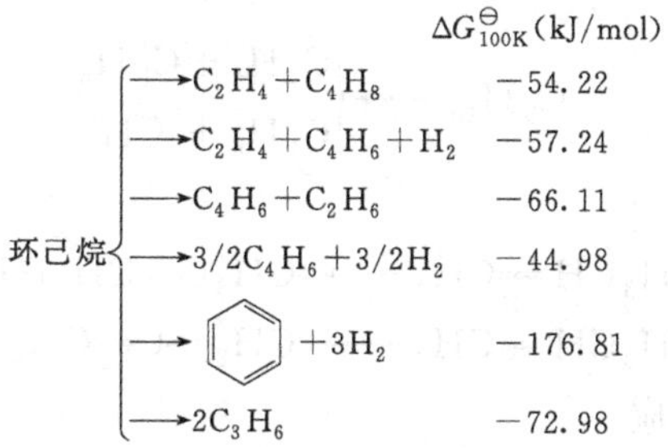

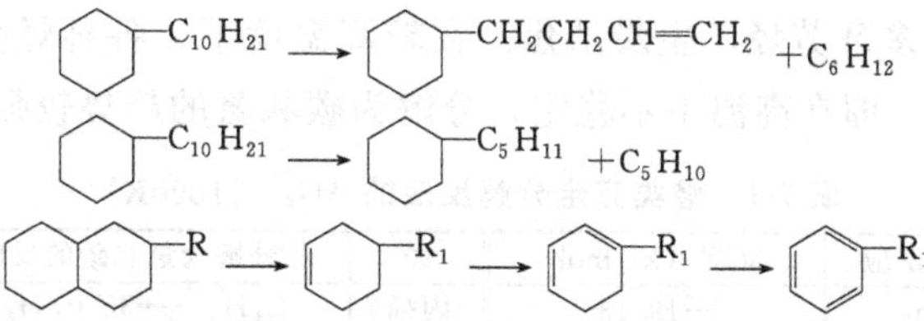

$$\Delta G_{100K}^{\ominus}(kJ/mol)$$

$$
环己烷
\begin{cases}
\longrightarrow C_2H_4+C_4H_8 & -54.22 \\
\longrightarrow C_2H_4+C_4H_6+H_2 & -57.24 \\
\longrightarrow C_4H_6+C_2H_6 & -66.11 \\
\longrightarrow 3/2C_4H_6+3/2H_2 & -44.98 \\
\longrightarrow \text{⬡} +3H_2 & -176.81 \\
\longrightarrow 2C_3H_6 & -72.98
\end{cases}
$$

环己烷脱氢生成芳烃的可能性最大。带侧链的环烷烃优先发生侧链的脱烷基反应，侧链的热稳定性与同碳原子数的饱和烃相当，脱烷基一般从侧链的中间开始断裂，环烷烃比相应的链烷烃稳定，在一定裂解条件下环可发生断链开环、脱氢等反应。

（4）芳烃热裂解

由于芳环的高度稳定性，在裂解条件下芳环不易裂解，主要发生芳环侧链的断链和脱氢反应，芳环缩合生成多环芳烃，以及进一步发生生焦反应。富含芳烃的原料乙烯收率低，结焦严重。

$$Ar—C_nH_{2n+1} \nearrow ArH+C_nH_{2n}$$
$$\searrow Ar—C_fH_{2f+1}+C_nH_{2m}$$

$$Ar—C_nH_{2n+1} \longrightarrow Ar—C_nH_{2n-1}+H_2$$

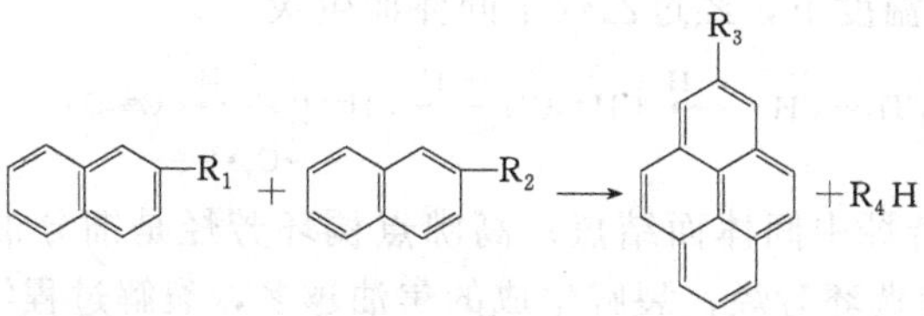

（5）一次反应规律

烷烃：正构烷烃最有利于乙烯、丙烯生成；分子量越小烯烃总产率越高。异构烷烃的烯烃总产率低于相同碳原子的正构烷烃，但随着分子量增大，差异减少。

烯烃：大分子烯烃裂解为乙烯和丙烯，烯烃还可脱氢生成炔烃、二烯烃进而生成芳烃。

环烷烃：优先生成芳烃而非单烯烃。相对于烷烃而言，丁二烯、芳烃收率较高，乙烯收率较低。

芳烃：芳环不易裂解，主要发生侧链的断链和脱氢缩合反应生成稠环芳烃，直至结焦。

裂解活性：

$$异构烷烃＞正构烷烃＞环烷烃（C_6～C_9）＞芳烃$$

随烃分子量增加，各类烃结构上的差别对裂解速度差异的影响逐渐减弱。

7.1.1.2 单体烃的二次反应

烃类热裂解的二次反应较一次反应复杂。H_2、CH_4 在裂解温度下稳定存在，大分子烯烃可进一步裂解为小分子烯烃，而 C_2H_4、C_3H_6 等小分子烯烃可继续发生二次反应。

（1）断链反应

$$C_5H_{10} \longrightarrow \begin{cases} C_2H_4 + C_3H_6 \\ C_4H_6 + CH_4 \end{cases}$$

（2）脱氢反应

$$CH_3CH{=}CH_2 \longrightarrow CH_3C{\equiv}CH + H_2$$
$$CH_3CH{=}CH_2 \longrightarrow CH_2{=}C{=}CH_2 + H_2$$

（3）烯烃缩合、聚合反应

生成二烯烃，直到多环芳烃，生炭结焦。在较高温度下，各种烃分解为碳和氢的 $\Delta G_f^{\ominus}$ 都很大，见表 7-1 所示，即在高温下不稳定，分解为碳和氢的趋势较强。

表 7-1　烃类完全分解反应的 $\Delta G_f^{\ominus}$　（1000K）

烃	烃分解为氢和碳的反应	$\Delta G_f^{\ominus}$/(kJ/mol)	烃	烃分解为氢和碳的反应	$\Delta G_f^{\ominus}$/(kJ/mol)
甲烷	$CH_4 \longrightarrow C + 2H_2$	−19.18	丙烯	$C_3H_6 \longrightarrow 3C + 3H_2$	−181.38
乙炔	$C_2H_2 \longrightarrow 2C + H_2$	−170.03	丙烷	$C_3H_8 \longrightarrow 3C + 4H_2$	−191.38
乙烯	$C_2H_4 \longrightarrow 2C + 2H_2$	−118.28	苯	$C_6H_6 \longrightarrow 6C + 3H_2$	−260.71
乙烷	$C_2H_6 \longrightarrow 2C + 3H_2$	−109.40	环己烷	$C_6H_{12} \longrightarrow 6C + 6H_2$	−436.64

$\Delta G \ll 0$，极易分解为碳和氢，但动力学阻力较大：

$$2CH_2{=}CH_2 \longrightarrow CH_2{=}CH{-}CH{=}CH_2 \longrightarrow \bigcirc \longrightarrow \bigcirc \longrightarrow \left[\text{多环芳烃} \right]_n$$

（4）烃的结焦生炭过程

有机物在惰性介质中经高温裂解，释出氢或其它小分子化合物生成碳，并非独个碳原子，而是若干碳原子稠合形式的炭，称为生炭，其中的氢含量极少。若产物中尚含有少量氢，碳含量约为 95%，称为结焦。

乙烯在 900～1000℃ 或更高温度下，经过乙炔中间体而生炭。

$$CH_2{=}CH_2 \xrightarrow{-H} CH_2{=}CH\cdot \xrightarrow{-H} CH{=}CH \xrightarrow{-H} CH{\equiv}C\cdot \xrightarrow{-H} \cdot C{\equiv}C\cdot \longrightarrow C_n$$

乙烯在 500～900℃ 时，经芳烃中间体而结焦；高沸点稠环芳烃是馏分油裂解结焦的主要母体，裂解焦油中含有大量的稠环芳烃，裂解生成的焦油越多，裂解过程结焦越严重。

$$2CH_2{=}CH_2 \longrightarrow CH_2{=}CH{-}CH{=}CH_2 \longrightarrow 苯 \longrightarrow 萘 \longrightarrow 二联萘 \longrightarrow 三联萘 \longrightarrow 焦$$

生炭、结焦的反应原料相同，均为小分子烯烃，但随反应温度不同，反应历程、产物不同。

7.1.1.3 混合烃裂解反应

裂解原料并非单一纯净物，组成十分复杂，表现在碳链数目不同、官能团不同，随反应进行，反应体系组成更加复杂。原料烃之间、裂解产物之间、原料烃与裂解产物之间相互作用，与单体烃孤立存在的反应有明显不同。

（1）混合烃裂解组分间的相互作用

一定反应条件下，C_2^0、C_3^0 与环己烷混合进料裂解各自的转化率与单独进料各自的转化率不同。由图 7-2、图 7-3 可知，混合裂解时随 C_2^0、C_3^0 浓度提高，环己烷转化率提高，即 C_2^0、C_3^0 的存在对环己烷裂解有促进作用；随环己烷浓度提高，C_2^0、C_3^0 的转化率下降，即环己烷的存在对 C_2^0、C_3^0 的裂解有抑制作用。

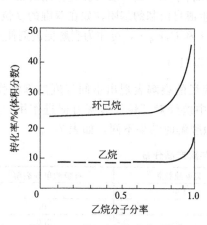

图 7-2　乙烷-环己烷混合裂解
转化率与组成的关系
（800℃，0.055s）

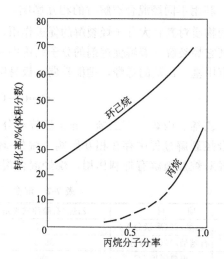

图 7-3　丙烷-环己烷混合裂解
转化率与组成的关系
（800℃，0.080s）

烷烃生成的自由基 $R\cdot$（$H\cdot$）使环己烷按自由基链式机理反应：

$$R\cdot + \text{⬡} \longrightarrow \text{⬡}^{\cdot} + RH \tag{1}$$

$$H\cdot + \text{⬡} \longrightarrow \text{⬡}^{\cdot} + H_2 \tag{2}$$

环己烷自由基进一步发生下列反应：

$$\text{⬡}^{\cdot} \longrightarrow CH_2{=}CH{-}CH_2{-}CH_2{-}CH_2{-}CH_2\cdot$$

$$CH_2{=}CH{-}CH_2{-}CH_2{-}CH_2{-}CH_2\cdot \longrightarrow C_2H_4 + CH_2{=}CH{-}CH_2{-}CH_2\cdot$$

$$\longrightarrow CH_2{=}CH{-}\dot{C}H{-}CH_2{-}CH_2{-}CH_3$$

$$\longrightarrow C_3H_6 + C_3H_5$$

$$CH_2{=}CH{-}CH_2{-}\dot{C}H_2 \longrightarrow C_2H_4 + \dot{C}_2H_3$$

$$\longrightarrow \dot{H} + C_4H_6$$

环己烷对乙烷、丙烷的抑制作用，表现在环己烷发生反应 (1)、(2)，夺走了一部分乙烷、丙烷发生链反应所需的 $H\cdot$、$CH_3\cdot$。

$$\dot{H} + C_2H_6 \longrightarrow \dot{C}_2H_5 + H_2$$

$$\dot{H} + C_3H_8 \longrightarrow \dot{C}_3H_7 + H_2$$

$$\dot{C}H_3 + C_3H_8 \longrightarrow \dot{C}_3H_7 + CH_4$$

C_6^0、C_7^0 与环己烷混合裂解时也表现出类似的规律。不易裂解的烃在混合裂解中被加速，容易裂解的烃在混合裂解中被减速，即易裂解组分对难裂解组分有促进作用，难裂解组分对易裂解组分有抑制作用。不同烃单独裂解时转化率的差距较大，混合裂解转化率的差距变小。随着温度升高，混合裂解时各烃的反应速度常数 k 值趋于接近，混合裂解转化率的差距也趋于相同。

（2）混合烃裂解相互影响的作用

利用不同烃混合裂解时的相互影响，尤其是本身易分解成 $H\cdot$、$CH_3\cdot$、$C_2H_5\cdot$ 等自由基的物质对其它大分子烃裂解的促进作用，可在裂解原料中加入具有裂解促进作用的物质以促进其它烃裂解。裂解促进剂的分子结构中一般含有易生成自由基的基团，如在双键的 β 位置上连有甲基、乙基的烯烃，键能较弱，极易解离为 $CH_3\cdot$ 和 $C_2H_5\cdot$，可作为裂解促进剂使用。

$$C{=}C{-}C{-\!\!-}CH_3(C_2H_5)$$

乙烯、丙烯、丁二烯、异丁烯等小分子烯烃对烷烃的裂解表现出不同程度的抑制作用。混合烃裂解过程中存在相互影响。烷烃-环烷烃裂解中烷烃对环烷烃裂解有促进作用，而环烷烃对烷烃裂解有抑制作用，烷烃混合裂解也与单独裂解时结果不同，如表 7-2。

表 7-2　混合烃裂解与单独裂解产品分布

项　目		乙烷/石脑油共裂解	乙烷单独裂解[1]	石脑油单独裂解[2]
原料	乙烷/%（质量分数）	13.5	100	
	石脑油/%（质量分数）	86.5		100
操作条件	出口温度/℃	900	900	900
	出口压力（G）/kPa	93.2	93.2	10
	停留时间/s	0.066	0.066	0.066
收率/%（质量分数）	H_2	1.3	3.3	1.1
	CH_4	15.0	2.7	16.4
	C_2H_2	0.9	0.7	0.9
	C_2H_4	36.1	43.1	34.4
	C_2H_6	9.5	47.0	3.4
	C_3H_4	1.2	0.1	1.3
	C_3H_6	14.3	0.7	16.6
	C_3H_8	0.5	0.1	0.5
	C_4H_6	4.6	0.2	5.4
	C_4H_8	3.7	1.0	4.8
	C_4H_{10}	0.1	0.7	0.2
	C_5 以上馏分	12.8	0.4	15.0
最终乙烯收率/%（质量分数）			82.6	38.0

① 工业操作数据。

② 相同条件下，以中试数据为基础的推算值。

7.1.2　裂解反应的热力学

7.1.2.1　裂解反应的热效应

烃类裂解反应是高温下进行的分子数目增加的强吸热反应。裂解炉所供热量中，除部分用于裂解原料和稀释蒸汽的预热之外，其余全部消耗于裂解反应的吸热。管式炉中进行的裂解反应的热效应与传热要求密切相关，不同反应区域的热效应不同，吸热、供热平衡不同，进而影响沿管长的温度分布及产品分布，影响裂解气分离的工艺流程和技术经济指标。针对反应进行程度设计管式裂解炉的炉管结构，是优化反应器结构、实现优质高产的关键。作为化学工艺的核心，化学反应的热效应大小和沿管长的变化，不仅决定反应器的传热方式、能量消耗和能量利用方案，而且对工艺流程和生产组织起着重要作用。

在某一温度下进行的裂解反应，反应体系的热效应等于裂解原料和裂解产物在同一温度下反应前后的焓差。

对于简单且组成已知的原料、产物，以 298K 或 1100K 为基准，通过查取生成热来计算反应热：

$$Q_{pt} = \Delta H_T^{\ominus} = \sum (\Delta H_T^{\ominus})_{产物} - \sum (\Delta H_T^{\ominus})_{反应物}$$

但由于馏分油裂解原料和裂解产物的复杂性，生成热难以查取、计算，通常用代表原料、产物组成的性质如氢含量、分子量等参数来关联裂解反应的热效应。

（1）用烃（液体）的含氢量 H_r 估算生成热

由饱和烷烃、芳烃、环烷烃组成的馏分油裂解为烯烃、双烯烃、芳烃，1100K 的热效应为：

$$\Delta H_{1100K}^{\ominus} = (H_{1100}^{\ominus})_{产物} - (H_{1100}^{\ominus})_{反应物}$$
$$= 2.3262(2500.25 - 288.59 H_{r产物}) - 2.3262(1400 - 150 H_{r反应物}) \quad kJ/kg$$

（2）用分子量估算反应热

$$\Delta H_{298}^{\ominus} = 23262 \times 10^{-4} M \left(\frac{A+M}{B+CM} + D + \frac{A'M}{B'+C'+M'} \right) \quad kJ/kg$$

式中，A、B、C、D、A'、B'、C' 为系数；M 为平均分子量。

7.1.2.2 裂解反应的化学平衡

裂解原料十分复杂，不同原料的反应活性也各不相同，不同原料间、原料与产物间、产物之间会相互影响、作用。现以乙烷的裂解为例，探讨裂解反应的平衡组成和变化规律。

乙烷裂解过程主要发生如下反应：

$$C_2H_6 \xrightarrow{K_{p_1}} C_2H_4 + H_2 \quad\quad\quad (3)$$

$$C_2H_6 \xrightarrow{K_{p_{1A}}} \frac{1}{2}C_2H_4 + CH_4 \quad\quad\quad (4)$$

$$C_2H_4 \xrightarrow{K_{p_2}} C_2H_2 + H_2 \quad\quad C_2H_2 \xrightarrow{K_{p_3}} 2C + H_2$$

化学平衡常数 K_p 可通过标准自由焓来计算：

$$\Delta G^{\ominus} = -RT \ln K_p \quad \frac{d(\ln K_p)}{dT} = \frac{\Delta H^{\ominus}}{RT^2}$$

根据不同物质的标准焓、标准熵，可计算不同温度下的自由焓和相应的化学平衡常数，如表 7-3 所示。

表 7-3　不同温度下乙烷裂解反应的化学平衡常数

T/K	K_{p_1}	$K_{p_{1A}}$	K_{p_2}	K_{p_3}
1100	1.675	60.97	0.01495	6.556×10^7
1200	6.234	83.72	0.08053	9.662×10^6
1300	18.89	108.74	0.3350	1.570×10^6
1400	48.86	136.24	1.134	3.646×10^5
1500	111.98	165.87	3.248	1.032×10^5

反应体系中含五种气态物质，结合四个化学平衡常数的表达式和体系物种的归一化条件，计算不同温度下乙烷裂解体系的平衡组成，见表 7-4。表 7-3、表 7-4 反映了裂解反应的

主要热力学特征：

① C—C 裂解生成 C=C 的平衡常数 K_{p_1}、$K_{p_{1A}}$ 远大于 C=C 消失的平衡常数 K_{p_2} 和 K_{p_3}，且随温度提高，K_{p_1}，$K_{p_{1A}}$ 和 K_{p_2} 均增大，但 K_{p_2} 增加速度较快；固然乙炔裂解生成碳反应的平衡常数 K_{p_3} 远大于 K_{p_1}、$K_{p_{1A}}$，但随温度升高而降低，故随温度升高，乙烯的平衡浓度增加。

② K_{p_1}、$K_{p_{1A}}$ 远小于 K_{p_3}，达到平衡时，不可能得到大量的乙烯，最后只可能生成大量的氢和碳，为使一次反应生成的乙烯尽可能保留，必须采取短的停留时间，即采用短停留时间，将反应（3）、（4）的热力学劣势转化为动力学优势。

表 7-4　不同温度下乙烷裂解的平衡组成

T/K	$y^*_{H_2}$	$y^*_{CH_4}$	$y^*_{C_2H_2}$	$y^*_{C_2H_4}$	$y^*_{C_2H_6}$
1100	0.9657	3.429×10^{-2}	1.473×10^{-8}	9.514×10^{-7}	5.486×10^{-7}
1200	0.9844	1.558×10^{-2}	1.137×10^{-7}	1.389×10^{-6}	2.194×10^{-7}
1300	0.9922	7.815×10^{-3}	6.32×10^{-7}	1.872×10^{-6}	9.832×10^{-8}
1400	0.9957	4.299×10^{-3}	2.731×10^{-6}	2.397×10^{-6}	4.886×10^{-8}
1500	0.9974	2.545×10^{-3}	9.667×10^{-6}	2.968×10^{-6}	2.644×10^{-8}

7.1.3　裂解反应动力学

7.1.3.1　反应机理

烃类裂解反应中发生的基元反应基本为自由基反应，反应包括链引发、链增长、链终止三个阶段。链引发是分子在光、热、引发剂作用下，一个分子断裂产生一对自由基，每个分子由于键断裂位置不同而有可能发生多种不同的链引发反应，取决于相关化学键的离解能大小。表 7-5 反映了三种简单烷烃引发反应的可能性。

表 7-5　三种烷烃可能的引发反应

烷烃	可能的链引发反应	离解能/(kJ/mol)	发生的可能性
C_2H_6	$C_2H_5{-}H \longrightarrow C_2H_5\cdot + H\cdot$	410	小
	$CH_3{-}CH_3 \longrightarrow 2CH_3\cdot$	368	大
C_3H_8	$C_3H_7{-}H \longrightarrow C_3H_7\cdot + H\cdot$	396~410	小
	$CH_3{-}C_2H_5 \longrightarrow CH_3\cdot + C_2H_5\cdot$	354	大
C_4H_{10}	$C_4H_9{-}H \longrightarrow C_4H_9\cdot + H\cdot$	381~396	小
	$CH_3{-}C_3H_7 \longrightarrow CH_3\cdot + C_3H_7\cdot$	350~357	大
	$C_2H_5{-}C_2H_5 \longrightarrow 2C_2H_5\cdot$	345	大

由于 C—H 键的键能大于 C—C 键的键能，故链引发反应通式为：

$$R\cdot R' \longrightarrow R\cdot + R'\cdot \quad E_{C-C}=290\sim335kJ/mol$$

链增长反应包括自由基夺氢反应、自由基分解反应、自由基加成反应和自由基异构化反应，以前两种为主。

$$RH+H\cdot \longrightarrow H_2+R\cdot$$
$$R'\cdot + RH \longrightarrow R'H+R\cdot \quad E=30\sim46kJ/mol$$

自由基夺氢生成新自由基的能力取决于烃类分子中氢原子的化学环境，随着叔碳氢原子、仲碳氢原子、伯碳氢原子 C—H 键能递增，氢原子被自由基夺氢的难度增加。随温度升高，难度的差异减少。不同化学环境自由基夺氢反应的相对速度如表 7-6 所示。

表 7-6　自由基夺氢反应的相对速度

温度/℃	伯碳氢原子	仲碳氢原子	叔碳氢原子
300	1	3.0	33
600	1	2.0	10
700	1	1.9	7.8
800	1	1.7	6.3
900	1	1.65	5.65
1000	1	1.6	5

自由基分解反应是自由基自身进行分解，生成一个烯烃分子和一个碳原子数比原来要少的新自由基，自由基传递下去。

$$R \cdot \longrightarrow R' \cdot + 烯烃$$
$$R \cdot \longrightarrow H \cdot + 烯烃 \quad E = 118 \sim 178 kJ/mol$$

自由基分解反应的活化能较夺氢反应大，生成不同新自由基的能力同样取决于原自由基的结构，不同结构自由基分解反应的动力学数据如表 7-7 所示。碳原子数较多的烷烃，在裂解中可生成碳原子数较少的乙烯和丙烯分子。裂解产物中各种不同碳原子数的烯烃比例则取决于自由基夺氢反应和分解反应的综合结果。

表 7-7　自由基分解反应的动力学参数

自由基	分解反应	A/S^{-1}	$E/(kJ/mol)$
正丙基	$CH_3CH_2CH_2 \cdot \longrightarrow C_2H_4 + CH_3 \cdot$	3.15×10^{13}	137
异丙基	$(CH_3)_2CH \cdot \longrightarrow C_3H_6 + H \cdot$	6.3×10^{13}	174
正丁基	$CH_3CH_2CH_2CH_2 \cdot \longrightarrow C_2H_4 + C_2H_5 \cdot$	6.3×10^{12}	118
异丁基	$(CH_3)_2CHCH_2 \cdot \longrightarrow C_3H_6 + CH_3 \cdot$	1×10^{13}	133
仲丁基	$CH_3CH_2(CH_3)CH \cdot \longrightarrow C_3H_6 + CH_3 \cdot$	2.505×10^{13}	139
叔丁基	$(CH_3)_3C \cdot \longrightarrow i\text{-}C_4H_8 + H \cdot$	1×10^{14}	177

7.1.3.2　反应动力学

在裂解反应条件下，烃类热裂解为单分子一级反应，故：

$$-\frac{dc}{dt} = kc \quad \ln\frac{1}{1-a} = k\tau$$

$$k = k_0 e^{-E_a/RT} \quad \lg k = \lg k_0 - \frac{E_a}{2.303RT} = B - \frac{c}{T}$$

式中　c——反应物浓度，mol/L；

k、k_0——反应的速率常数（频率因子）；

E_a——反应的活化能，kJ/mol；

T——反应温度，K；

τ——反应时间，s；

R——气体常数，J/mol。

表 7-8 为气态烃反应的动力学参数。

表 7-8　几种气态烃裂解反应的 A、E 值

化合物	$\lg A$	$E/(J/mol)$	$E/2.3R$
C_2H_6	14.6737	302290	15800
C_3H_6	13.8334	281050	14700
C_3H_8	12.6160	249840	13050
$i\text{-}C_4H_{10}$	12.3173	239500	239500
$n\text{-}C_4H_{10}$	12.2545	233680	233680
$n\text{-}C_5H_{12}$	12.2479	231650	231650

求得裂解反应的频率因子和活化能后，即可由反应时间得出转化率与$k\tau$的关系。图 7-4 为不同裂解深度条件下乙烷、石脑油、轻柴油裂解的一级反应速度常数。

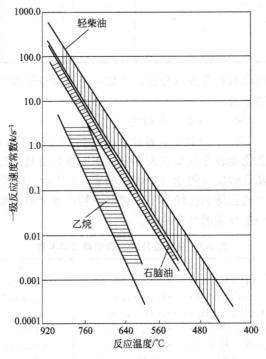

图 7-4　温度与一级反应速度常数的关系

对于 C_6 以上的高级烃缺乏相应的反应动力学参数，可借助高级烃与正戊烷反应速度常数的比值来计算相应烃的转化率。混合烃裂解时，各组分的反应速度常数不同，但各组分在同一反应器中所处的裂解条件完全相同，在相同裂解时间、裂解温度下，各自转化率的差异仅仅取决于反应物物性。热稳定性强的组分裂解转化率低，热稳定性弱的组分转化率高。

烃类裂解的二次反应动力学较一次反应更为复杂，烯烃的裂解、脱氢和生炭等反应都为一级反应，而聚合、缩合、结焦等反应的反应级数大于 1，反应过程复杂。

7.1.4　裂解原料及裂解产品

按裂解原料在常温、常压下的物态，可以分为气态和液态两大类。气态烃类包括天然气、油田气及其凝析油、炼厂气等。除富含甲烷的天然气外，其他气态烃都是良好的裂解原料。但烯烃含量较多的炼厂气，在裂解过程中易结焦，不宜直接作裂解原料。轻油、柴油和重油等液态烃类也可作为裂解原料，但随原料变重，裂解的经济性变差。

7.1.4.1　气体裂解原料

碳二以上轻质烷烃是最理想的裂解原料。轻质烷烃裂解的乙烯收率高，就相同乙烯产量而言，所需原料少、副产品量少、投资低、能耗低，加上原料价格低，乙烯生产成本低。

管式裂解炉的操作条件限制了轻烃裂解的转化率进一步提高。随着烷烃碳原子数减少，单程转化率将相应降低。丁烷单程转化率一般可达到 92%～95%，丙烷单程转化率则可能控制在 75%～93%，乙烷单程转化率一般控制在 40%～65%的范围内。

提高单程转化率可以减少循环返回裂解的烷烃量，可以相应节省投资并降低能耗。在轻质烃裂解装置中一般采用较高的单程转化率，乙烷转化率多取 65%，丙烷转化率取 93% 以上。在馏分油裂解装置中，当循环乙烷单炉裂解时，考虑到运转周期和裂解炉维修，大多采用较为缓和的裂解条件。此时，乙烷转化率多控制在 40%~50%。在共裂解时，受馏分油裂解条件限制，其转化率也不高。乙烷和丙烷裂解主要的产品收率如表 7-9 所示。

表 7-9 乙烷、丙烷裂解主要产品分布

原料	乙烷				丙烷			
转化率/%	43	50	60	65	73	88.5	93	95
氢气	2.61	3.06	3.76	4.06	1.01	1.22	1.35	1.40
甲烷	1.32	2.10	2.76	3.10	17.48	23.32	24.59	25.46
乙烯	38.10	42.80	50.70	53.95	26.00	35.50	39.04	41.13
乙烷	57.00	50.00	40.00	35.00	4.93	4.20	3.66	3.49
丙烯	0.12	0.48	0.64	0.82	19.20	15.71	13.46	11.48
丙烷	0.08	0.13	0.14	0.16	27.00	11.50	7.10	5.00
丁二烯	0.13	0.48	0.77	1.12	0.92	2.59	3.72	4.55
丁烯	0.26	0.25	0.19	0.18	1.28	1.06	0.87	0.77
苯		0.15	0.03	0.29	0.53	1.47	1.99	2.20
C_9~204℃					0.12	0.62	0.83	0.91
燃料油					0.00	0.01	0.15	0.14

注：停留时间 0.20s，炉出口压力 0.172MPa，稀释比 0.3~0.36。

丁烷和戊烷的主要裂解产品收率如表 7-10 所示。与乙烷和丙烷裂解相比，丁烷和戊烷裂解所得 C_4 以上副产品的量明显增加。

对于丁烷和戊烷，正构烷烃和异构烷烃的乙烯收率相差甚大。正丁烷裂解所得乙烯收率大约为异丁烷裂解所得乙烯收率的 3 倍，正戊烷裂解所得乙烯收率大约为异戊烷裂解所得乙烯收率的 2 倍。异丁烷并非生产乙烯的理想裂解原料，但其副产的丙烯和丁烯量相当可观。油田回收的碳四轻烃均是正异构混合物，作为乙烯工厂裂解原料，无需进行正异构分离。炼厂回收的碳四轻烃异丁烷含量过高时，可先脱除异丁烷后再作为乙烯生产的裂解原料。

表 7-10 丁烷、戊烷裂解主要产品分布

原料	正丁烷		异丁烷		正戊烷		异戊烷
转化率/%	90	97	86.8	95.4	97.3	99.5	89.06
氢气	1.09	1.24	1.19	1.30	0.91	0.93	0.89
甲烷	17.50	20.55	19.66	23.73	17.28	18.62	18.90
乙烯	34.41	39.56	9.30	14.85	40.09	41.61	17.30
乙烷	3.55	3.48	0.66	0.57	4.14	3.98	2.81
丙烯	20.68	15.60	22.65	20.98	18.80	17.06	19.27
丙烷	0.30	0.12	0.32	0.33	0.43	0.43	0.53
丁二烯	3.47	4.24	1.85	2.63	4.18	4.34	4.78
丁烯	2.53	1.50	19.06	16.26	2.43	2.10	15.92
丁烷	10.00	3.00	13.19	4.64	0.10	0.10	0.10
碳五馏分	1.26	1.44	1.71	1.38	3.79	1.47	10.00
C_6~C_8 非芳烃	0.90	1.72	0.84	0.19	0.30	0.22	0.10
苯	1.11	2.62	2.79	3.86	1.99	2.71	1.86
C_9~204℃	0.78	0.88	0.58	0.90	1.38	1.51	1.62
燃料油	0.47	1.12	0.89	1.47	1.25	1.58	1.40

注：停留时间 0.20s，炉出口压力 0.172MPa，稀释比 0.3~0.36。

7.1.4.2 液体裂解原料

（1）直馏原料

① 直馏石脑油　直馏石脑油生产成本低，裂解所得收率高，是较理想的裂解原料。原油不同，直馏石脑油的组成和性质也有很大差别，相应裂解产品收率相差甚远。石蜡基原油所得直馏石脑油烷烃含量高，含氢量高，裂解所得产品的烯烃收率高，而芳烃收率则较低。环烷基原油所得直馏石脑油的芳烃含量高，相应含氢量较低，裂解所得产品的烯烃收率较低，而芳烃收率则较高。表 7-11 为不同直馏石脑油裂解产品收率的比较。在相同裂解条件下，石脑油性质不同，所得裂解产品的烯烃收率和芳烃（BTX）收率相差甚大。

② 直馏柴油　直馏柴油（包括轻柴油和减压柴油）作为管式裂解炉的裂解原料，也可得到较为满意的烯烃收率。但对相同原油而言，柴油裂解所得烯烃收率低于石脑油，副产的低价值燃料油大大增多。由于柴油价格一般均高于石脑油，并且柴油裂解厂的投资高于石脑油裂解厂，柴油裂解的乙烯生产成本将明显高于石脑油裂解的乙烯生产成本。柴油裂解原料成本和装置投资高，能耗也大，低值副产品（燃料油）量多，其经济性显然较轻烃和石脑油裂解差。世界范围乙烯生产以轻烃和石脑油为主要裂解原料，我国乙烯生产受国内轻烃资源的限制和原油偏重、石蜡性不强的约束，石蜡基直馏石脑油产量甚少，迫使乙烯生产形成以柴油为主的局面，乙烯产率偏低，如表 7-12 所示，乙烯生产成本相对较高。随着进口油品增加及炼厂加工深度提高，我国乙烯生产裂解原料将逐步向多样化、轻质化方向发展。

表 7-11　不同直馏石脑油裂解产品收率的比较

石脑油种类		大庆直馏石脑油（石蜡基）	胜利直馏石脑油（中间基）	大港直馏石脑油（环烷基）
原料含氢量/%（质量分数）		14.80	14.10	13.40
主要产物收率/%（质量分数）	甲烷	16.17	17.15	16.50
	乙烯	31.30	26.00	23.80
	乙烷	3.85	3.65	3.45
	甲基乙炔＋丙二烯	1.25	1.06	1.02
	丙烯	15.21	14.10	13.50
	丁二烯	5.00	4.80	4.50
	丁烯	5.49	5.10	4.90
	碳五馏分	3.99	4.10	4.15
	$C_6 \sim C_8$ 非芳烃	2.00	3.20	3.30
	BTX	8.94	12.65	14.80
	$C_9 \sim 204℃$ 馏分	0.86	1.90	2.40
	燃料油	3.86	4.23	5.62

注：停留时间 0.30s，炉出口压力 0.203MPa。

表 7-12　柴油裂解的典型产品收率

柴油种类		大庆油		胜利油	
		直馏轻柴油	减压柴油	直馏轻柴油	减压柴油
BMCI		18.50	28.00	24.50	33.50
主要产品收率/%（质量分数）	甲烷	12.28	10.88	11.28	10.40
	乙炔	0.58	0.32	0.42	0.35
	乙烯	26.60	23.00	24.40	21.80
	乙烷	3.66	4.16	3.95	3.91
	丙烯	13.75	14.50	14.00	13.80
	丙烷	0.20	0.20	0.30	0.28
	丁二烯	4.39	4.65	4.76	4.95
	丁烯	3.54	4.64	4.35	4.51

柴油种类		大庆油		胜利油	
		直馏轻柴油	减压柴油	直馏轻柴油	减压柴油
主要产品收率/%（质量分数）	碳五馏分	3.62	2.96	2.66	3.08
	$C_6 \sim C_8$ 非芳烃	0.89	1.54	2.15	2.30
	苯	5.46	5.12	6.10	5.61
	甲苯	3.25	3.46	3.42	3.52
	二甲苯和乙苯	1.16	1.28	1.54	1.74
	$C_9 \sim 204℃$ 馏分	2.64	2.95	2.10	2.30
	燃料油	15.15	18.23	16.60	19.76

注：停留时间 0.26s，炉出口压力 2.03MPa。

（2）二次加工原料

除直馏石脑油和直馏柴油外，炼油厂二次加工装置的一些油品，也可以用作管式炉的裂解原料。

① 直馏柴油加氢处理　直馏柴油经加氢处理后不仅可以降低硫含量，提高十六烷值，而且可以增加直馏柴油的氢含量，减少直馏柴油的不饱和烃和芳烃含量。作为裂解原料，加氢处理后的直馏柴油的裂解性能可在一定程度上改善，如表 7-13。对于直链烷烃含量高的柴油，加氢处理对改善裂解性能的效果不大。对于高硫、高芳烃含量的柴油，加氢处理效果明显。

② 加氢焦化汽油和柴油　焦化汽油和柴油含大量烯烃，直接作为管式炉的裂解原料，辐射段和废热锅炉结焦严重，甚至可能造成对流段结焦。如表 7-14 所示，经加氢处理饱和其中的烯烃组分后，其烷烃含量大大增加，可成为较理想的裂解原料。

其它二次加工的馏分油如加氢裂化尾油、减压馏分油、缓和加氢裂化尾油、重整抽余油等也可作为裂解原料。

表 7-13　直馏柴油加氢处理前后裂解性能的比较

项 目		轻柴油		减压柴油		原料名称	轻柴油		减压柴油	
		加氢处理前	加氢处理后	加氢处理前	加氢处理后		加氢处理前	加氢处理后	加氢处理前	加氢处理后
相对密度		0.8550	0.8063	0.9188	0.9053	丙烯	15.07	14.90	13.12	13.30
沸点/℃		182~330	171~337	332~582	267~587	丙烷	0.45	0.14	0.35	0.32
分子量		234	202	475	443	丁二烯	3.50	6.35	5.32	5.57
硫含量/%				0.73	0.11	丁烯+丁炔	4.67	4.37	11.82	9.03
裂解产品收率/%（质量分数）	甲烷	11.20	13.06	7.80	8.71	二甲苯和乙苯	1.48	1.35	2.07	1.89
	乙炔	0.22	0.50	0.14	0.22	$C_9 \sim 204℃$ 燃料油	19.37	8.57	21.18	19.60
	乙烯	23.64	28.20	17.18	18.63					
	乙烷	3.06	3.07	3.00	2.96	合计	100.00	100.00	100.00	100.00

表 7-14　加氢焦化汽油、柴油裂解产品收率

原料种类	胜利油				大庆油	
	直馏石脑油	加氢焦化汽油	直馏柴油	加氢焦化柴油	加氢焦化汽油	加氢焦化柴油
相对密度	0.7374	0.7400	0.8125	0.8080	—	—
平均分子量	118	121.6	198	200	—	—
含氢量/%	14.6	15.2	14.0	14.4	—	—
甲烷	14.25	14.85	9.47	10.50	12.60	8.64
乙烯	24.84	29.24	22.78	25.40	29.49	24.24
丙烯	14.14	13.15	15.28	14.78	14.86	15.09
丁烯	4.21	2.61	5.51	4.27	3.23	5.04

原料种类	胜利油				大庆油	
	直馏石脑油	加氢焦化汽油	直馏柴油	加氢焦化柴油	加氢焦化汽油	加氢焦化柴油
丁二烯	4.59	4.24	5.11	4.72	4.57	4.43
裂解汽油	26.95	23.40	27.15	20.74	24.60	23.90
其中苯	7.00	6.59	3.95	4.85	5.82	4.09
甲苯	4.43	3.5	2.60	2.91	3.10	2.50
轻质燃料油	2.27	3.80	4.48	7.39	1.65	4.35
重质燃料油	3.02	2.69	4.96	6.84	1.78	8.49

7.1.4.3 裂解产品

烃类裂解生产乙烯时副产氢气、酸性气（CO_2、H_2S）及各种烃。原料越重，副产品越多。馏分油裂解时可加工分离乙烯产品、丙烯产品等主产品和丙烷产品、混合碳四产品、裂解汽油产品、富氢产品、富甲烷产品、裂解燃料油等副产品。不同用途、不同加工利用途径的产品质量要求不同，详见表 7-15、表 7-16。

表 7-15 典型的乙烯产品规格

组 分	单位	典型规格	实例				
			低压聚乙烯		氯乙烯	高压聚乙烯	乙醇
			气相法	溶剂法		乙二醇	
C_2H_4	%(χ)	99.95(min)	99.95	99.95	99.95	99.95	99.9
$CH_4 + C_2H_6$	ppm(χ)	500(max)	1000	500	500	500	平衡
C_2H_2	ppm(χ)	5(max)	5	5	10	5	10
C_3S	ppm(χ)	10(max)	50	10	100	10	
O_2	ppm(χ)	1(max)	5	1		1	5
CO	ppm(χ)	5(max)	1	5		5	5
CO_2	ppm(χ)	5(max)	5	5		5	
H_2	ppm(χ)	5(max)	10	5		5	
S(按 H_2S)	ppm(χ)	1(max)	1	1	5	1	1
H_2O	ppm(χ)	1(max)	1	1	15	1	1
CH_3OH	ppm(χ)	5(max)				5	

注：1ppm=1mg/kg。

表 7-16 典型的丙烯产品规格

组分	单位	聚合级					化学级	
		典型规格	实 例				典型规格	实例
			聚乙烯		聚丙烯			丁辛醇
			气相法	溶剂法	Phillips 法	三井、海蒙法		
C_3H_6	%(χ,min)	99.6	99.6	99.6	99.0	99.6	95.0	95.0
烷烃	%(χ,max)	0.4	0.4	0.4	1.0	0.4	5.0	5.0
C_2H_6	ppm(χ,max)	10	50	10	50	2	20	20
C_2H_6	ppm(χ,max)	1	3	5	5	1	1	1
C_3H_4	ppm(χ,max)	5	10	5	5	2	15	15
C_4H_6	ppm(χ,max)	1	10	1				
C_4H_6	ppm(χmax)	1	15	1				
O_2	ppm(χ,max)	4	1	4	2	2	5	5
CO	ppm(χ,max)	5	1	5	1	5	15	15
CO_2	ppm(χ,max)	5	3	5	5	5		
H_2	ppm(χ,max)	5	10	5				
S	ppm(w,max)	1	1	1	15	2	1	1

组分	单位	聚合级					化学级	
		典型规格	实例				典型规格	实例
			聚乙烯		聚丙烯			丁辛醇
			气相法	溶剂法	Phillips法	三井、海蒙法		
H_2O	ppm(w,max)	2.5	5.0	2.5	10	5	20	20
甲醇	ppm(w)			1	5		5	5
硫醇	ppm(w)					5		
羰基硫	ppm(w)					15		

注：1ppm＝1mg/kg。

7.1.5 烃类裂解工艺

7.1.5.1 烃类裂解工艺的发展

为提高裂解反应的选择性，促进生成乙烯的一次反应进行，抑制乙烯消失的二次反应进行，将大量的高温热量快速传递到反应器内、将大量的高温热量快速转移出反应器体系，以满足高温、短停留时间、低烃分压的反应条件是裂解工艺进步的推动力。

20世纪40年代初建成了管式炉裂解生产烯烃的工业装置。随着烯烃的需求增大，仅以乙烷和丙烷等优质原料为裂解原料远不能满足市场对烯烃的需求，裂解原料开始向重质化发展。除使用轻质烷烃之外，到20世纪60年代初逐步发展到大量使用石脑油，70年代又将裂解原料扩大到煤油、轻柴油以及重柴油。60年代着手研究开发的重油裂解技术也逐渐走向工业化。随着原料的重质化，乙烯收率相应降低，丙烯、碳四、芳烃（BTX）收率相应增大，副产品回收利用的份额随原料的重质化而越来越大。管式炉裂解法在管式炉结构、操作指标等方面有较大改进（表7-17），而且乙烯收率、能量回收和利用等有所提高。经过多年的发展，石油烷烃管式炉热裂解生产乙烯的方法仍在乙烯生产中占统治地位，其乙烯产量占世界乙烯产量的99%以上。管式炉裂解工艺为石油化工提供了大量优质烯烃。提高重质原料的应用和裂解炉对多种原料的适应性，减少能耗和水耗、降低成本，提高管材的耐高温性能以提高裂解温度，采用催化裂解和加氢裂解提高裂解原料的来源成为裂解工艺的主要发展方向。

表 7-17　管式炉裂解技术的发展

年代	20世纪60年代	20世纪70年代	20世纪80年代和20世纪90年代末
特点	中等深度	高深度,高选择性	高深度,高选择性,大生产能力
裂解温度/℃	760~780	800~860	800~920
停留时间/s	0.8~1.2	0.25~0.60	0.03~0.15
乙烯生产能力/(kt/a)	10~15	25~35	0~120
乙烯收率(全沸程石脑油单程收率)/%	18~24	23~30	24~34
辐射段炉管平均热强度/[MJ/(m²h)]	167.5	210~293	293~356
炉膛热强度/[MJ/(m²h)]	167.5~335	210~628	628~1050
炉膛温度/℃	950~1000	1000~1100	1100~1200
炉管金属允许温度/℃	950	1000~1100	1100~1200
炉管配置	卧式	立式	立式
炉管形状	等径管	等径管,变径管	等径管,变径管,椭圆管
炉管材料	Cr18Ni8	Cr25Ni20	Cr25Ni20,Cr25Ni35NbW,28Cr48Ni5W,35Cr45Ni
处理原料	石脑油	石脑油,柴油	石脑油,柴油,减压柴油,加氢尾油

除了管式炉裂解法外，还开发了多种适用于重质原料的裂解方法，如以固体为载热体的固定床、移动床和流化床裂解法，以气体为载热体的高温水蒸气裂解法，以氢气代替水蒸气

的加氢热裂解以及催化裂解等，但这些方法由于技术或经济上的原因，仍未有很大的发展。不同裂解工艺的特点如表 7-18 所示。对于轻烃、石脑油、煤油、轻柴油、重柴油等裂解原料，管式炉裂解工艺至今在工业生产中占绝对优势。

表 7-18　裂解工艺比较

方　式	操　　作	特　　点	装　　置
蓄热裂解	燃料、空气、原料、水蒸气，间歇操作	气体收率低，能耗大，污水量多	Paccel 法
流化床裂解	固体热载体以流动床方式在两器中循环，进行烧焦加热烃类裂解反应	热载体易磨损，设备磨损，反应时间长，烯烃收率难于进一步提高	TPC，Lurgi-Ruhrgas 法 BASF 法，K-K 法
流化床部分氧化裂解	裂解反应与燃烧反应同时进行	反应时间长，二次反应较多，裂解气分离复杂（N_2、空分、CO、CO_2）	BASF 法
高温水蒸气裂解	利用管式炉或蓄热炉产生高温水蒸气，以水蒸气加热载体	反应时间短，乙烯收率提高，但蒸汽用量大裂解气中 CO 和 CO_2 含量较高（$4\%\sim8\%$）	Kellogg 法；吴羽法
加氢热裂解	以氢气代替蒸汽作为裂解稀释剂	H_2 可减少生焦，降低裂解反应副反应热，乙烯、丙烯易加成，能耗大	
催化裂解	在催化剂参与下对石油烃进行高温裂解	连续操作，原料适宜范围宽	QC 技术；THR 技术；DCC 法
管式炉裂解	间壁加热	停留时间短，选择性高	Lurg 法；Kellogg 法；S&W 法

7.1.5.2　管式炉裂解工艺

管式裂解炉工艺分为原料的供给和预热、对流段、辐射段、高温裂解气急冷和热量回收等。由于裂解原料不同或热量回收不同，形成不同的工艺流程。典型的管式炉裂解工艺见图 7-5。不同工艺过程的主要区别在对流段、辐射段、高温裂解气急冷和热量回收等方面。

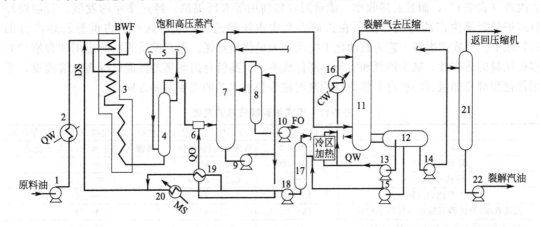

图 7-5　管式炉裂解工艺典型示意图

BWF—锅炉给水；QW—急冷水；QO—急冷油；FO—燃料油；CW—冷却水；MS—中压蒸汽；
1—原料油泵；2—原料预热器；3—裂解炉；4—急冷锅炉；5—汽包；6—急冷器；7—汽油分馏塔；
8—燃料油汽提塔；9—急冷油泵；10—燃料油泵；11—水洗塔；12—油水分离塔；13—急冷水泵；
14—裂解汽油回流泵；15—工艺水泵；16—急冷水冷却器；17—工艺水汽提塔；18—工艺水泵；
19、20—稀释蒸汽发生器；21—汽油汽提塔；22—裂解汽油泵

管式炉裂解以间壁加热方式为烃类裂解提供热量。在对流段中将管内的烃/水蒸气混合物预热至"开始"裂解的温度，再将烃/水蒸气混合物送到高温辐射盘管继续升温并进行裂解。裂解热量通过高温管壁传递给裂解物料，裂解温度受辐射管管壁温度的制约，管壁温度

又受金属材料耐热程度的限制。由于烃类裂解过程总伴随有生炭副反应，裂解副产物碳会逐渐积附于管壁形成焦层，热阻变大，相同裂解温度下要求进一步提高管壁温度。同时相同流量下流动阻力增加，需要在结焦发展到一定程度后对炉管进行清焦。克服管壁温度和结焦的限制，是管式炉裂解技术不断改进的关键。

（1）对流段及烟气热量回收

对流段用于回收烟气热量以预热裂解原料和稀释蒸汽，将裂解原料气化并过热至裂解反应起始温度即横跨温度后进入辐射段加热进行裂解反应。此外，根据热量平衡，在对流段还可以进行锅炉给水、助燃空气、超高压蒸汽的预热等。图7-6为三种典型的对流段热量回收方案。方案三回收的烟气热量用来预热裂解原料、稀释蒸汽、锅炉给水。裂解原料和稀释蒸汽过热至横跨温度后进入辐射段发生裂解反应。在对流段加设超高压蒸汽的过热装置，改善了对流段热量回收方案的灵活性，降低投资并提高热量利用率，具备明显的优势。

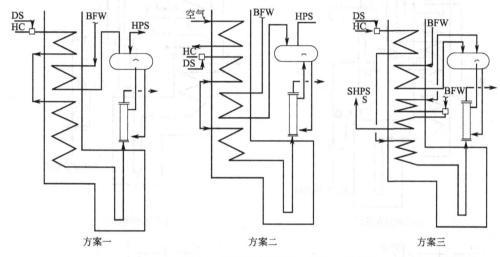

图 7-6　对流段热量回收方案

管式裂解炉在裂解不同原料时，其对流段、辐射段的热量分配不同。随着原料变重，其反应热负荷占总热负荷的比例由乙烷裂解的46%降至轻柴油裂解的43.2%，但总热负荷是增加的。由于裂解原料性质波动，对流段的设计应具有一定的灵活性。

（2）辐射段

烃和稀释蒸汽混合物在对流段预热至横跨温度进入辐射盘管，利用高温烟气辐射传热，在管内进行裂解。从降低压降、热强度，减少结焦趋势来看，反应初期宜采用较小管径，反应后期采用较大的管径。为实现高温、短停留时间、低烃分压的目标，所有的裂解炉辐射盘管均缩短管长以降低压降、停留时间，来改善反应的选择性。为提高辐射传热的效果，辐射段盘管大多采用立式单排双面辐射。

（3）高温裂解气急冷和热量回收

裂解炉辐射盘管出口的高温裂解气温度高达800℃，为抑制二次反应发生，须将高温裂解气快速冷却。

冷却高温裂解气的方法有两种，一种是利用急冷油（或急冷水）直接喷淋冷却，另一种是利用换热器进行间接冷却。换热器间接冷却可回收高温裂解气的热量并副产高品位的高压蒸汽，常称为急冷锅炉或废热锅炉。在管式裂解炉裂解轻烃、石脑油和柴油的情况下，目前均采用废热锅炉冷却裂解气并副产高压蒸汽。经废热锅炉冷却后的裂解气温度尚在400℃以上（馏分油裂解时），为防止急冷锅炉冷凝结焦，可再用急冷油直接喷淋冷却，进一步回收急冷油的热量并副产低压蒸汽。

不同裂解原料裂解时废热锅炉终期出口温度大不相同，裂解原料越重，废热锅炉终期出口温度越高。根据裂解原料的情况，高温裂解气冷却和热量回收有图7-7所示的四种方案。

通过设置不同压力等级的废热锅炉和急冷油喷淋，回收利用了高温裂解气的热量，副产高压、中压、低压蒸汽，有效提高了热量的利用率。裂解原料性质不同导致裂解气的冷凝温度不同，采用的废热锅炉级数不同、冷却方式也不同，热量回收率不同。以乙烷、丙烷、轻烃、石脑油、柴油为原料的裂解装置热量回收率依次降低。

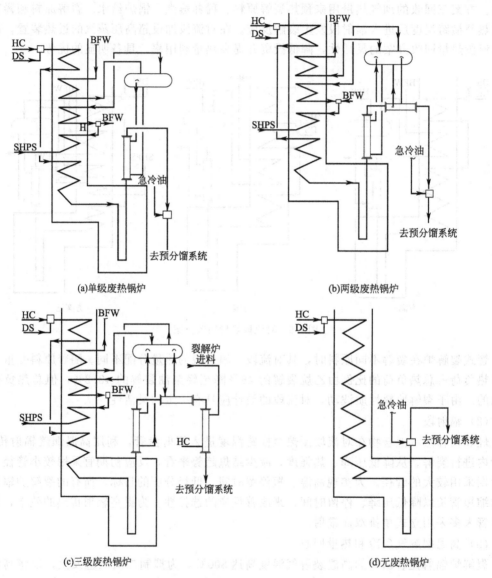

图 7-7　高温裂解气热量回收方案

（4）烧嘴设置方式

管式裂解炉烧嘴设置有全部侧壁烧嘴、侧壁和底部烧嘴联合、全部底部烧嘴三种，如图7-8所示。

全部侧壁烧嘴时，加热较为均匀，炉膛宽度可以较小。但是烧嘴数量多，燃气配管复杂，操作工作量大，只能用气体燃料。侧壁烧嘴和底部烧嘴联合克服了侧壁烧嘴数量过多且不能燃烧液体的缺点，结构较复杂。全部底部烧嘴使烧嘴的配置和燃料配管的设计大为简化，而且操作调整简便，维修工作量少，使裂解炉对燃料的灵活性增加，更适合与燃气轮机联合。但底部烧嘴的供热高度有限，炉膛高度受到限制。

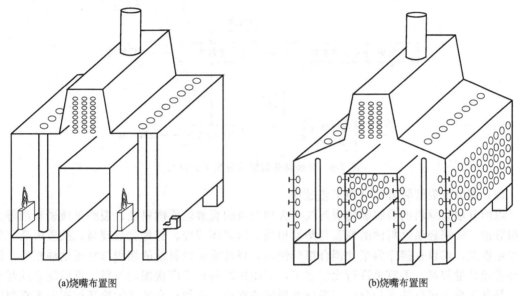

(a)烧嘴布置图　　　　　　　　　　　　　　　(b)烧嘴布置图

图 7-8　烧嘴布置示意图

（5）裂解炉的配置

通常，一台管式裂解炉由一个对流室和一个辐射室组成。此时，大多采用两台裂解炉合并一个烟道的布置方案。采用集中烟道，所有裂解炉共用一个烟道的方案灵活性差。随着单台裂解炉生产能力的提高，近来有些裂解炉开始采用一个对流室配置两个辐射室的配置方案。

20 世纪 70 年代单台裂解炉的乙烯生产能力一般为 30～60kt/a。后来单台裂解炉的乙烯生产能力可达 150kt/a 以上（以石脑油进料计）。裂解炉的台数应根据装置生产能力、原料种类和工艺技术来选定。考虑到裂解炉的清焦周期和日常维修，设置一台备用裂解炉。

在馏分油裂解时，一般需将副产的乙烷循环返回裂解炉进行裂解，由此提高装置的乙烯收率。早期单独设置乙烷裂解炉，后采用乙烷和馏分油共裂解的方案，或采用一台裂解炉分组裂解不同裂解原料的方案。从操作灵活性和可靠性考虑，采用共裂解方案居多。

7.1.6　裂解产品分离

裂解反应的特点决定了裂解产物中有小分子的烷烃、烯烃、炔烃等断链、脱氢产物，也有大分子的缩合、生焦产物，即裂解产物的分子量分布比原料更宽。裂解产物经废热锅炉和急冷器冷却至常温后，通过裂解气的预分馏将裂解气中燃料油、裂解汽油、水等液态组分分离，再通过裂解气的净化，脱除其中的炔烃、一氧化碳、酸性气体等有害、无用杂质组分，为将烷烃、烯烃进一步分离为单体烃的分离工序提供条件。

7.1.6.1 裂解气预分馏工艺过程

(1) 轻烃裂解装置预分馏工艺过程

轻烃裂解装置所得裂解气中重质馏分甚少，尤其乙烷和丙烷裂解气中燃料油含量甚微。此时，裂解气预分馏主要在裂解气进一步冷却过程中分馏裂解气中的水分和裂解汽油馏分。其流程示意如图 7-9 所示。

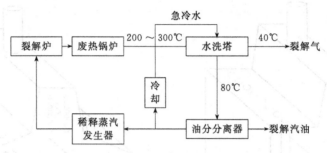

图 7-9　轻烃裂解装置预分馏工艺过程

(2) 馏分油裂解装置预分馏工艺过程

以馏分油为原料的裂解装置裂解气中含相当量的裂解轻质燃料油、裂解重质燃料油等重质馏分油。裂解轻质燃料油的馏程与柴油相当，但多环芳烃、芳烯含量较高，胶质极高，氧化安定性差，难以直接作为柴油调合组分使用；裂解重质燃料油的馏程与常压重油相当，但多环芳烃含量较高，不宜再进行化学加工，只能作燃料和生产炭黑的原料。重质馏分油与水混合易乳化难于进行油水相分离。馏分油裂解装置中，必须在裂解气的冷却过程中先将裂解气中的重质燃料油馏分分离出来，之后的裂解气再进一步送至水洗塔冷却，并分馏其中的水和裂解汽油。其流程示意如图 7-10 所示。

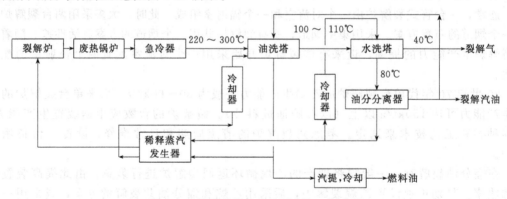

图 7-10　馏分油裂解装置预分馏工艺过程

7.1.6.2 裂解气的净化

经预分馏系统处理后的裂解气是氢气、烃类、非烃类的混合物。烃类中的炔烃、H_2O、CO_2、H_2S 和 CO 等杂质对裂解气的后续加压、低温分离、烯烃的利用不利，应予净化处理。净化就是采用吸附、吸收和化学反应的方法脱除水分、酸性气体、一氧化碳、炔烃等杂质的过程。

对于净化合格的裂解气，再利用各组分沸点不同，在加压低温的条件下经多次精馏分离。裂解气分离装置主要由精馏分离、压缩制冷、净化系统组成。不同精馏分离方案和净化方案组合可以形成不同的裂解气分离流程。裂解气不同分离流程的主要差别在于精馏分离烃类的顺序和脱炔烃的安排。图 7-11 为典型的顺序分离流程工艺。

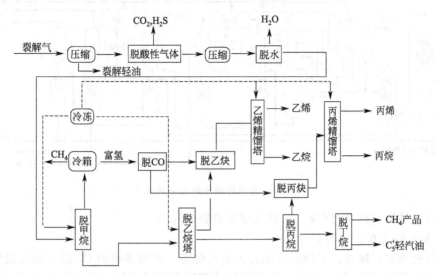

图 7-11 典型的顺序分离流程工艺

7.1.6.3 裂解气的深冷分离

石油是原料通过裂解后所得到的裂解气，是一种组成各异的复杂混合物，在净化的基础上再分离为单体烃，才有化工利用价值。分离的方法有吸附分离法、吸收精馏法和深冷分离法。

（1）吸附分离法

当气体或液体与多孔性固体表面接触时，其中一种或几种组分被选择性地吸附在固体表面上，这种使被吸附组分与其它组分分离的方法称为吸附分离法。被吸附的组分可利用变温、变压、变浓度或冲洗等方法脱附出来。在裂解气分离过程中水分的脱除，即广泛地采用了此种方法。

（2）吸收精馏法

吸收精馏法也称为油吸收法，即利用 C_3 和 C_4 馏分油作吸收剂吸收裂解气，其中的甲烷及氢几乎不能被吸收，而 C_2 以上组分能被吸收，然后用精馏方法将它们分离开来。因此，这种方法的实质是加入吸收油以降低 C_2 分压，使裂解气中的甲烷、氢与 C_2 以上组分分离，从而避免采用低温。此法对原料气的要求较低，可以节约压缩和冷冻所需动力，因而被广泛地采用。

（3）深冷分离法

在裂解气中，各组分之间的沸点相差较大，例如甲烷－161℃，乙烯－103℃，丙烯－47.7℃，可以利用它们之间沸点不同，用精馏的方法达到各组分分离的目的。由于这种方法需要采用－100℃以下的冷冻系统，故称为深冷分离法。此法技术成熟，产品纯度高，是目前应用最广泛的一种工业分离技术。

按照裂解气的分离顺序不同，深冷分离法可分为三种不同类型的流程。

① 顺序流程，见图 7-12。

裂解气首先经过脱甲烷塔，从塔顶分离出甲烷、氢，从塔釜得 C_2 以上馏分，然后将其送入脱乙烷塔。从脱乙烷塔塔顶获得的 C_2 馏分送至乙烯精馏塔分离出乙烯产品，塔釜液送至脱丙烷塔，在脱丙烷塔塔顶得到 C_3 馏分送至丙烯精馏塔精馏得丙烯产品，塔釜液送至脱

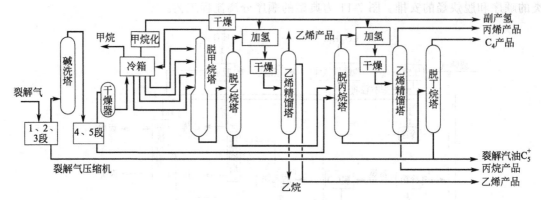

图 7-12 典型的顺序深冷分离流程

丁烷塔,从该塔塔顶得 C$_4$ 馏分,从而从塔釜得裂解汽油。

② 前脱乙烷流程,见图 7-13。

裂解气经压缩、碱洗、干燥后首先进入脱乙烷塔,在塔釜得到 C$_3$ 以上馏分送至脱丙烷塔。在脱丙烷塔塔顶得到 C$_3$ 馏分,送至丙烯精馏塔得丙烯产品,塔釜液至脱丁烷塔,从其塔顶得 C$_4$ 馏分,而塔釜液为裂解汽油。脱乙烷塔塔顶分出的 C$_2$ 以下馏分经冷箱和脱甲烷塔分出甲烷、氢之后,在乙烯精馏塔得乙烯产品。

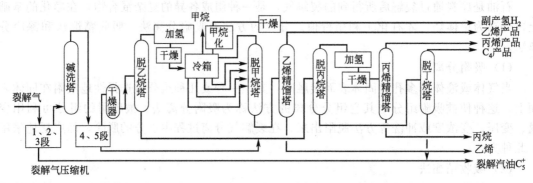

图 7-13 典型的前脱乙烷深冷分离流程

③ 前脱丙烷流程,见图 7-14。

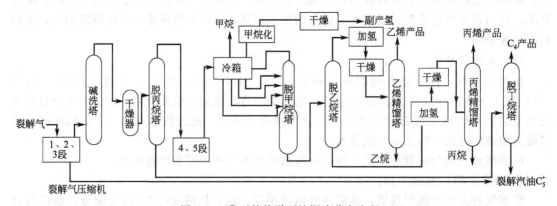

图 7-14 典型的前脱丙烷深冷分离流程

裂解气经三段压缩后,经碱洗、干燥进入脱丙烷塔,釜液进入脱丁烷塔,由塔顶得到

C_4 馏分，塔釜得到裂解汽油。脱丙烷塔塔顶出来的 C_3 以下馏分经压缩机 4、5 段压缩后，进入冷箱和脱甲烷塔，从塔顶分离出甲烷、氢。脱甲烷塔釜液至脱乙烷塔，从其塔顶得 C_2 馏分再经乙烯精馏塔得乙烯产品，其塔釜液 C_3 馏分进入丙烯精馏塔得丙烯产品。

7.2
芳烃生产及转化

芳烃是含苯环结构的碳氢化合物的总称，是石油化工的重要基础原料。芳烃中当属"三苯"（苯、甲苯、二甲苯，简称 BTX）最为重要，被称为一级基本有机原料，其产量和规模仅次于乙烯和丙烯，其次是乙苯、异丙苯、十六烷基苯、萘等，广泛用于合成树脂、合成纤维、合成橡胶工业中。此外 BTX 也是合成洗涤剂、农药、医药、香料等工业的重要原料。苯的最大用途是生产苯乙烯、环己烷和苯酚，三者占苯消费总量的 $80\% \sim 90\%$，其次是苯胺及烷基苯等。甲苯除了主要用作汽油组分外，还是有机合成的优良溶剂，而且还可以生产苯甲酸、甲酚（酚类中最常用的消毒剂）等。二甲苯实际上是三个二甲苯异构体和乙苯组成的混合物，工业上常称"混合二甲苯"。混合二甲苯中用量最大的是对二甲苯，主要用于生产对苯二甲酸，是生产聚酯纤维和塑料薄膜主要原料；邻二甲苯主要用于生产邻苯二甲酸酐，进而制造增塑剂、醇酸树脂等；大部分间二甲苯异构化制成对二甲苯，也可氧化为间苯二甲酸去生产不饱和聚酯树脂，以及用于农药、染料、医药的二甲基苯胺的生产；乙苯则主要用于制取苯乙烯，进而生产丁苯橡胶和苯乙烯塑料等。

7.2.1　石油芳烃生产

石油芳烃主要来源于石脑油重整生成油及烃类裂解生产乙烯副产的裂解汽油，其芳烃含量与组成见表 7-19。从表中可以看出，不同来源的各种芳烃馏分的组成不同，则可能得到的各种芳烃的产量也不相同。

表 7-19　石油芳烃含量与构成　　　　　　单位：%

组成	催化重整油	裂解汽油	催化芳烃
芳烃含量	50～72	54～73	>85
苯	6～8	19～36	65
甲苯	20～25	10～15.0	15
二甲苯	21～30	8～14	5
C_9 芳烃	5～9	5～15	—
苯乙烯	5～9	2.5～3.7	—
非芳烃	28～50	27～46	<15

以催化重整油和裂解汽油为原料生产芳烃的过程可分为反应、分离和转化三部分，如图 7-15 所示。不论是催化重整油还是裂解汽油都是以 $C_6 \sim C_8$ 馏分为主的芳烃与非芳烃的混合物。因此，要满足有机合成对单一芳烃的质量要求以及某种芳烃数量要求，还需进行必要的分离和精制以及芳烃间的转化处理。这些转化工艺包括：脱烷基、歧化、烷基转移、甲基化和异构化等。不同国家的石油芳烃生产模式不同。美国芳烃资源丰富，苯的需求量较大，需通过甲苯脱烷基制苯来补充苯的不足，而对二甲苯与邻二甲苯主要从催化重整油中分离而得。西欧和日本芳烃资源不足，因此采用芳烃转化工艺过程较多。我国芳烃资源较少，为了充分利用有限的芳烃资源，多采用甲苯、C_9 芳烃的烷基转移，甲苯歧化，二甲苯异构化等

工艺，很少采用甲苯脱烷基化工艺。

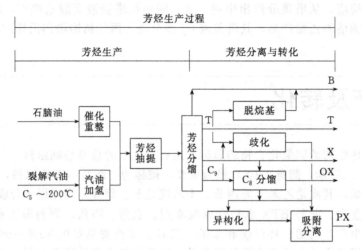

图 7-15　石油芳烃生产过程

7.2.1.1　催化重整生产芳烃

催化重整是炼油工业主要的二次加工过程之一。催化重整原料为石脑油馏分，石脑油的烃族组成和馏程对重整生成油中的芳烃含量、组成有着决定性的影响。催化重整的最初目的是把汽油中的环烷烃和烷烃转化成芳烃或异构烷烃，以增产高辛烷值汽油。随着石油化工对芳烃的需求量剧增，重整成为生产 BTX 芳烃的重要方法。重整汽油中含 50%～80%（质量分数）芳烃，其中甲苯和二甲苯多，苯较少。

（1）催化重整化学反应

重整过程较复杂，存在一系列平行反应，主要有以下六类：

① 环烷烃脱氢芳构化　此步是重整反应中反应速度最快的反应，属放热反应，而且能够达到热力学平衡，是主反应。

② 五元环烷烃异构脱氢芳构化　是两步催化反应，五元环烷烃先异构为六元环烷烃，六元环烷烃再脱氢芳构化。

③ 烷烃脱氢环化　此反应中间步骤多、反应速率慢，而一般重整原料油主要成分是烷烃，因此加快该反应的速度是提高整个重整过程芳烃收率的关键。

④ 烷烃异构化反应。

⑤ 加氢裂化反应　烷烃异构化及加氢裂化反应能够提高汽油辛烷值，但是对生产芳烃意义不大，尤其加氢裂化要消耗大量氢气及烷烃和环烷烃原料，结果使芳烃收率下降。

⑥ 焦化反应　重整过程中部分烃类深度脱氢生成双烯、多烯，烯烃缩合并在高温下结焦，最终会导致催化剂失活。

这六类反应中，重整主要反应是吸热反应，所以必须提供足够的热量，工艺条件要有利于前三类反应，而抑制后三类反应。

（2）催化重整工艺

催化重整过程在临氢条件下进行，一般反应温度为 425～525℃，反应压力 0.7～3.5MPa，空速 1.5～3.0h^{-1}，氢油摩尔比为 3～6，重整油的收率约 76%（即 C$_5$ 以上烃的收率），芳烃含量 30%～70%。催化重整工艺过程的发展与重整催化剂的发展和市场需求紧密联系。自 1940 年第一套"临氢重整"工业装置建成投产以来，各国结合重整催化剂的开发，先后研究开发了多种催化重整工艺技术，表 7-20 列出了主要催化重整工艺过程，重整工艺因原料和催化剂的再生方法而异。低氢压和高温有利于芳烃生成，因此这些催化重整过程在降低反应压力、催化剂再生、提高重整油及芳烃收率等方面都做了重大的改进。

按催化剂再生方式，催化重整工艺可分为固定床半再生重整、循环再生重整和连续再生重整三种工艺类型。

① 固定床半再生重整工艺。装置内不设催化剂单独再生系统，它可在长周期内连续操作，催化剂在反应器内就地再生，一般催化剂可再生 5～10 次。此种工艺一般可在常规重整条件下运转一年以上。

② 循环再生重整工艺。循环再生重整工艺一般运用 4～6 个同样大小的固定床反应器，其中一个反应器作交替切换用。装置内设有单独催化剂再生系统，任何一个反应器均可以从反应系统切出，进行催化剂就地再生，其余反应器继续串联操作，装置不必停工。此类工艺有印第安纳美孚石油公司开发的超重整、埃索研究工程公司开发的强化重整等。循环再生重整工艺与半再生重整工艺比较，反应压力较低，重整液体产品收率、产品辛烷值及氢产率较高，但工程建设投资大，操作费用较高。

③ 连续再生重整工艺。连续再生重整工艺是催化剂再生重整工艺的重要组成部分，它是 20 世纪 70 年代初由美国环球油品公司（UOP）首先开发成功的。它的主要特征是系统内设有专门的催化剂连续再生回路，这种工艺的最大优点在于产品收率高、氢产率和氢纯度高、产品质量稳定、运转周期长等，但是要增加单独的再生系统，因此投资费用要增加，对处理量小的装置不利。

1973 年法国石油研究院（IFP）连续再生重整工艺工业化成功。它与 UOP 连续再生重整工艺不同之处在于多个反应器并列放置，新鲜催化剂从一反顶部加入，逐步移至底部，连续地用氢气提升到后一个反应器顶部。UOP 和 IFP 连续再生重整工艺各有特点，在世界各地都有广泛应用。

表 7-20　催化重整主要生产工艺

名称（公司）	催化剂	典型数据		
		操作条件	C₅ 收率（按体积计）	RON
铂重整（UOP）	双金属，R-16，R-20，R-30，R-50	半再生，1.4～1.8MPa	75.7%	100
		连续再生，0.7～1.0MPa	79.5%	100
IFP	单铂，R-402 等	半再生，1.4～1.5MPa	83.0%（按质计）	99
		连续再生，0.8～1.0MPa	85.0%（按质计）	99
麦格纳重整（Engelhard）	双金属 RG-422 等多金属 RG-451 等	1.05～2.45MPa	77.2%～82.4%	100
强化重整（Exxon）	单铂 KX-110双金属 LX-120多金属 KX-130	—	半再生 74.4%～78.4%循环再生 76.8%～81.0%	100～102100～102
超重整（Standard Oil of Indiana）	—	0.87～2.1MPa，进口温度＜549℃	78%～82%	97～103

另外，在原料范围方面有较为突出特点的是 M2 重整和 Aromax 重整新工艺。M2 重整由美国 Mobil 公司开发，采用三个并联（一个反应、一个再生、一个备用）的绝热固定再生反应器，反应和再生周期均为 24 小时，利用 ZSM-5 择形催化剂，把各种轻烃（烯烃、烷烃）转化为芳烃。常规催化重整不能把 C₅ 或 C₅ 以下轻烃转化为芳烃，而 M2 重整却能把它们转化为芳烃。

Aromax 重整由 Chevrom 公司开发，该工艺利用分子筛催化剂，在与常规重整工艺相同的操作条件下，使石脑油转化为芳烃或高辛烷值汽油组分。Aromax 催化剂是一种铂族高度分散在钡交换的钾-沸石上的新型催化剂 Pt/Ba-K-L 沸石。由于此种催化剂对 $C_6 \sim C_8$ 烷烃转化为芳烃具有良好的选择性，因此，此种催化剂特别适合用于以 $C_6 \sim C_8$ 烷烃量高的石脑油、重整抽余油作为原料进行的重整。该工艺芳烃总收率高（41.4%，质量分数），催化剂寿命长，可广泛应用于半再生、连续再生反应器中。

7.2.1.2 裂解汽油生产芳烃

裂解汽油集中了裂解副产中全部 $C_6 \sim C_9$ 芳烃，其中苯、甲苯较多，二甲苯较少，因而它是石油芳烃的重要来源之一。裂解汽油的产量、组成以及芳烃的含量，随裂解原料和裂解条件不同而异。当以石脑油为原料，不同裂解深度时裂解汽油的组成如表 7-21 所示。

表 7-21　不同裂解深度时裂解汽油的组成　　　　单位：%

组分	裂解深度					
	乙烯收率 24.4%		乙烯收率 28.5%		乙烯收率 33.4%	
	原料	组成	原料	组成	原料	组成
C_5		20.9		13.8		4.0
苯	6.1	24.5	7.2	31.8	2.5	46.0
C_6 非芳烃		10.4		7.5		2.0
甲苯	4.7	18.9	4.4	19.4	3.2	19.6
C_7 非芳烃		7.0		4.5		1.0
二甲苯	0.75	3.0	1.4	6.2	1.5	9.2
乙苯和苯乙烯	0.7	2.8	1.2	5.3	1.2	7.4
C_8 非芳烃		3.6		2.0		1.0
C_9^+		8.9		9.5		9.8
总计	24.9	100	22.6	100.0	16.35	100.0
裂解汽油中芳烃/%		49.2		62.7		82.2

裂解汽油中除富含芳烃外，还含有相当数量的二烯烃、单烯烃、少量支链烷烃和环烷烃以及微量的硫、氧、氮、氯及重金属等组分，需经预处理、加氢精制后方可作为芳烃抽提的原料。

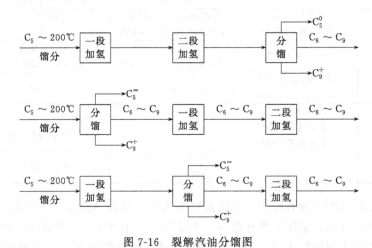

图 7-16　裂解汽油分馏图

裂解汽油（图 7-16）首先进行预分馏，将其中的 C_5 和 C_5 以下馏分以及 C_9 和 C_9 以上馏分除去。C_5 馏分中含异戊二烯、间戊二烯和环戊二烯，是合成橡胶和精细化工的重要原料。分离所得的 $C_6 \sim C_8$ 中心馏分送入一段加氢反应器。

一段加氢目的是将易于聚合的二烯烃转化为单烯烃，包括烯基芳烃转化为芳烃。催化剂多采用贵金属钯为主的活性组分，并以氧化铝为载体。特点是加氢活性高、寿命长，在较低反应温度下即可进行液相选择加氢，避免了二烯烃在高温条件下聚合和结焦。

二段加氢目的是使单烯烃进一步饱和，而氧、硫、氮杂质被破坏而除去，从而得到高质量的芳烃原料。催化剂普遍采用非贵金属钴-钼系列，具有加氢和脱硫性能，并以氧化铝为载体。该段加氢是在300℃以上的气相条件下进行的。两个加氢反应器一般都采用固定床反应器。

7.2.1.3 轻烃芳构化与芳烃轻质化

（1）轻烃芳构化工艺

Cyclar工艺过程是由英国BP公司和美国UOP公司联合开发的，使用了BP公司的催化剂和UOP公司的移动床连续再生技术。以C_3~C_4烷烃（即液化石油气）为原料，芳烃收率62%~66%。其工艺流程如图7-17所示。以丙烷、丁烷为原料，进入迭式的径向绝热反应器，在分子筛催化剂作用下烷烃脱氢、二聚和环化转化为芳烃，同时副产氢气。芳烃产率与组成见表7-22。该工艺液体产品中非芳烃≪$1×10^{-3}$，不需芳烃抽提，通过分馏直接生产苯和甲苯。与石脑油重整技术比较，此工艺路线简单，原料无需进行预处理，氢气产率高。

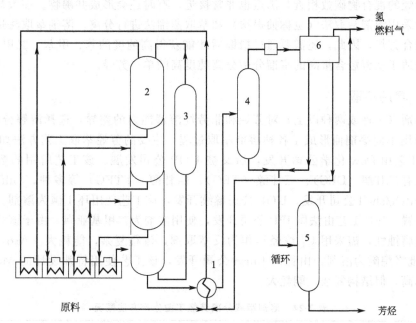

图7-17　Cyclar工艺流程图

1—热交换器；2—反应器；3—再生器；4，5—回收塔；6—分离器

表7-22　芳烃产率与组成

原料	芳烃产率	产氢率（纯度95%）	芳烃组成			
			苯	甲苯	二甲苯	C_9^+芳烃
丙烷	63.4%	6.1%	31.26%	42.46%	17.88%	8.4%
丁烷	67.2%	5.4%	24.70%	43.90%	23.51%	7.89%

（2）芳烃轻质化工艺

重整生成油、裂化汽油和焦化汽油中都含有C_9、C_{10}重芳烃，其中大部分是C_9。但是世界上许多地区不允许用重芳烃，所以重芳烃轻质化工艺得到了开发。Detol工艺是ABB

Lummus Crest 公司技术，已建立了多套装置，图 7-18 为该工艺的示意图，表 7-23 为典型产品收率。

$$C_9、C_{10}（重芳烃）\xrightarrow[Cr_2O_3/Al_2O_3，650℃，4.5MPa]{氢油摩尔比 6} 轻、中质芳烃＋H_2＋重芳烃$$

图 7-18　ABB Lummus Crest 公司的 Detol 工艺

表 7-23　Detol 工艺产品收率　　　　　　　　　　　　　单位：%

项目	原料摩尔分数					产品摩尔分数	
	非芳烃	苯	甲苯	C$_8$ 芳烃	C$_9^+$ 芳烃	苯	C$_8$ 芳烃
二甲苯	2.3	11.3	0.7	0.3	85.4	36.9	37.7
苯	3.2	—	47.3	49.5	—	75.7	—

7.2.2　芳烃馏分的分离

从催化重整生成油和裂解加氢汽油中分离苯系芳烃不能用一般精馏方法，因为其中含的芳烃和非芳烃的混合物碳数相近，沸点也非常接近，有时还会形成共沸物。在大规模工业生产中，通常采用溶剂萃取法（也称抽提法）和萃取蒸馏法进行分离。溶剂萃取法适于从宽馏分中分离混合芳烃，因此，还需要通过精馏后才能获得高纯度的苯、甲苯、二甲苯等产品。萃取蒸馏法适于从芳烃含量高的窄馏分中分离纯度高的单一芳烃。

7.2.2.1　溶剂萃取

利用溶剂（一种或两种以上）对芳烃和非芳烃溶解能力的差异，选择溶解分离出芳烃。芳烃萃取采用不同溶剂而形成了各种溶剂萃取过程，主要的芳烃萃取工艺方法如表 7-24 所示。Udex 工艺由 Dow 化学公司开发，后又被 UOP 公司发展。该工艺所用的溶剂为甘醇类，甘醇类有二甘醇（DEG）、三甘醇（TEG）、四甘醇（TTEG）等多种。Sulfolane 工艺由 Royal Dutch/shell 公司开发，UOP 公司继续开发，该工艺使用环丁砜为溶剂，在全世界有百余套装置。IFP 工艺由法国 IFP 公司开发，使用溶剂为二甲基亚砜。由于该溶剂遇水分解，有轻微腐蚀性，需采用 C$_4$ 烷烃等作为反萃取剂，流程复杂，能耗大。Arosolvan 工艺以 N-甲基吡咯烷酮为溶剂，由德国 Lurgi 公司开发，该工艺使用特殊设计的 Mehner 萃取器，其效率高，但结构复杂，能耗大。

表 7-24　溶剂萃取分离芳烃工业生产方法概况

方法	公司名称	溶剂	溶剂比	工艺流程	芳烃回收率(以质量计)/%			
					苯	甲苯	二甲苯	C$_9$ 芳烃
Udex	UOP、DOW	二甘醇＋5%水	(10～11)∶1	萃取-汽提，水洗-水分馏，溶剂再生	99.5	98	95	—
	UC	四甘醇＋5%水	3∶1	萃取-汽提，抽余油水分馏，溶剂再生	99～99.5	98.5～99	94～96.5	65～96
Sulfolane	UOP	环丁砜＋5%水	(3～6)∶1	萃取-汽提，水洗-水分馏，丁烷蒸馏，溶剂再生	99～99.9	98～99.5	96～98	＞76
IFP	IFP	二甲基亚砜＋6%水	(5～6)∶1	萃取-汽提，芳烃与抽余油水洗馏，溶剂再生（间断）	99.5～99.7%	98～99.7	85～92	＞50
Arosolvan	Lurgi	N-甲基吡咯烷酮＋5%乙二醇	(3.6～6)∶1	萃取-汽提，水洗-水分馏，溶剂再生	99.9	99.5	95	＞60

7.2.2.2　萃取蒸馏

萃取蒸馏是利用极性溶剂与烃类混合可分别不同地改变芳烃、环烷烃、烷烃蒸气压而设计的工艺过程。萃取蒸馏的主要工艺有德国 Lurgi 公司的 Distapex 法、德国 Krupp Koppers 公司的 Morphylane 法、Octener 法和美国 Glitsch Technology 公司的 GT-BTX 法。与溶剂萃取相比，萃取蒸馏特别适合于含芳烃高的原料，如裂解汽油或焦炉粗苯，而溶剂萃取适合从重整生成油中回收芳烃。Morphylane 法的工艺流程如图 7-19 所示。该法采用 N-甲酰吗啉（NFM）溶剂分离芳烃，苯的回收率达 99.7％，纯度可达 99.95％。

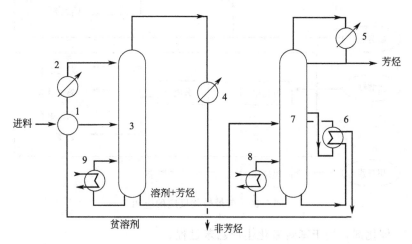

图 7-19　Morphylane 法工艺流程图
1—换热器；2，4，5—冷却器；3—萃取蒸馏塔；6，8，9—再沸器；7—汽提塔

7.2.3　芳烃转化

芳烃间的转化反应主要有：C_8 芳烃的异构化，甲苯的歧化和 C_9 芳烃的烷基转移，芳烃的烷基化和烷基芳烃的脱烷基等。图 7-20 中展示了芳烃转化反应的工业应用。

烷基化、歧化、烷基转移、异构化等反应均为在酸性活性中心参与下的正碳离子反应，转化反应产物较复杂。芳烃转化反应是酸碱型催化反应。其反应速度不仅与芳烃的碱性有关，而且与酸性催化剂的活性有关，而酸性催化剂的酸类型、酸强度、酸密度直接影响催化剂的活性和选择性。

芳烃转化反应所采用的催化剂主要有两类：

（1）酸性卤化物

酸性卤化物由金属卤化物与相应的卤化氢组成，如 $AlBr_3$-HBr、$AlCl_3$-HCl、BF_3-HF 等。20 世纪 50 年代和 60 年代初研究得较多，这类催化剂主要应用于芳烃的烷基化和异构化等反应，在较低温度（100℃）和液相中进行，主要缺点是转化率较低，副反应也较多，对设备的腐蚀性强，因而未能实现工业化。

（2）固体酸

① 负载在载体上的质子酸：如载于载体上的硫酸、磷酸、氢氟酸等。这些酸在固体表面上和在溶液中一样离解成氢离子。常用的是磷酸/硅藻土、磷酸/硅胶催化剂等，主要用于烷基化反应，但活性不如液体酸高。

② 负载在载体上的酸性卤化物：如载于载体上的 $AlBr_3$、$AlCl_3$、BF_3、$FeCl_3$、$ZnCl_2$ 和 $TiCl_4$。应用这类催化剂时也必须在催化剂中或反应物中添加助催化剂 HX。已用的有

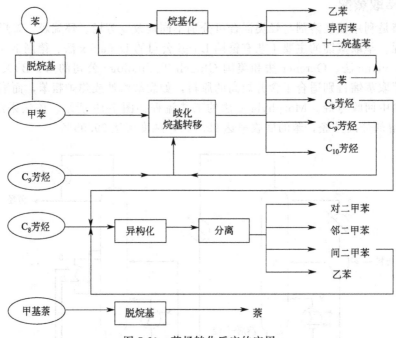

图 7-20　芳烃转化反应的应用

$BF_3/\gamma\text{-}Al_2O_3$ 催化剂,用于苯烷基化生产乙苯过程。

③ 混合氧化物:常用的是 $SiO_2\text{-}Al_2O_3$ 催化剂,主要用于异构化和烷基化反应。这类催化剂活性较低,需在高温下进行芳烃转化反应,但价格便宜。

④ 贵金属-Al_2O_3:主要是 $Pt/SiO_2\text{-}Al_2O_3$ 催化剂,这类催化剂不仅具有酸功能,而且具有加氢脱氢功能,主要用于异构化反应。

⑤ 分子筛:经改性的 Y 型分子筛、丝光沸石(亦称为 M 型分子筛)和 ZSM 系列分子筛是广泛用作芳烃歧化反应与烷基转移、异构化和烷基化等反应的催化剂,尤其以 ZSM-5 分子筛催化剂性能最好,不仅具有酸功能,而且具有热稳定性高和择形等特殊功能。

7.2.3.1　芳烃的脱烷基反应

烷基芳烃分子中与苯环直接相连的烷基,在一定的条件下可以被脱去,此类反应称为芳烃的脱烷基。

(1)脱烷基方法

① 烷基芳烃的催化脱烷基　催化法在氢气和催化剂存在的条件下脱烷基生成苯和烯烃。此反应为苯烷基化的逆反应,是一强吸热反应。例如,异丙苯在硅酸铝催化剂作用下于 $350\sim550℃$ 催化脱烷基生成苯和丙烯。

$$\text{（苯）}-RCH(CH_3)_2 \xrightarrow[350\sim550℃]{\text{硅酸铝}} \text{（苯）} + R'(CH_3CH{=\!=}CH_2) \quad \text{强吸热反应}$$

反应的难易程度与烷基的结构有关,烷基越大越易脱除,不同烷基苯脱烷基次序为:叔丁基>异丙基>乙基>甲基。甲苯最难脱甲基。

② 烷基芳烃的催化氧化脱烷基　烷基芳烃在某些氧化催化剂作用下用空气氧化可发生氧化脱烷基反应生成芳烃母体及二氧化碳和水。其反应通式可表示如下:

$$\text{（苯）}-C_nH_{2n+1} + 3/2nO_2 \xrightarrow{\text{催化剂}} \text{（苯）} + nCO_2 + nH_2O$$

$$\text{C}_6\text{H}_5\text{CH}_3 + 3/2\text{O}_2 \xrightarrow[\text{铀酸铋}]{400\sim500℃} \text{C}_6\text{H}_6 + \text{CO}_2 + \text{H}_2\text{O} \quad S=70\%$$

例如甲苯在 400～500℃，在铀酸铋催化剂存在下，用空气氧化则脱去甲基而生成苯，选择性可达 70%。此法尚未工业化，其主要问题是氧化深度难控制，反应选择性较低。

③ 烷基芳烃的加氢脱烷基　在大量氢气存在且加压条件下，烷基芳烃发生氢解反应脱去烷基生成芳烃和烷烃。

$$\text{C}_6\text{H}_5\text{R} + \text{H}_2 \longrightarrow \text{C}_6\text{H}_6 + \text{RH}$$

$$\text{C}_{10}\text{H}_7\text{CH}_3 + \text{H}_2 \longrightarrow \text{C}_{10}\text{H}_8 + \text{CH}_4$$

这一反应在工业上广泛用于从甲苯、甲基萘脱甲基制苯、萘。氢气存在有利于抑制焦炭生成，但也会发生深度加氢裂解副反应。

$$\text{C}_6\text{H}_5\text{CH}_3 + 10\text{H}_2 \longrightarrow 7\text{CH}_4$$

烷基芳烃的加氢脱烷基方法又分成催化法和热法两种。以甲苯加氢脱甲基制苯为例对这两种方法的比较如表 7-25，从表中可以看出两法各有优缺点。热法脱烷基的工艺过程简单，不需催化剂，可长时间连续运转，苯收率高和原料适应性较强；催化法脱烷基产品收率稍高，但催化剂使用半年左右需进行再生。

表 7-25　催化法和热法脱烷基的比较

项目	催化法	热法
反应温度/℃	530～650	600～700
反应压力/MPa	2.94～7.85	96～4.90
苯收率	96%～98%	97%～99%
催化剂	需要	不需要
反应器运转周期	半年	一年
空速大小	较小(反应器较大)	较大(反应器较小)
原料要求	原料性质差,非芳烃和 C_9 含量不能太高	原料适应性较好,允许含非芳烃达30%,C_9^+ 芳烃达15%
氢的要求	对 CO、CO_2、H_2S、NH_3 等杂质含量有一定要求	杂质含量不限制
气态烃生成量	少	稍多
氢耗量	低	稍高
反应器材质要求	低	高
苯纯度(产品)	99.9%～99.95%	99.99%

④ 烷基芳烃的水蒸气脱烷基法　该法和加氢脱烷基的反应条件相同，用水蒸气代替氢进行脱烷基反应。通常认为这两种脱烷基方法具有相同的反应历程。甲苯还可以与反应副产氢气进行脱烷基反应，同时也伴随苯环的开环裂解反应。此法与加氢法相比苯收率较低，仅为 90%～97%，催化剂铑成本高。

$$\text{C}_6\text{H}_5\text{CH}_3 + \text{H}_2\text{O} \longrightarrow \text{C}_6\text{H}_6 + \text{CO} + \text{H}_2$$

$$\text{C}_6\text{H}_5\text{CH}_3 + 2\text{H}_2\text{O} \longrightarrow \text{C}_6\text{H}_6 + \text{CO}_2 + 3\text{H}_2$$

$$\text{C}_6\text{H}_5\text{CH}_3 \longrightarrow \text{C}_6\text{H}_6 + \text{CH}_4$$

$$\text{（苯基-CH}_3\text{）}+14H_2O \longrightarrow 7CO_2 + 18H_2$$

（2）加氢脱烷基工艺

① 催化脱烷基制苯（Hydeal 法和 Pyrotol 法）

a. Hydeal 法　本法是目前工业上采用较多的一种催化脱烷基制苯过程。其原料为催化重整油、裂解汽油、甲苯及煤焦油等，典型的工艺流程如图 7-21 所示。新鲜原料、循环物料、新鲜氢气与循环氢气进入加热炉，加热的物料进入一个或多个反应器，物料在内发生脱烷基反应并放出大量的反应热。从反应器出来的气体产物经冷却器冷却、冷凝，气液混合物一起进入闪蒸分离器，分出的氢气一部分直接返回反应器，另一部分中除一小部分排出作燃料外，其余送到纯化装置除去轻质烃，提浓后与补充新氢汇合再与反应进料一起进加热炉。

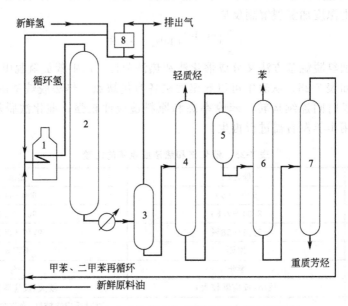

图 7-21　Hydeal 法催化加氢脱烷基制苯工艺流程

1—加热炉；2—反应器；3—闪蒸分离器；4—稳定塔；5—白土塔；
6—苯塔；7—再循环塔；8—H$_2$ 提浓装置

液体芳烃经稳定塔去除轻质烃和白土塔脱去烯烃后至苯塔，塔顶得产品苯。塔釜重馏分送再循环塔，塔顶蒸出未转化的甲苯再返回反应器使用，塔底的重质芳烃排出系统。

b. Pyrotol 法　本法的特点是将裂解汽油中芳烃全部转化为苯。此工艺为避免反应剧烈而结焦一般采用两台绝热式固定床反应器，第一台主要进行非芳烃裂解反应；第二台主要进行脱烷基反应，因此第二台比第一台反应器温度高。

② 甲苯热脱烷基制苯（HAD 法和 MHC 法）

a. HAD 法　本法由美国烃研究公司和大西洋富田公司合作开发。以甲苯、混合芳烃及裂解汽油为原料，反应温度 600～760℃，停留时间 5～30s，氢油比 1～5，产品苯的纯度大于 99.9%，收率为理论值的 96%～100%。HAD 工艺的最大特点是在活塞流式反应器的 6 个不同部位加入由分离塔闪蒸出来的氢，从而控制反应温度稳定。因此，本法具有副反应少、重芳烃（蒽等）收率低等特点。其流程如图 7-22 所示。

原料甲苯、循环芳烃和氢气混合，经换热后进入加热炉，加热至 650℃左右。反应过程中从不同部位打入冷氢和甲苯，以防止反应温度过高。产物经废热锅炉、换热器进行能量回

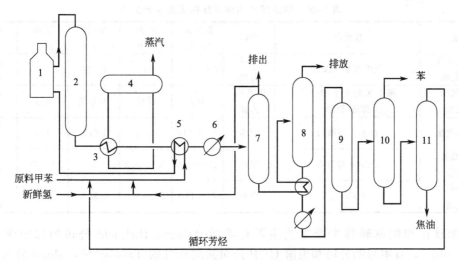

图 7-22　HAD 法甲苯加氢热脱甲基制苯工艺流程

1—加热炉；2—反应器；3—废热锅炉；4—汽包；5—换热器；6—冷却器；

7—分离器；8—稳定塔；9—白土塔；10—苯塔；11—再循环塔

收后，再经冷却、分离、稳定和白土处理，最后分馏得产品苯。

b. MHC 法　日本三菱石油化学公司、千代田化学工程和建设公司联合开发。该工艺对原料（裂解汽油）的适应性好，可直接加工非芳烃含量达 30%、C_9^+ 芳烃 15% 的原料。MHC 过程的反应器不需要气态或液态物流进行激冷，而是采用激冷锅炉的技术产生大量的高压蒸汽来回收热量，并较好地控制温度。在较低的压力下反应，积炭速率大幅降低，延长装置运转周期，提高了装置的经济效益。可采用低纯度氢气，工艺的选择性高，MHC 的脱烷基过程中芳环的裂解可以忽略不计，反应生成的多环芳烃进行循环，对高压分离器和稳定塔顶排出气中的苯进行回收以及反应温度的有效控制，使苯的产率达到理论值的 98%～99%。产品质量高，各种原料的产品苯纯度可达 99.99%。

7.2.3.2　芳烃歧化与烷基转移

芳烃歧化是指两个相同芳烃分子在催化剂的作用下，一个芳烃分子的侧链烷基转移到另一个芳烃分子上。

芳烃歧化是一类重要的芳烃转化反应，通过苯环间的烷基转移，可由一种芳烃生成多种芳烃。而烷基转移是两个不同芳烃分子间发生的反应。

芳烃歧化中最有价值的是甲苯歧化，甲苯的直接应用远不如苯和二甲苯多，为充分利用这一资源，提出了甲苯歧化的方法。

由于所用原料和催化剂不同，目前甲苯歧化和烷基转移的工业生产方法如表 7-26 所示。

表 7-26　甲苯歧化和烷基转移工业生产方法

方法	催化剂	原料	反应温度/℃	压力/MPa	氢/烃(摩尔比)	空速/h⁻¹	反应器类型
加压临氢气相歧化法	脱铝氢型丝沸石	甲苯 C₉ 芳烃	400~450	3	6~10	1.0	固定床(气相)
常压气相歧化法	稀土 X 型或 Y 型分子筛硅-铝型	甲苯 C₉ 芳烃	540	常压	不临氢	0.9	移动床(气相)
低温歧化法	ZSM-4 型沸石	甲苯	260~316	4.55	不临氢	1.5	固定床(气相)
高温临氢歧化法	ZSM-4 型沸石	甲苯	460~500	3.5~4.2	2	1~20	固定床(气相)
HF-BF₃歧化法	HF-BF₃	甲苯	60~120	1.0~3.0	不临氢		均相(液相)

甲苯歧化和烷基转移生产工艺主要有美国 Atlantic Richlield 公司的二甲苯增产法（Xylene-plus），日本东丽公司和美国 UOP 公司共同开发的 Tatoray 法，Mobil 公司的低温歧化法（LTD）。工艺概况如表 7-27 所示。

表 7-27　甲苯歧化的工艺方法

项目		常压气相歧化法 Xylene-Plus 法	高压临氢歧化法 Tatoray 法	低温歧化法 LTD 法
催化剂和工艺特点		稀土型沸石小球催化剂，气相反应，移动床反应器，不临氢	氢型丝光沸石催化剂，气相反应，固定床反应器，临氢	ZSM-4 沸石催化剂，液相反应，固定床反应器，不临氢
操作条件	温度/℃	540	400~450	初期 260，末期 316
	压力/MPa	常压	3.0	4.6
	氢/烃(摩尔比)	无	(6~10)：1	无
	空速/h⁻¹	0.9	1.0	1.5
产品产率(按质量计)	气体	3.4%	1.9%	0.20%
	苯	46.8%	41.4%	43.93%
	二甲苯	41.3%	56.1%	51.15%
	C₉⁺ 芳烃	3.9%	1.0%	4.72%
	焦	4.6%	—	
氢耗(对新鲜原料)(质量)		无	0.4%	无
催化剂再生周期		连续再生	6~10 月	
催化剂寿命		—	>3 年	>1.5 年

（1）加压临氢气相歧化法

加压临氢气相歧化法工艺流程如图 7-23 所示，原料甲苯与 C₉ 芳烃和新氢及循环氢混合后与反应产物热交换，再经加热炉加热到反应所需温度后进入绝热式固定床反应器。反应产物经热交换器回收热量后，经冷却冷凝后进入气液分离器，气相含氢 80％以上，大部分循环回反应器，其余作燃料；液体产物经稳定塔脱去轻组分，再经白土塔除去烯烃后，依次经苯塔、甲苯塔、二甲苯塔和 C₉ 塔。用精馏方法分出产物苯和二甲苯，未转化的甲苯和 C₉ 芳烃循环使用。

（2）低温歧化法

LTD 过程包括：

① 甲苯液相催化歧化；

② 分馏回收苯、未反应甲苯的循环和二甲苯的分离；

③ 催化剂再生。LTD 法流程如图 7-24 所示。

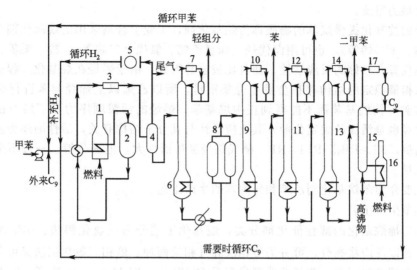

图 7-23　加压临氢气相歧化法生产工艺流程

1，16—加热炉；2—绝热式固定床反应器；3，7，10，12，14，17—冷却器；

4—气液分离器；5—压缩机；6—稳定塔；8—白土塔；9—苯塔；

11—甲苯塔；13—二甲苯塔；15—C$_9$塔

新鲜甲苯与循环甲苯送入加热器预热到反应温度后进入反应器进行反应。从反应器出来的物料经冷却后送入稳定塔，从塔顶馏出非芳烃和少量苯，大量苯与二甲苯和 C$_9$ 芳烃从塔底出来，并在后面的苯塔和甲苯塔中依次分离出苯、甲苯和 C$_8^+$ 馏分，未反应的甲苯可循环使用。

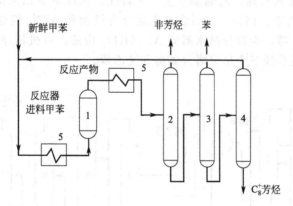

图 7-24　LTD 法工艺流程图

1—反应器；2—稳定塔；3—苯塔；4—甲苯塔；5—换热器

7.2.3.3　芳烃的烷基化

芳烃的烷基化又称烃化，是芳烃分子中苯环上的一个或几个氢被烷基所取代而生成烷基芳烃的反应。例如，乙苯、异丙苯和高级烷基苯的生产均属此类反应。芳烃烷基化反应中以苯的烷基化最为重要。

能为烃的烷基化提供烷基的物质称为烷基化剂,工业上普遍采用的烷基化剂有烯烃(如乙烯、丙烯、十二烯等),也可用卤代烃(如氯乙烷、氯代十二烷等)、醇、醚等。烯烃作为烷基化剂不仅具有较好的反应活性,而且比较容易得到。由于烯烃在烷基化过程中形成的正烃离子为取得最稳定的结构存在会发生骨架重排,所以乙烯以上烯烃与苯进行烷基化反应时,只能得到异构烷基苯而不能得到正构烷基苯。烯烃的活泼顺序为异丁烯>正丁烯>乙烯。卤代烷烃也是活泼的烷基化剂,其反应活性与其分子结构有关,活性顺序为叔卤烷>仲卤烷>伯卤烷,RI>RBr>RCl>RF。碘代烷烃虽然活性大,但易分解,一般不采用,工业常用氯代烷烃。

这里主要介绍苯烷基化制乙苯和异丙苯的生产工艺。

(1) 乙苯生产工艺

以苯和乙烯烷基化的酸性催化剂分类,烷基化工艺分为三氯化铝法、BF_3-Al_2O_3 法和固体酸法。若以反应状态分,可分为液相法和气相法两种,液相三氯化铝法又可分为传统的两相工艺和单相高温工艺,前者的典型代表是 DOW 法、旧 Monsanto 法等,后者的典型代表是新 Monsanto 法。气相固体催化剂烷基化的典型工艺是 Mobil-Badger 新工艺。无论工艺流程有何差异,其反应机理基本一致。

① 液相烷基化法 主要介绍传统的无水三氯化铝法和高温均相无水三氯化铝法。

传统的无水三氯化铝法是液相烷基化法中使用最早、应用最广的。反应温度主要受 $AlCl_3$ 络合催化剂稳定性的限制,该催化剂在高温时不稳定,合成乙苯时反应温度一般为 95℃,压力为 100~152kPa。采用最多的是 Union-Carbide-Badger 流程,如图 7-25 所示,在搪玻璃的反应器中加入 $AlCl_3$ 催化剂络合物、苯和循环的多乙苯混合物,搅拌使催化剂分散,向反应混合物中通入乙烯,乙烯基本上完全转化。由反应器出来的物流约由 55% 未转化的苯、35%~38% 乙苯、15%~20% 多乙苯混合有机相和 $AlCl_3$ 络合物组成。冷却分层,$AlCl_3$ 基本循环回反应器,少部分被水解成 Al(OH)$_3$ 废液。有机相经水洗和碱洗除去微量 $AlCl_3$ 得到粗乙苯,最后经三个精馏塔分离得到纯乙苯。

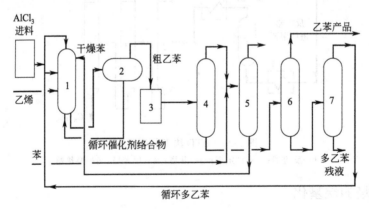

图 7-25 Union-Carbide-Badger 乙苯生产工艺流程
1—反应器;2—澄清器;3—前处理装置;4—苯回收塔;
5—苯脱水塔;6—乙苯回收塔;7—多乙苯塔

高温均相无水三氯化铝法是针对传统法中的缺点,如乙苯回收率低、能量回收不合理、三废多及设备腐蚀严重等问题,由 Monsanto 公司与 Lummus 联合开发的改进新工艺。该法在乙烯和苯的摩尔比为 0.8,反应温度 140~200℃,反应压力 0.6~0.8MPa,三氯化铝用量为传统法的 25％的条件下进行反应。工艺流程如图 7-26 所示。

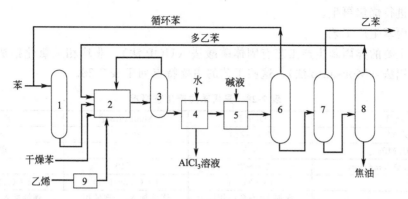

图 7-26 Monsanto-Lummus 高温均相烃化生产乙苯工艺流程示意图
1—苯干燥塔；2—烷基化反应器；3—闪蒸塔；4—水洗涤器；5—碱洗涤器；
6—苯塔；7—乙苯塔；8—多乙苯塔；9—催化剂制备槽

高温均相工艺与传统三氯化铝工艺比较有以下优点：可采用较高的乙烯/苯（摩尔比），并可使多乙苯的生成量控制在最低限度，乙苯收率达 99.3％（传统法为 97.5％）；副产焦油少 [0.6～0.9kg/t（乙苯）]，传统法为 2.2kg/t；三氯化铝用量仅为传统法的 25％，并且络合物不需循环使用，从而减轻了设备和管道的腐蚀及降低了防腐要求；反应温度高有利于废热回收；废水排放量少。但高温均相烃化法的反应器材质必须在高温下耐腐蚀。

② 气相烷基化法　20 世纪 70 年代末 Mobil 公司开发了以 ZSM-5 分子筛为催化剂的 Mobil-Badger 法，所用反应器为多层固定床绝热反应器，其工艺流程如图 7-27 所示。新鲜苯和回收苯与反应物换热后进入加热炉，气化并预热至 400～420℃。先与已加热气化的循环二乙苯混合，再与原料乙烯混合后进入烷基化反应器各床层。反应物流进入下一床层时补加苯和乙烯骤冷至进料温度，使每层的反应温度接近。烷基化产物由反应器底部引出，经换热后进入初馏塔，蒸出的轻组分及少量苯经换热后至尾气排出系统作燃料，塔釜物料进入苯回收塔，在该塔内将物料分割成两部分，塔顶蒸出苯和甲苯进入苯、甲苯塔，塔釜物料进入乙苯塔。在乙苯塔塔顶蒸出乙苯成品。塔底馏分送入多乙苯塔。多乙苯塔在减压下操作，塔顶蒸出二乙苯返回反应器。该法优点有：无腐蚀，无污染，乙苯收率高（＞98％）；反应温度高有利于热量回收，废热系统完善，装置能耗低；催化剂消耗少，寿命二年以上，每千克

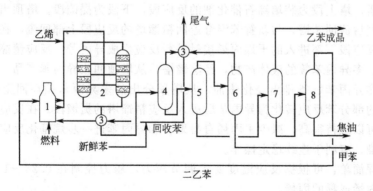

图 7-27 Mobil-Badger 法气相烷基化生产乙苯的工艺流程
1—加热炉；2—反应器；3—换热器；4—初馏塔；5—苯回收塔；
6—苯、甲苯塔；7—乙苯塔；8—多乙苯塔

乙苯耗用的催化剂费用是传统三氯化铝的5%～10%。但该法催化剂表面积焦，活性下降很快，需频繁进行烧焦再生。

（2）异丙苯生产工艺

工业上主要的异丙苯生产工艺有固体磷酸法（UOP法）、非均相三氯化铝法（SD法）、均相三氯化铝法（Monsanto法），这些工艺的主要特点列于表7-28。

表 7-28　异丙苯生产工艺概况

	项目	UOP法	Monsanto法	SD法
反应条件	反应温度/℃	200～240	120～140	80
	反应压力/MPa	3.5	约0.2	常压
	苯中水含量/(mg/kg)	200～250	<10	<50
	苯/丙烯	(5～8)∶1	1∶(0.3～0.4)	1∶(0.3～0.4)
	催化剂	一次加入，寿命一年以上	连续加入，一次使用	连续加入，部分循环
	总收率(以苯计)	94.5%	>99%	97.9%
质量	异丙苯纯度	约9.9%	约99.9%	约99.9%
	溴值	10～50	<10	<10
原料消耗	苯/(kg/t)	662	655	681
	丙烯/(kg/t)	336	355	395
	三氧化铝/(kg/t)		2.0	2.3
	氯化氢/(kg/t)		1.22	1.54
	SPA-1/(kg/t)	1.022		
	丙烷/(kg/t)	1.25		
三废	废水/(kg/t)	很少	700	1130
	重组分/(kg/t)	30～45	约6	约11
	废渣	失活催化剂一年一次		
设备	材质	碳钢（基本无腐蚀）	腐蚀性大，需用哈氏合金或防腐蚀衬里	

由表7-28可知，目前三氯化铝法总收率（以苯计）比固体磷酸法要高，这是由于三氯化铝法中二异丙苯可以反烃化生产异丙苯而循环使用，而磷酸催化剂对二异丙苯不具有反烃化性能，因此收率低些。SD法较为落后，UOP法和Monsanto法各有特点。

值得注意的是催化精馏异丙苯生产工艺。由于苯和丙烯的烷基化反应为放热反应，又是连续反应过程，其反应温度与产物精馏温度接近，可利用反应热直接进行精馏，在苯/丙烯摩尔比为3的时候反应放出的热量足够使苯汽化。美国CR&L公司开发的利用沸石作催化剂的催化精馏工艺（CD法）用于生产异丙苯。其工艺流程如图7-28所示。该工艺的关键设备是反应精馏塔。塔上段为装填沸石催化剂的反应段，下段为提馏段。塔顶出来的苯蒸气经冷凝分出不凝气后流回苯塔，与新鲜苯混合返回精馏塔的反应段上部回流，在下降过程中通过床层时与从反应段下部进入的干燥丙烯接触进行反应生成异丙苯。反应精馏塔釜流出的是只含有异丙苯、多异丙苯等的液体产物，经蒸馏塔，从塔顶回收异丙苯产品，塔釜液送入多异丙苯塔，在多异丙苯塔釜排出烃化焦油，从塔顶分出的多异丙苯循环回至烷基转移反应器，与苯塔来的部分苯反应转化为异丙苯后进入反应精馏塔的提馏段。在反应精馏塔中，反应段的苯浓度可以维持很高，减少了丙烯自身聚合和异丙苯进一步烷基化反应，减少了重组分对床层的污染，有利于连续稳定操作。

该工艺流程简单，可根据反应温度要求调节压力，压力控制在0.28～1.05MPa之间，原料可使用纯丙烯或稀的丙烯。

7.2.3.4　C_8芳烃的异构化

由各种方法制得的C_8芳烃，都是对位、邻位、间位二甲苯和乙苯的混合物，其组成视

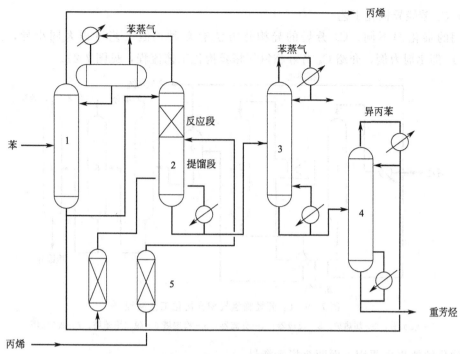

图 7-28　催化精馏法合成异丙苯
1—苯塔；2—反应精馏塔；3—异丙苯精馏塔；4—多异丙苯塔；
5—烷基转移反应器（反烃化器）

芳烃来源而异，不论何种来源的 C_8 芳烃，其中以间二甲苯含量最多，通常是对位和邻位二甲苯的总和，而石油化工迫切需要的对二甲苯含量却不多。为了增产对二甲苯，工业上最有效的办法是使不含或少含对二甲苯的 C_8 芳烃，通过催化剂的作用异构化，最大限度地转化为对二甲苯。

二甲苯异构化工艺有临氢与非临氢两种，根据乙苯是否转化及催化剂类型，主要的异构化工艺可分以下四种类型，如表 7-29 所示。

① 临氢异构：临氢异构化采用的催化剂可分为贵金属与非贵金属两类。广泛采用的是贵金属催化剂，虽然其成本高，但是能使乙苯转化为二甲苯，对原料适应性强。

② 非临氢异构：非临氢异构采用的催化剂一般为无定形 SiO_2-Al_2O_3，活性高，但选择性差，反应在高温下易生焦积炭，再生频繁，而且不能使乙苯转化为二甲苯。

表 7-29　异构化工业方法

类型	工艺过程	催化剂	反应温度/℃	反应压力/MPa	反应时共存物	乙苯转化
Ⅰ	丸善、ICI 公司	SiO_2-Al_2O_3	400~500	常压	H_2O	无
Ⅱ	Engehald 公司，Octafining	第一代：Pt-SiO_2-Al_2O_3	350~550	0.98~3.43	H_2	有
	UOP 公司，Isomar	第二代：Pt-Al_2O_3-丝光沸石	350~550	0.98~3.43	H_2	有
	Toray 公司，Isolene Ⅱ	第二代：Pt-Al_2O_3-丝光沸石	350~550	0.98~3.43	H_2	有
Ⅲ	ESSO，Isoforming	MoO_3-菱钾沸石	300~550	0.98~3.43	H_2	无
	Toray 公司，Isolene Ⅰ	Cu(Cr,Ag)丝光沸石	300~550	0.98~3.43	H_2	无
	Mobil，MLTI、MLPI	HZSM-5	200~260	0.98~3.43	—	无
	Mobil，MVPI、MHTI	HZSM-5	260~450	0.98~3.43	H_2	有
	三菱油化公司	Zr、Br 丝光沸石	250	常压	—	无
Ⅳ	三菱瓦斯化学公司，JGCC	HF-BF_3	100	—	—	无

(1) C$_8$ 芳烃异构化工艺

使用的催化剂不同，C$_8$ 芳烃的异构化方法有多种，但工艺过程大同小异，这里以 Pt/Al$_2$O$_3$ 催化剂为例，介绍 C$_8$ 芳烃临氢气相异构化工艺流程，见图 7-29。

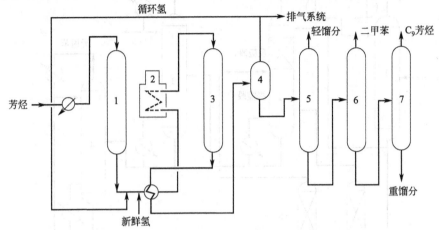

图 7-29 C$_8$ 芳烃临氢气相异构化工艺流程
1—脱水塔；2—加热炉；3—反应器；4—分离器；5—稳定塔 6—脱二甲苯塔；7—脱 C$_9$ 塔

异构化的效果主要用下面两个指标衡量：

$$\text{一次通过异构化反应器的芳烃质量收率} = \frac{\text{稳定塔底 C}_8 \text{ 芳烃}(w)}{\text{进入反应器的 C}_8 \text{ 芳烃}(w)} \times 100\%,$$

一般要求不小于 96%

$$\text{异构化产物中对二甲苯含量} = \frac{\text{稳定塔底出来的对二甲苯质量}}{\text{稳定塔底 C}_8 \text{ 芳烃质量}} \times 100\%,$$

一般要求不小于 19%~20%。

(2) C$_8$ 芳烃异构化新工艺

MHAI（Mobil High Activity Isomation）高活性异构工艺是由 Mobil 公司开发的，由 MVPI 气相异构工艺、MLPI 低压异构工艺和 MHTI 高温异构工艺等一系列类似工艺发展而来。MHAI 法采用双固定床催化剂系统（the fixed-dual bed catalyst system），即两种分子式不同的 ZSM-5，分别与黏结剂制成两种催化剂，装填于反应器的上下两个部位，并将其隔开。反应器上部的催化剂主要使乙苯脱烷基和非芳烃裂解，下部催化剂使二甲苯异构化，两种催化剂皆须预硫化（硫化条件：温度 370℃，压力 1.48MPa，氢气中 H$_2$S 含量 400mL/m^3），反应条件为 400~480℃，压力 1.4~1.6MPa，重时空速 5~10h^{-1}，氢烃比（X）1~3。MHAI 法活性高，选择性好，产物中乙苯浓度远低于平衡值，即在具有脱烷基性能催化剂上，乙苯脱烷基不受平衡限制。

(3) C$_8$ 芳烃的分离

各种来源的 C$_8$ 芳烃都是三种二甲苯与乙苯的混合物，它们的某些性质如表 7-30 所示。

表 7-30 C$_8$ 芳烃异构体的某些性质

组分	性质			
	沸点/℃	熔点/℃	相对碱度	与 BF$_3$-HF 生成配合物的相对稳定性
邻二甲苯	144.411	−25.173	2	2
间二甲苯	139.104	−47.863	3~100	20
对二甲苯	138.351	13.263	1	1
乙苯	136.186	−94.971	0.1	—

邻二甲苯与间二甲苯沸点相差较大，工业上可采用精馏法分离邻二甲苯与间二甲苯。乙苯与对二甲苯的沸点差为 2.2℃，需要精馏塔板数较多，绝大多数的加工流程都不采用能耗大的精馏法回收乙苯，而是在异构化装置中将其转化。而间二甲苯与对二甲苯沸点接近，普通蒸馏方法分离困难，工业上采用多深冷结晶分离、络合分离、吸附分离，尤其是吸附分离占有越来越重要的地位。

7.3
烯烃系列产品

乙烯、丙烯、丁烯等小分子烯烃的化学活性好，可生产多种有机化工产品和高分子化合物。乙烯是烯烃中最简单的化合物，具有活泼的双键结构，易发生聚合、低聚、水合、氧化、卤化、烷基化、羰基化、加成等化学反应，大宗产品有聚乙烯、聚氯乙烯、环氧乙烷、乙二醇、乙醛、乙酸、苯乙烯等，乙烯系产品约占全部石油化工产品产值的一半左右。丙烯是仅次于乙烯的重要有机化工原料。由于其分子中含有活泼的双键和 α-氢，易进行聚合以及氧化、水合、氯化、烷基化、羰基化等化学反应，获得重要的有机化工产品。烯烃系列产品种类繁多，本节选取乙醇、乙醛、乙酸、丙酮、丙烯酸酯为代表介绍醇、醛、酸、酮、酯的生产方法。

7.3.1 乙醇

7.3.1.1 乙烯水合制乙醇基本原理

（1）间接水合法

乙烯间接水合制乙醇以硫酸为催化剂，由两个过程组成：

第一步是乙烯与硫酸作用生成酸性硫酸酯（乙基硫酸酯）和中性硫酸酯（硫酸二乙酯）。反应过程为：

$$C_2H_4 + HOSO_2OH \longrightarrow C_2H_5OSO_2OH$$
$$2C_2H_4 + HOSO_2OH \longrightarrow (C_2H_5O)_2SO_2$$

反应条件：70～80℃，1.5MPa，板式鼓泡塔，气速为 0.02～0.03m/s。

第二步是两种酯水解制乙醇，反应式如下：

$$C_2H_5OSO_2OH + H_2O \rightleftharpoons C_2H_5OH + H_2SO_4$$
$$(C_2H_5O)_2SO_2 + 2H_2O \rightleftharpoons 2C_2H_5OH + H_2SO_4$$

水解过程在常压、100℃下进行。主要副反应为硫酸二乙酯生成乙醚，反应式是：

$$(C_2H_5O)_2SO_2 + H_2O \longrightarrow C_2H_5OC_2H_5 + H_2SO_4$$

间接水合法具有对原料乙烯纯度要求低，反应温度温和，反应压力低，乙烯单程转化率高（97%以上），选择性好（90%），乙醇收率高等特点。但工艺过程复杂，基建投资大，硫酸用量大且腐蚀严重，稀酸回收利用困难，已逐渐被淘汰。

（2）直接水合法

乙烯直接水合是在磷酸/硅藻土催化剂、260～300℃、7.0MPa、水/乙烯（X）0.4～0.5、17～19s 条件下，直接水合制乙醇的反应式为：

$$CH_2 {=\!=} CH_2 + H_2O \longrightarrow CH_3CH_2OH \quad \Delta H_{298K}^{\ominus} = -45.81kJ/mol$$

气相反应在固相催化剂上进行，又称为乙烯气相水合法。该工艺要求乙烯纯度较高，流程简单，设备腐蚀小，基建投资低于间接水合法，乙烯的单程转化率仅为 4%～5%，大量乙烯必须循环利用，分离、压缩能耗大，产品成本低于间接水合法 30%，成为替代其它生产方法的优势工艺。

7.3.1.2 乙烯直接水合法制乙醇工艺

世界各国乙烯直接水合制乙醇的工业生产均采用磷酸催化剂，反应的工艺条件相同，美国 Shell 化学公司、Eastman 公司，德国 Veba-Chemie 公司的工艺过程无本质区别。

（1）工艺条件

反应温度	26～27℃	反应压力	6.5～7.0MPa
空速	1720～1750h^{-1}	乙烯/水(%)	1.2～1.3

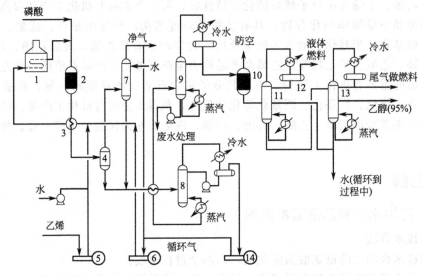

图 7-30　乙烯直接水合制乙醇的工艺流程如图

1—加热炉；2—反应器；3—换热器；4—高压分离器；5—乙烯压缩机；6—循环压缩机；7—洗涤塔；
8—乙醚提取塔；9—预精馏塔；10—处理塔；11—萃取精馏塔；12—沉降器；13—精馏塔；14—空气压缩机

（2）生产工艺过程

美国 Industrial Chemical 公司乙烯直接水合制乙醇采用磷酸-膨润土为催化剂，260℃，6.9MPa，工艺流程见图 7-30。原料乙烯经压缩机压入水合循环系统，注入工艺水，经换热系统后进入加热炉加热到 260℃左右，然后进入反应器反应，反应产物在换热系统中冷却，在高压分离器中分出凝液，气体经洗涤塔洗涤后进入循环压缩机进行循环使用。洗涤塔釜及高压分离器的液体混合送入乙醚提取塔。全部乙醚与轻组分以馏出物的形式脱除，部分轻组分经循环压缩机压缩后再返回循环气中。乙醚提取塔塔釜液体送至预精馏塔，浓缩乙醇由塔顶送至处理塔，精馏难以除去的羰基化合物杂质在催化剂的作用下处理。在萃取精馏塔中进行萃取蒸馏，在溶剂水的作用下，不溶杂质的挥发度改变并从萃取精馏塔顶馏出，脱除杂质的乙醇再进行蒸馏，得到 95%（φ）的成品乙醇，成品乙醇从精馏塔侧线采出。

7.3.2 乙醛

乙醛是一种无色透明的液体，具有特殊的刺激性气味，易燃，与空气能形成爆炸混合物，其爆炸范围为 4.5%~60.5%（φ）。乙醛能与水、丙酮、苯、乙醇、乙醚、汽油、乙醛同系物、甲苯、二甲苯和乙酸等有机溶剂完全互溶。乙醛的沸点较低，极易挥发，对眼、皮肤有刺激作用。乙醛分子中的羰基反应能力很强，易发生氧化、聚合、缩合等反应。大部分乙醛用于乙酸和醋酐的生产，还用来生产丁醇、辛醇、三氯乙醛、季戊四醇等产品，广泛用于医药、纺织、染料、香料和食品等工业。

乙烯液相氧化法制乙醛是由德国 Wacker-Hoechst 公司于 1959 年首先实现工业化生产的。Wacker 法工艺过程简单、反应条件缓和、选择性高，乙醛收率达到 90%，被认为最经济的方法。目前世界上约有 85% 的乙醛是采用此法进行生产的，反应中采用氯化钯、氯化铜的盐酸溶液作催化剂，对设备的腐蚀极为严重，需用贵金属钛等特殊材料。为避免此缺点，近年来注意研究乙烯气相氧化生产乙醛的新方法，即将氧化钯载在氧化铝、硅酸铝，沸石等载体上进行气固相反应来合成乙醛，亦已工业化。

7.3.2.1 乙烯液相氧化一步法工艺

一步法工艺生产乙醛时，羰基化反应与氧化反应具有相同的反应速度，催化剂溶液应具有恒定的氧化度。

在反应器 1 中加入含有氯化钯、氯化铜盐酸水溶液的催化剂，新鲜乙烯、循环气与氧气分别从反应器底部及下部通入，于 0.3~3.5MPa 和 120~130℃下进行反应。反应器上部出来的气液混合物先通过除沫器 2，将气体与催化剂溶液分离，催化剂溶液大部分经循环管返回反应器，小部分进行再生，具体流程如图 7-31 所示。

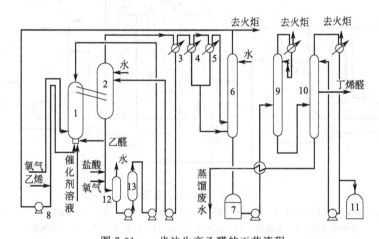

图 7-31　一步法生产乙醛的工艺流程

1—反应器；2—除沫器；3、4、5—第一、二、三冷凝器；6—吸收塔；7—粗醛储槽；
8—循环压缩机；9—轻馏分塔；10—乙醛精馏塔；11—成品储槽；12—分离器；13—再生器

反应气体（主要是乙醛、水、未反应的乙烯、氧气和惰性气体及少量副产物氯乙烷、乙酸、丁烯醛等）先经第一冷凝器 3 将大部分水冷凝下来，凝液全部返回除沫器中，除沫器上部再适当补充一些去离子水，以维持催化剂溶液的浓度恒定。要求凝液中乙醛含量越少越好，以免乙醛返回反应器，进一步反应形成丁烯醛。未凝气体再进入第二及第三冷凝器 4、5，将乙醛和高沸点副产物冷凝下来，凝液及未凝气体分别进入吸收塔 6。吸收塔塔顶用水喷淋吸收乙醛。从吸收塔底部出来的吸收液为粗醛，送入粗醛储槽 7。未反应的乙烯和氧的混合气，称循环气，自吸收塔塔顶经循环压缩机 8 返回反应器。为维持循环气的组成恒定，防止惰性气体积累，需连续引出一定量的循环气去火炬。

粗醛溶液中主要含乙醛（约10%）、水、二氧化碳、氯甲烷、氯乙烷、丁烯醛、乙酸和少量高沸点副产物等，采用双塔精馏系统即可得到精乙醛。

第一精馏塔为脱轻组分塔，将粗醛溶液中的低沸点二氧化碳、乙烯、氯甲烷、氯乙烷除去。氯乙烷和乙醛的沸点仅相差8℃，为避免乙醛损失，塔顶注水。此塔采用加压操作，塔底以直接蒸汽加热。

第二精馏塔为成品乙醛塔，将脱除了轻馏分的乙醛溶液自轻馏分塔的塔釜利用压差送至乙醛精馏塔10，乙醛精馏塔操作压力低于轻馏分塔。成品乙醛（纯度>99.7%）自乙醛精馏塔塔顶经冷凝器冷凝后得到，部分送回塔作回流液，其余大部分送入成品贮槽11。乙醛精馏塔塔釜的蒸馏废水中还含有少量的高沸物，如乙酸等。此蒸馏废水经预热器与粗醛溶液换热后经冷却、中和、处理再排放。为维持中沸程化合物（主要是丁烯醛）在塔内浓度稳定，在乙醛进料口的上方，从塔内引出侧线抽出丁烯醛等。

常压下乙醛的沸点较低，将其冷凝下来，塔顶冷凝器需要用冷冻盐水，能耗较大。为节省冷凝器的冷量，轻馏分塔和乙醛精馏塔均采用加压操作，用一般工业水就可将乙醛冷凝。

7.3.2.2 乙烯液相氧化两步法工艺

乙烯的羰基化反应和氯化亚铜的氧化反应在两个串联的管式反应器中分别进行的乙烯氧化生产乙醛的工艺为两步法，工艺流程如图7-32所示。

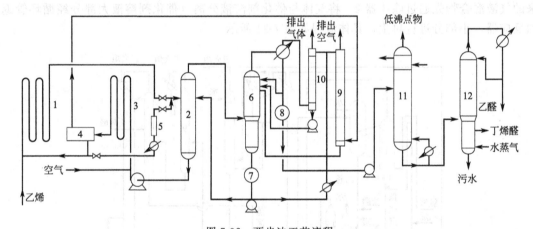

图7-32 两步法工艺流程

1—羰基化反应器；2—闪蒸塔；3—氧化反应器；4—分离器；5—再生器；6—初馏塔；7—过程水储罐；
8—醛储罐；9—洗涤塔；10—脱轻组分塔；11—脱低沸点塔；12—精馏塔

原料气乙烯与催化剂溶液单程通过羰基化反应器（为防腐采用钛材），在100～110℃、1～1.2MPa下进行反应生成乙醛，转化率接近100%。含产品乙醛的催化剂溶液随即在闪蒸塔2中泄压，利用蓄藏的反应热将乙醛与水从塔顶蒸出，冷凝后即得粗乙醛溶液。自闪蒸塔塔底得到的催化剂送入氧化反应器，在氧化反应器中使催化剂溶液中的氯化亚铜氧化为氯化铜。具有一定氧化度的催化剂在分离器4中与剩余的空气分离后，大部分再送入羰基化反应器，小部分送入再生器5进行再生。

采用增大反应压力来强化乙烯的羰基化反应，并可选用纯度不高的原料气，乙烯的纯度为95%（可降低到60%）。乙烯与空气不在同一个反应器中接触，可避免爆炸。固然两步法流程较长，消耗的钛材比一步法多，但以空气为氧化剂，避免了空气分离制氧过程，减少了投资和操作费用。世界各国采用两步法工艺者较多。

7.3.3 乙酸

乙酸即醋酸，为无色液体，有刺激性气味，有腐蚀性，能与水及醇类、酯类、氯仿等有机溶剂完全互溶。无水乙酸在较低温度下易结晶，体积膨胀，称为冰醋酸。乙酸是重要的一元羧酸，用途极为广泛，绝大部分用于制造醋酸纤维和乙酸酯等聚合物，同时用于医药、农药、染料、食品等工业部门。

乙酸的工业生产方法很多，最初由粮食发酵和木材干馏获得，现代的合成乙酸工艺路线主要有乙炔（电石）法、乙醇氧化法、丁烷/轻油氧化法、乙醛自氧化法和羰基合成法（OXO）等。乙炔法装置使用污染严重的 $HgSO_4$ 作催化剂，现基本上被关闭。乙醇法耗用大量的粮食，成本高，该技术逐步萎缩。大规模工业化的有丁烷或轻油液相氧化、乙醛催化自氧化法和甲醇羰基合成法三种。丁烷氧化法以钴、锰催化剂为主，收率不高。乙醛自氧化法是 20 世纪 60 年代发展起来的工艺，消耗乙烯资源，难与迅速发展的甲醇羰基合成法工艺竞争。羰基合成法能耗约为乙醇法的 80%、乙烯法的 75%，单位成本比乙醇法低一半、比乙烯法低 10% 以上。低碳烷烃液相氧化法只适用于有廉价原料的少数国家，普遍采用的是乙醛氧化法和甲醇低压羰基化法。据统计，全球乙酸工业生产中甲醇羰基化法占 69%，乙醛氧化法占 19%，其余为正丁烷氧化法。

7.3.3.1 乙醛催化自氧化法制乙酸

乙醛与氧气（或空气）在以乙酸锰、乙酸钴、乙酸铜为催化剂的溶液中，采用液相催化自氧化制取乙酸。氧气氧化时，反应温度 70~80℃，乙醛处于液相即可。工业生产中常用空气代替氧气，反应温度为 55~60℃，压力一般为 0.8MPa。反应式为：

$$CH_3CHO + 0.5O_2 \longrightarrow CH_3COOH \qquad \Delta H_{298K} = -294kJ/mol$$

原料液为含 5%~15%（质量分数）乙醛的乙酸溶液，溶液中含 0.1%~0.2% 乙酸锰催化剂，可用多元乙酸盐的复合催化剂，如乙酸锰-乙酸钴-乙酸铜三元复合催化剂，一般 Mn:Co:Cu=(3~10):1:(0.1~0.3)，其中锰离子浓度一般控制在 0.3g/kg 左右。采用复合催化剂有助于提高反应活性和选择性。

氧化反应速度快，放热量大，为确保安全操作，必须及时有效地移出反应热，同时还应

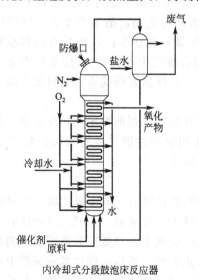

内冷却式分段鼓泡床反应器　　　　外循环冷却鼓泡床反应器

图 7-33　鼓泡床反应器

保证氧气与氧化液均匀接触和安全防腐,多采用耐腐蚀材质的全返混型鼓泡反应器。反应器分内冷却式分段鼓泡床反应器、外循环冷却鼓泡床反应器两种,见图 7-33 所示。

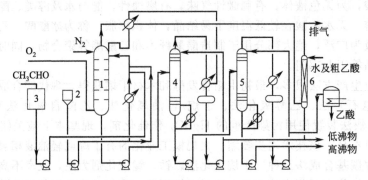

图 7-34 乙醛氧化法生产乙酸工艺流程
1—反应器;2—催化剂储槽;3—乙醛储槽;4—低沸塔;5—高沸物塔;6—洗涤塔

乙醛催化自氧化法生产乙酸的工艺流程如图 7-34 所示。采用耐腐蚀材质的全返混型鼓泡床反应器,通过控制反应液中过乙酸浓度可以调整反应速率,调整反应热的释放速度。乙醛和催化剂溶液自反应器的中上部加入,氧气(或空气)自反应器底部通入,乙醛与氧气的摩尔比为 1:(4~4.3),反应液在塔内的停留时间约 3h,乙醛的转化率可达 97%,以乙醛计乙酸的收率 95%~98%,此工艺反应条件温和。

自反应器顶部排出的尾气中夹带未反应乙醛及乙酸,经低温冷凝和洗涤塔回收。反应产物经蒸发分离掉不挥发的催化剂及不挥发的高沸点副产物后,得粗乙酸。其中除含未反应的乙醛外,还含有其它副产物,可用精馏方法分离,得到的成品乙酸纯度>99%。

7.3.3.2 甲醇羰基合成制乙酸

甲醇羰基合成指在有羰基络合物为主的过渡金属络合物存在下,将一氧化碳引入有机化合物而生成羰基的反应过程。1941 年德国 BASF 公司利用第Ⅷ族元素对羰基化与氢甲酰化反应的有效催化作用,开发了以羰基钴-碘为催化剂的甲醇高压(250℃、70MPa)羰基化制乙酸生产工艺,以甲醇计收率为 90%。1968 年美国 Monsanto 开发了以高活性和高选择性的羰基铑-碘为催化剂的甲醇低压(175℃、3MPa)羰基化法制乙酸生产工艺,以甲醇计收率大于 99%,以一氧化碳计收率大于 90%。甲醇低压羰基化法生产乙酸具有原料易得(甲醇和一氧化碳均可廉价地从煤、天然气或重油气化的合成气中获得)、反应条件温和、乙酸收率高(以甲醇计 99%,以一氧化碳计大于 90%)、产品质量好等优点,是目前乙酸生产中技术经济指标最先进的方法。

甲醇低压羰基化法需用贵金属铑为催化剂,为了保证催化剂的稳定性,反应条件须严格控制。而且乙酸和碘化物对设备腐蚀严重,设备需用耐腐蚀性能优良的哈氏合金 C(Hastenoy Alloy C)、哈氏合金 B2、甚至锆材,材料十分昂贵。

(1)BASF 高压法生产工艺

BASF 高压法生产工艺流程如图 7-35。甲醇经尾气洗涤塔后,与一氧化碳、二甲醚及新鲜补充催化剂及循环返回的钴催化剂、碘甲烷一起连续加入反应器(250℃、70MPa)。反应器顶部引出的粗乙酸与未反应的气体经冷却后进入低压分离器,从低压分离器出来的粗酸送至精制工段。在精制工段,粗乙酸经脱气塔脱去低沸点物质,然后在催化剂分离器中脱除碘化钴,碘化钴在乙酸水溶液中作为塔底残余物质除去。脱除催化剂后的粗乙酸在共沸蒸馏塔中脱水并精制,由塔釜得到的不含水与甲酸的乙酸再在两个精馏塔中加工成纯度为 99.8%

以上的纯乙酸。以甲醇计乙酸的收率为90%，以一氧化碳计乙酸的收率为59%。副产3.5%的甲烷和4.5%的其他液体副产物。高压羰基化反应器用哈氏合金C合金钢衬里的塔式反应器，反应器内设置循环管，由上升的气体提供能量达到搅拌混合的目的，以保持反应器温度均一。

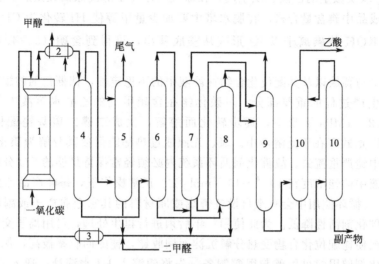

图7-35　BASF甲醇高压羰基合成乙酸工艺流程

1—反应器；2—冷却器；3—预热器；4—低压分离器；5—尾气洗涤塔；6—脱气塔；
7—分离塔；8—催化剂分离器；9—共沸蒸馏塔；10—精馏塔

（2）Monsanto低压法生产工艺

Monsanto低压法生产流程见图7-36。甲醇预热后与一氧化碳、返回的含催化剂母液、精制系统返回的轻馏分及含水乙酸一起加入反应器底部，在175~200℃、3MPa、一氧化碳分压1~1.5MPa下反应，反应后于上部侧线引出反应液，闪蒸（200kPa），使反应产物与含催化剂的母液分离，后者返回反应器，反应器排出的气体含有一氧化碳、碘甲烷、氢、甲烷，送入涤气塔。精制系统共有四个塔，含粗乙酸、轻馏分的反应混合液以气相送入第一个塔——脱轻塔，在80℃左右脱出轻馏分，塔顶气含碘甲烷、乙酸甲酯、少量甲醇，进入涤气塔。脱轻塔釜液为含水粗乙酸，送第二个塔——脱水塔。塔底为无水粗乙酸，送入第三个

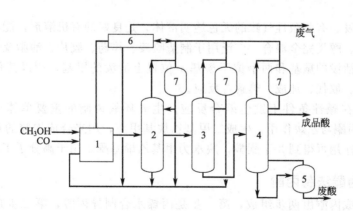

图7-36　Monsanto低压法羰基合成乙酸工艺流程

1—反应器；2—脱轻塔；3—脱水塔；4—脱重塔；
5—废酸蒸馏塔；6—涤气塔；7—蒸馏冷凝液槽

塔——脱重塔，于塔上部侧线引出成品酸，塔釜液含丙酸 40% 及其它高级羧酸。第四个塔——废酸蒸馏塔回收脱重塔底部馏分中的乙酸。塔底排出重质废酸 0.2%，可焚烧或回收。四个塔与反应器排出的气体汇总后的组成为 CO 40%～80%，其余 20%～60% 为 H_2、CO_2、N_2、O_2 以及微量的乙酸、碘甲烷，在涤气塔用冷甲醇洗涤回收碘后焚烧放空。

为了保证成品中碘含量合格，在脱水塔中要加少量甲醇使 HI 转化为 CH_3I；在脱重塔进口添加少量 KOH 使碘离子以 KI 形式从釜底移出，可得到含碘 $(5～40)×10^{-9}$ 的纯乙酸。

由于铑昂贵与稀缺以及其配位化合物在溶液中的不稳定性，铑催化剂的配制、合理使用与再生回收是生产过程的重要部分。三碘化铑在含碘甲烷的乙酸水溶液中与一氧化碳在 80～150℃、0.2～1MPa 下反应，逐步转化而溶解，生成二碘二羰基铑配位化合物，以 $[Rh(CO)_2I_2]^-$ 形式存在于此溶液中。氧、光照或过热都能促使其分解为碘化铑沉淀析出，造成生产系统中铑严重流失。故催化剂循环系统内必须经常保持足够的 CO 分压与适宜的温度，维持反应液中的铑浓度在 $10^{-4}～10^{-2}$ mol/L。正常操作下，每吨产品乙酸的铑消耗量在 170mg 以下。循环使用中会有来自设备管线或原材料的其它金属离子或副反应生成的高聚物积累，使催化剂活性降低。为此使用一年后须进行再生处理，可用离子交换树脂脱除其它金属离子，或使铑配位化合物受热分解沉淀而回收铑，铑的回收率极高，保证了本工艺的经济性。助催化剂碘甲烷可用碘与甲醇制备。先将碘溶入 HI 水溶液，通入 CO 作还原剂，于一定压力、温度下使碘还原为 HI，然后在常压常温下与甲醇反应得到碘甲烷。

提高反应温度对增加反应器生产能力有利，但限于反应介质的强腐蚀性，反应温度不得超过 190℃。反应液中配入大量乙酸作反应介质，可以调整极性溶液的极性，也可以抑制对反应速率有影响的甲醇脱水物二甲醚的生成，还需加入适量的水抑制乙酸甲酯生成。但过多的水能导致一氧化碳变换反应。原料液起始组成为：甲醇 8%～20%（质量分数）、水 10%～13%（质量分数）。水在副反应中消耗，应适当补充。

低压羰基化的反应副产物中有少量氢，侵蚀设备材料而降低其机械强度，因此 Monsanto 工艺不但要处理具有强烈腐蚀性的含碘乙酸溶液，而且要考虑氢脆问题。反应器采用 Hastelloy 系列镍基合金钢材料，抗腐蚀性能优良，年腐蚀率在 0.1mm 以下。

7.3.4　丙酮

丙酮为易挥发、有刺激性气味的无色透明液体，是良好的有机溶剂，能和水及大部分有机溶剂如酯、醚、醇类完全混合，广泛用于制造喷漆、炸药、胶片、油脂及合成纤维等。丙酮分子中有非常活泼的羰基和两个位于羰基 α-位置上活泼的甲基，所以其化学性质非常活泼，能发生缩合、取代、加成、热解等反应。

丙酮和苯酚在碱性条件下发生缩合反应，生成环氧树脂的重要单体——双酚 A。在 KOH 存在下，丙酮与乙炔作用，生成二甲基乙炔基甲醇，用来合成橡胶的重要单体异戊二烯。丙酮与甲醛作用可得到 3-丁酮醇，脱水为甲基乙烯基酮，用于高分子工业。

7.3.4.1　异丙醇法制丙酮

异丙醇法合成丙酮由两步组成，第一步是丙烯水合制异丙醇，第二步是异丙醇脱氢制丙酮。

工业生产异丙醇工艺路线有两条，丙烯硫酸催化水合法制异丙醇的间接水合法和丙烯直接水合制异丙醇的直接水合法。

（1）丙烯间接水合法制异丙醇

① 化学反应　先由丙烯与水在硫酸作用下生成硫酸异丙酯：

$$CH_3CH\!=\!\!CH_2+H_2SO_4\longrightarrow(CH_3)_2CH\!-\!O\!-\!SO_3H$$

$$(CH_3)_2CH\!-\!O\!-\!SO_3H+CH_3CH\!=\!\!CH_2\longrightarrow(CH_3)_2CH\!-\!O\!-\!SO_2\!-\!O\!-\!CH(CH_3)_2$$

酯类物质水解，生成异丙醇：

$$(CH_3)_2CH\!-\!O\!-\!SO_3H+H_2O\longrightarrow CH_3\!-\!CH(OH)\!-\!CH_3+H_2SO_4$$

$$(CH_3)_2CH\!-\!O\!-\!SO_2\!-\!O\!-\!CH(CH_3)_2+2H_2O\longrightarrow2CH_3\!-\!CH(OH)\!-\!CH_3+H_2SO_4$$

同时发生生成异丙醚、丙烯多聚体等的副反应。

② 工艺过程　间接法生产异丙醇的主要工艺条件为：40℃、12～13MPa，其工艺流程见图7-37。

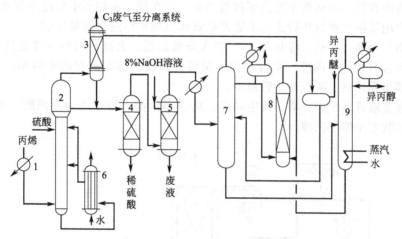

图7-37　丙烯间接水合制异丙醇工艺流程
1—蒸发器；2—吸收塔；3—尾气洗涤塔；4—蒸发塔；5—碱洗塔；
6—外循环冷却器；7—脱醚塔；8—萃取塔；9—共沸塔

粗丙烯馏分（50%～90%）送入蒸发器中汽化，压力达到1.2MPa以上，进入吸收塔，塔顶加入5%～90%的硫酸溶液，C₃馏分与硫酸接触，硫酸与其中的丙烯反应生成硫酸异丙酯并放出大量热，依靠塔外循环冷却器移热，维持塔内温度在40℃左右。反应尾气从塔顶逸出经尾气洗涤塔用水吸收除去酸性气体后，送往气体分离系统。

液相反应物料自塔上部溢流与尾气洗涤塔中的洗涤水混合，硫酸异丙酯水解得到异丙醇与稀硫酸后进入蒸发塔。蒸发塔中通入过热蒸汽，异丙醇与水汽化、塔顶蒸出并进入碱洗塔。碱洗塔顶加入NaOH［8%（质量分数）］溶液，以中和物料中夹带的硫酸。异丙醇与水蒸气经冷凝器冷凝为液体后进入脱醚塔。

脱醚塔塔顶的异丙醇-水共沸物冷凝后流入萃取塔，用水萃取出异丙醚，经分层器分出异丙醚副产品。

萃取后的醇-水混合液返回脱醚塔，并由塔底打入共沸塔。从共沸塔顶得到含86.7%（质量分数）的异丙醇成品水溶液。塔釜残留的水可送至尾气洗涤及萃取塔用。

（2）异丙醇直接脱氢法生产丙酮

异丙醇生产丙酮有丙三醇联产法、异丙醇氧化法、异丙醇直接脱氢法等三种工艺路线。异丙醇直接脱氢法工艺转化率高，反应选择性好，工业广泛采用。

① 化学反应　异丙醇直接脱氢的化学反应如下：

$$CH_3CH(OH)CH_3 \longrightarrow CH_3COCH_3 + H_2 \qquad \Delta H_{298K} = 66.5kJ/mol$$

此反应为吸热、分子数增大的反应。升高温度、减小压力有利于丙酮生成，在327℃时理论转化率为97%。

铜、银、铂、钯金属以及周期表中第ⅣB、ⅤB、ⅥB族过渡金属元素的硫化物均可作为脱氢反应催化剂的活性组分。不同的催化剂使用温度不同。使用惰性载体时，催化剂可在400～600℃下起活；使用氧化锌-氧化锆复合物、铜-氧化铬复合物、铜-二氧化硅复合物催化剂时，催化剂起活温度降至315～460℃。

② 异丙醇脱氢工艺流程　图7-38为异丙醇气相脱氢生产丙酮工艺流程。该工艺的最佳条件为：390℃，0.17MPa，空速1.5h^{-1}，以沸石为载体，氧化锌和锌化铝为活性组分，丙酮选择性为94.4%。

原料异丙醇在第一换热器中加热至接近沸点，再在第二换热器中被过热蒸汽汽化，在第三热交换器中用反应产物过热后进入多管并联管式反应炉中进行脱氢反应。

反应产物与原料气换热、冷却至40℃进入分离贮槽。上部氢气经洗涤器洗涤后供用户使用，下部为含有水、异丙醇、聚合物和少量醛、轻质烃等副产物的粗丙酮，进入轻组分塔，从塔顶排出异丙醚、醛及各种轻组分。

轻组分塔釜液进入重组分塔，真空操作，塔顶得丙酮，塔釜液为异丙醇、水和高聚物，去回收系统回收其中的异丙醇。

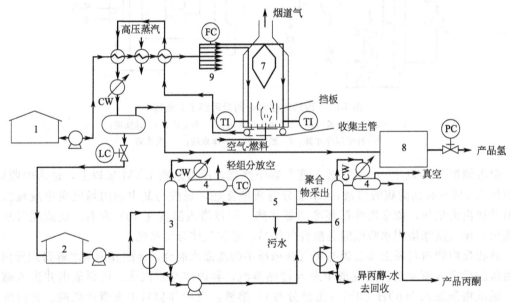

图7-38　异丙醇脱氢生产丙酮的工艺流程

1—异丙醇共沸物储槽；2—粗丙酮储槽；3—轻组分塔；4—分离器；5—丙酮回收槽；
6—重组分塔；7—管式反应炉；8—洗涤器；9—分布管

7.3.4.2　异丙苯法制丙酮

异丙苯法是20世纪50年代发展起来的一种生产丙酮的方法。此法不腐蚀设备、不污染环境、副产品较少、产品纯度高、产品成本低、投资少，已成为丙酮、苯酚生产的主要工艺路线。异丙苯法合成丙酮、苯酚由丙烯和苯合成异丙苯、异丙苯过氧化、过氧化氢异丙苯分解及精制三部分组成。

（1）异丙苯的合成

丙烯和苯烃化生产异丙苯的方法有三氯化铝法即液相法、固体磷酸法即气相法两类。液相法在较缓和的温度和压力下操作，所用的催化剂有三氯化铝、硫酸、氢氟酸和三氟化硼等，此法工艺成熟，催化剂易得，国内工厂多采用此法。气相法采用较高的温度和压力，催化剂有磷酸-硅藻土和其它固体酸，具有腐蚀性小、难以处理的废水少、丙烯转化率高等优点，国外多采用气相法生产丙酮。

异丙苯的合成方法与生产乙苯的方法相似，由苯烷基化得到。苯与丙烯进行液相或气相反应，其主要反应式如下：

主反应 $\qquad C_6H_6 + C_3H_6 \longrightarrow C_6H_5C_3H_7$

副反应 $\qquad C_6H_5C_3H_7 + C_3H_6 \longrightarrow o\text{-}(C_3H_7)_2C_6H_4$

$\qquad\qquad C_6H_5C_3H_7 + C_3H_6 \longrightarrow m\text{-}(C_3H_7)_2C_6H_4$

$\qquad\qquad C_6H_5C_3H_7 + C_3H_6 \longrightarrow p\text{-}(C_3H_7)_2C_6H_4$

$\qquad (C_3H_7)_2C_6H_4 + C_3H_6 \longrightarrow (C_3H_7)_3C_6H_3$

通过使用过量的苯，可减少生成二异丙苯、三异丙苯以及正丙苯等的副反应发生。此外，丙烯还可能发生其它副反应，生成4-甲基-1-烯和4,6-二甲基庚烯等。采用不同催化剂时，反应机理、反应物组成、操作条件和工艺流程不同。

① 三氯化铝法生产异丙苯　三氯化铝法合成异丙苯的工艺条件为：90～95℃，常压，苯和丙烯配比为1：（0.3～0.4），体系中$AlCl_3$的浓度3%～8%。采用此法丙烯的转化率可达99%，异丙苯的收率约为97%。工艺流程见图7-39、图7-40。

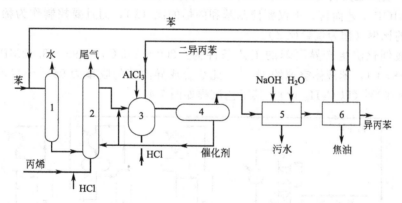

图7-39　非均相 $AlCl_3$ 法工艺流程示意图

1—苯干燥塔；2—烃化反应器；3—反烃化反应器；
4—沉降器；5—水洗中和系统；6—异丙苯精制系统

典型流程为非均相三氯化铝法工艺流程。原料苯和从精制系统返回的苯经过共沸、干燥、脱水后进入烃化反应器2，丙烯和络合物从2的下部进入，烃化反应器是空塔式结构，反应液从2上部侧面出料后直接进入反烃化反应器3，三氯化铝和二异丙苯从3的上部加入。从3上部侧面采出的反应液和络合物进入沉降器4进行沉降分离，络合物密度大，从4的底部分离出来，用泵送回2、3循环使用。分离出络合物的反应液从4的上部采出，送到水洗中和系统5，通过水洗、碱洗、水洗后得到中性的反应液（称为烃化液）。烃化液送入异丙苯精制系统6，经过三塔分离得到产品异丙苯。未反应的苯和二异丙苯分别返回1和3，副产焦油可作为燃料处理。

采用均相烃化工艺时，由于系统中络合物浓度低，所以不需要络合物的沉降和返回反应

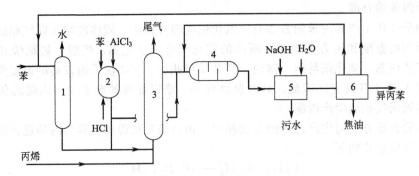

图 7-40 均相 AlCl₃ 法工艺流程示意图

1—苯干燥塔；2—络合物配制罐；3—烃化反应器；
4—反烃化反应器；5—水洗中和系统；6—异丙苯精制系统

系统，流程简化。

② 气相法生产异丙苯 以美国 UOP 公司开发的以固体磷酸为催化剂的气相法异丙苯生产工艺在异丙苯生产中占绝对优势，其产量约占异丙苯总产量的 72%。UOP 工艺采用的催化剂称为 SPA 催化剂，是一种附在硅藻土骨架上的磷酸催化剂，其总磷酸含量为 60%（质量分数），游离磷酸量约为 16.2%（质量分数），游离酸具有活性。UOP 法采用塔式固定床反应器，苯和丙烯液相进料，但也有气相存在，出口则为气液混合物，反应温度控制在 200～250℃，反应压力为 2.0～2.5MPa。与三氯化铝法类似，控制原料中苯和丙烯配比很重要。对于 UOP 工艺而言，不仅要控制苯和丙烯的比（χ），而且要控制作为稀释剂加入的丙烷和丙烯的比例（称为烷烯比χ）。

固体磷酸催化法生产异丙苯的工艺条件为：200～250℃，1.96～3.43MPa，苯/丙烯（χ）为（5～8）:1，苯液体空速约 1h⁻¹。此法合成异丙苯的收率为 96%～97%（以 C_6H_6 计）和 91%～92%（以 C_3H_6 计）。其工艺流程如图 7-41。

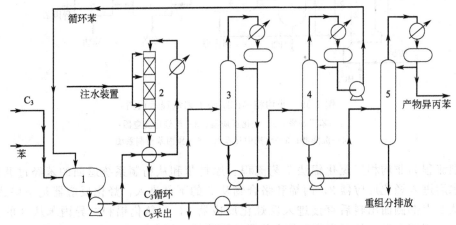

图 7-41 固体磷酸催化法生产异丙苯工艺流程

1—缓冲罐；2—反应器；3—回收塔；4—苯回收塔；5—脱重组分塔

该工艺过程主要由四部分组成。原料丙烯和苯经缓冲罐混合，与反应产物换热，加热至 200～250℃、1.96～3.43MPa 进入反应器，反应为气固相反应。反应产物冷却后经回收塔，塔顶蒸出的 C_3 馏分返回反应器，塔釜液进入苯回收塔，塔顶蒸出的苯馏分亦返回反应系统，塔釜液进入脱重组分塔，塔顶得到纯度 99.5% 以上的异丙苯。塔釜重组分可进一步回收二异丙苯、异丙苯等副产物。

三氯化铝法和磷酸法生产异丙苯的技术经济比较见表7-31。SD法较为落后。UOP法和Monsanto法各有特色，通过各种技术改进取得不同进步，如UOP法通过增加白土处理来降低产物中不饱和烃的含量，通过丙烯分批进料在减少多烷基化副产物的基础上减少丙烯消耗等。

表 7-31　异丙苯生产工艺比较

项目		UOP 法	Monsanto 法	SD 法
反应条件	反应温度/℃	200～240	120～140	80
	反应压力/MPa	3.5	～0.2	常压
	苯中水含量 10^{-6}/%(质量分数)	200～250	<10	<50
	丙烯纯度/%	65～95	80～95	80～95
	催化剂	一次加入,寿命一年以上	连续加入,一次使用	连续加入,部分循环
	总收率(以苯计)/%	94.5	>99	97.9
质量	异丙苯纯度/%	～99.9	～99.9	～99.9
	溴值	10～50	<10	<10
原料消耗	苯/(kg/t)	662	655	681
	丙烯/(kg/t)	366	355	395
	三氯化铝/(kg/t)	—	2.0	2.3
	氯化氢/(kg/t)	—	1.22	1.54
	SPA-1/(kg/t)	1.022	—	—
	丙烷/(kg/t)	1.25	—	—
三废	废水/(kg/t)	很少	700	1130
	重组分/(kg/t)	30～45	～6	～11
	废渣	失活催化剂一年一次	—	—
设备	材质	碳钢（基本无腐蚀）	腐蚀性大,需要采用哈氏合金或防腐蚀衬里材料	

（2）异丙苯的过氧化

过氧化氢异丙苯（CHP）是一种有机过氧化物，化学性质非常活泼，遇到硫酸会分解为苯酚和丙酮，遇到碱（特别是强碱）、遇热会剧烈分解，在制备、储存时要特别注意。异丙苯分子中有高度活泼的 α-氢，极易发生氧化反应：

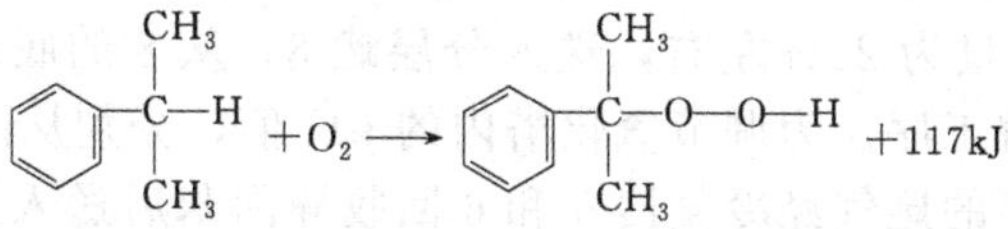

液相氧化过程属自由基机理。反应生成的过氧化氢异丙苯（CHP）在氧化条件下能部分分解为自由基，加速链的引发，促进反应持续进行，属自催化氧化反应。过氧化氢异丙苯的热稳定性差，受热易分解生成许多副产物，如：

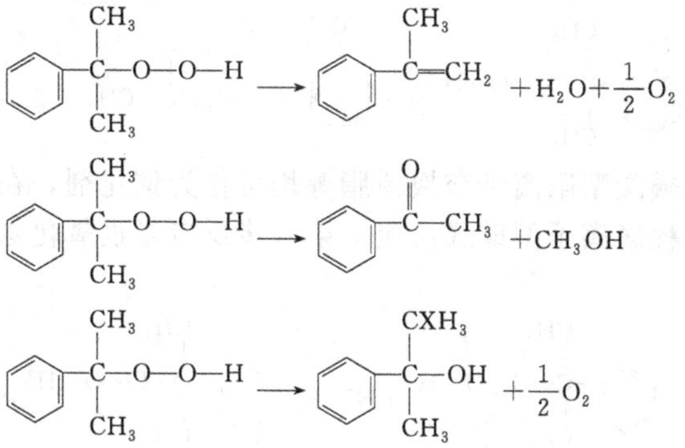

$$\text{(异丙苯过氧化氢结构)} \longrightarrow \text{(苯酚)} + CH_3COCH_3$$

　　副产物的形成对主反应影响大。微量酚会严重抑制氧化反应进行；带有羧基、羟基类的副产物生成，不但阻滞了异丙苯氧化，反而进一步促进过氧化异丙苯非理想分解。在实际生产中，控制转化率不超过30%，以防止产生不需要的副反应及早期产生的过氧化氢物分解。

　　① 氧化反应器　氧化反应是气液相反应，采用鼓泡式反应器即可。为减少副反应和提高反应的总收率，通常选择较低的反应温度和较长的停留时间，即选用较大容积的反应器。单塔、多塔串联优化操作分析表明：多层鼓泡式反应器在反应转化率相同和其它反应条件不变的前提下，随着层数增多，生产能力有所增大，层数大于四层时变得不明显。多层鼓泡式反应器存在气液混合不均等缺点。目前采用多塔串联（指物料串联，空气仍为并联）的方式，为提高效率和能力，塔的数量大都在2～4之间，以选用四个塔居多。

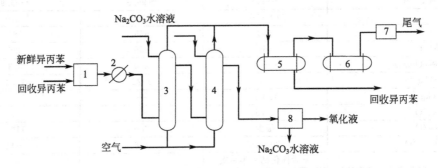

图 7-42　两塔氧化工艺流程示意图

1—异丙苯贮罐；2—预热器；3，4—反应器；5，6—冷凝器；7—尾气处理系统；8—分层罐

　　② 工艺过程　两塔氧化工艺流程如图7-42所示。原料包括由烃化系统送来的新鲜异丙苯和从提浓工序和回收工序提纯精制后的异丙苯。两种异丙苯在贮罐1中混合、碱洗后，再经过预热器2预热后进入反应器3的下部。空气从氧化塔下部进入，物料与空气同向流动。从3上部侧线采出反应液（含CHP约15%），进入第二个反应器4的底部。从4上部侧线采出的氧化液中CHP含量为25%左右，送入分层罐8，从8的底部排出水和碳酸钠，8上部采出的氧化液送到分解工序。为调节氧化塔内的pH值，分别从两个塔的顶部加入碳酸钠水溶液。从两个塔顶排出的尾气经冷凝器5和6回收异丙苯后送入尾气处理系统7，采用催化燃烧法或活性炭吸附法脱除微量有机物后放空。

　　(3) 过氧化氢异丙苯的分解及精制

　　① 化学反应　过氧化氢异丙苯在酸的作用下可分解为丙酮和苯酚：

$$\text{(异丙苯过氧化氢结构)} \longrightarrow \text{(苯酚)} + CH_3-\overset{O}{\overset{\|}{C}}-CH_3 \quad -253kJ$$

　　硫酸、二氧化硫和磺酸型阳离子交换树脂等均可作为催化剂，在酸性催化剂作用下，过氧化氢异丙苯的分解过程属离子型链式反应。第一步反应是过氧化氢异丙苯质子化、质子化的过氧化氢异丙苯失水：

$$\text{(异丙苯过氧化氢结构)} + H^+ \longrightarrow \text{(质子化结构)} OOH_2^+$$

$$\underset{\text{CH}_3}{\overset{\text{CH}_3}{\bigcirc}}\!\!-\!\!\overset{|}{\underset{|}{C}}\!\!-\!\!O\!\!-\!\!O\!\!-\!\!H_2^+ \longrightarrow \underset{\text{CH}_3}{\overset{\text{CH}_3}{\bigcirc}}\!\!-\!\!\overset{|}{\underset{|}{C}}\!\!-\!\!\overset{+}{O} +H_2O$$

质子化过氧化氢异丙苯在发生失水反应的同时，可能伴随着苯基转移到带正电的氧原子上去：

$$\underset{\text{CH}_3}{\overset{\text{CH}_3}{\bigcirc}}\!\!-\!\!\overset{|}{\underset{|}{C}}\!\!-\!\!\overset{+}{O} \longrightarrow \bigcirc\!\!-\!\!O\!\!-\!\!\overset{+}{\underset{\text{CH}_3}{\overset{\text{CH}_3}{C}}}$$

所得的中间产物和水反应，生成苯酚、丙酮和质子酸：

$$\bigcirc\!\!-\!\!O\!\!-\!\!\overset{+}{\underset{\text{CH}_3}{\overset{\text{CH}_3}{C}}} +H_2O \longrightarrow \bigcirc\!\!-\!\!OH + CH_3\!-\!\overset{O}{\overset{\|}{C}}\!-\!CH_3 +H^+$$

反应物和产物都是化学性质活泼的物质，在反应条件下很容易相互作用生成副产物，生成的副产物具有相互作用的能力，使过氧化氢异丙苯的催化分解过程更为复杂，如过氧化氢异丙苯会分解生成二甲基甲醇，此化合物脱水能生成 α-甲基苯乙烯：

$$\underset{\text{CH}_3}{\overset{\text{CH}_3}{\bigcirc}}\!\!-\!\!\overset{|}{\underset{|}{C}}\!\!-\!\!OH \longrightarrow \underset{}{\overset{\text{CH}_3}{\bigcirc}}\!\!-\!\!C\!\!=\!\!CH_2 +H_2O$$

α-甲基苯乙烯有双键存在，又容易聚合，生成 α-甲基苯乙烷二聚物等：

$$2\ \underset{}{\overset{\text{CH}_3}{\bigcirc}}\!\!-\!\!C\!\!=\!\!CH_2 \longrightarrow \underset{\text{CH}_3}{\overset{\text{CH}_3}{\bigcirc}}\!\!-\!\!C\!\!-\!\!CH\!=\!CH\!-\!CH_3$$

二甲基甲醇和 α-甲基苯乙烯也能与苯酚作用，生成枯基酚：

$$\underset{\text{CH}_3}{\overset{\text{CH}_3}{\bigcirc}}\!\!-\!\!\overset{|}{\underset{|}{C}}\!\!-\!\!OH + \bigcirc\!\!-\!\!OH \longrightarrow \underset{\text{CH}_3}{\overset{\text{CH}_3}{\bigcirc}}\!\!-\!\!\overset{|}{\underset{|}{C}}\!\!-\!\!\bigcirc\!\!-\!\!OH +H_2O$$

$$\underset{}{\overset{\text{CH}_3}{\bigcirc}}\!\!-\!\!C\!\!=\!\!CH_2 + \bigcirc\!\!-\!\!OH \longrightarrow \underset{\text{CH}_3}{\overset{\text{CH}_3}{\bigcirc}}\!\!-\!\!\overset{|}{\underset{|}{C}}\!\!-\!\!\bigcirc\!\!-\!\!OH$$

同时分解产物丙酮也能发生缩合反应：

$$2CH_3COCH_3 \longrightarrow \underset{\text{CH}_3}{\overset{\text{CH}_3}{C}}\!\!=\!\!CHOCH_3 +H_2O$$

② 工艺流程 酸催化分解反应是强放热反应，有效转移反应热是组织工艺流程的首要问题。按照移热方式不同分两种分解工艺。美国 Shell 公司和日本三井油化采用丙酮蒸发移热分解工艺，如图 7-43 所示。

储罐 1 中提浓液经离心泵 2 进入分解反应器 3。丙酮和硫酸经过计量，控制一定的比例加入 3 中。分解反应器是一个带搅拌的釜式反应器，反应热主要靠丙酮蒸发移出，蒸出的丙酮在冷凝器 4 和 5 中冷凝后返回分解反应器。反应液从釜 3 的下部出料，经冷却器 6 冷却后进入中间罐 7，再用离心泵 8 将其送到离心泵 9 的入口，与从中和罐 10 出来的芒硝水溶液混合，经 9 循环返回 10。通过循环可利用芒硝水溶液抽提分解液中的硫酸。抽提到芒硝水

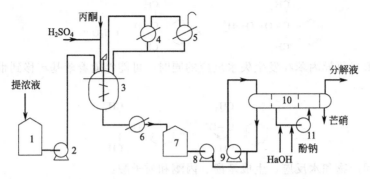

图 7-43　CHP 分解工艺流程示意图（丙酮蒸发移热）
1—储槽；2，8，9，11—离心泵；3—分解反应器；
4，5—冷凝器；6—冷却器；7—中间罐；10—中和罐

溶液中的硫酸用酚钠或氢氧化钠中和，这一过程通过 11 的循环来实现。中和后的分解液从 10 上部采出，送产品分离精制工序。含酚废水（亦含芒硝）从下部放到酚水处理工序。

美国联合化学公司（Allied Chemical Co）、意大利树脂公司（Sir）的分解工艺采用反应液外循环移热流程，如图 7-44 所示。

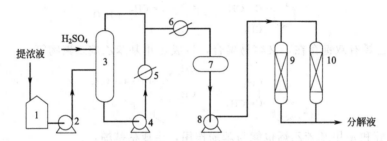

图 7-44　CHP 分解工艺流程示意图（外循环移热）
1—储槽；2，4，8—离心泵；3—分解反应器；
5—外循环冷却器；6—分解液冷却器；7—中间罐；9，10—离子交换柱

采用外循环移出反应热工艺时，分解反应器为一槽型反应器。提浓液存在储罐 1 中，经离心泵 2 送入分解反应器 3。硫酸经计量后加入 3 中。为了及时撤出反应热，采用离心泵 4 进行循环，循环物料经外循环冷却器 5 冷却后，大部分返回分解反应器，少部分采出经分解液冷却器（6）冷却后送入中间罐 7。循环物料量与采出物料量之比为 10：1 或更高，以便反应温度维持在 60℃左右。

含有硫酸的分解液经离心泵（8）送到中和部分，采用阳离子交换树脂中和。9 和 10 是离子交换柱，切换使用。这种中和方法操作较复杂，设备也多。再生后树脂中残存的少量分解液会增加污染。

后来 Allied/UOP 公司开发了一种低残渣的分解工艺。采用两段分解反应，第一段使 CHP 分解为苯酚和丙酮；第二段为脱水反应，反应液中的二甲基苄醇脱水变成 α-甲基苯乙烯，选择性和收率都有所提高。采用新的分解工艺，产品分离时可以取消酚焦油裂解工序，若保留裂解工序，则过程总收率可进一步提高。

7.3.5　丙烯酸及其酯

丙烯酸为无色透明、略带苦辣味的有毒液体，蒸气有刺激性，酸性略强于乙酸和丙酸，腐

蚀性极强；暴露于空气和光中极易聚合，过氧化物存在易加速聚合反应过程。丙烯酸分子中有不饱和乙烯基双键和羧基，可进行不饱和双键和羧酸的典型反应。通过丙烯酸聚合得到的均聚物和共聚物，可用作表面保护剂及表面处理剂。丙烯酸的羧基能发生生成酰氯、酸酐、酰胺、盐和酯的典型羧酸反应。丙烯酸甲酯、丙烯酸乙酯、丙烯酸丁酯及丙烯酸辛酯均为无色透明、有酸味、具刺激性的液体，广泛用于防护涂料、油漆、黏合剂和纸张浸渍剂的原料，也可用作合成纤维、塑料、石油添加剂和增塑剂的组分，还可作为乳化剂和分散剂使用。

7.3.5.1 丙烯氧化法制丙烯酸过程

（1）化学反应

丙烯在催化剂存在下经空气首先被氧化成丙烯醛，丙烯醛再进一步氧化为丙烯酸：

$$H_2C\!=\!CH\!-\!CH_3+O_2 \xrightarrow{\text{催化剂}} H_2C\!=\!CH\!-\!CHO+H_2O \qquad \Delta H_{298K}=-340.8kJ/mol$$

$$H_2C\!=\!CH\!-\!CHO+0.5O_2 \xrightarrow{\text{催化剂}} H_2C\!=\!CH\!-\!COOH+H_2O \qquad \Delta H_{298K}=-254.2kJ/mol$$

式中不包括生成 CO_2 和其他副产物的反应热，强放热反应系统，如何有效移去反应热、维持系统温度稳定是安全生产的关键。

（2）丙烯直接氧化工艺过程

此技术工业化方法很多，但区别不大，主要差异在于反应步骤和反应器设计。在反应器设计方面，美国索亥俄（Shohio）法采用流化床反应器，其它方法均采用列管式固定床反应器。

在反应步骤方面有一步法和两步法之分。早期的丙烯氧化制丙烯酸采用一步法工艺，即丙烯直接氧化生成丙烯酸并建工业装置。含碲的钼系催化剂运转中氧化碲逐渐被还原而流失，催化剂寿命短、收率低，无法长期使用。在同一反应器的同一种催化剂上和相同反应条件下进行两步反应动力学不同的氧化反应，无法获得最佳结果，一步法很快被两步氧化法完全取代。两步法的关键在于不同催化剂和工艺条件相互配合，促进每步氧化反应进行。目前工业所用的催化剂绝大多数是以钼为主要成分的多组分催化剂，采用低表面积载体，两段所用的助催化剂截然不同。

丙烯直接氧化制丙烯酸的工艺流程如图 7-45 所示。

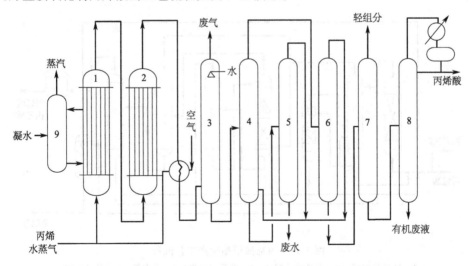

图 7-45　丙烯直接氧化制丙烯酸工艺流程

1—第一反应器；2—第二反应器；3—水洗塔；4—萃取塔；5—溶剂回收塔；
6—溶剂分离塔；7—轻组分塔；8—丙烯酸塔；9—气液分离器

纯度95.0%以上的丙烯、水蒸气和经过预热的空气混合进入第一反应器在第一段Mo-Bi催化剂上进行反应。一般以熔盐控制反应温度。反应器温度控制在330~370℃，压力0.1~0.2MPa。

反应产物进入第二反应器，丙烯醛在260~300℃和Mo-V催化剂上进一步被氧化成丙烯酸。两步氧化反应器均为列管式固定床反应器，列管规格一般为$\phi 25mm \times 3000mm$~25mm×5000mm。整个氧化过程的空速随催化剂不同变化，一般为1000~2500h^{-1}。丙烯和丙烯醛的转化率达95%，丙烯醛的选择性（以C_3H_6计）为85%~90%。

反应后的气体产物离开反应器后进入水洗塔急冷冷凝，塔底获得含丙烯酸20%~30%的水溶液。丙烯酸与水可形成共沸物，常用乙酸乙酯、二甲苯、二异丁基酮或混合物的萃取剂进行萃取提浓。丙烯酸溶液经急冷塔排出不凝气后进入萃取塔，与萃取剂一起从塔顶流入溶剂分离塔进行蒸馏回收，溶剂从塔顶蒸出冷凝后返回萃取塔。从萃取塔底排出的废水经溶剂回收塔回收溶剂后，排出废水。

从溶剂分离塔塔底流出的丙烯酸溶液进入轻组分塔，从塔顶蒸出乙酸、少量丙烯醛等轻组分。塔釜液打入丙烯酸塔，从塔顶可获得纯度为98%~99%的丙烯酸，丙烯酸的回收率约96%。

7.3.5.2 丙烯酸酯化过程

丙烯酸甲酯、丙烯酸乙酯等轻酯和丙烯酸丁酯、丙烯酸异辛酯等重酯是常用的丙烯酸衍生物。丙烯酸酯有丙烯酸与醇直接反应的直接酯化法和丙烯酸轻酯与高碳醇反应的酯交换法两种生产方法。自丙烯直接氧化法制造丙烯酸及其酯技术发展以来，丙烯酸的酯化全部采用直接酯化法。一般用纯的丙烯酸和相应的醇在100~120℃下进行质子催化反应。常用的催化剂有硫酸、芳香族磺酸和酸性离子交换树脂等。

丙烯酸和甲醇在酸性离子交换树脂催化剂存在下，在沸点下进行连续酯化反应，其反应式如下：

$$CH_2=CHCOOH + CH_3OH \longrightarrow CH_2=CHCOOCH_3 + H_2O$$

丙烯酸与甲醇制丙烯酸甲酯生产过程的流程如图7-46所示。

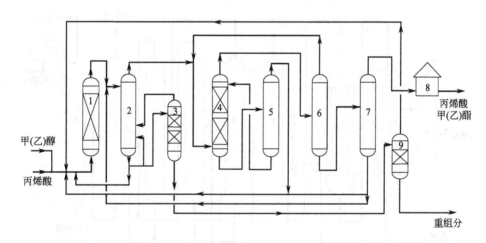

图 7-46 丙烯酸甲酯生产工艺流程
1—酯化反应器；2—丙烯酸分馏塔；3—脱重组分塔；4—萃取塔；5—醇回收塔；
6—醇拔头塔；7—酯精制塔；8—酯贮槽；9—重组分分解器

丙烯酸与甲醇一起送入酯化反应器中，反应器采用绝热式固定床，床内填有酸性离子交换树脂。反应后产物进入丙烯酸分馏塔，塔下部流出的未反应的丙烯酸与甲醇循环回酯化反应器以使丙烯酸反应完全。反应产物进入脱重组分塔，重组分由塔底排出。轻组分为丙烯酸甲酯，与丙烯酸分馏塔顶的酯类化合物一起进入萃取塔。在萃取塔中，用溶剂萃取未反应的甲醇，回收的甲醇与溶剂分离后返回酯化反应器。除去甲醇的抽余液送入醇回收塔和脱重组分塔，经精制后得到纯度为99.5%（质量分数）以上的丙烯酸甲酯。此法以丙烯酸计收率为90%～95%。

参考文献

[1] 黄仲九，房鼎业. 化学工艺学 [M]. 北京：高等教育出版社，2001.
[2] 韩冬冰，等. 化工工艺学 [M]. 北京：中国石化出版社，2003.
[3] 米镇涛. 化学工艺学 [M]. 2版. 北京：化学工业出版社，2006.
[4] 刘晓勤. 化学工艺学 [M]. 北京：化学工业出版社，2010.
[5] 舒均杰. 基本有机化工工艺学 [M]. 北京：化学工业出版社，2009.
[6] 吴指南. 基本有机化工工艺学 [M]. 北京：化学工业出版社，2012.
[7] 白术波主编. 石油化工工艺 [M]. 北京：石油工业出版社，2008.
[8] 林西平主编. 石油化工催化概论 [M]. 北京：石油工业出版社，2008.
[9] 邹长军主编. 石油化工工艺学. 北京：化学工业出版社，2010.
[10] 魏寿彭，丁巨元. 石油化工概论 [M]. 北京：化学工业出版社. 2011.
[11] 封瑞江，时维振. 石油化工工艺学 [M]. 北京：中国石化出版社. 2011.
[12] 李为民，单玉华，邬国英. 石油化工概论 [M]. 3版. 北京：中国石化出版社，2013.
[13] 王松汉，何细藕. 乙烯工艺与技术 [M]. 北京：中国石化出版社，2000.
[14] 王松汉. 乙烯工艺与技术 [M]. 北京：中国石化出版社，2021.
[15] 陈滨. 乙烯工学 [M]. 北京：化学工业出版社，1997.
[16] 张旭之，王松汉，戚以政. 乙烯衍生物工学 [M]. 北京：化学工业出版社，1995.
[17] 张旭之，陶志华，王松汉，等. 丙烯衍生物工学 [M]. 北京：化学工业出版社，1995.
[18] 赵仁殿，金彰礼，陶志华，等. 芳烃工学 [M]. 北京：化学工业出版社，2001.

第8章

生物质能转化利用

8.1
生物质的特点和利用

生物质资源具有下列优点。

① 可再生性。生物质本质是绿色植物通过光合作用储存下来的太阳能。只要有阳光、土壤、空气和水分，绿色植物就会通过光合作用循环往复地存在于地球表面，生物质资源就永远不会枯竭，可保证资源的可持续利用。

② 低污染。与传统的化石能源相比，生物质灰分、硫和氮的含量均较低，因此生物质作为燃料或其它化工原料使用时，所排放的污染物较少。由于生物质在燃烧过程中产生的二氧化碳与其生长过程中所吸收的二氧化碳含量近似相等，因此可认为生物质在利用过程中二氧化碳零排放，这对降低大气中二氧化碳含量以及减轻温室效应极为有利。

③ 蕴藏量大。生物质遍布世界各地，蕴藏量极大。地球上的植物每年通过光合作用所固定的碳量为 2×10^{11} t，能量高达 3×10^{21} J，相当于全世界每年能源消耗总量的 10 倍，地球上植物每年的生产量相当于目前人类消耗的化石能源的 20 倍。

④ 分布广泛。生物质资源分布极为广泛，远比化石能源丰富。生物质遍布世界陆地和水域中，源源不断地把太阳能转化为化学能，并以有机物的形式储存于植物内部。

生物质的利用方式与化石燃料相似，可参考已经发展成熟的常规能源技术开发利用生物质资源。但是，由于生物质的多样性及复杂性，其利用技术远比化石燃料复杂和多样。

① 除了与化石能源类似的热化学转化以及物化转化技术外，还可采用生化转化技术，如厌氧消化、发酵等；

② 由于生物质含水量极高，因此若采用热化学转化技术，水分干燥阶段必然会消耗大量的能量；

③ 生物质形状多样，能量密度低，利用时需要做更多的预处理和能量品味的提升工作；

④ 此外，生物质分布虽广泛但分散，难于集中处理，而分散处理技术效率低下。因此

在生物质大规模应用的道路上仍然需要解决上述列举的种种问题。

8.2
生物质的组成

生物质主要组成是碳氢化合物，与常规的化石燃料如石油、煤、天然气组成相近。生物质组成可通过三种方式表达：

① 生物质的化学组成（本书主要针对木质纤维素生物质，主要包括农业生物质资源和林业生物质资源）即半纤维素、纤维素和木质素的含量，对热解过程及其产物具有重要的影响；

② 生物质的工业分析包括生物质中的水分、灰分、挥发分以及固定碳的含量，是生物质作为燃料的重要指标，对工业设计有重要意义；

③ 生物质元素组成是生物质最基本的构成，主要的元素有碳（C）、氢（H）、氧（O）、氮（N）、硫（S）等。

8.2.1　木质纤维素生物质的化学组成

木质纤维素生物质的主要组成是：提取物、细胞壁成分以及灰分。图 8-1 为木质纤维素生物质主要组成的示意图。由图可知木质纤维素生物质的细胞壁主要由木质纤维素即半纤维素、纤维素和木质素组成。木质纤维素的含量一般占植物干重的70%～98%。一般来说木本植物纤维素的含量比草本植物高。蔬菜或者动物组织中的提取物可以用溶剂进行连续萃取后通过溶液蒸馏获得。细胞壁由碳水化合物及木质素组成。碳水化合物主要由纤维素或者半纤维素组成，这些物质提高了植物的结构强度，而木质素则作为黏合剂将这些组织结合在一起。部分生物质的化学组成见表 8-1。

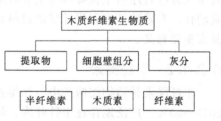

图 8-1　木质纤维素生物质的主要成分

表 8-1　部分生物质的化学组成

生物质原料	纤维素(w_d)/%	半纤维素(w_d)/%	木质素(w_d)/%
玉米秸秆	41.7	27.2	20.3
小麦秸秆	33.2	24.6	15.1
棉柴	42.0	24.0	15.0
稻壳	30.6	28.6	24.4
玉米芯	48.0	32.0	15.0
花生壳	35.7	18.7	30.2
甘蔗渣	38.1	38.5	20.2
葵花籽壳	48.4	34.6	17.0
杨木	48.6	25.5	19.3
松木	40.4	24.9	23.5
桐木	44.7	29.4	23.5
软木	41.0	24.0	27.8
棉花	99.4	—	—

注：下标 d 为干燥基。

8.2.1.1 纤维素

纤维素是自然界中资源最为丰富的碳水化合物，是木质纤维素生物质细胞壁的主要成分，占植物界碳含量的 50% 以上。纤维素在植物中的含量可以从 33% 到 90%，例如木材中纤维素的含量为 40%~55%，禾本植物如稻草、芦苇的茎秆中含量为 40%~50%，亚麻等中的含量为 60%~85%，棉花中的纤维素含量最高，在 88%~90% 以上。因此，纤维素是自然界中最丰富的可再生有机资源。

纤维素的结构见图 8-2。其化学通式可以表示为 $(C_6H_{10}O_5)_n$，是一种具有高聚合度的长链聚合物，分子量约为 10000，甚至更高（500000）。纤维素由许多长度不同的线性高分子组成，因此其分子量是不均一的，这种性质称为不均一性。纤维素的分子量及其分布会影响纤维素原料的溶解度、黏度以及降解、老化等各种化学反应。由图 8-2 可知，纤维素每个葡萄糖基环上有三个活泼羟基，即两个仲羟基和一个伯羟基，因此纤维素可以发生一系列与羟基有关的化学反应，包括醚化、酯化等，生成相应的纤维素衍生物。

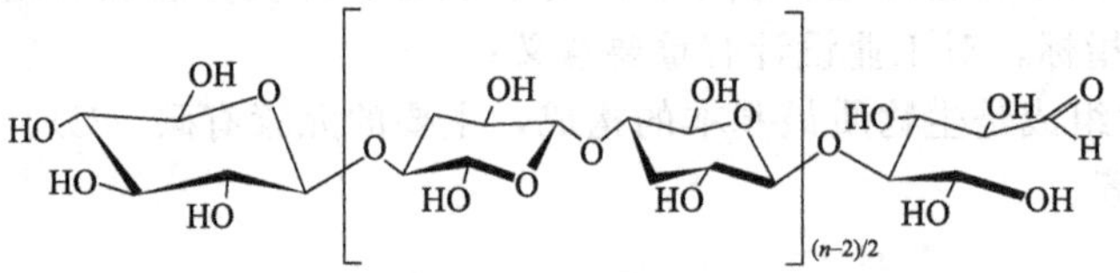

图 8-2　纤维素结构式

纤维素具有晶体结构，极难溶解，反应性较差，酶分子和水分子都难以侵入其内部，这是木质纤维素原料生物降解必须突破的障碍。因此尽管纤维素是碳水化合物，但人类很难将其消化。有效地开发利用纤维素材料对改善生态环境、改变人类饮食结构、发展新型材料都具有重要意义。

8.2.1.2 半纤维素

半纤维素是植物细胞壁中与纤维素共生的细胞壁聚糖，通常占木质纤维素生物质干重的 20%~30%，广泛地存在于针叶木、阔叶木、草类和秸秆中，可通过水或碱抽提得到。半纤维素与纤维素的主要区别在于半纤维素是一群复合聚糖（木糖、甘露糖、葡萄糖和半乳糖）的总称，这些聚糖分别由一种或几种糖基，如 D-木糖基、D-甘露糖基与 D-葡萄糖基或半乳糖基构成基础链，而其他糖基作为支链连接于此基础链上。与纤维素由单一葡萄糖基组成的长链分子不同，半纤维素是由几种不同的糖单元聚合而成的短链分子，且具有支链，所以半纤维素在植物细胞壁中的聚集态一般是无定形的。

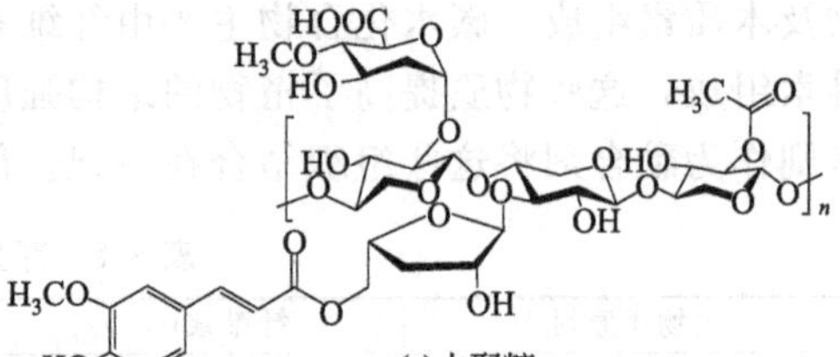

由于半纤维素化学结构的不均一性，天然半纤维素为非结晶态且分子量低的多位分枝型聚合物，其聚合度为 80~200，其通式可表示为 $(C_5H_8O_4)_n$。半纤维素的典型代表物是木聚糖

(a) 木聚糖

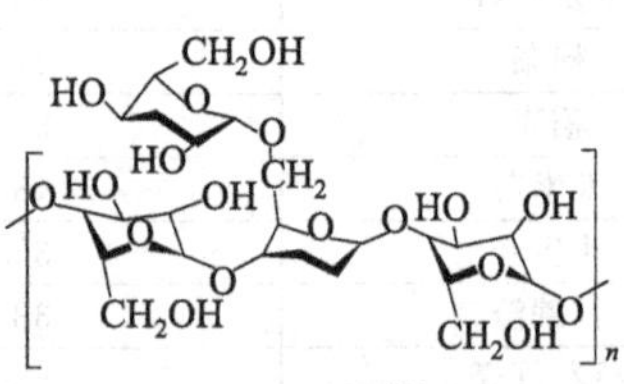

(b) 甘露糖

图 8-3　半纤维素典型代表物
木聚糖和甘露糖结构式

和甘露糖，其主要化学结构如图 8-3 所示。半纤维素分子链中含有游离羟基，具有亲水性，且半纤维素不存在结晶结构，所以具有较高的吸水性和润涨度。由于半纤维素聚合度较低，

因此可用抽提法从木材、综纤维素或浆粕中分离。半纤维素为无定形物质，其溶解度、化学活性和反应速率均比纤维素大。

8.2.1.3　木质素

在自然界中，木质素是仅次于纤维素的一种丰富且重要的大分子有机聚合物，存在于植物细胞壁中。木质素在硬木中的含量可达到18％～25％，软木中的含量可达到25％～35％。在木材类木质纤维素中，木质素作为一种填充和黏结物质填充在细胞壁的微纤维丝之间，以物理或化学的方式使纤维素纤维之间黏结牢固，增大了木材的机械强度和抗腐蚀能力。

目前对木质素还没有统一的结构和定义。木质素大分子是由结构相同或相似的结构单元（如4-丙烯基酚、4-丙烯基-2甲氧基酚、4-丙烯基-2,5二甲氧基酚等）重复连接而成的具有网状结构的、高度侧链化的聚合物。其聚合物中最主要的单体是苯环，其作用就像纸箱中的胶水，将纸黏合在一起形成各种形状。

一般认为木质素大分子由三种不同的结构单元组成，即对羟苯基型、愈创木基型、紫丁香基型，这三种结构单元如图8-4所示。

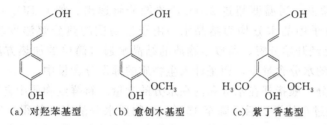

（a）对羟苯基型　　（b）愈创木基型　　（c）紫丁香基型

图8-4　木质素典型结构单元

木质素虽然只有三种基本结构单元，但每种结构单元的苯环上官能团不同，具有不同的反应活性，因此木质素的结构非常复杂，是自然界存在的高分子物质中结构最为复杂的高聚物，目前的技术还不能把木质素完全地从植物体中分离出来而不造成结构变化。在植物细胞壁中大部分木质素与半纤维素等碳水化合物通过化学键结合在一起形成"木质素-碳水化合物联合体"，是一种具有立体网状结构的大分子有机物，对纤维素起到了包裹作用，从而在一定程度上限制了纤维素生物降解。

8.2.2　生物质的工业分析成分

从前文可知生物质的化学组成极为复杂，目前仍无法清楚地认识其结构和性质。在工业应用中，需要采用较为简单的分析测试手段对燃料的基本性质进行评价，工业分析即为一种简单实用的表征燃料特性的方法。

燃料的工业分析成分是通过工业分析方法进行测定的。工业分析的主要任务是测定燃料中的水分、挥发分、固定碳和灰分。需要注意的是，工业分析中的四种成分并不是燃料中的固有形态，是在特定的条件下，用加热的方法使燃料中的复杂组分发生分解和形态转化，从而得到可用普通化学分析方法进行研究的组成。

8.2.2.1　生物质水分

水分是生物质生存必不可少的物质，所有生物质均含有一定量的水分。生物质的水分含量与原料品种、原料产地等诸多因素有关。生物质中的水分按其存在状态可分为外在水分、内在水分以及化合结晶水。外在水分是附着于生物质颗粒表面以及较大孔隙（直径1 μm以上）中的水分；内在水分是指以物理、化学方式结合存在于生物质内部毛细孔（直径小于

$1\mu m$)中的水；化合结晶水是指原料中与矿物质相结合的水分。

（1）外在水分

将生物质置于空气中，其外在水分不断蒸发，直至外在水分的蒸汽压力与空气中的水蒸气压力相平衡，此时失去的水分就是外在水分。由于生物质失水量与当下空气的湿度有关，因此同一生物质试样的外在水分数值并不固定，随空气的温度和湿度变化而变化。通常认为在室温下自然干燥而失去的水分叫外在水分。生物质的外在水分随环境条件变化很大，最高可达60%。

（2）内在水分

由于内在水分存在于毛细孔中，所以内在水分的蒸汽压力小于同温度下纯水的蒸汽压力，所以在室温下很难除去，必须在105～110℃进行干燥才能除去。生物质内在水分的含量比较稳定，在5%左右。

（3）化合结晶水

化合结晶水是生物质与其内部矿物质相结合的水分，在生物质中的含量较少，在105～110℃条件下不能除去，当温度超过200℃，才能分解逸出。如$CaSO_4 \cdot 2H_2O$、$Al_2O_3 \cdot 2SiO_2 \cdot 2H_2O$等分子中的水分均为结晶水。由于生物质的热分解温度较低，当温度超过200℃时，生物质已经开始分解，所以生物质的结晶水通过简单的加热方法不能测出，因此一般不计入生物质的水分含量中，而是计入生物质的挥发分含量中。

生物质中的水分一般指外在水分和内在水分的含量。新鲜生物质中含有大量的水分，可达40%～60%，经过自然干燥后可降至15%。生物质水分的存在使得生物质中可燃物质的相对含量降低，热值减少；水分含量高，也会增加运输成本，同时在原料的输送过程中容易造成架桥和堵塞现象；生物质水含量高不易破碎，容易黏附于设备表面，增加了粉碎的能耗；高水分含量导致生物质在燃烧过程中因水分蒸发、气化和过热消耗了大量的热量，使生物质着火困难，影响其燃烧速度，造成热损失增加，影响炉灶的热效率。热解气化工艺一般要求使用水分含量较低的生物质以保证热化学操作的稳定性，但水分参与的反应如水蒸气气化反应以及一氧化碳变换反应会提高气体产率，因此可适当保留生物质的水分。水分含量对生物质压缩成型质量也至关重要，必须将水分含量控制在一定范围内才能获得质量较好的生物质颗粒燃料。

8.2.2.2　生物质挥发分

生物质挥发分是指在隔绝空气条件下将生物质原料加热至一定温度而析出的气态物质。挥发分本身的化学成分包括饱和的、未饱和的芳香族碳氢化合物的混合物、氢气、一氧化碳、甲烷和硫化氢等可燃气体以及少量的氧气、氮气和二氧化碳等不可燃气体，以及结晶水分解后产生的水蒸气。挥发分并不是生物质中原有的物质，而是生物质的大分子结构在加热过程中发生热分解产生的，因此挥发分含量是指原料所析出的挥发分的含量，而不是原料中挥发分的含量。挥发分含量与生物质原料中有机物质组成和性质密切相关，挥发分及其热值对生物质的着火和燃烧特性有较大影响，挥发分高的生物质容易被点燃，燃烧稳定但火焰温度较低。挥发分含量对生物质热化学转化过程有着重要影响，如挥发分含量对燃烧器的设计也有重要影响，对于挥发分含量高的燃料，必须有足够的空间保证挥发分完全燃烧。

8.2.2.3　灰分

生物质中的灰分是指生物质中的可燃组分在一定温度下完全燃烧以及其中的矿物质经过一系列分解、化合等复杂反应后的剩余残渣。灰分来源于生物质中的矿物质，但其组成和质量又与矿物质不完全相同，是矿物质在一定条件下的产物，因此称为一定温度下的"灰分产率"较为合适。灰分可以分为外部杂质和内部杂质，外部杂质来源于生物质在收集、运输和储存过程中混入的泥土、矿物、沙子等，内部杂质则是生物质本身所包含的矿物成分，如硅铝酸盐、二氧化硅以及其他金属氧化物。

一般来说，木质纤维素原料的灰分含量较低，但灰分中碱金属元素含量较高（尤其是K）。生物质灰分含量对其转化利用有重要影响。灰分含量增加使生物质在采集、运输和粉碎过程中的成本增加；生物质燃烧时，可燃物质燃烧后留下的灰分形成的灰层会阻碍氧化剂向内层扩散，使生物质无法完全燃烧，造成炉温降低以及燃烧不稳定；此外，固态生物质灰分会在设备的受热面上沉积，造成设备腐蚀，熔融状的灰粒黏附在受热面上造成结渣，影响设备的传热效果。对于生物质的各种转化技术，除了要考虑灰分含量外，还需要考虑灰分的熔点（尤其是温度较高的燃烧、气化反应）。在生物质燃烧或者气化反应中，如果灰分熔点过低（由于生物质富含碱金属及碱土金属，因此灰分熔点较低），则灰分容易在炉栅上结渣，影响通风，对于流化床反应器，灰分结渣则容易造成失流化，导致停车。同时灰分在反应器内结渣，也会造成排灰困难，所以要求生物质灰分熔点不低于 1200℃。对于灰分熔点较低的生物质，在其利用过程中可通过添加适当的助剂或与煤共气化等手段来提高其灰分熔点。

由上述可知，测定生物质的灰分含量及组成，对评价生物质的使用价值，控制生物质转化设备（尤其是热化学转化设备）的运行条件，确保其安全稳定运行，环境污染防治以及综合利用等方面都具有重要意义。

8.2.2.4　固定碳

生物质挥发分逸出后的残留物称为半焦，包括固定碳以及生物质的灰分。固定碳含量是半焦的质量减去灰分的质量。固定碳是相对于挥发分中的碳而言的，是生物质燃料中以单质形式存在的碳。固定碳燃点很高，需要在较高温度下才能着火燃烧，因此燃料中固定碳含量越高，则燃料燃烧越困难。生物质的固定碳含量较少，一般在 14%～25%之间，挥发分含量较高，因此生物质很容易被点燃和燃尽。

8.2.2.5　部分生物质的工业分析数据

部分生物质的工业分析数据如表 8-2。

表 8-2　部分生物质的工业分析数据

种类	工业分析(w_{ad})/%			
	水分	灰分	挥发分	固定碳
杂草	5.93	9.40	68.27	16.40
豆秸	5.19	3.13	74.56	17.12
稻草	3.61	12.20	67.80	16.39
稻壳	5.62	17.82	62.61	13.95
玉米秸	6.10	4.70	76.00	13.20
玉米芯	4.87	5.93	71.95	17.25
高粱秸	4.71	8.91	68.90	17.48
棉秸	6.78	3.97	68.54	20.71
麦秸	4.42	8.90	67.36	19.32
花生壳	7.88	1.60	68.10	22.42
杉木	3.27	0.74	81.20	14.79
榉木	5.90	0.60	79.00	14.50
松木	3.00	0.40	79.60	17.00
杨木	6.70	1.50	80.30	11.50

种类	工业分析(w_{ad})/%			
	水分	灰分	挥发分	固定碳
柳木	3.50	1.60	78.00	16.90
桦木	11.10	0.30	70.00	18.60
枫木	5.60	3.60	74.20	16.60
马粪	6.34	21.85	58.99	12.82
牛粪	6.36	32.40	48.72	12.52

注：下标 ad 为空气干燥基。

8.2.3　生物质的元素组成

组成生物质的主要元素包括碳（C）、氢（H）、氧（O）、氮（N）、硫（S）。在进行生物质元素测定时，规定上述五种元素的含量加上灰分（A）以及水分（M）含量为 100%（此计算基准为空气干燥基，若除去水分的影响，则为干燥基），即灰分中所含的元素不包含在生物质元素测定的主要元素含量中。

8.2.3.1　碳元素

碳元素是生物质中最主要的可燃元素，是决定燃料发热量的主要元素。1kg 碳完全燃烧，可释放出 32886kJ 热量。生物质燃料中的碳含量一般在 44%～58% 之间（干燥无灰基），比煤的含碳量低。碳在生物质中一般与氢、氧、硫、氮等元素形成复杂的有机化合物，在受热分解时一部分以挥发物的形式析出。除这部分析出的碳外，生物质中其余的碳是以单质形式存在的固定碳，固定碳的燃点较高，需要较高的温度才能点燃。

8.2.3.2　氢元素

氢元素是生物质中仅次于碳的可燃组分，是生物质可燃组分中发热量最高的元素。1kg 氢完全燃烧可释放出 120370kJ 热量。氢在生物质中的含量为 5%～7%，氢含量对燃料的热值、着火点影响较大，氢含量高，发热量高，容易着火，但氢含量多的原料，特别是含重烃较多的燃料，燃烧过程中容易析出炭黑而冒黑烟。氢元素在生物质中主要以碳氢化合物的形式存在。生物质中有一部分氢与氧形成结晶态的水，这部分氢不能燃烧，另一部分与氧化合的氢与碳、硫等元素构成可燃化合物，在燃烧时与氧反应放出大量热量。

8.2.3.3　氧元素

氧是生物质中含量仅次于碳的一种重要元素，生物质中氧元素的含量一般为 35%～48%。氧在生物质中有两种存在状态：

① 有机氧　主要存在于含氧官能团中，如羧基（—COOH）、羟基（—OH）和甲氧基（—OCH$_3$）等；

② 无机氧　主要存在于水分、硅酸盐、碳酸盐、硫酸盐等含氧化合物中。

生物质高氧含量对其热化学转化过程有不利影响，如热分解过程中生物质中的氧大部分转移到了生物质油中，导致生物质油的氧含量较高，影响其直接作为燃料的应用价值，因此需要对生物质油进行提质改性（降低生物质中的含氧量，使其化学组分由碳氧化合物转化为碳氢化合物），提高其品位，从而替代或部分替代石油产品。

8.2.3.4　氮元素

氮元素是固体和液体燃料中唯一完全以有机态形式存在的元素，在生物质中的含量较少，一般在 3% 以下，是生物质内重要的营养元素，富集在植物体内生长旺盛的部位。生物质中的有机氮主要是比较稳定的杂环和复杂的非环结构化合物，如蛋白质、脂肪、叶绿素和其它组织的环状结构中都含有氮。

氮在高温下与 O_2 发生燃烧反应，生成 NO_x。NO_x 排入大气中，与大气中的碳氢化合物等一次污染物在阳光（紫外线）作用下发生光化学反应，生成二次污染物，之后与一次污染物混合形成有害的浅蓝色烟雾（即光化学烟雾），会对大气造成较大的污染。

8.2.3.5 硫元素

硫是生物质中的可燃组分之一，燃烧后会形成硫氧化物 SO_x，这些物质会与烟气中的水蒸气反应生成亚硫酸（H_2SO_3）、硫酸（H_2SO_4），受冷凝结后会对设备造成腐蚀。排入大气的二氧化硫及三氧化硫是造成酸雨的主要原因，对环境造成了破坏。燃料中的硫主要分为有机硫和无机硫，有机硫是指硫与 C、H、O 形成的有机化合物；无机硫包括硫化物中的硫、元素硫以及硫酸盐中的硫。

硫在生物质中的含量极低，一般小于 0.3%，甚至不含硫。因此，生物质作为燃料对环境的危害较小，是其作为可再生替代能源的一个优势。

8.2.3.6 部分生物质的元素分析数据

部分生物质的元素分析数据如表 8-3。

表 8-3 部分生物质的元素分析数据

种类	元素分析(w_{daf})/%				
	C	H	O[①]	N	S
杂草	41.00	5.24	51.95	1.59	0.22
豆秸	44.79	5.81	43.44	5.85	0.11
稻草	48.30	5.30	45.50	0.81	0.09
稻壳	49.40	6.20	43.70	0.30	0.40
玉米秸	49.30	6.00	43.89	0.70	0.11
玉米芯	47.20	6.00	46.31	0.48	0.01
高粱秸	48.63	6.09	44.91	0.36	0.01
棉秸	49.80	5.70	43.59	0.69	0.22
麦秸	49.60	6.20	43.52	0.61	0.07
花生壳	54.90	6.70	36.93	1.37	0.10
杉木	51.40	6.00	42.51	0.06	0.03
榉木	49.70	6.20	43.81	0.28	0.01
松木	51.00	6.00	42.92	0.08	0.00
杨木	51.60	6.00	41.78	0.60	0.02
柳木	49.50	5.90	44.14	0.42	0.04
桦木	49.00	6.10	44.80	0.10	0.00
枫木	51.30	6.10	42.35	0.25	0.00
马粪	37.25	5.35	55.83	1.40	0.17
牛粪	32.07	5.46	60.84	1.41	0.22

① 数值通过差减法得出。

注：下标 daf 为干燥无灰基。

8.3
生物质转化技术

生物质有多种转化方法，主要包括物理、化学和生物化学三大类，最终将生物质能源转化为洁净的高品位能源，从而替代化石燃料用于电力、交通运输以及城市燃气等方面。生物质转化技术和主要产品见图 8-5。

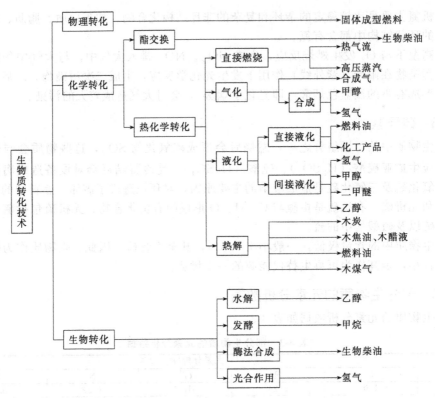

图 8-5　生物质转化利用方法及产品

8.3.1　物理转化技术

　　生物质压缩成型技术是最主要的物理转化技术。生物质成型燃料是生物质原料（如农作物秸秆、稻壳、锯末、木屑等）经干燥、粉碎等预处理后，在特定的设备中经过高温、高压压缩成棒状、块状或颗粒状的高密度、高热值燃料，从而节约了运输成本、提高了使用设备的容积效率、提高了转化利用的热效率。生物质成型过程没有改变生物质的化学性质。压缩后生物质固体成型燃料体积为原有生物质体积的 $1/8\sim1/6$，密度为 $1.0\sim1.4$ t/m^3。生物质成型燃料的挥发分质量分数为 $60\%\sim80\%$，远高于煤；固定碳质量分数为 $5\%\sim20\%$；燃料低位热值在 $12\sim19MJ/kg$ 之间；灰分质量分数为 $0.5\%\sim15\%$，通常比煤低。固体成型燃料可广泛用于各种类型的家庭取暖炉、小型热水锅炉、热风炉，也可用于小型发电设施，还可以进一步加工成炭和活性炭，是充分利用秸秆等生物质资源替代煤炭的重要途径，具有良好的发展前景。

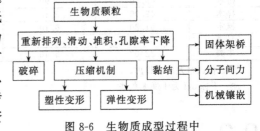

图 8-6　生物质成型过程中
作用力的形成过程与机制

　　生物质成型主要有两种方式：①通过添加黏合剂使松散的生物质颗粒黏结在一起；②在一定的温度和压力下靠生物质颗粒间的相互作用力黏结在一起。目前生物质成型燃料主要通过第二种方法生产。图 8-6 为生物质成型过程中作用力的形成过程及机制。生物质的化学组成纤维素、半纤维素、木质素、蛋白质、淀粉、脂肪、灰分等，对成型过程均存在影响。高温条件下进行压缩成型时，蛋白质和淀粉发生黏结作用，成型时高温和高压条件会使木质素软化从而增强生物质的黏结性。较低的熔融温度

（140℃）和低热固性使木质素在黏结过程中发挥了积极的作用。

目前开发的生物质成型燃料主要是棒状和颗粒状成型燃料，比较成熟的是棒状及其炭化成型炭。颗粒成型燃料技术和设备的研究开发已经引起了广泛的重视，但技术还需要进一步完善。

8.3.2 化学转化技术

生物质化学转化可分为传统化学转化和热化学转化。传统化学转化的典型代表为酯交换法制备生物柴油。生物质通过热化学转化可获得木炭、焦油和可燃气体等高品位能源产品。热化学转化主要分为几个方面：一是直接燃烧获得热能；二是气化获得燃料气用于发电或合成化学品；三是通过热解或直接液化获取液体产品以及半焦和气体产品，便于储存和运输，还可替代燃料油或进一步生产其它化学品。

8.3.2.1 酯交换

酯交换反应也称为转酯或醇解，是在催化剂作用下，用醇置换甘油三酯（动植物油脂）中的甘油，使用的醇主要有甲醇、乙醇、丙醇、丁醇和戊醇等。根据使用的催化剂不同，酯交换法又分为均相催化法、非均相催化法、生物酶法和超临界法。均相催化法以液体酸、液体碱为催化剂，在温和的条件下制备生物柴油。该技术的特点是设备投资小、操作简单、反应条件温和，但存在原料要求苛刻、工艺复杂、环境污染严重和催化剂不能回收等问题。非均相催化以固体酸或固体碱为催化剂，采用固定床制备生物柴油。该方法具有产物容易分离、无废水排放等诸多优点，是生物柴油制备领域研究和开发的重点技术之一。生物酶法也是一类重要的酯交换技术，具有原料适应性广、反应条件温和以及副产品甘油纯度高等优点，但目前还存在着催化剂昂贵、酶易中毒失活、成本高的问题。超临界法是指在超临界状态下，甲醇与油脂发生酯交换的工艺。该技术具有原料适应性强、无污水排放、联产甘油纯度高等优点，但存在反应条件苛刻、投资和运营成本高、产品经济性差等问题。典型酯交换法生产生物柴油的工艺流程见图8-7。

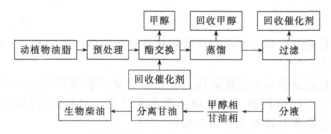

图8-7 典型酯交换法生产生物柴油工艺

通过酯交换反应，使天然油脂的分子量降为原来的1/3，黏度降为原来的1/9，同时燃料的挥发度提高，各项指标与柴油较为接近。

8.3.2.2 直接燃烧

生物质直接燃烧是最传统的生物质热化学转化方式，一般用于供热或发电。直接燃烧可以分为炉灶燃烧、锅炉燃烧、垃圾焚烧和成型燃料燃烧等方式。生物质直接燃烧，只需对原料进行简单处理，可减少项目投资，燃烧产生的灰分也可用作肥料。但生物质直接燃烧，尤其是木材燃烧产生的颗粒物对人体健康有影响。此外，生物质含有大量水分（可达60%～70%），燃烧过程中水分蒸发吸热会带走很多热量，燃烧效率较低，浪费了大量能量。

生物质在炉灶中的燃烧效率一般为 $10\%\sim15\%$。生物质作为锅炉燃料直接燃烧用于大规模集中发电或供热采暖，优点是效率高（效率为 $50\%\sim60\%$），可实现工业化生产；缺点是投资高，而且不适合小规模利用，必须相对集中才能采用此技术。垃圾焚烧采用锅炉技术，但因为垃圾的能量品位较低，含腐蚀性物质较多，因此对燃烧技术要求更高，投资成本更大，必须大规模利用才合理。固体成型燃料燃烧是将秸秆、稻壳、木屑等生物质粉碎处理后，压缩成型，然后采用传统的燃煤设备燃用。其优点是采用的设备是传统的定型产品，不需要经过特殊的设计或处理；缺点是运行成本较高，适合企业对原有设备进行技术改造时，在不需要增加投资成本的前提下，以生物质成型燃料替代煤，以达到节能的目的。

8.3.2.3 气化

生物质气化是指生物质与气化剂（空气、氧气、空气/水蒸气、氧气/水蒸气）在高温下发生部分氧化反应，从而将生物质转化为气体燃料的过程。生物质气化过程所用气化剂不同（如空气、空气/水蒸气等），所得到的气体燃料组成也不一样，气体产物主要有 CO、H_2、CH_4、N_2 以及 C_nH_m 等烷烃类碳氢化合物。

生物质气化技术的基本应用方式主要有以下几个方面：供热、供气、发电和合成化学品。生物质气化供热是指生物质经过气化后，产生的生物质燃气进入燃烧器中燃烧，为用户提供热能，此系统热效率较高。生物质气化集中供气是指生物质经过气化产生的燃气，通过配套设施，为居民提供炊事用气。生物质气化发电技术是生物质清洁能源利用的一种重要方式，几乎不排放有害气体，对环境十分有利，可在一定程度上解决能源短缺和化石燃料燃烧引起的环境污染问题。气化所得到的合成气（$CO+H_2$），经过催化转化可得到汽油、柴油等液体燃料以及含氧有机物如甲醇和二甲醚等。

生物质气化是复杂的生物质经过暴力的气化反应（高温）后，得到纯净合成气（$CO+H_2$）的技术，之后通过催化转化技术可得到各种类型的化学品。生物质气化的优势是可以不用考虑生物质的具体化学组成，不需要对其化学组分（半纤维素、纤维素、木质素等）进行分级处理，直接将生物质复杂的化学成分打碎为简单的合成气，简化了分解过程。但越简单的反应，需要的能量越高，生物质气化反应能耗较高，从能量回收的角度看，其效率较低。

8.3.2.4 液化

生物质液化是指通过化学方式将固体生物质转化为液体产品的过程。液化技术分为直接液化和间接液化两类。

直接液化是生物质在适当的温度和压力下，以水或其它有机溶剂为介质，添加催化剂，直接转化为少量气体和固体产品、大量液体产品的过程，主要形式包括热解液化、催化液化、加氢液化等。生物质直接液化有以下优点：

① 不需要对原料进行脱水和粉碎等高能耗的操作；

② 设备简单、操作简单；

③ 产品氧含量较低，热值较高。

生物质直接液化产物除了作为能源原料外，由于酚类液化产物含有苯酚官能团，可用作胶黏剂和涂料树脂。液化物还可用于制备发泡型或成型模压制品，可利用乙二醇或聚乙烯基乙二醇木材液化产物生产可生物降解塑料，如聚氨酯。

间接液化是指生物质气化产生的合成气，经过进一步催化合成，制成液体燃料的过程。生物质气化合成燃料是一种间接液化技术，是生物质热化学利用的主要方式之一，产品包括合成燃料（汽油、柴油、煤油等）以及含氧化合物燃料（如甲醇、二甲醚等），合成燃料的产品纯度高，几乎不含 S、N 等杂质，燃烧后无黑烟排放，合成气还可提纯制取氢气，用于燃料电池发电，合成燃料的尾气可用于发电和供热，气化产生的灰渣可用于生产肥料，或提炼高附加值产品。

实际上生物质无论直接液化还是间接液化，均需要高温和高压，在实际工业生产中仍然存在设备投资大、工艺复杂、操作困难等问题。如果可在常压以及较低的温度（200℃以下）下实现生物质液化，那么生物质液化技术的产业化进程将会大大加快。

8.3.2.5 热解

生物质热解是指在一定温度和隔绝氧气或惰性气氛下，将生物质原料加热裂解得到生物油的过程，热解过程的产物除了生物油之外还有固体半焦和热解气体。生物油产率受热解工艺和反应条件的影响。

根据加热速率，热解可分为慢速、常速和快速热解工艺。

生物质慢速热解以生成木炭为目的，也称为炭化或干馏。低温干馏温度为 $500\sim580℃$，中温干馏温度为 $660\sim750℃$，高温干馏温度为 $900\sim1100℃$。慢速热解加热速率在 $1℃/s$ 以下，反应时间长达数小时甚至数天。慢速热解可得到占原料质量 $30\%\sim35\%$ 的木炭，也可得到木醋液、焦油和少量热解气。

生物质快速热解的加热速率非常高，通常在 $100\sim200℃/s$ 以上，甚至超过 $1000℃/s$（闪速热解），反应温度在 $500℃$ 左右，冷却速度也非常快，可在 $0.5s$ 淬冷至 $350℃$ 以下。快速热解使大分子有机物在惰性气氛或隔绝空气的条件下迅速断裂为短链分子，并产生大量可凝性挥发分、部分小分子气体以及少量半焦。可凝性挥发分被快速冷却成液体，成为生物油或热解油，其质量可达到原料质量的 $40\%\sim70\%$，为棕黑色黏性液体，热值为 $20\sim22MJ/kg$，可直接作为燃料使用。生物油便于储存和运输，用途广泛，未经处理的生物油可直接作为燃油用于锅炉等燃烧设备，经过提质改性后可在一定程度上替代石油资源。经过催化加氢处理的生物油可以替代柴油和汽油用于内燃机，或者通过改进现有内燃机供油系统，直接作为各种内燃机的燃料。生物质快速热解与后续生物油提质改性相结合，是实现生物油分散式制取与集中处理获得高品位液体燃料的有效途径。与传统的热解工艺相比，快速热解工艺能以连续工艺处理低品位木材或农林废弃物，将其转化为高附加值的生物油，相比传统处理技术，可获得更大收益，因此生物质快速热解工艺得到了国内外的广泛关注。

生物质常速热解升温速率介于慢速热解和快速热解之间，一般为 $1\sim10℃/s$，反应温度区间为 $450\sim900℃$，反应时间为 $1\sim15min$。常速热解可得到气、液、固三种形态的产物，随着反应温度升高，气体产物比例明显增加，而固体和液体产物减少。常速热解得到的燃气低位热值为 $12\sim18MJ/m^3$。

8.3.3 生物化学转化技术

8.3.3.1 生物质水解技术

制取燃料乙醇的主要生物质原料有糖、淀粉和木质纤维素。用生物质制备燃料乙醇，首先将生物质原料粉碎，通过化学水解（酸或碱）或者生物酶将淀粉或者纤维素、半纤维素转化为多糖（木聚糖或葡萄糖），再通过微生物（如酵母菌）的发酵作用将糖转化为低浓度的乙醇（5%～15%），最后通过精馏等手段得到高浓度的乙醇。利用淀粉资源生产燃料乙醇，由于受到淀粉资源的限制，即涉及与人争粮的问题，所以发展受到限制。

相比糖或者淀粉，由于木质纤维素的结构紧凑，纤维素难于被生物酶水解，因此需要将纤维素经过酸或酶水解转化为微生物可利用的单糖，然后经过发酵生产乙醇。木质纤维素的水解工艺主要有以下几类：

（1）浓酸水解

浓酸水解是使纤维素在浓硫酸溶液中完全溶解为低聚糖，然后加热水稀释，便可得到葡萄糖。浓酸水解的优点是原料适应性广，回收率高，溶解速度快。但浓酸水解反应条件苛刻，对设备要求较高，因此成本较高，且残余物对环境有较大的污染，需妥善处理。

（2）稀酸水解

稀酸中的氢离子通过与纤维素反应，破坏了纤维素的稳定性，使其与水反应，从而使纤维素解聚为一个个葡萄糖单元。稀酸水解的优点是快速，缺点是水解产物不彻底，水解产生的糖会继续分解，影响糖的收率。因此稀酸水解一般分为两个步骤，首先半纤维素在低温条件下分解为木聚糖，之后在高温条件下，纤维素分解为葡萄糖。由于高温条件对设备要求较高，因此稀酸水解工艺不适合大规模工业化生产。

（3）酶解工艺

纤维素酶解工艺中最重要的是纤维素酶。纤维素酶不是单一类型的酶，而是促进纤维素分解为单糖的一类酶的统称，主要包括内切葡萄糖酶、外切葡萄糖酶和纤维素二糖酶。这三种酶共同作用来完成纤维素的水解过程。酶水解工艺所需要的pH及温度均较为温和，因此对设备的要求较低，且转化率较高、无污染、无腐蚀。酶水解工艺的缺点是反应速度太慢，因此无法实现大批量生产。而且由于纤维素本身的结构比较稳定，酶无法直接接触纤维素表面，因此必须先对木质纤维素进行预处理，从而增加了工艺成本。

8.3.3.2 厌氧发酵技术

厌氧发酵是指在没有溶解氧存在的条件下，微生物将生物质中的有机质进行分解转化为以甲烷、二氧化碳为主要产物的过程。主要生物化学过程包括分解、水解、产酸、产乙酸、产甲烷5个步骤，如图8-8所示。此外，许多专性厌氧和兼性厌氧微生物，如丁酸梭状芽孢杆菌、产气肠杆菌、褐球固氮菌等，能够在氮化酶或氢化酶的作用下将多种底物分解为氢气。厌氧发酵过程是在厌氧条件下进行的，氧气的存在会抑制生物酶的活性。由于转化细菌的专一性，其所能分解的底物也有所不同，因此要将生物质彻底分解获得甲烷或氢气，应将不同的菌种共同培养。为提高气体产率，除选育优良的耐氧菌种外，必须开发先进的培养技术才能够使厌氧发酵技术实现大规模生产。

8.3.3.3 生物法制氢技术

生物质制氢是生物质通过产氢细菌等微生物的新陈代谢作用产生氢气的过程。能够产氢的微生物主要有两类：厌氧产氢细菌和光合产氢细菌。生物质制氢主要有厌氧微生物制氢、光合微生物制氢以及厌氧细菌和光合细菌联合制氢等工艺。与水解制氢以及化石能源制氢相比，生物法制氢具有能耗低、投资小等优点，但生物法制氢最显著的缺点是转化率较低（光合细菌光能转化率较低，厌氧发酵氢产率较低），因此生物法制氢的关键是如何提高微生物的光能转化效率以及氢产率。利用城市污水、生活垃圾、动物粪便等有机废物进行发酵制氢，可大大降低生物制氢成本，在获得氢气同时起到了保护环境的作用。

8.3.4 生物质转化技术的比较

在生物质的主要转化利用方法中，无论是生物质压缩成型的物理方法还是生产氢气、甲烷和乙醇的生物化学法，尽管在能量利用效率、操作条件、环境保护等方面有很大的优势，但还存在一些问题，直接影响其大规模工业化应用。生产生物柴油的原料主要包括各种油脂，如植物油（主要来源于油料作物：油菜、花生、大豆、棉籽等）、动物油脂、废餐饮油和微藻油脂等，这些油脂存在生长周期长或者供应不稳定的问题，均会对生物柴油的大规模生产和应用产生影响。燃料乙醇的生产主要以糖类（甘蔗、甜菜等）、淀粉（玉米、谷类）

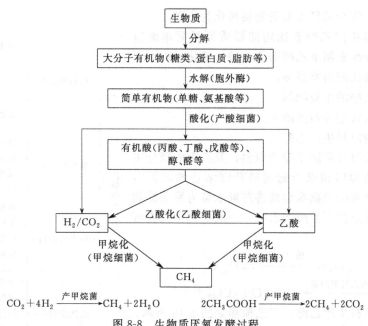

图 8-8 生物质厌氧发酵过程

等、木质纤维（秸秆、蔗渣等）等生物质为原料，利用微生物发酵而制成。目前，生产燃料乙醇主要以粮食作物（玉米）和经济作物（甘蔗）为原料，若采用粮食作物作原料，须占用大量耕地，这与国家的粮食安全存在矛盾，不可能进行大规模生产，且从燃料生产成本的角度出发，并不具有经济意义。近年来，以粮食作物为生物质原料生产乙醇已经向非粮作物开始转变，已经有许多国家大量开展以纤维素和半纤维素为原料的技术路线和工业实践。但目前纤维素乙醇存在原料收集困难、预处理过程能耗高、水解用酶效率低、废水处理难度高等问题，难以在短期内进行高效、低成本、大规模生产。

生物质热化学转化技术包括热解、气化、燃烧、液化等。生物质热化学转化技术相比于物理、化学法和生物化学法，转化方法较为苛刻，通常需要较高的温度和压力，生产设备及工艺也较为复杂。但生物质热转化技术设备及工艺较为成熟，能够以连续的工艺和生产方式将低品位的生物质能转化为高品位的易储存、易运输以及高能量密度的固态、液态和气态燃料，以及电能等能源产品，并能够实现大规模工业化生产，这些优势是当前物理及生物化学法无法比拟的。与生物化学法相比，生物质热化学转化法的主要优势在于其可处理任何类型的生物质，包括农业废弃物、林业废弃物、不可进行发酵处理的生物质炼油副产物、食物以及其他生物加工厂的副产品，而生物化学法适合处理易于分解的生物质，且生物质原料大都需要进行预处理。因此，生物质热化学转化技术具有极大的潜在市场，成为世界发展多元化清洁能源战略的重要组成部分。

8.4
典型生物质转化工艺

8.4.1 生物质燃料乙醇

生物燃料乙醇的主要生产方法为微生物发酵法，即利用微生物（主要是酵母菌）在无氧条件下将糖类、淀粉或纤维素类物质转化为乙醇。

用糖质原料生产乙醇要比用淀粉质原料简单而直接；用淀粉和纤维素制取乙醇需要水解、糖化过程，而纤维素的水解要比淀粉难得多。

（1）生产乙醇的主要原料

乙醇生产的常用原料见图8-9。

（2）以糖为原料生产乙醇

甜高粱和能源甘蔗属于糖类原料，其所含的糖分主要是蔗糖（由葡萄糖和果糖通过糖苷键结合的双糖），酵母菌可利用自身的蔗糖水解酶将蔗糖水解为葡萄糖和果糖，并在无氧条件下发酵产乙醇，一般的化学反应可用下式表示：

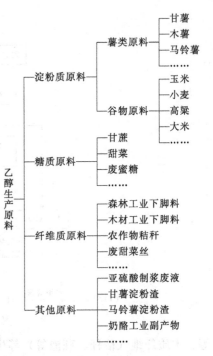

图 8-9　乙醇生产常用原料

$$(C_6H_{10}O_5)_2 \xrightarrow{\text{酶、}H_2O} 2C_6H_{12}O_6$$
$$\xrightarrow{\text{酵母或乙醇发酵菌}} 4C_2H_6O + 4CO_2 \uparrow$$

利用糖类原料生产乙醇，工艺流程如图8-10所示。

通常甜高粱茎秆汁发酵前要经过加水稀释、加酸酸化、灭菌处理，稀释至酵母能利用的糖度，调配发酵所必需的无机盐，再进入发酵罐中进行发酵。甜高粱榨汁糖度一般在16～22Bx，用无机盐调配即可作为发酵液使用。若为方便保存，用浓缩甜高粱汁进行乙醇发酵，必须将其稀释至一定浓度以适应酵母的发酵条件；若用耐糖酵母，可将其稀释至28～30Bx。当前，以固定化酵母发酵甜高粱汁产乙醇是较有前景的工艺。固定化酵母可重复使用，使用期在30天以上，抗杂菌能力强，不再需要酒母培养。与批次发酵相比，发酵时间从70～80h缩短到13～14h。该项技术同样适用于所有淀粉原料（包括玉米、木薯）及甘蔗、糖蜜等糖类原料的乙醇生产。

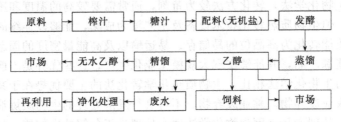

图 8-10　糖类原料生产燃料乙醇一般工艺流程

（3）以淀粉为原料生产乙醇

淀粉类原料首先要通过酸水解或酶水解，分解为葡萄糖单糖，然后经酵母菌发酵作用转化为乙醇，化学反应可用下式表示：

$$(C_6H_{10}O_5)_n \xrightarrow{\text{酶或淀粉酶，}H_2O} nC_6H_{12}O_6 \xrightarrow{\text{酵母}} 2nC_2H_6O + 2nCO_2 \uparrow$$

在工业上，淀粉原料发酵法生产乙醇的工艺过程相对复杂，但一般应包括原料预处理工段，使淀粉软化、糊化，为糖化酶提供必要的催化条件，如足够的接触表面积和水分；糖化工段，以糖化酶水解淀粉大分子为葡萄糖；发酵工段，用酵母将葡萄糖转化为乙醇；提取和纯化工段，以蒸馏或其他萃取的方法从发酵液中提取乙醇，并精制为燃料乙醇。一般工艺流程如图8-11所示。

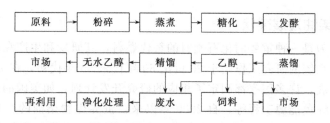

图 8-11 淀粉原料生产燃料乙醇一般工艺流程

（4）以木质纤维素为原料生产燃料乙醇

以木质纤维素制乙醇技术在 19 世纪即已提出，并最先在美国和前苏联建有生产厂。目前世界上有 40 余座纤维素乙醇示范工厂，大都分布在美国、加拿大以及欧洲，该技术尚未实现工业化生产。主要原因是该类原料的生物乙醇转化存在预处理复杂、五碳糖乙醇转化率低、纤维素酶稳定性差、酶生产成本高等技术瓶颈，影响其工业化推广应用。因此，开发高效预处理和水解、发酵工艺与技术，筛选产生高活性纤维素酶、半纤维素酶和木质素酶的高产菌株，降低酶的生产成本，提高五碳糖的乙醇转化率，开发高效转化工艺系统等，已成为木质纤维素原料生产燃料乙醇技术的研究热点。

以木质纤维素类生物质生产燃料乙醇的方法主要是要把原料中的纤维素和半纤维素水解为单糖，再把单糖发酵成乙醇。木质纤维素原料生产燃料乙醇的一般工艺流程如图 8-12 所示。

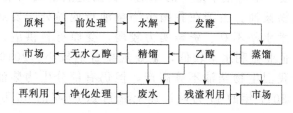

图 8-12 木质纤维素原料生产燃料乙醇一般工艺流程

8.4.2 生物质柴油

生物柴油是以动植物油脂、废弃油脂和微生物油脂等为原料制备而成的生物能源，具有可再生、闪点高、环境友好、使用和运输安全等特性，是公认的化石柴油的优良替代品。

生物柴油是一种高级脂肪酸低碳烷基酯，密度比水小，比化石柴油高，在 $820\sim900kg/m^3$ 之间；含水率较高，最大可达 30%～45%。水分有利于降低油的黏度，提高稳定性，但是降低了油的热值。它的稳定性较好，长期保存不会变质，综合品质能达到国家 0 号柴油（GB 252—2000）标准。生物柴油在无需添加剂时，冷滤点可达－20℃，具有较好的低温发动机启动性能；闪点比化石柴油高，不属于危险品，在运输、存储、使用等方面具有较好的安全性能；十六烷值和氧含量均要高于化石柴油，具有优良的燃烧性能，能够比较完全燃烧，燃烧残留物呈微酸性，使催化剂和发动机寿命延长；含硫量较低，燃烧时二氧化硫和硫化物排放小；不含对环境造成污染的芳香族烷烃，因而废气对人体损害小，具有良好的环保特性。它还具有良好的生物降解性，在环境中容易被微生物分解利用，可显著减轻意外泄漏时对环境的污染。生物柴油燃烧时排放的二氧化碳远少于该植物生长过程中所吸收的二氧化碳，能够在一定程度上改善因二氧化碳大量排放而导致的全球变暖问题。因而，生物柴油是一种真正的"绿色柴油"。

8.4.2.1 生物柴油发展现状

生物柴油被认为是一种重要的化石燃料的替代燃料,其研发和生产在世界上受到广泛重视。生物柴油比较系统的研究工作始于20世纪50年代末60年代初,在70年代的石油危机之后得到了大力发展,许多国家都制定了相应的研究开发计划,如美国的能源农场、日本的阳光计划、印度的绿色能源工程等。自2000年以来,世界生物柴油的产量快速增长,2019年总产量近4500万吨,主要生产国包括德国、法国、美国、巴西和阿根廷等。我国的生物柴油产业处于起步阶段,不同国家地区的发展经验具有重要的借鉴、参考意义。

从生产地区分布来看,欧洲是生物柴油生产最为集中的地区。从国家个体来看,美国是生物柴油产量最大的国家,占全球总产量13.94%,巴西占比9.92%,德国占比8.05%,阿根廷占比7.59%,印尼占比5.77%。

2018年欧盟生物柴油产量达到了1250万吨,消费量为1400万吨。欧盟制生物柴油的原料来源丰富,以菜籽油为主;其次是废弃食用油、棕榈油、豆油等。美国制生物柴油的原料广泛,其中豆油占了近60%,2019年生物柴油产量达到600万~650万吨。巴西制生物柴油主要以豆油为主,牛油为辅,豆油占比在70%~80%,整体处于自给自足的状态,进出口量均较小,2019年产量达到450万吨。阿根廷制生物柴油也以豆油为主,2019年生物柴油产量达到340万吨。印度尼西亚以棕榈油作为制生物柴油的主要原料,几乎没有进口,以出口为主,2019年印度尼西亚生物柴油产量为260万吨。

按照"不与人争粮、不与粮争地"的原则,我国重点发展以废弃油脂和非食用草/木本油料为原料的生物柴油。由于在我国生物柴油行业尚处于发展初期,目前行业内多数企业规模小、技术水平不高、资金实力较弱,受原材料供应、质量把控、产品售价的稳定性等影响,企业盈利水平较低,企业规模普遍较小。2019年我国生物柴油产量为120万吨,尽管我国生物柴油不算高产,但仍有部分生物柴油出售至国外,并且出口量逐年增长,从2017年的17万吨迅速上涨到2019年的66万吨,2020年上半年出口量达41.83万吨。

生物柴油作为新兴的高科技可再生能源产业,已向人们展示出广阔的发展前景,但目前与发达国家相比,我国生物柴油的产业化仍存在如下瓶颈。

① 原料油的来源问题。当前美国用于生产生物柴油的原料主要是转基因大豆,其含油量高达20%~30%,欧盟生产生物柴油的原料主要是双低油菜,其含油量也较传统油菜品种提高了27%以上。虽然我国是全球最大的油菜籽、棉籽以及花生生产国,以及全球第四大豆生产大国,但油料生产尚不能满足人们食用需求。因此生物柴油原料油主要是废弃食用油,但废弃食用油过于分散,收集困难,总量有限,难以实现生物柴油的大规模生产。所以要实现我国生物柴油的快速发展,需要加强对油料作物,特别是非食用油料作物和林木种质资源的改良和创新研究,培育高产、高含油量且环境适应性强的生物柴油专用品种,同时充分开发和利用大面积的荒漠与盐碱化土地,以及退耕还林地,针对性地选种特种油料植物以满足原料油供应。

② 产业规模小。需要国家进一步制定鼓励生物柴油发展的优惠政策。世界各国,尤其是发达国家对发展生物柴油非常重视,纷纷制定激励政策。2002年美国参议院提出了包括生物柴油在内的能源减税计划,生物柴油享受与乙醇燃料同样的减税政策;2004年10月,美国总统签署了对生物柴油的税收鼓励法案,大力支持生物柴油在美国的发展。因此我国须加大对生物柴油的科技投入,制定生物柴油发展规划和鼓励生物柴油发展的配套优惠政策,促进我国生物柴油科学研究和产业化快速发展。

8.4.2.2 生物柴油生产技术

生物柴油的制备方法包括物理法、化学法和生物酶法三大类型，如图 8-13 所示。直接混合法和微乳法属于物理法，高温热裂解法、酯交换法和超临界法属于化学法，生物酶法属于生化法。根据生产生物柴油过程中产生化学键的异同，生物酶法和超临界法亦属于酯交换。使用物理法能够降低动植物油的黏度，但积炭及润滑油污染等问题难以解决。高温热裂解法主要产品是生物汽油，生物柴油只是其副产品。酯交换法则是一种更好的制备方法，具有工艺简单、操作费用较低、制得的产品性质稳定等优点，工业应用最为广泛。酯交换法，即用动物和植物油脂与甲醇或乙醇等低碳醇在酸或者碱性催化剂和高温（230～250℃）下进行转酯化反应，生成相应的脂肪酸甲酯或乙酯。各种天然的动植物油脂、工程微藻、微生物油脂以及废弃油脂等，都可以作为酯交换生产生物柴油的原料。可用于酯交换的醇包括甲醇、乙醇、丙醇、丁醇和戊醇等低碳醇，其中最常用的是甲醇。一方面是由于甲醇的价格比较低廉，同时其碳链短、极性强，能够很快地与脂肪酸甘油酯发生反应；另一方面，碱性催化剂与酸性催化剂都比较易溶于甲醇。其中碱性催化剂包括 NaOH、KOH、各种碳酸盐以及钠钾的醇盐，酸性催化剂包括硫酸、磷酸、盐酸等。本节主要介绍酯交换法生产生物柴油技术。

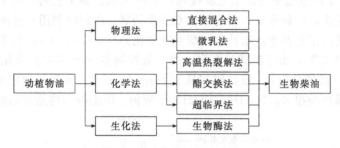

图 8-13　生物柴油制备方法

（1）转酯化制取生物柴油基本原理

天然油脂直接同甲醇进行酯交换是目前最主要的生物柴油生产方法，酯交换反应的总反应式如图 8-14 所示。

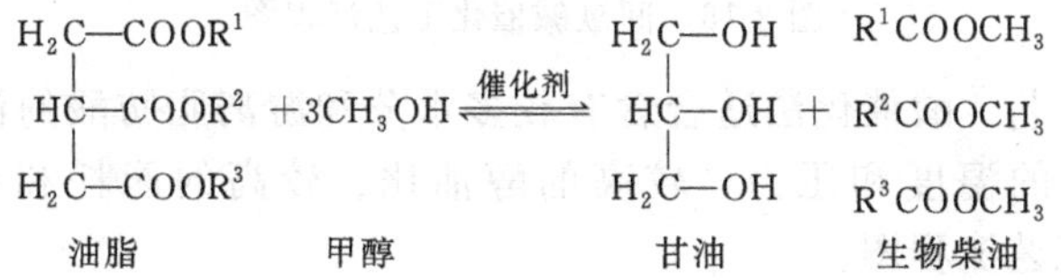

$$\begin{array}{c} H_2C-COOR^1 \\ | \\ HC-COOR^2 \\ | \\ H_2C-COOR^3 \end{array} +3CH_3OH \xrightleftharpoons{催化剂} \begin{array}{c} H_2C-OH \\ | \\ HC-OH \\ | \\ H_2C-OH \end{array} + \begin{array}{c} R^1COOCH_3 \\ R^2COOCH_3 \\ R^3COOCH_3 \end{array}$$

　　油脂　　　　甲醇　　　　　　　甘油　　　　生物柴油

图 8-14　酯交换反应总反应式

甘油三酯完全酯交换生成甘油和脂肪酸甲酯是通过以下三个连续可逆反应完成的，第一步生成甘油二酯和脂肪酸甲酯，第二步生成甘油一酯和脂肪酸甲酯，第三步生成甘油和脂肪酸甲酯，如图 8-15 所示。从酯交换反应式中可以看出，在理想状况下 1mol 甘油三酯与 3mol 醇发生反应 生成 3mol 酯和 1mol 甘油。通过以上的酯交换反应可以使天然油脂的分子量降至原来的 1/3，黏度降低 1/8，同时也提高了燃料挥发度。生产出来的生物柴油的黏度与产业需求接近，十六烷值达到 50 以上。

（2）典型转酯化制取生物柴油生产工艺

① 间歇法生物柴油生产工艺　目前，世界上生物柴油生产规模达 500～10000 吨/年的大部分工业装置是以间歇方式进行操作的。酸和碱均可以作为催化剂来催化酯交换反应生产

生物柴油，碱催化法更为常见。目前应用较多的是均相催化，但非均相催化也具有诸多优势，是开发研究的热点。

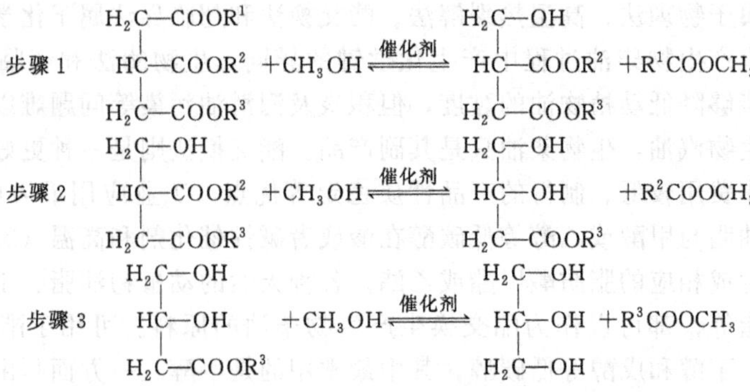

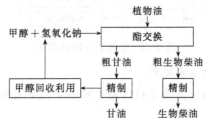

图 8-15　酯交换分步反应过程

a. 间歇碱催化工艺　目前大部分工业生产装置采用的是碱催化技术，其反应条件比较温和、油脂转化率高、反应时间短，但原料适应性差，要求水含量小于 0.5%，脂肪酸含量小于 3%。该工艺生产生物柴油的工艺流程如图 8-16 所示。该工艺的主要步骤有：醇与催化剂混合；酯交换反应；产物分离；生物柴油水洗及精制；醇回收利用；甘油中和及精制；产品质量控制。主要的工艺及生产条件为：醇油摩尔比为 （4~20）：1，其中 6：1 最为常用；反应温度从常温到 85℃，由于醇类易挥发，故一般控制在 60~65℃；催化剂用量占油脂量的 0.3%~1.5%（质量分数）；反应时间从 20min~3h 不等；油脂的转化率为 85%~95%。可作为催化剂的碱种类很多，NaOH、KOH、甲醇钠、甲醇钾等均是常用的催化剂。

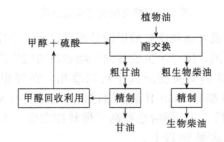

图 8-16　间歇碱催化工艺流程图

b. 间歇酸催化工艺　酸催化法适合含有较多水分和游离脂肪酸的油脂原料，与碱催化法相比，它需要较高的温度和压力、较高的醇油比、较高的能耗和有较高的设备要求。图 8-17 为该工艺的工艺流程图。

图 8-17　间歇酸催化工艺流程图

该工艺的主要步骤与碱催化工艺基本相同，只是催化剂改成了酸性催化剂。最常用的酸性催化剂为硫酸。其主要工艺条件为：反应温度在 100℃ 以上；反应压力在 0.5MPa 以上，以保持醇呈液态；催化剂用量占油脂量的 0.5%～2.0%（质量分数）；反应时间较长，2～10h 不等；油脂的转化率为 75%～95%。

c. 间歇酸碱结合工艺　酸催化效果不及碱催化好，反应时间也较长，对于游离脂肪酸含量不太高（如略高于 3%）的原料油脂，通常采用以下两种技术方案：一是先用碱中和脂肪酸形成皂后分离，精制后的油脂再通过碱催化完成酯交换；二是先在酸性条件下脂肪酸与醇进行酯化反应，得到脂肪酸酯，然后在碱性条件下完成油脂与醇的酯交换反应。第一种方案脂肪酸被除去，生物柴油的产率较低；第二种方案采用了预酯化，脂肪酸得到了利用，产率较高，是目前工业上应用较多的方法，习惯上称之为酸碱结合工艺，其生产工艺流程示意如图 8-18 所示。

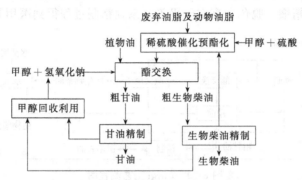

图 8-18　间歇酸碱结合催化工艺流程图

酸碱结合工艺流程包括了预处理、酯交换和后处理三大部分：预处理阶段进行酸催化预酯化反应，将原料中的游离脂肪酸酯化，为反应阶段做准备；预处理后的油脂与甲醇在碱催化剂下进行酯交换反应；产物生物柴油与副产物甘油分离、水洗及精制。该工艺的优点是能耗低，原料适应性广；缺点是工艺较复杂，易产生大量废水。

② 连续法生物柴油生产工艺　随着生物柴油生产装置规模不断扩大，连续化生产逐渐取代间歇工艺。连续工艺可以更好地实现热量利用、产品精制，不仅使产品质量稳定，还可以大大降低成本。图 8-19 为连续催化工艺流程示意。该工艺的主要步骤包括：油脂与醇的混合、第一步酯交换反应；醇和甘油的分离；第二步酯交换反应；醇的回收利用；生物柴油与甘油的分离；甘油中和及精制；生物柴油精制。其主要工艺条件与技术指标为：醇油摩尔比为 (4～20)：1，最常用的为 6：1；反应温度从常温到 250℃；反应压力从常压到 15MPa；酸、碱催化剂均可，使用量占油脂的 0.1%～1.5%（质量分数）；反应时间为 6～10min；油脂转化率为 85%～95%。

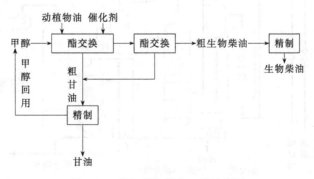

图 8-19　均相连续催化工艺流程图

连续催化的主要工艺包括德国鲁奇（Lurgi）公司开发的两级连续醇解工艺、德国汉高

（Henkel）公司开发的碱催化的连续高压醇解工艺、德国斯科特公司开发的连续脱甘油醇解工艺（CD 工艺）、加拿大多伦多大学开发的引入惰性溶剂的 BIOX 工艺、法国石油研究院开发的采用尖晶石结构的固体催化剂连续制备生物柴油的 Ester fip-H 工艺等。这些工艺条件比较温和，操作弹性大，转化率高，可规模化连续生产。

　　a. Lurgi 工艺　Lurgi 工艺是目前世界上使用最为广泛的一种工艺，其工艺流程示意如图 8-20 所示。先将甲醇和催化剂配成溶液，然后将油脂与甲醇的碱溶液用泵按一定比例连续打入第一级醇解反应器，生成的混合物分出甘油后进入第二级反应器，补充甲醇和催化剂继续反应，然后进入分离装置。分离后的粗生物柴油经水洗得生物柴油，油脂的转化率可达96%。过量的甲醇可以回收继续作为原料反应，所有的甲醇均在酯化中消耗，其余均回收利用。副产品甘油再经精馏、脱色、真空干燥等一系列精制过程得到医用甘油。

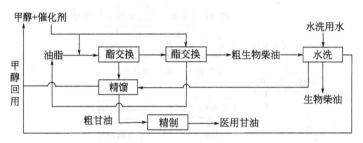

图 8-20　Lurgi 工艺流程图

　　Lurgi 工艺的特点为原料适应性强，过程连续，常压，温度 60℃；双反应器系统；甲醇可回收及循环利用等。

　　b. Henkel 工艺　德国的 Henkel 高压工艺是将过量的甲醇、未精炼油和催化剂预热至240℃，然后送入压力为 9MPa 的反应器，反应的油脂与甲醇的体积比为 1∶1.08，反应后将甘油与甲酯分离。甲酯经过水洗除去残留的催化剂、甘油等，再经过分离塔分离，最后水洗得到精制的生物柴油成品。

　　图 8-21 为 Henkel 工艺流程，该工艺的油脂转化率接近 100%。此工艺的优点是可使用高酸值原料，催化剂使用量少，工艺流程短，得到的产品质量高、纯度高、杂质少，适合规模化连续生产；缺点是反应条件苛刻，对反应器要求高，甘油回收能耗较高，投资高，抗氧化性差等。

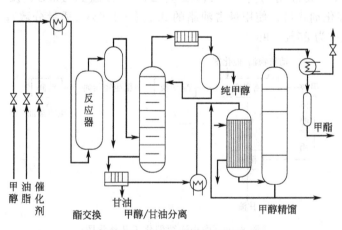

图 8-21　Henkel 工艺流程图

c. CD 流程　　德国的 CD 工艺是一种连续的、适合工业化规模的生产技术,该工艺在欧洲已有超过 20 套试生产设备,年产量从 5000 吨至 20 万吨不等,生产的生物柴油产量占欧洲的 50%。该工艺的流程示意如图 8-22 所示,先在第一级反应器中进行油脂酯化、甘油降解并分离,上层的粗酯在第二级反应器中继续酯化,沉降、分离甘油,上层粗酯通过第一级分离器除去甘油。然后物料进入第三级反应器,并补充甲醇与催化剂,再进行酯化反应。然后依次通过二级分离器、水萃取缓冲溶剂,脱除甲醇、甘油等。进一步除醇后,洗涤干燥得到生物柴油。该工艺的优点为:工艺技术成熟,可间歇或连续操作,反应条件温和,投资较低,常压及 65~70℃ 下操作,能耗低,产品质量优良,安全稳定。但是也存在一些不足,例如原料需精制,工艺流程复杂,甘油回收能耗高,"三废"排放多,腐蚀严重等。

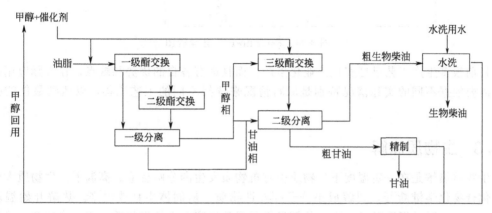

图 8-22　CD 工艺流程图

d. BIOX 工艺　　加拿大多伦多大学开发出了 BIOX 工艺,其流程示意如图 8-23 所示。该工艺包含酸催化和碱催化两个过程,大大加快了反应速率,且原料的适应性好,可以采用废弃动植物油脂和地沟油等。此工艺过程使脂肪酸先在一个反应器内进行酸催化反应转化成甲基酯,反应温度接近甲醇溶剂的沸点(60℃),时间为 40min。然后在第二个反应器中用相似条件进行碱催化反应。甘油三酯在几秒钟内转化为生物柴油和甘油。未反应的甲醇则继续循环使用。该工艺的特点为:酯交换反应数分钟内完成,反应速率较快,转化率能达到99%,原料适应性强等。

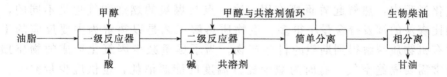

图 8-23　BIOX 工艺流程图

e. Ester fip-H 工艺　　法国石油研究院开发了一种工艺,即采用尖晶石结构的固体催化剂连续制备生物柴油的非均相催化反应,称为 Ester fip-H 工艺,目前已经有 16 万吨/年的工业化装置投产。

该工艺的流程示意如图 8-24 所示。该工艺的主要步骤为:油脂与醇的混合及预热;一级酯交换反应;醇回收;甘油沉降;二级酯交换反应;醇回收;生物柴油与甘油分离;生物柴油的精制。它主要的工艺条件为:醇油摩尔比为 (4~20)∶1,其中 6∶1 最常用;反应温度从常温到 250℃;反应压力可从常压到 15MPa;催化剂用量占油脂的 0.1%~1.5%

（质量分数）；反应时间为 6～10min；油脂转化率为 85％～95％。该工艺产生的废水、废渣排放较少，生物柴油与甘油分离完全，甲酯纯度能高达 99％，甘油纯度能高达 98％。

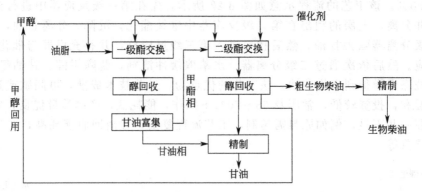

图 8-24　Ester fip-H 工艺流程图

目前很多生产工艺已经实现工业化生产，而且都有各自的优势和缺点，在实际应用过程中，需要根据不同的实际情况特别是原料情况来选择不同的工艺流程，以达到最佳的生产水平。

8.4.3　生物质热解

生物质热解是在一定温度下生物质中有机物质发生的分解反应。高温下，生物质大分子有机化合物化学键断开，裂解成小分子挥发性物质，从固体中释放出来。热解开始温度为200～250℃，随着温度升高，更多的挥发物质释放出来，而挥发物质也进一步裂解，最后剩下由碳、少量氢和灰分组成的固体物质。挥发物质中含有永久性气体，如 H_2、CO、CO_2、CH_4 等，也含有常温下可凝结为液体的物质，如水、酸、烃类化合物和含氧化合物等。生物质热解可同时得到固体、气体和液体三种形态的产物，三种形态产物的组成取决于温度、加热速率等工艺参数。

热解发生的唯一条件是较高温度，这也是所有生物质热化学转化工艺的基本条件。在燃烧（氧化）或者气化（部分氧化）工艺中，温度升高后生物燃料首先发生热解，然后剩余半焦与氧接触，发生反应，因此不能以是否隔绝空气作为热解的条件。即使是独立的热解工艺，有时也需要加入少量空气。生物燃料的挥发分高达 70％～80％，因此在燃烧和气化过程中，热解起着重要作用，这一点与煤炭的燃烧和气化是不同的，因为与生物质相比煤炭的挥发分含量小得多。生物质热解工艺是以热解为主要反应的工艺，目的是通过有机物质裂解得到期望的目标产物。为了尽量减少因氧化造成的物质损失，热解工艺通常需要隔绝空气。有时为减少提升温度的能源消耗，也供应少量空气，但整个过程仍以热解为主。

8.4.3.1　生物质热解技术发展现状

（1）国外发展现状

随着全球气候与环境问题日益严重，生物质能的高效开发利用得到许多国家的重视。生物质热解作为较有前途的利用途径之一，从 20 世纪 80 年代初，欧美发达国家就开始对生物质热解技术进行开发研究，并一度在 2008 年左右达到高峰。经过多年研究与实践，技术路线已打通，示范装置也建设了不少，但工业化推广进展缓慢。

在热解技术方面，加拿大达茂能源系统公司和荷兰 btg 公司代表了当前世界最先进发展水平。

① 达茂能源系统公司 加拿大达茂能源系统公司（Dynamotive Energy Systerm, Cananda）利用加拿大资源转换国际公司的小试技术成果，成功进行了工程放大，1996～2001年期间，建设了2套日处理能力分别为2t和15t的中试装置，取得了良好效果；2002年开始先后在加拿大（West Lorne和Guelph）建设了2座生物质原油生产示范厂，生物质热解能力分别为100t/d和200t/d，原料以木材加工尾料为主，其中100t/d的装置已于2005年试车成功，所得生物油主要用于燃烧发电，部分用于精制研究；200t/d装置于2008年建设完成，但由于产品没有经济性很好的用途，生产负荷不高。该公司曾在中国推广其热解技术，但由于产品的市场应用问题，进展较为缓慢。该公司采用的是鼓泡式流化床反应器技术，易于工程放大，反应时原料分布均匀，传质、传热性能好，是热解技术的主流工艺，但该工艺使用热载气作加热介质，热效率不高，另外设备投资也比较大。

② 荷兰btg公司 荷兰btg公司利用荷兰屯特大学（University of Twente）独特的旋转锥反应器技术，将生物质原料和固体热载体快速混合发生热解反应，固体热载体与半焦等分离后继续循环使用。该工艺特点是设备体积较小，投资较低，而且反应过程不使用载气，有效减小了后续冷凝器的负荷，因而提高了系统热效率。该公司在马来西亚与云顶集团合作建设了一套日处理50t棕榈壳的旋转锥热解液化示范装置，于2005年投产，所产的生物质原油供燃烧发电试验和提质研究。荷兰btg公司也曾在中国进行热解技术推广，主要面向发电厂、生物质能源开发企业。

（2）国内发展现状

从20世纪90年代沈阳农业大学引进旋转锥技术进行生物质热解试验开始，国内研究一直持续。目前仍然有不少单位从事该项研究。

中国科学技术大学生物质洁净能源实验室朱锡锋教授团队于2006年研制成功了自热式流化床热解液化装置，每小时可处理100kg生物质原料。该装置在实验室以多种生物质为原料进行了热解试验，其中以木材为原料时，生物质原油总收率最高可达70%。2007年该技术在安徽某生物能源有限公司进行放大试验，装置加工能力提升至800～1000kg/h。该项目的实施标志着我国的快速热解技术获得了较大的突破，因而引起了国家的高度关注。

中科院过程工程研究所依托多年煤拔头工艺技术研究基础，于2007年开发建设了处理能力为50kg/h的放大试验装置。该装置采用下行式循环流化床技术，生物质热解的直接加热载体为砂粒。装置尺寸较传统流化床小，因而处理能力相同时投资略省。缺点是砂粒在高温下高速循环会对设备造成摩擦损耗。

华中科技大学煤燃烧国家重点实验室2007年完成了生物质热解液化小试装置研发，生物质处理量为2kg/h。在进行处理量百公斤级放大试验装置设计的过程中，采用了与上述两家研发单位不同的理念，即设计撬装式移动液化装置，尽量克服因生物质原料收集困难造成的推广不便。但后续进展未见报道，也没有推广的装置在运转。

广州迪森集团公司采用自行研发的快速携带床与多室流化床技术结合的反应技术，于2006年开始设计建设3000t/a的中试装置，2008年成功进行了不同生物质原料的热解液化测试与装置运行。测试结果显示，生物质原油收率依原料不同而异，农作物秸秆为55%，木材最高可达70%，与世界先进水平相当。该装置的创新点在于使用热解产生的可燃气通过内燃机发电，用于装置的部分电力供应，从而提高了装置的能效。该公司还成功开发了生物油燃烧器技术，实现了利用生物油在锅炉和窑炉上的燃烧测试。该公司于2014年建成了1万吨/年生物质原油生产示范装置，所生产的生物质原油主要用于替代工业锅炉燃料油。

厦门大学、浙江大学、山东科技大学、中科院广州能源研究所、上海交通大学、华东理工大学等也开展过生物质快速热解液化的研究。

总体看来,目前生物质快速热解液化技术在世界范围内已经较为成熟,具备了工业化推广的技术条件。尽管不同的热解工艺与装置还存在一些问题,如机械磨损、密封等,但并不妨碍该技术推广应用。

8.4.3.2 生物质热解工艺概况

生物质总质量的 60%~80% 是挥发分,热解反应在包括燃烧和气化在内的所有热化学过程中起着重要的作用。但生物质热解工艺是隔绝氧气的单纯加热工艺,采用不同工艺条件,生产木炭、热解气或热解油。根据工艺条件,生物质热解工艺可分为慢速热解或称为干馏炭化(carbonization)、常速热解(conventional pyrolysis)、快速热解(fast pyrolysis)三种。真空热解(vacuum pyrolysis)按升温速率应属常速热解,但产品以热解油为主。生物质热解的主要工艺类型和工艺条件见表 8-4。

表 8-4 生物质热解的主要工艺类型及工艺条件

工艺类型	滞留时间	升温速率/(℃/s)	反应温度/℃	主要产物
慢速热解	数小时~数天(固相)	0.01~2	<400	炭
常速热解	5~30min(固相)	<10	400~800	气、油、炭
快速热解	0.5~5s(气相)	100~1000	450~600	油
闪速热解(液体)	<1s(气相)	>1000	450~550	油
闪速热解(气体)	<10s(气相)	>1000	>650	气
真空热解	2~20min(固相)	<10	450~500	油

慢速热解主要是为了制取木炭,是经典工艺,一般采用炉窑生产的形式,生产周期长达数小时或数天。慢速热解的加热方式有自热式和外热式两种,前者供给少量空气使部分燃料燃烧,后者用热解气燃烧供给热量。

常速热解可得到热解气、焦油和炭三种产物。中低温热解(400~550℃)工艺可以作为生物质气化的前置工艺,以降低气化中的焦油含量。当热解温度达到 600~800℃ 后,主要产物是中热值可燃气体,因此也作为制取高品质燃气和合成气的独立工艺。

快速热解主要产物是热解油,其工艺要点是原料极快加热和气相产物极快冷却。通过瞬间反应,将 60%~70% 的生物质转化为生物油。据此发展了许多各具特色的快速热解反应器,主要形式有流化床、循环流化床、输送床、烧蚀反应器、旋转锥反应器等。

(1)生物质慢速热解

慢速热解是将固体生物燃料长时间置于高温下,使其充分析出挥发分,以生成木炭为主要目的的工艺,也叫炭化或者干馏工艺。

慢速热解过程中固体生物燃料分解成较为简单的物质,目标产物是木炭,同时得到可以利用的木醋液和木煤气等副产物。提高木炭得率和木炭质量是慢速热解工艺的目的,有时兼顾木醋液的回收利用。其主要工艺特征是:加热速率缓慢;炭化时间长,挥发分析出充分;隔绝空气或者尽可能少用空气,避免原料氧化损失。

在木炭生产历史中,发展了种类繁多的慢速热解装置,从原始的堆积烧炭和炭化窑,到规模化工业生产的连续多层炭化炉和内热立式干馏釜。

① 自热型炭化窑 炭窑是最古老的生物质热解烧炭装置,我国的炭窑一般用木材和竹材烧炭。炭窑的形式很多,如浙江窑、鲤鱼窑、木瓢窑、湖南炭窑和四川炭窑等,其工作原

理均是通过燃料的燃烧加热炭化室，从而达到炭化的目的。图 8-25 为浙江炭窑的结构示意图。炭窑装料时，从Ⅰ区到Ⅲ区依次摆放上等、中等和次等原料，原料摆放完毕筑窑盖，之后开始烘窑并烧炭。待炭化完成后，通过闷窑熄火的方式（窑内熄火法）所得到的炭称为"黑炭"；趁热从窑内扒出，然后用湿沙熄火的方法（窑外熄火法）所得到的炭称为"白炭"。后者由于高温炭与空气接触过程中，炭的外部被氧化，生成白色灰附在炭上，故称为"白炭"。炭窑烧炭作为一种古老的炭化技术，具有前期投入少，技术成熟等优点，但是产炭率相对低，而且浪费资源，对环境有严重的污染，目前已逐步淘汰。

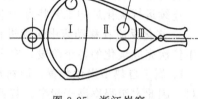

图 8-25　浙江炭窑
1—烟囱；2—烟道；3—排烟口；
4—炭化室；5—进火口；6—燃烧室；
7—通气口；8—后烟孔；9—前烟孔

炭化窑的工艺特点如下：

a. 属于自热型炭化装置，将原料加热至热解温度所需的热量均来自原料本身。通常将原料点燃后，通入少量空气使其燃烧，达到一定温度后将炉门关小，利用放热反应产生的热量使其缓慢炭化。

b. 适用于较大尺寸木材和棒状成型燃料，不适合颗粒状和粉状燃料。

c. 属于间歇性炭化过程，一个生产周期包括原料的干燥、预炭化、炭化和煅烧阶段。

d. 一般不回收木醋液和木煤气，环境污染较重。

炭窑种类很多，生产能力相差较大，但主要结构和操作原理类似。

为克服建造炭窑时劳动强度大，建造后无法搬迁的缺点，出现了不少钢制外壳的可移动炭化炉，有圆台形、长方体形等多种型号。此类炭化炉在 20 世纪 40～50 年代已经出现，为了满足秸秆成型燃料、稻壳成型燃料的炭化需求，近年来逐渐发展成产品。图 8-26 是常见的圆台形可移动炭化炉结构。

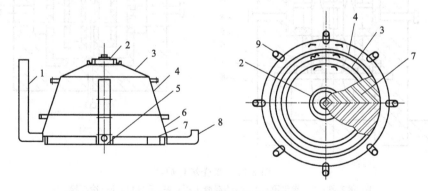

图 8-26　可移动炭化炉
1—烟囱；2—点火口；3—炉顶盖；4—炉上体；5—点火通风架；6—炉下体；7—炉栅；8—通风管；9—通风口

可移动炭化炉由炉体、炉顶盖、炉栅、点火通风架及烟囱等部分构成。炉体为下口直径略大于上口的圆台形，用 1～2mm 厚不锈钢板卷制而成。下口沿圆周方向均匀地设有通风口及烟道口各 4 个。碟形炉顶盖中央设带盖的点火口，靠近底部设置 4 块扇形炉栅，炉栅上放置有点火通风架。锯成一定长度的点火材料水平地放置在点火通风架上，烧炭用木材直立地排列在炉内，大直径及含水率较大的木材装填在炉体中央有助于完全炭化。装满后，在炉体上部木材顶端横铺一层燃料并盖上炉顶盖，承插部位也用细沙土密封。点火烧炭时，打开点火口盖，把点燃的引火物从点火口投入炉内，引燃炉内燃料及点火材料。之后不断地从点火口向炉内添加燃料以保持正常燃烧，直至烟囱温度升高到60℃左右时，盖上点火口盖并用细沙土密封。此后观察烟气颜色，经过4～5h以后，烟气由灰白色变成黄色，表示进入炭化阶段，应逐渐关闭通风口以减少吸入空气的量。当通风口出现火焰，烟囱冒青烟时，炭化已经完成，应立即用泥土封闭通风口30min后除去烟囱并封闭烟道口，让炉体自然冷却至室温后出炭。移动式炭化炉生产一炉炭的操作周期约24h，木炭收率为15%～20%。

　　② 连续运行炭化炉　连续运行炭化炉克服了老式炉窑间歇性生产、人工操作工作量大和环境污染严重的缺点，适合木炭和活性炭的规模化生产。

　　连续运行炭化炉的工艺特点如下：

　　a. 炭化反应在移动床中连续进行，炭化原料依靠重力向下移动或由机械移动，移动过程中依次完成炭化的各个阶段，实现了机械化操作。

　　b. 属于自热型炭化装置，原料加热所需热量来自炭化过程中析出的挥发分，而不消耗原料，因此木炭得率高于炭窑，装置的能量转换效率也大为提高。

　　c. 适用于流动性较好的颗粒状燃料，颗粒度一般为10～30mm，不适用于棒状燃料和粉状燃料。

　　d. 热解析出的蒸气混合物可燃烧利用，对环境污染大大减小。

　　果壳炭化炉是典型的连续运行炭化炉，是专为椰子壳、杏核壳、核桃壳、橄榄核等质地坚硬的果壳等颗粒状原料设计的炉型，如图8-27所示。

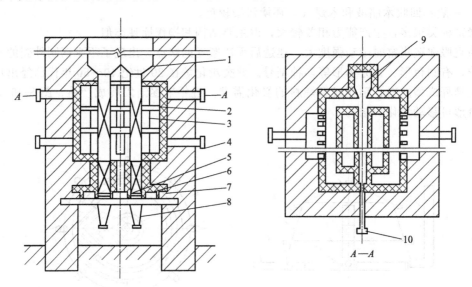

图8-27　果壳炭化炉

1—预热段；2—炭化段；3—耐热混凝土板；4—进风口；5—冷却段；
6—出料器；7—支架；8—卸料斗；9—烟道；10—测温孔

　　果壳炭化炉是用耐火材料砌筑的立式炭化炉，横断面呈长方形，炉体由两个狭长的立式炭化槽及环绕其四周的烟道组成。炭化槽由上而下分为高度不等的三部分：预热段、炭化段和冷却段。颗粒状原料由炉顶加入炭化槽的预热段，利用炉体的热量预热干燥，而后进入炭化段。炭化段用具有横向条状倾斜栅孔的耐热混凝土预制件砌成，横断面呈长条状。其外侧的烟道用隔板分隔成多层，控制烟气的流向以利于传热，烟道外侧炉墙上设进风口以吸入空气助燃。炭化段的温度为450～500℃，原料炭化后生成的蒸气混合物通过炭化槽上的栅孔进入烟道，与吸入的空气接触燃烧。生成的高温烟道气在烟道内曲折流动加热炭化槽后，被烟囱抽吸排出。炭化后的果壳炭落入冷却段自然冷却后，定期由炉底部的出料装置卸出。通常每8h加料一次，每小时出料一次，物料在炉内停留4～5h，炭化连续进行。通过调节进风口吸入气量，来控制炉内炭化区域温度。果壳炭得率为25%～30%。

③ 外热式干馏设备　干馏设备分为外热式和内热式两种，外热式干馏设备的热量通过干馏釜壁面传入釜内，而内热式干馏设备将载热体直接通入干馏釜内。

图8-28为典型的外热式干馏设备。

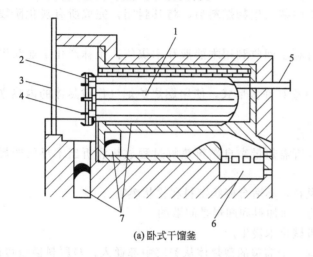

(a) 卧式干馏釜

1—干馏釜；2—干馏釜盖；3—外门；4—锁紧螺栓；
5—干馏气导出管；6—加热炉；7—烟道

(b) 立式干馏釜

1—干馏釜；2—炉套；3—盔盖；4—出口孔；
5—卷扬机；6—燃烧室；7—烟道；8—排烟口

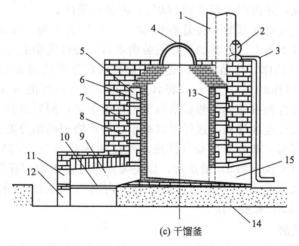

(c) 干馏釜

1—烟囱；2—液体分离器；3—导管；4—盖；5—烟道；6—干馏釜体；7—支撑件；
8—釜体；9—燃烧室；10—炉栅；11—点火门；12—出灰口；13—干馏釜壁；14—基础；15—出炭门

图8-28　外热式干馏设备

图8-28(a) 是钢制卧式干馏釜；图8-28(b) 是钢制立式干馏釜；图8-28(c) 是用耐火砖砌成的干馏装置，可降低钢材耗量。

将原料装入干馏釜并封闭后，在燃烧室点火燃烧，高温烟气加热釜壁，然后由烟道排出。在原料干燥阶段，可以加大火力，1.5～2h后，蒸馏液流出，炭化段开始，减小火力。到炭化段后期，再加强火力，使原料充分炭化并煅烧木炭，提高木炭质量。当蒸馏液停止流出时，表示干馏过程结束，应停止燃烧，干馏釜冷却一段时间后卸出木炭。通常卧式干馏釜的一个生产周期需要20～24h。

外热式干馏设备的工艺特点如下：

a. 属于外加热型炭化装置，即生物燃料加热的热量来自其他燃料，通常是一部分与炭化原料相同的燃料，因此燃料消耗较大。

b. 适用于棒状燃料和颗粒状燃料。

c. 间歇性的炭化过程，在干馏釜中装入生物燃料后，将其封闭，完成所有炭化阶段后再将木炭取出。

d. 完全封闭的炭化过程，非常有利于回收利用木醋液和木煤气，是林产化工业获得高附加值产品的重要方式。

④ 内热式干馏设备　内热式干馏釜有许多形式，使用燃烧炉烟气作载热体的内热立式干馏釜是其中应用最广的一种。

内热立式干馏设备的工艺特点如下。

a. 属于自供热型炭化设备，热解所需热量来自燃料热解过程放热和析出木煤气的燃烧热，木煤气可循环使用。

b. 适用于流动性较好的颗粒状燃料，不适合棒状燃料和粉状燃料。

c. 干馏釜中的炭化过程是连续的，而加料和卸炭是间歇的。

d. 生产效率高，适合较大规模机械化木炭生产。

图8-29为内热式干馏釜工艺流程。干馏釜的载热体从釜底中部通入，与原料逆流接触，依次经过木炭煅烧区和炭化区，将热解过程放出的热量带入预炭化区和干燥区。热解生成的蒸气混合物带出干馏釜，经过冷凝系统，将可冷凝的焦油、酸、醇等物冷凝下来。不可冷凝气体通入燃烧炉内燃烧，并按配比混合到500℃，再送入釜内。

干馏釜启动时，先在釜底部装入占总容积60%～70%的木炭。木炭层稍高于烟气进口的水平线，其余部分（釜的上部）和加料箱内装满木材。加料完毕后开始预热干馏釜，开始时送入180～200℃的载热体，待循环的载热体中游离氧含量降低到2%以下，再送入450～500℃的载热体。正常操作时每隔20 min将含水率为8%～10%的木块经水封闸门放入釜内。木块进入干馏釜后首先被加热，然后依靠重力逐渐下移，同时进行炭化。生成的蒸气和载热体的混合物很快从反应区导出，这样可以减小这些产物因高温分解而造成的损失。木炭经过下部的冷却区，利用一部分不可凝气体使木炭逐渐冷却到40～50℃。运行时干馏釜中要保持5mm H_2O 柱（9.80665Pa）的正压，以免吸入空气使木炭和挥发性产物被氧化而使产量降低，也可防止吸入空气形成爆炸性混合物。内热立式干馏设备的炭化时间为12～20h，每隔15min左右卸出木炭一次。

（2）生物质常速热解

常速热解是一种将固体生物原料置于高温下，使其析出挥发分的工艺，目的是利用挥发物质或者木炭。相对于慢速热解，其生产效率高得多；相对于快速热解，其工艺条件宽松得多。工艺简单、原料适应性广和气体产物热值高是常速热解的突出优点。在活性炭生产中，常速热解工艺已经得到了一定程度的应用。

常速热解升温速率介于慢速热解和快速热解之间。一些文献中将常速热解归于慢速热解的范畴，但实际上它在以下方面与慢速热解有明显差异：常速热解的升温速率比慢速热解高

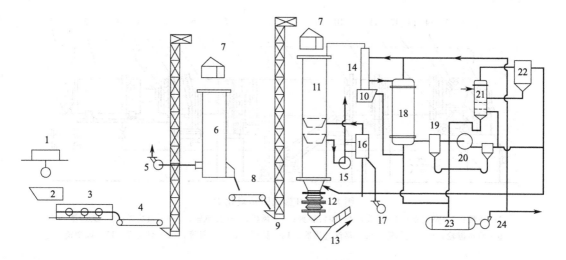

图 8-29　内热式干馏釜工艺流程

1—原料；2—料仓；3—断材机；4—传送带；5—烟道气风口；6—干燥器；7—水封；
8—传送带；9—斗式提升机；10—焦油水封；11—干馏釜；12—闸门阀；13—木炭提升机；
14—前冷凝器；15—吹风机；16—燃烧室；17—鼓风机；18—冷凝器；19—雾滴捕集器；
20—风机；21—泡沫吸收器；22—旋风分离器；23—木醋液收集器；24—泵

1～2个数量级，而固相滞留时间短1～2个数量级；慢速热解通常在堆积状态或者移动速率非常缓慢的固定床中完成，而常速热解通常在移动床中完成；慢速热解主要关心木炭的产率和质量，而常速热解比较多地关注气体产物。

常速热解的升温速率一般在1～10℃/s之间；反应温度为450～900℃，比慢速热解宽一些；固相滞留时间为5～30min，比慢速热解快得多。多数常速热解装置对固体生物原料采用间接加热的方式，热解过程中隔绝空气，以避免燃料损失，从而得到较高品质燃气，通过机械推动使原料移动，在移动同时完成热解过程，多数工艺采用常压操作。同其他热解工艺一样，常速热解也得到固体、气体和液体三种形态的产物，控制反应温度能够改变产物分布。随着反应温度升高，气体产物比例明显增加而固体和液体产物减少。中低温（400～550℃）的热解可以作为一种炭化工艺；当热解温度达到600～800℃后，得到低位热值为12～18MJ/m^{3}的燃气，可作为制取高品质燃气的气化方法。常速热解与气化相结合，构成组合型气化工艺，能够获得焦油含量极低的燃气。

基于生物质常速热解的特点，各国都发展了一些工艺和设备，应用目的和场合各不相同，其中一部分得到了小规模应用，更多的处于研究和示范阶段。按加热方式有外热型、内热型、自热型等；按原料运动方式有管式反应器、回转炉、多层耙式炉和流化床炉等。

① 回转炭化活化炉　回转炭化炉的结构如图8-30所示。回转炉炭化设备可以用作木材炭化、物理法活化或化学法活化，通常在一台回转炉中完成炭化和活化两道工序。

回转炉本体直径1.5～2.0m，长10～20m，内衬轻质耐火砖隔热层，炉体轴线与水平线夹角2°～5°，炉头在低端。炉头设有燃烧室，燃烧煤气或重油生成高温烟道气，用物理法活化时通入过热水蒸气，炉尾设有排烟装置和进料装置。炉头和炉尾通过迷宫式密封装置与炉体相连，炉膛呈微负压状态。回转炉采用连续操作，原料借助筒体转动向炉头移动，高温烟气由炉头向炉尾流动，与原料逆流接触。物理法活化时，炉头温度为900～1050℃，中部温度为800～900℃，炉尾温度为500～700℃，活化用过热蒸汽温度为300～450℃。用化学法活化时，炉头温度700～800℃，活化区温度500～600℃，炉尾温度200～300℃。整个炭

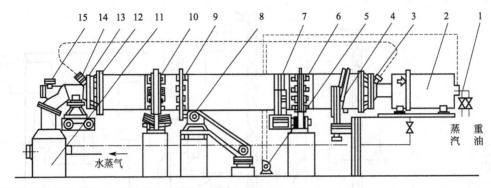

图 8-30 内热式回转炭化炉

1—烧嘴；2—燃烧室；3—炉头；4—卸料装置；5—风机；6—支承轮；7—测温装置；8—变速器；
9—回转齿轮；10—支承轮；11—蒸汽过热器；12—炉尾；13—进料管；14—空气管；15—窥视镜

化和活化时间约 40min。

② 多层耙式炭化炉　多层耙式炭化炉是一种内热式连续生产设备，用于焚烧城市垃圾，焙烧有色金属矿粉和炭化、活化活性炭等。用作炭化设备时，可使用木屑、木片、树皮等多种原料，也可完成炭化和活化两道工序，见图 8-31。

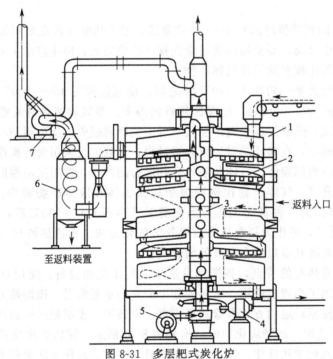

图 8-31　多层耙式炭化炉

1—圆筒形炉体；2—耙臂与耙齿；3—中空转轴与传动装置；
4—调速电机；5—冷却风机；6—烟气净化装置；7—排烟风机

炉体内有多层炉床，自上而下分成干燥、预热、炭化和冷却带，炉膛中心垂直转轴带动各层炉床的耙臂、耙齿转动。物料从炉顶部周边加入，炉内各奇数炉床的下料口位于中心部位，偶数炉床的多个下料口布置在周边。在耙齿翻动和推动下，原料呈 "S" 形自上而下逐层下落。每层炉床的炉壁上设有多点燃烧器，燃用重油等原料加热。多层耙式炭化炉的外径为 1.5～7.5 m，高 3～15 m，炭化室有 4～12 层。其炭化温度 500～600℃，炭产率为绝干原料的 25%～30%。

③ 流化床炭化炉　图 8-32 为流化床炭化炉。流化床炭化炉是一种自热型连续热解炭化设备，通常用木屑一类细颗粒原料，其热源来自木屑的部分燃烧。

木屑由螺旋进料器从炭化炉下部连续送入流化床中，从底部吹入空气作为流化介质。为了防止燃烧使原料消耗过多，应该尽可能减小空气量，因此采用锥形炉膛以减小下部截面积，少量空气就可以使原料流化。开炉前，先用重油将炉膛加热到 500～600℃，然后停用重油，炭化过程中用原料热解得到的部分气体燃烧维持炭化温度。

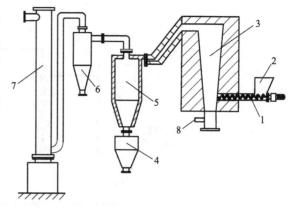

图 8-32　流化床炭化炉
1—螺旋进料器；2—料仓；3—流化床炉；4—木炭收集器；
5，6—旋风分离器；7—气体洗涤；8—空气入口

流化床炭化炉温度均匀，炭化时间由原料粒度决定，由几秒到几分钟，得到质量均一的炭化物，且处理量大。其炭化温度为 600℃，炭产率为 20%。

（3）生物质快速热解

快速热解是生物燃料在隔绝氧气条件下迅速受热裂解，并且快速冷凝的热化学过程。在快速热解中，生物质中大部分物质转换为液体，所以又称为生物质热解液化。

与慢速和常速热解一样，快速热解也是生物燃料在热作用下发生的裂解反应，不同的是快速热解的工艺目的是生产生物油而不是木炭或燃气。要想提高生物油产率，不但要快速提升温度，提高生物质转化为液体的比例，而且要阻断二次反应，使液体蒸气尽可能保留在气相中。总体来说，生物质热解液化的工艺条件是：非常高的加热和热传递速率；精确控制热解温度在 500℃左右；热解蒸气快速冷却。快速热解一般在常压和中温下进行，工艺条件温和，获得的液体产物叫生物油或热解油，热值为 16～20MJ/kg，可以作为燃料油在锅炉中使用，或者精制后用于内燃机、燃气轮机等动力装置。生物油易于储存运输，有望替代石油产品，因此引起了广泛重视。国内外研究机构进行了快速热解机理和热解工艺的大量研究，发展了许多快速热解装置，生物油产率达到 70%～80%。

研究者将快速热解工艺分成以下几种类型：鼓泡流化床反应器、循环传输床反应器、循环流化床反应器、烧蚀反应器、旋转锥反应器、真空移动床反应器。

① 鼓泡流化床反应器　鼓泡流化床反应器具有较高的传热速率和均匀的床层温度，选择适当粒度床料并控制气体流速，可满足气相滞留时间在 0.5～2.0s 之间的要求。

图 8-33 为鼓泡流化床热解系统。干燥原料颗粒通过螺旋进料器送入反应器，进料点在反应床中间。采用砂子作反应器床料，热解后的不凝结气体作流化介质。气体产物通过旋风分离器去除残炭，然后依次进入两个串联的冷凝器。第一级冷凝器用冷却后的生物油喷雾冷却，第二个冷凝器用低温冷水冷凝，生物油在冷凝器下部收集。离开冷凝器的不凝性气体，一部分经循环燃气加热器加热后送入反应器，另一部分排出。鼓泡流化床技术成熟、操作简单、运行可靠，然而在进行大容量反应器设计时必须考虑供热方式的限制。反应器容量取决于供热量和传热效率，一些鼓泡流化床试验系统的工艺热来自电预热的循环燃气，虽然简化了反应器的设计，但对大容量系统是不可行的。

鼓泡流化床反应器对原料颗粒度分布有较严格的要求。如果颗粒太大，残炭颗粒不能被

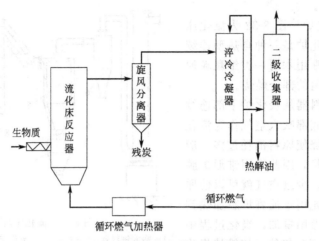

图 8-33　鼓泡流化床快速热解系统

流化气体携带，因其密度较小会漂浮在流化床的上部，不再与床料强烈摩擦而变小，当热解气通过累积在床上部的炭层时，受到催化裂解作用，降低生物油产率，影响其化学性质。如果颗粒太小，将在完成热解前被迅速携带出床层。

② 循环传输床反应器　图 8-34 为循环传输床快速热解系统。这个系统包括两个流化床反应器，第一个是热解反应器，第二个是燃烧加热器。在燃烧加热器中，与砂子混合的残炭燃烧后加热砂子，并将热砂子传回热解反应器，供给热解所需热量。水分不大于 10％的生物燃料被送入热解反应器，被热砂子快速加热，进行热解反应。热解气携带着残炭和砂子一同进入旋风分离器，将固体颗粒分离后，热解气进入多级冷凝器，快速冷凝以回收生物油。热解气中的不凝性燃气经简单净化后，一部分回到热解反应器作为流化气体，另一部分进入燃烧加热器。在燃烧加热器中，残炭与燃气共同燃烧加热砂子，热砂子被烟气携带至旋风分离器中，分离出来并送回到热解反应器。在生产化学品时，热解气的滞留时间可以控制在 100ms，以阻止不稳定中间产物生成。生产液体燃料时，滞留时间长一些，以保证木质素完全热解。循环传输床快速热解系统利用了残炭燃烧的热量，优点是明显的，但应严格控制砂子的传输和加热器温度，防止燃烧时砂子因过热而结渣。砂子流量为生物原料的 10～20 倍，在流化床和返料器之间来回运动，使风机能耗增加。

③ 循环流化床反应器　图 8-35 为循环流化床快速热解系统，其特点是将鼓泡流化床和快速流化床串联在一起，利用热解炭提供反应所需热量。

在高速流化床热解反应器的底部，布置了鼓泡流化床燃烧器，由热解炭燃烧来加热砂子。热砂子随着高温烟气向上进入高速流化床热解反应器，与木质原料混合，将热量传递给原料。原料发生热解反应后，气流携带热解炭和砂子在旋风分离器内分离。热解气导出到淬冷系统，冷凝后回收生物油。热解炭和砂子回到燃烧器。循环流化床快速热解系统将提供热量的燃烧器和发生热解的反应器合为一体，使结构紧凑，降低了系统制造成本和热量损失，但操作和控制比较复杂。从试验结果看，液体产率可达干原料的 61％（质量分数），比其他快速热解工艺的液体产率低，热解气中的 N_2 含量高达 60％，显然是空气通过燃烧器进入了反应系统。

④ 烧蚀反应器　烧蚀反应器的特征是生物原料与高温金属壁面接触，受到灼烧而发生热解反应。烧蚀反应器可以不用或使用少量惰性载气，避免载气对气相产物的稀释，有利于生物油回收，是快速热裂解研究最深入的方法之一。

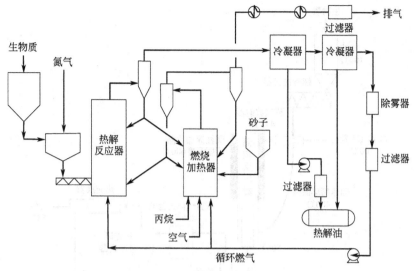

图 8-34 循环传输床快速热解系统

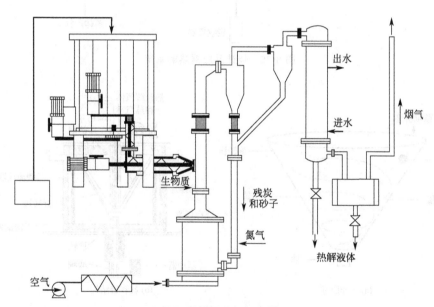

图 8-35 循环流化床快速热解系统

图 8-36 为烧蚀反应器热解系统。

颗粒度为 5mm 的生物质颗粒被惰性载气（蒸汽或氮气）加速到 400m/s 的速率，然后切向进入涡旋反应器。离心力迫使颗粒紧贴着反应器内表面高速滑动，圆柱筒加热器保持反应器壁面温度在 625℃，使颗粒快速热解。壁面产生的蒸气，被载气迅速带出，反应器内滞留时间只有 50～100ms。旋风分离器后是高温气体过滤器，可将热解气中的细颗粒清除掉，然后进入冷却系统，回收液体产物。

⑤ 旋转锥反应器 图 8-37 是旋转锥反应器示意图，基本原理是借助旋转锥的离心力使生物燃料颗粒滑过高温表面，同时发生烧蚀热解反应。

颗粒状原料和砂子分别喂入旋转锥内，旋转锥内外都有加热器，被加热到 600℃，并以 900r/min 的速率旋转。原料和砂子被抛到反应器表面，发生热解，同时沿着锥面螺旋上升，

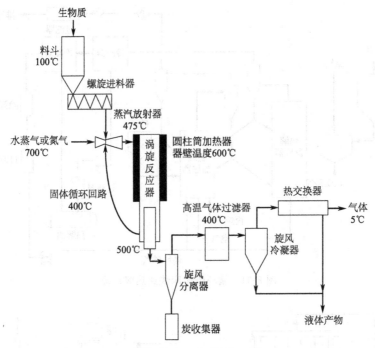

图 8-36　烧蚀反应器热解系统

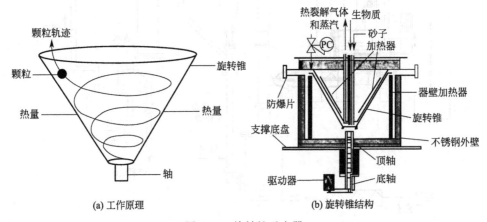

(a) 工作原理　　　　　　　　(b) 旋转锥结构

图 8-37　旋转锥反应器

残炭和砂子从锥的顶端排出。热解产生的蒸气流出反应器,经旋风分离器分离固体颗粒,然后进入冷凝系统。第一级冷凝器用冷的生物油喷雾冷凝,第二级用冰水冷凝。不可凝气体排出燃烧。系统中没有载气,大大减少了反应器尺寸和二级收集系统的费用,反应器结构紧凑,可以达到 3kg/s 的固体传输能力。

　　旋转锥热解反应器结构紧凑,不使用载气,砂子和固体颗粒对设备的磨损程度低于循环传输床反应器,是一个公认的优秀的设计。在气相滞留时间为 1s 和 600℃ 的加热温度条件下,生成 60%(质量分数)液态产物、25%(质量分数)气态产物和 15%(质量分数)的炭。

8.4.4　生物质气化

生物质气化的目标是使生物燃料中的化学能尽可能多地变为燃气中的化学能。在气化过程中，燃料中大分子有机化合物与气化剂发生一系列反应，最终转化为含有 CO、H_2、CH_4等小分子不凝性气体的燃气。

生物燃料具有多孔性质并且含有较多挥发分，反应活化能比煤炭低，因此它的气化比煤炭要容易一些。生物质气化与煤炭气化在早期是共同发展的，近期则借鉴煤炭气化的经验。与煤炭气化方式类似，已经发展了多种形式的生物质气化装置，主要有固定床气化炉、流化床气化炉、气流床气化炉等（其中生物质气流床气化炉仍处在实验室规模或中小试阶段，相关装置本章不做介绍）。而固定床和流化床气化炉又有多种形式，如图 8-38 所示。

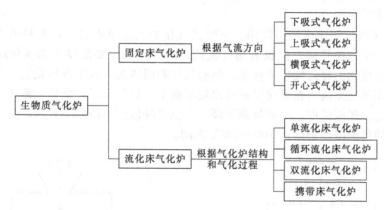

图 8-38　生物质气化炉种类

8.4.4.1　固定床或移动床气化炉

所谓固定床气化炉是指气流通过料层时，物料相对于气流来说处于静止状态，因此称作固定床。根据气流在气化炉内的流动方向，固定床又可分为上吸式、下吸式、横吸式以及开心式四种。

（1）上吸式固定床

图 8-39 为上吸式固定床气化炉结构示意图。上吸式固定床气化炉的物料由气化炉顶部加入，气化剂（空气）由炉底部经过炉栅进入气化炉，产出的燃气通过气化炉内的各个反应区，从气化炉上部排出。在上吸式气化炉中，气流流动方向与物料运动方向相反，向下流动的生物质原料被向上流动的热气体烘干脱去水分，之后进入裂解区，发生裂解反应，析出挥发分。产生的炭进入还原区，与氧化区产生的热气体发生还原反应，生成一氧化碳和氢气等可燃气体。反应中没有消耗的炭进入氧化区。上吸式固定床气化炉的氧化区在还原区的下面，位于四个区的最底部，其反应温度比下吸式气化炉要高一些，可达 1000～1200℃。炽热的炭与进入氧化区的空气发生氧化反应，灰分则落入灰室。在氧化区、还原区、热解区和干燥区生成的混合气体，即生物质气化燃气，自下而上地向上流动，排出气化炉。从还原区到干燥区，温度逐渐降低，至气体出口温度可降到 300℃左右。上吸式气化炉的炉排设计有两种形式：一种是转动炉排，另一种是固定炉排。转动炉排有利于除灰，但是炉排转动增加了密封难度。一般情况下，上吸式气化炉在微正压下运行，气化剂（空气）由鼓风机向气化炉内送入，气化炉负荷量也由进风量控制。上吸式气化炉原则上适用于各类生物质物料，但特别适用于木材等堆积密度较大的生物质原料。其气化强度根据气化炉的结构和运行条件不同而不同，一般为 $100～300kg/(m^3 \cdot h)$。

上吸式气化炉的主要特点是产出气体经过裂解区和干燥区时直接同物料接触，可将其携带的热量直接传递给物料，使物料裂解、干燥，同时降低产出气体的温度，使气化炉的热效率提高，而且裂解区和干燥区有一定的过滤作用，因此排出气化炉的气体中灰含量减少；可以使用较湿的物料（含水量可达50%），并对原料尺寸要求不高；热气流向上流动，炉排可受到进风的冷却，温度较下吸式的低，工作比较可靠。上吸式气化炉也有一个突出的缺点，裂解区生成的焦油没有通过气化区而直接混入可燃气体中排出，这样产出的气体中焦油含量高，且不易净化。这对燃气的使用是一个很大的问题，因为冷凝后的焦油会沉积在管道、阀门、仪表、燃气灶上，破坏系统的正常运行。自有生物质气化技术以来，清除焦油始终是一个技术难题。上吸式气化炉一般用在粗燃气不需冷却和净化就可以直接使用的场合，在必须使用清洁燃气的场合，只能用木炭作为原料。

（2）下吸式固定床

图8-40为下吸式固定床结构简图。下吸式气化炉工作原理如下：燃料加入炉膛后，首先完成的仍然是干燥和热解，但没有热气流的加热作用，主要依靠下部氧化层传热获得热量，床层上部温度比上吸式气化炉要低。热解气体和固体炭进入下方氧化层，与氧气反应使气流和床层温度迅速提高，在氧化层和还原层界面上，氧气耗尽，之后气流进入最下方的还原层，完成气化。还原层中，温度逐渐下降，在温度降低到900℃以下后，反应速率变得缓慢，离开床层的气流温度仍然在700～800℃之间。

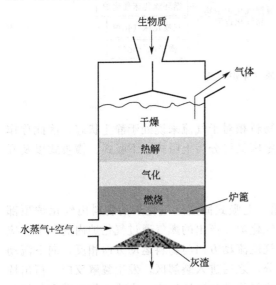

图8-39 上吸式固定床气化炉结构示意图

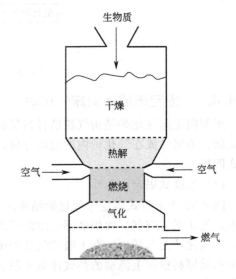

图8-40 下吸式固定床结构简图

在下吸式气化炉中，气流是向下流动的，通过炉栅进入外腔。因而在干燥区生成的水蒸气，在裂解区分解出的二氧化碳、一氧化碳、氢气、焦油等热气流向下流经气化区。在气化区发生氧化还原反应。同时由于氧化区温度高，焦油在通过该区时发生裂解，变为可燃气体，因而下吸式固定床气化炉产出的可燃气热值相对高一些而焦油含量相对低一些。通过一系列化学反应过程，在气化炉内，固体燃料生物质就变成了生物质燃气。

下吸式气化炉的主要特点是结构比较简单，加料方便，产出气体中焦油含量少，微负压运行，操作方便，运行安全可靠。下吸式气化炉的缺点是产出气体流动阻力大，消耗功率增多，产出气体中含灰分较多，温度较高。一般情况下下吸式气化炉不设炉栅，但如果原料尺寸较小，也可设置炉栅。下吸式气化炉适合较干燥的大块物料（含水量小于30%），其最大气化强度为 500kg/（m² · h）。

（3）横吸式气化炉

图 8-41 为横吸式固定床气化炉结构简图。生物质原料从气化炉顶部加入，灰分落入下部的灰室。横吸式固定床气化炉的不同之处在于它的气化剂由气化炉的侧向提供，产出气体从对侧流出，气流横向通过氧化区，在氧化区及还原区进行热化学反应，反应过程同其他固定床气化炉相同，但是反应温度很高，容易使灰熔化，造成结渣。所以这种气化炉一般用于灰含量很低的物料，如木炭和焦炭等。但可以使用高水分的燃料，如果顶部打开，水分可以从顶部释放。颗粒的尺寸需要严格控制，否则会出现架桥及沟流现象。横吸式固定床可以很好地处理木炭及热解处理过的燃料。对于未经过热解处理的燃料，空气喷嘴的高度成为设计的关键。

（4）开心式气化炉

图 8-42 为开心式固定床气化炉结构简图。开心式固定床气化炉的结构与气化原理与下吸式固定床气化炉相类似，是下吸式气化炉的一种特别形式。它以转动炉栅代替了高温喉管区，主要反应在炉栅上部的气化区进行。该炉结构简单，氧化还原区小，反应温度较低。开心式固定床气化炉是由我国研制出的，主要用于稻壳气化，并已投入商业运行多年。

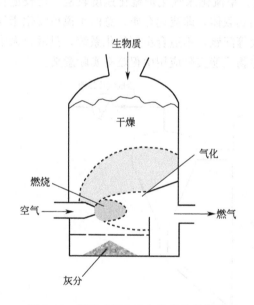

图 8-41　横吸式固定床气化炉结构简图

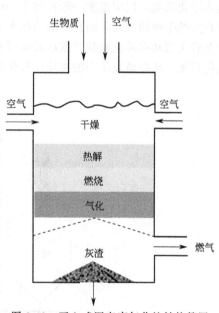

图 8-42　开心式固定床气化炉结构简图

8.4.4.2　流化床气化炉

流化床是一种利用气体或液体通过颗粒状固体层而使固体颗粒处于悬浮运动状态，并进行气固相反应过程或液固相反应过程的反应器。生物质流化床气化炉气化剂从气化炉底部吹入，通过控制气流流速使原料全部悬浮于气流中，在这种状态下，生物质原料像液体沸腾一样漂浮起来，所以流化床也被称为沸腾床。

流化床气化过程中，气化介质以一定的速度通过固体颗粒床料，使其保持在一种悬浮状态。流化床气化炉常采用惰性介质（如砂子）等作为流化介质来增强传热效果。在生物质气化过程中，流化床气化炉首先通过外部热源加热到运行温度，流化介质吸收并储存热量。空气经布风板均匀布风后将床料流化，床料的湍流流动使整个床层保持恒定温度，当生物质原料进入流化床时，与高温流化介质迅速混合，完成干燥、热解、氧化及还原等气化过程。流化床气化炉气化强度为固定床气化炉的 2.5～3 倍，反应温度一般在 750～900℃，气化反应和焦油裂解均在床内进行，原料适应性广，可大规模应用。

流化床的上述优点使其特别适合生物质气化。流化床生物质气化粗合成气中焦油含量介于上吸式固定床（约 $50g/m^3$）和下吸式固定床之间（约 $1g/m^3$），平均值大约为 $10g/m^3$。有两种典型的流化床类型：鼓泡床和循环流化床。其中 Fritz Winkler 于 1921 年设计的鼓泡流化床气化炉是最早被商业应用的流化床气化炉，很长时间内应用于煤气化。鼓泡流化床气化炉也是生物质气化最常用的气化炉。由于流化床适合中等经济规模的装置（<25MW·t·h），因此许多生物质气化都采用鼓泡流化床。鼓泡流化床的不足之处在于燃气夹带飞灰和炭粒严重，运行费用较高，只适合大中型生物质气化系统。

流化床气化炉可分为单流化床气化炉、双流化床气化炉、循环流化床气化炉、携带床气化炉。

（1）单流化床气化炉

典型单流化床气化炉如图 8-43 所示。单流化床气化炉只有一个流化床反应器，气化剂从底部气体分布板吹入，在流化床上同生物质原料进行气化反应，生成的气化气直接由气化炉出口送入净化系统，反应温度一般控制在 800℃左右。单流化床气化炉流化速度较慢，比较适合颗粒较大的生物质原料，而且一般情况下必须增加热载体，即流化介质。总的来说单流化床气化存在着飞灰和夹带炭颗粒严重以及运行费用较大等问题，不适合小型气化系统，只适合大中型气化系统，所以研究小型的流化床气化技术在生物质能实际应用中很难有实际意义。

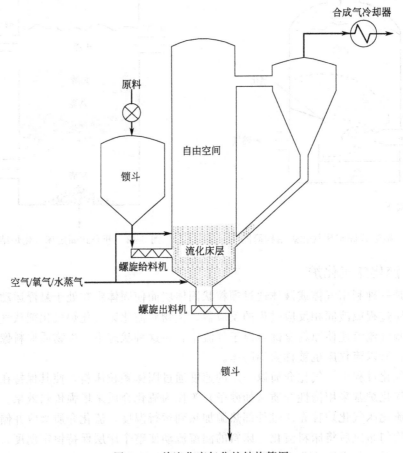

图 8-43 单流化床气化炉结构简图

(2) 双流化床气化炉

双流化床气化炉见图 8-44。双流化床气化炉分为两部分，即第Ⅰ级反应器和第Ⅱ级反应器。在第Ⅰ级反应器中，生物质原料发生裂解反应，生成气体排出后，送入净化系统。同时生成的炭颗粒经料脚送入第Ⅱ级反应器。在第Ⅱ级反应器中炭进行氧化反应，使床层温度升高，经过加温的高温床层材料，通过料脚返回第Ⅰ级反应器，从而保证第Ⅰ级反应器的热源。双流化床气化炉碳转化率较高。双流化床系统是鼓泡床和循环流化床的结合，它把燃烧和气化过程分开，燃烧床采用鼓泡床，气化床采用循环流化床，两床之间靠热载体即流化介质进行传热，所以控制好热载体的循环速度和加热温度是双流化床系统最关键也是最难的技术。

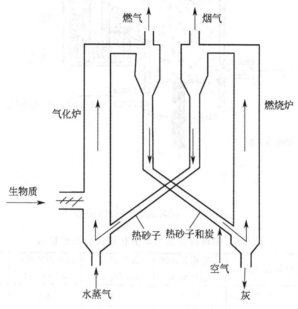

图 8-44　双流化床气化炉结构简图

双流化床气化炉的突出特点是，利用流化床的强大输运能力使燃料颗粒在两个流化床炉膛中传输。所谓气化炉实际上是一个热解反应器，整个系统不使用昂贵的氧气，仅用空气鼓风燃烧，就可以获得含氮量低的高品质燃气，因此受到了重视。双流化床气化炉与循环传输床快速热解反应器原理是一样的，不同之处在于双流化床气化炉工作在较高热解温度下，且燃气没有经过快速冷却，目的是获取燃气而不是生物油。双流化床气化炉可以采用两个快速流化床，也可以设计成气化炉为鼓泡流化床而燃烧炉为快速流化床，气化炉利用溢流特性将残炭和砂子输送到燃烧炉中。

(3) 循环流化床气化炉

循环流化床结构简图见图 8-45。与单流化床气化炉的主要区别是，在气化气出口处，设有旋风分离器或袋式分离器，流化速度较高，产出气中含有大量固体颗粒。在经过旋风分离器或滤袋分离器后，通过料脚，这些固体颗粒返回流化床，再重新进行气化反应，这样提高了碳的转化率。循环流化床气化炉的反应温度一般控制在 700～900℃。其适用于较小的生物质颗粒，在大部分情况下，可以不必加流化床热载体，运行最简单，但炭回流难以控制，在炭回流较少的情况下容易变成低速率的携带床。循环流化床与单流化床特性的比较见表 8-5、表 8-6。可见，循环流化床运行时的流化速度远大于临界流化速度及自由沉降速度，使固体颗粒带出后再循环回床内，以保持浓度床密度；单流化床的运行速度大于临界流化速度却小于自由沉降速度，以免固体颗粒被带出。

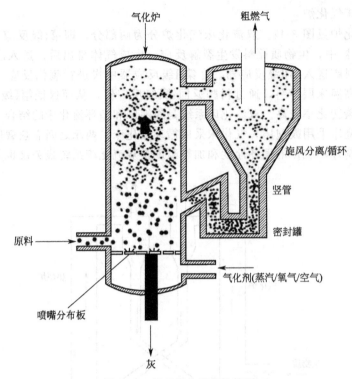

图 8-45　循环流化床结构简图

气化炉　粗燃气

旋风分离/循环

竖管

密封罐

原料

气化剂(蒸汽/氧气/空气)

喷嘴分布板

灰

表 8-5　循环流化床与单流化床流化特性比较

炉型	原料	平均直径/mm	临界流化速度 u_{mf}/(m/s)	运行速度 u_0/(m/s)	自由沉降速度 u_t/(m/s)	u_0/umf	u_0/u_t
循环流化床	木粉	0.329	0.12	1.4	0.4	11.7	3.5
单流化床	稻壳	0.47	0.37	0.74	0.85	2	0.87

表 8-6　循环流化床与单流化床流化特性比较

炉型	尺寸(直径×高)/mm	生产强度/(kg/m²)	气体热值/(kJ/m³)	气化效率/%
循环流化床	410×4000	1900	7100	75
鼓泡流化床	150×3050	920	5925	67
上吸式气化炉	1100×2300	240	5000	75

（4）携带床气化炉

携带床气化炉是流化床气化炉的一种特例，不使用惰性材料作流化介质，气化剂直接吹动炉中生物质原料，且流速较大，为紊流床。该气化炉要求原料破碎成非常细小的颗粒，运行温度高，可达1100℃，产出气体中焦油及冷凝成分少，碳转化率可达100%，但由于运行温度高，易烧结，气化炉炉体材料较难选择。

携带床气化炉的流体力学特性和流化催化裂解反应器类似。携带床的循环次数、气速以及床层密度都比传统的流化床要高，使携带床拥有较高的处理量、更好的混合质量以及更高的传质及传热速率。所需颗粒的尺寸非常小，需要粉碎机或者锤磨机进行粉碎。

携带床包括混合区、提升管、沉降器、旋风分离器、立管以及一个J型腿。生物质、吸附剂（捕集硫）以及空气进入反应器的混合区。沉降器将大颗粒分离，通过J阀返回混合区（图8-46）。大部分剩余细粉被气体出口处的旋风分离器分离。反应器可使用空气或氧气作为气化介质。使用氧气作为气化介质，避免了产物气体中氮气的稀释。因此，空气作气化介质更适合电力生产，而氧气更适合生产合成气。携带床气化炉已经被证实适用于煤气化，现在也被证实适合生物质气化。

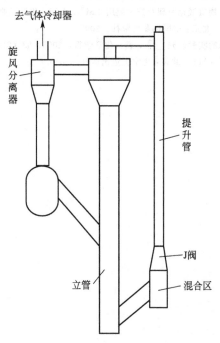

图 8-46　携带床结构简图

　　无论是固定床气化炉还是流化床气化炉，在设计和运行中都有不同的条件和要求，了解不同气化炉的特性，对正确、合理设计和使用生物质气化炉是至关重要的。表 8-7 为各种气化炉对不同原料的要求。表 8-8 给出了各种气化炉使用不同气化剂产出气体的热值情况。

表 8-7　各气化炉对原料要求

项目	下吸式固定床	上吸式固定床	横吸式固定床	开心式固定床	流化床
原料种类	秸秆、废木	秸秆、废木	木炭	稻壳	秸秆、木屑、稻壳
尺寸/mm	5~100	20~100	40~80	1~3	<10
湿度/%	<30	<25	<7	<12	<20
灰分/%	<25	<6	<6	<20	<20

表 8-8　各气化炉产出气体热值情况

气化剂	下吸式固定床	上吸式固定床	横吸式固定床	开心式固定床	单流化床	双流化床	循环床	携带床
空气	※	※	※	※	※	○		
氧气	○	○	○		○		○	○
水蒸气					○	○		

注：○为中热值气体；※为低热值气体。

参考文献

[1] 崔宗均. 生物质能源与废弃物资源利用 [M]. 北京：中国农业大学出版社，2011.
[2] Dossin T F, Reyniers M F, Berger R J, et al. Simulation of heterogeneously MgO-catalyzed transesterification for fine-chemical and biodiesel industrial production [J]. Applied Catalysis B：Environmental，2006，67 (1)：136-148.

[3] Song E S，Lim J W，Lee H S，et al. Transesterification of RBD palm oil using supercritical methanol ［J］. The Journal of Supercritical Fluids，2008，44（3）：356-363.

[4] 张求慧，赵广杰. 木材液化技术研究现状及产业化发展 ［J］. 木材工业，2005，19（3）：5-7，11.

[5] 闵恩泽，张利雄. 生物柴油产业链的开拓——生物柴油炼油化工厂 ［M］. 北京：中国石化出版社，2007.

[6] 骆仲泱，王树荣，王琦，等. 生物质液化原理及技术应用 ［M］. 北京：化学工业出版社，2013.

[7] 安鑫南. 林产化学工艺学 ［M］. 北京：中国林业出版社，2002.

[8] 赵先国. 生物质流化床富氧气化的实验研究 ［J］. 燃料化学学报，2005，33（2）：199-204.

[9] 黄进，夏涛. 生物质化工与材料 ［M］. 北京：化学工业出版社，2018.

第9章

太阳能、电能和氢能

9.1

太阳能

9.1.1 太阳能的特点和利用

太阳能有它自身的优缺点，优点如下。

① 普遍性 太阳光普照大地，没有地域的限制，无论陆地或海洋，无论高山或岛屿，处处皆有，可直接开发和利用，便于采集，且无须开采和运输。

② 无害 开发利用太阳能不会污染环境，是最清洁能源之一，在环境污染越来越严重的今天，这一点是极其宝贵的。

③ 体量巨大 每年到达地球表面上的太阳辐射能约相当于 130 万亿吨煤，属现今世界上可以开发的最大能源。

④ 长久 根据太阳产生的核能速率估算，氢的贮量足够维持上百亿年，而地球的寿命也约为几十亿年，从这个意义上讲，太阳的能量是用之不竭的。

缺点如下。

① 分散性 到达地球表面太阳辐射的总量尽管很大，但是能流密度很低。平均说来，北回归线附近，夏季在天气较为晴朗的情况下，正午时太阳辐射的辐照度最大，在垂直于太阳光方向 $1m^2$ 面积上接收到的太阳能平均有 1000W 左右；若按全年日夜平均，则只有 200W 左右。而在冬季大致只有一半，阴天一般只有 1/5 左右，这样的能流密度是很低的。因此，在利用太阳能时，想要得到一定的转换功率，往往需要面积相当大的一套收集和转换设备，造价较高。

② 不稳定性 由于受到昼夜、季节、地理纬度和海拔高度等自然条件的限制以及晴、阴、云、雨等随机因素的影响，到达某一地面的太阳辐照度既是间断的，又是极不稳定的，这给太阳能的大规模应用增加了难度。为了使太阳能成为连续、稳定的能源，从而最终成为能够与常规能源相竞争的替代能源，就必须很好地解决蓄能问题，即把晴朗白天的太阳辐射能尽量贮存

起来，以供夜间或阴雨天使用，但蓄能也是太阳能利用中较为薄弱的环节之一。

③ 效率低和成本高　太阳能利用的发展水平，有些方面在理论上是可行的，技术上也是成熟的。但有的太阳能利用装置，效率偏低，成本较高，现在的实验室利用效率也不超过30%。总的来说，经济性还不能与常规能源相竞争。在今后相当长一段时期内，太阳能利用的进一步发展，主要受到经济性的制约。

④ 太阳能板污染　现阶段，太阳能板是有一定寿命的，一般 3~5 年就需要换一次太阳能板，而换下来的太阳能板非常难被大自然分解，从而造成相当大的污染。

太阳能的利用形式主要有两种：太阳能光热转换和太阳能光电转换。早期最广泛的太阳能应用就是将其用于水的加热，这已是太阳能成果应用中的一大产业，太阳能热水器就是吸收太阳的辐射热能用于加热冷水的节能设备。太阳能发电是一种新兴的可再生能源，因其独有的优势具有良好的发展前景。目前太阳能开发利用的重点集中在把太阳能转换成电能和热能，进而生产化工燃料。

9.1.2　太阳能-光电转换利用

太阳能发电有两种方式，一种是光-热-电转换方式，另一种是光-电直接转换方式。太阳能电池又称为"太阳能芯片"或"光电池"，是一种利用太阳光直接发电的光电半导体薄片。只要满足一定照度，瞬间就可输出电压及在有回路的情况下产生电流，在物理学上称为太阳能光伏（photovoltaic，缩写为 PV），简称光伏。进入 21 世纪以来，世界太阳能光伏发电产业发展非常迅速，光伏发电应用已经进入规模化时期。从光伏发电应用形式来看，离网型光伏发电系统占世界光伏市场份额正在逐年减少，并网型光伏发电系统已经成为世界光伏发电系统最为重要的发展方向。

自 20 世纪 50 年代发明单晶硅太阳能电池以来，人们为太阳能电池的研究、开发与产业化做出了很大努力，新材料、新结构、新工艺层出不穷，研制成功的太阳能电池已达 100 多种。从电池结构上看，有 p-n 同质结、p-n 异质结、MS 结构和 MIS 结构等，这些结构在微电子工业中已经得到了广泛应用，因此，太阳能电池结构的发展明显得益于微电子工业的技术进步。从材料方面来看，涉及几乎所有半导体材料，包括单晶硅、多晶硅、非晶硅、微晶硅、化合物半导体和有机半导体等。20 世纪 50 年代的硅电池、60 年代的砷化镓电池、70 年代的非晶硅电池、80 年代的铸造多晶硅电池和 90 年代Ⅱ-Ⅵ族化合物电池的开发和应用，构成了太阳能光电材料和器件发展的历史。近年来，太阳能电池技术取得了很大进展，很可能成为未来主要电力来源之一。

根据制备材料不同，太阳能电池可分为晶体硅太阳能电池、薄膜太阳能电池等。目前，全球太阳能电池主要以硅半导体太阳能电池为主，占全球光伏市场的 90%。太阳能电池是一种可以将太阳能转化为电能，并将电能传输给适当载体的光电元件。将太阳能转化为电能需要经过三个步骤：首先，太阳光使材料（吸收剂）从基态过渡到激发态（光吸收过程）；其次，激发态的材料转换为带自由负电荷和自由正电荷的载流子对；最后，产生的自由负电荷载流子沿一个方向移动到一端（称为阴极）和产生的自由正电荷载流子沿另一个方向移动到另一端（称为阳极）。太阳能电池的能量供应来自太阳的光子。太阳能的输入是分散的，与纬度、白天的时长和大气条件等变量有关。各种可能的分布被称为太阳光谱。

在过去，太阳能电池最重要的应用在宇航设备方面，其中用得最多的是硅太阳能电池。确定地说，如果没有太阳能电池，将没有我们现在的气象、通信、军用和科学卫星设备。太阳能电池的应用还有很大空间，随着矿物燃料日益枯竭和开采成本增加以及对环境的不利影响，越来越需要在陆地上更广泛地使用太阳能电池。太阳能电池可以源源不断地提供电能，没有维持费用，而废弃产物只有热能，没有污染物。太阳能电池直接将光能转化为电能，没有经过中间形式。

太阳能电池的制造工艺很大程度上影响了太阳能电池的工作性能，而电池的制造工艺是由其用途决定的。本章将主要介绍几种太阳能电池以及它们所采用的工艺，包括晶体生长、扩散、制电极、掺杂和淀积减反射膜。根据所用材料不同，太阳能电池还可分为：硅太阳能电池、多元化合物薄膜太阳能电池、聚合物多层修饰电极型太阳能电池、纳米晶太阳能电池、有机太阳能电池、塑料太阳能电池，其中硅太阳能电池是发展最成熟的，在应用中居主导地位。因此本章将着重介绍硅太阳能电池。

作为第一代太阳能电池的硅太阳能电池（主要包括单晶硅、多晶硅和非晶硅），是目前发展最成熟的光伏器件，具有制造工艺成熟、稳定性好、光电转换效率高的特点，在当前商用市场上占据主导地位。一般在采用 p-n 结的结构基础上，在 n 型结上面制作金属栅线，作为正面电极；在整个背面制作金属膜，作为背面欧姆接触电极，形成晶体硅太阳能电池。整个表面上一般再覆盖一层减反射（AR）膜或在硅表面制作绒面用来减少光的反射。

9.1.2.1 单晶硅太阳能电池

自太阳能电池发明以来，单晶硅太阳能电池开发的历史最长。在硅太阳能电池中转化效率最高，转化效率的理论值为 24%～26%，从航天器到住宅、街灯等领域已得到广泛的应用。

制造硅太阳能电池的标准工艺可以归纳为：

① 沙子还原为冶金级硅；

② 冶金级硅提纯为半导体级硅；

③ 半导体级多晶硅转变为单晶硅片；

④ 单晶硅片制成太阳能电池；

⑤ 太阳能电池封装成为太阳能电池组件。

（1）沙子还原为冶金级硅

冶金级硅是太阳能电池的原料。在工业上通常采用高纯度硅石同木炭或煤在电弧炉中进行初级熔炼，在超过 1900℃ 的高温下反应产生冶金级硅。图 9-1 是生产冶金级硅的电弧炉示意图，其原理是用碳还原硅石：$SiO_2 + 2C \longrightarrow Si + 2CO$。

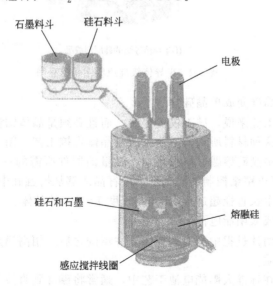

图 9-1　生产冶金级硅的电弧炉示意图

生成的硅定期地从炉中倒出，并用氧气或氧-氯混合气体吹之以进一步提纯。然后，硅被倒入浅槽，在槽中凝固，随后被破成碎块。

（2）冶金级硅提纯为半导体级硅

用于太阳能电池的硅的纯度要比冶金级更高，提纯硅的标准方法称为西门子工艺。冶金级硅被转变为挥发性的化合物，接着采用分馏的方法将其冷凝并提纯，然后从这种精炼产品中提纯出超级硅。

详细的工艺过程为：用 HCl 把细碎的冶金级硅颗粒变为流体，用铜催化剂加速反应进行：$Si + 3HCl \longrightarrow SiHCl_3 + H_2$，反应温度为 600℃，释放出的气体通过冷凝器，所得到的液体经过多级分馏得到半导体级 $SiHCl_3$（三氯氢硅），这是聚硅氧烷工业的原材料。

为了提取半导体级硅，可加热混合气体，使半导体级的 $SiHCl_3$ 被 H_2 还原。在此过程中，硅以细晶粒的多晶硅形式沉积到电加热的硅棒上，其反应式为：$SiHCl_3 + H_2 \longrightarrow Si + 3HCl$，反应温度为 1100℃。图 9-2 是半导体级硅原料制备流程图。

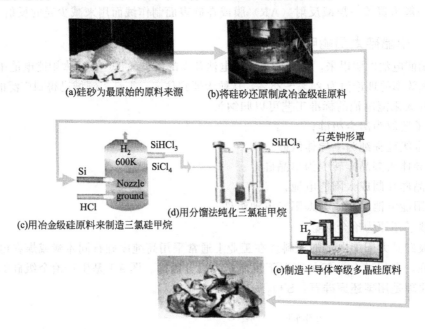

(a)硅砂为最原始的原料来源　　(b)将硅砂还原制成冶金级硅原料

(c)用冶金级硅原料来制造三氯硅甲烷　　(d)用分馏法纯化三氯硅甲烷

(e)制造半导体等级多晶硅原料

(f)半导体等级的硅原料成品

图 9-2　半导体级硅原料制备流程图

（3）半导体级多晶硅变成单晶硅片

对于半导体电子工业来说，硅不仅要很纯，而且必须是晶体结构中基本上没有缺陷的单晶形式。工业上生产这种材料所用的主要方法是晶体直拉工艺，图 9-3 是拉晶炉的构造。在坩埚中，将半导体级多晶硅熔融，同时，加入微量的器件所需的一种掺杂剂，通常用硼（p型掺杂剂）。在温度可以精细控制的情况下，用籽晶能够从熔融硅中拉出大圆柱形的单晶硅。通常用这种方法能够生长直径超过 12.5cm、长度 1～2m 的晶体。

（4）单晶硅片制成太阳能电池

硅片腐蚀（消除切片过程中产生的损伤）并清洗之后，用高温杂质扩散工艺有控制地向硅片中掺入另外的杂质。

前面已经提及，在标准太阳能电池工艺中，通常将硼加到直拉工艺的熔料中，从而生产出 p 型硅片。为了制造太阳能电池，必须掺入 n 型杂质，以形成 p-n 结。磷是常用的 n 型杂

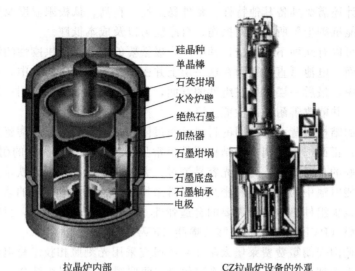

拉晶炉内部   CZ拉晶炉设备的外观

图 9-3 拉晶炉构造

质。载气通过液态磷酰氯（$POCl_3$），混入少量的氧后通过排放有硅片的加热炉管生成含有磷的氧化层。在 $800\sim900℃$ 的炉温下，磷从氧化层扩散到硅中。约 20min 后，靠近硅片表面的区域，磷杂质超过硼杂质，从而制得 n 型区。在往后的工序中，再除去氧化层和电池侧面和背面的结，得到图 9-4 的结构。

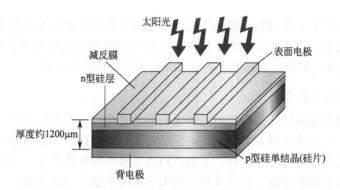

图 9-4 单晶硅太阳能电池

在标准工艺中，采用真空蒸发工艺来制作附着于 n 型区和 p 型区表面的金属电极，将待沉积的金属在真空室中加热到足够高的温度，待其熔融并蒸发，最后凝结在真空室中。背电极通常覆盖整个背表面，而上电极则需要制成栅线形状。电极通常由三层金属组成。为了使电极与硅有好的附着力，底层采用薄的金属钛，上层是银，以提供低的电阻及可焊性。夹在这两层之间的是钯层，它可以防止钛和银反应。为得到好的附着力和低的接触电阻，沉积之后，电极在 $500\sim600℃$ 下烧结。最后，用同样的真空蒸发工艺在电池表面沉积一层薄的减反射（AR）膜。

（5）太阳能电池封装成太阳能电池组件

太阳能电池之所以需要密封不仅仅是为了提供机械上的防护，而且也是为了提供电绝缘及一定程度的化学防护。这种密封为支持易碎的电池及易弯曲的互联条提供了机械刚性，同时还为撞击引起的机械损伤提供了防护。密封还使金属电极及互联条免遭大气的腐蚀。密封也为电池组合板产生的电压提供电绝缘，密封的耐久性将决定组件的最终工作寿命。

系统密封设计还需要具备其他特性：紫外稳定性；在高、低极限温度及热冲击下电池不因应力而破裂；能抗御尘暴所引起的擦伤；自净能力以及成本低廉。

组件的封装可以有几种不同方法，其中一个极重要的部分是提供刚性的结构层，它可在组件的背面或正面。电池可直接黏附在这一层上并密封在柔韧的密封胶中，或者密封在由这一层支撑的夹层中。最后一层如果在组件的背面，可以起到抗潮湿的作用；如果在顶部，就能起到自净作用，并能改善耐冲击性能。

太阳能电池的结构层背面最常用的材料是受过阳极化处理的铝板、陶瓷化的钢板、环氧树脂板或窗玻璃；正面选用玻璃作为结构层是最常见的，玻璃兼有优良的耐风雨侵蚀性能、成本低的优点及好的自净特性。为使光容易透过，大部分设计都采用含铁量低的钢化玻璃或回火玻璃。太阳能电池中的黏结剂和密封材料常采用硅树脂，它具有好的紫外稳定性、低的光吸收特性和为减少组件热应力所需要的合适弹性。不过硅树脂比较贵，目前，已有厂家采用聚乙烯醇缩丁醛（PVB）和乙烯-乙酸乙烯酯（EVA）来替代硅树脂。

在此方面，德国夫朗霍费费莱堡太阳能系统研究采用光刻照相技术将电池表面制成倒金字塔结构，并在表面把 13nm 厚的氧化物钝化层与两层减反射涂层相结合，制得的电池转换效率超过 23%。澳大利亚新南威尔士大学在 PERL 电池中作了倒锥形表面结构和钝化发射机构，成功研制出了转换效率为 24.7% 的单晶硅太阳能电池（AM1.5，100MW/cm^2，25℃）。北京太阳能研究所也积极进行高效晶体硅太阳能电池的研究和开发，研制的平面高效单晶硅电池（2cm×2cm）转换效率达到 19.79%，刻槽埋栅电极晶体硅电池（5cm×5cm）转换效率达 18.6%。目前单晶硅太阳能电池工业规模生产的光电转换效率为 17% 左右。

虽然单晶硅太阳能电池的转化效率很高，但是制作单晶硅太阳能电池需要消耗大量的高纯硅材料，工艺复杂，电耗很大，成本比较高，且太阳能电池组件的平面利用率低。所以，20 世纪 80 年代以来，欧美一些国家投入了多晶硅太阳能电池的研制。

9.1.2.2 多晶硅太阳能电池

多晶硅太阳能电池的转化效率比单晶硅太阳能电池略低，但原料比较丰富，制造比较容易，可靠性较高，性能比较稳定，目前其使用量已超过单晶硅太阳能电池，占主导地位。由于晶体硅太阳能电池可以稳定地工作，具有较高的可靠性和转换效率，因此目前所使用的太阳能电池主要是硅太阳能电池，并且在户外用的太阳能电池中占据主流。

多晶硅太阳能组件包括：

① 钢化玻璃　其作用为保护发电主体（电池片）。透光率选用是有要求的，透光率必须高（一般 91% 以上）且需超白钢化处理。

② 乙烯-乙酸乙烯共聚物　用来黏结、固定钢化玻璃和发电主体（电池片）。透明乙烯-乙酸乙烯共聚物材质的优劣直接影响组件的寿命，暴露在空气中的乙烯-乙酸乙烯共聚物易老化发黄，影响组件的透光率，从而影响组件的发电质量。除了乙烯-乙酸乙烯共聚物本身的质量外，组件厂家的层压工艺影响也是非常大的，如乙烯-乙酸乙烯共聚物交连度不达标，乙烯-乙酸乙烯共聚物与钢化玻璃、背板粘接强度不够，都会引起乙烯-乙酸乙烯共聚物提早老化，影响组件寿命。

③ 电池片　主要作用就是发电，发电主体市场上主流的是晶体硅太阳能电池片、薄膜太阳能电池片，两者各有优劣。晶体硅太阳能电池片的设备成本相对较低，但消耗及电池片成本很高，光电转换效率也高。在室外阳光下发电薄膜太阳能电池比较适宜，相对设备成本较高，而消耗和电池成本很低，光电转化效率相对晶体硅太阳能电池片一半多点，但弱光效

应非常好，在普通灯光下也能发电，如计算器上的太阳能电池。

④ 背板　作用是密封、绝缘、防水（一般都用 TPT、TPE 等材质，必须耐老化，组件厂家都质保 25 年，钢化玻璃、铝合金一般都没问题，关键就在于背板和硅胶是否能达到要求）。

⑤ 铝合金保护层压件　起一定的密封、支撑作用。

⑥ 接线盒　保护整个发电系统，起到电流中转站的作用。如果组件短路接线盒自动断开短路电池串，防止烧坏整个系统。接线盒中最关键的是二极管的选用，根据组件内电池片的类型不同，对应的二极管也不相同。

⑦ 硅胶　密封作用，用来密封组件与铝合金边框、组件与接线盒交界处。有些公司使用双面胶条、泡棉来替代硅胶，国内普遍使用硅胶，工艺简单，方便，易操作，而且成本很低。

多晶硅材料由单晶硅颗粒聚集而成。多晶硅太阳能电池转化效率的理论值为 20%，实际生产的转化效率为 12%～14%。多晶硅太阳能电池的原料比较丰富，制作容易。其工艺过程是选择电阻率为 $100～300\Omega\cdot cm$ 的多晶块料或单晶硅头尾料，经破碎、腐蚀，用去离子水冲洗呈中性并烘干。然后用石英坩埚装好多晶硅料，加入适量硼硅，放入浇铸炉，在真空状态中加热熔化。最后注入石墨铸模中，待慢慢凝固、冷却后，得到多晶硅锭。这样可以将多晶硅铸造成制作太阳能电池片所需要的形状，可提高材制利用率和方便组装。制作多晶硅太阳能电池工艺简单、节约电耗、成本低、可靠性高，得到广泛应用。

9.1.2.3　非晶硅太阳能电池

开发太阳能电池的两个关键问题就是：提高转换效率和降低成本。非晶硅薄膜太阳能电池的成本低，便于大规模生产，普遍受到人们的重视并得到迅速发展。其实早在 20 世纪 70 年代初，Carlson 等就已经开始了对非晶硅电池的研制工作，且得到了迅速发展。世界上已有许多家公司在生产该种电池产品。

尽管非晶硅作为太阳能材料是一种很好的电池材料，但其光学带隙为 1.7eV，使得材料本身对太阳辐射光谱的长波区域不敏感，这样一来就限制了非晶硅太阳能电池的转换效率。

非晶硅太阳能电池的制备方法有很多，包括反应溅射法、PECVD（plasma enhanced chemical vapor deposition）——等离子增强型化学气相沉积法、低压化学气相沉积技术法等。

反应溅射法：首先利用红外线激线对透明氧化物导电玻璃基片进行激光刻线；激光刻线后进行超声清洗；基片清洗后装入专用沉积夹具，推入烘箱进行预热；预热后沉积夹具推入 PECVD 沉积真空室，利用 PECVD 沉积工艺，进行非晶硅沉积；利用绿激光对沉积好非晶硅的基片进行第二次激光刻线，刻线后进行清洗；对清洗好的基片利用物理气相沉积技术，镀金属背电极复合膜，作为金属背电极复合膜之一的氧化锌层沉积在非晶硅层表面，其他金属背电极层沉积在氧化锌层之上；利用绿激光对沉积好金属背电极的基片进行第三次激光刻线，刻线后进行清洗，至此，电池芯片结构已经形成；对电池芯片进行层压封装，并安装接线盒及引出导线；最后，对组件进行性能检测，合格品装箱。根据生产的光伏组件的规格，生产周期一般需要三至四小时。

曾有文献报道单结非晶硅太阳能电池转换效率超过 12.5%，日本中央研究院采用一系列新措施，制得的非晶硅太阳能电池的转换效率为 13.2%。国内关于非晶硅太阳能电池特别是叠层太阳能电池的研究并不多，南开大学采用工业用材料，以铝背电极制备出面积为 $20\times20cm^2$、转换效率为 8.28% 的 α-Si/α-Si 叠层太阳能电池。

非晶硅太阳能电池具有较高的转换效率和较低的成本及重量轻等特点，有着极大的潜力。但它的稳定性不高，直接影响了它的实际应用。如果能进一步解决稳定性问题及提高转换率，那么，非晶硅太阳能电池无疑是太阳能电池的主要发展产品之一。

9.1.3　太阳能-光热转换利用

太阳能的光热转换就是将太阳辐射能收集起来，通过与工质（主要是水或者空气）相互作用转换成热能加以利用。这种通过转换装置将太阳辐射能转换为热能加以利用的技术就称为太阳能-光热转换利用技术。

现今，通过光热转换技术将太阳能转换为热能，再结合热发电、热化学技术进一步转化为电、碳氢化学燃料等是非常重要的发展方向。

近年来，国际上关于太阳能热化学转化技术的研究正在不断完善和深入，主要集中在太阳能热化学水解制氢、热化学储能、太阳能驱动天然气重整/裂解制合成燃料、太阳能驱动煤气化制合成气以及利用太阳能高温裂解其他含碳燃料和控制排放等方面。

在太阳能热化学燃料转化方面，以色列 Weizmann 研究所、美国国家可再生能源实验室（NREL）、美国圣地亚国家实验室（SNL）等研究机构从 1990 年开始对太阳能高温热化学理论及吸收反应器开展了大量测试和研究工作。2003 年德国启动了国家能源计划，德国宇航实验室（DLR）和瑞士 ETH、PSI 研究所首先提出太阳热能与天然气重整相结合的能量系统，开展太阳能重整甲烷-燃气蒸汽复合热发电系统的示范项目研究，开辟了太阳能热化学利用的新方向。此后德国 DLR 与以色列 Weizmann 研究所共同开展了 300kW 太阳能甲烷重整集热反应器的研究。瑞士苏黎世联邦理工学院在国家 ETH 计划资助下开展了太阳能-天然气与氧化锌重整的能源系统研究。澳大利亚已经在 Tapio Station 建立了世界首台太阳能驱动天然气水蒸气重整的示范发电站。国际能源署（IEA）也将太阳能热化学循环分解水制氢作为其计划的重要组成部分。

在热化学储能方面，美国 LUZ 公司从 20 世纪 80 年代开始了热化学储能领域的开发研究，采用 $CaO/Ca(OH)_2$ 体系设计出了净热容量为 925MW·h 的储能系统，为其 80MW 的太阳能热电站蓄热。科罗拉多矿业大学和圣地亚国家实验室在 Sun Shot 计划的支持下，开展利用钙钛矿作为热化学储热材料的相关研究。佛罗里达州立大学和南方研究所正在研究采用碳酸盐的化学储热材料，加利福尼亚大学洛杉矶分校和西北太平洋国家实验室则分别对氢化学储热技术和金属氢化物储热技术进行了研发。总体而言，目前国外对热化学储能的应用研究主要集中在反应物系的性能优化、储能系统的设计、反应床的强化传热传质、循环性能测试、热化学储能实验样机等方向。

我国的太阳能热化学研究与发达国家相比起步较晚，但发展势头良好，近年来在太阳能热化学反应器、低成本太阳能热互补发电技术方面的研究取得了一定进展。中国科学院工程热物理研究所原创性地提出了太阳能驱动替代燃料裂解动力系统的概念，研制了国际首套中低温太阳能吸收-反应器（5kW），并建立了国际首套 10kW 太阳能热化学发电装置，引领了国际上太阳能中低温热化学与化石燃料互补研究的新方向，在国际上形成了较大影响。西安交通大学、中国科学院电工研究所、华南理工大学等单位也围绕金属载体研发、太阳能热化学反应器研制和太阳能热化学动力学等方向开展了相关研究。近年来，太阳能热化学制氢研究逐渐成为国际上的研究热点，在国家 973 计划的支持下，我国已在直接太阳能热化学分解水制氢等方面开展了系统深入的研究工作，但总体而言与国外先进水平还存在较大差距。

太阳能热化学领域的研究重点和技术难点主要集中在太阳能热化学制氢、热化学储能、太阳能热化学反应器研制三个方面。

（1）太阳能热化学制氢

太阳能热化学制氢过程主要将高汇聚太阳能辐射作为反应器的高温热源，工质受到太阳能的激发和催化发生热气化、热分解、热裂解和热重整化学反应，由此将所汇聚的太阳能转化为储存于氢气中的化学能。太阳能热化学制氢大致有太阳能热化学直接分解水制氢、热化学循环分解水制氢、太阳能化石燃料脱碳制氢等几种方法，这些方法的共同点是都有一个通过聚焦太阳能加热的高温吸热反应。开发高效、低成本的直接太阳能热化学制氢技术的核心与关键问题包括：太阳能热化学转化过程反应机理及功能材料（含催化剂）的设计、筛选、优化、制备与表征；直接太阳能热化学制氢系统各部件的耦合匹配原则、安全稳定运行理论及其高效低成本化途径研究；热能储存传递和化学反应吸热转化的多尺度多场耦合传热传质与流动的机理研究；化学反应动力学转化理论研究等。

（2）热化学储能

典型的热化学储能体系有无机氢氧化物热分解，主要是 $Ca(OH)_2/CaO + H_2O$、$Mg(OH)/MgO + H_2O$，此外还有 NH_3 分解、碳酸化合物分解、甲烷-二氧化碳催化重整、铵盐热分解、有机物的氢化和脱氢反应等。热化学储能目前尚处在示范研究阶段，在实际应用中还存在着许多技术问题，如反应条件苛刻、不易实现，储能体系寿命短，储能材料对设备的腐蚀性大，产物不能长期储存，一次性投资大及效率低等。为实现热化学储能技术的大规模实际应用，应注重以下几个方面：选择反应可逆性好、腐蚀性小、无副反应的储能体系研发；反应器和热交换器设计；热化学储能系统能量储/释循环的稳态和动态特性研究；太阳能热化学储能系统的放大研究与开发等。

（3）太阳能热化学反应器研制

热化学转化过程的关键之一是太阳能热化学反应器，反应器是热化学反应发生的装置，也是太阳能燃料重整系统的核心部件。常见的热化学反应器主要有管式反应器和多孔介质反应器两类。其中管式反应器操作简便，但所能承载的功率受限于传热，反应受热力学控制，容易使吸热壁面局部高温过热，热点处易导致反应物或催化剂烧结，影响反应进程。同时，由吸热腔体、反应物和中间传热介质间的间接传热引起的反应器内部温度梯度较大，也会使整体效率偏低。采用多孔介质为反应床的热化学反应器反应接触面积大，经过合理设计具有较高的表观吸收率，吸收太阳辐射的能力强，且比较容易加工。但其缺点也比较明显，如多孔介质容易破裂、塌陷，催化剂因积炭、烧结而失活，介质内气孔容易堵塞等。而以悬浮颗粒作为吸收体的反应器能够在一定程度上克服上述缺点，该类型反应器的研究重点是掌握其内部的传热机理，以便通过优化设计提高反应器的性能。

总之，利用太阳能热化学方法将太阳能转换为燃料化学能，再进一步储存或利用的太阳能制氢和热化学储能等技术是太阳能与化石燃料高效互补的新途径，在发电、清洁燃料生产等能源系统耦合上表现出很大的优势，是太阳能热利用领域的研究热点和前沿，具有重要的理论价值和广泛的工程应用前景。

9.2
电能

9.2.1 电能的特点和利用

相对于其他的能源，电能具备不少优势。一是运输安全经济。石油、天然气、煤炭等能源，往往存在于偏远的山区，想要为城市提供能源，需要大量的人力和物力。而电能可以通过高压输电线，输送给千家万户，输送设备简单，损耗小。二是电能可以转换成其他形式，最方便各种能源之间的相互转换。例如通过电炉可以将电能转换成热能；通过电动机把电能转换成机械能；通过蓄电池可以将电能转换成化学能。三是电能易于实现机械化和自动化。

　　当今社会，电能作为最重要的二次能源，是全球能源总消耗的关键组成部分，固定式电网系统和移动式供油系统成为现代社会的基础能源系统。在未来社会，人类可以利用智能电网方便地将各种发电形式与用电单元联系在一起，并通过将大规模、可持续、无污染的新能源与环境友好的电动汽车和谐统一为"电"这样一种能量形式，从而将目前分开的固定式能源系统和移动式能源系统统一，并将极大改变人类利用能源的方式，提高能源利用的效率，从根本上解决能源、环境与社会经济发展之间的矛盾。未来社会的电能网络系统见图9-5。

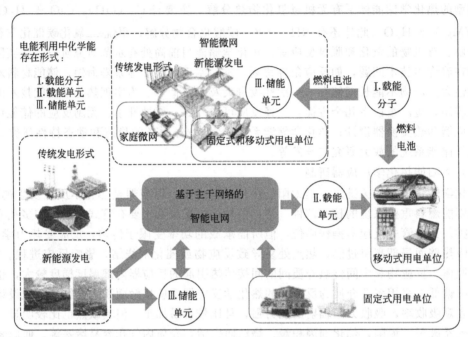

图 9-5　未来社会的电能网络系统

　　电能与化学能之间相互转化是通过各式各样的化学储能器件即电池来完成的。如图9-5所示，在电能的转化利用过程中，化学能的存在形式可以作为载能分子、载能单元和储能单元。

　　将载能分子转化成电能的化学储能器件被称为燃料电池，载能分子（氢气、甲醇、乙醇、甲烷等）即燃料。燃料电池是一种将存在于燃料与氧化剂中的化学能直接转化为电能的发电装置。燃料电池在能量转化过程中不经过燃烧过程，因而不受卡诺循环的限制，能量转化效率高。燃料电池既可为移动式用电单位（电动车、3C电子设备）提供电源，成组后又可为智能微网提供分布式的电站。

　　载能单元是指为移动式用电单位提供电力的化学储能器件，即二次电池，又称充电电池或蓄电池。二次电池在放电后可通过充电的方式使活性物质激活而继续使用。20世纪90年代以来，手机、移动电脑等3C电子设备的使用需求推动了二次电池的快速发展。二次电池等技术的进步又推动了电动汽车产业的发展。高比能量、高可靠性、高安全性、长寿命、低成本是电动汽车产业对二次电池（动力电池）提出的更高要求。

　　风能、太阳能等可再生能源发电具有不连续、不稳定、不可控的特性，储能单元（大规模储能系统）可有效实现可再生能源发电的调幅调频、平滑输出、跟踪计划发电，从而提高电网对可再生能源发电的消纳能力。另外,在智能微网及分布式能源系统中,储能单元很大程度上能解决分布式新能源发电的随机性、波动性问题,可实现新能源发电功率平滑输出,能有效调节新能源发电引起的电网电压、频率及相位波动,使大规模风电及太阳能发电方便、可靠地并入主干电网,提高其经济效益。

在电能的利用转化过程中,化学储能器件即电池发挥着极为关键的作用。因此,发展以燃料电池(见本书 9.3)、锂离子电池、锂硫电池、液流电池等为代表的安全、高效化学储能体系,是电能能源化学与化工核心任务之一。

9.2.2 动力电池

面对当前日益严峻的能源和环境问题,汽车技术不得不朝着燃料多元化、动力电气化的方向变革。以车载电源为全部或部分动力驱动行驶的电动汽车,因具有高效节能、低排放或零排放的显著优势,成为目前国际新能源汽车发展的主攻方向。大力发展电动汽车被广泛认为是有效应对能源与环境挑战的重要战略举措。此外,对我国而言,"发展新能源汽车是我国从汽车大国迈向汽车强国的必由之路"。车用动力电池技术是制约电动汽车产业化进程的瓶颈技术,随着电动汽车产业化进程逐步深入,各国及重点企业均加大力度发展动力电池产业,并将其作为新能源汽车的核心竞争点。进一步提高动力电池比能量(能量密度)、比功率、使用寿命、可靠性和安全性,以及进一步降低成本是电动汽车发展的持续要求,也是动力电池技术发展的主题和趋势。

为大幅度提高动力电池的能量密度,先进发达国家和我国近年来都纷纷出台了动力电池的近期、中期及远期发展目标。我国颁布的《新能源汽车产业发展规划(2021—2035 年)》提出实施电池技术突破行动,开展正负极材料、电解液、隔膜、膜电极等关键核心技术研究,加强高强度、轻量化、高安全、低成本、长寿命的动力电池和燃料电池系统短板技术攻关,加快固态动力电池技术研发及产业化。日本新能源产业技术综合开发机构(NEDO)在其制定的《NEDO 下一代汽车用蓄电池技术开发路线图 2008》中,明确提出了未来动力电池的发展规划:到 2020 年,能量型动力电池单体比能量达到 $250W \cdot h/kg$;至 2030 年,基于先进体系动力电池的比能量达到 $500W \cdot h/kg$ 以上,纯电动车的续航里程与燃油车相当。基于以上目标,NEDO 将动力电池的发展划分为先进锂离子电池(2008~2015 年)、革新性锂离子电池(2015~2020 年)和新体系动力电池(2020 年以后)三个阶段。

锂离子电池具有比能量高、循环寿命长、环境友好,可以兼具良好的能量密度和功率密度等优点,是目前综合性能最好的动力电池,已被广泛应用于各类电动汽车中。在未来相当长的时间内,锂离子电池仍将是动力电池的主流产品。

考虑到锂离子电池的能量密度难以突破 $300W \cdot h/kg$ 这一极限值,开发具有更高比能量的二次电池,成为国际社会面临的共同挑战。锂硫电池的理论比能量为 $2600W \cdot h/kg$,实际比能量已超过 $350W \cdot h/kg$,被认为是继锂离子电池后最接近商业化的高比能量二次电池体系。目前,美国、日本及欧洲的许多发达国家及地区都在大力支持锂硫电池技术开发。国际企业对锂硫电池的研发在近几年也取得了重要进展,代表性厂商有美国的 Sion Power、Polyplus、Moltech,英国的 Oxis 及韩国三星等。

(1)锂离子电池

从目前商用的锂离子动力电池材料体系来看,正极材料主要有尖晶石型锰酸锂(LMO)、橄榄石型磷酸铁锂(LFP)、层状结构镍钴锰酸锂三元材料(NCM)等,负极材料主要是石墨和钛酸锂。

LMO 的优势是原料成本低、合成工艺简单、热稳定性好、倍率性能和低温性能优越，但存在 Jahn-Teller 效应及钝化层形成、Mn 溶解和电解液在高电位下分解等问题，其高温循环与储存性能差。

LFP 结构中的磷酸基聚阴离子对整个材料的框架具有稳定作用，其优势在于热稳定性和循环性能良好，低成本、低毒性等，是目前电动汽车动力电池中的主流材料网。但锂离子在橄榄石结构中的迁移是通过一维通道进行的，材料的导电性较差，锂离子扩散系数低。此外，LFP 在能量密度、一致性和温度适应性上存在问题，在实际应用中表现为批次稳定性问题。从材料制备角度来说，LFP 的合成反应是一个复杂的多相反应，有固相磷酸盐、铁的氧化物以及锂盐，还有外加碳的前驱体以及还原性气相。在这一复杂的反应过程中，很难保证反应的一致性，这是由其化学反应热力学上的根本性原因所决定的。

NCM 三元或多元材料的优势在于成本适中、比容量较高，材料中镍、钴、锰比例可在一定范围内调整，并具有不同性能。目前国外量产应用的动力锂离子电池正极材料也主要集中在镍钴锰酸锂三元或多元材料，但仍然存在一些急需解决的问题，包括：电子电导率低、大倍率稳定性差、高电压循环稳定性差、阳离子混排（尤其是富镍三元材料）、高低温性能差、安全性能差等。另外，三元正极材料安全性能较差，采用合适的安全机制如陶瓷隔膜材料也已成为行业共识。

在负极材料方面，主流动力电池仍然以石墨负极为主。钛酸锂材料的循环寿命长、低温特性出色、安全性较其他材料大幅提高，东芝的车载锂离子充电电池负极材料采用钛酸锂材料，并应用于三菱汽车部分车型上，本田的飞度 EV 也已采用。钛酸锂可用作功率型电池。但还存在一致性难以保证、容易胀气的问题，这主要源于钛酸锂的纳米级结构和钛引发的电解液副反应。

从行业发展情况来看，目前，世界范围内公认的电动汽车动力电池制造商巨头包括日本松下、AESC、韩国 LG 化学和三星 SDI 等都在积极推进高比能量动力锂离子电池的研发工作。综合来看，日本锂电池产业的技术路线是从锰酸锂到三元材料。例如，松下的动力电池早期采取锰酸锂，目前则发展镍钴锰酸锂、镍钴铝酸锂（NCA）系正极材料，其动力电池主要搭载在特斯拉等车型上。韩国企业以锰酸锂材料为基础，如 LG 化学早期采用锰酸锂作为正极材料，应用于雪佛兰 Volt 车型，近年来三星 SDI 和 LG 化学已经全面转向镍钴锰三元材料。此外，该公司还报道了用数层石墨烯对硅微粒子施以涂层处理制备新型负极材料，石墨烯的引入确保了导电性，并抑制了硅微粒膨胀收缩时电极劣化及损坏等。该锂离子电池的能量体积密度提升至 $700 \sim 950 \mathrm{W} \cdot \mathrm{h} / \mathrm{L}$，目前验证的充放电循环寿命约为 200 次。

考虑到安全性等问题，通过改进工艺（如减小电极壳的质量等）来提高电池能量密度的空间有限。为了进一步提高动力锂离子电池的能量密度，开发新材料成为动力锂离子电池比能量大幅度提升的主要途径。

(2) 锂硫电池

锂硫电池发展还处于研发阶段，主要涉及对电池反应机理的认识，着重解决锂硫电池正极单质硫的电子/离子绝缘性、中间产物多硫化锂的溶解迁移性、多硫化锂与金属锂之间的反应活性以及金属锂的溶解沉积不均匀性等问题，主要包括开发高性能碳硫复合物、开发锂硫电池电解液、提高金属锂的界面稳定性、提高隔膜的阻硫性能等。

动力电池最终目的是用，"好用"主要体现在电化学性能、安全性和可靠性等几个方面。因此其关键的科学与技术问题就是解决在最终应用过程中影响性能的制约因素，包括正极、负极材料等的选择及匹配技术，动力电池安全性，电池制造工艺，电极反应过程与机理等，发展面向电动汽车动力电池的高比能量、低成本、长寿命、高安全性的电池体系。

9.2.3　大规模储能电池体系

可再生能源正逐渐由辅助能源转为主导能源，新能源产业将会成为今后全球经济新的增长点。普及应用可再生能源、提高其在能源消耗中的比例是实现社会可持续发展的必然选择。然而太阳能、风能发电输出的间歇性、波动性、不可预测的非稳态特性和反调峰特性，给电力系统调峰、调频及安全稳定运行等方面带来了不利影响，增加了电网安全稳定运行的风险。同时，电力系统运行经济性也受到影响。为维护电力系统安全、稳定运行，电网一方面需要留足火电机组旋转备用，另一方面在负荷低谷、电网频率过高的时间段需采取"限风"和"限光"的措施，不利于我国太阳能、风能等可再生能源的快速发展。

大规模储能装置是解决风能、太阳能等可再生能源发电不连续、不稳定、不可控特性，减小可再生能源发电并网对电网的冲击，提高电网对可再生能源发电的消纳能力，解决弃风、弃光问题的重要途径，也是实现电力系统节能减排的重要手段。2015 年 11 月，《中共中央关于制定国民经济和社会发展第十三个五年规划的建议》中明确提出：加快发展风能、太阳能、生物质能、水能、地热能，安全高效发展核电。加强储能和智能电网建设，发展分布式能源，推行节能低碳电力调度。国家发展和改革委员会、国家能源局 2016 年 4 月印发的《能源发展战略行动计划（2014—2020 年）》中，明确将先进储能技术创新列为 15 个重点任务之一。还相继出台了《关于促进智能电网发展的指导意见》《关于推进新能源微电网示范项目建设的指导意见》等政策，支持储能技术的开发。

对大规模（高功率、大容量）储能技术而言，系统功率和容量大，发生安全事故造成的危害和损失大。因此，适用于大规模储能的技术条件主要有三方面：安全可靠；生命周期的性价比高（经济性好）；生命周期的环境负荷低（环境友好）。

表 9-1　各种储能方式性能特点比较

储能类型		典型功率	典型能量	效率	优势	劣势	应用方向
机械储能	抽水储能	100～2000MW	4～10h	75%～85%	大功率、大容量、低成本	场地要求特殊	日负荷调节，频率控制，系统备用
	压缩空气储能	100～300MW	6～20h	75%～85%	大功率、大容量、低成本	场地要求特殊，需要燃气	调峰发电厂，系统备用电源
	微型压缩空气储能	10～50MW	1～4h	75%～85%	大功率、大容量、低成本	场地要求特殊，需要燃气	调峰
	飞轮储能	5kW～1.5MW	15s～15min	90%	大容量	低能量密度	调峰、频率控制，UPS（不间断电源），电能质量调节，输配电系统稳定性
电磁储能	超导储能	10kW～1MW	5s～5min	90%	大容量	高制造成本，低能量密度	UPS，电能质量调节，输配电系统稳定性
	超级电容器	1～100kW	1s～1min	95%	长寿命，高效率	低能量密度	电能质量调节，输配电系统稳定性
电化学储能	铅酸电池	1kW～50MW	1min～3h	92%	低投资	寿命短	电能质量调节，可靠性，频率控制，备用电源，黑启动，UPS
	液流电池	10～100MW	1～20h	60%～90%	大容量，长寿命	低能量密度	电能质量调节，可靠性，备用电源，削峰，能量管理，再生能源集成
	先进电池技术（锂离子电池）	kW～MW 级	几分钟～几小时	75%～98%	大容量，高能量密度，高效率	高制造成本，安全性	各种应用

为满足不同应用领域对储能技术的需要，人们已探索和研究开发出多种电力储存（储能）技术，表9-1给出了已开发的各种储能技术及其性能特点。这些储能技术各自具有独特的技术经济性，可适用于大规模储能的技术主要包括压缩空气储能技术、飞轮储能技术、液流电池技术、钠硫电池技术、锂离子电池技术等，它们在能源管理、电能质量改善和稳定控制等应用中具有良好的发展前景。电化学储能技术具有使用方便、环境污染少、不受地域限制，在能量转换上不受卡诺循环限制、转化效率高、比能量和比功率高等优点，在大规模储能技术和电动汽车储能领域具有重要的发展前景。自1859年普朗特发明铅酸蓄电池以来，代表电化学储能的各类化学电池始终朝着高容量、高功率、低污染、长寿命、高安全性方向发展，涉及各种形式的储能体系，成为储能领域最重要的组成部分。目前应用较多、较为成熟的储能体系包括液流电池、锂离子电池、铅酸电池、钠硫电池，钠-金属卤化物电池、水系锂离子电池等体系也在研究之中。

（1）液流电池

液流电池的概念是由 L. H. Thaller 于 1974 年提出的。该电池通过正、负极电解质溶液中的活性物质发生可逆氧化还原反应（即价态的可逆变化）实现电能和化学能的相互转化。充电时，正极发生氧化反应，活性物质价态升高；负极发生还原反应，活性物质价态降低；放电过程与之相反。液流电池的正极和（或）负极电解质溶液储存于电池外部的储罐中，通过泵和管路输送到电池内部进行反应，因此电池功率与容量独立可调。液流电池具有能量效率较高、蓄电容量大、系统设计灵活、活性物质寿命长、可超深度放电而不引起电池不可逆损伤等特点，成为规模储能的候选技术之一。目前已经验证的液流电池体系包括：全钒液流电池（all vanadium redox flow batteries，VRB）、Fe/Cr 液流电池（iron/chromium flow batteries，ICB）、多硫化物/溴液流电池（polysulphide/bromine flow batteries，PSB）、Zn/Br 液流电池（zinc/bromine flow batteries，ZBB）等。

在众多液流电池技术中，全钒液流电池储能技术是目前研究最多，也是最接近产业化的规模储能技术，全钒液流电池的基本原理如图9-6所示。

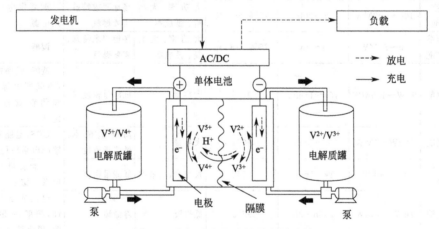

图 9-6　全钒液流电池的基本原理图

全钒液流电池以不同价态的钒离子作为活性物质，通过钒离子价态变化实现化学能和电能的相互转变，其中正极电对为 V^{2+}/V^{+}，负极电对为 V^{2+}/V^{3+}，电池开路电压为 1.25 V。全钒液流电池储能系统能量效率高，启动速度快，无相变，充放电状态切换响应迅速；输出功率和储能容量相互独立，设计和安置灵活。另外，全钒液流电池储能系统运行安全可靠，可循环利用、生命周期内环境负荷小、环境友好。

全钒液流电池电极的主要作用是提供电化学反应的场所，需要具有一定的催化活性。双极板的作用主要是收集电化学反应产生的电流以及分隔正负极电解液，应具有良好的导电性和阻液性。同时液流电池作为一种储能装置，还必须考虑其能量转化效率。因此，电极与双极板之间的接触电阻必须尽可能小。此外，在全钒液流储能电池中，所使用的电解液为钒离子的硫酸溶液，具有很强的腐蚀性，同时，V^{5+} 具有较强的氧化性。作为全钒液流储能电池的电极和双极板还必须具有足够的耐腐蚀性。目前用于全钒液流储能电池的电极主要包括金属电极和碳素电极；双极板主要有石墨双极板、碳塑双极板和金属双极板。此外，一体化电极双极板的结构紧凑，可以降低石墨毡与双极板之间的接触电阻，成为研究的热点。

隔膜是全钒液流电池系统的关键组成部分，不仅起隔离正负极电解液的作用，而且在电池充放电时形成离子通道，允许电荷载体（H^+、SO_4^{2-} 等）迁移，使电极反应得以完成并保持电中性。理想的钒电池用离子交换膜需具备以下条件：

① 低钒离子渗透率。

② 高离子电导率和低膜电阻，从而提高电压效率。

③ 高稳定性，具有可观的机械强度及耐氧化、耐化学腐蚀性能。

④ 低的水通量，在充放电过程中，使得阴、阳两极电解液保持平衡。

⑤ 价格低廉，能达到规模化应用的要求。

然而，目前开发的离子交换膜很难同时满足上述条件。全钒液流电池离子交换膜在新聚合物的开发设计、膜的离子电导和化学稳定性方面还有很大潜力。

电解液是全钒液流电池电化学反应的活性物质，是电能的载体。使用价格低廉的钒原料获得高性能的钒电解液将是今后全钒液流电池电解液研究的方向。全钒液流电池的能量密度取决于机电解质的浓度。较高的浓度可以带来高能量密度，但钒电解质的浓度太高会生成钒氧化物沉淀。全钒液流电池正极电解液的研究主要集中在抑制五价钒析出沉淀和提高 V（V）/V（IV）电对的电化学反应活性上。对全钒液流电池负极电解液添加剂的研究主要集中在提高负极电解液中 V（II）/V（III）电对的电极反应可逆性方面。理解 V（V）/V（IV）电解液稳定性的影响因素、作用机理以及提高电解液稳定性还需要大量的探索和实践。

在产业应用方面，以日本住友电工公司（SEI）、加拿大 VRB 能源公司（已被北京普能世纪科技公司收购）为代表的企业从 20 世纪 90 年代陆续在离网供电、备用电源、电力调峰等领域开展了多项千瓦到兆瓦级液流电池储能应用示范工程。其中，日本住友电工公司于 2005 年在北海道苫前町风场建造的 4MW/6MW·h 储能系统，持续运行了 3 年，成功进行充放电 27.6 万次，证实了液流电池的可靠性。此后，北海道电力与住友电工公司，在安平町南早来变电站建设的 15MW/60MW·h 全钒液流电池储能系统完成建设并进入了实证验证。我国以中国科学院大连化学物理研究所/大连融科储能技术发展有限公司合作团队为代表的单位，在液流电池技术的研究开发方面处于国内外领先地位，在关键材料基础研究和电池系统集成及应用示范工程方面都取得了重大突破。在关键材料方面，大连化学物理研究所坚持以材料的高性能、低成本、国产化为目标，成功开发出全钒液流电池用电极、电解液、双极板、电池隔膜等关键材料的制备方法，并应用于示范工程。在应用示范方面，中国科学院大连化学物理研究所与大连融科储能技术发展有限公司密切合作，为智能微网、离网供电系统及风电场平滑输出并网、计划发电提供储能解决方案，已经实施了 20 多项应用示范工程。其中包括 2012 年完成的当时全球最大规模 5MW/10MW·h 的全钒液流电池储能系统商业化应用示范项目。此外，大连融科储能技术发展有限公司开发的液流电池系统进军欧美市场，成功中标德国博世（BOSCH）公司为总承包商的欧洲首套兆瓦级商业储能项目，现已在德国分布式电网中应用。同时其为美国战略合作伙伴 UET 华盛顿 3 MW/10MW·h 液流电池项目提供电堆和电解质溶液。

（2）储能型锂离子电池

锂离子电池已广泛应用于便携式电子设备等领域。随着技术的进步以及应用领域的拓展，将锂离子电池应用于纯电动车或混合动力汽车领域已成为现在的研究热点。因为具有能量转换效率高、能量高密度化和循环寿命长等优点，锂离子电池在数年前已开始向智能电网规模储能领域延伸，正在成为大规模储能系统应用和示范的主要形式。不同于便携式电子设备和电动车应用，规模储能系统可降低质量和空间方面的苛求。因此，高安全性、长循环寿命和低廉的生命周期成本是规模储能系统对锂离子电池发展的目标要求。

大规模储能系统的电池成组规模庞大，连接复杂，对电池一致性提出了非常高的要求，需要建立适合现有电池生产工艺水平的分选标准，并利用电池成组和管理技术弥补电池一致性差异，延长电池成组寿命。目前，全世界范围内的大容量锂离子电池储能系统还处于试验与示范阶段，但是大容量锂离子电池储能系统在电力、电信系统中的应用发展势头迅猛，潜力巨大。虽然锂离子电池在储能领域展现出了良好的应用前景，然而，锂离子电池作为储能电池仍然存在耐过充/放电性能差，组合及保护电路复杂，电池荷电状态很难精确测量，串并联后性能大幅降低，成本相对铅酸电池等传统蓄电池偏高，单体电池一致性差及安全性较低等缺点。因此，提高锂离子电池电化学性能、安全性能及降低电池成本是其大规模储能的先决条件，而这需要通过更多的示范应用工程来进行检验和评估并积累应用经验。

（3）铅酸和铅碳电池

在当前独立运行的风力或太阳能电站中，除少数高寒户外离网光伏系统用镍镉（Ni-Cd）电池之外，储能电池最常用的是铅酸电池，此外极少部分也用镍氢（Ni-MH）电池。储能用铅酸电池大都是固定型蓄电池，包括富液式（排气式）铅酸蓄电池、阀控式密封铅酸（valve-regulated lead-acid，VRLA）蓄电池和小型密封铅酸蓄电池，以浮充方式使用。早期的太阳能光伏发电系统一般使用富液式铅酸蓄电池，使用过程中伴随酸雾产生，污染环境。阀控式密封铅酸蓄电池被设计成将有限的电解质（"贫液"）吸收到隔膜中或在胶体里形成不流动的状态，根据固定电解质的方式，分为胶态电解液（GEL）和吸附式玻璃纤维（AGM）两种类型。VRLA 蓄电池成功解决了电解液固定不流动、抑制氢气析出、槽盖密封与极柱密封可靠性、阀的控压稳定性等问题，从而实现氧在电池内的氧-水循环，达到免维护的目的，近几年在光伏发电系统中得到广泛应用，在电网中许多固定储能电站用铅酸蓄电池已达到 3～10 MW 的水平。虽然储能用铅酸蓄电池性能有了一些改进，但在循环寿命等方面还不能满足市场应用的需要。

铅碳电池（超级铅酸电池）是一种将超级电容器与铅酸蓄电池相结合而构成的新型储能器件。铅酸蓄电池作为能源，超级电容器作为脉冲动力，对电池的性能进行了改良，从而弥补了普通阀控式密封铅酸蓄电池不能应对各种复杂使用条件的不足。在铅碳电池中，超级电容器与铅酸电池两种储能方式以内结合方式集成（图 9-7），不需要特殊的外加电子控制电路，电池的尺寸得到了控制，系统得到了简化，从而降低了储能成本。

此外，铅碳电池还具有如下特点，同时具有蓄电池高比能量和电容器高比功率的优点；脉冲大电流充放电寿命长，铅碳电池的生命周期较现有铅酸电池长 4 倍；低温大电流放电比普通电池好；可大大缓解负极硫酸盐化现象；易于制造，现有铅酸蓄电池生产线稍做改造便可用于铅碳电池生产；可靠性高；制造成本低。可以说，铅碳电池技术的出现与发展，使铅

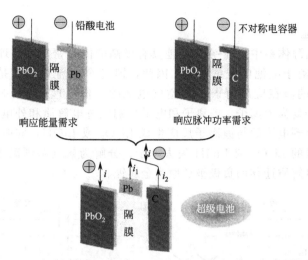

图 9-7 铅碳超级电池工作原理示意图

酸蓄电池这项古老的储能技术迎来了新的发展机遇。

铅碳电池按所采用的技术方案不同，大致可以分为三种：采用在铅负极中掺入少量碳材料技术方案的内混型铅碳电池（Pb-C battery，carbon-enhanced VRLA）；负极采用电池电极与超级电容器电极相互并联技术方案的内并型铅碳电池，又称超级电池（ultrabattery）；负极完全采用超级电容器电极的全碳负极型铅碳电池。

铅碳超级电池由澳大利亚联邦科学与工业研究组织（CSIRO）设计，日本古河电池有限公司（Furukawa Battery Company）完成首批生产。美国东佩恩制造有限公司（East Penn Manufacturing Company）也获得了超级电池生产经营许可证，已经拥有3MW 频率校准和 1MW/h 需求管理的超级电池制备技术，并在论证超级电池经济和技术的可行性。在国内，南都电源与解放军防化研究院合作开展了铅碳电池的研发与示范。解放军防化研究院研发出适用于铅碳电池的碳材料，南都电源对铅碳储能系列电池进行了小试、中试、批试并形成批量生产，已在很多实际储能工程中得到应用。代表性应用项目包括：珠海万山海岛 6MW·h 新能源微电网示范项目、浙江鹿西岛 4MW·h 新能源微网储能项目、新疆吐鲁番新能源城市微电网示范工程、内蒙古风电移动储能示范系统和南非 MOBAX 风光储能电站等。双登集团、天能集团、风帆集团等都与高校和科研院所开展合作，共同开展铅碳电池研发，在改性碳材料、铅碳混合负极、抑制析氢添加剂等方面取得了创新性的成果，并将铅碳电池技术应用于储能、备用电源、通信基站电源等领域，具备了批量生产能力。

超级电池以铅酸电池中加入碳添加剂并进行优化设计为基础，碳添加剂的加入提高了电池充电接受性和高循环稳定性，延长了电池的使用寿命，有效抑制极板硫酸盐化。超级电池的关键技术包括适用于硫酸电解液的高性能电容碳材料，以及电容碳与铅负极的复合技术等，目前在实际应用中还存在一些问题，包括材料、化学、技术和成本等，仍需进一步的基础研究工作。

9.2.4 新型化学储能体系

寻找更高能量密度的化学电源体系一直是电化学能源工作者追求的目标。现有的基于嵌锂化合物正极的锂离子电池的能量密度已经接近理论值，因此寻找具有更高能量密度的二次电池系统迫在眉睫。

（1）锂-空气电池

在众多的二次电源体系中，锂-空气电池具有极高的能量密度（其理论值可达 3505W·h/kg），远远高于锂离子电池的能量密度。因此，锂-空气电池被认为是锂电池发展的"圣杯"，具有极其重大的潜在应用前景。锂-空气电池的工作原理如图 9-8 所示。在放电过程中，金属锂失去电子变为锂离子，锂离子和电子分别经过电解质和外电路迁移至空气正极，氧气在空气正极处得到电子后与锂离子反应生成 Li_2O_2 或 $LiOH$，同时向外电路提供电能；在充电过程中，正极的 Li_2O_2 或 $LiOH$ 失去电子，分解为氧气和锂离子，氧气直接释放到空气中，锂离子经电解质迁移回负极被还原为金属锂。

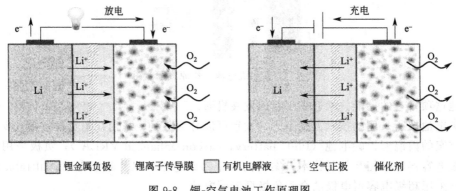

图 9-8　锂-空气电池工作原理图

（2）全固态电池

随着电池的能量密度提高，电池的安全性日益受到关注。全固态电池的各个组分，包括正、负极和电解质材料均为固态，因而可以克服传统液态锂离子电池存在的电解液泄漏问题、电解液副反应带来的寿命问题、液态电解液蒸气压带来的相关问题、相转变带来的低温性能等固有问题。另外，具有较高的强度及硬度的致密固体电解质替代有机多孔隔膜，消除锂枝晶穿透所带来安全隐患的同时，可以实现金属锂负极的应用，进一步提高电池能量密度。

全固态锂电池具有以下潜在突出优点：优异的安全性能、优异的储存性能、长循环寿命、高能量密度、低成本。虽然小型全固态锂电池在心脏起搏器等医用设备上已经应用，但由于其能量/功率密度低、工艺制备困难，大规模应用受到了一定的限制。全固态电池的低功率密度问题，仍是其从开发至今所面临的最大挑战，而解决该问题的核心就是高锂离子电导率固体电解质材料的开发和良好电极/固态电解质界面的构筑。

（3）可穿戴柔性电池与微电子系统储能器件

当今时代，电子设备的革新，尤其是便携式电子产品的不断升级以及可穿戴设备的发展，彻底改变了人类社会的日常生活。这其中柔性储能与转换器件是可穿戴设备的核心部件，而化学电源的技术创新远落后于对超薄、超轻的柔性电池的巨大需求。另外，随着电子工业以及微加工技术的发展，各种电子产品趋向微型化和集成化，而为这些微型电子设备提供能量的储能装置成了这些微系统应用和发展的重要制约因素。

不同于传统的锂离子电池，柔性电池要求电池的各个组分机械柔韧性好、可形变，而当前微型电池的发展主要沿着两条路径，一条是传统锂离子电池的微型化，一条是开发新型的微型电池。

化学电源新体系的发展必将推动交通、消费类电子产品、航天、军事、可再生能源等领域的巨大发展，由此带来不可估量的能源经济效益。

9.3
氢能

9.3.1 氢能的特点和利用

氢能的利用方式主要有直接燃烧、通过燃料电池转换为电能、核聚变三种。其中最安全、高效的使用方式是通过燃料电池将氢能转变为电能。氢是燃烧时不会产生大气污染物和温室气体的清洁燃料，因为其可以从各种氢源中大量生产，所以作为石油替代能源被寄予厚望。作为能源的氢，化学活性高，用作燃料电池的燃料能够实现高效率的能源转换。另外，燃烧产生的高温气体的压力可转变为旋转力及推力，可将其作为内燃机以及燃气透平、火箭等的燃料使用。氢的优越性也使它可以作为汽车、其他各种输送工具及发电装置的燃料，并具有广泛应用的可能性。

氢能优越的特性虽然很早以前就被人们认识，但是氢气作为燃料的发展具有相当长的历史，这可以追溯到 18 世纪氢气的发现 [发现者拉瓦锡 (Lavoisier) 和卡文迪什 (Cavendish)]。1839 年，英国的 Grove 提出了氢和氧反应可以发电的原理，当将气体、电解液与电极三者组装起来后，氢和氧就发生化学反应，产生电流，成为了燃料电池的雏形。1889 年，英国的 Mond 和 Langer 采用浸有电解质的多孔非传导材料为电池隔膜，使用铅黑作为电催化剂，仍以氢和氧为燃料和氧化剂，运用钻孔的铂或金片为电流收集器组装出燃料电池。1932 年，Bacon 在 Mond 和 Langer 等研究的基础上，采用非贵金属催化剂和自由电解质，成功开发了第一个碱性燃料电池 (alka line fuel cell，AFC)。在 20 世纪 60 年代，质子交换膜燃料电池 (proton exchange membrane fuel cell，PEMFC) 和碱性燃料电池 (AFC) 先后成为登月飞船上主电源的燃料电池系统。燃料电池取得了在人类科技进步上的新里程。20 世纪 70 年代，能源危机出现，美国、日本和欧洲许多国家均制定了燃料电池的长期发展规划，燃料电池研究出现了第一次高潮。20 世纪 80 年代初，全氟磺酸膜 (如 Nafion) 在质子交换膜燃料电池上的应用使得其性能取得了巨大突破。到 20 世纪 90 年代，也就是在 Grove 实验之后的 150 多年，一种比较廉价的、清洁的、可再生的新能源技术正逐渐变成事实。在过去的若干年中，一批医院和学校安装了燃料电池用作中小型发电源，诸多汽车制造公司也已设计出以燃料电池为动力的原型车辆。现如今，燃料电池正在向商业化、普及化进行着不懈的努力。

燃料电池是一种把燃料所具有的化学能直接转换成电能的化学装置，又称电化学发电器。它是继水力发电、热能发电和原子能发电之后的第四种发电技术。由于燃料电池通过电化学反应把燃料化学能中的吉布斯自由能部分转换成电能，不受卡诺循环效应的限制，因此效率高。另外，燃料电池用燃料和氧气作为原料，同时没有机械传动部件，故没有噪声污染，排放出的有害气体极少。由此可见，从节约能源和保护生态环境的角度来看，燃料电池是最有发展前途的发电技术。其具体特点可概括如下。

① 高效　燃料电池直接将化学能转变为电能，不受卡诺循环的限制，理论能量转化效率达 85%～90%。而实际应用中，由于阴、阳电极极化和浓差极化的限制，电解质的欧姆电位阵以及热损失等，燃料电池的实际能量转化效率也在 40%～60%。对于高温燃料电池，如果产生的热量以热机发电的形式加以利用，燃料的总利用率可达 80%。

② 环境友好　燃料电池的反应产物主要是水和 CO_2。燃料电池具有高的能量转换效率，CO_2 的排放量要比热机减少 40% 以上，这对缓解地球温室效应具有重要作用，并且不向大

气排放有毒物种如 NO_x、SO_x，粉尘等，降低了水的消耗量和废水的排放量。另外，燃料电池转动机件少，避免了产生噪声污染。

③ 可靠性高　与燃烧涡轮机或内燃机相比，燃料电池的转动部件较少，避免了发生部件失灵、失控等危险事故，可作为各种应急电源和不间断电源使用。

④ 建设周期短　燃料电池发电站的建设周期短、选址限制少、占地面积小，可根据用户需求调节发电容量，对输出负荷响应快。

⑤ 比能量高　目前，燃料电池的实际比能量尽管只有理论值的 1/10 左右，但仍比一般电池的实际比能量要高得多。

因此通过燃料电池能实现对能源更为有效的利用。燃料电池是氢能利用的最重要形式，通过燃料电池这种先进的能量转换方式，氢能源能真正成为人类社会高效清洁的能源动力。燃料电池由电极（阳极和阴极）、电解质及外部电路负荷组成，其示意如图 9-9 所示。与其他化学电源相同，燃料电池的电极部分提供电子的转移，阳极催化燃料（如氢）氧化，阴极催化氧化剂（如氧）还原；导电离子在电解质内迁移，电子通过外接电路形成回路，从而输出电能。

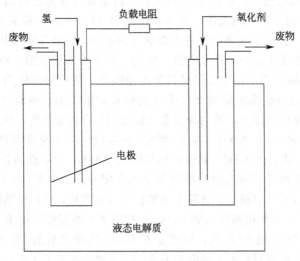

图 9-9　燃料电池示意图

目前主要按燃料电池所采用的电解质的类型分类。根据燃料电池中使用的电解质种类不同，通常可分为以下五类：碱性燃料电池（AFC），一般以碱性的氢氧化钾溶液为电解质；质子交换膜燃料电池（PEMFC），通常以全氟或部分氟化的磺酸型质子交换膜为电解质；磷酸燃料电池（PAFC），以浓磷酸为电解质；熔融碳酸盐燃料电池（MCFC），以熔融的锂-钾或锂-钠碳酸盐为电解质；固体氧化物燃料电池（SOFC），以氧离子导体固体氧化物为电解质。

9.3.2　碱性燃料电池

碱性燃料电池（AFC）是第一个得到了实际应用的燃料电池，首先由英国科学家托马斯·弗朗西斯·培根研制成功，并在军事和航天领域得到应用，包括第二次世界大战时期的英国皇家海军潜艇、皇家 Apollo 登月飞船以及 Gemini 航天飞机等，并且表现出非常稳定的性能。

在 AFC 中，浓 KOH 溶液既当作电解液，又可作为冷却剂。它起到从阴极到阳极传递 OH^- 的作用，氢氧化钾和氢氧化钾溶液以其成本低、易溶解、腐蚀性低而成为首选电解质。导电离子为 OH^-，燃料为氢，其反应原理为：

阳极反应：$H_2 + 2OH^- \longrightarrow 2H_2O + 2e^-$

阴极反应：$O_2 + 2H_2O + 2e^- \longrightarrow 4OH^-$

9.3.3 质子交换膜燃料电池

　　质子交换膜燃料电池在 20 世纪 60 年代首次应用于 Gemini 航天飞行，但由于聚苯乙烯磺酸膜在电化学反应条件下稳定性太差和高铅黑用量，NASA 选用了当时技术比较成熟的碱性燃料电池代替质子交换膜燃料电池用于 Apollo 计划航天飞行，使质子交换膜燃料电池在空间的发展应用陷入停滞状态。此后，GE 公司继续对质子交换膜燃料电池进行研究开发，在 20 世纪 60 年代中期取得整个研究阶段最大的突破，美国杜邦（DuPont）公司研制出新型的性能优良的全氟磺酸膜，即 Nation 系列产品。全氟磺酸膜与聚苯乙烯磺酸膜相比，前者的 C—F 键比后者的 C—H 在电化学反应环境中具有更高的稳定性。尽管如此，燃料电池系统工作过程中膜的干涸问题没有得到很好地解决，质子交换膜燃料电池技术的发展仍然十分缓慢，后来 GE 公司采用内部加湿和增大阴极区反应压力的办法解决了上述问题，并开发出 GE/HS-UTC 系列产品，但其仍然存在两大不足：一是贵金属铂催化剂用量太高，导致成本过高；二是必须以纯氧作氧化剂，如果采用空气作氧化剂，即使在较高的压力下，电池的电流密度也只有 $300mA/cm^2$，限制了质子交换膜燃料电池的应用。1983 年，加拿大国防部注意到质子交换膜燃料电池可以满足特殊的军事要求并有良好的商业前景，对质子交换膜燃料电池产生了极大的兴趣，并于 1984 年开始资助 Ballard 公司研究质子交换膜燃料电池，其首要任务是解决氧化剂的问题，即用空气代替纯氧。另外，拟采用石墨极板代替 NASA 电池中的银板以降低电池的成本。

　　质子交换膜燃料电池工作的基本原理可通过如图 9-10 所示的氢氧燃料电池来说明。燃料电池的负极（阳极）为燃料 H_2，发生氧化反应，放出电子：$H_2 \longrightarrow 2H^+ + 2e^-$。释放的电子通过外电路到达燃料电池的正极（阴极），使氧化剂 O_2 发生还原反应：$1/2O_2 + 2e^- + 2H^+ \longrightarrow H_2O$。在电池内部，电荷通过溶液中的导电离子传递，完成电荷的循环，并在负极生成产物 H_2O。

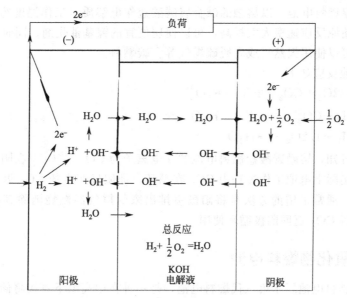

图 9-10　质子交换膜燃料电池工作原理

将两个电极反应加合，得到总反应：H_2（g）$+1/2O_2$（g）$\longrightarrow H_2O$，即为通常的 H_2 氧化反应。通过燃料电池，反应的化学能以电能的形式给出。

9.3.4　磷酸燃料电池

磷酸燃料电池是当前商业化发展得最快的一种燃料电池。正如其名字所示，这种电池使用液体磷酸为电解质，通常位于碳化硅基质中。磷酸燃料电池的工作温度要比质子交换膜燃料电池和碱性燃料电池的工作温度略高，位于 $150\sim200℃$，但仍需电极上的白金催化剂来加速反应。其阳极和阴极上的反应与质子交换膜燃料电池相同，但由于其工作温度较高，所以其阴极上的反应速度要比质子交换膜燃料电池阴极的反应速度快。

质子交换膜燃料电池工作的基本原理为：

阳极：$H_2 \longrightarrow 2H^+ + 2e^-$

阴极：$1/2O_2 + 2e^- + 2H^+ \longrightarrow H_2O$

与碱性燃料电池相比，以酸作为电解质时需要克服两个问题：一是酸性电解质中阴离子通常不起氧化还原作用，因此阴离子在电极上的吸附会导致阴极极化作用增强。为了解决这一问题，通常会提高电池的运行温度降低极化，如磷酸燃料电池通常在 $180\sim210℃$ 运行。二是酸的腐蚀性远高于碱，因此对电极材料提出更高的要求。磷酸燃料电池的发展很大程度上取决于稳定、导电的碳材料的应用，迄今尚未有其他合适的替代材料来制备成本合理的磷酸燃料电池。而酸性燃料电池的优势也非常明显，此时 CO_2 的生成不再是问题，因而可以使用重整气为燃料，空气为氧化剂，为降低成本、实现大规模应用创造了很好的条件。磷酸燃料电池是最早大规模商业化的燃料电池系统，在中小型分立式电站中得到了很好的应用。

9.3.5　熔融碳酸盐燃料电池

熔融碳酸盐燃料电池的研究始于 20 世纪中期，源于对高温电解质的研究，布勒斯和科特拉尔认识到高温固体电解质的局限性，转而研究熔融碳酸盐等高温液体电解质，1960 年他们开发出能工作 6000h 的以熔融锂、钠和钾的碳酸盐为电解质的燃料电池。熔融碳酸盐燃料电池是一种高温燃料电池，以熔融的碱金属碳酸盐作电解质，工作温度约 $650℃$。由于运行温度较高，氧还原反应速率大大提高，可以使用便宜的镍基催化剂。同时由于采用碳酸盐为电解质，因此可以使用天然气或者脱硫煤气等含碳燃料。

MCFC 的电池反应如下：

阴极反应：$1/2O_2 + CO_2 + 2e^- \longrightarrow CO_3^{2-}$

阳极反应：$H_2 + CO_3^{2-} \longrightarrow CO_2 + H_2O + 2e^-$

电池反应：$H_2 + 1/2O_2 \longrightarrow H_2O$

由上述反应可知，熔融碳酸盐燃料电池的导电离子为 CO_3^{2-}，CO_2 在阴极为反应物，而在阳极为产物。实际上电池工作过程中 CO_2 在循环，即阳极产生的 CO_2 返回阴极，以确保电池连续地工作。通常采用的方法是将阳极室排出来的尾气经燃烧消除其中的 H_2 和 CO，再分离除水，然后 CO_2 返回阴极循环使用。

9.3.6　固体氧化物燃料电池

固体氧化物燃料电池属于第三代燃料电池，是一种在中高温下直接将储存在燃料和氧化剂中的化学能高效、环境友好地转化成电能的全固态化学发电装置，是目前几种燃料电池中，理论能量密度最高的一种，被普遍认为在未来会与质子交换膜燃料电池一样得到广泛普及应用。固体氧化物燃料电池以固体氧化物为电解质，利用高温下某些固体氧化物中的氧离子（O^{2-}）进行导电，其电极也为氧化物。O_2在与阴极材料接触后被还原成O^{2-}，通过在电解质中扩散到达阳极。在固体氧化物燃料电池中仅存在气固两相反应，两个电极反应分别为：

阳极：$H_2 + O^{2-} \longrightarrow H_2O + 2e^-$

阴极：$1/2O_2 + 2e^- \longrightarrow O^{2-}$

电池反应：$H_2 + 1/2O_2 \longrightarrow H_2O$

在所有的燃料电池中，固体氧化物燃料电池的工作温度最高，属于高温燃料电池。近些年来，分布式电站由于其成本低、可维护性高等优点已经渐渐成为世界能源供应的重要组成部分。由于固体氧化物燃料电池发电的排气有很高的温度，具有较高的利用价值，可以提供天然气重整所需热量，也可以用来生产蒸汽，更可以和燃气轮机联合循环，非常适用于分布式发电。燃料电池和燃气轮机、蒸汽轮机等组成的联合发电系统不但具有较高的发电效率，而且具有低污染的环境效益。

参考文献

[1] 张耀明，邹宁宇. 太阳能科学开发与利用 [M]. 南京：江苏科学技术出版社，2012.
[2] 周儒. TiO_2基量子点敏化太阳能电池光电转换性能研究 [D]. 北京：中国科学技术大学，2014.
[3] 李亚丹. 硅太阳能电池关键技术研究 [D]. 哈尔滨：黑龙江大学，2009.
[4] 袁寿其，方玉建，袁建平，等. 我国已建抽水蓄能电站机组振动问题综述 [J]. 水力发电学报，2015，34（11）：1-15.
[5] 顾永和，席静，王静，等. 水能资源利用技术的研究综述 [J]. 山东化工，2019，48（01）：53-64.
[6] 盖兆军. 基于低碳经济的我国电力行业可持续发展研究 [D]. 长春：吉林大学，2015.
[7] 马宏革，王亚非. 风电设备基础 [M]. 北京：化学工业出版社，2013.
[8] 王革华. 新能源：人类的必然选择 [M]. 北京：化学工业出版社，2010.
[9] 杨圣春，李庆. 新能源与可再生能源利用技术 [M]. 北京：中国电力出版社，2016.
[10] 国家自然科学基金委员会，中国科学院. 中国学科发展战略 能源化学 [M]. 北京：科学出版社，2018.

第10章

能源化工过程的污染与防治

能源化工过程会产生各种污染问题，若不能妥善加以解决，势必会制约能源化工工业的可持续发展。迄今为止，煤、石油、天然气仍然是人类使用的主要能源，其中煤和石油在我国的能源消费结构中约占 2/3。在煤和石油的大规模使用过程中，会产生大量的废水、废气和废渣，统称为"三废"，如不进行有效治理，必将严重污染环境，影响生态平衡。而任何废弃物本身并非绝对的"废物"，由于能化"三废"来源于生产过程中流失的原料、中间体、产品和副产物，若通过恰当的方式将其回收利用，变废为宝，可在消除污染的同时，增加企业的经济效益。深入推进能源化工过程的环境污染防治，坚持精准治污、科学治污、依法治污，持续深入打好蓝天、碧水、净土保卫战。

10.1
能源化工过程的环境污染问题

10.1.1 煤化工过程的环境污染问题

以煤为原料，用化学方法将其转化为气体、液体和固体燃料以及化学品的过程，被称为煤化工。煤的干馏（含焦化和低温干馏）、气化、液化，煤基合成气化工、焦油化工和电石乙炔化工等，都属于煤化工过程。本节将阐述煤化工中煤的主要利用过程中所产生的环境污染问题。

10.1.1.1 煤焦化过程的主要污染物

煤焦化又称为高温干馏，指以煤为原料，隔绝空气加热到 950℃ 左右生产焦炭，同时获得煤气、煤焦油及其他化工产品的工艺过程。

焦化过程对环境造成的污染主要是烟尘污染，污染物包括固体悬浮物（TSP）、苯可溶物（BSO）、苯并芘（B [a] P）、SO_2、NO_x、H_2S、CO 和 NH_3 等，其中 BSO、B [a] P 是严重的致癌物质，焦炉工人肺癌发病率较高。表 10-1 为某焦化企业的焦炉烟尘监测结果。

另外，装煤、推焦、熄焦及筛焦过程也会向大气中排放大量煤尘、焦尘及有毒有害气体（烟尘），吨焦烟尘量高达 1kg。

表 10-1　某焦化企业焦炉烟尘监测结果

烟尘来源	总悬浮颗粒物 TSP/(mg/m³)		苯可溶物 BSO/(mg/m³)		苯并芘 B[a]P/(μg/m³)	
	范围	平均值	范围	平均值	范围	平均值
炉顶	1.87~5.17	3.10	0.19~1.20	0.70	2.454~10.212	5.8
机侧	0.69~8.24	3.01	0.12~0.65	0.25	0.193~1.345	0.7
下风向 100m	0.65~1.34	0.98	0.02~0.07	0.05	0.011~0.181	0.052
下风向 1.5~3m	0.47~0.60	0.54	0.01~0.04	0.02	0.003~0.011	0.007
上风向 1.5~3m	0.19~0.78	0.48	0.02~0.05	0.03	0.001~0.012	0.006

10.1.1.2　煤气化过程的主要污染物

在煤气化过程中，煤中的氮、硫、氯、金属会部分转化为氨、氰化物以及金属化合物等，CO 和水蒸气反应生成少量的甲酸，甲酸和氨反应生成甲酸铵。这些有害物质大部分溶解在气化过程的洗涤水、洗气水、蒸气分流后的分离水和储罐排水中，少部分在设备管道清扫过程中放空。与焦化相比，煤气化过程对环境的污染程度较低。

（1）煤气化废水

煤气化废水主要来源于以下两部分：

① 煤气发生站废水。主要来自煤气的洗涤和冷却系统。此类废水的水质和水量随原料煤种类、操作条件和废水系统不同而有较大差异，如表 10-2 所示。可以看出，煤的级别越低，水质越恶劣。

② 气化工艺废水。表 10-3 所列为固定床、流化床和气流床三种煤气化工艺的废水水质情况。与固定床工艺相比，流化床和气流床工艺的废水水质较好。

煤气化废水含有大量的酚、硫化物、氰化物和焦油，以及大量的杂环化合物和多环芳烃等。由于废水成分复杂，污染物浓度高，无法用简单的方法将其完全净化。由表 10-3 可知，鲁奇炉产生的废水中酚浓度高达 5500mg/L，远超过国家要求的排放标准，即 0.5mg/L 以下。另外，废水中氨浓度也很高。对于酚浓度大于 1000mg/L 的高浓度含酚废水，一般应先进行酚、氨等物质的回收，再进行生化处理，不仅可以避免资源浪费，而且降低了废水后续处理的难度。

表 10-2　冷煤气发生站的废水水质

污染物浓度	无烟煤		烟煤		褐煤
	水不循环	水循环	水不循环	水循环	
悬浮物[①]/(mg/L)	—	1200	<100	200~3000	400~1500
总固体/(mg/L)	150~500	5000~10000	700~1000	1700~15000	1500~11000
酚类/(mg/L)	10~100	250~1800	90~3500	1300~6300	500~600
焦油/(mg/L)	—	痕迹	70~300	200~3200	多
氨/(mg/L)	20~40	50~1000	10~480	500~2600	700~10000
硫化物/(mg/L)	5~250	<200	—	—	少量
氰化物和硫/(mg/L)	5~10	50~500	<10	<25	<10
COD/(mg/L)	20~150	500~3500	400~700	2800~20000	1200~23000

①悬浮物过滤后滤膜上截留下的物质的量。

表 10-3　不同煤气化工艺的废水水质

污染物浓度	固定床(鲁奇炉)	流化床(温克勒炉)	气流床(德士古炉)
苯酚/(mg/L)	1500~5500	20	<10
氨/(mg/L)	3500~9000	9000	1300~2700
焦油/(mg/L)	<500	10~20	无
甲酸/(mg/L)	无	无	100~1200
氰化物/(mg/L)	1~40	5	10~30
COD/(mg/L)	3500~23000	200~300	200~760

（2）煤气化废气

煤气化过程中产生的气态污染物种类和数量随气化工艺不同而不同。固定床工艺比气流床工艺对环境的污染更为严重，固定床生产水煤气或半水煤气时，在吹风阶段有相当多的废气和烟气排入大气。在冷却、净化处理过程中，酚、氰化物等有害物质飘逸在循环冷却水沉淀池和凉水塔周围，随着水分蒸发而逸散到大气中。另外，在煤场仓储、煤破碎和筛分加工现场会产生飞扬的粉尘。

（3）煤气化废渣

煤在气化过程中，在高温条件下与气化剂反应，煤中的有机物转化成气体燃料，而煤中的矿物质形成灰渣。灰渣是一种不均匀金属氧化物的混合物。表 10-4 为某企业造气炉的灰渣组成。

表 10-4　某企业造气炉灰渣组成

项目	SiO_2	Al_2O_3	Fe_2O_3	CaO	MgO	其他	总量
含量/%	51.28	30.85	5.20	7.65	1.23	3.79	100

10.1.1.3　煤液化过程的主要污染物

煤液化过程分为直接液化和间接液化两大类。在直接液化时，煤经过加氢反应，所有异质原子基本被脱除，也无颗粒物，回收的硫可变成元素硫，氮大多转化为氨。在间接液化时，催化合成过程中排放物不多，未反应的尾气（主要是 CO）可以在燃烧器中燃烧，排出的废气中 NO_x 和硫很少，没有颗粒物生成。因此煤的液化对环境造成的影响很小。煤液化过程中主要的污染物是液化残渣，它是一种高碳、高灰和高硫物质，在某些工艺中占到液化原煤总量的 40% 左右，需进一步进行处理。

10.1.1.4　煤燃烧过程的主要污染物

煤燃烧过程中产生的污染物有烟尘、烟气和炉渣等。烟尘中含有由煤中矿物质、伴生元素转化而来的飞灰和未燃烧的炭粒，据统计，我国每年排放到大气中的烟尘量有 1300 万~1400 万吨。每燃烧 1t 煤会排放出 6~11kg 烟尘。烟气中含有 SO_2、CO_2、CO、NO_x、多环芳烃等烃类和其他有机化合物。燃煤排放的 SO_2 占总排放量的 80% 以上，是 SO_2 治理的重点。

炉渣内含有多种有害物质。全国每年排出的炉渣高达 2 亿多吨，不仅侵占大面积土地，而且在堆放过程中流出含有多种重金属离子的酸性废水污染环境。

10.1.2　石油石化工业的环境污染问题

10.1.2.1　工业废水的来源及特点

（1）石油炼制废水

石油炼制是原油经过物理分离或化学反应，再按其沸点不同分馏为不同的石油产品馏分油，然后按需要调和成不同产品的过程。反应过程的注水、蒸馏过程的汽提冷凝水、产品洗涤水等都与油品直接接触而受到污染，这部分工艺废水成为炼油废水的主要来源。其他废水有循环排污水、污染雨水等，在水量方面也占有较大比例。

炼油废水中的主要污染物包括油、硫、酚、氰、COD 及不同程度的酸、碱。为了有效地进行治理，通常将炼油主要废水划分为含油废水、含硫废水、含碱废水、含盐废水、生活污水和其他废水六大类。表 10-5 为某炼化企业主要废水的水量及水质情况。可以看出，各类废水中以含油废水的水量最大，污染程度则以含硫和含碱废水最为严重。

表 10-5　某炼化企业主要废水的水量及水质

项目	含油废水	含硫废水	含碱废水	含盐废水
水量/(m³/h)	330	60	5	30
含油量/(mg/L)	300~2000	300	200	133
硫化物/(mg/L)	1.26	2114	42.86	4.32
挥发酚/(mg/L)	8.14	117.14	242.38	1.41
COD/(mg/L)	543	2329	42169	1257
氰化物/(mg/L)	0.49	11.52	14.27	3.51

各炼油企业装置组成、原油性质以及工艺过程不同，其水质各异。表 10-6 所列为某炼化企业部分装置排放废水的水量及水质。这些装置所排出的废水中均含有相当数量的硫化物、油、氰化物等污染物，其中常减压、催化裂化、加氢精制及延迟焦化装置的污染程度较其他装置更为严重。对于同一炼油企业，采用不同原油和不同加工深度，所排放的废水中各种污染物含量有较大差异，见表 10-7。

表 10-6　某炼油企业部分装置排放废水的水量及水质

废水来源	水量/(m³/h)	含油量/(mg/L)	硫化物/(mg/L)	挥发酚/(mg/L)	COD/(mg/L)	氰化物/(mg/L)
常减压	34	210	1206	44.9	3933	162.5
催化裂化	21	122	1688	259	3818	1180
加氢精制	5	830	5418	14	8606	1077
延迟焦化	11	146	3828	18	12203	19
烷基化	15	42	0.24	0.04	68	0.29
电脱盐	30	133	4.3	1.4	1251	3.5
环烷酸	12	1140	20	298	4176	18.3
氧化沥青	5	211	18	3.9	4249	12.5

表 10-7　不同原油、不同加工深度所排放废水水质

原油	废水来源	含油量/(mg/L)	硫化物/(mg/L)	氨氮/(mg/L)	挥发酚/(mg/L)	氰化物/(mg/L)
胜利原油	常压塔顶回流罐	96.5~464.5	3.4~168.1	1.2~151.5	22.5~28.6	—
	减压塔顶回流罐	1408.2	425.9	320.6	135.1	0.84
	催化分馏塔顶回流罐	726	1340~8929	1114~1355.2	591.8~1188	
	催化富气水洗分离罐	141~795	968~13061	7700~9278	57.8~138.4	29.67
	焦化分馏塔顶回流罐	10300~37144	4220~6606	2302~2413	541~1614	—
	焦化富气水洗分离罐	17779	4222	1730	60.7	20
下辽河原油	常压塔顶回流罐	3.29	22.1	60.7	8.55	—
	减压塔顶回流罐	288.6	27.5	37.8	8.21	0.01
	催化分馏塔顶回流罐	20.1	1185	1990	580.7	73.7
	催化富气水洗分离罐	5.9	1750.5	1839	32	211.3
	稳定塔顶回流罐	5.45	7091.7	3815	0.05	690

（2）石油化工废水

石油化工工业与炼油工业相比，工艺过程复杂，产品品种多，所用化工原料也相对多。

有些化工原料以水溶液的方式被使用,有的反应过程需要在水相中进行。此外,溶解、萃取、洗涤、精馏、吸收、干燥等化工单元操作都会产生废水。

石油化工废水成分比炼油废水成分复杂,除含油外,还包括各种有机物、酸、碱、富营养物等,具体成分随目标产品和采用的工艺不同而有较大差异。

石油化工生产使用水量大,每吨产品要消耗十几吨甚至几百吨水,废水排放量很大。有些工艺过程的废水连续排放,有些则间歇排放,因此水量、水质的波动较大。

10.1.2.2 工业废气的来源及特点

石油石化工业废气按照排放形式可分为:

① 燃烧烟气 主要是加热炉、热工锅炉、焚烧炉、火炬等产生的烟气,主要污染物有 SO_2、NO_x、TSP。

② 工艺废气 指各装置的反应尾气、弛放气、再生排放气等,主要有烃类气体、含硫气体、氟化氢气体、氧化沥青尾气等。

③ 无组织排放气体 主要来自生产过程中设备、管道、机泵、阀门的泄漏,轻质油品、挥发性化学药剂在储运过程中的逸散和泄漏以及污水处理厂的挥发气等,主要污染物为挥发性烃类。

10.1.2.3 工业废渣的来源及特点

石油石化工业废渣包括生产过程中产生的固体、半固体以及容器盛装的液态危险性废物。例如石油炼制过程中产生的酸、碱废液,石油化工生产装置排出的不合格产品、报废的中间产品、副产品以及失效的催化剂、污水处理产生的污泥、储罐底泥等,设备检修产生的固体废物、工业垃圾等。石油石化工业中的绝大多数废渣被列入"危险废物名录",包括这些废渣焚烧后的残渣。若不进行妥善处置,散发在环境中的后果较为严重。

10.2
能源化工废水的治理

10.2.1 废水处理技术概述

废水处理的目的是使废水达到无害化排放,基本任务是把污染物从水中分离出来或转化为无害物质。废水处理方法很多,按照处理过程中污染物性质变化情况可概括分为分离处理和转化处理两大类,如图 10-1 所示。

分离处理通过各种外力作用,使污染物从废水中分离出来。一般在分离过程中并不改变污染物的化学性质,有利于有用物质的回收。废水中的污染物有各种存在形式,包括溶解态(离子态、分子态)、胶体以及悬浮物。根据污染物的存在形式和性质,来选择不同的分离方法。

转化处理使废水中的有害物质发生化学或生化反应转化为无害或可分离的物质,后者再经过分离除去。转化处理法可分为化学处理法和生化处理法。化学处理法通过中和、分解、氧化、还原等化学反应使有毒物转化成无毒物,如低浓度酸、碱废水的中和,废水中有机物和无机物的氧化等,常用的氧化剂有 Cl_2、O_3 等。生化处理法的效率比化学处理法高,并且运行费用较低,广泛应用于各种含有机化合物废水的处理过程中。根据微生物的代谢形式，可将生化处理法分为好氧处理和厌氧处理两大类。

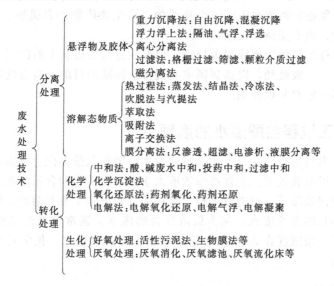

图 10-1 废水处理技术分类

10.2.2 废水处理流程

能源化工废水中的污染物质成分复杂，往往需要几种处理技术或单元操作联合使用，并明确其主次关系和先后次序，才能最经济有效地完成处理过程，使废水达到相关排放标准，这种将单元设备合理配置形成的整体就是废水处理系统，也可称为废水处理流程。根据不同的处理深度和要求，将废水处理流程分为一级处理、二级处理和三级处理。

10.2.2.1 一级处理

一级处理又称为预处理，主要去除废水中的大部分悬浮物，及时回收废水中的有用物质（如酚、油、醇、H_2S 等），还包括废水 pH 值的调节，水质、水量的均衡，为二级处理创造条件。

为保证二级生化处理正常、有效地进行，对废水中某些有机污染物的浓度有一定的要求。例如酚、CN^- 等，在浓度很低时可被微生物分解，而浓度较高时则对微生物有毒害作用。因此，当废水中有害物质浓度较高时，应先进行一级处理，使其浓度降至一定范围后再进行生化处理。

各种分离、中和、均衡、化学氧化、厌氧生化处理都可作一级处理，根据废水中污染物的种类和浓度选择合适的处理工艺。

10.2.2.2 二级处理

二级处理主要去除污水中呈溶解态和胶状的有机物质。相当长时间以来，主要把生化处理作为二级处理的主体工艺。近年来，有些国家将化学或物理化学法作为二级处理主体工艺，预计这些方法将随着化学药剂种类的增加、处理工艺和设备的不断改进而得到推广。经过二级处理，一般废水均能达到排放要求。

10.2.2.3 三级处理

当出水要求更高时，需要在二级处理后再进行废水的三级处理，主要对象是营养物质

（磷、氮等）及其他溶解物质，方法包括化学絮凝、过滤、吸附等。当三级处理以废水回用为目的时，处理对象还包括废水中的细小悬浮物、难生物降解的有机物、微生物和盐分等，采用的方法有吸附、离子交换、反渗透等。

三级处理也被称作高级处理或深度处理，但要注意两者概念上的区别。三级处理强调顺序性，其前必有一、二级处理，以达到国家有关排放标准为目的。高级处理或深度处理强调处理深度，其前不一定有其他处理。

10.2.3 煤化工过程含酚废水的治理

含酚废水主要来自煤焦化、煤气化过程以及生产苯酚及酚类化合物的石油化工工业，例如苯酚、丙酮、间甲酚装置等。通常将酚浓度大于1000mg/L的含酚废水，称为高浓度含酚废水，这种废水须回收酚后，再进行处理。常用的回收方法主要有溶剂萃取法和汽提法。酚浓度小于1000mg/L的含酚废水，称为低浓度含酚废水，通常这类废水循环使用，将酚浓缩、回收后再处理。酚浓度在300mg/L以下的废水可采用生化、化学氧化、吸附等方法进行处理后达标排放。

10.2.3.1 萃取法

萃取法是指使与水不互溶且密度小于水的特定有机溶剂（即萃取剂）与废水接触，在物理或化学作用下，使原溶解于废水中的某种组分由水相转移至有机相。在国内，萃取法广泛应用于含酚废水的预处理及酚的回收，处理酚浓度高于400mg/L的废水效果很好。

在液液萃取过程中，萃取剂的选择是最重要的因素。用于脱酚的萃取剂比较多，常用的有煤油、洗涤油、重苯、N-503［N，N-二（1-甲基庚基）乙酰胺］、粗苯、5％N-503＋95％煤油混合液、803♯液体树脂等。其中N-503是一种高效的脱酚萃取剂，具有脱酚效率高、水溶性小、二次污染小、不易乳化、物化性质稳定、易于酚回收及溶剂再生等优点。利用N-503来萃取三硝基酚，一次萃取脱酚率可达99.98％，且溶剂再生后萃取能力衰减不大。

采用萃取法回收废水中酚的流程如图10-2所示。整个流程分为：

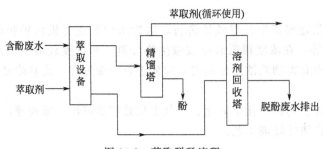

图10-2 萃取脱酚流程

① 混合　萃取剂与废水进行充分接触，使大部分酚类物质转移到萃取剂中；
② 分离　萃取相与萃余相分层分离；
③ 回收　从萃取相与萃余相中分别回收酚类物质和溶质。

10.2.3.2 汽提法

汽提法常用来脱除废水中的挥发酚、甲醛、氨等物质。采用汽提法从废水中回收挥发酚的流程如图10-3所示。废水与水蒸气直接接触，使其中的挥发酚扩散到气相中，然后用碱液吸收水蒸气带出的酚蒸气，转化为酚钠盐溶液，再经中和与精馏，使废水中的酚得到回收和利用。

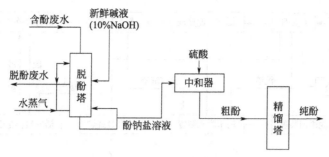

图 10-3　汽提脱酚流程

汽提法脱酚工艺简单，处理高浓度含酚（1000mg/L 以上）废水，可以达到经济上收支平衡，而且不会造成二次污染。但经汽提后的废水中仍有较高浓度的残余酚（约 400mg/L），需进一步处理。而且喷淋碱液的腐蚀性很强，必须对设备采取防腐措施。

10.2.3.3　氧化法

氧化法是利用自由基（如 HO·）将废水中的大分子难降解有机物氧化分解为低毒或无毒的小分子物质，甚至直接降解为 CO_2 和 H_2O。依据作用机理不同，可将氧化法分为化学氧化法和光氧化法两大类。

化学氧化法常用于生化法之前，一般在催化剂的作用下，采用化学氧化剂处理有机废水以提高其可生化性，或直接氧化处理废水中有机物使之稳定化。常用的化学氧化剂为 ClO_2、O_3、H_2O_2、$KMnO_4$ 和 $NaClO$ 等。

光氧化法是近年来发展迅速的先进氧化技术，具有反应条件温和、氧化能力强、适用范围广等优点，特别适用于难生物降解的有毒有机物的处理。目前研究较多的是非均相半导体光催化氧化法和均相光氧化法。

非均相半导体光催化氧化法一般可使有机物完全降解，如用 TiO_2 光催化氧化较低浓度的含酚废水，在 pH＝4 的条件下光解 2h，可使酚去除率达到 100%。但若要投入实际应用，还存在许多问题，如光量子效率低、催化剂的固定与回收以及催化剂的污染与活化等。与半导体光催化氧化法相比，加入 O_3、H_2O_2、Fenton 等氧化剂的均相光氧化体系具有更优异的氧化能力和降解速率，而且不存在催化剂的固定、回收等问题。

10.2.3.4　生化法

目前生化法仍然是含酚废水处理的主体工艺，利用微生物的新陈代谢作用，使废水中的有机物降解转化为无害物质，具有应用范围广、处理效率高、设备简单、经济性高等优点。采用生化法处理废水，受废水的 pH 值、温度、酚浓度等因素的影响较大，因此对操作条件要求比较严格。

（1）活性污泥法

活性污泥法是处理工业废水最常用的生化法，用活性污泥法处理低浓度的含酚废水，尤其是在水质成分复杂时，萃取、吸附作为生化法的预处理手段搭配使用，可使含酚废水得到较彻底的治理。

含酚废水主要含有 COD、酚、氨氮等污染物。根据原水质的特征，首先进行预处理，使水质水量得以均衡、稳定，并符合生化处理要求。预处理后的废水用活性污泥法进行生化处理，使有机污染物得以降解、去除。最后废水经过活性炭吸附，进一步去除其中残余的污染物。其流程如图 10-4 所示。

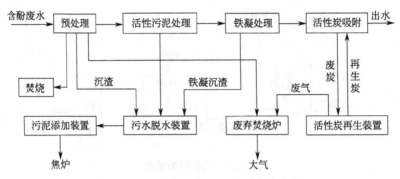

图 10-4　活性污泥法处理含酚废水流程

但该法同时存在对运行管理要求高、对毒物承受能力低、不适应冲击负荷、曝气池容积负荷低、污泥产生量大等不足之处，对组成复杂、浓度较高的含酚废水处理效果不理想。为进一步提高传统活性污泥法的处理效率，又开发出延时曝气、活性炭——活性污泥法、投加化学混凝剂法、生物固定化技术、酶制剂处理法等改进工艺。

（2）生物流化床法

近年来，生物流化床法在含酚废水的处理方面呈现良好的发展前景。此法以砂、焦炭、活性炭等颗粒介质为载体，水流自下向上流动，使载体处于流化状态。在载体表面生长、附着着生物膜，由于载体粒径小（1.0～2.0mm），总表面积大，因而具有较大的微生物量，床层内微生物密度高，可达 10～40g/L。水流从载体下部、左右侧流过，与其上的生物膜充分接触，强化了传质过程。同时由于载体不停地流动，能够有效地防止其被生物膜所堵塞。

生物流化床法兼具完全混合式活性污泥法中废水与活性污泥充分混合接触所带来的高效率，以及生物膜法能够适应废水负荷变化的双重优点。对于难降解或降解速率低的有机物来说，生物流化床法的处理效果显著。由于流化介质比表面积大，吸附能力强，尤其是以粒状活性炭为载体时，吸附作用更显著，难降解或降解慢的有机物因吸附作用而长期停留在介质表面，对表面生物膜进行长时间的驯化和诱导，因而对该类物质的去除能力提高。

生物流化床主要有空气流化床、纯氧流化床、三相流化床和厌氧-兼性流化床四种，其中三相流化床因具有容积负荷大、传质传热效果好、处理效率高、结构简单、占地面积小、投资和运行费用低等优点而备受重视。

（3）生物脱氮工艺

普通活性污泥法、延时曝气法、生物流化床法等对含碳污染物的处理效果好，而对煤气化、焦化废水中的高浓度含氮污染物去除率很低，不能满足国家规定的污染物综合排放标准，因此需要对煤气化、焦化废水中的含氮污染物进行强化处理，可采用的方法有厌氧/好氧（A/O）法、A/A/O 法、序列式活性污泥法（SBR）、MBR 生物膜法等。

10.2.3.5　煤气化废水处理工艺

国内外普遍采用"有用物质回收—预处理—生化处理—深度处理"流程对加压煤气化工艺过程中产生的高浓度含酚废水进行治理。图 10-5 为德国鲁奇公司加压煤气化废水处理流程。废水经沉降槽分离出焦油，过滤去除细小颗粒物，使悬浮物含量降至 10mg/L，送入萃取塔进行溶剂脱酚，使酚含量降至 100mg/L 以下，再送入汽提塔蒸氨，使氨含量降至 100mg/L 以下，同时可去除部分硫、氰等物质。然后在曝气池内进行生化处理，去除绝大部分挥发酚、脂肪酸、硫化物、氰化物等，再依次进入沉淀池、絮凝池和砂滤池，使悬浮物含量降至 1mg/L 以下。最后经活性炭吸附处理，当出水中酚含量小于 1mg/L，COD 小于 50mg/L，且无色无臭，即可外排。

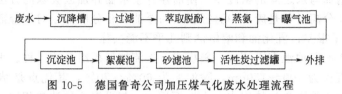

图 10-5　德国鲁奇公司加压煤气化废水处理流程

国内某企业加压煤气化废水处理流程如图 10-6 所示。经脱酚蒸氨后的废水进入斜管隔油池，废水中残余的大部分油类物质可被去除，经调节池进入"低氧曝气—好氧曝气—接触氧化"三级生化处理工艺，然后由机械加速澄清池去除悬浮状和胶状污染物。本工艺的特点在于利用低氧与好氧、污泥法与生物膜法组合强化生化处理效果，处理后废水中难降解有机物、酚、氰等物质得到明显去除，出水可外排或作为循环用水。

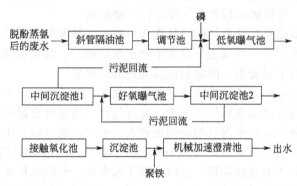

图 10-6　国内某企业加压煤气化废水处理流程

10.2.4　石油石化工业含油废水的治理

含油废水来源广泛，凡是直接与油接触的水中都含有油类，主要来源是油气和油品的冷凝分离水、油气和油品的洗涤水、反应生成水、油罐切水、油槽车洗涤水、设备洗涤水等。石油石化工业废水中含油量为 150~1000mg/L，除油外，还含有硫化物、酚、氰等有毒物质。油类物质通常以游离油（浮油）、分散油、乳化油及溶解油四种状态存在于废水中，见表 10-8。

表 10-8　油在废水中的存在状态

存在状态	油珠粒径	特征
游离油（浮油）	>100μm	静止时能迅速上升到液面形成连续相油膜或油层，占废水中油类总量的 60%~80%
分散油	10~100μm	在废水中的稳定性不高，静置一段时间后也可以相互结合形成浮油
乳化油	<10μm，一般为 0.1~2μm	高度的化学稳定性，往往会因水中含有表面活性剂而成为稳定的乳化液
溶解油	油珠粒径比乳化油小，有的可小至几纳米	化学概念上真正溶解于废水中的油，稳定性很高

废水中的油极少以单一状态存在，需要采用多级方法进行处理后才能达到排放标准。含油废水处理的难易程度随其来源及油污的状态和组成不同而有差异。其处理方法主要有隔

油、浮选、离心、吸附、粗粒化、生化法（活性污泥、生物滤池和氧化塘等）等。

10.2.4.1　隔油法

隔油法是利用油与水之间的密度差，使油浮升至水面并加以去除的方法。相应的处理设备称为隔油池。其分离对象是废水中直径较大的浮油和粗分散油，对细分散油（油珠粒径<$50\mu m$）的处理效果很差，乳化油和溶解油则几乎不能去除。

目前国内常用的隔油池有平流式、斜板式、平流加斜板组合式三种。平流式隔油池可以去除的最小油粒直径为$100\sim150\mu m$，除油率为$60\%\sim70\%$，其优点是结构简单、便于管理、除油效率稳定，缺点是池体庞大、占地面积大。与平流式隔油池相比，斜板式隔油池具有表面负荷小、配水均匀等优点，较好地克服了水流的不稳定性，可去除粒径大于$60\mu m$的油粒，而且单位处理能力的池容积只相当于平流式隔油池的$1/2\sim1/4$，大大缩小了池体占地面积。

10.2.4.2　气浮法

含油废水经隔油池除去绝大部分的浮油和分散油，尚残留部分细分散油和乳化油，需作进一步处理，因此，一般在隔油后设置气浮进行二级除油。

气浮法是以水中形成高度分散的微小气泡作为载体，黏附废水中油类和悬浮固体并浮升到水面，形成浮渣层被刮除，可以去除废水中处于细分散态、乳化态的油。为进一步提高气浮效果，通常可采用投加混凝剂、助凝剂或其他药剂等措施。

气浮法的关键是在水中通入或产生大量的微细气泡。按照气泡产生方式不同，可将气浮法分为充气气浮、溶气气浮及电解气浮三类。充气气浮是将空气直接通入气浮池底部的扩散板或微孔管中，空气分散成细小的气泡均匀地进入废水中，也可以采用水力喷射器、高速叶轮等向废水中充气，形成的气泡直径约为$1000\mu m$。溶气气浮是将空气在一定压力下溶解于水中达饱和状态，然后压力骤然降低，这时溶解于水中的空气迅速形成极微小的气泡，浮升至水面。这种方法产生的气泡直径约为$80\mu m$，并且可以人为地控制气泡与废水的接触时间，因此净化效果比充气气浮好，又可细分为真空溶气气浮和加压溶气气浮两种方式。加压溶气气浮法在国内应用广泛，大部分炼化企业都采用此法处理废水中的乳化油，并取得了较理想的处理效果，出水中含油量可以降至$10\sim25mg/L$。一些公司采用纳米气泡技术，可产生纳米级的气泡，气泡直径为$30\sim500nm$，数量更多，停留时间更长，除油效率更高。

10.2.4.3　聚结（粗粒化）除油法

聚结除油法是利用油与水两相的性质差异和与聚结材料表面亲合力相差悬殊的特性，当含油废水通过填充着聚结材料的床层时，油粒被材料捕获而滞留于材料表面和孔隙内。随着捕获的油粒增加会形成油膜，当油膜达到某一厚度时，会变形、合并聚结成较大的油珠，从而易于从水中分离出来。

聚结法除油技术的关键在于聚结材料的选择。聚结材料的疏水性（比润湿度）和比表面积是影响其除油效果的关键因素。另外，材料的粒度、形状及表面粗糙度对油粒的附着也有较大影响。

聚结法除油的流程和操作程序简单，装置紧凑，占地面积小，为自动化控制创造了有利条件。与气浮法除油相比，由于不需要投加混凝剂，因而减少了近70%的废渣，同时降低了油类对大气的污染。但当废水中含油量较高时，容易因聚结材料堵塞而降低处理效果。

10.2.4.4　含油废水处理工艺

国内多采用"隔油—气浮—生化处理"的"老三套"流程对含油废水进行治理。同时根据实际情况，设有水量水质均衡、pH调节和预曝气单元以及过滤等后处理单元。另外，还设有污油回收和污泥处理（包括浓缩、脱水和焚烧）单元。典型的炼化企业含油废水处理流程如图10-7所示。具体流程随废水的来源、油类物质的状态和组成、排放标准等不同而有所差异。

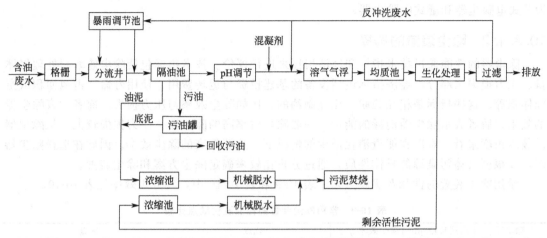

图10-7　典型的炼油企业含油废水处理流程

10.3
能源化工废气的治理

10.3.1　粉尘的治理

能源化工过程中的颗粒污染物主要来自燃料的燃烧以及某些工业生产部门，例如燃煤烟尘，煤场仓储、煤破碎、筛分产生的飞扬的粉尘以及石油石化工业的催化裂化催化剂再生装置、工艺加热炉、锅炉、焚烧炉等产生的催化剂粉末、烟尘等。目前，除了煤尘、扬尘等可以用粉尘抑制剂进行治理外，大部分的生产性粉尘主要依靠各种除尘技术进行除尘。

10.3.1.1　除尘技术原理及设备

根据各种除尘技术的作用原理不同，可以将除尘技术大致分为四大类，即机械力除尘、湿式除尘、过滤除尘和电除尘。此外，声波除尘器依靠机械原理进行除尘，但由于还利用了声波作用使粉尘凝聚，故有时将声波除尘器另分为一类。

（1）机械力除尘

机械力除尘指采用重力、惯性力、离心力等机械力使尘粒从气流中沉降下来。按照作用力不同，将机械力除尘器分为重力除尘器（沉降室）、惯性力除尘器（挡板式除尘器）和离心力除尘器（旋风式除尘器）三类。

（2）湿式除尘

湿式除尘又称为洗涤除尘，指用水或其他液体润湿尘粒，捕集尘粒和雾滴的除尘方法，如气体洗涤、泡沫除尘等。常用的设备有喷雾器、填料塔、泡沫除尘器、文丘里洗涤器等。

（3）过滤除尘

过滤除尘指含尘气流通过具有很多毛细孔的过滤介质，从而将污染物颗粒截留下来的除尘方法，如填充层过滤、布袋过滤等。过滤除尘器可分为袋式过滤器和颗粒层过滤器。

（4）电除尘

含尘气流通过高压电场，在电场力的作用下使其得到净化的过程叫电除尘。除尘设备分为干式电除尘器和湿式电除尘器。

10.3.1.2　除尘装置的选择

除尘器的性能通过技术指标和经济指标来进行评价。技术指标包括除尘效率、处理气体量、压力损失三部分，经济指标包括设备的基建投资与运转费用、使用寿命、占地面积或空间体积等。这些指标是相互关联、相互制约的，比如除尘效率与压力损失，前者代表除尘器的效果，后者表示除尘器消耗的能量。一般除尘效率高的除尘器，压力损失较大，从除尘器的技术角度来看，难以在能量消耗最少的情况下，达到最高的除尘效率。因此在选择除尘器时，要根据气体污染源的具体性质，通过分析比较来确定除尘方案和除尘装置。

常用除尘装置的性能及优缺点列于表 10-9 和表 10-10 中，其分级效率见表 10-10。

表 10-9　常用除尘装置的性能及优缺点比较

除尘器	适用粒径/μm	除尘效率 η/%	优点	缺点
重力除尘器	100~50	40~60	①造价低；②结构简单；③压力损失小；④磨损小；⑤维修容易；⑥节省运转费	①不能去除小颗粒粉尘；②效率较低
惯性力除尘器	100~10	50~70	①造价低；②结构简单；③处理高温气体；④几乎不用运转费	①不能去除小颗粒粉尘；②效率较低
离心力除尘器	>5	50~80	①设备较便宜；②占地面积小；③处理高温气体；④效率较高；⑤适用于高浓度烟气	①压力损失大；②不适于湿、黏气体；③不适于腐蚀性气体
	>3	10~40		
湿式除尘器	1 左右	80~99	①除尘效率高；②设备便宜；③不受温度、湿度影响	①压力损失大，运转费用高；②用水量大，有污水需处理；③容易堵塞
过滤除尘器	20~0.1	90~99	①效率高；②使用方便；③低浓度气体适用	①容易堵塞，滤布需替换；②操作费用高
电除尘器	20~0.05	80~99	①效率高；②处理高温气体；③压力损失小；④低浓度气体适用	①设备费用高；②粉尘黏附在电极上时，对除尘有影响，效率降低；③需要维修费用

表 10-10　常用除尘装置的性能比较

除尘装置	捕集粒子的能力/%			压力损失/Pa	设备费	运行费	装置类别
	50μm	5μm	1μm				
重力除尘器	—	—	—	100~150	低	低	机械
惯性力除尘器	95	16	3	300~700	低	低	机械

除尘装置	捕集粒子的能力/%			压力损失/Pa	设备费	运行费	装置类别
	$50\mu m$	$5\mu m$	$1\mu m$				
离心力除尘器	96	73	27	500~1500	中	中	机械
文丘里洗涤器	100	>99	98	3000~3800	中	高	湿式
袋式过滤器	100	>99	99	1000~2000	较高	较高	静电
电除尘器	>99	98	92	100~200	高	中	过滤
声波除尘器	—	—	—	600~1000	较高	中	声波

由表 10-9 和表 10-10 可知，各种除尘装置具有不同的特点，所适用的对象和除尘性能有所差异。一般根据含尘气体和粉尘性质，可遵循以下原则进行除尘装置的选择和组合：

① 若粉尘粒径较小，几微米以下粉尘占多数时，应选用湿式、过滤式或电除尘器；若粒径较大，以 $10\mu m$ 以上尘粒占多数时，可用机械力除尘器。

② 若气体含尘浓度较高时，可用机械力除尘器，否则采用文丘里洗涤器；若气体进口含尘浓度较高，而又要求出口含尘浓度低时，则可先用机械力除去较大的尘粒，再用电除尘器或过滤除尘器等，去除较小粒径的尘粒。

③ 对黏附性强的尘粒，最好选用湿式除尘器，不宜采用过滤式（易造成滤布堵塞）和电除尘器（尘粒黏附在电极表面将使电除尘器的效率降低）。

④ 如采用电除尘器，尘粒的电阻率应在 $10^4 \sim 10^{11} \Omega \cdot cm$ 范围内，一般可以预先通过调节温度、湿度或添加化学品来满足此要求。另外，电除尘器只适用于气体温度在 500℃ 以下的情况。

⑤ 气体的温度升高，黏性将增大，流动时的压力损失增加，除尘效率也会下降。但温度太低，低于露点温度时，即使采用过滤除尘器，也会有水分凝出，使尘粒易黏附于滤布上造成堵塞，故一般应在比露点温度高 20℃ 的条件下进行除尘。

⑥ 若气体中含有易燃、易爆的成分时，应预先处理后再除尘。

除尘技术和除尘装置种类很多，各具有不同的特点和性能。在实际选择过程中，除需要考虑当地大气环境质量、粉尘的环境容许浓度、排放标准、各种设备的特点及技术经济指标外，还要充分了解粉尘的性质，如粒径分布、形状、密度、电阻率、亲水性、黏性、可燃性、凝集特性以及含尘气体的化学成分、温度、压力、湿度等，这样才能合理地选择出既经济又有效的除尘装置。

10.3.2 气态污染物的治理

能源化工过程所排放的气态污染物主要有二氧化硫（SO_2）、氮氧化物（NO_x）、氟化物、氯化物、碳氢化合物，以及其他各种有机或无机气体等。目前，气态污染物的处理方法主要有吸收法、吸附法、催化法、燃烧法和冷凝法。处理方法的选择取决于污染物的化学和物理性质、浓度、排放量、排放标准以及回用价值。

10.3.2.1 吸收法

吸收法是采用适当的液体吸收剂，利用气体中不同组分在吸收剂中的溶解度不同，或者与吸收剂发生选择性化学反应，从而将有害组分从气流中分离出来的过程。吸收法具有技术成熟、设备简单、应用范围广、一次性投资低等优点。各种气态污染物，如 SO_2、H_2S、NO_x、HF 等，一般都可通过吸收法处理，并可回收有用物质。

吸收法可分为物理吸收与化学吸收。前者是纯物理过程，如用重油吸收烃类蒸气或用水吸收醇类和酮类物质等。后者在吸收过程中常伴随着明显的化学反应，如双碱法脱硫等。气体与溶剂或溶剂中的某种成分发生化学反应，导致气体平衡蒸气压降低，吸收速率加快。在处理排放量大、污染物浓度低的废气时，单纯的物理吸收常常不能满足净化要求，因此多采用化学吸收法。

10.3.2.2 吸附法

废气与适当的多孔性固体物质相接触，利用固体表面存在的未平衡的分子引力或化学键力，将废气中的有害组分吸留在固体表面上，使其与废气分离，从而达到治理的目的，这个过程称为吸附。

根据吸附作用力不同，将吸附过程分为物理吸附和化学吸附。这两类吸附往往同时存在，仅因条件不同而有主次之分，低温下以物理吸附为主，随着温度升高，物理吸附减少，而化学吸附相应增多。

吸附法的分离效率高，可用于中低浓度废气的净化，特别适用于排放标准要求高或有害物质浓度低，并且用其他方法无法达到净化要求的情况，一般采用吸附法作为深度净化手段或在联合应用几种方法时的最终控制手段。

合理选择与利用高效吸附剂，对提高吸附效果起着关键作用。表 10-11 所列为常用吸附剂及适用范围，其中在废气治理方面应用最广泛的是活性炭。

表 10-11　常用吸附剂及适用范围

吸附剂	可吸附的污染物
活性炭	苯、甲苯、二甲苯、丙酮、乙醇、乙醚、甲醛、煤油、汽油、光气、乙酸乙酯、苯乙烯、恶臭物质、H_2S、Cl_2、CO、SO_2、NO_x、CS_2、CCl_4、$CHCl_3$、CH_2Cl_2、Hg(气)
活性氧化铝	H_2S、SO_2、C_nH_m、HF
硅胶	NO_x、SO_2、C_2H_2、烃类
分子筛	NO_x、SO_2、CO、CS_2、H_2S、NH_3、C_nH_m、Hg(气)
泥煤、褐煤	NO_x、SO_2、SO_3、NH_3、恶臭物质
焦炭粉粒	沥青烟

10.3.2.3 催化法

催化法利用催化剂的催化作用，将废气中的有害物质转化为无害或易于去除的物质，可分为催化氧化法和催化还原法。例如，利用铂、钯贵金属催化剂将碳氢化合物氧化为 CO_2 和 H_2O，利用 V_2O_5 催化剂将 SO_2 氧化为 SO_3 后加以回收利用，或者 NO_x 在铂、钯贵金属或 $CuCrO_2$ 催化剂上被 NH_3 还原为 N_2 和 H_2O。

催化法的净化效率受废气中污染物浓度影响较小，净化效率高，操作简单。采用这种方法的关键是选择合适的催化剂，一般要求催化剂具有良好的活性、选择性和稳定性、足够的机械强度。但催化剂往往价格较高，废气中的有害物质很难作为有用物质进行回收等，是该法存在的缺点。

10.3.2.4 燃烧法

燃烧法是通过热氧化燃烧或高温分解原理，将废气中的可燃有害组分转化为无害物质的方法，又称焚化法。例如含烃废气在燃烧中被氧化为无害的 CO_2 和 H_2O。通过燃烧法可处理的污染物包括碳氢化合物（如甲烷、苯、二甲苯）、CO、H_2S、恶臭物质、黑烟（含炭粒和油烟)。

燃烧法可以分为直接燃烧法、热力燃烧法和催化燃烧法三种,其特点列于表10-12。

表 10-12　燃烧法分类及比较

项目	直接燃烧	热力燃烧	催化燃烧
适用范围	浓度高或热值高的废气	可燃组分浓度低或热值低的废气	基本上不受可燃组分浓度与热值的限制,但废气中不能有尘粒、雾滴和催化剂毒物
燃烧温度	$>1100℃$	$720\sim820℃$	$300\sim450℃$
设备	一般窑炉或火炬	热力燃烧炉	催化燃烧炉
特点	火焰燃烧,可燃烧掉废气中的炭粒	有火焰燃烧,需加入辅助燃料,可燃烧掉废气中的炭粒	无火焰燃烧,有时需电加热点火或维持反应温度

10.3.2.5　冷凝法

冷凝法是利用物质在不同温度下具有不同饱和蒸气压这一性质,采用降低系统温度或提高系统压力,使处于蒸气状态的污染物冷凝并从废气中分离出来的过程。

冷凝法对废气的净化程度与冷却温度有关,冷却温度越低,污染物去除的越彻底。冷凝法在理论上可以达到很高的净化程度,但要达到这种程度,除需用水对废气进行冷却外,还需用冷冻剂进行冷冻,能量消耗大,对设备要求高,在经济上也非常不合算。因此,冷凝法只适用于处理污染物浓度在 $10000cm^3/m^3$ 以上的有机废气,常作为吸附、燃烧等方法净化高浓度废气的前处理方法,以减轻这些方法的负荷。如炼油企业氧化沥青生产中的尾气,先用冷凝法回收,然后送去燃烧净化。此外也可用于高湿度废气的预处理。

10.3.3　二氧化硫废气的治理

污染大气的 SO_2 的主要来源是煤和石油的燃烧,约占总排放量的80%以上;其次是冶金工业,约占10%;其余为炼油、化工等行业。近年来,煤化工、石油化工的迅速发展和含硫燃料的大量使用,使得 SO_2 排放量逐年上升,对大气造成的污染日趋严重,已成为制约经济和社会发展的重要环境因素。

10.3.3.1　脱硫技术概述

控制 SO_2 排放的途径有三种:

① 燃料脱硫　指在煤利用前脱除煤中部分硫、灰分和其他杂质,可分为物理选煤法、化学脱硫法、物理与化学结合脱硫法及微生物脱硫法几大类;

② 燃烧脱硫　在煤燃烧炉内直接加入石灰石（$CaCO_3$）或白云石（$CaCO_3 \cdot MgCO_3$）粉末作脱硫剂,在燃烧过程中受热分解生成 CaO、MgO,与烟气中的 SO_2 反应生成硫酸盐排出炉外;

③ 烟气脱硫　烟气脱硫利用碱性物质作为吸收剂或吸附剂,将烟气中的 SO_2 转化为较稳定且易分离的硫化物或单质硫,从而达到脱硫的目的,是控制 SO_2 污染最主要的技术手段。根据脱硫剂的类型和操作特点,将烟气脱硫技术分为湿法、半干法和干法,如图10-8所示。

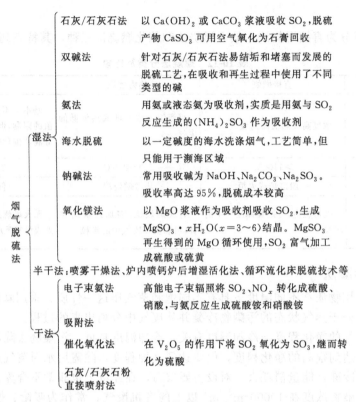

图 10-8　烟气脱硫法分类

湿法烟气脱硫采用含吸收剂的溶液或浆液在湿状态下脱硫和处理脱硫产物,包括湿法石灰/石灰石法、氨法、钠碱法、双碱法等,具有脱硫反应速率快、脱硫效率高、设备和操作简单等优点,但普遍存在腐蚀严重、投资和运行费用较高等缺点。

干法烟气脱硫利用粉状和粒状物质作吸收剂,吸附或催化来脱除烟气中的 SO_2,包括活性炭法、催化氧化法以及近代发展起来的电子束法和脉冲电晕法等。此法的脱硫效率和脱硫剂的利用率低,反应速率较慢,但较好地回避了湿法烟气脱硫技术存在的腐蚀和二次污染等问题,近年来得到了迅速的发展和应用。

半干法烟气脱硫兼有干法和湿法的一些特点,在干燥状态下脱硫、在湿状态下再生,或者在湿状态下脱硫、在干状态下处理脱硫产物,后者既有湿法脱硫反应速率快、脱硫效率高的特点,又有干法无污水废酸排出、脱硫产物易于处理的优点。主要方法有旋转喷雾干燥法、炉内喷钙增湿活化法、增湿灰循环脱硫技术等。

10.3.3.2　烟气脱硫技术

（1）湿式石灰/石灰石法

湿法烟气脱硫技术使用最多的是湿式石灰/石灰石法,约占全部烟气脱硫安装容量的 70%。采用石灰或石灰石浆液作为吸收剂来脱除烟气中的 SO_2,副产物是石膏 $(CaSO_4 \cdot 2H_2O)$。此法技术成熟,吸收剂资源丰富且价格低廉,脱硫效率高,一般可达 95%,吸收剂利用率高,可达 90%。缺点在于基建投资大、占地面积大、运行费用高以及设备易堵塞和磨损等。

湿式石灰/石灰石法的脱硫过程主要分为吸收和氧化两部分。首先,烟气中的 SO_2 与浆液中的 $Ca(OH)_2$ 或 $CaCO_3$ 发生反应,生成亚硫酸钙。吸收液偏酸性时,亚硫酸钙与 SO_2

进一步反应，生成亚硫酸氢钙。亚硫酸钙和亚硫酸氢钙均不稳定，可进一步氧化为石膏回收，也可直接抛弃。其主要反应如下：

吸收反应：

$$CaO+H_2O \longrightarrow Ca(OH)_2$$
$$Ca(OH)_2+SO_2 \longrightarrow CaSO_3 \cdot 1/2H_2O+1/2H_2O$$
$$CaCO_3+SO_2+1/2H_2O \longrightarrow CaSO_3 \cdot 1/2H_2O+CO_2$$
$$CaSO_3 \cdot 1/2H_2O+SO_2+1/2H_2O \longrightarrow Ca(HSO_3)_2$$

氧化反应：

$$2CaSO_3 \cdot 1/2H_2O+O_2+3H_2O \longrightarrow 2CaSO_4 \cdot 2H_2O$$
$$Ca(HSO_3)_2+1/2O_2+H_2O \longrightarrow CaSO_4 \cdot 2H_2O+SO_2$$

典型的石灰/石灰石法脱硫流程如图 10-9 所示。将石灰浆液用泵送入吸收塔顶部，将含 SO_2 的烟气从塔底送入，在吸收塔内经洗涤、增温可除去大部分烟尘，净化后的烟气从塔顶排空。石灰浆液在吸收 SO_2 后，成为含有亚硫酸钙和亚硫酸氢钙的混合液，在母液槽中用硫酸将其混合液的 pH 值调节为 $4 \sim 4.5$，用泵送入氧化塔，在 $60 \sim 80 ℃$ 下，被 $4.9 \times 10^5 Pa$ 的压缩空气氧化。生成的石膏经增稠器沉积，上清液返回吸收系统循环，石膏浆经离心机分离得到石膏。

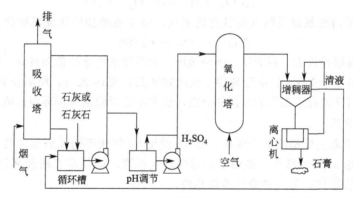

图 10-9　石灰/石灰石法脱硫流程

（2）氨法

氨的碱性强于钙基吸收剂，是一种良好的碱性吸收剂。氨法以 $(NH_4)_2SO_3$、NH_4HSO_3 溶液来吸收低浓度 SO_2，将吸收液加以处理可回收硫酸铵等有用产品。根据吸收液处理方法不同，可分为氨-酸法、氨-亚硫酸铵法等。

在吸收塔中，烟气中的 SO_2 与氨吸收剂接触后，发生如下反应：

$$NH_3+H_2O+SO_2 \longrightarrow NH_4HSO_3$$
$$2NH_3+H_2O+SO_2 \longrightarrow (NH_4)_2SO_3$$
$$(NH_4)_2SO_3+H_2O+SO_2 \longrightarrow 2NH_4HSO_3$$

在吸收过程中，所生成的酸式盐 NH_4HSO_3 对 SO_2 不具有吸收能力，随着吸收过程的进行，吸收液中的 NH_4HSO_3 增多，吸收能力下降，因此需向吸收液中补充氨，使 NH_4HSO_3 转化为 $(NH_4)_2SO_3$，以保持其吸收能力。

$$NH_4HSO_3+NH_3 \longrightarrow (NH_4)_2SO_3$$

湿式氨法吸收实际上利用 $(NH_4)_2SO_3 \rightleftharpoons NH_4HSO_3$ 不断循环来吸收烟气中的 SO_2 的。补充的 NH_3 并不是直接用来吸收 SO_2 的，只是保持吸收液中 $(NH_4)_2SO_3$ 的浓度比例相对稳定。

氨法脱硫可将 SO_2 回收为硫酸铵等产品，实现了废物资源化，其脱硫效率可满足各地环保的要求，且不存在石灰石作为脱硫剂时的结垢和堵塞问题。由于氨法所采用的吸收剂——氨水的价格远比石灰石高，因此副产品硫酸铵的销路和价格成为氨法应用的先决条件。如果副产品销路不好或售价过低，不能抵掉大部分吸收剂费用，则不适合采用氨法脱硫。

（3）海水脱硫法

海水本身呈微碱性，pH 值为 7.8～8.3，是 SO_2 的优良吸收剂。由于海水中存在 HCO_3^-，具有一定的吸收 SO_2 的能力。目前已达到工业应用的海水法有纯海水烟气脱硫工艺和海水添加石灰浆液烟气脱硫工艺。

用海水洗涤烟气，将烟气中的 SO_2 充分吸收，并转换成亚硫酸盐：

$$SO_2 + H_2O \longrightarrow 2H^+ + SO_3^{2-}$$

由于 H^+ 浓度的增加，导致海水的 pH 值降低。海水中的 HCO_3^- 和 CO_3^{2-} 与 H^+ 反应生成 CO_2 和 H_2O，从而使海水水质得以恢复。

$$CO_3^{2-} + H^+ \Longrightarrow HCO_3^-$$
$$HCO_3^- + H^+ \Longrightarrow CO_2 + H_2O$$

利用海水中的溶解氧以及曝气所补充的氧气，将亚硫酸盐转化成硫酸盐：

$$2SO_3^{2-} + O_2 \longrightarrow 2SO_4^{2-}$$

海水脱硫法局限性较大，只能用于濒海地区，而且要求海水扩散条件好、碱度合适，只能适用于燃煤含硫量小于 1.5% 的中低硫煤。脱硫效率高，可达 90%，所需设备少，运行简单。目前已完成此法对环境和生态影响方面的研究，证实不会对海域海洋环境造成显著的危害。

（4）喷雾干燥法

半干法脱硫原来主要指喷雾干燥法，是 20 世纪 80 年代迅速发展起来的一种新兴脱硫技术。脱硫效率可达 80%～85%，多用于低硫煤烟气脱硫。该技术有两种雾化形式可供选择，一种为旋转喷雾轮雾化，另一种为气液两相流。

旋转喷雾干燥法一般用生石灰（CaO）作吸收剂，生石灰经熟化生成具有较好吸收能力的熟石灰浆液 [Ca(OH)$_2$]，经泵送入位于吸收塔内的雾化装置，被雾化为微细的石灰浆滴（<100μm）。在吸收塔内，石灰浆滴与高温烟气相接触，气液固三相之间发生复杂的传质传热作用，浆滴中的 Ca(OH)$_2$ 与烟气中的 SO_2 发生化学反应的同时，吸收烟气中的热量使浆滴中水分蒸发，最后得到干燥的 $CaSO_4$、$CaSO_3$ 和未反应的 Ca(OH)$_2$ 固体混合物，经收尘系统收集下来。

（5）电子束氨法

电子束氨法是一种烟气联合脱硫脱硝技术（简称 EA-FGD 技术），利用高能电子束（电子能量为 800～1000keV）辐照，使烟气中的 N_2、O_2、水蒸气、CO_2 等主要成分发生辐射反应，生成大量的反应性极强的各种自由基（·OH、·O、·HO$_2$ 等），将烟气中的 SO_2 和 NO_x 氧化，生成硫酸和硝酸。然后根据 SO_2 和 NO_x 浓度及所设定的脱除率，向反应器中注入一定化学计量的氨，与硫酸和硝酸发生中和反应，生成硫酸铵和硝酸铵气溶胶粉体微粒。随后用干式静电除尘器捕集这些副产品微粒，净化后的烟气由烟囱排入大气。

电子束氨法属于干法脱硫，不需要排水处理装置，流程简单，过程易于控制，可同时高效率地脱硫脱硝，能去除烟气中 90% 以上的 SO_2 和 80% 以上的 NO_x，脱硫产生的副产品为硫酸铵和硝酸铵，可作为农用肥料。

10.3.4　氮氧化物废气的治理

人类活动排放的 90% 以上的 NO_x 来源于燃烧过程。煤燃烧产生氮氧化物（NO_x），主要是一氧化氮（NO）、二氧化氮（NO_2）和氧化亚氮（N_2O）。其中 NO 是最主要的产物，NO_2 的比例通常较小，而 N_2O 只在低温流化床燃烧中少量生成，在其他高温燃烧中其生成量可以忽略。

10.3.4.1　脱硝技术概述

减少 NO_x 排放的途径有三种：

① 燃料脱氮　由于受成本的限制，很少采用燃料脱氮来降低 NO_x 的产生；

② 通过对燃烧过程的控制抑制 NO_x 生成，可通过采用 NO_x 低排燃烧炉型以及改造燃烧器和改变燃烧条件（空气分级燃烧、燃料分级燃烧、烟气循环等）来实现；

③ 烟气脱硝。

烟气脱硝技术指利用不同技术达到脱除烟气中 NO_x 的目的，分类如图 10-10 所示，可分为干法和湿法。干法包括选择性催化还原法、选择性非催化还原法、脱硫脱硝结合法、吸附法、电子束法等。湿法是指采用水、酸溶液、碱溶液、氨溶液等吸收 NO_x。其中，催化还原法得到了较为广泛的应用。

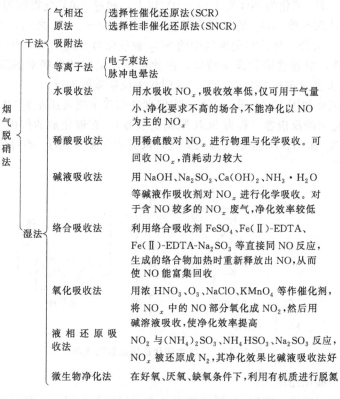

图 10-10　烟气脱硝法分类

10.3.4.2　烟气脱硝技术

（1）选择性催化还原法

选择性催化还原法（SCR）自 20 世纪 80 年代开始逐渐应用于燃煤锅炉烟气脱硝，至今在发达国家已被广泛用于各类型锅炉烟气的净化处理，脱除 NO_x 效率高，一般为 80%～90%，还原剂用量少，被公认为烟气脱硝的主流技术。

SCR 法的化学机理比较复杂，主要利用氨（NH_3）或尿素 $[CO(NH_2)_2]$ 等还原剂在一定温度和催化剂的作用下，选择性地将烟气中的 NO_x 还原为 N_2，同时生成水。所用还原剂为 NH_3 时，主反应如下：

$$4NO + 4NH_3 + O_2 \longrightarrow 4N_2 + 6H_2O$$
$$NO + NO_2 + 2NH_3 \longrightarrow 2N_2 + 3H_2O$$
$$6NO_2 + 8NH_3 \longrightarrow 7N_2 + 12H_2O$$

其中第一个反应是最主要的，因为烟气中 NO_x 几乎以 NO 的形式存在，在没有催化剂的情况下，这些反应只能在很窄的温度范围（980 ℃左右）内进行。通过选择合适的催化剂，反应温度可以降低。目前，大都采用非贵金属作催化剂，如 Al_2O_3 为载体的铜铬催化剂、TiO_2 为载体的钒钨和亚铬酸铜催化剂等，贵金属催化剂多采用铂。不同的催化剂具有不同的活性，因而反应温度和脱硝效果也有差异。当反应条件改变时，还可能发生以下不利于 NO_x 还原的副反应：

$$2NH_3 \longrightarrow N_2 + 3H_2 - 91.9 \text{ kJ}$$
$$4NH_3 + 5O_2 \longrightarrow 4NO + 6H_2O + 907.3 \text{kJ}$$
$$4NH_3 + 3O_2 \longrightarrow 2N_2 + 6H_2O + 1267.1 \text{ kJ}$$

NH_3 分解和 NH_3 氧化为 NO 发生在 350℃以上，超过 450℃变得剧烈起来，温度再高，还能生成 NO_2，从而导致 NO_x 的还原率下降。而在 200～350℃ 之间，仅有 NH_3 氧化为 N_2 的副反应发生。此外，还应避免烟气中的 SO_2 被氧化为 SO_3，SO_3 继续与未反应的氨气反应生成硫酸氢铵，引起管道和设备结垢。由此可见，温度的选择对 SCR 工艺极为重要。目前的 SCR 系统大多设定在 320～420℃，此时仅主反应能够进行。

SCR 法脱硝流程如图 10-11 所示。在一定温度的烟气中喷入还原剂 NH_3，混有 NH_3 的烟气流经装有催化剂的反应器（称为 SCR 脱硝反应器），在催化剂的作用下 NO_x 发生还原反应生成无害的 N_2 和 H_2O，随烟气排入大气，从而达到脱除 NO_x 的目的，作为末端技术具有较好的保障性。

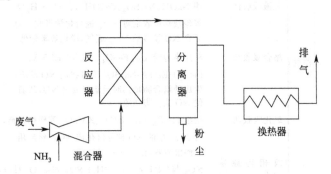

图 10-11　选择性催化还原法脱硝流程

（2）选择性非催化还原法

选择性非催化还原法（SNCR）脱硝技术是在无催化剂作用下，利用氨（NH_3）或尿素 $[CO(NH_2)_2]$ 等氨基还原剂，在 900～1100℃ 这一狭窄的温度区间内，选择性地还原烟气中的 NO_x，而基本不与 O_2 反应。在 SNCR 系统中，氨或尿素与 NO 的还原反应如下：

$$2NH_3 + 2NO + 1/2O_2 \longrightarrow 2N_2 + 3H_2O$$
$$CO(NH_2)_2 + 2NO + 1/2O_2 \longrightarrow 2N_2 + CO_2 + 2H_2O$$

SNCR 技术的关键在于温度的控制。过低的温度可使 NO 的还原速率下降；过高的温度可导致还原剂分解，影响还原效果。对于氨，最佳反应温度为 870～1100℃；尿素的最佳反应温度为 900～1150℃。

相比于催化还原法，SNCR 系统的结构比较简单，占地面积小，不需要改变现有锅炉的设备设置，只需在现有燃煤锅炉的基础上增加氨或尿素储槽、喷射装置及其喷射口即可。但缺点是还原剂消耗量较大，脱硝效率较低，一般为 30%～50%，与初级控制方法大致处于相同控制水平。此外，反应温度较高，不宜将 SNCR 脱硝工序放在烟气已经冷却的部位，最可行的办法是在烟气进入锅炉前，向燃烧炉中直接喷入还原剂，利用烟气的温度将 NO 还原。

（3）SNCR-SCR 联合法

SNCR-SCR 联合法是将 SNCR 工艺的还原剂喷入炉膛技术，同 SCR 工艺利用逃逸氨进行催化反应的技术结合起来，进一步脱除 NO_x。SNCR-SCR 联合法具有两个反应区，首先将还原剂喷入第一个反应区——炉膛，在高温下与烟气中 NO_x 发生非催化还原反应，实现初步脱硝。然后，未反应完的还原剂进入第二个反应区——反应器，在催化剂的作用下进行二次脱硝。SNCR-SCR 联合法最主要的改进就是省去了 SCR 设置在烟道里的复杂氨喷射系统，并减少了催化剂的用量。

SNCR-SCR 联合法具有较高的脱硝能力，NO_x 脱除率可达 70%，而单独 SNCR 工艺的脱硝效率仅为 30%～50%。与单独 SCR 比较，催化剂用量减少约 70%。此法还具有反应器体积小、空间适应性强、脱硝系统阻力小、腐蚀危害降低、SCR 旁路省去、催化剂的回收处理量减少、还原剂喷射系统简化等优点。

10.4
能源化工废渣的治理及资源化

10.4.1 废渣的处理技术

10.4.1.1 预处理技术

预处理技术是指采用物理、化学或生物方法，将固体废物转变为便于运输、储存、回收利用以及最终处置的形态，同时涉及固体废物中某些组分的分离与浓集。预处理技术主要包括压实、破碎、分选、固化以及增稠和脱水等。

（1）压实

压实是用物理方法提高固体废物的聚集程度，减小固体废物的体积，以便于运输、利用和最终处置。根据废物的类型和处置目的的不同，压实的处理流程不同。压实处理在国外的应用较普遍，我国仅在有限领域内使用。通过压实机械来完成操作过程。

（2）破碎

破碎是用机械方法减小固体废物的颗粒尺寸，使之便于运输、储存，或作为焚烧、热分解、熔融、压缩、磁选等的预处理过程，可分为剪切破碎、冲击破碎、低温破碎、湿式破碎、半湿式破碎等。

（3）分选

分选是固体废物处理过程中的重要单元操作，指依据各类固体废物的不同物理性质，将其中可回收利用或不利于后续处理、处置的物质分离出来的过程。分选的效率直接影响各类物质的处理和再利用。

分选包括人工分选和机械分选。机械分选的技术与设备种类较多，主要有筛分、重力分选、磁力分选、浮力分选、静电分离、光电分离等，可根据废物的种类和性质进行选择。

（4）固化

固化是指通过物理或化学方法，将有害固体废物固定或包容在坚固的惰性固体内，以降低或消除有害成分的溶出特性。固化后的产物应具有良好的机械强度、抗渗透、抗浸出、抗干、抗湿、抗冻、抗融等特性。目前，根据废弃物的性质、形态和处理目的可供选择的固化方法有以下六种，即水泥固化、石灰固化、热塑性材料固化、高分子有机聚合物固化、自胶结固化和玻璃固化。

（5）增稠和脱水

增稠和脱水常用于污泥以及其他含水率高的固体废物的处理过程中。凡含水率超过90%的固体废物，必须先脱水减容，以便于包装和运输。脱水方法主要有自然干化法与机械脱水法。

10.4.1.2 焚烧技术

焚烧是结合了高温处理和深度氧化的综合处理技术。通过焚烧（温度在 800～1000℃）固体废物中的化学活性成分被充分氧化分解，留下的无机成分（灰渣）被排出，体积一般可减少 80%～90%。一些有害固体废物经过焚烧，可以破坏其组成结构或杀死病原菌，达到解毒、除害的目的。尽管某些无机物也可以受热分解，但焚烧技术只适用于有机固体废物，是能化企业经常采用的废气处理方法。焚烧设备主要有流化床焚烧炉、多段炉、敞开式焚烧炉、双室焚烧炉等。

10.4.1.3 热解技术

大多数有机化合物具有热不稳定性，在氧分压较低的条件下，利用热能使这类有机物发生裂解，转化成分子量较小的气态、液态或固态组分，这种化学转化过程称为热解。

热解与焚烧的处理对象相同，为有机固体废物。不同之处在于热解是吸热过程，焚烧是放热过程，释放的热量可以回收利用。焚烧产物主要是 CO_2 和 H_2O。而热解产物主要是可燃的低分子化合物，气态的有 H_2、CH_4、CO，液态的有甲醇、丙酮、乙酸、乙醛等有机物及焦油、溶剂等，固态的主要有焦炭或炭黑，可以对这些产品进行回收利用。

10.4.1.4 堆肥技术

堆肥技术是指依靠自然界广泛分布的细菌、放线菌、真菌等微生物，通过生物转化，将固体废物中可被生物降解的有机组分转化为腐殖肥料或其他化学产品，从而实现固体废物的无害化处理和资源化利用。该技术主要适用于有机固体废物（如垃圾）中的轻有机组分，因此在堆肥处理前，应尽可能地对固体废物进行预处理，使其中的轻组分得到富集，以利于集中处理。按照需氧程度，可将堆肥技术分为好氧处理、厌氧处理和兼性厌氧处理。

10.4.2 废渣的最终处置技术

无论以何种方式进行固体废物的处理，仍然会有相当数量的、尚无法利用的残渣存在。这些残渣往往富集了各类有毒有害成分，长期保留在环境中，成为潜在的污染源。为防止其对环境造成污染，一方面应制定严格的控制标准，另一方面则必须对废渣进行最终处置，使其与生态环境最大限度隔绝。

固体废物的最终处置技术包括陆地处置和海洋处置，其中陆地处置又分为填埋、土地耕作处置、深井灌注、尾矿坝、废矿坑处置等。目前，填埋是国际上主要采用的最终处置技术。针对不同性质的废渣，对填埋场结构形式以及操作方式有不同的要求。

10.4.3 废渣的资源化利用

固体废物有"放在错误地点的原料"之称。任何一种固体废物都可能有其实用价值，有些固体废物可直接作为其他生产过程的原料。对于绝大多数的固体废物，可通过某些技术手段回收其中的有用物质，实现固体废物的"资源化"利用。

10.4.3.1 煤气化渣的利用

煤气化过程会排放大量灰渣，其主要成分有 SiO_2、Al_2O_3、CaO、Fe_2O_3、MgO、C 等，具体组分及含量随着煤种、气化工艺条件及进料方式等因素改变而有所不同。目前，国内外针对煤气化渣的利用主要集中于以下几个方面：

（1）建材化利用

煤气化渣具有与水泥、混凝土等建材原料相似的成分和性质，因此可用于制备水泥、混凝土、墙体材料等，其建材化利用途径比较广泛。用灰渣加以适量的石灰（氧化钙）拌和后，可作为底料筑路。

（2）残炭利用

煤气化渣残炭量很高，如某化肥厂的德士古气化炉渣含碳 25% 左右，尚有很高的热量利用价值。以灰渣掺和无烟煤屑作为燃料，使用循环流化床锅炉燃烧，既可充分利用其中残余的可燃物，节约能源，又可解决灰渣的环境污染问题。

（3）土壤水体修复

煤气化渣应用于土壤水体修复是其资源化利用的重要途径之一，符合以废治废的环保理念。目前，许多研究者尝试将灰渣用作土壤改良剂、污泥调理剂、水处理吸附剂等。在土壤中添加 20% 的煤气化细渣能有效改善碱沙地土壤的容重、pH 值、阳离子交换能力、保水能力等理化性质。

（4）高值化利用

煤气化渣的高值化利用包括制备催化剂载体、橡塑填料、多孔陶瓷、硅基材料等。针对煤气化渣中硅、碳资源丰富的特点，将煤气化渣经过酸浸处理可制备出高比表面积、高纯度的硅基材料，例如碳-硅复合材料、MCM-41 分子筛等，可用作催化剂载体、吸附剂等。利用煤气化渣可制备出高附加值的产品，但是技术不成熟，目前无法实现规模化生产。

10.4.3.2 炼油碱渣的利用

炼油碱渣主要来自石油炼制工业的汽油、柴油和液化石油气等产品的碱洗精制过程。碱渣通常是呈深褐色的稀溶液，并带有恶臭气味，一般含有游离碱、硫化物、酚、环烷酸和油等。

碱渣中污染物的种类和浓度因原油性质和加工过程不同有很大差异。表 10-13 为几种不同来源炼油碱渣的组成。一般说来，常一、二、三线碱渣的硫化物含量不高，主要污染物是环烷酸，具有回收价值。液态烃碱渣的硫化物含量最高，而其他有机污染物的含量相对较低。催化汽油碱渣中硫化物和挥发酚的含量都很高，某些催化柴油碱渣中的挥发酚含量也较高，常进行酚类化合物的回收。

表 10-13　几种不同来源炼油碱渣的组成

碱渣种类	游离 NaOH/%	硫化物/(mg/L)	挥发酚/(mg/L)	环烷酸/%	COD/(mg/L)	中性油/%
常压塔顶碱渣	6.0	3375	835		23320	0.45
	3.5	2800	4370		20000	2.00
	1.4	15000	1100		43000	0.01
催化汽油碱渣	10.7	8100	90500		340000	
	8.0	26150	100000		535750	0.20
	5.0	22000	160000		300000	
催化柴油碱渣	13.0	4000	5370		515000	4.00
	6.4	5040	52410		180000	1.35
	1.9	1345	53000		100000	1.20
液态烃碱渣	10.0	1190	2130		33070	
	4.5	120230	10		52620	0.19
	4.0	40000	100		300000	
常一、二、三线碱渣	3.5	1480	230	5.5	240750	1.06
	3.0	60	920	12.0	300000	6.00
	1.2	1020		9.4	393660	18.70

对于不同成分的炼油碱渣，处理方法也有差异，一般可分为三种：

① 碱渣中硫化物含量高，要先进行脱除恶臭的预处理；

② 回收环烷酸、酚、Na_2S 等有用成分；

③ 对碱渣进行综合利用，如作为造纸工业原料、代替新碱作柴油碱洗用碱、作常减压装置电脱盐出口注碱等。

（1）脱臭预处理

湿式氧化法（WAO）是高浓度废液的预处理方法之一，在 100～320℃ 的温度范围内加压，保持系统处于液相状态，利用空气中的氧作为氧化剂，将废水中溶解或悬浮的有机物和还原性无机物氧化，无机物转化为盐类，高分子有机物氧化分解为低分子有机酸、醇类化合物，以提高废液的可生化降解性能，或彻底氧化分解为 CO_2 和 H_2O。

根据反应条件不同，将湿式氧化法分为缓和湿式氧化和深度湿式氧化（又称高温高压湿式氧化）。缓和湿式氧化法主要将碱渣中的硫化物及有机硫化物（如硫醇和硫酚）氧化为硫代硫酸盐、亚硫酸盐或硫酸盐，脱除碱渣的臭味，降低其毒性，有利于碱渣的后续处理，同时尽量少或不破坏碱渣中的环烷酸、酚等可回收物质。深度湿式氧化的反应温度和压力较高，对污染物氧化彻底，反应出水可以直接进入污水处理流程。

（2）回收环烷酸

常一、二、三线碱渣中环烷酸钠含量较高，游离碱浓度低，可直接用硫酸法回收环烷酸。在脱油罐中用蒸汽将碱渣加热到 90～100℃，静置数小时后脱去中性油，然后在罐内加入硫酸，控制 pH 值为 3～4，此时发生中和反应生成硫酸钠和环烷酸，再经过沉降罐将含硫酸钠的酸水分离出去，并回收其中的硫酸钠，油相经水洗即可获得粗环烷酸产品。反应方程式如下：

$$2RCOONa + H_2SO_4 \longrightarrow Na_2SO_4 + 2RCOOH$$

$$2NaOH + H_2SO_4 \longrightarrow Na_2SO_4 + 2H_2O$$

$$Na_2S + H_2SO_4 \longrightarrow Na_2SO_4 + H_2S$$

此法生产工艺简单，并能回收经济价值高、用途广泛的环烷酸，回收的环烷酸量约为碱渣的 10%，缺点在于硫酸耗量大、设备腐蚀严重。

为减轻设备腐蚀和降低硫酸消耗量，在容易取得 CO_2 的企业，也可采用 CO_2 中和法回收环烷酸，其原理与适用范围与硫酸法基本相似。主要反应如下：

$$2RCOONa + CO_2 + H_2O \longrightarrow 2RCOOH + Na_2CO_3$$

此法的缺点是中和后的溶液 pH 值仍较高，除生成一部分环烷酸外，另外部分仍为环烷酸钠皂，容易产生大量泡沫，堵塞管线。

（3）回收粗酚

回收粗酚工艺适用于处理酚含量较高的催化汽油碱渣、催化柴油碱渣及其与液态烃的混合碱渣。利用强酸置换弱酸的原理，用硫酸将碱渣中的酚类化合物置换出来，达到回收粗酚的目的，粗酚回收率为 90% 左右。反应式如下：

$$2RC_6H_4ONa + H_2SO_4 \longrightarrow Na_2SO_4 + 2RC_6H_4OH$$
$$2NaOH + H_2SO_4 \longrightarrow Na_2SO_4 + 2H_2O$$
$$Na_2S + H_2SO_4 \longrightarrow Na_2SO_4 + H_2S$$

也可利用制氢装置的 CO_2 废气或锅炉烟气（含 CO_2 7%～11%），与催化碱渣反应回收粗酚。反应式如下：

$$2RC_6H_4ONa + CO_2 + H_2O \longrightarrow Na_2CO_3 + 2RC_6H_4OH$$
$$2NaOH + CO_2 \longrightarrow Na_2CO_3 + H_2O$$
$$Na_2S + CO_2 + H_2O \longrightarrow Na_2CO_3 + H_2S$$

（4）回收硫化钠和硫氢化钠

裂化干气和催化裂化的液态烃中含有大量的硫化氢。当用 13%～15% 氢氧化钠洗涤时，可以通过控制洗涤条件，在碱洗初期、后期及末期回收硫化钠和硫氢化钠。

除上述方法外，还可以采用其他方法对碱渣进行综合利用，如将常减压碱渣直接浓缩，或与石蜡肥皂、塔尔油按照一定比例混合生成选矿剂，催化液态烃的碱渣可代替烧碱用于造纸工业。

10.4.3.3　废催化剂的利用

废催化剂的产量相对于其他废渣较少，但大多废催化剂中含有毒成分，主要是重金属和挥发性有机物，必须进行妥当的处理和处置。废催化剂一般含有 Pt、Mo、Co、Ni、Bi、Ag 等稀有金属，可送至特定机构对其中的金属进行回收，例如从废催化裂化催化剂中回收稀土元素、从废催化加氢催化剂中回收 Co、Mo，从废催化重整催化剂中回收 Pt 等。此外，废催化剂可用作水泥、砖等建筑材料和道路沥青的配料，代替白土用于油品精制，还可用来生产工业净水剂和土壤改性剂等。对于实在无法利用的部分应进行无害化处理，目前可行的方法是安全填埋处理。

10.4.4　污泥的处理及利用

在能化企业生产和废水处理过程中，会产生大量污泥，包括初沉池产生的沉渣、隔油池和浮选池产生的油渣和浮渣、生化曝气处理产生的剩余活性污泥以及各种储油罐（池）清罐时产生的油罐（池）底泥。

根据污泥的性质不同，所采用的处理方法和流程也不同。但就总体来说，污泥含水率很高，一般先进行浓缩与脱水，完成减量化，脱水后的干污泥再进行焚烧、填埋等处理或进行综合利用。图 10-12 示出了污泥处理的基本流程。

图 10-12　污泥处理的基本流程

10.4.4.1 污泥的浓缩与脱水

污泥量与其含水率有直接关系。表10-14为污泥体积与含水率之间的关系。可见污泥体积随着含水率下降而显著减小，当污泥的含水率由99.8%减小到80.0%，其体积就由100m³缩小到1.0m³，只有原来体积的1/100。因此，在污泥处理与利用过程中，浓缩与脱水是关键步骤。污泥脱水的方法及效果如表10-15所示。

表10-14　污泥体积与含水率的关系

含水率/%	体积/m³	含水率/%	体积/m³
99.8	100.00	93.0	2.86
99.5	40.00	90.0	2.00
99.0	20.00	80.0	1.00
98.0	10.00	70.0	0.60
96.0	5.00	60.0	0.50

表10-15　污泥脱水的方法及效果

脱水方法		脱水装置	脱水后污泥含水率/%	脱水后污泥状态
浓缩法		重力浓缩、气浮浓缩	95~97	近似糊状
自然干化法		自然干化场	70~80	泥饼状
机械脱水	真空过滤法	真空转鼓、真空转盘等	60~80	泥饼状
	压滤法	板框压滤机	45~80	泥饼状
	滚压带法	滚压带式压滤机	78~86	泥饼状
	离心法	离心机	80~85	泥饼状
干燥法		各种干燥设备	10~40	粉状、粒状
焚烧法		各种干燥设备	0~10	灰状

（1）污泥的浓缩

原始污泥的含水率很高，因此首先要以最少的能量消耗对其进行浓缩、脱水，减小污泥体积，降低后续处理的负荷和投药量。常用方法有重力浓缩法与气浮浓缩法。重力浓缩法适用于比重大的污泥，如初次原污泥等，对于相对密度接近1的轻污泥，如活性污泥，则浓缩效果不佳，此时应采用气浮浓缩法。

（2）污泥的调质

由于污泥（特别是浮渣和池底泥）黏稠且有泡沫，含杂质量较多，给机械脱水造成困难，尤其是油泥，会堵塞滤布，因此在机械脱水前须对污泥进行调质，使污泥颗粒尺寸增大，从而提高脱水效果。最常用的调质方法有化学调质和热处理，此外还有冷冻法和辐射法等。

化学调质是向污泥中投加化学药剂以促进污泥中的固体絮凝，并释放出吸附水，形成颗粒大、孔隙多和结构强的滤饼。化学药剂分无机和有机两大类，无机调理剂有氯化铝、氯化铁、硫酸铝、聚合氯化铝、石灰等，有机调理剂有有机胺聚合物、聚丙烯酰胺等，应用最多的是聚丙烯酰胺。

热处理法是将污泥在一定压力下短时间加热，破坏污泥中凝胶体结构，使固体物凝结，降低污泥固体和水的亲和力，使污泥易于在真空或压滤机中过滤，并消毒、除臭。热处理法可用于调节各种混合的有机废水污泥，包括难以处置的剩余活性污泥。缺点是设备费用较高，能耗较大，有臭气放出，且热处理得到的上清液和污泥滤后液中有机物浓度很高，可生化性差，需要单独处理。

（3）污泥的机械脱水

将调质后的污泥进行机械脱水，主要方法有真空过滤法、压滤法、离心法和自然干化法，前三种属于机械脱水，相应设备列于表 10-15。剩余活性污泥可采用带式压滤机或真空过滤机脱水，而浮渣和池底泥主要采用卧螺旋式离心机脱水，滤后液返回污水处理厂。

10.4.4.2　污泥的焚烧处理

污泥经脱水后具有良好的燃烧性能，可以采用焚烧法处理。不同污泥的燃烧热值可参见表 10-16。焚烧处理可迅速并较大程度地使污泥减量化，并破坏污泥中全部有机质，彻底消灭病原体。焚烧产生的 CO_2、SO_2 等废气和炉灰需分别进行处理，污泥焚烧灰可用于制砖或铺路，燃烧产生的能量可用来发电和供热。常用的污泥焚烧设备有回转焚烧炉、多段焚烧炉和流化床焚烧炉等。

表 10-16　不同污泥的燃烧热值

污泥种类	热值(以干污泥计)/(MJ/kg)
池底泥	21.5
气浮渣	23.7
活性污泥	16.8

10.4.4.3　污泥的综合利用

污泥的综合利用视其性质而定。污水厂产生的剩余污泥含有植物所需要的营养成分和有机物，有毒有害物质较少，经调质脱水、发酵后可变为肥料。石化企业产生的含油污泥经化学调质-离心脱水后，其含油量一般在 8%～20%，通过加热萃取法可回收燃料油，也可利用高温炭化原理将含油污泥制成吸附剂。污泥可用来制砖、水泥、陶粒、纤维板等建筑材料，还可以用于铺路。此外，污泥发酵可产生沼气，既可用作燃料，又可作为化工原料。

参考文献

[1]　高晋生，鲁军，王杰．煤化工过程中的污染与控制 [M]．北京：化学工业出版社，2010.
[2]　谷丽琴，王中慧．煤化工环境保护 [M]．北京：化学工业出版社，2009.
[3]　陈家庆．石油石化工业环保技术概论 [M]．北京：中国石化出版社，2005.
[4]　张家仁．石油石化环境保护技术 [M]．北京：中国石化出版社，2005.
[5]　张广林，曹玉红．炼油化工企业污染与防治 [M]．北京：中国石化出版社，2008.
[6]　汪大翚，徐新华，杨岳平．化工环境工程概论 [M]．北京：化学工业出版社，2002.
[7]　赵杉林．石油石化废水处理技术及工程实例 [M]．北京：中国石化出版社，2012.
[8]　阎鸿炳．石油石化工业废水治理 [M]．北京：中国环境科学出版社，1992.
[9]　毛悌和，李政禹．化学工业固体废物治理 [M]．北京：中国环境科学出版社，1991.
[10]　邓寅生，邢学玲，徐奉章，等．煤炭固体废物利用与处置 [M]．北京：中国环境科学出版社，2008.